煤安
煤矿主要负责人和安全生产管理人员安全生产知识和管理能力培训考核系列教材

煤矿主要负责人安全生产知识和管理能力培训教材(2024版)

全国煤矿安全培训教材建设专家委员会　组织编写

王太续　狄满洲　主编

中国矿业大学出版社

·徐州·

内 容 简 介

本教材结合煤矿生产实际，突出煤矿主要负责人能力素质与生产管理特点，注重煤矿生产技术与安全管理的前瞻性，涵盖相关思政、煤矿安全生产法律法规、煤矿智能化与高质量发展、生产技术、安全技术、职业健康、安全管理、应急管理、领导艺术等方面的知识与技能。主要内容包括：煤矿安全生产的政策方针及法律法规，煤矿地质与安全，煤矿开采安全，煤矿"一通三防"安全管理，煤矿爆破安全，煤矿机电运输提升安全管理，煤矿事故应急管理与现场救护，煤矿职业卫生，煤矿智能化与高质量发展，煤矿安全生产管理能力、管理机制与创新管理，煤矿安全生产管理工作实践，煤矿安全生产管理经验典型案例等。

本书可作为煤矿安全监察机构、煤矿培训机构组织煤矿主要负责人、"五职"矿长进行安全生产知识和管理能力培训的教材，也可供煤矿安全生产管理人员、工程技术人员参考使用。

图书在版编目(CIP)数据

煤矿主要负责人安全生产知识和管理能力培训教材 / 王太续，狄满洲主编. —徐州：中国矿业大学出版社，2024.5

ISBN 978-7-5646-6166-3

Ⅰ. ①煤… Ⅱ. ①王… ②狄… Ⅲ. ①煤矿－矿山安全－管理人员－技术培训－教材 Ⅳ. ①TD7

中国国家版本馆 CIP 数据核字(2024)第 048802 号

书　　名　煤矿主要负责人安全生产知识和管理能力培训教材
Meikuang Zhuyao Fuzeren Anquan Shengchan Zhishi he Guanli Nengli Peixun Jiaocai
主　　编　王太续　狄满洲
责任编辑　马晓彦　吴学兵
出版发行　中国矿业大学出版社有限责任公司
(江苏省徐州市解放南路　邮编 221008)
营销热线　(0516)83885370　83884103
出版服务　(0516)83995789　83884920
网　　址　http://www.cumtp.com　**E-mail**:cumtpvip@cumtp.com
印　　刷　日照报业印刷有限公司
开　　本　787 mm×1092 mm　1/16　**印张** 28.25　**字数** 706 千字
版次印次　2024 年 5 月第 1 版　2024 年 5 月第 1 次印刷
定　　价　68.00 元
(图书出现印装质量问题，本社负责调换)

《煤矿主要负责人安全生产知识和管理能力培训教材》

编写委员会

主　　编　王太续　狄满洲

副 主 编　张文康　马文超　张彦斌　李长青
张　雷　杨　剑　张　杰　朱连文
曹　蓓

参　　编　徐　明　戴　磊　杨　斌　张　强
宛志红　庞　亮　尹斌斌　杨迎亚
李　磊　原勇涛　张伟伟　马东菲
余华中　张智广　张　毅　郭　朋
余争虎　沈　虎　屈光辉　周景福
杨博飞　郭媛媛　王宏飞　李　政
刘岱硕　王丙成

前　言

近年来，以机械化、自动化、信息化、智能化为核心的现代科技越来越多地应用于煤矿，促进了煤矿安全生产方式转变，为煤矿治理体系与治理能力现代化提供了坚强保障。

同时，中共中央、国务院印发了一系列指导矿山安全发展的意见或决定，国家又陆续修订或颁布实施了《安全生产法》《刑法修正案（十一）》《煤矿安全规程》《煤矿安全生产条例》《煤矿重大事故隐患判定标准》《矿山生产安全事故报告和调查处理办法》《防治煤与瓦斯突出细则》《煤矿防治水细则》《防治煤矿冲击地压细则》《煤矿防灭火细则》《煤矿地质工作细则》等多项法律法规。这些法律法规和意见的出台与实施，对煤炭企业的安全生产起到了促进作用，同时也对煤矿培训提出了新的要求。

为了进一步做好煤矿主要负责人安全培训工作，我们组织了部分具有煤矿现场工作经验的技术管理人员和煤矿安全培训机构的专家和学者，围绕提升煤矿主要负责人的素质与能力，编写了这本《煤矿主要负责人安全生产知识和管理能力提升培训教材》。

在编写过程中，编写人员进行了大量调研，广泛征求了各方面的意见，认真研究了《煤矿安全培训规定》及其他法律法规在煤矿现场的应用情况，紧密结合煤矿生产实际，突出煤矿主要负责人能力素质与安全生产管理特点，注重煤矿生产技术与安全管理的前瞻性，将相关法律法规、煤矿安全管理、应急管理、生产技术、安全技术等所涵盖的管理知识与素质能力要求浓缩，提炼总结技术知识应用与现场管理重点，以帮助煤矿主要负责人快速了解行业发展前沿，构建适应行业发展的新知识体系，并结合新的工作要求，以管理技能、事故预防和应急处置能力为核心内容，提供可借鉴的工作经验和方法。本教材共分两篇，第一篇是煤矿安全生产知识与技术管理，第二篇是煤矿主要负责人管理能力提升。

本书主要呈现以下几个特点：

1. 突出煤矿主要负责人能力素质、生产管理与安全培训新特点。本教材结合煤矿生产实际，突出煤矿主要负责人能力素质与生产管理特点，注重煤矿生产技术与安全管理的前瞻性，涵盖相关思政、煤矿安全生产法律法规、安全管理、应急管理、生产技术、安全技术、职业健康、煤矿智能化与高质量发展、领导艺术等方面的知识与技能。主要内容包括：煤矿安全生产的政策方针及法律法规，煤矿地质与安全，煤矿开采安全，煤矿“一通三防”安全管理，煤矿爆破安全，煤矿机电运输提升安全管理，煤矿事故应急管理与现场救护，煤矿职业卫生，煤矿智能化与高质量发展，煤矿安全生产管理能力、管理机制与创新管理，煤矿安全生产管理工作实践，煤矿安全生产管理经验典型案例等。

2. 融入“七新”培训内容，并符合煤矿安全生产实践新要求。本书列入的内容是煤矿现场正在应用的新法规、新标准、新技术、新装备、新材料、新工艺、新理念；所阐述的管理理念、方法和手段，选择分析的事故案例多是新近发生的，符合煤矿安全生产实践新要求。

3. 涵盖考试题库的知识点，并应用了培训教学新成果。本教材各章节内容符合《煤矿企业主要负责人安全生产知识和管理能力考核要求》《煤矿企业主要负责人安全生产知识和管理能力考试知识点》的要求，并贯彻《煤矿安全培训规定》《安全生产培训管理办法》等对主要负责人培训的要求。对于各地在培训中探索讲述的习总书记关于安全生产重要论述、新发展理念在煤矿的应用、煤矿高质量发展、煤矿智能化、绿色开采技术、双重预防机制、安全生产标准化、生产管理实战技巧与领导艺术等内容，摘取重点介绍，高屋建瓴又贴近煤矿培训需要。

4. 简化理论叙述与原理描述，突出解决问题的方式方法。本书兼顾全国各类煤矿主要负责人不同专业的知识储备的管理技能需求，对煤矿开采、地质、爆破、机电、“一通三防”等基础知识，简化理论叙述与原理描述，着重介绍主要负责人岗位需求的法律法规、能力素质、业务流程、管理与检查要点、解决问题的方式方法，尤其是新安全生产形势下煤矿开采中各专业领域容易出现哪些违法违规行为，导致哪些事故，并以典型事故案例进行说明，针对主要负责人履职提出值得注意的安全管理要求与检查要点。

5. 针对煤矿安全生产管理能力的培养与提高，提炼现场管理精髓。本教材增加了“煤矿智能化与高质量发展”“煤矿安全生产管理能力、管理机制与管理创新”“煤矿安全生产工作实践”等内容。结合煤矿智能化建设与应用实际，通俗地讲清楚煤矿智能化是什么、功能与应用、关键核心技术、如何建设与有效管理、经验教训等内容；结合煤矿主要负责人的素质与能力要求，以煤矿安全生产管理能力、管理机制与管理创新为重点介绍了煤矿企业安全管理的工具与方法、煤矿安全生产的基本原则与相关理念、安全生产标准化及双重预防机制等内容；就主要负责人在现场管理中如何正确处理十大关系、抓住关键要素、发挥矿井潜力、建设优秀团队及领导艺术等方面介绍了一些管理实战技巧，以帮助其打开管理思路，提升管理水平。

6. 本教材收集整理部分煤炭企业先进安全生产管理理念以及国家矿山安全监察局推广的安全生产管理经验典型案例，重点介绍其主要内容、特点与应用效果，以开阔煤矿主要负责人的视野，提供可借鉴、可复制的工作方法和经验。

为了便于读者阅读学习，书中法律法规名称均省去“中华人民共和国”，用简称。

本教材可作为煤矿安全监察机构、煤矿培训机构组织煤矿主要负责人、“五职”矿长进行安全生产知识和管理能力培训的教材，也可供煤矿安全生产管理人员、工程技术人员参考使用。对参加煤矿主要负责人与安全生产管理人员安全生产知识和管理能力再培训的，可选择本教材，也可选用2024版《煤矿安全生产管理人员安全生产知识和管理能力培训教材》和《煤矿安全生产管理人员安全生产知识和管理能力考试辅导一本通》。

本教材配套有考试题库软件，请关注“中国矿业大学出版社煤炭知识服务”微信公众号进行学习。为便于培训教师讲课，本教材配套有PPT课件，请加QQ群708756397，或加微信xuebwu联系(只限培训机构教师)。

由于编者水平所限，书中难免有疏漏之处，敬请广大读者批评指正。

全国煤矿安全培训教材建设专家委员会

2024年4月

目　录

第一篇　煤矿安全生产知识与技术管理

第一篇

煤矿安全生产知识与技术管理

第一讲

[illegible]

第一章　煤矿安全生产的政策方针及法律法规

第一节　党中央、国务院指导意见对煤矿安全发展的引领作用

一、习近平总书记关于安全生产的新论述、新论断

（一）坚持以人民为中心的发展思想及红线意识

1. 坚持以人民为中心的发展新理念

2015年11月23日，习近平总书记在主持中央政治局第二十八次集体学习时指出："带领人民创造美好生活，是我们党始终不渝的奋斗目标。必须始终把人民利益摆在至高无上的地位，让改革发展成果更多更公平惠及全体人民，朝着实现全体人民共同富裕不断迈进。"

2020年5月，习近平总书记在两会期间参加内蒙古代表团审议时强调，党团结带领人民进行革命、建设、改革，根本目的就是为了让人民过上好日子，无论面临多大挑战和压力，无论付出多大牺牲和代价，这一点都始终不渝、毫不动摇；还强调"人民至上、生命至上，保护人民生命安全和身体健康可以不惜一切代价"。

2. 生命重于泰山，总书记为安全生产画"红线"

2016年7月，习近平总书记就加强安全生产工作强调，各级党委和政府特别是领导干部要牢固树立安全生产的观念，正确处理安全和发展的关系，坚持"发展决不能以牺牲安全为代价"的红线。

2020年4月，总书记对安全生产作出指示：生命重于泰山。各级党委和政府务必把安全生产摆到重要位置，树牢安全发展理念，绝不能只重发展不顾安全，更不能将其视作无关痛痒的事，搞形式主义、官僚主义。要针对安全生产事故主要特点和突出问题，层层压实责任，狠抓整改落实，强化风险防控，从根本上消除事故隐患，有效遏制重特大事故发生。

（二）总书记在"二十大"讲话中对安全、应急处置等方面的论述

总书记在二十大报告中指出，国家安全是民族复兴的根基，社会稳定是国家强盛的前提。必须坚定不移贯彻总体国家安全观，把维护国家安全贯穿党和国家工作各方面全过程，确保国家安全和社会稳定。

我们要坚持以人民安全为宗旨、以政治安全为根本、以经济安全为基础、以军事科技文化社会安全为保障、以促进国际安全为依托，统筹外部安全和内部安全、国土安全和国民安全、传统安全和非传统安全、自身安全和共同安全，统筹维护和塑造国家安全，夯实国家安全

和社会稳定基层基础，完善参与全球安全治理机制，建设更高水平的平安中国，以新安全格局保障新发展格局。

（三）习近平总书记对重大事故对应的相关批示

2022年3月，习近平总书记对东航客机坠毁作出重要指示，强调：安全生产要坚持党政同责、一岗双责、齐抓共管、失职追责，管行业必须管安全，管业务必须管安全，管生产经营必须管安全。各级党委和政府要坚持以人民为中心的发展思想，坚持人民至上、生命至上，统筹发展和安全，始终保持如履薄冰的高度警觉，做好安全生产各项工作，决不能麻痹大意、掉以轻心。对在安全生产上不负责任、玩忽职守出问题的，要严查严处、严肃追责。

2022年11月25日，习近平总书记对河南安阳市凯信达商贸有限公司火灾事故作出重要指示：各地区和有关部门要始终坚持人民至上、生命至上，压实安全生产责任，全面排查整治各类风险隐患，坚决防范和遏制重特大事故发生。

2023年2月22日，习近平总书记对内蒙古阿拉善左旗一露天煤矿坍塌事故作出重要指示，要求各地区和有关部门要以时时放心不下的责任感，全面排查各类安全隐患，强化防范措施，狠抓工作落实，更好统筹发展和安全，切实维护人民群众生命财产安全和社会大局稳定。

2024年1月24日，习近平总书记对江西新余市渝水区一临街店铺火灾事故作出重要指示，强调：各地区和有关部门要深刻吸取教训，克服麻痹思想和侥幸心理，进一步压实安全生产责任，认真排查隐患，狠抓工作落实，坚决遏制各类安全事故多发连发势头，确保人民群众生命财产安全和社会大局稳定。

二、《中共中央 国务院关于推进安全生产领域改革发展的意见》（简称《指导意见》）

（一）《指导意见》的特点

《指导意见》是中华人民共和国成立以来第一个以党中央、国务院名义出台的安全生产工作的纲领性文件，对推动我国安全生产工作具有里程碑式的重大意义。

1. 贯穿一条红线

《指导意见》强调坚守“发展决不能以牺牲安全为代价”这条不可逾越的红线。红线是维护人民群众生命财产安全的保障线，是发展必须坚守的底线，也是贯穿《指导意见》全部内容的主线。

2. 确定“两步走”目标

《指导意见》提出到2020年，安全生产监管体制机制基本成熟，法律制度基本完善，全国生产安全事故总量明显减少，职业病危害防治取得积极进展，重特大生产安全事故频发势头得到有效遏制，安全生产整体水平与全面建成小康社会目标相适应；到2030年，实现安全生产治理体系和治理能力现代化的目标任务。“两步走”目标明确了安全生产领域改革发展的主要方向和时间路线。第一个目标主要使群众切实感受到安全环境的改善和安全感的提高，第二个目标是实现安全生产法制、体制、机制、手段的科学、成熟和现代化。

3. 健全落实安全生产责任制，明确职责边界

《指导意见》提出研究修改刑法有关条款，将生产经营过程中极易导致重大生产安全事

故的违法行为列入刑法调整的范围。明确了党政主要负责人是本地区安全生产第一责任人，进一步将党委和政府的领导责任具体化。《指导意见》要求严格落实企业主体责任，强调企业必须履行安全生产法定责任，做到安全责任、管理、投入、培训和应急救援“五到位”。《指导意见》还提出建立安全生产监管执法人员依法履行法定职责制度，与权力和责任清单相衔接。

4. 引进先进理念，将事故消灭在萌芽状态

《指导意见》全面引进国际上先进的安全生产管理理念，强调构建风险分级管控和隐患排查治理双重预防工作机制；要求建立完善安全风险评估与论证机制，高危项目审批必须把安全生产作为前置条件，城乡规划、设计、建设、管理必须以安全为前提，实行重大安全风险“一票否决”。

5. 瞄准安全生产领域改革发展任务，提出一系列改革举措

一是要健全完善责任体制；二是改进安全监管体制；三是严肃安全法治秩序；四是建立安全防控体系；五是有力引导安全基础建设。

（二）《指导意见》的主要内容

《指导意见》的内容包括总体要求、健全落实安全生产责任制、改革安全监管监察体制、大力推进依法治理、建立安全预防控制体系、加强安全基础保障能力建设等 6 部分 30 条。

1. 总体要求——坚持五项原则

(1) 坚持安全发展。贯彻以人民为中心的发展思想，始终把人的生命安全放在首位，正确处理安全与发展的关系，大力实施安全发展战略，为经济社会发展提供强有力的安全保障。

(2) 坚持改革创新。不断推进安全生产理论创新、制度创新、体制机制创新、科技创新和文化创新，增强企业内生动力，激发全社会创新活力，破解安全生产难题，推动安全生产与经济社会协调发展。

(3) 坚持依法监管。大力弘扬社会主义法治精神，运用法治思维和法治方式，深化安全生产监管执法体制改革，完善安全生产法律法规和标准体系，严格规范公正文明执法，增强监管执法效能，提高安全生产法治化水平。

(4) 坚持源头防范。严格安全生产市场准入，经济社会发展要以安全为前提，把安全生产贯穿城乡规划布局、设计、建设、管理和企业生产经营活动全过程。构建风险分级管控和隐患排查治理双重预防工作机制，严防风险演变、隐患升级导致生产安全事故发生。

(5) 坚持系统治理。严密层级治理和行业治理、政府治理、社会治理相结合的安全生产治理体系，组织动员各方面力量实施社会共治。综合运用法律、行政、经济、市场等手段，落实人防、技防、物防措施，提升全社会安全生产治理能力。

2. 健全落实安全生产责任制——落实三大责任

(1) 明确地方党委和政府领导责任。坚持党政同责、一岗双责、齐抓共管、失职追责，完善安全生产责任体系。地方各级党委和政府要始终把安全生产摆在重要位置，加强组织领导。党政主要负责人是本地区安全生产第一责任人，班子其他成员对分管范围内的安全生产工作负领导责任。

(2) 明确部门监管责任。按照管行业必须管安全、管业务必须管安全、管生产经营必须管安全和谁主管谁负责的原则，理清安全生产综合监管与行业监管的关系，明确各有关部门

安全生产和职业健康工作职责。

(3) 严格落实企业主体责任。企业对本单位安全生产和职业健康工作负全面责任，要严格履行安全生产法定责任，建立健全自我约束、持续改进的内生机制。企业实行全员安全生产责任制度，法定代表人和实际控制人同为安全生产第一责任人，主要技术负责人享有安全生产技术决策和指挥权，强化部门安全生产职责，落实一岗双责。国有企业要发挥安全生产工作示范带头作用，自觉接受属地监管。

3. 改革安全监管监察体制

加强各级安全生产委员会组织领导，充分发挥其统筹协调作用。推进安全生产应急救援管理体制改革，强化行政管理职能，提高组织协调能力和现场救援时效。健全省、市、县三级安全生产应急救援管理工作机制，建设联动互通的应急救援指挥平台。

4. 大力推进依法治理

(1) 健全法律法规体系。建立健全安全生产法律法规立改废释工作协调机制。

(2) 完善标准体系。建立以强制性国家标准为主体的安全生产标准体系。

(3) 严格安全准入制度。严格高危行业领域安全准入条件。

(4) 规范监管执法行为。完善安全生产监管执法制度，依法严格查处各类违法违规行为。

(5) 完善执法监督机制。建立执法行为审议制度和重大行政执法决策机制，防止滥用职权。

(6) 健全监管执法保障体系。明确监管执法装备及现场执法和应急救援用车配备标准，加强监管执法技术支撑体系建设，保障监管执法需要。

(7) 完善事故调查处理机制。坚持问责与整改并重，充分发挥事故查处对加强和改进安全生产工作的促进作用。健全典型事故提级调查、跨地区协同调查和工作督导机制。

5. 建立安全预防控制体系

建立安全预防控制体系的主要内容包括：加强安全风险管控；强化企业预防措施；建立隐患治理监督机制；强化城市运行安全保障；加强重点领域工程治理；建立完善职业病防治体系。

6. 加强安全基础保障能力建设

加强安全基础保障能力建设的主要内容包括：完善安全投入长效机制；建立安全科技支撑体系；健全社会化服务体系；发挥市场机制推动作用；健全安全宣传教育体系。

(三)《指导意见》实施以来煤矿安全发展新变化

1.《指导意见》实施以来煤矿安全生产管理理念与方法的变化

(1) 学习宣传和贯彻落实《指导意见》精神，促进煤矿安全生产管理理念转变

深入学习宣传和贯彻落实《指导意见》精神，是当前和今后一段时间煤矿安全生产战线的一件大事。《指导意见》的全部内容要变成安全生产领域改革发展的具体成果，所提出的体制机制法治等要落到实处，使其具体化。因此，贯彻落实的任务是艰巨的。

坚持以人民为中心的发展理念，就是既要让人民富起来，又要让人民的安全和健康得到切实保障。对于党委、政府，保安全就是促进改革发展、维护社会稳定、保证党的宗旨的落实；对于煤矿企业，保安全就是保效益、保品牌、保市场；对于人民群众，保安全就是保生命、保健康、保幸福。只有坚定不移地走安全发展之路，人民群众才能安居乐业，经济社会才能

持续健康发展。

(2) 煤矿安全生产管理理念发生的变化

煤矿的主体是矿工，管理的核心是人，因此安全管理关键在人。人的管理关键在思想，思想决定观念，观念决定行为。因此，新形势下煤矿安全管理的重心更侧重于管理人的思想。根据安全生产不同层次、不同阶段的特点，近年来新的安全生产管理理念在煤矿逐渐形成。

煤矿十种安全新理念：

①“两个至上”理念——坚持以人民为中心的发展思想，坚持人民至上、生命至上，统筹发展和安全，始终保持如履薄冰的高度警觉，做好安全生产各项工作。

②“绿色发展”理念——绿色发展是构建高质量现代化经济体系的必然要求，是解决污染问题的根本之策。坚持贯彻创新、协调、绿色、开放、共享的发展理念，加快形成节约资源和保护环境的空间格局、产业结构、生产方式、生活方式，给自然生态留下休养生息的时间和空间。

③“安全优先”理念——将安全工作置于一切工作之上，做到一切服从安全，一切服务安全，一切为了安全，一切保证安全。安全具有压倒一切的优先权。

④“以人为本”理念——煤矿安全管理的核心是人，管理中将人放在首位，尤其是重视对人的思想的管理。该理念突出了人的主体地位，在管理中重视人的生命与健康安全，有效维护了煤矿职工的基本利益。

⑤“家人亲情”理念——把职工当亲人，带着亲情抓安全，不让任何一个矿工受伤害。倡树“一家人”理念，建立“一座矿、一个家、一个梦”“一家人、一盘棋、一条心”的安全文化，形成“相互关爱、互相促进”的氛围。

⑥“敌情管理”理念——高度重视风险分级管控和隐患排查治理，对重大风险与重大灾害治理工作打“歼灭战”。煤矿的“敌人”是水、火、瓦斯、煤尘、顶板，是行动懒、纪律散、手段软，是思想麻痹、粗心、不操心，是重生产、轻安全，还有管理上的马虎、凑合、不在乎。

⑦“程序管理”理念——安全工作必须实行程序化管理，就像电脑操作一样，一步也不能紊乱，一个键都不能错。安全操作就是一环扣一环，一步不能少，一步也不能错，培养职工正规操作的习惯。

⑧“精细管理”理念——提高安全执行能力，形成质量有标准、操作按程序、执行有监督、考核有依据、奖惩有兑现、兑现有监督的安全管理机制。

⑨“素质提升”与“全员培训”理念——树立“成功企业首先是所学校，优秀员工永远都是学生”和“安全以人为本，素质保证安全”的理念，重视全体人员素质的提高，以高素质避免多事故，将素质培训融入日常工作，坚持岗前培训—车间培训—现场培训—个人违规教育培训等一系列的培训程序，提高全员安全意识，也培训安全生产知识，利用安全习惯解决安全问题。

⑩“三不四可”理念——在安全生产态势判断上不轻言好转，在安全生产工作评价上不轻言成绩，在安全生产责任落实上不轻言到位；在处理安全与生产、与效益、与成本、与发展关系时，必须把安全放在首位，产量可以降、效益可以低、成本可以增、矿井可以关，坚决做到不安全不生产。

(3) 煤矿安全生产管理方法的变化

① 从源头防范化解重大安全风险，事故可防、可控、可避免的意识深入人心。双重预防机制与安全生产标准化工作强力推进。

② “三管三必须”厘清职责边界，企业主体责任、行业监管责任与地方党委政府责任的融合与互补性越来越强。

③ 企业在安全生产管理中更注重人的生命健康与职业卫生。红线意识与底线思维赋予安全生产更多内容。

④ 先进的科学技术，尤其是机械化、自动化、信息化与智能化技术在煤矿越来越多地得到应用；利用信息化手段进行安全监管等。

⑤ 安全管理的标准化、精细化程度越来越高。

⑥ 安全监督监察重点与方式多样化。一是矿山安全监管部门监察重点，从现场检查、事无巨细的“安检员”，变为煤矿安全生产“体检师”，向查大系统、除大隐患、防大事故转变；二是监管监察方式多样化，如有通知有计划的常规检查、异地执法检查、告知式检查、监管部门责任人联系“包保”检查和网上诊断检查等。

2.《指导意见》实施以来煤矿安全生产政策与法规的变化

(1) 新形势下我国安全生产政策与法规的变化，集中体现在新修正的《安全生产法》中。该法强调：安全生产工作必须坚持中国共产党的领导。安全生产工作应当以人为本，坚持人民至上、生命至上，把保护人民生命安全摆在首位，树牢安全发展理念，坚持“安全第一、预防为主、综合治理”的方针，从源头上防范化解重大安全风险。

(2) 企业、监管部门与地方政府分别建立了安全预防控制体系。

(3) 2023 年 9 月，中共中央办公厅、国务院办公厅印发《关于进一步加强矿山安全生产工作的意见》，坚持统筹发展和安全，着力从根本上消除事故隐患、从根本上解决问题，提出一系列加强和改进矿山安全生产工作的重大任务和重要举措。

(4) 2024 年 1 月，国务院安全生产委员会印发《关于防范遏制矿山领域重特大生产安全事故的硬措施》，重申强调一体压实各级矿山安全生产责任、切实提高风险隐患排查整改质量、重拳出击“打非治违”、强化重大灾害治理、大力提升从业人员素质、严格项目审批和安全生产许可、强化矿山安全国家监察督政、严格事故调查和警示教育等措施。

3.《指导意见》实施以来煤矿安全生产监管方式的变化

(1) 深入推进企业健全完善煤矿安全生产标准化管理体系。煤矿企业依据国家有关法律法规及标准，制定与企业实际相适应的安全生产管理制度，确保各项安全管理措施得到严格执行。

(2) 督促落实煤矿企业安全生产主体责任。抓实抓细各类安全风险隐患防范化解，筑牢安全生产防线。督促煤矿企业学法守法用法，严格落实安全生产主体责任。

(3) 推进安全生产应急救援管理体制改革。健全省、市、县三级安全生产应急救援管理工作机制，建设联动互通的应急救援指挥平台。

(4) 规范监管执法行为。完善安全生产监管执法制度，明确每个生产经营单位安全生产监督和管理主体。建立行政执法和刑事司法衔接制度，负有安全生产监管职责的部门加强与公安、检察院、法院等的协调配合，完善安全生产违法线索通报、案件移送与协查机制。

(5) 健全监管执法保障体系。制定安全生产监管监察能力建设规划，加强监管执法技术支撑体系建设，保障监管执法需要。建立完善负有安全生产监督管理职责的部门监管执法经费保障机制，将监管执法经费纳入同级财政全额保障范围。加强监管执法制度化、标准化、信息化建设。

(6) 监管部门建立与企业隐患排查治理系统联网的信息平台，完善线上线下配套监管制度。

三、《中共中央办公厅 国务院办公厅关于进一步加强矿山安全生产工作的意见》

近年来，全国矿山安全生产形势总体平稳，但同时也出现了一些新情况、新问题，迫切需要出台一个与新形势、新体制、新任务、新要求相适应，能够引领当前和今后一个时期全国矿山安全生产工作高质量发展的指导性文件。所以，2023 年 9 月，中共中央办公厅、国务院办公厅印发了《关于进一步加强矿山安全生产工作的意见》(以下简称《意见》)。

《意见》是中华人民共和国成立以来第一个经党中央、国务院同意印发的矿山安全生产领域纲领性文件，是新体制新机制下做好矿山安全生产工作的基本遵循。

《意见》共 7 部分 24 项内容，第一至第六部分是重点任务，从严格矿山安全准入、推进矿山转型升级、防范化解重大安全风险、强化企业主体责任、落实地方党政领导责任和部门监管监察责任、推进矿山安全依法治理等 6 个方面作出针对性部署安排；第七部分是强化组织实施，从加强组织领导、研究配套政策、加强资金保障、建立协调机制、强化责任追究等方面提出具体工作要求。

《意见》建立了一套全过程风险动态管控工作机制，为推动矿山安全治理模式向事前预防转型提供了方法路径：强调源头治理、系统治理、综合治理和依法治理，为推动矿山安全生产转变治理理念、完善治理体系、提高治理能力、增强治理效能提供了制度保障；构建了一条完整的安全生产责任链，明确要求地方党委政府、监管监察部门、矿山企业要落实安全责任，为推动矿山安全责任进一步落实提供了深化措施；明确了灾害严重煤矿准入、非煤矿山源头管控、整合重组、升级改造、智能化开采等要求，为推动矿山行业高质量发展提供了强有力的支撑。

《意见》围绕“事前预防转型”提出了一系列措施，坚持关口前移、源头管控，动态管理、超前治理，及时预警、迅速处置，把风险化解在隐患前、把隐患消除在事故前。同时，《意见》中首次明确要求涉矿中央企业总部和涉矿大中型企业应当配备安全总监。

重大隐患是造成矿山重特大事故的主要原因之一，是矿山安全风险管控的重中之重。为进一步做好相关工作，《意见》在排查治理重大隐患方面提出了针对性举措：一是强调矿山企业要定期开展全员全覆盖隐患排查治理，落实全员安全生产责任制；二是强调矿山安全监管监察部门要建立重大隐患治理督办制度，在重大隐患消除前跟踪监管，并监督整改销号，进一步压实矿山监管监察部门监督整改责任；三是强化隐患责任倒查，明确企业在重大隐患排查整改上的主体责任，同时从政府监管监察方面进一步扣紧责任链条，要求严格执行“谁检查、谁签名、谁负责”，对发现重大隐患不处理处罚或跟踪整改不到位的，依法严肃追责问责，倒逼相关部门对重大隐患必须采取措施、督促企业必须限期整改到位，切实防止引发生产安全事故。

四、煤矿主要负责人如何适应管理新常态

（一）深入学习贯彻习近平总书记系列重要讲话精神，提高站位适应管理新常态

主要负责人要深入学习贯彻习近平总书记系列重要讲话精神，提高政治站位，在安全生产管理工作中注重以人为本，坚持人民至上、生命至上，把保护人民生命安全摆在首位，树牢安全发展理念与安全生产红线意识，坚持“安全第一、预防为主、综合治理”的方针，切实落实煤炭企业的主体责任和本职岗位的安全生产职责，狠抓管理创新与技术创新、依法治理、基础建设、专项整治等重点工作，从源头上防范化解重大安全风险，有效遏制生产安全事故，适应管理新常态。

（二）提升业务技能练就基本功，提高综合素质适应新常态

主要负责人是煤矿安全生产第一责任人，是国家有关安全生产法律、法规在本单位的具体贯彻执行者，必须具备热爱煤炭事业的激情、奉献的精神和煤矿管理的技能，认真学习国家颁布的相关法律、法规、方针、政策，熟悉和掌握本单位安全生产管理的基本规律与工艺流程，对本单位、本部门的安全生产重点工作、要害部位、关键人员、事故隐患做到心中有数，并能提出解决问题的办法和防范措施。

（三）增强抓好安全生产工作的使命感，强化责任担当适应新常态

落实以人为本，就是要坚持安全发展，始终以保障人的生命安全为最大责任。主要负责人要增强抓好安全生产工作的使命感与责任感，高度重视当前安全生产面临的形势与本矿井安全生产中存在的不确定因素，以极端负责的态度和绝对过硬的作风，把各项安全生产措施落到实处。突出薄弱环节，狠抓风险隐患排查整治；突出重点领域，狠抓安全管控措施落实；突出过程管理，狠抓安全标准规范落实；突出本质安全，狠抓安全基础能力提升。

第二节　我国煤矿安全生产形势及对策

一、当前煤矿安全生产形势、特点及面临的新挑战

（一）近年来我国煤矿安全生产形势

1. 近年来我国煤矿安全生产形势稳定向好

近年来，全国煤矿安全生产事故起数整体呈下降趋势，重特大事故起数下降尤为明显，百万吨死亡率持续下降。2020 年全国煤矿发生事故 123 起、死亡 228 人，与 2019 年相比分别下降 27.6％和 27.8％，煤矿百万吨死亡率为 0.058％。2021 年全国煤矿发生事故 91 起、死亡 178 人，与 2020 年相比减少 32 起、50 人，分别下降 26％和 21.9％。2022 年全国煤矿发生事故 87 起、死亡 173 人，与 2021 年相比分别下降 3.4％和 2.4％，重大事故死亡人数同比下降 12.3％，煤矿瓦斯事故起数、死亡人数均同比下降 44％，未发生冲击地压和火灾死亡事故，煤矿连续 6 年未发生特别重大事故。但全国煤矿安全生产形势依然十分严峻，尤其是进入 2022 年以来，在煤价持续走高、煤炭市场需求旺盛的背景下，一些煤矿还存在重生产轻安全的违法违规行为，个别地区煤矿事故频发，零打碎敲事故有反弹之势，因此，煤矿安全生产工作任重道远。

2. 全国煤矿安全生产形势依然严峻复杂，存在不确定性

全国煤矿安全生产形势依然严峻复杂，面临着矿产品价格持续高位、复工复产相对集中、重大灾害日趋严重、采掘接续紧张等带来的风险和挑战。个别产煤省接连发生事故，暴露出一些地区和企业安全发展理念不牢、法治意识淡薄、违法违规行为屡禁不止、企业主体责任落实不到位、安全基础薄弱、重生产轻安全、监管监察能力不足等突出问题。当前矿山安全生产还面临着结构性、系统性、区域性、不确定性风险。要统筹好能源保供和安全生产，统筹好企业主体责任和地方监管责任，统筹好结构调整和高质量发展，统筹好事前预防和事后整改，统筹好严格执法和指导服务，统筹好当前治标和长远治本，以高水平安全服务矿山安全高质量发展。

（二）新形势下我国煤矿安全生产的新特点

(1) 煤矿安全生产形势显著好转，但重大事故时有发生。煤矿事故起数和百万吨死亡率显著下降，瓦斯爆炸事故大大减少，2016—2023 年未发生重特大瓦斯爆炸事故。但是，瓦斯爆炸事故常发生在低瓦斯矿、高瓦斯矿的低瓦斯区等大家容易忽视的地方，如 2016—2023 年发生的 16 起重大瓦斯事故中，11 起为瓦斯（煤尘）爆炸事故（5 起为突出），其中 10 起发生在低瓦斯矿井。

(2) 突发事件应对不力导致事故发生或扩大时有发生。主要表现为：企业应急处置不当导致事故发生或扩大；一些矿山监管部门监管不到位，或执法力度不强等。

(3) 重特大事故显现火灾、突出、爆炸及顶板灾害互相转化特征。主要是企业主体责任落实不到位、安全风险管控和事故隐患排查治理不到位导致事故发生。

(4) 采空区自燃、顶板大面积垮塌引起瓦斯、煤尘爆炸等事故占比增加，使采空区成为发生重特大瓦斯（煤尘）爆炸的主要灾变源。

(5) 机电运输、顶板等零星事故起数占比增加。

（三）新形势下我国煤矿安全生产面临的问题和挑战

1. 新形势下我国煤矿安全生产面临的问题

(1) 有的地方安全发展理念不牢固，红线意识不强，片面追求发展而忽视安全生产。

(2) 有的煤矿企业主体责任不落实，受利益驱动，置法律于不顾、置安全于不顾，存在侥幸心理，冒险超强度超能力组织生产。

(3) 一些煤矿安全管理存在薄弱环节，安全风险辨识管控和事故隐患排查治理不到位。

(4) 高瓦斯矿井多，瓦斯灾害严重。我国主要依靠井工开采，高瓦斯矿井多。一般情况下，采深每增加 100 m，温度升高 3 ℃，而且煤层压力增大，煤与瓦斯突出的危险性增高。在煤与瓦斯突出的机理、预测监控等方面，都有许多问题需要深入研究和探索。

(5) 职工素质整体偏低，安全管理难度加大。我国煤矿绝大多数为井工开采，工作条件相对艰苦，煤矿招工难，职工素质整体偏低，为矿井生产埋下了隐患，直接威胁着安全生产。

2. 新形势下我国煤矿安全生产面临的挑战

(1) 煤矿装备机械化与智能化水平有待提高。从装备上看，煤矿机械化水平仍相对较低，现有煤矿装备研发机构的创新能力较薄弱。自主创新成果少，企业创新活力和动力亟待加强，尤其在中国制造 2025 的时代背景下，我国煤矿智能化装备制造水平与其他行业相比，还存在一定差距，亟须提升突破。

(2) 深部煤矿灾害的机理不明、单一灾害向多元复合灾害转变。我国煤炭开采深度每年平均递增 10～20 m,目前千米深井已经有 50 多处,最大开采深度达到 1 500 m。开采深度的增加直接导致开采条件趋于恶劣,深部矿井最大地应力超过 40 MPa。全国有 62 个高温矿井,工作面温度超过 30 ℃的矿井有 38 个。此外,煤与瓦斯突出、冲击地压、热害等矿井灾害也呈现出多种灾害复合、机理更加复杂等特点,亦尚未形成我国深部煤矿防灾、减灾、控灾、救灾的技术体系。

(3) 煤矿安全管理手段有待创新。随着煤矿机械自动化水平不断提高,原来用工较多的采掘作业地点实现了少人作业,减少了煤矿发生群死群伤事故的风险,但安全管理手段仍有待创新,水平仍有待提升;基于大数据分析和云平台的煤矿安全智能化管理手段仍不多见,基于深度学习的煤矿安全风险判识理论和调控方法体系仍有待完善,基于智能精准开采的安全管理体系仍有待进一步建立。

(4) 煤矿全生命周期安全管理理念有待加强。煤矿本质安全管理是针对煤矿全生命周期过程中危险源进行分析、辨识,进而进行风险调控和灾害防治。然而,随着淘汰落后产能的深入推进,废弃矿井资源开发利用逐渐成为社会焦点,目前对废弃矿井利用过程中的安全风险辨识及管理的认识仍有待加强。同时,一些产能核减煤矿,对一些采区、巷道等地下空间采取封闭停产措施,如果放松管理、疏于防范,封闭停产采区和巷道仍易发生安全事故。

(5) 职业病预防比治理更为重要。根据 2020 年的抽样调查,工业企业中 90%以上的企业存在职业病危害因素。每年报告的职业病患者是 1 万多人,但是由于体检人数不足等多方面的原因,实际患职业病的人数要远远超过报告的人数。我们国家每年因为尘肺病死亡的人数,已经远远超过安全生产事故死亡的人数。根据煤矿尘肺病防治基金会统计数据显示,全国尘肺病报告人数中 60%～70%集中在煤炭行业,我国煤矿尘肺病防治工作刻不容缓。

二、新形势下,我国煤矿安全生产的方针与政策

(一) 贯彻落实安全生产方针,打造本质安全型矿井

1. 坚定不移贯彻落实安全生产方针

(1) 安全第一。生产经营活动中,在处理安全与实现生产经营活动的各项目标关系上,要始终把安全特别是从业人员的人身安全放在首要位置,实行"安全优先"原则。坚持安全第一,不安全不生产,生产必须安全。

(2) 预防为主。这是安全生产工作方针的核心,也是安全第一理念的具体要求和支撑,要求将预防生产安全事故的发生放在安全生产工作的首位。安全生产工作不是发生事故后的救援工作,而是要在事前预防上下功夫,做到防患于未然,将事故消灭在萌芽状态。

(3) 综合治理。所谓综合治理,是指要综合运用法律、经济、行政等手段,从发展规划、行业管理、安全投入、科技进步、经济政策、税收政策、教育培训、安全文化以及责任追究等方面着手,建立安全生产长效机制。它是"安全第一、预防为主"的安全管理目标实现的重要手段和方法,只有不断健全和完善综合治理工作机制,才能有效贯彻安全生产方针。

提高对安全生产方针的认识,始终坚持"四并重""三不生产"等原则,采用科学有效的管理手段,把安全生产的重点放在建立风险预防体系上,超前采取综合治理的措施,以实现人、机、物、环境的统一,实现本质安全。

2. 打造本质安全型矿井

(1) 加强人员管理,保证人的系统是本质安全型

如何保证人的系统是本质安全型,应考虑以下几个方面:① 树立人的生命高于一切,以人为本尊重生命的安全管理理念。② 培育企业安全文化,随着社会实践和生产实践的发展营造安全氛围。③ 强调职工安全素质教育和安全技能培训,在技术上保证人的安全行为。④ 强化安全管理机制的作用,保证人的安全行为。

(2) 保证设备本质安全化,是安全生产的基础

本质安全强调先进技术手段和物质条件在保障安全生产中的重要作用。运用现代技术,特别是安全科学的成就,从根本上消除能形成事故的主要条件,尽可能采取完善的防护措施,增强人体对各种伤害的抵御能力。实现设备本质安全化可采取以下措施:① 从根本上消除事故发生的一切条件,以安全无隐患设备替代高危险高隐患设备。② 设备或系统具备自动防止操作失误、设备故障和工艺异常的功能。③ 合理设置空间和时间保护装置。④ 实行安全措施的最佳配合,以求取得最大限度的安全效果。⑤ 在设计和制造环节上考虑设备应具有的防护功能,以保证设备能在规定的运转周期内安全、稳定、正常运转。

(3) 重视环境对安全的影响,保证环境的本质安全

环境的本质安全包括空间环境、时间环境、物理化学环境、自然环境和工作环境安全可靠。要搞好环境安全必须从这几方面入手:① 强化技术管理,搞好业务保安。要建立技术负责人制度,推动技术创新。② 采用信息化技术,以先进的信息技术确保安全生产。③ 坚持搞好安全生产标准化工作,以优良的工程质量保证安全环境。

(二) 新形势下我国安全生产政策

2023 年 9 月 6 日,中共中央办公厅、国务院办公厅印发了《关于进一步加强矿山安全生产工作的意见》。《意见》既坚持以往好的做法经验,又注重解决当前突出问题;着力从根本上消除事故隐患,从根本上解决问题,提出一系列加强和改进矿山安全生产工作的重大任务和重要举措;对进一步推动我国矿山安全治理模式向事前预防转型,确保矿山安全高质量发展具有十分重要的作用。

2024 年 1 月 17 日,国务院安全生产委员会印发《关于防范遏制矿山领域重特大生产安全事故的硬措施》,针对当前矿山安全生产领域存在的突出问题,提出 8 个方面的硬措施。

三、新形势下,保障煤矿安全生产的主要对策

(一) 树立安全发展理念,建立健全安全生产责任体系

煤矿安全生产理念应当体现以人为本、生命至上的思想,体现机械化、自动化、信息化、智能化发展趋势,体现煤矿职工获得感、幸福感、安全感的需求和主人翁地位、体面劳动、尊严生活的要求。应加强安全生产理念宣传贯彻,使各级管理人员和职工理解、认同并践行本单位安全生产理念,并将该理念贯穿于安全生产决策、管理、执行的全过程,融入全体职工的具体工作中。

建立和履行安全生产责任制。采取自上而下、全员参与的方式,建立煤矿矿长(法定代表人、实际控制人)为安全生产第一责任人的安全生产责任制。制定各部门、各岗位的安全生产责任制,建立责任清单,明确责任范围、考核标准并在适当位置长期公示。

完善和落实安全生产管理制度。主要负责人应对各项制度的制定、宣传贯彻、执行、考核、修订废止等环节进行规范。按规定建立健全安全生产投入、安全奖惩、技术管理、安全培训、办公会议、安全检查、事故报告与责任追究制度等安全生产规章制度，并严格贯彻落实。

（二）推动煤矿安全治理模式向事前预防转型

煤炭开采是高风险行业，只有增强风险意识，辨识风险、控制风险、排除隐患，才能真正确保安全生产。主要负责人要学习贯彻《意见》等文件精神，把防风险摆在突出位置，健全煤矿安全管理体系，将风险管控在成灾前、隐患消除在事故前；实施重大灾害分区管理，开展超前治理；严格设备设施安全管理，提高井下设备安全性、可靠性等。坚持推进安全风险分级管控和隐患排查治理的双重预防体系与安全生产标准化工作，准确把握安全生产的特点和规律，通过实施制度、技术、工程、管理等措施，有针对性地防控各类安全风险。

（三）把防范重特大事故作为工作的重中之重

煤矿作业面临瓦斯、水、火、煤尘、顶板等灾害威胁，主要负责人必须聚焦煤矿重大灾害的特点和发生规律，加强煤矿重大灾害的监督与治理工作。在全面梳理重大灾害防治工作的基础上，采取工程、技术、管理、教育等综合措施，加强瓦斯、水害、火灾、冲击地压、顶板等重大灾害防治工作。责任要落实到关键人员、主要安全管理部门和重点环节的监控上，强化源头治理、系统治理、综合治理，夯实安全生产基层基础工作，防范化解重大安全风险。吸取重特大煤矿事故背后的理念偏差、责任落虚、机制不顺、作风不正、队伍不强等教训，坚持自上而下压实责任和自下而上检视问题并重、严肃零星事故调查问责和狠抓整改促治并重、能力建设和作风建设并重原则，结合矿井实际制定问题清单、措施清单和责任清单，确保矿井安全生产。

（四）推进煤矿实施安全人才战略

煤矿企业要建立一条安全生产技术防线，出台一系列措施，不断优化人才培养机制，搭建人才培育平台，坚持把人才培养作为创新发展建设绿色矿山、智慧矿山的重要手段，构建各层次的高素质人才梯队，为产业发展提供强有力的人才和技术支撑。要全面加强员工责任意识、安全操作技能以及安全技术知识的教育培训，提升从业人员整体思想素质与安全技能，增强安全意识，杜绝违章作业，提高自我保护能力。

第三节　近年来国家颁布或修正的煤矿安全生产主要法律法规

一、《安全生产法》

2021 年 6 月 10 日第十三届全国人民代表大会常务委员会第二十九次会议通过的《关于修改〈中华人民共和国安全生产法〉的决定》第三次对《安全生产法》进行了修正，修正的《安全生产法》自 2021 年 9 月 1 日起施行。

（一）主要内容

修正后的《安全生产法》总计 7 章 119 条。分总则、生产经营单位的安全生产保障、从业人员的安全生产权利义务、安全生产的监督管理、生产安全事故的应急救援与调查处理、法律责任、附则等。

（二）修正要点

这次修正新增加了5条，修改了55条，主要包括以下几个方面的内容：

一是贯彻新思想、新理念。将习近平总书记关于安全生产工作的一系列重要指示批示的精神转化为法律规定，增加了安全生产工作坚持人民至上、生命至上，树牢安全发展理念，从源头上防范化解重大安全风险等规定，为统筹发展和安全两件大事提供了坚强的法治保障。

二是落实中央决策部署。这次修正深入贯彻中央文件的精神，增加了重大事故隐患排查治理情况的报告、高危行业领域强制实施安全生产责任保险、安全生产公益诉讼等重要制度。

三是健全安全生产责任体系。第一，强化党委和政府的领导责任。第二，明确了各有关部门的监管职责。规定安全生产工作实行"管行业必须管安全、管业务必须管安全、管生产经营必须管安全"。第三，压实生产经营单位的主体责任，明确了生产经营单位的主要负责人是本单位的安全生产第一责任人。同时，要求各类生产经营单位落实全员安全生产责任制、安全风险分级管控和隐患排查治理双重预防机制，加强安全生产标准化建设，切实提高安全生产水平。

四是强化新问题、新风险的防范应对。深刻吸取近年来的事故教训，对生产安全事故中暴露的新问题作了针对性规定。

五是加大对违法行为的惩处力度。第一，罚款金额更高。第二，处罚方式更严，违法行为一经发现，即责令整改并处罚款，拒不整改的，责令停产停业整改整顿，并且可以按日连续计罚。第三，惩戒力度更大。采取联合惩戒方式，最严重的要进行行业或者职业禁入等。

（三）学习贯彻要点

煤矿企业要将新《安全生产法》的贯彻落实作为安全管理工作重点。一要对照新《安全生产法》的内容，修正完善各项安全生产管理制度，建立健全各级安全生产责任制，规范安全生产行为。二要强化安全生产监督管理，有针对性地组织开展安全大检查、专项整治等活动，重点检查新《安全生产法》和煤矿企业新修正制度、措施贯彻落实。三要严格安全生产责任追究，对存在严重"三违"行为、安全生产不作为或者出现生产安全事故的单位和个人，对照新《安全生产法》和煤矿企业有关规定，严格实行安全生产责任追究。

二、《刑法修正案(十一)》

2020年12月26日，第十三届全国人民代表大会常务委员会第二十四次会议通过《中华人民共和国刑法修正案(十一)》。该法自2021年3月1日起施行。

（一）修正要点

(1) 针对强令违章冒险作业，关闭生产安全设备设施和数据信息，拒不整改重大事故隐患，未经审批擅自开展高危生产作业活动，以及提供虚假证明文件等涉及生产安全的突出问题，对《刑法》作出修正完善。

(2) "危险作业罪"入刑，是我国首次对安全生产领域未发生重大伤亡事故或未造成严重后果，但有现实危险的违法行为追究刑事责任，充分展示了打击安全生产事前犯罪、防范化解重大安全风险的决心，对安全生产领域重大违法行为带来极大法律震慑力。

(3)《刑法》第 134 条规定,在生产、作业中违反有关安全管理的规定,因而发生重大伤亡事故或者造成其他严重后果的,处三年以下有期徒刑或者拘役;情节特别恶劣的,处三年以上七年以下有期徒刑。强令他人违章冒险作业,或者明知存在重大事故隐患而不排除,仍冒险组织作业,因而发生重大伤亡事故或者造成其他严重后果的,处五年以下有期徒刑或者拘役;情节特别恶劣的,处五年以上有期徒刑。

在生产、作业中违反有关安全管理的规定,有下列情形之一,具有发生重大伤亡事故或者其他严重后果的现实危险的,处一年以下有期徒刑、拘役或者管制:

① 关闭、破坏直接关系生产安全的监控、报警、防护、救生设备、设施,或者篡改、隐瞒、销毁其相关数据、信息的;

② 因存在重大事故隐患被依法责令停产停业,停止施工,停止使用有关设备、设施、场所或者立即采取排除危险的整改措施,而拒不执行的;

③ 涉及安全生产的事项未经依法批准或者许可,擅自从事矿山开采、金属冶炼、建筑施工,以及危险物品生产、经营、储存等高度危险的生产作业活动的。

(4)《刑法》第 135 条规定,安全生产设施或者安全生产条件不符合国家规定,因而发生重大伤亡事故或者造成其他严重后果的,对直接负责的主管人员和其他直接责任人员,处三年以下有期徒刑或者拘役;情节特别恶劣的,处三年以上七年以下有期徒刑。

(5)《刑法》第 139 条规定,在安全事故发生后,负有报告职责的人员不报或者谎报事故情况,贻误事故抢救,情节严重的,处三年以下有期徒刑或者拘役;情节特别严重的,处三年以上七年以下有期徒刑。

(二) 学习贯彻要点

作为主要负责人,一要充分认清《刑法修正案(十一)》中安全生产相关内容修正的重要意义,高度重视学习、宣传、贯彻工作,开展全方位宣传告知;二要突出学习重点,逐字逐句认真研读法律原文,明确各个安全生产违法行为的法律构成要件和刑事处罚;三要切实增强学习、宣传、贯彻的自觉性和责任感,精心制定学习方案,明确学习目标、学习方式、学习时间安排和考核办法,加强检查督促,确保从业人员知法、遵法、守法。

三、《煤矿安全规程》

2022 年 1 月 6 日,《应急管理部关于修改〈煤矿安全规程〉的决定》公布,对 2016 版《煤矿安全规程》(简称《规程》)(国家安全生产监督管理总局令第 87 号)部分条款予以修改,修改后的《规程》自 2022 年 4 月 1 日起施行。

(一) 主要内容

新修正的《规程》总计 6 编 721 条,包括总则、地质保障、井工煤矿、露天煤矿、职业病危害防治、应急救援等。

(二) 修正要点

本次对 2016 版《煤矿安全规程》共修正了 18 条,集中在“第一编总则”和“第三编井工煤矿”部分,其中设备查验 1 条、智能化 1 条、开采 3 条、突出防治 2 条、除降尘装置 1 条、冲击地压防治 6 条、火灾防治 2 条、水灾防治 1 条、井下爆破安全 1 条。其中涉及的重要条款包括:

(1) 设备查验。涉及第 4 条。增加了重要设备材料入矿查验和入井前安全性能检查要求。

(2) 智能化。涉及第 10 条。为认真贯彻执行《关于加快煤矿智能化发展的指导意见》(发改能源〔2020〕283 号),增加了推广自动化、智能化开采的要求。

(3) 矿井同时生产的采掘工作面个数。主要涉及第 95 条。

(4) 突出煤层消突后的放顶煤开采。主要涉及第 115 条,包括高瓦斯、突出矿井的容易自燃煤层采取综合防灭火措施与放顶煤开采过程中防治水的要求。

(5) 除降尘装置。涉及第 119 条。本次修改增加了以下要求:在内、外喷雾装置工作稳定性得不到保证的情况下,应当使用与掘进机、掘锚一体机或者连续采煤机联动联控的除降尘装置。

(6) 开采深度。主要涉及第 190 条突出矿井开采深度。

(7) 突出防治。主要涉及第 194 条、209 条。在第 194 条增加了防突机构、队伍、安全管理和质量管控的相关要求。在第 209 条对顺层钻孔或者穿层钻孔预抽回采区域煤层瓦斯的区域防突措施钻孔控制区域范围和距离提出了要求。

(8) 冲击地压防治。主要涉及第 228 条、第 230 条、第 231 条、第 236 条、第 241 条、第 244 条。第 228 条对矿井防治冲击地压(简称防冲)工作提出了总体要求。第 230 条、第 231 条、第 236 条、第 241 条、第 244 条分别对防冲原则、冲击地压矿井冲击倾向性鉴定、矿井巷道布置与采掘作业、冲击地压监测、解危措施时人员撤出、支护等提出了要求。

(9) 水害防治。主要涉及第 303 条顶板离层水威胁工作面防治措施。

(10) 防灭火。主要涉及第 250 条、第 274 条。第 250 条为井口防火,第 274 条为采空区防灭火安全措施。

(11) 爆破安全。主要涉及第 367 条。

(三) 学习贯彻要点

一要充分认识贯彻落实《规程》的重大意义。《规程》在煤炭行业具有很高的权威性,在煤矿安全生产领域居于主体规章地位,是安全生产法律法规和中央决策部署的具体体现,是安全监管监察执法的重要依据,是规范煤矿安全管理行为的重要准绳。二要加强新《规程》宣传贯彻培训力度。结合本单位实际制定方案,增强宣传贯彻针对性。深入学习领会,做到学以致用,实现安全生产。三要把握《规程》修正的重大变化,并结合实际,将新《规程》条款与老《规程》条文分解对照,梳理新旧版本的内容差异,逐条研究修改情况,确保知晓掌握规程内容。同时,要完善相关制度、装备,对照新《规程》要求,开展自查自纠,进一步完善本企业安全管理规章制度。

四、《煤矿安全生产条例》

2024 年 2 月 2 日发布的第 774 号国务院令,公布了经 2023 年 12 月 18 日国务院第 21 次常务会议通过的《煤矿安全生产条例》,该条例自 2024 年 5 月 1 日起施行。

(一) 总体思路

一是贯彻落实习近平总书记关于安全生产工作的重要指示批示精神和党中央、国务院有关决策部署;二是坚持预防为主,严格落实安全风险分级管控、隐患排查治理等措施;三是压实各方责任，进一步完善国家监察、地方监管、企业负责的体制。

（二）主要内容

《煤矿安全生产条例》共6章76条，主要规定以下内容：

一是坚持党的领导，确立工作原则。明确煤矿安全生产工作坚持中国共产党的领导，坚持人民至上、生命至上，坚持安全第一、预防为主、综合治理的方针。

二是强化源头治理，严查风险隐患。要求煤矿企业对风险隐患进行自查自改并按规定报告。监管部门要建立健全督办制度，督促煤矿企业消除重大事故隐患。对“带病生产”的煤矿企业，依法采取责令停产整顿直至关闭的处罚措施。

三是夯实煤矿企业主体责任。严格准入条件，明确煤矿企业取得安全生产许可证后方可进行生产；落实煤矿企业全员安全生产责任制；要求煤矿企业进行煤矿灾害鉴定并按照灾害程度和类型实施灾害治理。

四是严格落实监管监察责任。规定煤矿安全生产实行地方党政领导干部安全生产责任制。明确监管部门和监管职责，要求县级以上地方人民政府负有煤矿安全生产监督管理职责的部门，依法对煤矿企业特别是一线生产作业场所进行监督检查。矿山安全监察机构履行煤矿安全监察职责，负责对地方政府煤矿安全生产监管工作进行监督检查，有权进入煤矿现场并采取相应处置措施。

五是加大惩处力度。对煤矿安全生产违法行为，规定了罚款、行业和职业禁入、责令停产整顿、予以关闭等法律责任。

其中第十八条规定煤矿企业主要负责人对本企业安全生产工作负有下列职责：

（1）建立健全并落实全员安全生产责任制，加强安全生产标准化建设；

（2）组织制定并实施安全生产规章制度和作业规程、操作规程；

（3）组织制订并实施安全生产教育和培训计划；

（4）保证安全生产投入的有效实施；

（5）组织建立并落实安全风险分级管控和隐患排查治理双重预防工作机制，督促、检查安全生产工作，及时消除事故隐患；

（6）组织制定并实施生产安全事故应急救援预案；

（7）及时、如实报告煤矿生产安全事故。

（三）学习贯彻要点

《煤矿安全生产条例》主要从三个方面夯实煤矿企业主体责任。一是严格准入条件。煤矿建设项目应当进行安全设施设计，安全设施经验收合格后，煤矿企业还应取得安全生产许可证，方可进行生产。二是落实企业全员安全生产责任制。明确煤矿企业主要负责人（含实际控制人）、安全生产管理机构和人员、从业人员的全员安全生产责任。三是加强煤矿灾害治理。要求煤矿企业进行煤矿灾害鉴定并按照灾害程度和类型进行治理。

《煤矿安全生产条例》通过构筑以责任制、风险管理、分类治理等为主干的制度体系，明确行为规范，加强制度供给，解决突出问题，将严的基调贯穿始终。作为煤矿主要负责人，一要大力营造氛围，全面组织学习贯彻《煤矿安全生产条例》。二要认真研读《煤矿安全生产条例》，对照《煤矿安全生产条例》规定，组织自查自改。结合工作实际，分解细化《煤矿安全生产条例》明确的任务和要求，逐项完善配套措施。

五、《煤矿重大事故隐患判定标准》

《煤矿重大事故隐患判定标准》(应急管理部令第4号,以下简称4号令)经2020年11月2日应急管理部第31次部务会议审议通过,自2021年1月1日起施行。4号令依然遵循国务院第446号令的规定,从15个方面列举了81种应当判定为重大事故隐患的情形。

(一) 标准修正情况

(1) 4号令是对国家安全生产监督管理总局于2015年12月3日公布的《煤矿重大生产安全事故隐患判定标准》(以下简称85号令)的修改和完善,内容有增有减。将建设矿井纳入范围对象予以规定;将各种系统建成后的正常运行纳入规定的内容;删减了双回路供电关于井型的表述等。

(2) 充分吸取事故教训。增加了"裸露爆破""图制造假,隐瞒采掘工作面""强降雨天气不执行灾害天气停产撤人制度"等重大隐患情形。

(3) 4号令列举的65项重大隐患,包括预防性条款和追加惩罚性条款两部分。预防性条款占绝大多数,主要是针对可能导致事故甚至重特大事故较难整治的隐患;惩罚性条款针对一部分即时就可得到整改、已经发生但并未造成事故的隐患,保留和设立惩罚性条款的目的就是给予执法部门可以事后追加处罚的权力,给煤矿以警醒,防止煤矿企业出现习惯性违章。

(4) 增加的第十九条"本标准所称的国家规定,是指有关法律行政法规、部门规章、国家标准、行业标准,以及国务院及其应急管理部门、国家矿山安全监察机构依法制定的行政规范性文件。"其内容是对4号令中所指的国家规定进行了规范界定。从内容上看到,一些规范性文件也可作为判定重大事故隐患的依据,其范围要比85号令更加宽泛,可操作性增强。

(二) 学习贯彻要点

(1) 煤矿主要负责人要认真研读4号令相关条文的内容,切实做到了解标准、掌握标准,对照标准开展自查自纠,确保合法合规做好生产组织和重大事故隐患排查治理工作。

(2) 把握好一般隐患与重大隐患的关系。不在81项重大隐患范围内的隐患仍然是隐患,要及时整改;对存在的重大隐患要及早排查列出整改措施,提前上报。

(3) 坚持目标导向、问题导向,以煤矿安全专项整治三年行动为主线,以深入开展煤矿安全生产大排查为抓手,积极开展隐患排查治理,推动煤矿安全生产形势保持总体稳定。

六、《矿山生产安全事故报告和调查处理办法》

《矿山生产安全事故报告和调查处理办法》(以下简称《办法》)经国家矿山安全监察局2022年第39次局务会议审议通过,自2023年1月17日起施行。

(一) 主要内容

《办法》总计7章35条,包括总则、事故等级、事故报告、事故现场处置、事故调查、事故处理和整改措施评估、附则等。

(1) 根据事故造成的人员伤亡或者直接经济损失,事故分为4个等级:

① 特别重大事故,是指造成30人以上死亡,或者100人以上重伤(包括急性工业中毒,下同),或者1亿元以上直接经济损失的事故;

② 重大事故，是指造成 10 人以上 30 人以下死亡，或者 50 人以上 100 人以下重伤，或者 5 000 万元以上 1 亿元以下直接经济损失的事故；

③ 较大事故，是指造成 3 人以上 10 人以下死亡，或者 10 人以上 50 人以下重伤，或者 1 000 万元以上 5 000 万元以下直接经济损失的事故；

④ 一般事故，是指造成 3 人以下死亡，或者 10 人以下重伤，或者 100 万元以上 1 000 万元以下直接经济损失的事故。

注：事故等级中所称的“以上”包括本数，所称的“以下”不包括本数。

(2) 事故造成的直接经济损失包括：人身伤亡后所支出的费用，含医疗费用、护理费用、丧葬及抚恤费用、补助及救济费用、歇工工资；善后处理费用，含处理事故的事务性费用、现场抢救费用、清理现场费用、事故赔偿费用；财产损失价值，含固定资产损失价值和流动资产损失价值。

(3) 矿山发生事故(包括涉险事故)后，事故现场有关人员应当立即报告矿山负责人；矿山负责人接到报告后，应当于 1 h 内报告事故发生地县级及以上人民政府矿山安全监管部门，同时报告国家矿山安全监察局省级局。发生较大及以上等级事故的，可直接向省级人民政府矿山安全监管部门和国家矿山安全监察局省级局报告。

(4) 报告事故应当包括下列内容：

① 事故发生单位概况。主要包括单位全称、所有制形式和隶属关系、生产能力、生产状态、证照情况等。

② 事故发生的时间、地点以及事故现场情况。

③ 事故类别。煤矿事故类别分为顶板、冲击地压、瓦斯、煤尘、机电、运输、爆破、水害、火灾、其他。非煤矿山事故类别分为物体打击、车辆伤害、机械伤害、起重伤害、触电、淹溺、灼烫、火灾、高处坠落、坍塌、冒顶片帮、透水、爆破、火药爆炸、中毒和窒息、溃坝、其他。

④ 事故的简要经过，入井人数、安全升井人数，事故已经造成伤亡人数、涉险人数、失踪人数和初步估计的直接经济损失。

⑤ 已经采取的措施。

⑥ 其他应当报告的情况。

(5) 事故按照等级实行分级调查。重大及以下等级煤矿事故由国家矿山安全监察局省级局牵头组织调查。重大、较大、一般非煤矿山事故分别由事故发生地省级人民政府、设区的市级人民政府、县级人民政府负责直接组织事故调查组进行调查，也可以授权或者委托有关部门组织事故调查组进行调查。未造成人员死亡的一般事故，县级人民政府或者国家矿山安全监察局省级局可以委托事故发生单位或者有关部门组织事故调查组进行调查。

(二) 学习贯彻要点

煤矿主要负责人要认真学习《办法》，全面掌握《办法》的主要内容和精神实质。要把对《办法》的宣传贯彻作为安全生产工作的重点内容之一，与《刑法修正案(十一)》等法律法规的培训结合起来。通过深入的学习、培训和宣传贯彻，使相关人员熟悉和掌握《办法》的基本原则、事故报告的具体规定、事故调查处理的程序方法以及违反《办法》应承担的法律责任。

七、《煤矿安全培训规定》

《煤矿安全培训规定》(以下简称《培训规定》)于 2012 年 5 月 3 日由国家安全生产监督

管理总局令第 52 号公布，根据 2018 年 1 月 11 日国家安全生产监督管理总局令第 92 号修订，自 2018 年 3 月 1 日起施行。

《培训规定》主要内容分为总则、安全培训的组织与管理、主要负责人和安全生产管理人员的安全培训及考核、特种作业人员的安全培训和考核发证、其他从业人员的安全培训和考核、监督管理、法律责任、附则共 8 章 50 条。

（一）修订内容

一是理顺了煤矿安全培训管理体制。《培训规定》中明确：省、自治区、直辖市人民政府负责煤矿安全培训的主管部门负责指导、管理和监督本行政区域内煤矿企业从业人员的安全培训工作，煤矿安全监察机构对本行政区域内安全培训工作实施监察。

二是突出了煤矿企业安全培训主体责任。《培训规定》增加了"安全培训的组织与管理"章节，明确了煤矿企业应当明确安全培训工作的机构、配备安全培训管理人员、建立培训制度、制订培训计划、保障培训经费、具备培训条件、建立健全培训档案等安全培训主体责任，规范煤矿企业安全培训行为。

三是提高了煤矿企业从业人员准入条件。① 对煤矿矿长、副矿长、总工程师、副总工程师以及安全生产管理机构负责人任职条件，实行统一标准，不再按煤矿生产能力进行划分，即新任职的所有煤矿矿长、副矿长、总工程师、副总工程师应当具备煤矿相关专业大专及以上学历，具有 3 年以上煤矿相关工作经历；煤矿安全生产管理机构负责人应当具备煤矿相关专业中专及以上学历，具有 2 年以上煤矿安全生产相关工作经历。② 自 2018 年 6 月 1 日起新上岗的煤矿特种作业人员应当具备高中及以上文化程度。

四是改进了煤矿主要负责人和安全生产管理人员培训考核工作。细化了煤矿企业主要负责人和安全生产管理人员的考核对象、考核内容、考核程序等内容。同时，取消了必须经过培训方可参加考核的强制性要求。

煤矿企业主要负责人考试内容包括：① 国家安全生产方针、政策和有关安全生产的法律、法规、规章及标准；② 安全生产管理、安全生产技术和职业健康基本知识；③ 重大危险源管理、重大事故防范、应急管理和事故调查处理的有关规定；④ 国内外先进的安全生产管理经验；⑤ 典型事故和应急救援案例分析；⑥ 其他需要考试的内容。

煤矿企业主要负责人的考试应当在规定的考点采用计算机方式进行。考试试题从国家级考试题库和省级考试题库随机抽取，其中抽取国家级考试题库试题比例占 80%以上。考试满分为 100 分，80 分以上为合格。考试合格后，考核部门应当在公布考试成绩之日起 10 个工作日内颁发安全生产知识和管理能力考核合格证明，该考核合格证明在全国范围内有效。

煤矿企业主要负责人考试不合格的，可以补考一次；经补考仍不合格的，1 年内不得再次申请考核。考核部门应当告知其所在煤矿企业或其任免机关调整其工作岗位。

考核部门对煤矿企业主要负责人的安全生产知识和管理能力每 3 年考核一次。

五是规范了特种作业人员的考核发证工作。《特种作业人员安全技术培训考核管理规定》（国家安全生产监督管理总局令第 30 号）规定：特种作业操作证有效期为 6 年，每 3 年复审 1 次。为了规范行政许可工作，减轻企业负担，《培训规定》中取消了对煤矿特种作业人员每 3 年复审 1 次的要求。

六是强化了安全培训事中、事后监管。

七是取消了从业人员年龄和健康规定的相关条款。

(二) 学习贯彻要点

(1) 煤矿企业要强化安全培训工作,做到培训学习"全覆盖"。

(2) 各培训机构要将《培训规定》纳入煤矿企业"三项岗位人员"和其他从业人员安全培训内容,重点对《培训规定》新增的条款进行学习,对容易造成误解、多解的条款要联系实际,从理论和操作层面深入学、带着问题学,做到全面理解、精准把握。

(3) 精心组织安全培训工作,提高从业人员业务水平和自主保安能力。

八、《防治煤与瓦斯突出细则》

国家煤矿安全监察局于 2019 年 7 月 16 日颁布了《防治煤与瓦斯突出细则》(简称《防突细则》),自 2019 年 10 月 1 日起施行。

(一) 主要内容

《防突细则》主要内容分为总则、一般规定、区域综合防突措施、局部综合防突措施、防治岩石与二氧化碳(瓦斯)突出措施、附则等,共 6 章 127 条。

(二) 修正变化的主要内容

(1) 理顺了与《煤矿安全规程》的关系。将《防治煤与瓦斯突出规定》修正为《防突细则》,由部门规章调整为规范性文件,作为《煤矿安全规程》的支撑,下调了《防突细则》的层级,突出了《煤矿安全规程》在煤矿安全及煤炭行业的主体地位。

(2) 强化了区域综合防突措施。完善了突出危险性预测预警的技术方法,明确了区域预测范围,提出了突出矿井要建立突出预警机制,实现"多元信息的综合预警、快速响应和有效处理";强化了区域防突措施,明确了定向长钻孔预抽煤层瓦斯区域防突措施、顺层钻孔预抽煤巷条带抽采时间要求,以及顺层钻孔预抽煤巷条带煤层瓦斯区域防突措施的限制使用条件;规定了区域措施效果检验的最小检验范围,提高了区域防突措施效果检验的可靠性。

(3) 纳入了综合防突措施实施质量管控。《防突细则》第二章第四节"综合防突措施过程管理与突出预兆管控"为新增内容,共 7 条,主要是对两个"四位一体"综合防突措施的实施进行全过程管理,保证防突措施实施质量可靠、过程可溯,为查找整改防突工作流程存在的问题和不足提供支撑。如"建立完善综合防突措施实施、检查、验收、审批等管理制度""深度超过 120 m 的预抽瓦斯钻孔应当每 10 个钻孔至少测定 2 个钻孔的轨迹""突出矿井应当建立通风瓦斯日分析制度、突出预警分析与处置制度和突出预兆的报告制度"等。

(4) 强化了煤与瓦斯突出可防可治理念。吸纳了防突新理念、新技术和新装备,将我国煤矿突出防治创新理念、先进适用技术和装备写入《防突细则》,增加了"一矿一策、一面一策""先抽后建、先抽后掘、先抽后采、预抽达标"防突理念,以及远程操控钻机、钻孔轨迹测量、视频监控、防突信息化管理等新技术和新装备相关要求。

(5) 规范性、可操作性更强。《防突细则》对突出煤层认定、突出危险性评估、突出矿井巷道布置、采掘作业、突出矿井通风系统、防突钻孔施工、人员培训、突出事故的监测报警、防突措施选择、区域效果检验、石门揭煤作业等主要内容进行了细化完善。

(三) 学习贯彻要点

有高瓦斯、煤与瓦斯突出矿井的煤矿主要负责人要带头学习《防突细则》,做到应知应会，并组织分管人员专题进行学习讨论，结合实际落实《防突细则》的相关要求。

九、《煤矿防灭火细则》

《煤矿防灭火细则》(简称《防灭火细则》)由国家矿山安全监察局 2021 年 10 月 12 日第 22 次局务会议审议通过，自 2022 年 1 月 1 日起施行。《防灭火细则》的出台，对强化煤矿火灾事故隐患治理和防灭火工作将产生深远影响。

(一) 主要内容

《防灭火细则》主要内容分为总则、一般规定、井下火灾监测监控、防火技术、应急处置、井下火区管理、露天煤矿防灭火、附则等，共 8 章 119 条，对生产过程中容易导致火灾事故的情况提出了明确要求。

(二) 学习贯彻要点

煤矿企业应加大对《防灭火细则》的宣传力度，组织相应的学习培训，开展对标检查，认真对照新规定、新要求完善相关机构、制度、装备，强化应急处置，推进《防灭火细则》各项规定的落地。

各级煤矿安全监管部门、矿山安全监察机构应认真组织《防灭火细则》学习，同时严格按照《防灭火细则》的要求进行煤矿火灾防治的监管、监察和行政执法，监督煤矿企业切实落实《防灭火细则》各项条款，充分发挥《防灭火细则》在煤矿安全生产中的重要作用。

十、《防治煤矿冲击地压细则》

2018 年 5 月 2 日，国家煤矿安全监察局印发了《防治煤矿冲击地压细则》(简称《防冲细则》)，自 2018 年 8 月 1 日起实施。

(一) 主要内容

《防冲细则》是对《煤矿安全规程》第 225 条至第 245 条的细化，从安全管理和工程技术措施两方面进一步提高了冲击地压防治工作的系统性、规范性和科学性。一是细化了煤(岩)层冲击倾向性鉴定和冲击危险性评价，包括建设矿井、生产矿井及采区、采掘工作面的冲击危险性评价；二是细化了冲击地压防治工程技术措施，如监控预警措施、卸压防冲措施等；三是细化了冲击地压矿井防冲管理制度和安全措施。

《防冲细则》主要内容分为总则，一般规定，冲击危险性预测、监测、效果检验，区域与局部防冲措施，冲击地压安全防护措施，附则，共 6 章 87 条，进一步规范和细化了防治煤矿冲击地压工作的要求。

(二) 学习贯彻要点

《防冲细则》作为规范性文件，是对《煤矿安全规程》中冲击地压防治要求的细化和明确，冲击地压矿井及有冲击地压潜在风险的矿井，要增强遵规守法意识，认真学《防冲细则》、懂《防冲细则》、用《防冲细则》、遵守《防冲细则》相关规定。重点要做好以下工作：一要充分认识煤矿冲击地压灾害的复杂性和防治工作的紧迫性。二要注重预防为主、源头治理。防治煤矿冲击地压必须优化矿井开拓部署、煤层和工作面开采顺序、巷道布置和采煤方法。冲击地压矿井必须控制开采强度，要限制采掘工作面数量，控制工作面推进速度，控制采场应力集中程度，防范冲击地压事故。三要加强冲击地压矿井安全管理。按要求落实相关防冲措施。

十一、《煤矿防治水细则》

《煤矿防治水细则》(简称《防治水细则》)经2018年5月2日原国家煤矿安全监察局第16次局长办公会议审议通过,自2018年9月1日起施行。

(一) 主要内容

《防治水细则》主要内容分为总则、矿井水文地质类型划分及基础资料、矿井水文地质补充勘探、井下探放水、矿井防治水技术、露天煤矿防治水、水害应急处置、附则,共8章138条。

(二) 修订的要点

(1) 把成功经验和工作要求固化为标准。一是贯彻全国煤矿水害防治工作现场会精神,在《防治水细则》第三条中规定煤矿必须落实防治水的主体责任,推进防治水工作"五个转变",构建"七位一体"的工作体系。二是明确"三专两探一撤"措施具体要求。

(2) 坚持问题导向,明确不同类型水害防治工作要求。一是将地表水、顶板水、底板水、老空水等四种不同类型水害的防治要求分类归纳并细化补充,列入《防治水细则》第五章前四节。二是针对老空水害事故占比高的特点,总结近年来老空水透水事故教训和有效的技术手段,对受老空水害影响煤层实行分区管理,增加了关于老空水害防治的技术管理要求。三是补充底板水害的地面区域治理、突水监测预警系统等有关要求。四是吸取近年来典型的离层水害事故教训,完善离层水防治措施。

(3) 进一步完善了煤矿水害综合防治措施。在《煤矿防治水规定》第三条"防、堵、疏、排、截"综合防治措施中新增了"探"和"监"两项措施,将"井下探放水"列为第四章,明确了"探"在水害防治措施中的核心地位和先导作用,并提出具体要求。

(4) 对《煤矿安全规程》中部分防治水要求进行细化。一是明确了以《煤矿安全规程》为遵循。二是细化了矿井水文地质类型划分要求。三是区分了关于煤炭企业、煤矿与矿井的不同要求。

(三) 学习贯彻要点

煤矿主要负责人要认真研读《防治水细则》修正的条款,对照《防治水细则》的新要求、新规定,结合矿井实际,从完善相关机制、制度、装备,落实各项防治水技术管理措施等工作入手,修改完善防治水措施,严格管理,充分发挥《防治水细则》在煤矿安全生产中有效防范遏制煤矿重特大水害事故的重要作用。

十二、《煤矿地质工作细则》

2024年1月8日,国家矿山安全监察局公布了该局于2023年第31次局务会议审议通过的《煤矿地质工作细则》(简称《地质细则》),于2024年3月1日起执行。

(一) 修订背景

《煤矿地质工作规定》自2014年3月1日实施以来,在规范煤矿地质工作、保障煤矿安全生产等方面发挥了重要作用。但经过近十年的发展,煤炭开采条件、煤矿开采技术等均发生了较大的变化,该规定的部分内容已不适应煤矿安全生产地质保障需求,主要表现在:一是煤炭开采规模和强度不断提升，煤炭开采区域的水、瓦斯、冲击地压等地质问题日益突出；二是随着煤炭资源逐渐向深部延伸开采，深部高地应力、高地温、高瓦斯、高水压等环境和高强度开采扰动，大大增加了冲击地压、煤与瓦斯突出、突水、热害等灾害风险；三是随着煤矿智能化建设的快速发展，催生了煤矿地质透明化的新需求；四是随着煤炭工业的高速发展，地质保障技术装备不断创新，大量高效、成熟且被实践证明行之有效和业内广泛认可的新技术装备极大地提升了煤矿地质工作的安全保障能力，推广使用这些新技术装备，体现了科技进步；五是近年来一些典型的煤矿水害、瓦斯、火灾、顶板、冲击地压等事故多与隐蔽致灾地质因素普查治理不到位有关，隐蔽致灾地质因素普查需进一步强化；六是近些年《煤矿安全规程》等规程、细则、标准等进行了修编、制定，该规定的部分内容与这些规程、细则、标准等不一致。

（二）主要内容

修订后的《地质细则》共 10 章 102 条，包括总则、煤矿地质类型划分及基础资料、煤矿隐蔽致灾地质因素普查、煤矿地质补充调查与勘探、煤矿地质观测与综合分析、煤矿建设阶段地质工作、煤矿生产阶段地质工作、煤矿闭坑阶段地质工作、煤矿地质数字化工作、附则等内容。

修订的主要内容涉及以下 10 个方面：一是调整章节结构，将《煤矿地质工作规定》修正为《地质细则》，由部门规章调整为规范性文件，作为《煤矿安全规程》的支撑性文件，下调了《地质细则》的层级，突出了《煤矿安全规程》在煤矿安全及煤炭行业的主体地位；二是加强隐蔽致灾地质因素普查，明确了普查工作对象和普查周期；三是夯实人员保障基础，规定煤矿企业、煤矿应配备由地质及相关专业技术人员担任的地质副总工程师；四是强化煤矿冲击地压工作；五是优化煤矿地质类型和地质报告编写周期；六是严格把控各类地质报告质量；七是强化新技术对地质探查的保障作用；八是强化露天煤矿边坡地质工作；九是新增揭煤地质说明书；十是深化煤矿地质数字化建设。

（三）学习贯彻要点

煤矿主要负责人要认真研读《地质细则》，对照《地质细则》的新要求、新规定，结合矿井实际，从完善相关机制、制度、装备等方面落实《地质细则》工作的各项要求，严格管理，充分发挥《地质细则》在煤矿安全生产管理中的重要作用。

第四节 煤矿安全生产领域常见违法行为及法律责任

一、煤矿安全生产领域常见违法违规行为

（一）共性部分常见违法违规行为

(1) 拒绝、阻碍行政执法人员监督检查的行为。

(2) 未分别配备专职的矿长、总工程师和分管安全、生产、机电的副矿长，以及负责采煤、掘进、机电运输、通风、地测、防治水工作的专业技术人员的行为。

(3) 未按规定提取使用安全生产费用的行为。

(4) 国家规定的其他安全生产必需的资金投入而未投入的行为。

(5) 下井人员不随身携带人员定位卡的行为。

(6) 主要负责人履行法定安全生产管理职责不到位的行为。

(7) 企业安全生产责任制不完善、不落实的行为。

(8) 安全管理机构设置和主要负责人配备不符合规定的,特别是混合所有制、托管企业不具备相应管理能力的行为。

(9) 未严格执行矿领导带班下井制度的行为。

(10) 未按规定对井下作业人员进行安全生产教育和培训,或者特种作业人员无证上岗的行为。

(二) 采掘专业常见违法违规行为

(1) 未经批准擅自组织生产建设的行为。

(2) 超能力、超强度、超定员组织生产的“三超”生产行为。

(3) 一个采(盘)区内同一煤层的一翼同时作业的采煤工作面超过 1 个或煤(半煤岩)巷掘进工作面超过 2 个的行为。

(4) 一个采(盘)区内同一煤层双翼开采或者多煤层开采的,该采(盘)区同时作业的采煤工作面超过 2 个或煤(半煤岩)巷掘进工作面超过 4 个的行为。

(5) 采掘作业地点人数超过本矿制定的劳动定员规定 20%以上的行为。

(6) 采煤工作面不能保证 2 个畅通的安全出口而组织生产的行为。

(7) 重大灾害治理不到位组织生产的行为。

(8) 超出采矿许可证载明的开采煤层层位或者标高而进行开采的行为。

(9) 超出采矿许可证载明的坐标控制范围而开采的行为。

(10) 擅自开采(破坏)安全煤柱的行为。

(11) 未按照国家规定进行煤层(岩层)冲击倾向性鉴定,或者开采有冲击倾向性煤层未进行冲击危险性评价,或者开采冲击地压煤层,未进行采区、采掘工作面冲击危险性评价的行为。

(12) 有冲击地压危险的矿井未设立专门的防冲机构、未配备专业人员或者未编制专门设计的行为。

(13) 未进行冲击地压危险性预测,或者未进行防冲措施效果检验以及防冲措施效果检验不达标仍组织生产建设的行为。

(14) 开采冲击地压煤层时,违规开采孤岛煤柱,采掘工作面位置、间距不符合国家规定,或者开采顺序不合理、采掘速度不符合国家规定、违反国家规定布置巷道或者留设煤(岩)柱造成应力集中的行为。

(15) 未制定或者未严格执行冲击地压危险区域人员准入制度的行为。

(16) 隐蔽致灾因素不清、重大风险没有管控措施冒险作业的行为。

(17) 隐瞒作业地点的行为。

(18) 假整合、假技改,以整合技改名义违规组织生产的行为。

(19) 违法违规承包分包转包、以包代管的行为。

(20) 实行整体承包的煤矿,承包方再次将煤矿转包给其他单位或者个人的行为。

(21) 井工煤矿将井下采掘作业或者井巷维修作业(井筒及井下新水平延深的井底车场、主运输、主通风、主排水、主要机电硐室开拓工程除外)作为独立工程发包给其他企业或者个人，以及转包井下新水平延深开拓工程的行为。

（22）使用已公示列入淘汰退出名单应淘汰退出的设备或工艺的行为。

（23）冲击地压、冒顶等灾害预兆不撤人、冒险作业的行为。

（24）高瓦斯矿井、煤与瓦斯突出矿井、开采容易自燃和自燃煤层（薄煤层除外）矿井，采煤工作面采用前进式采煤方法的行为。

（25）掘进工作面后部巷道或者独头巷道维修（着火点、高温点处理）时，维修（处理）点以里继续掘进或者有人员进入，或者采掘工作面未按照国家规定安设压风、供水、通信线路及装置的行为。

（三）“一通三防”专业常见违法违规行为

（1）瓦斯超限，出现煤与瓦斯突出等灾害预兆不撤人、冒险作业的行为。

（2）违规爆破、动火作业的行为。

（3）未按规定安装安全监控系统、人员位置监测系统或者系统不能正常运行，以及修改、删除及屏蔽系统数据信息的行为。

（4）火区、高冒区、采空区等管控治理和密闭管理不符合规定的行为。

（5）未按照国家规定安设、调校甲烷传感器，人为造成甲烷传感器失效，或者瓦斯超限后不能报警、断电或者断电范围不符合国家规定的生产行为。

（6）高瓦斯矿井未建立瓦斯抽采系统和监控系统，或者系统不能正常运行的生产行为。

（7）矿井总风量不足或者采掘工作面等主要用风地点风量不足的生产行为。

（8）没有备用主要通风机，或者两台主要通风机不具有同等能力的生产行为。

（9）高瓦斯、煤（岩）与瓦斯（二氧化碳）突出矿井的煤巷、半煤岩巷和有瓦斯涌出的岩巷掘进工作面采用局部通风不能实现双风机、双电源且自动切换的生产行为。

（10）开采容易自燃和自燃煤层的矿井，未编制防灭火专项设计或者未采取综合防灭火措施的行为。

（11）高瓦斯矿井采用放顶煤采煤法不能有效防治煤层自然发火的生产行为。

（12）有自然发火征兆没有采取相应的安全防范措施继续生产建设的行为。

（13）未按矿井瓦斯等级选用相应的煤矿许用炸药和雷管、未使用专用发爆器，或者裸露爆破的行为。

（14）未按照国家规定进行瓦斯等级鉴定，或者瓦斯等级鉴定弄虚作假的行为。

（四）机电运输专业常见违法违规行为

（1）矿井单回路供电的生产行为。

（2）矿井有两回路电源线路但取自一个区域变电所同一母线段的生产行为。

（3）使用已公示列入淘汰退出名单应淘汰退出的设备的行为。

（4）井下电气设备、电缆未取得煤矿矿用产品安全标志而使用的行为。

（5）井下电气设备选型与矿井瓦斯等级不符，或者采（盘）区内防爆型电气设备存在失爆，或者井下使用非防爆无轨胶轮车的行为。

（6）提升（运送）人员的提升机未按照《煤矿安全规程》规定安装保护装置，或者保护装置失效，或者超员运行的行为。

（7）带式输送机的输送带入井前未经过第三方阻燃和抗静电性能试验，或者试验不合格入井，或者输送带防打滑、跑偏、堆煤等保护装置或温度、烟雾监测装置失效的行为。

（五）地测防治水专业常见违法违规行为

（1）有突（透、溃）水征兆未撤出井下所有受水患威胁地点人员的行为。

（2）未查明矿井水文地质条件和井田范围内采空区、废弃老窑积水等情况而组织生产建设的行为。

（3）水文地质类型复杂、极复杂的矿井没有设立专门的防治水机构、未配备专门的探放水作业队伍，或者未配齐专用探放水设备的行为。

（4）在需要探放水区域进行采掘作业未按照国家规定进行探放水的行为。

（5）未按照国家规定留设或者擅自开采（破坏）各种防隔水煤（岩）柱的行为。

（6）受地表水倒灌威胁的矿井在强降雨天气或者其来水上游发生洪水期间未实施停产撤人的行为。

（7）矿井主要排水系统水泵排水能力、管路和水仓容量不符合《煤矿安全规程》规定而组织生产的行为。

二、煤矿安全生产领域常见违法违规行为法律责任

【案例 1-1】 贵州省六盘水市某煤矿“8·16”较大顶板事故

（一）事故基本情况

2022 年 8 月 16 日，贵州省六盘水市某能源开发有限公司某煤矿（以下简称某煤矿）发生一起较大顶板事故，造成 9 人死亡，直接经济损失 3 028.26 万元。事故发生后，企业瞒报，后经核查属实。

某煤矿属贵州某能源开发有限公司（以下简称某公司）全资矿井，为正常生产矿井，生产能力为 120 万 t/a，证照齐全有效。事故发生在 1250 运输石门与 1250 第二联络巷、12125 运输巷交岔口处，3 条巷道均采用 U 型棚支护。

（二）事故直接原因

该矿在 12125 运输巷交岔口支护不到位、棚顶出现下沉的情况下，违章指挥将手拉葫芦固定在已拆除一侧棚腿的 U 型棚上拉综掘机铲板，导致顶板冒落。

（三）事故暴露出的主要问题

（1）顶板管理不到位。该矿在巷道交岔口进行刷帮、拆棚腿、搬运综掘机铲板等未制定专项安全技术措施，未对交岔口加强支护。

（2）现场作业管理混乱。该矿在明知 12125 运输巷交岔口支护不到位、棚顶出现下沉的情况下，用手拉葫芦固定在已失稳的 U 型棚棚腿上转运综掘机铲板。

（3）安全管理人员配备不齐。未配备地质副总工程师、地测部部长等管理人员和地质专业技术人员。

（4）落实上级工作部署不到位。对国务院安全生产委员会督导帮扶组提出的问题隐患和工作建议整改落实不到位，未认真落实顶板管理专项整治工作。

（5）吸取事故教训不深刻，蓄意隐瞒事故。2022 年 5 月 12 日该矿曾发生顶板涉险事故，不吸取教训，仍未强化顶板现场管理。事故发生后，煤矿转移遗体、删除监控数据、封闭

事故区域，蓄意瞒报事故。

（6）上级公司主体责任不落实。该公司对煤矿督促检查不到位，巷道开工验收流于形式；对问题隐患整改验收把关不严。

（7）地方监管职责落实有差距。地方监管部门到矿核查该起顶板事故导致的瓦斯超限时不细不实，接受煤矿请求随意取消检查计划，收到该煤矿事故举报后未开展核查工作。

（四）事故责任者的处理

依据《中国共产党问责条例》《中国共产党纪律处分条例》《监察法》《公职人员政务处分法》等有关规定，共对41名事故责任人员进行问责。其中，对某煤矿矿长、总工程师、生产副矿长、安全副矿长和某公司董事长兼法定代表人、总经理、生产副总经理等8人移送公安机关立案侦查并给予行政罚款，某公司董事长兼法定代表人、总经理和某煤矿矿长等3人自刑罚执行完毕或者受处分之日起，五年内不得担任任何生产经营单位的主要负责人；对某煤矿安全副总工程师、采掘副总工程师和某公司安全副总工程师、地测副总工程师等12人给予行政罚款、吊销安全执业资格等处理；对某市分管副市长、能源局局长等21名公职人员给予党纪政务处分或组织处理。对某煤矿、某公司分别罚款700万元、200万元，并纳入联合惩戒对象。责成某市卫生健康局党组、民政局党组向某市委作出深刻书面检查，某市委对市能源局党组进行通报批评；责成某市委、市政府分别向六盘水市委、市政府作出深刻书面检查。

【案例1-2】　山西晋城某集团某煤矿“1·27”较大水害事故案例

（一）事故基本情况

2023年1月27日，山西某集团某煤矿有限公司（以下简称某煤矿）发生较大水害事故，造成4人遇难，直接经济损失876.12万元。事故发生后，煤矿迟报。

某煤矿属地方国有企业，核定生产能力为90万t/a，为低瓦斯矿井，水文地质类型为中等。事故发生在3#煤层一采区北翼ZF1212掘进工作面迎头，该区域3#煤层煤厚平均为4.2～6.12 m，过去沿顶板采煤后形成诸多采空区，采空区存有积水。ZF1212巷掘进至90 m时遇地质构造，巷道揭露底板砂质泥岩，至117 m（事发位置）处该巷一直为半煤岩巷。

（二）事故直接原因

该矿在未消除复采区域水害事故隐患的情况下安排掘进ZF1212巷，超前钻探（长探）违反《煤矿安全规程》规定，逐班探测（短探）违反作业规程，前方积水未探明，危险掘进，受老空水的长期浸泡和爆破对围岩（煤）的破坏，并叠加采场应力与水压力耦合的影响，3#煤上部老空积水突破厚度有限的煤壁瞬间溃入工作面，导致事故发生。

（三）事故暴露出的主要问题

（1）某煤矿重生产轻安全，盲目组织作业。ZF121放顶煤工作面开采设计未经批复，在周边采空区积水未疏放干净、隐患未消除的情况下，冒险开掘ZF1211巷、ZF1212巷。

（2）某煤矿防治水责任悬空，安全管理混乱。违反《煤矿防治水细则》规定，擅自将探放水钻孔超前距确定为10 m；防治水制度不落实，探水钻孔钻探、验收、移交工作不符合有关要求；未认真开展物探，物探报告造假。

（3）某煤矿隐患排查流于形式，现场监督形同虚设。对辨识出的水害重大风险未采取管控措施，安全隐患大排查浮于表面、流于形式；未有效利用工业视频，未落实探放水相关制度及作业规程，现场安全监督形同虚设。

（4）上级公司安全责任不落实，安全检查不严不细。疏于安全监督管理，对某煤矿日常安全监督检查不认真、不仔细，未发现 ZF121 放顶煤工作面未批先掘以及探放水方面存在的问题，未督促某煤矿及时上报事故，也未向有关部门报告事故。

（5）有关中介机构回避事实，出具严重失实报告。山西省某勘查院有限公司、山西某地质勘查有限公司在为该矿编制《山西某集团某煤矿有限公司煤矿隐蔽致灾地质因素普查报告》和《山西某集团某煤矿有限公司水文地质类型报告》时，不深入现场实地勘查，刻意回避事实，作出与事实严重不符的错误结论，出具严重失实的报告。

（6）地方安全监管部门监管不到位，未压实工作责任。日常安全检查不严、不细、不全面，未深入井下采掘工作面检查，未发现某煤矿探放水方面存在的诸多问题。

（四）事故责任者的处理

依据《中国共产党问责条例》《中国共产党纪律处分条例》《监察法》《公职人员政务处分法》等有关规定，事故共对 40 名相关责任人员进行追责问责。其中，对某煤矿董事长、生产副总经理、总工程师等 11 人移送司法机关依法处理，并对董事长处上一年年收入 100％的罚款，纳入联合惩戒，终身不得担任矿长；对晋城市能源局局长、应急局三级调研员、某集团董事长、总经理等 29 人给予党纪政务处分或作出其他组织处理。

对某煤矿罚款 215 万元，纳入联合惩戒对象；对山西省某勘查院有限公司、山西某地质勘查有限公司分别罚款 10 万元。

第二章　煤矿地质与安全

第一节　影响煤矿生产的地质因素

一、煤系地层与煤层

（一）煤系地层

煤系地层是在一定地质历史时期形成的具有成因联系的大致连续沉积的一套含煤岩系。当具备发育含煤盆地的构造条件、古气候和古植物条件以后，含煤沉积盆地的沉积古地理面貌就决定了聚煤特征。它的厚度从几十米至几千米不等。煤系是在潮湿气候条件下形成的，所以组成煤系沉积岩的颜色主要是灰色、灰黑色、黑色和灰绿色。煤系的岩性以各种粒度的陆源碎屑岩和黏土岩为主，夹有石灰岩、燧石层等，也有的煤系主要是由石灰岩构成，在近海型煤系中，常有海相石灰岩，在有火山活动的地区，可能含有火山碎屑岩。此外，煤系中还常见有铝土矿、耐火黏土、油页岩、菱铁矿、黄铁矿等。

（二）煤层

煤层是由植物残体大量堆积成泥炭，再经压实、脱水、变质、成煤作用形成的层状固体可燃矿产。煤层是煤系地层的重要组成部分，煤层的厚度及其变化是评价煤层工业价值的主要指标，也是选择采煤方法的主要依据。

煤层按照结构分类分为煤分层和岩石夹层。不含夹石层者称为简单结构煤层；反之，含有夹石层者称为复杂结构煤层。煤层中的岩石夹层俗称夹矸。夹矸一般为黏土岩、碳质泥岩或粉砂岩，有时为石灰岩、硅质岩、油页岩、细砂岩或砾岩等。

二、矿井地质构造

矿井中的地质构造主要是指褶曲构造和断裂构造。它们常常是岩浆侵入、矿井充水、矿井瓦斯等的控制因素，并直接影响矿井的开拓与煤层的开采。因此，对矿井地质构造的判断与处理具有普遍和实际的意义。

根据矿井地质构造规模大小，以及对煤矿生产影响的范围和程度不同，通常将矿井地质构造分为大、中、小 3 种类型。大型构造，一般是指影响或决定井田划分和矿井总体开拓系统的大型褶曲、大型断层。此类构造在煤炭资源/储量详查阶段已基本查明，是矿井技术边界设计的依据之一。中型构造，通常是指在井田范围内，影响开采水平或辅助水平与采区划分和巷道部署的次一级的褶曲、断层。此类构造在煤炭资源/储量详查阶段往往不易查清，但对煤矿建设与生产的影响极大，是资源/储量勘探阶段地质构造判断与处理的重点。小型构造，是指在井巷或采煤工作面内比较容易观察到其全貌的更次一级的褶曲和断层。此类构造给煤矿的采掘工作增加了一定的困难，在小型构造特别发育的某些矿井，对煤矿生产影响往往较大，甚至比中型构造的影响还要严重。此外，影响煤矿安全生产的地质因素还有陷落柱等。

（一）褶皱构造

岩层受到构造运动而发生波状弯曲，但仍保持岩层的连续性和完整性的构造形态称作褶皱构造，如图 2-1 所示。

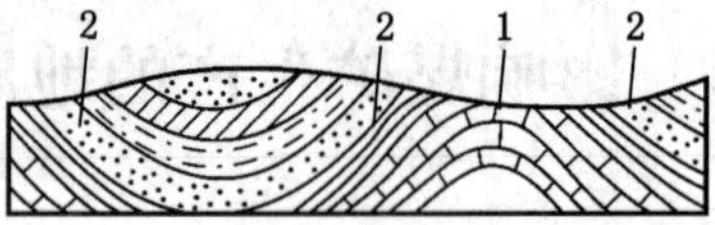

1—背斜；2—向斜。

图 2-1 褶皱构造

1. 褶曲对煤矿生产的影响

(1) 影响井筒位置的选择

为了减少保安煤柱的损失，井筒往往布置在向斜翼部的煤系基底内。这样就增加了每个开采水平的主要石门的掘进长度，从而增加了石门的开拓费用和石门内的运输费用。

(2) 影响巷道和工作面布置

褶皱构造使煤层起伏不平，会影响主要大巷的布置，并给掘进造成困难；同时，对采区的布置和采煤方法的选择也有很大影响。

(3) 影响煤层开采

受强烈侧压力作用形成的褶曲，其翼部的煤层常被挤压变薄，甚至失去开采价值；而背斜轴部和向斜槽部的煤层又往往增厚，因而增加了开采的困难。

处于背斜轴部的煤层，由于离地表较近，可提高煤层的开采价值，并能降低基本建设投资与生产的费用；处于向斜轴部的煤层则相反。此外，小型褶曲使工作面的长度变化不一，因而影响机械化采煤。

(4) 影响安全生产

褶曲构造的轴部，尤其是向斜轴部，煤层顶板压力较大，再加上瓦斯压力的共同作用，往往是发生瓦斯突出的危险区。

2. 褶曲的观测与探查

(1) 褶曲的观测

① 小型褶曲。在巷道中能观察到其全貌的褶曲，应按一般的原始地质编录方法观测并编绘素描图。

② 中型褶曲。在巷道中不能观察到其全貌的褶曲，一般是将收集到的资料填绘到平面图和剖面图上，结合邻近钻孔和已采区的资料进行综合分析后推断其全貌。

(2) 褶曲轴位置与方向的推断

褶曲轴的位置与采煤工作面划分和巷道布置的关系十分密切。在矿井生产中，工作面的推进方向大都与褶曲轴向一致。褶曲轴的推断方法有 4 种：一是利用地表的地质资料推断；二是根据区域构造线方向推断；三是用巷道中实测与作图外推相结合的方法判定；四是根据已开采区或邻近区的开采地质资料推断。

（3）褶曲的探查

通常采取巷探和井下钻探等生产勘探手段，来查明褶曲轴的位置、方向和褶曲两翼岩、煤层的产状变化，以决定工作面的巷道布置方法。

① 巷探。探巷布置的总原则是既要探明地质变化，又要考虑探巷后期的利用。一般是能用煤巷探查的不用岩巷，能利用副巷探查的不布置专门的探巷，并采用副巷先行、主巷滞后的送巷方法。

② 井下钻探。当石门揭露的褶曲资料不足以推测或判断褶曲的基本形态，而生产上又要求准确掌握煤层的褶曲轴位置和高程时，可通过在石门中或邻近巷道的相应位置向预计褶曲枢纽部位打钻孔的方法确定褶曲轴的空间变化。

褶曲的形成，改变了煤、岩层的力学性质和受力状态。一般情况下，煤层在向斜、背斜的轴部往往增厚而两翼变薄。坚硬岩层在轴部的顶端常常产生断裂，岩体破碎，裂隙中常有其他充填物质；在轴部的内侧，有的岩层还存在残余应力，积聚着一定能量，而且在同一褶曲中，向斜轴部的残存应力要比背斜轴部的大，且易导致煤（岩）与瓦斯突出。当在上述条件下布置采区巷道时，要采取加强支护的措施以避免引起煤（岩）与瓦斯突出。

（二）断裂构造

岩层受力后遭到破坏形成断裂，失去了连续性和完整性的构造形态称为断裂构造。岩层断裂后，断裂体两侧岩层如没有发生显著错位的称为裂隙；如发生明显错位的则称为断层。

1. 断层构造

断层就是断裂面两侧煤岩层发生显著位移的断裂构造。断层的基本组成部分有断层面、断层线、断层交面线、断盘和断距，通常称其为断层要素，如图 2-2 所示。

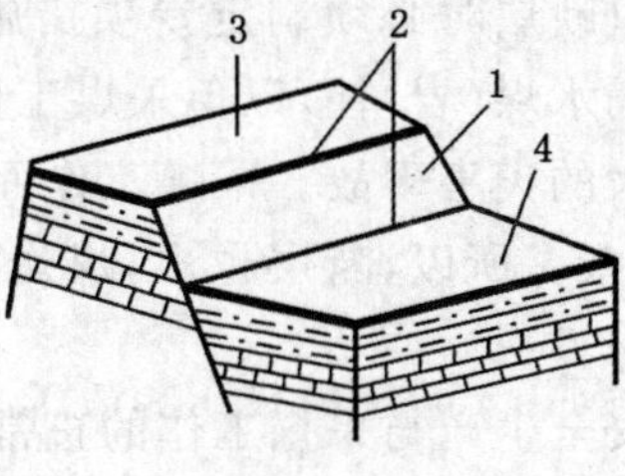

1—断层面；2—断层交面线；3——下盘；4——上盘。

图 2-2 断层要素

（1）断层面。断层的断裂滑动面称为断层面。它在空间的方位和形态用其产状要素描述，即断层面的走向、倾向和倾角。

（2）断盘。断盘是断层面两侧发生位移的岩块。如果断层面是倾斜的，位于断层面上侧的一盘为上盘，位于断层面下侧的一盘为下盘。如果断层面直立，按断盘相对于断层走向的方位描述，如东盘、西盘或南盘、北盘。在断层错动过程中，断层两盘的位移是相对的。两盘可能是同时错动,也可能是其中一盘相对于另一盘运动。凡沿断层面相对上升的一盘称为上升盘,沿断层面相对下降的一盘称为下降盘。

(3) 断层线和断层交面线。断层线指断层面在地表的出露线,即断层面与地面的交线,反映了断层的延伸方向。断层面与岩层面的交线称断层交面线。断层面与煤层底板面的交线称煤层交面线,或称断煤交线。

(4) 断距。断距指断层两盘相对错开的距离,包括真断距、地层断距、铅直断距和水平断距等。铅直断距也称为落差。对断距的描述,分别服务于生产过程中各类顶板管理。

根据断层上、下两盘岩体相对位移的性质,通常将断层分为正断层、逆断层和平推断层(见图 2-3)。岩层断裂后,上盘相对下降,下盘相对上升的称为正断层;上盘相对上升,下盘相对下降的称为逆断层;上、下盘做水平移动的称为平推断层。

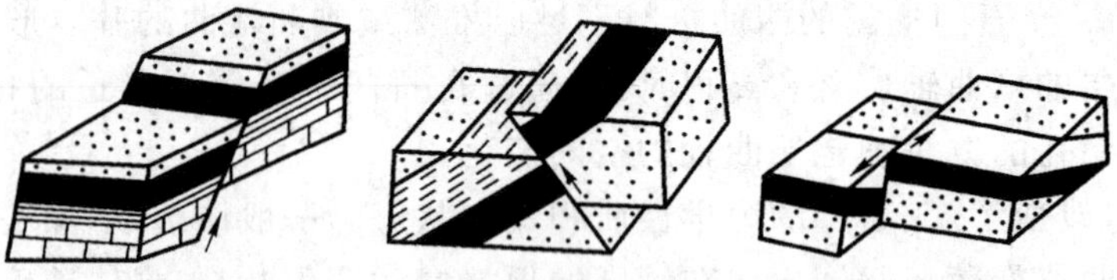

图 2-3 断层的基本类型

2. 断层构造对煤矿安全生产的影响

断层带岩石是破碎的,地表水和含水层中的水都能沿着断层破碎带流入井下,增加井下涌水量和矿井疏排水工作的困难,不但给安全生产带来威胁,同时也增加了排水费用。采掘工作面通过含水量较大的断层时,造成掘进和支护工作的困难,有时还会发生突水、透水事故。在瓦斯含量较大的煤层中,由于断层破碎带是瓦斯良好的通道,常常在断层破碎带积聚大量瓦斯,采掘工作面通过破碎带时,必须注意防止瓦斯事故的发生。由于顶板破碎,一定要采取安全措施,加强支护,预防发生冒顶等事故。

采掘工作面内存在断层时,会增加生产条件上的困难,影响正规循环,同时也增加了生产的不安全因素。因此,工作面过断层时必须制定专项措施。同时,在煤矿生产中,在较大的断层两侧,必须按规定留设防隔水煤(岩)柱,以免采煤工作面接近断层时因突然发生大量涌水或有害气体涌出,而造成重大的灾害事故。采煤工作面通过一般断层带时,工作面支架和顶板安全管理工作就会变得复杂。所以,断层越多,煤炭资源的损失就越大,对安全生产越不利。

研究断层的目的,在于保证安全生产与采掘工作的正常进行。生产实践证明,完整的顶板,若无冲击地压、爆破等因素的影响是不易冒落的。而断裂发育的顶板,则容易冒落;同时,断层也使煤层的连续性遭受破坏等。因此,在矿井地质工作中,特别是在开采过程中,哪怕是一条落差很小的断层,也不容忽视。

3. 节理、裂隙对煤矿安全生产的影响

矿井生产过程中煤岩体常存在大量的节理、裂隙,它们常将顶板切割成各种形状的岩块。随着工作面的推进,如果支护不及时,极易发生局部冒顶和片帮。

当工作面与裂隙面互相垂直且采用炮掘时,如果炮眼与裂隙面互相平行,爆破率最低,而且掘进准备巷道时,瓦斯易大量排出;在瓦斯含量较大的矿井,采煤工作面的瓦斯含量会显著增加，给生产安全带来威胁。反之，当工作面与裂隙面互相平行时，爆破率可以大大提高，准备巷道可起到排泄回采区瓦斯的作用，但工作面容易大片垮落，严重影响生产和工人的安全。

若采用机械化开采，工作面的方向与主要裂隙组走向的夹角应大一些。

裂隙破碎带是水和瓦斯的良好通道，在破碎带发育的地区，矿井涌水量常常会增加，有时还可引起井下水灾；在易发生瓦斯积聚和高瓦斯矿井中，裂隙破碎带的瓦斯涌出量往往会突然增加，造成瓦斯事故。

（三）陷落柱

1. 陷落柱的形成

岩溶陷落柱又称喀斯特陷落柱，是指煤层下伏碳酸盐岩等可溶性岩层，因地下水溶蚀引起上覆岩层冒落而成的剖面上呈柱状的塌陷体。在陷落体内，煤层完全受到破坏，给煤矿开采造成困难。

岩溶陷落柱的形成过程如图 2-4 所示。我国华北地区的石炭-二叠纪煤系，其基底为奥陶系石灰岩，因此岩溶陷落柱较发育，对煤层产生很大的破坏作用。

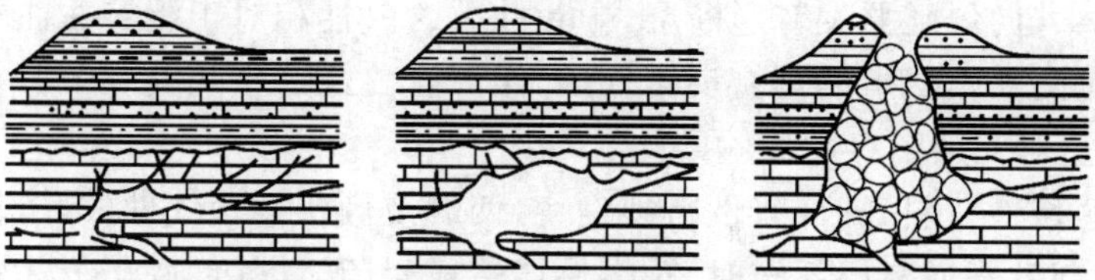

(a) 石灰岩中发育岩溶　(b) 岩溶逐渐扩大　(c) 陷落柱形成

图 2-4 陷落柱的形成过程示意图

陷落柱的发育与分布，主要受地质构造和水文地质条件的影响。陷落柱发育地带多是或曾是地下水强径流带，常沿断裂尤其是不同方向断裂的交岔处发育。

2. 陷落柱对煤矿安全生产的影响

(1) 破坏可采煤层、减少煤炭储量

由于陷落柱内的可采煤层遭受严重破坏，失去开采价值，因而造成井田内的煤炭资源储量减少，缩短矿井服务年限或造成井巷报废的严重后果。

(2) 易发生顶板抽冒事故，甚至造成突水淹井事故

在主要开拓巷道遇到无水陷落柱时，为避免巷道拐弯，便于运输和通风，一般情况下按原计划施工，直接穿过陷落柱，给巷道支护和顶板管理造成困难，易发生顶板抽冒事故。在水文地质条件复杂的矿区，陷落柱可能成为采掘工作面与地下水之间的通道，一旦打通，将会给生产和工人安全带来严重威胁，甚至造成突水淹井事故。因此，涌水和陷落柱的存在，对矿井安全生产的影响很大，必须给予高度重视。

由于地质条件复杂多变，在煤矿开采中，除常见的褶曲、断层、裂隙和陷落柱外，还可能遇到火成岩侵入带或冲刷带等地质变化。这些地质变化都会对采掘工作面的安全生产造成不利影响。因此，在组织生产前，一定要根据实际情况及时制定安全技术措施，确保生产的安全。

三、影响煤矿安全生产的地质因素关联性分析

（一）地质构造带与瓦斯赋存状况及瓦斯异常涌出的关联性分析——瓦斯地质

1. 地质构造演化对煤层瓦斯赋存的影响

瓦斯是气态地质体，中国的石炭-二叠纪含煤地层形成后主要经历了印支运动、燕山运动和喜马拉雅运动等。每次构造运动的规模、涉及范围、构造应力场等均不尽相同。

煤层形成后在历经构造运动中形成的拉张裂陷、隆起剥蚀会使煤层瓦斯大量逸散；煤层形成后在历经构造运动中形成的挤压拗陷有利于瓦斯赋存，挤压剪切易于形成构造煤极好的封闭条件。

2. 不同地质构造类型对瓦斯赋存的影响

(1) 向斜构造对瓦斯赋存的影响

宽缓向斜：向斜两翼发育轴向正断层时，煤层含气性往往在翘起端最好，且在轴部附近往往好于两翼。向斜两翼倾角变大并有逆断层发育时，形成较好的构造封闭条件，向斜内部含气量往往较高。

不对称向斜：若向斜陡翼发育逆断层，导致陡翼含气性相对于缓翼往往较高。向斜两翼均发育正断层，其陡翼断层可能具有反转性质，缓翼含气性好于陡翼。

(2) 背斜构造对瓦斯赋存的影响

对称背斜：区域性背斜，轴部张性断裂发育，两翼及倾伏端含气性较好，轴部含气性往往极差。当背斜轴部发育逆断层系统时，对煤储层造成封闭，含气性好于上述轴部发育张性断裂的背斜。

不对称背斜：缓翼发育逆断层，导致缓翼含气性好于陡翼。

次级背斜：次级背斜幅度小，多为缓坡状褶曲，轴部裂隙不发育，往往是瓦斯气体局部富集的地段。

(3) 推覆构造对瓦斯赋存的影响

褶曲推覆：一方面可形成区域性封盖条件，另一方面又可能强烈破坏煤层原生结构而使煤层渗透性降低。

逆冲推覆：逆冲推覆断层面是阻隔瓦斯逸散的良好构造界面。

(4) 伸展构造对瓦斯赋存的影响

单斜断块：一般面积较小，连续性较差，断块边界附近含气性差，向断块内部延伸方向含气性变好。

断陷盆地：单断型，煤层上覆有效地层厚度较大，地层连续性相对较好，有利于瓦斯赋存；双断型，煤层上覆有效地层厚度较大，但地层连续性往往差于单断型，瓦斯赋存条件较好。

滑动构造：位于煤层顶板附近或煤层中的滑面有利于对瓦斯形成封闭，但构造煤发育而使煤层透气性变差，若滑面远离煤层则对瓦斯赋存条件无直接影响。

（二）地质构造带与突出、冲击地压等动力灾害的关联性分析

1. 地质构造与瓦斯突出的关系

(1) 大量研究成果表明：褶曲强烈或紧密褶曲部位，不协调褶曲、层间滑动或层间揉皱

发育地带、煤层产状变化大的块段、中小型向斜轴部、背斜倾伏段以及背斜中和面以下部位、牵引褶曲部位等，均是突出多发部位。

(2) 断层对突出的影响比较复杂，大量实测资料和研究成果表明，突出具有明显的分区分带性，地质构造尤其是断层构造控制突出的分区分带性。一般认为断层的产生是地应力释放的过程，因而断层的产生在一定程度上减少了突出的危险性，但是在很多时候断层又作为煤与瓦斯突出的初始通道或突破口，因而需对其进行具体分析与研究。断层的性质不同，其对突出的作用及影响截然不同。一般情况下，压性或压扭性断层为封闭性构造，瓦斯含量较高、压力大，因而突出危险性也大；张性断层属开放性构造，突出危险性小或者不突出。在封闭的边界条件下，小断层密集发育的地带特别是低级别压扭性断裂发育地段、压性或压扭性结构面间所夹的块段、地堑式构造的中间块断等，均易发生突出。

地质构造对突出有控制作用，但并不是所有的构造带内都会发生突出，不同的地质构造、同一地质构造的不同块段对煤与瓦斯突出的控制作用是不同的，掌握好这些规律对煤与瓦斯突出预测有一定的指导意义。

2. 地质构造煤体结构破坏后对瓦斯突出的影响

在煤与瓦斯突出的机制中煤体物理力学性质主要受煤的机械强度制约，煤的机械强度越小突出阻力就越小，突出发生的可能性就越大。煤的机械强度受煤体结构的制约，因此，煤体结构一定程度上反映了煤与瓦斯突出的难易度，控制着突出的发生。

煤体结构是指煤的构造结构。从地质意义上来说，煤体结构实际上是一种构造形迹特征，反映了煤层应变历史和应变特征。原生结构的煤结构稳定、层理好、煤质强度高；而原生结构遭受破坏后煤层层理紊乱，破碎严重，煤质松软酥碎，强度低。构造煤就是煤层受密集构造严重破坏的结果，其特殊的结构成为瓦斯集中区和应力弱面区，构造煤区常为煤与瓦斯突出的高发带。

构造应力的作用为：一方面使煤体产生密集的裂隙，煤体结构遭到破坏，煤体的机械强度减小，抵御外力作用的能力变小，突出阻力和突出所需的能量降低；另一方面煤体结构遭到破坏，煤的孔隙间距和内表面积变大，煤分层孔隙率大，可以保存更多的游离瓦斯，透气性差，一般能保持较高的瓦斯压力，这为突出创造了动力条件。同时，在构造应力的作用下，煤体结构遭到破坏之后碎块间发生相互挤压、摩擦和揉搓，煤体碎块逐步变小，甚至在高强度的作用力下煤体碎块变为粉末状，使煤与瓦斯突出往往发生在构造煤分层发育的地段。

3. 地质构造对矿井冲击地压的影响

地质条件中的顶底板岩性、煤层性质和开采深度对冲击地压发生的影响是公认的。根据国内各冲击地压矿井的冲击位置统计分析，地质构造的影响是客观存在的。诚然，其中有些冲击地压发生位置并没有褶曲和断层等地质构造的存在，但地质构造对冲击地压的影响可能是直接的，也可能是间接的。

通常，在地质构造带中尚存有一部分地壳运动的残余应力，形成构造应力。在煤矿中常有断层、褶曲和局部异常(如底板凸起，顶板下陷，煤层分岔、变薄和变厚等现象)等构造带。冲击地压常发生在这些构造应力集中的区域。

在形成断层的过程中，一般能释放一定的能量，使其两侧的构造应力降低。但在断层的尾端构造处，仍可积聚有较大的残余应力，如门头沟矿在向斜构造的断层附近也曾发生过多次较大的冲击地压。

国外的生产实践也证明了地质构造与产生冲击地压有关联。特别容易遭受冲击地压的一些地区，都分布于断层交岔处和断层面构成的三角地带。无疑，煤田的地质破坏是形成冲击地压的原因之一。冲击地压的现场观测表明，裂隙方向对冲击地压的形成和显现有重要影响。

四、矿井防治地质灾害的管理要求与安全检查要点

(1) 矿井应设立地测部门，配备所需的矿井地质、水文地质、瓦斯地质、矿井储量管理、矿井测量、井下钻探、物探、制图绘图等方面的专业技术人员和仪器设备，建立健全煤矿地测工作规章制度。

(2) 按照《煤矿安全规程》《煤矿防治水细则》《防治煤与瓦斯突出细则》《煤矿地质工作细则》《煤矿测量规程》等要求，矿井应根据实际情况有针对性地编制相关地质报告、图件与台账。在不同生产阶段，按期完成各类地质报告修编、提交、审批等基础工作；原始记录、成果资料、地质图纸等基础资料要齐全，管理规范。

(3) 矿井应建立地质资料档案室，并由专人负责管理；资料要齐全、完整，分类妥善保存，便于利用。

(4) 对重大技术问题，应组织相关技术人员进行讨论，制定实施方案报请总工程师批准。

(5) 矿井应组织或安排地质技术人员接受继续教育或业务培训，每 3 年至少进行 1 次。

(6) 研究矿井地层、地质构造、煤层、煤质、瓦斯、水文地质和其他开采地质特征及其变化规律，开展地质类型和水文地质类型划分。矿井地质类型每 5 年应重新确定，当煤矿发生突水和煤与瓦斯突出事故时，煤矿应在 1 年内重新进行地质类型划分；矿井水文地质类型每 3 年修订 1 次，当发生较大以上水害事故或者因突水造成采掘区域或矿井被淹的，应当在恢复生产前重新确定矿井水文地质类型。

(7) 矿井应查明影响安全生产的各种隐蔽致灾地质因素，根据普查结果，开展防治水“三区”(可采区、缓采区、禁采区)管理，编制防治水“三区”管理方案，并严格落实。同时做好相应的预测预报工作，满足安全生产需要。

(8) 进行地质补充调查与勘探、地质观测、资料编录和综合分析，提供矿井建设和生产各个阶段所需要的地质资料，解决矿井安全生产中的各种地质问题。

(9) 工作面回采前宜采用“瞬变电磁法”或“直流电法”、槽波等物探技术手段，结合钻探手段对工作面范围内的老窑采空区、陷落柱、断层带等进行物探，尽量查明水文地质情况，以便采取地质灾害防治措施。

第二节　煤矿水文地质

一、矿井水害及其产生条件

(一) 矿井水的主要危害

矿井水害是指凡影响生产、威胁采掘工作面或矿井安全的、增加吨煤成本和使矿井局部

或全部被淹的矿井涌水事故。根据水源不同，可将矿井水害分为地表水水害、老窑水水害、孔隙水水害、裂隙水水害及岩溶水水害。矿井水的主要危害包括以下几个方面：

(1) 增加煤炭开采成本：由于矿井水的存在，在生产中必须进行排水工作，水量越大，排水费用越高，增加吨煤成本。

(2) 造成生产作业环境恶劣：顶板淋水、底板突水、两帮渗水等，对工人劳动条件和生产效率有很大影响。

(3) 损失煤炭资源，缩短机电设备、管材等使用年限：酸性矿井水的腐蚀作用，使井下机电设备、器材的使用年限大大缩短。

(4) 引起瓦斯积聚、爆炸和硫化氢中毒，淹没巷道或矿井，造成重大人员伤亡。

(二) 矿井水害发生的条件

矿井水害的形成和发生是建立在特定的环境和条件之上的。矿井水害发生的条件：一是充水水源，二是充水通道。

二、矿井充水条件及突水预兆

(一) 矿井充水条件

在矿井建设和生产过程中，通过各种通道渗入、滴入、淋入、流入、涌入和溃入井下的所有水源的水都称为矿井水，各种类型水源进入采掘空间的过程称为矿井充水。形成矿井充水的基本条件，一是必须有充水水源，二是必须有充水通道，两者缺一不可。

1. 矿井充水水源

不同地质、气候和地形条件下会形成不同类型的矿井水害模式，具有不同类型的矿井充水水源。但总体来看，矿井充水水源主要包括大气降水、地表水、地下水和老空积水。

(1) 大气降水及地表水

大气降水除一部分蒸发和随河流流走以外，另一部分会在低洼处汇流成河、湖等地表水体。当开采这些水体影响范围内的煤层或因洪水暴发、水位上升时，水会沿岩石的孔(裂)隙、溶洞、废弃老窑、井筒、地面沉陷等进入井下而形成水害或水灾。

大气降水和地表水能否成为矿井充水水源，主要与开采深度有关，在开采低洼且埋藏较浅的煤层中往往会成为矿井主要水源。此外，还与气候、地层、构造和采煤方法有关。

(2) 地下水

地下水是矿井的直接充水水源。大多数煤矿开采都发生在地表以下，所以，地下水往往是造成矿井充水的最主要水源。

地下水可以流动并不断接受上覆水体补给，开采越深水压越高，裂隙溶洞越大含水越丰富，是井下最直接、最常见的水源。

(3) 老空水

早期开采的小煤窑以及本矿井形成的采空区和废弃的巷道通常会有不同程度的积水。尤其是小煤窑，由于开采年代久远，老空范围、积水情况往往很难查清。存在大量积水的采空区一旦被揭穿或发生透水，会在很短时间内涌水量较大，造成重大水灾事故。

一般来说，上述水源不是孤立的存在，往往是互相沟通，互相补给的。

2. 矿井充水通道

矿井充水通道是指可以沟通水源，使之涌入矿井的各种通道，常见的主要有以下几种。

(1) 构造断裂带

大量流入矿井的水往往和区域地质构造形态有关。断层破碎带常是地下水的通道和聚积区,沿断层破碎带可沟通各个含水层,并与地表水发生联系,是造成矿井大量涌水的原因。

(2) 导水裂隙带

煤层开采放顶后,根据采空区上方岩层变形和破坏情况不同可划分为垮落带、导水裂隙带和弯曲变形带。垮落带和导水裂隙带都能成为导水的通道,导水裂隙带的延伸高度决定了矿井发生充水的影响大小。不同的岩性强度、埋藏深度和开采技术,导水裂隙带高度都会有差异。

(3) 含水层的露头区

含水层在地表的露头区起着沟通地表水和地下水的作用,大气降雨及地表水可以直接通过含水层暴露面对地下水进行补给。含水层出露的面积越大,接受大气降水补给量就越大。

(4) 煤层底板水压导升带

开采煤层底板时常受到灰岩含水层影响,灰岩含水层因其埋藏较深,而且含水层顶底板都有稳定的隔水层,所以常伴有较大的压力,在地下水水头压力很大的地段,因水头压力过大,常常会对其顶板的隔水层下端造成压裂导升,常被称为下三带的最下部。

(5) 煤层底板破碎带

因原本稳定的岩层经采掘活动后会出现矿压的应力分配,矿压应力分配期间会造成应力集中,集中于巷道围岩的破坏带,加大破坏情况,导致巷道底板出现底板破碎带,常被称为下三带最上部。破碎带的延伸深度与其围岩的稳定情况有很大的关系。

(6) 封闭不良的钻孔

在煤田勘探和生产建设中,井田内要打许多钻孔,虽然钻孔的深度不同,但有部分钻孔会打穿含水层,于是钻孔就成为沟通含水层及地表水的人为通道。由于对其封闭不良,在开采揭露时,就会将煤层上方或下部含水层以及地表水引入矿井,造成涌水甚至突水事故。

(二) 突(透)水预兆

矿井突水是指含水层水的突然涌出,矿井透水则是指老空水的突然涌出。因为井下采掘活动破坏岩体天然平衡,采掘工作面周围水体在静水压力和矿山压力作用下,通过断层、隔水层和矿层的薄弱处进入采掘工作面。矿井突(透)水这一现象的发生与发展是一个逐渐变化的过程,有的表现很快(一两天或更短),有的表现较慢(采掘后半个月或数日),这与工作面具体位置、采场地质情况、水压力和矿山压力大小有关。从开拓工作面开始发展到突(透)水,在工作面及其附近显示出某些异常现象,识别和掌握这些预兆,可以及时采取应急措施,撤离危险区人员,防止人员伤亡事故。

突水预兆有煤岩松软、片帮、来压或者钻孔中水压、水量突然增大和顶钻等。

透水征兆有煤层变湿、挂红、挂汗,空气变冷、出现雾气,水叫,顶板来压,片帮,淋水加大,底板鼓起或者裂隙渗水,钻孔喷水,煤壁溃水、水色发浑、有臭味等。

以上征兆不一定同时出现,有时可能出现其中一个,有时可能出现多个,但有时透水征兆也可能不明显甚至不出现,因此,应认真辨别。

三、矿井防治水技术路线及其基础资料

（一）矿井防治水的基本方针

煤矿防治水工作应当坚持预测预报、有疑必探、先探后掘、先治后采的原则，根据不同水文地质条件，采取探、防、堵、疏、排、截、监等综合防治措施。

“预测预报”是水害防治的基础，是指在勘探查清矿井充水水文地质条件基础上，运用先进的水害评价预测理论和方法，分析与诊断矿井突（透）水水情，对矿井水害风险做出评价和预测分区；“有疑必探”是指根据矿井水害评价结论和具体预测分区，针对矿井具体的采掘工程规划方案，对可能存在水害威胁的具体采掘工作面，采用物探、化探和钻探等综合超前探放水技术手段，查明或排除水害威胁；“先探后掘”是指先综合超前探查，确定巷道掘进没有水害威胁后，方可掘进施工；“先治后采”是指根据查明的水害情况，采取有针对性的治理措施并排除水害隐患后，方可安排采掘工程。

“探、防、堵、疏、排、截、监”七字综合治理措施：“探”主要是指对矿井充水水文地质条件的调查与勘探，对特殊专门的充水水文地质问题开展补充调查与勘探，具体包括地面和井下两部分[地面探主要是指井下水文地质（补充）调查、观测、勘探，井下探主要是指井下水文地质补充勘探、采掘工作面探测、局部防治水工程的勘探等]；“防”主要是指合理留设各类防隔水煤（岩）柱和修建各类防水闸门或防水墙等，防隔水煤（岩）柱一旦确定留设后，不得随意开采破坏；“堵”主要是指注浆封堵具有集中补给通道边界的帷幕，地面或井下注浆加固区域隔水层强度和改造充水含水层渗透性能，封堵导水通道的局部注浆工程等；“疏”主要是指预先疏水降压煤层底板高承压含水层，预先疏干煤层顶板强富水含水层或顶板强富水区段及老空水；“排”主要是指完善矿井排水系统，排水管路、水泵、水仓和供电系统等必须配套；“截”主要是指对地表水的截流治理或改道措施，充水河流的防渗处理等；“监”是指对充水水源、充水通道和充水强度的长期动态监测预警，主要包括对含水层或老空水等充水水源的水位（压力）、水质、微生物、水温，对充水通道的应力、位移和导水性能，以及对矿井整体和局部采区、工作面涌水量等的动态监测预警。

（二）矿井防治水基础资料

（1）矿井应当建立下列防治水基础台账，并至少每半年整理完善1次：

① 矿井涌水量观测成果台账；

② 气象资料台账；

③ 地表水文观测成果台账；

④ 钻孔水位、井泉动态观测成果及河流渗漏台账；

⑤ 抽（放）水试验成果台账；

⑥ 矿井突水点台账；

⑦ 井田地质钻孔综合成果台账；

⑧ 井下水文地质钻孔成果台账；

⑨ 水质分析成果台账；

⑩ 水源水质受污染观测资料台账；

⑪ 水源井（孔）资料台账；

⑫ 封孔不良钻孔资料台账；

⑬ 矿井和周边煤矿采空区相关资料台账；

⑭ 防水闸门(墙)观测资料台账；

⑮ 物探成果验证台账；

⑯ 其他专门项目的资料台账。

(2) 建设矿井应当编制下列主要成果及图件：

① 水文地质观测台账和成果；

② 突水点台账，防治水的技术总结，注浆堵水记录和有关资料；

③ 井筒及主要巷道水文地质实测剖面；

④ 建井水文地质补充勘探成果(如井筒检查孔等)；

⑤ 建井地质报告，应当包含防治水的相关内容。

(3) 生产矿井应当编制包括防治水内容的生产地质报告，并按照规定编制下列水文地质图件，矿井水文地质图件至少每半年修订1次：

① 矿井综合水文地质图；

② 矿井综合水文地质柱状图；

③ 矿井水文地质剖面图；

④ 矿井充水性图；

⑤ 矿井涌水量与相关因素动态曲线图。

第三节 矿井水害防治及其安全管理

一、地面防排水

煤矿应当查清矿区、井田及其周边对矿井开采有影响的河流、湖泊、水库等地表水系和有关水利工程的汇水、疏水、渗漏情况，掌握当地历年降水量和历史最高洪水位资料，建立疏水、防水和排水系统。

煤矿应当查明采矿塌陷区、地裂缝区分布情况及其地表汇水情况。

(1) 矿井井口和工业场地内建筑物的地面标高，应当高于当地历史最高洪水位；否则，应当修筑堤坝、沟渠或者采取其他可靠防御洪水的措施。不具备采取可靠安全措施条件的，应当封闭填实该井口。在山区还应当避开可能发生泥石流、滑坡等地质灾害的危险地段。

(2) 当矿井井口附近或者塌陷区波及范围的地表水体可能溃入井下时，必须采取安全防范措施。

(3) 严禁将矸石、炉灰、垃圾等杂物堆放在山洪、河流可能冲刷到的地段，以免淤塞河道、沟渠。发现与煤矿防治水有关系的河道中存在障碍物或者堤坝破损时，应当及时报告当地人民政府，采取措施清理障碍物或者修复堤坝，防止地表水进入井下。

(4) 使用中的钻孔，应当按照规定安装孔口盖。报废的钻孔应当及时封孔，防止地表水或者含水层的水涌入井下，封孔资料等有关情况记录在案，存档备查。观测孔、注浆孔、电缆孔、下料孔、与井下或者含水层相通的钻孔，其孔口管应当高出当地历史最高洪水位。

(5) 报废的立井应当封堵填实，或者在井口浇筑坚实的钢筋混凝土盖板，设置栅栏和标志。

（6）每年雨季前，必须对煤矿防治水工作进行全面检查，制定雨季防治水措施，建立雨季巡视制度，组织抢险队伍并进行演练，储备足够的防洪抢险物资。对检查出的事故隐患，应当制定措施，落实资金，责任到人，并限定在汛期前完成整改。需要施工防治水工程的应当有专门设计，工程竣工后由煤矿总工程师组织验收。

（7）煤矿应当与当地气象、水利、防汛等部门进行联系，建立灾害性天气预警和预防机制。应当密切关注灾害性天气的预报预警信息，及时掌握可能危及煤矿安全生产的暴雨洪水灾害信息，采取安全防范措施；加强与相邻矿井的信息沟通，发现矿井水害可能影响相邻矿井时，立即向相邻矿井发出预警。

（8）煤矿应当建立暴雨洪水可能引发淹井等事故灾害的紧急情况下及时撤出井下人员的制度，明确启动标准、指挥部门、联络人员、撤人程序和撤退路线等，当暴雨威胁矿井安全时，必须立即停产撤出井下全部人员，只有在确认暴雨洪水隐患消除后方可恢复生产。

（9）煤矿应当建立重点部位巡视检查制度。当接到暴雨灾害预警信息和警报后，对井田范围内废弃老窑、地面塌陷坑、采动裂隙以及可能影响矿井安全生产的河流、湖泊、水库、涵闸、堤防工程等实施 24 h 不间断巡查。矿区降大到暴雨时和降雨后，应当派专业人员及时观测矿井涌水量变化情况。

二、井下防水

（一）防水闸门和防水闸墙

水文地质类型复杂、极复杂或者有突水淹井危险的矿井，应当在井底车场周围设置防水闸门或者在正常排水系统基础上另外安设由地面直接供电控制，且排水能力不小于最大涌水量的潜水泵排水系统。不具备形成独立潜水泵排水系统条件，与正常排水系统共用排水管路的老矿井，必须安装控制阀门，实现管路间的快速切换。

有突水危险的采区，应当在其附近设置防水闸门；不具备设置防水闸门条件的，应当制定防突水措施，由煤炭企业主要负责人审批。

井下防水闸墙的设置应当根据矿井水文地质条件确定，其设计经企业总工程师批准后方可施工，投入使用前应当由企业总工程师组织竣工验收。报废的暗井和倾斜巷道下口的密闭防水闸墙必须留泄水孔，每月定期进行观测记录，雨季加密观测，发现异常及时处理。

（二）防隔水煤（岩）柱

相邻矿井的分界处应当留设防隔水煤（岩）柱。矿井以断层分界的，应当在断层两侧留设防隔水煤（岩）柱。

有下列情况之一的，应当留设防隔水煤（岩）柱：

（1）煤层露头风化带；

（2）在地表水体、含水冲积层下或者水淹区域邻近地带；

（3）与富水性强的含水层间存在水力联系的断层、裂隙带或者强导水断层接触的煤层；

（4）有大量积水的老空；

（5）导水、充水的陷落柱、岩溶洞穴或者地下暗河；

(6) 分区隔离开采边界；

(7) 受保护的观测孔、注浆孔和电缆孔等。

矿井应当根据地质构造、水文地质条件、煤层赋存条件、围岩物理力学性质、开采方法及岩层移动规律等因素确定相应的防隔水煤(岩)柱的尺寸。防隔水煤(岩)柱的尺寸需满足《煤矿防治水细则》要求。

防隔水煤(岩)柱应当由矿井地测部门组织编制专门设计，经煤炭企业总工程师组织有关单位审批后实施。矿井防隔水煤(岩)柱一经确定，不得随意变动。严禁在各类防隔水煤(岩)柱中进行采掘活动。有突水淹井历史或者带压开采并有突水淹井威胁的矿井，应当分水平或者分采区实行隔离开采，留设防隔水煤(岩)柱。多煤层开采矿井，各煤层的防隔水煤(岩)柱必须统一考虑确定。

三、矿井探水、排水及堵水常用技术

(一) 矿井探放水技术

1. 探放水概述

生产矿井周围常存在有许多充水小窑、老窑、富水含水层以及断层。当采掘工作面接近这些水体时，可能发生地下水突然涌入矿井，从而引发水患事故。为了消除隐患，生产中使用探放水方法查明采掘工作面前方的水情，并将水有控制地放出，以保证采掘工作面安全生产。

(1) 探放水目的

探放水包括探水和放水。探水是指采矿过程中用超前勘探方法，查明采掘工作面顶底板、侧帮和前方的含水构造(包括陷落柱)、含水层、积水老窑等水体的具体空间位置和状况等。放水是指为了预防水害事故，在探明情况后采用施工钻孔等安全方法将水放出。

(2) 探放水原则

遇到下列情况之一时，必须进行探放水：

① 矿井井下采掘活动接近水淹或者可能积水的井巷、老空或者相邻煤矿时；

② 矿井井下采掘活动接近含水层、导水断层、溶洞或者导水陷落柱时；

③ 矿井井下采掘活动打开隔离煤柱放水时；

④ 矿井井下采掘活动接近可能与河流、湖泊、水库、蓄水池、水井等相通的导水通道时；

⑤ 矿井井下采掘活动接近有出水可能的钻孔时；

⑥ 矿井井下采掘活动接近水文地质条件不清的区域时；

⑦ 矿井井下采掘活动接近有积水的灌浆区时；

⑧ 矿井井下采掘活动接近其他可能突水的地区时。

2. 探放老空水

(1) 老空水探放目的

小煤窑或矿井采掘的废巷老空积水，其几何形状极不规则，积水量大者可达数百万立方米，一旦采掘工作面接近或揭露它们时，常常会造成突水淹井及人身伤亡事故，故必须预先探放老空水。

(2) 老空水探放原则

依老空积水数量的多少、矿井现有排水能力、老空水的动力补给量、水质和疏放后可能解放煤炭的资源量等因素综合考虑，以安全、经济、合理为原则。对老空水探放，视具体情况还可细分为以下几类：

① 积极探放。当老空区不在河沟或重要建筑物下面，排放老空区内积水不会过分加重矿井排水负担且积水区之下又有大量的煤炭资源急待开采时，这部分积水应千方百计地放出来，以彻底解除水患。

② 先隔离后探放。与地表水有密切水力联系且雨季可能接受大量补充的老空水，或老空的积水量较大，水质不好(酸性大)，为避免负担长期排水费用，对这种积水区应先设法隔断或减少其补给水量，然后再进行探放水。若隔断水源有困难，无法进行有效探放，则应留设煤(岩)柱与生产区隔开，待到矿井生产后期再进行处理。

③ 先降压后探放。对水量大、水压高的积水区，应先从顶、底板岩层打穿层放水孔，把水压降下来，然后再沿煤层打探水钻孔。

④ 先堵后探放。当老空区被强含水层水或其他大小水源水所淹没，出水点有很大的补给量时，一般应先封堵出水点，然后再探放水。

3. 探放断层水

(1) 探放断层水的原则

凡遇下列情况必须探水：

① 采掘工作面前方或附近有含(导)水断层存在，但具体位置不清或控制不够严密时。

② 采掘工作面前方或附近预测有断层存在，但其位置和含(导)水性不清，可能突水时。

③ 采掘工作面底板隔水层厚度与实际承受的水压都处于临界状态(即等于安全隔水层厚度和安全水压的临界值)，在掘进工作面前方和采面影响范围内，是否有断层情况不清，一旦遇到很可能发生突水时。

④ 断层已被巷道揭露或穿过，暂时没有出水迹象，但由于隔水层厚度和实际水压已接近临界状态，在采动影响下，有可能引起突水，需要探明其深部是否已和强含水层连通，或有底板水的导升高度时。

⑤ 井巷工程接近或计划穿过的断层浅部不含(导)水，但在深部有可能突水时。

⑥ 根据井巷工程和自设断层防水煤柱等的特殊要求，必须探明断层时。

⑦ 采掘工作面距已知含水断层 60 m 时，或接近推断含水断层 100 m 时。

⑧ 采区内小断层使煤层与强含水层的距离缩短时。

⑨ 采区内构造不明，突水系数大于 0.06 MPa/m 时。

(2) 断层水探查的主要内容

① 查明断层位置、落差、走向、倾向、倾角，断裂带宽度、充填物和充填程度，断层的导水性与富水性。

② 查明断层两盘断裂带外裂隙、岩溶发育情况、两盘对接部位的岩层及其富水性。

③ 查明煤层与强含水层的实际间距(即隔水层的实际厚度)。

④ 查明断层探水孔不同深度处的水压、水量、冲洗液消耗量，确定或判断底板水在隔水层中的导升高度。

⑤ 通过放水试验和连通试验查明断层导水性、富水性以及通过断层的侧向补给水量，为安全采掘、矿井防治水措施提供实际资料与理论依据。

(3) 断层探放水方法

目前一般采用物探和钻探两种方法，一般常用的物探方法有直流电法、瞬变电磁法、DTC法。

探放断层水时，探水钻孔沿掘进方向的正前方及含水体方向呈扇形布置，钻孔不得少于3个，其中含水体方向的钻孔不得少于2个。

4. 探放陷落柱水

煤层底板为厚层石灰岩的华北型煤田，由于导水陷落柱的存在，使某些处于上覆地层本来没有贯穿煤系基底强含水层的中、小型断层或一些张裂隙，成为水源充沛、强富水的突水薄弱带，一旦被揭穿，将引起突水。若导水陷落柱直接突水，其后果就更严重。

探查陷落柱时应当同时采用物探、钻探两种方法，常用的物探方法有直流电法、瞬变电磁法、坑透法。钻探设计需根据陷落柱的预测规模布孔，但底板方向钻孔不得少于3个，有异常时加密布孔，其探放水设计由煤矿总工程师组织审批。

5. 导水钻孔的探查与处理

矿区在勘探阶段施工的各类钻孔，往往能贯穿若干含水层，有的还可能穿透多层老空积水区甚至含水断层等。若封孔或止水效果不好，人为沟通了本来没有水力联系的含水层或水体，将使煤层开采的充水条件复杂化。

对导水钻孔的探查目前有两种方法：一是钻探方法，二是物探方法。对其处理有四种方法：一是在地面重新启封，进行注浆处理；二是在井下探测注浆封堵；三是在井下直接揭露进行处理；四是留设防水煤柱。

6. 探放含水层水

由于基岩裂隙水的埋藏、分布和水动力条件等都具有明显的不均匀性，煤层顶、底板砂岩水、岩溶水等在某些(或某一)地段对采掘工作面没有任何影响，而在另一些地段却带来不同程度的危害。为确保矿井安全生产，必须探清含水层的水量、水压和水源等，才能予以治理。

防治煤层顶、底板含水层的水害，既要从整体上查明水文地质条件，采取疏干降压或截源堵水等防治措施，又要重视井下采区的探查。

(二) 矿井疏水降压技术

1. 基本概念

疏干开采是指对煤层顶板或煤层含水层的疏干。对于用水量较大的矿区，为了减少矿井涌水量，应采取截流、浅排和排-供-生态环保三位一体结合等辅助措施，与疏干工作统筹考虑，进行综合防治。

疏水降压是指受水害威胁和有突水危险的矿井或采区借助于专门的疏水工程(疏水石门、疏水巷道、放水钻孔、吸水钻孔等)，有计划、有步骤地将煤层上覆或下伏强含水层中地下水进行疏放，使其水位(压)值降至安全采煤时水位(压)值以下的过程。它是煤矿防治水的一种重要措施，其目的是预防地下水突然涌入矿井，避免灾害事故，改善劳动条件，提高劳动生产率。

2. 疏放方式

疏放方式按其疏放工程所处位置来分，有地表疏放、地下疏放和联合疏放三种方式。

(1) 地表疏放

地表疏放是指在需要疏放降压地段在地表施工大口径钻孔，安装深井泵或潜水泵排水，预先降低含水层水位的疏放方法，常用于矿层埋藏浅的露天矿。适用条件是被疏放含水层的渗透性能好、含水丰富。潜水含水层的渗透系数要大于 3 m/d，承压含水层的渗透系数要大于 0.5 m/d；疏放降压深度不超过水泵的扬程。

地表疏放的优点是施工简单、施工期限短、投资经营费用较低、安全可靠且水质未受煤层污染等。根据疏放地段的地质和水文地质条件，疏放降压孔的布置有两种形式：① 直线孔群，适用于地下水一侧补给时；② 环形孔群，适用于地下水为圆形补给时。

(2) 地下疏放

地下疏放用于平行疏放阶段，通常采用巷道疏放和井下钻孔疏放方法。

① 巷道疏放

当煤层直接顶板为含水层时，常将采区巷道或采煤工作面的准备巷道提前开拓出来，利用采准巷道预先疏放顶板含水层水。在有利的地形条件下，开采侵蚀基准面以上的煤层时，还可以自行排水。

利用采准巷道疏放顶板水时，应注意以下两点：

a. 采准巷道提前掘进的时间，应根据疏放水的水量和速度确定。如果超前时间过长会影响采掘计划平衡，造成巷道长期闲置，有时还会增加维修工作量；如果提前时间太短又会影响疏放效果。

b. 当疏放含水层顶板水时，应视水量大小考虑是否要扩大水仓容量和增加排水设备。

此外，当煤层的直接底板是强含水层时，也可考虑将巷道布置在底板中，利用巷道直接疏放。

② 钻孔疏放

若煤层直接顶板为水量不大的含水层，可利用采区和采煤工作面的巷道布置钻孔预先疏放顶板水，降低水头压力，避免回采顶板突水，为采掘工作创造安全条件。其疏放方法有：用打入式过滤器疏放巷道顶部含水砂层或承压含水层水。即在巷道中每隔一定距离向顶板上打钻孔，终孔时立即将打入式过滤器的滤管沿钻孔压入含水层，使顶板水泻入巷道，通过排水沟向外排出。该法适用于巷道顶部离含水层不远(15～20 m)的情况。

若含水层离煤层较远，大于 30 m 时，且水量与水压较大，为消除顶板水对采掘工作面的威胁，可由地面打钻孔，向下穿过含水层并与井下疏放巷道或排水硐室相通，将顶板含水层水有节制地泻入井下巷道或硐室，然后将水排出地面。

底板水的疏放降压，方法与疏放顶板水相同，即在欲疏水降压地段，在巷道中以一定间距向下打疏放钻孔，从钻孔中放出底板承压含水层水，构成干扰降落漏斗，使含水层中的水位降到安全水位以下，达到防止底板突水、安全回采的目的。

(3) 联合疏放

水文地质条件复杂的大水矿井，单一方式的疏放不能满足矿井生产需要时，采用地表疏放和地下疏放相结合的方式称联合疏放。它也包括一个矿井疏放达不到疏放目的时，几个矿井同时疏放。

(三) 注浆堵水技术

注浆堵水是指将注浆材料(水泥、水玻璃、化学材料以及黏土、砂、砾石等)制成浆液，压入地下预定位置，使其扩张固结、硬化，起到堵水截流、加固岩层和消除水患的作用。

注浆堵水是防治矿井水害的有效手段之一，当前国内外已广泛应用于：井筒开凿及成井后的注浆;截源堵水,减少矿坑涌水量;封堵充水通道恢复被淹矿井或采区;巷道注浆,保障井巷穿越含水层(带)等。

注浆堵水在矿山生产中的应用方法有以下5种。

1. 井筒注浆堵水

在矿山基建开拓阶段,井筒开凿必将破坏含水层。为了顺利通过含水层,或者成井后防治井壁漏水,可采用注浆堵水方法。按注浆施工与井筒施工的时间关系,井筒注浆堵水又可分为井筒地面预注浆、井筒工作面预注浆、井筒井壁注浆。

2. 巷道注浆

当巷道需穿越裂隙发育、富水性强的含水层时,巷道掘进可与探放水作业配合进行,将探放水孔兼作注浆孔,埋设孔口管后进行注浆堵水,从而封闭了岩石裂隙或破碎带等充水通道,减少矿坑涌水量,使掘进作业条件得到改善,掘进工效大为提高。

3. 注浆升压,控制矿坑涌水量

当矿体有稳定的隔水顶底板存在时,可采用注浆封堵井下突水点,并埋设孔口管,安装闸阀的方法将地下水封闭在含水层中。当含水层中水压升高,接近顶底板隔水层抗水压的临界值时(通常用突水系数表征),则可开阀放水降压;当需要减少矿井涌水量时(雨季、隔水顶底板远未达到突水临界位、排水系统出现故障等),则关闭闸阀,升压蓄水,使大量地下水被封闭在含水层中,促使地下水位回升,缩小疏干半径,从而降低矿井排水量,可以缓和以致防止地面塌陷等有害工程地质现象的发生。

4. 恢复被淹矿井

当矿井或采区被淹没后,采用注浆堵水方法恢复生产是行之有效的措施之一。注浆效果好坏的关键在于是否找准矿井或采区突水通道位置和充水水源。

5. 帷幕注浆

对具有丰富补给水源的大水矿区,为了减少矿坑涌水量,保障井下安全生产,可在矿区主要进水通道建造地下注浆帷幕,切断充水通道,将地下水堵截在矿区之外。这不仅可以减少矿坑涌水量,而且可以避免矿区地面塌陷等工程地质问题的发生,因此具有良好的发展前景。但是帷幕注浆工程量大,基建投资多,因此,考虑采用该方法防治地下水时应慎重。

四、矿井地测防治水新技术及其装备

(一)地面区域治理底板水害技术与装备

采用地面钻机施工地面垂直钻孔逐步定向为近水平钻孔,底板改造可超前实施,钻孔水平段可连续穿越薄层灰岩,在目标灰岩含水层中顺层钻进,钻孔的有效孔段率和施工效率高,最大限度地揭露岩溶裂隙,同时钻探施工无安全隐患,钻孔注浆可直通地面注浆站,注浆管路沿途压力损失小,受注层注浆压力大,能增强注浆改造效果。地面区域治理钻孔定向顺层钻进、断层加固注浆改造技术,对提高煤层底板改造、断层加固的注浆效果显著,促进了煤层底板注浆改造技术的发展,提升了防治水技术水平。常用设备有ZJ-30、ZJ-40、ZJ-50型石油定向钻机及其配套设备。

主要优点如下:

(1) 灰岩内顺层钻进使点状治理扩展到线状治理,多条钻孔轨迹组合成面状治理,提高揭露灰岩区段长度和富水裂隙的概率。

(2) 地面注浆系统制浆输浆方便，注浆压力大，孔口压力控制在 10～15 MPa，能实现大流量高浓度注浆，浆液浓度可控制在 1.2～1.7 t/m³，浆液扩散距离较远，提升底板注浆改造效果，确保采煤工作面安全回采。

(3) 可对掘进巷道过导水断层进行超前治理，保障工作面掘进安全和进度。

(4) 地面区域治理工期短，多个工作面同时治理，保障防治水工程进度，将大大缓解矿井采掘接替的紧张局面，并优化矿井生产布局。

(5) 地面区域治理工程不影响井下生产系统，避免工作面掘进与防治水工作相互制约。

(6) 复杂水文地质条件下的水害治理工程，应用地面区域超前治理方法可降低防治水工程的成本。

(二) 井下定向钻进技术与装备

井下定向钻进技术通过 20 余年的发展，装备和技术已得到了长足的进步，2019 年中煤科工西安研究院在神东集团保德煤矿创造了主孔深度为 3 353 m 的井下定向钻孔新纪录。常用钻探设备有 ZDY4000LD、ZDY6500D、ZDY12000LD、ZDY15000LD 型等煤矿用履带式全液压坑道大定向钻机。

定向钻进技术用孔底马达驱动钻头，采用随钻测量系统测量钻孔轨迹实现轨迹控制。在实际工作时螺杆钻具在高压水的作用下驱动转子旋转并将扭矩和转速通过万向轴和传动轴传递给钻头，在钻机推进力作用下实现持续钻进。在钻进过程中，操作人员依靠置于孔底的随钻测量系统进行数据测量，并根据测量结果通过调整螺杆钻具前端弯接头的工具面角来进行导向钻进，便于准确控制钻孔轨迹。

使用大功率履带式全液压定向钻机，配套履带全液压泵车和孔口供电系统，钻机最大钻进深度为 900 m，与老式钻机最大钻进深度相比，钻进深度大大提高，钻孔精度极高，适用于长距离探放水、瓦斯地质超前探、底板灰岩水害治理等。

主要优点如下：

(1) 定向钻孔相较于普钻钻孔，可以准确定位钻孔位置，随时调整钻孔轨迹，提高钻孔施工的准确率和目的性。

(2) 施工中可以随时掌握钻孔曲率变化情况，根据现场见煤岩情况，随时分析地质构造和异常情况，随时停钻并开分支探查，减少工程进度浪费。

(3) 可对掘进巷道过导水断层、工作面底板水害、老空水、瓦斯地质情况等进行超前治理和探查，保障工作面采掘安全和进度，缓解矿井接替。

(三) 槽波地震勘探技术与装备

槽波地震勘探是利用在煤层中激发和传播的导波，探查煤层不连续性的一种地球物理方法。槽波地震勘探方法具有探测距离大、精度高、抗干扰能力强、波形易识别以及成果直观等优点，在陷落柱、断层、煤厚变化、采空区、废弃巷道等地质异常探测方面具有独特的优势，是井下最有效、分辨率最高的地震方法。常用的设备型号有中煤科工西安研究院 YTZ3(b)矿用槽波地震仪、德国 Summit-ⅡEX 槽波地震仪等物探设备。

槽波地震勘探的基本方法包括透射和反射两种。

(1) 透射法：透射法探测时，震源与检波器(排列)布置在不同的巷道内，在一条巷道内激发，在另一条巷道中接收，根据透射槽波的有无或强弱，来判断震源与接收排列间射线覆盖的扇形区内煤层的连续性，可以解决工作面内断层落差大于煤厚(理论上大于 1/2 煤厚)、直径大于 20 m 的陷落柱等地质异常探测问题。

(2) 反射法：槽波在煤层中传播遇到了煤层中的不连续体，即遇到了地震波的波阻抗(速度和密度差异)的分界面，就会产生反射槽波信号，因此，识别出这些反射槽波信号就能直接判断出煤层不连续体的位置，可以在一条煤巷中向两侧进行小构造的探测。

五、矿井水灾防治的安全管理

矿井水灾主要是指矿井突水(透水)，即矿井在建设或生产过程中，由于防治水措施不到位而导致地表水和地下水通过裂隙、断层等各种通道无控制地涌入矿井工作面，造成作业人员被困、伤亡或矿井财产损失的灾害事故。矿井突水的突水量大小差异很大，对矿井的危害程度也不同。

(一) 矿井突水灾害的原因

造成矿井突水灾害的原因归纳起来有以下几个方面：

(1) 思想麻痹大意。对水灾的危害意识不足，图省事、怕麻烦，心存侥幸，甚至有水情异常也不予重视。

(2) 防治措施不力，技术管理弱化。一些单位重生产、轻安全，安全生产主体责任不落实，“探、防、堵、疏、排、截、监”等综合防治措施执行环节出现漏洞。

(3) 技术决策和技术管理失误或瞎指挥，甚至违章违法。超层越界开采；乱采乱掘、破坏防隔水煤柱，误透老巷、老硐等。

(4) 井巷位置选择不合理。井巷布置在水文地质复杂或离强含水层较近的位置，导致顶底板透水。

(5) 工程质量不合格。井巷严重塌落冒顶，造成顶板塌落，沟通强含水层而突水。

(6) 防排水设施不健全。无防水闸门，或虽然有防水闸门因组织不当未及时关闭或因年久失修关闭不严而造成淹井。

(7) 排水设备能力不足或机电设备故障。

(8) 非法开采、违章作业、有章不循，违章蛮干。

(9) 不坚持“预测预报、有疑必探、先探后掘、先治后采”的原则。

(二) 矿井突水的应急措施

遇到矿井突水时，可采取以下应急措施：

(1) 撤出受水害威胁区域的人员，并清点人数。

(2) 查清事故前人员分布，判定遇险人数、位置及生存条件。

(3) 了解突水情况、影响范围，查明引起突水的老空区范围和老巷分布情况，收集出水前后水量变化、各长观孔水位变化资料，判断直接水源及补给水源，推测、判断水量变化趋势，安排专人统计涌水总量。

(4) 救护人员下井侦察、抢救遇险人员，侦察、抢险时，要管好水路，防止溃水冲垮巷道；采取措施，防止冒顶、掉底和二次出水。

(5) 若有被困人员，采取一切办法确定被困人员所在位置、人数及生存条件，采用压风管、水管、打钻孔等方法，向被困人员输送新鲜空气，给遇险人员创造生存条件。

(6) 根据情况选用排、疏、堵、截及开掘小巷等措施，营救遇险人员。

(7) 在井下要害地点快速构筑临时挡水闸墙，使涌水按照规定的路线流泄。

(8) 查明相关采区排水设施及排水能力，当排水能力小于突水水量时要尽快组织增加排水泵和排水管路。

(9) 加强通风，防止瓦斯和其他有害气体聚积。

(10) 抢救和运送长期被困井下人员时，防止环境和生存条件突然改变造成意外。

六、矿井水灾防治的安全检查

(一) 采区、工作面充水条件，采掘工作面附近的采空区、废弃巷道的积水情况

(1) 参照“生产地质报告”“采区地质说明书”“工作面地质说明书”等各种水文地质资料，分析采区、工作面充水条件。

(2) 根据采区工作面充水条件资料，分析各个采空区、废弃巷道的积水情况，并按照矿井生产接续计划，对照采掘工程平面图，排查采掘工程前方积水情况。

(二) 相邻矿井积水情况

定期搜集、调查和核实相邻煤矿边界附近的采掘活动、老空积水和废弃老窑的积水情况，并将矿界以外邻矿的采掘、积水情况标绘在井上下对照图、采掘工程平面图和充水性图上。

(三) 矿井、水平、采区、采掘工作面排水系统综排能力和完善情况

根据每月 3 次观测的涌水量观测记录台账，分析矿井、水平、采区、采掘工作面预计正常涌水量和最大涌水量，按照《煤矿防治水细则》的要求，分析排水系统是否健全、完善、标准，能否满足排水需要。

(四) 矿井密闭墙内侧涌、积水情况

密闭墙应加强日常观测，发现墙体变潮、泄水量变化较大等异常情况时，及时上报。由相关负责单位每月至少对充水密闭墙的涌水观测 1 次，及时发现出现承压状态的密闭墙。

(五) 巷道通过的含水层、导水或可能导水的断层

根据工作面巷道设计，结合水文地质条件进行分析，预计巷道将要通过的含水层、导水或可能导水的断层。

(六) 采掘工作面遇封闭质量不良的导水钻孔

根据采、掘工作面设计及矿井封闭质量不良钻孔台账，预计采掘工作面可能遇到的封闭质量不良的导水钻孔。

(七) 各类防隔水煤(岩)柱完好情况

查看各类防隔水煤(岩)柱台账、资料，并填绘在各种图纸上，结合采掘工程情况，确保各类防隔水煤(岩)柱不受破坏。

(八) 地表水威胁情况排查

查清矿区及其附近地面水流系统的汇水、渗漏和疏水能力等情况；了解当地水库、河道、河道中障碍物等情况；同时掌握当地历年降水量和最高洪水位资料，且每月对地表水体进行

观测。

（九）防排水设施

查明矿井如水闸门、水仓、排水泵、管路等设施的完好情况，确保防排水系统可正常运行。

（十）防治水工程

全面了解矿井正在或待进行的防治水工程的进展情况，查出其施工工程中可能存在的问题。

第三章 煤矿开采安全

第一节 煤矿安全开采的基本条件与管理要求

一、煤矿安全开采的基本条件

（一）生产系统的安全条件

煤矿开采作业环节多，在开采过程中，有害气体和矿尘大量产生，受水分蒸发和散热作用等因素影响，使矿井空气的成分、温度、湿度等发生了一系列的变化，形成恶劣的气候条件。特别是生产工作面的布置受到煤层赋存条件、地质构造、顶底板特性以及水文地质等条件的限制。一旦某环节出现问题，就可能导致人员伤害、设备破坏和财产损失。因此，煤矿开采必须遵循一定的规则，在开采生产前必须具有完整可靠的通风系统、排水系统、供电系统、运输系统、提升系统以及安全避险六大系统（监测监控、人员定位、通信联络、紧急避险、压风自救、供水施救系统）。

（二）生产作业环境和生产设备、设施的安全条件

生产作业环境的安全条件主要是指生产作业场所周围、空间及空气质量和其他作业场所在生产过程中的安全可靠性。它涉及生产作业过程中所选取的开采方式、开采方法、通风方式、支护形式。而生产的设备设施对安全的影响主要体现在这些设备设施的选择、设置和使用必须符合《煤矿安全规程》的要求。

（三）生产管理组织与技术措施方面的安全条件

煤矿在建设和开采的过程中，其生产的各个系统、生产作业环境、生产设备和设施以及与生产相适应的管理组织与技术措施，应能满足煤矿开采的安全需要，保护煤矿职工的身体健康和生命安全，减少事故的发生，保证正常生产。

生产管理组织和技术措施，主要是指“人”的因素。煤矿事故的发生，一方面是由于煤矿的生产系统、设备设施达不到要求，即“物的不安全状态”引起的；另一方面则是由于系统不合理或不完善、管理不到位、规章制度不健全、安全技术措施不合理或者不落实（包括人员的素质、职工的安全教育和培训）引起的，即“人的不安全行为”。“物”的安全状态和“人”的安全行为表现为生产安全的四个要素，即管理、装备、素质、系统，相辅相成，相互补充。

二、煤矿开采主要灾害及致灾特征

（一）瓦斯

瓦斯是煤矿生产经常遇到的一个问题。在我国，瓦斯事故不仅过去十分严重，现在也经常发生，因此，认识瓦斯的特点，掌握瓦斯事故发生的规律，采取相应的瓦斯治理措施，也是煤矿安全生产的重要任务之一。

瓦斯的燃烧、爆炸是煤矿主要灾害之一。瓦斯爆炸产生的高温高压，促使爆源附近气体以极大的速度向外冲击，造成人员伤亡，破坏巷道和器材设施，扬起大量煤尘并参与爆炸，产生更大的破坏力。另外，爆炸后生成大量的有害气体，造成人员中毒。因此，防止瓦斯局部积聚，防止煤（岩）与瓦斯突出，防止火源引燃瓦斯是安全管理的重点。

（二）矿尘

矿尘的主要尘源在采煤工作面和掘进工作面，煤岩装运、转载点，以及其他作业场所。煤矿井下作业产生的矿尘危害极大，它不但会导致生产环境恶化，加剧机械设备磨损，缩短机械设备的寿命，更重要的是会危害职工的身体健康，导致各种职业病。人体长期吸入矿尘，轻者会引起呼吸道炎症，重者会引起尘肺病。

（三）煤矿火灾

煤矿如果引起火灾，其火势一般较难控制，并且影响范围也比较广泛，不仅会造成煤炭资源的一定损失，打乱正常生产部署，还会对煤矿安全生产造成一定危害。

由于井下空间小，工作场所窄，电气设备多，坑木等易燃物多，煤本身就可以引燃，再加上防火设施不健全，灭火器材不齐全，井下又有新鲜风流，一旦发生火灾，不像地面火灾那样容易扑救。而且各种火灾（如电气失火、油料起火、瓦斯爆炸形成的火灾及煤炭自燃等）类型不同，扑救方法也各不相同。如果灭火不及时或处理不当，就会蔓延发展，往往酿成大火，这就使得灭火工作更加困难。

（四）煤矿水害

煤矿一旦发生透水，不但影响正常生产，甚至会造成人员伤亡。

在采矿过程中，一般由于采掘工作面与地下含水层、地表水、裂缝水带以及岩溶水带距离过近，会引发一系列的煤矿水害事故。正常情况下，煤矿水害水量较大，且水势较猛，短时间内会充斥大量的水，因此当发生水害事故时采矿现场将受到极严重的破坏，且工作人员的人身安全很容易被威胁，甚至会造成大量人员伤亡。

（五）顶板事故

冒顶事故特别是局部冒顶事故在煤矿采掘工作面生产过程中经常发生，对煤矿生产安全的危害极大。

煤矿开采深度的增加会导致采场的矿压增大，深部煤岩体的应力环境、变形与破坏特性较浅部煤岩体发生了显著变化。深层煤岩体的变形特性发生了根本变化，岩体的扩容现象突出；岩体变形具有不连续性，巷道围岩变化量大。随着采深的增加，采场矿压显现强烈，表现为围岩剧烈变形、巷道和采场失稳，加大了顶板管理难度。

（六）冲击地压

随着我国煤矿开采深度的不断增加，冲击地压的危害也将更加突出。冲击地压又称岩爆,常伴有煤岩体抛出、巨响及气浪等现象。

冲击地压主要受地质构造、矿体和围岩结构性质、开采深度、水文地质条件等多种因素影响。在褶皱和断裂构造带,矿体弹性高、强度(硬度)大,顶底板岩石致密、坚硬、裂隙少、厚度大,围岩含水量高,开采深度大的煤矿容易发生冲击地压。冲击地压常导致顶板事故,破坏井巷,并造成人员伤亡、设备毁坏、作业环境污染,从而影响生产。冲击地压有时会导致强烈瓦斯涌出,有时还会因大量粉尘引起爆炸,造成更大的破坏。

三、煤矿开采的安全管理要求与检查要点

(一) 煤矿开采的安全管理要求

(1) 新建非突出大中型煤矿开采深度(第一水平)不应超过 1 000 m,改扩建大中型煤矿开采深度不应超过 1 200 m,新建、改扩建小型煤矿开采深度不应超过 600 m。煤矿同时生产的水平不得超过 2 个。

(2) 每个生产煤矿必须至少有 2 个能行人的通达地面的安全出口,各出口间距不得小于 30 m。

(3) 采用中央式通风的新建和改扩建煤矿,设计中应当规定井田边界的安全出口。新建、扩建煤矿的回风井严禁兼作提升和行人通道,紧急情况下可作为安全出口。

(4) 井下每一个水平到上一个水平和各个采(盘)区都必须至少有 2 个便于行人的安全出口,并与通达地面的安全出口相连。未建成 2 个安全出口的水平或者采(盘)区严禁回采。

(5) 新建煤矿、生产煤矿新掘运输巷的一侧,从巷道道砟面起 1.6 m 的高度内,必须留有宽 0.8 m(综合机械化采煤及无轨胶轮车运输的煤矿为 1 m)以上的人行道,管道吊挂高度不得低于 1.8 m。

(6) 生产煤矿已有巷道人行道的宽度不符合上述要求时,必须在巷道的一侧设置躲避硐,2 个躲避硐的间距不得超过 40 m。躲避硐宽度不得小于 1.2 m,深度不得小于 0.7 m,高度不得小于 1.8 m。躲避硐内严禁堆积物料。

(7) 采用无轨胶轮车运输的煤矿人行道宽度不足 1 m 时,必须制定专项安全技术措施,严格执行"行人不行车,行车不行人"的规定。

(8) 在人车停车地点的巷道上下人侧,从巷道道砟面起 1.6 m 的高度内,必须留有宽 1 m 以上的人行道,管道吊挂高度不得低于 1.8 m。

(二) 煤矿开采的安全检查要点

(1) 是否建立健全各级负责人、各部门、各岗位安全生产与职业病危害防治责任制。

(2) 是否对从业人员进行安全教育和培训,培训不合格的,不得上岗作业。

(3) 是否建立入井检身制度和出入井人员清点制度;是否掌握井下人员数量、位置等实时信息。

(4) 是否制定停工停产期间的安全技术措施,保证煤矿供电、通风、排水和安全监控系统正常运行,落实 24 h 值班制度。

(5) 是否建立应急救援组织,健全规章制度,编制应急救援预案,储备应急救援物资、装备并定期检查补充。

(6) 煤矿建设、生产阶段，是否对揭露的煤层、断层、褶皱、岩浆岩体、陷落柱、含水岩层、煤矿涌水量及主要出水点等进行观测及描述，综合分析，实施地质预测、预报。

(7) 建井期间应当尽早形成永久的供电、提升运输、供排水、通风等系统。未形成上述永久系统前，是否建设临时系统。

(8) 煤矿进入主要大巷施工前，必须安装安全监控、人员位置监测、通信联络系统。

(9) 巷道净断面是否满足行人、运输、通风和安全设施及设备安装、检修、施工的需要。

第二节　矿井开拓

煤田具有很大的面积，有的煤田面积可达几百平方千米，储量达几百亿吨。对于这样的大煤田，如果由一座煤矿来开采，在技术、经济上是不合理的。因此，当一个煤田范围较大时，必须把煤田划分为若干较小的部分，每一部分由一个煤矿来开采。划归一个煤矿来开采的煤田称为井田。将煤田划分为井田时，应合理地确定各井田的边界。

一、煤矿储量的分级与分类

煤矿储量指井田范围内可采煤层的全部储量。

为了说明不同块段煤层地质情况被查明的程度，常将储量划分成不同的级别，同一级别的储量代表的勘探程度相同。储量分为 A、B、C、D 四级。

根据工业要求、开采条件以及储量被查明的程度，煤矿储量分为以下几类。

- 煤矿地质储量
  - 能利用的储量
    - 工业储量
      - 可采储量
      - 设计损失量
    - 远景储量
  - 尚难利用的储量

煤矿地质储量：煤矿技术边界范围内的全部煤炭储量。

能利用的储量：在目前的经济技术条件下能够开采的储量，为 A、B、C、D 级储量的和，也叫平衡表内储量。

尚难利用的储量：在目前的经济技术条件下尚不能够开采的储量，也叫平衡表外储量。

工业储量：A、B、C 级储量和，是煤矿设计的资源依据。工业储量中预计可以采出来的煤量为可采储量，预计不可以采出来的煤量为设计损失量。

远景储量：D 级储量，因勘探程度不够，不能作为煤矿设计的依据。

可采储量与工业储量之间的关系：

$$Z_k=(Z_g-P)C \tag{3-1}$$

式中　Z_k——可采储量；

Z_g——工业储量；

P——永久性煤柱损失量；

C——采区设计采出率。采区回采率规定：厚煤层不低于 75%，中厚煤层不低于 80%，薄煤层不低于 85%。

二、矿井生产能力、服务年限及井田的划分

(一) 矿井生产能力

矿井生产能力亦称井型，是指矿井设计的年产量，单位为 Mt/a 或万 t/a。矿井生产能力在一定程度上反映了煤矿生产技术与经济面貌，我国煤矿按其生产能力的大小分为三类。

大型：1.2 Mt/a、1.5 Mt/a、1.8 Mt/a、2.4 Mt/a、3.0 Mt/a、4.0 Mt/a、5.0 Mt/a、6.0 Mt/a 及以上；

中型：0.45 Mt/a、0.60 Mt/a、0.9 Mt/a；

小型：0.3 Mt/a 及以下。

选择矿井生产能力时，应结合井田尺寸和矿井储量，以及开发技术条件、装备水平和安全生产的要求等权衡确定。

(二) 矿井服务年限

矿井服务年限指煤矿从投产到报废的年限。确定矿井生产能力时必须保证矿井有合理的服务年限，也就是说矿井服务年限要与矿井生产能力相适应。大型矿井的服务年限应当长，中、小型矿井的服务年限则不宜过长。

矿井生产能力与服务年限之间有密切关系，可用下式表示：

$$T=Z_k/(AK) \tag{3-2}$$

式中 T——矿井设计的服务年限，a；

Z_k——矿井可采储量，万 t；

A——矿井设计的生产能力，万 t/a；

K——储量备用系数。

考虑储量备用系数的原因：投产后矿井生产能力被突破；地质构造造成的煤柱损失；风化带及小窑对煤层的破坏；矿井采出率达不到设计要求。计算水平和采区的服务年限时也要考虑储量备用系数。

(三) 井田的划分

1. 井田划分为阶段和水平

在井田范围内，沿着煤层的倾向，按一定标高把煤层划分为若干平行于走向的长条部分，每个长条部分称为一个阶段。阶段的走向长度为井田在该处的走向全长；阶段斜长取决于阶段垂高，一般可为 100～1 000 m 以上。

每个阶段有独立的运输和通风系统。如在阶段的下部边界开掘阶段运输大巷，在阶段上部边界开掘阶段回风大巷，为整个阶段服务。

通过运输大巷或总回风巷的某一标高的水平面称为水平。水平常用水平标高、用途或开采顺序来表示。实际工作中，常把设有井底车场和主要运输大巷的水平及其所服务的开采范围称为开采水平，也简称水平。

根据煤层赋存条件，一个井田可以用一个水平开采，也可用两个或两个以上的水平开采。前者称为单水平开拓，后者称为多水平开拓。单水平开拓一般适用于煤层倾角较小、井田斜长较短的煤层，或开采井田最后一个阶段的煤层。多水平开拓是用两个以上开采水平开采整个井田，一般适用于煤层倾角较大、井长斜长较长的煤层。

2. 阶段内的布置

阶段范围内，必须进一步再划分为更小的块段，以适应开采技术的要求。

(1) 分区式

在阶段范围内，沿走向把阶段划分为若干块段，每一块段称为采区。

采区的斜长等于阶段斜长；而走向长度，根据回采方式不同，可为400～3 000 m。在划分采区时，也尽量利用地质变化的地带作为采区划分的界限，以利于减少煤柱损失和开采困难。由于采区斜长比较大，为了适应机械设备（采煤机、输送机等）的要求，就必须沿倾斜方向将采区划分成若干个较小的条带，每个条带称为区段。每个区段布置一个采煤工作面，即称为分区式布置。分区式布置多用走向长壁采煤法开采。

(2) 分段式

在阶段范围内，沿煤层走向不划分采区，而是沿倾斜方向划分成若干个长条形煤带，每个煤带称为分段。在每个分段内布置采煤工作面，即称为分段式布置。

分段划分时，也应尽量利用自然条件作为分段的界限。

(3) 分带式

在阶段范围内，不沿煤层倾斜方向分段，而是沿走向划分成若干个条带，每个条带称为分带。每个分带布置一个采煤工作面，即称为分带式布置。

在分带内，采煤工作面沿煤层倾斜方向（仰斜或俯斜）连续推进，即由阶段的下部边界向上部边界或者由阶段的上部边界向下部边界连续推进。

三、矿井开拓的种类、方式及顺序

（一）巷道的种类

矿井巷道按井巷和水平面夹角不同，可分为垂直巷道、水平巷道和倾斜巷道；按照作用和服务的范围不同，分为开拓巷道、准备巷道和回采巷道，如图3-1所示。

1. 开拓巷道

一般说来，为全矿井、一个水平或若干采区服务的巷道，如井筒、井底车场、主要石门、运输大巷和回风大巷（或总回风道）、主要风井，称为开拓巷道。开拓巷道是从地面到采区的通路，这些通路在一个较长时期内为全矿井或阶段服务，服务年限一般在10～30 a以上。

2. 准备巷道

为一个采区或数个区段服务的巷道，如采区上下山、采区车场、采区硐室，称为准备巷道。准备巷道是在采区范围内从已开掘好的开拓巷道起到达区段的通路。这些巷道在一定时期内为全采区服务，服务年限一般在3～5 a以上。

3. 回采巷道

仅为采煤工作面生产服务的巷道，如区段运输平巷、区段回风平巷、开切眼（形成初始采场的巷道），称为回采巷道。回采巷道服务年限较短，一般在0.1～1.0 a。

开拓巷道的作用在于形成新的或扩展原有的阶段或开采水平，为构成矿井完整的生产系统奠定基础。准备巷道的作用在于形成新的采区，以便构成采区的生产系统。回采巷道的作用在于切割出新的采煤工作面并进行生产。开拓、准备、回采是矿井生产建设中紧密相关的三个主要程序，解决好三者之间的关系，对于保证矿井正常生产运营具有重要意义。

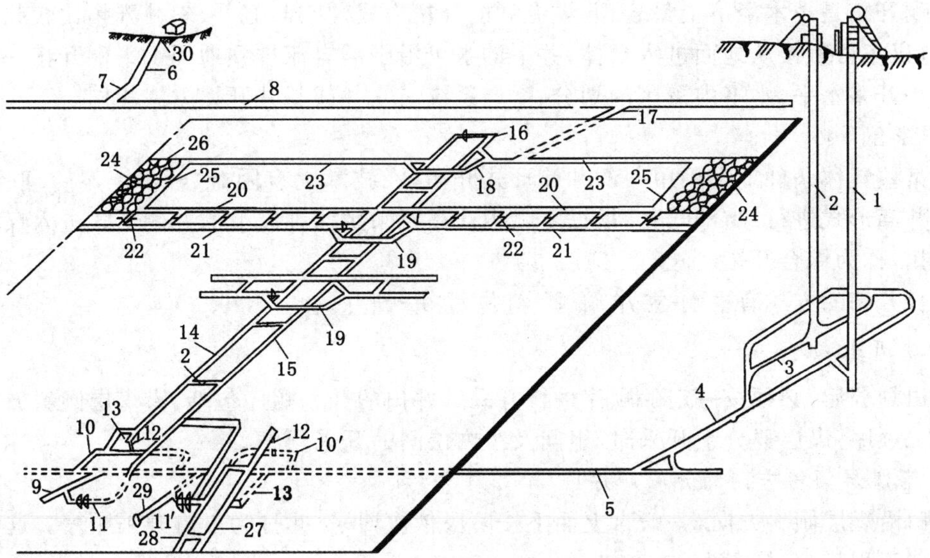

1—主井；2—副井；3—井底车场；4—主要运输石门；5—运输大巷；6—风井；7—回风石门；
8—回风大巷；9—采区运输石门；10—采区下部装煤车场；11—采区下部材料车场；12—采区煤仓；
13—行人入风巷；14—运输上山；15—轨道上山；16—上山绞车房；17—采区回风石门；
18—采区上部车场；19—采区中部车场；20—区段运输平巷；21—下区段回风平巷；22—联络眼；
23—区段回风平巷；24—开切眼；25—采煤工作面；26—采空区；27—运输下山；28—轨道下山；
29—下山回风联络巷；30—风硐；10′—下山采区上部装煤车场；11′—下山采区上部运料车场。

图 3-1 矿井巷道示意图

(二) 开拓方式

根据进入煤层的井硐形式不同，井田的开拓方式分为立井开拓、斜井开拓、平硐开拓和综合开拓。

井田开拓方式是矿井建设中的重要问题，必须从地质、地形，以及技术经济条件综合考虑。一个井田可有几种开拓方式，必须对各种开拓方式进行技术经济比较，确定其中最合理的一种开拓方式。

1. 立井开拓

在煤层埋藏较深、表土层厚时，一般采用立井开拓，常用的有立井多水平分区式开拓和立井单水平分区式开拓。

这种开拓方式的生产系统比较简单、运输环节少、建井速度快、投产早，但其上山阶段的分带风巷是下行风，应采取措施，防止分带回风巷中瓦斯积聚，保证安全生产。

2. 斜井开拓

斜井开拓是利用倾斜巷道由地面进入地下到达煤层的开拓方式。在埋藏较浅的缓斜煤层中，可以用斜井开拓。

斜井开拓时，对井筒的通风有不同的要求，主井用带式输送机运煤时，可兼作进风井，风速不得超过 4 m/s，且不允许兼作回风井；用箕斗提升时，井筒通风要求原则上与立井相同。

3. 平硐开拓

在山岭和丘陵地区，可以直接从地表用水平大巷进行开拓，叫作平硐开拓。

平硐开拓是技术经济上最合理、最有利的开拓方式。它与立井、斜井开拓比较起来简便得多，电机车可直接从地面进入矿体，井下的水可沿平硐自流排到地面。平硐开拓一般以平硐为第一开采水平，水平内采区的划分、生产系统与立井或斜井开拓方式相同。

4. 综合开拓

在某些具体条件下采用单一的井筒形式开拓，在技术上有困难、经济上不合理，可以采用不同井筒形式进行综合开拓。根据实际生产需要采用两种以上的井硐形式进入煤层进行井田开拓，称为综合开拓。

综合开拓的方式有平硐-立井、平硐-斜井、立井-斜井。

（三）开采顺序

井田划分后，必须按一定的顺序进行开采。井田的开采顺序包括：沿煤层倾斜方向和走向的开采顺序；煤层群分组开采时，组间及组内层间的开采顺序。

1. 沿煤层倾斜方向的开采顺序

井田沿煤层倾斜方向，一般自上而下按阶段依次回采，此称为下行开采顺序。这种开采顺序初期工程量少、投资少、投产快。

2. 沿煤层走向的开采顺序

在井田内，对井田的走向来说，一般以井筒或采区上（下）山的位置为准，将井田或采区的边界位置当作前方看待。在井田的一翼，由于沿煤层走向开采的方向不同，分区式或分段式布置又可分为前进式开采顺序和后退式开采顺序。

3. 煤层群组间和组内层间的开采顺序

根据煤层群的赋存状况和自然条件，将其划分成组，并按一定顺序进行开采。

煤组与煤组之间，组内各煤层之间，一般均采用下行开采顺序，即先采上煤组（上层煤），后采下煤组（下层煤），为了避免下煤组（下层煤）开采对上煤组（上层煤）的影响，上煤组（上层煤）应超前下煤组（下层煤）开采。

四、矿井生产系统

矿井生产系统由井下生产系统和地面生产系统组成。

（一）井下生产系统

为了采出煤炭，就需要开掘一系列巷道、硐室，并安装各种机电设备，完成各种生产任务，从而构成井下生产系统。

在埋藏较浅的缓斜煤层中，一般多采用斜井开拓方式，如图 3-2 所示。图中表示为多水平开拓，井田划分为 3 个阶段，每个阶段划分为 4 个采区，每个采区划分为 3 个区段。

1. 运输系统

运煤：工作面产出的煤炭由刮板输送机→运输平巷→运输上山→采区煤仓→运输大巷→井底车场煤仓→主斜井带式输送机→地面原煤仓。

运料排矸：采煤工作面所需材料、设备用矿车由副斜井→井底车场→运输大巷→采区下部材料车场→轨道上山→区段回风平巷→采煤工作面。采煤工作面回收的材料、设备和掘进工作面运出的矸石，用矿车经由与运料系统相反的方向运至地面。

2. 通风系统

副斜井进风→井底车场→运输大巷→采区石门→轨道上山→中部车场→运输平巷→采

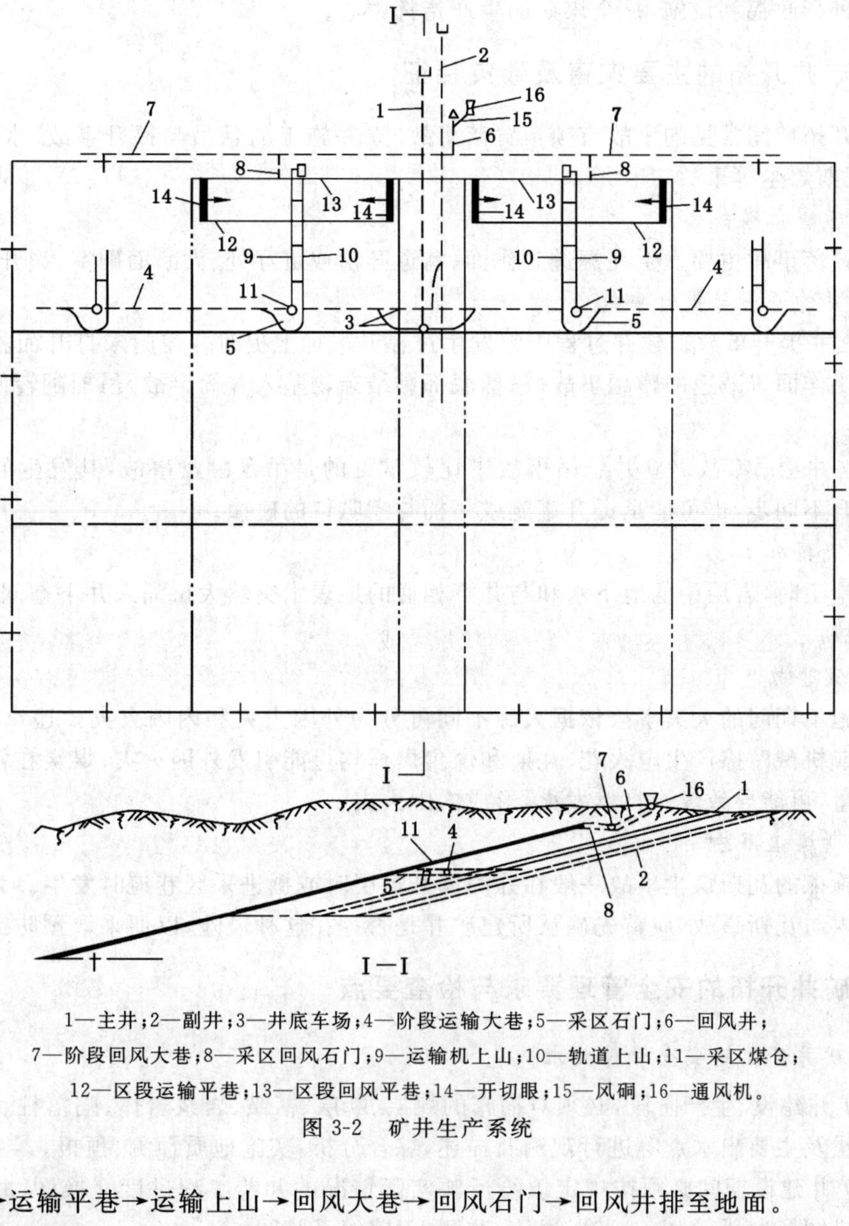

1—主井；2—副井；3—井底车场；4—阶段运输大巷；5—采区石门；6—回风井；
7—阶段回风大巷；8—采区回风石门；9—运输机上山；10—轨道上山；11—采区煤仓；
12—区段运输平巷；13—区段回风平巷；14—开切眼；15—风硐；16—通风机。

图 3-2　矿井生产系统

煤工作面→运输平巷→运输上山→回风大巷→回风石门→回风井排至地面。

3. 排水系统

排水系统一般与进风风流方向相反，由采煤工作面→区段运输平巷→采区上山→采区下部车场→运输大巷→井底车场水仓→水泵房的排水泵→副斜井→地面贮水池。

4. 供电系统

高压电缆→井底中央变电所→运输大巷→采区石门→采区变电所降压→低压电缆→工作面配电点。

（二）地面生产系统

地面工业广场是煤炭生产的重要组成部分，地下采出的煤和地面各种器材、设备都要汇集在工业广场内。工业广场内不仅有煤炭洗选加工和储、装、运的各种生产环节和设施，而且还有各种行政福利设施，是全煤矿的生产指挥中心。

五、矿井开拓的主要灾害及致灾特征

矿井开拓期间常见的事故有顶板冒落事故、立井施工的悬吊与提升事故、水灾事故、火灾事故、瓦斯煤尘等事故。

1. 顶板冒落事故

顶板冒落事故主要发生在掘进工作面、巷道开岔或贯穿处、大断面硐室、裂开带等。

2. 立井的悬吊与提升事故

(1) 立井提升事故。建井过程中曾发生过提升吊桶上提时井盖门未打开而相撞以及吊桶下放到工作面未减速的蹲罐事故，吊桶底部黏结杂物坠入井筒事故，吊桶翻转使人员坠井事故等。

(2) 立井悬吊事故。立井悬吊事故中比较常见的是吊盘翻盘事故，其发生的原因可能是稳车提升不同步，也可能是提升罐笼或吊桶与喇叭口的碰撞。

3. 水灾事故

井巷施工时，岩层中的地下水和与井下相通的地表水突然大量涌入井下空间，均可能引发水灾事故。

4. 火灾事故

井巷施工期间的火灾事故依据火源不同可分为外因火灾和内因火灾。违章使用明火、电气着火或机械摩擦产生电火花、瓦斯和煤尘爆炸均可能引发外因火灾；煤炭在常温下氧化而产生热量，可能导致煤炭自然发火，形成内因火灾。

5. 瓦斯煤尘事故

井巷施工的瓦斯煤尘事故一般在井筒揭开煤层时或掘进采区巷道时发生。为防止揭开煤层时的煤与瓦斯事故，应首先确认所建矿井是否存在这种风险，以便采取预防措施。

六、矿井开拓的安全管理要求与检查要点

(一) 矿井开拓的安全管理要求

(1) 矿井建设、生产阶段，必须对揭露的煤层、断层、褶皱、岩浆岩体、陷落柱、含水岩层，矿井涌水量及主要出水点等进行观测及描述，综合分析，实施地质预测、预报。

(2) 矿井建设期间必须按规定填绘反映实际情况的井巷工程进度交换图、井巷工程地质实测素描图及通风、供电、运输、通信、监测、管路等系统图。

(3) 矿井建设期间的安全出口应当符合下列要求：

① 开凿或者延深立井时，井筒内必须设有在提升设备发生故障时专供人员出井的安全设施和出口；井筒到底后，应当先短路贯通，形成至少 2 个通达地面的安全出口。

② 相邻的两条斜井或者平硐施工时，应当及时按设计要求贯通联络开凿平硐、斜井和立井，井口与坚硬岩层之间的井巷必须砌碹或者用混凝土砌(浇)筑，并向坚硬岩层内至少延深 5 m。

(4) 建井期间应当尽早形成永久的供电、提升运输、供排水、通风等系统。未形成上述永久系统前，必须建设临时系统。

(5) 矿井主要大巷施工前，必须安装安全监控、人员位置监测、通信联络系统。

（二）矿井开拓的安全检查要点

（1）矿井设计、采区设计及主要巷道是否符合《煤矿安全规程》《防治煤与瓦斯突出细则》《煤矿防治水细则》《煤炭工业矿井设计规范》等相关规定，是否按照设计规定的采掘工作面数量、核定生产能力、批准的劳动定员组织生产。

（2）煤矿、水平、采区、采掘工作面主要安全生产系统和设施是否符合规定。

（3）矿井开拓、准备、回采和安全煤量是否平衡，是否存在"采、掘、抽"接续紧张、"剃头开采"等情况。

（4）是否如实填汇采掘工程平面图、井上下对照图等图纸。

（5）是否存在超层越界、开采保安煤柱和危及相邻煤矿安全的施工行为。

（6）是否采用以掘代采等国家明令禁止使用的采煤方法、工艺。

第三节 巷道掘进与支护

一、巷道掘进的种类及工艺

（一）巷道掘进的种类

在岩体中，采用一定手段把部分煤岩破碎下来，形成地下空间，接着对这个空间进行支护的工作，叫作巷道掘进。掘进主要工序有破岩、装岩、运输、支护。辅助工序有排水、掘砌水沟、通风、铺轨等。通常以破岩技术作为区分巷道掘进种类的依据，在掘进巷道中，破碎岩石是一项主要工序。其种类有两种：钻爆法掘进和综合机械化掘进。

1. 钻爆法掘进（俗称炮掘）

钻爆法掘进是利用钻爆法破碎煤岩，用装载机把破碎下来的煤岩装入运输设备，通过矿车或转载机、刮板输送机、带式输送机等设备运走，由人工架设支架，用人工或调度绞车运送支护材料，局部通风机进行压入式通风，采用喷雾洒水的方式进行降尘。

钻眼爆破破岩法简称钻爆法，就是采用钻眼机具在工作面布置一定数目的炮眼，然后在炮眼内装药进行爆破，把煤岩破碎下来的方法。为防止岩尘对人体的危害，必须坚持湿式钻眼。在采用钻爆法掘进时，施工工艺参数往往以钻爆工序为主配合其他工序而确定。钻爆参数主要包括炮眼深度、炮眼直径、炮眼数目、装药量、炮眼布置等。钻眼爆破技术主要包括岩巷光面爆破技术、毫秒爆破技术、断裂控制爆破技术等。随着高效能装岩机具和装岩台车的推广使用，为加大炮眼深度、提高钻眼速度提供了保证，深孔光面爆破技术成为目前钻眼爆破技术发展的主要方向。

2. 综合机械化掘进

综合机械化掘进逐渐形成了以掘进机为主的3种类型的掘进工艺：综合机械化掘进，主要掘进机械为悬臂式掘进机，简称掘进机；连续采煤机与锚杆钻车配套作业，主要掘进机械为连续采煤机；掘锚一体化掘进，主要掘进机械为掘锚机组。

（1）掘进机

掘进机是一种能够直接从工作面把煤或岩石截割采落、装载运输、装入矿车或运输设备，可调动行走、喷雾除尘的综合作业设备。使用掘进机可以连续掘进，实现破、装、运一体化，减少掘进工序，提高掘进速度，是煤巷、半煤岩巷快速掘进的最佳途径。

掘进机破岩是指用掘进机的截割头将岩石或煤截割下来的破岩方法。目前，掘进机破岩主要适用于煤和半煤岩巷道的掘进。

掘进机快速掘进的主要途径是：组成综合机械化作业线，辅以运输机械化、掘进工作面临时支架机械化，采用先进的综掘技术及科学的组织管理等。

（2）连续采煤机

连续采煤机是一种适用于短壁开采，集截割、装载、转运、移动行走、喷雾降尘于一身的综合机械化开采设备，具有体积小、调动灵活、使用方便等优点，不仅可开采煤炭，还能用于巷道掘进，在内蒙古、山西等许多煤矿得到应用。

（3）掘锚机组

掘锚机组将掘进与支护有机地组合起来，减少掘进与支护设备的换位作业时间，在同一台设备上完成掘进和支护工艺。掘锚机组与连续采煤机作业相比，具有掘锚平行作业、单巷快速掘进及顶板及时支护等优点。

（二）巷道掘进的工艺

1. 平巷掘进

（1）水平岩石巷道掘进

水平岩石巷道的掘进目前还是以钻爆法为主，除钻眼爆破和工作面通风外，解决好装岩和调车、临时支护等问题，能保证岩巷掘进的安全高效。

① 装岩。平巷掘进中装运岩石工作，是掘进作业中最繁重而又耗费工时的工序。一般情况下，这项工序要占掘进循环总时间的35%～50%。因此，发展机械化装运岩石，缩短装运岩石的时间，对减轻工人的劳动强度和提高掘进速度都有重大意义。装岩机械目前主要有耙斗式装岩机、铲斗式装岩机和蟹爪式装载机。

② 临时支护。在岩巷掘进时，从掘进到架设永久支架前，为了防止岩块坠落，工作面应该预先架设临时支架。金属临时支架是最常用的一种，优点是支架结构形式易于适应各个巷道断面形状，强度大，能保证工程质量和作业安全；架设拆除方便，可以重复使用。根据巷道围岩的稳定情况，可以采用无腿金属临时支架或有腿金属临时支架。

③ 排水。巷道一侧要设置排水沟，以便排出井下涌水，保证生产安全，并且创造较好的行人、运输条件，有利于巷道的维护。

（2）煤巷掘进

煤巷掘进的工序与岩巷掘进基本一样，但施工方法有许多不同，主要表现在：

① 煤层比岩层的坚固性小，可采用效率较高的多种掘进机或掘进装载机，也可采用连续采煤机掘进巷道。由于煤层软，易于片帮，所以掘进断面一般不应大于设计断面。

② 煤层内多含有瓦斯，爆破后有大量煤尘飞扬，故爆破时要喷雾洒水，使用水炮泥。

③ 在煤巷掘进时，轨道上经常积有浮煤。为防止扬尘，在煤巷掘进时应选择履带式装载机或其他不致引起煤尘大量飞扬的装载机。

④ 在煤层中掘进巷道，一般采用双巷掘进，每隔一定距离进行贯通，以利通风。

⑤ 对于服务年限长的煤巷，一般可以在掘进的同时架设永久支架。

（3）半煤岩水平巷道掘进

① 巷道凿岩位置的选择。在半煤岩巷道开掘时，必须认真选择巷道断面内的凿岩位

置。凿岩位置根据煤层倾角、顶底板岩性以及巷道用途等条件来选择。同时应注意尽量避免破坏顶板，保持巷道稳定，尽可能掘凿软岩，并力求掘煤面积最大，减少开掘困难和费用，充分满足巷道运输、装车的要求。在一般情况下，缓倾斜煤层的半煤岩巷道，通常可采用卧底，倾斜煤层多采用挑顶兼卧底，急倾斜煤层一般采用卧底。

② 煤岩的开凿顺序。在半煤岩巷道掘进中，煤、岩的开掘顺序对掘进速度和效率影响很大。通常情况下，应实行全断面一次开掘，并尽可能实行煤、岩分次爆破和装运。当岩石坚硬、煤层较厚时，根据挑顶或卧底的安排，可分别采用倒台阶工作面或正台阶工作面的掘进方法，使煤层超前于岩层开掘。

2. 倾斜巷道掘进

(1) 上山掘进

上山掘进时应注意通风排瓦斯工作。由于瓦斯比重小，常常积聚在上山掘进工作面附近，如果不采取措施，有可能发生瓦斯超限或爆炸。因此，在瓦斯煤矿上山掘进时，必须加强通风，采取双巷掘进(一条进风、一条回风)。

在近水平或缓倾斜煤层中，上山掘进一般用矿车或输送机运输。上山掘进使用的绞车，当提升斜长小于 150 m 时，可将绞车布置在上山一侧的小硐室内，如果斜长过大，应安装较大能力的提升设备，最好不要分段接力提升。如条件合适，可采用刮板输送机或刮板输送机槽。倾角大于 35°的巷道，煤、矸可以沿底板自溜，这时应在巷道一侧做一个密闭的溜矸间，使矸石不能在巷道内任意滚溜，以免造成伤人或砸坏设备的事故。

在倾角小于 10°的上山可以使用装岩机，配合输送机运输。如巷道倾角大，可用提升绞车和装岩机绞车联合作业。使用装岩机装岩时，一般与输送机和刮板输送机槽配合使用，这样装岩机就能够连续作业，提高装岩效率。

(2) 下山(斜井)掘进

掘进下山时，运输和排水较为困难。

① 运输。掘进下山时，一般都采用箕斗或矿车提升(巷道坡度小时，也可采用输送机提升)。下山掘进的安全问题主要是防跑车。另外巷道规格、铺轨质量都应符合设计要求，并采取安全措施。《煤矿安全规程》中规定：开凿或者延深斜井、下山时，必须在斜井、下山的上口设置防止跑车装置，在掘进工作面的上方设置跑车防护装置，跑车防护装置与掘进工作面的距离必须在施工组织设计或者作业规程中明确。斜井(巷)施工期间兼作人行道时，必须每隔 40 m 设置躲避硐。设有躲避硐的一侧必须有畅通的人行道。上下人员必须走人行道。人行道必须设红灯和语音提示装置。

② 排水。下山掘进时，上部平巷的渗水，煤层或岩层本身及其顶底板的涌水，都有可能流至掘进工作面。为了减少掘进工作面的排水工作量，有利于掘进施工，可以采取将上部平巷靠下山一段水沟加以封闭，在下山巷道中，每隔一定距离(如 10～15 m)开掘一条横水沟等措施，拦截上部平巷渗水和煤岩涌水。下山掘进的排水方式，根据下山倾角、长度大小以及涌水地点，可采用单段排水或分段排水。

二、巷道支护的原理、类型及方式

(一) 巷道支护的基本原理

巷道未开掘以前，地下岩体处于相对平衡的原岩应力状态。巷道开掘以后，就破坏了这种原岩应力状态，打破了原有的应力平衡，应力重新分布，形成了集中应力，岩体受三向压缩转变为双向压缩。

巷道周边围岩是否破坏取决于集中应力的大小和围岩的强度。如果集中应力大于围岩的强度，岩体就会破坏，集中应力就会向围岩内部转移。在转移过程中集中应力降低，围岩越向里，其承载能力越强，直到重新平衡为止。由此可见，巷道维护须从两方面采取措施：提高围岩强度，控制围岩应力。要使得巷道易于维护，就是要合理选择巷道位置；减少对巷道围岩的震动与破坏；及时支护，提高巷道围岩强度，防止松动岩石脱落。只有提高支架的初撑力和强度，及时支护，才能够发挥支护的作用。

（二）巷道支护的类型及方式

1. 支撑式

支撑式是直接支撑岩体的支护方式。这种支护方式分为棚式支护和石材整体式支护两种。棚式支护的支架又可分为木棚、金属棚和装配式钢筋混凝土支架等。

《煤矿安全规程》规定：巷道架棚时，支架腿应当落在实底上；支架与顶、帮之间的空隙必须塞紧、背实。支架间应当设牢固的撑杆或拉杆，可缩性金属支架应采用金属支拉杆，并用机械或力矩扳手拧紧卡缆。倾斜井巷支架应设迎山角；可缩性金属支架可待受压变形稳定后喷射混凝土覆盖。巷道砌碹时，碹体与顶帮之间必须用不燃物充满填实；巷道冒顶空顶部分，可用支护材料接顶，但在碹拱上部必须充填不燃物垫层，其厚度不得小于 0.5 m。

2. 补强式

补强式是补强岩体利用围岩本身强度来维护巷道的支护方式。这种支护方式主要有锚杆支护、喷射混凝土支护、喷浆支护，以及锚索、锚喷支护等。

(1) 锚杆支护

巷道掘出后，向围岩中打锚杆眼，然后将锚杆安设在锚杆眼内，对巷道围岩予以加固，提高围岩自身的强度，以维护巷道的稳定。我国从 1956 年开始在煤矿巷道中使用锚杆支护技术，经过多年实践和改进，这种支护已成为我国煤矿巷道的主要支护形式之一。

锚杆支护分集中锚固和全长锚固两种。集中锚固是通过眼底端的锚头和另一端的紧固部分，使锚杆受张拉而抑制围岩的变形与松动。集中锚固类有楔缝式锚杆、涨壳式锚杆、树脂锚杆和预应力锚索等。全长锚固是通过杆体与孔壁间的胶结材料，使锚杆在全长范围内与岩石黏结在一起对岩体产生锚固作用。全长锚固类有砂浆锚杆、树脂锚杆等。锚固方式可分为机械锚固型和全面铰接型(黏结锚固型)。锚固装置或锚杆杆体和锚杆孔壁接触，靠摩擦阻力起锚固作用的锚杆，属于机械锚固型锚杆。锚杆杆体部分或锚杆杆体全长利用树脂、砂浆、水泥等胶结材料，将锚杆杆体和锚杆孔壁黏结、紧贴在一起。靠黏结力起锚固作用的锚杆，属于黏结锚固型锚杆。

(2) 喷射混凝土和喷浆支护

喷射混凝土是将一定比例的水泥、沙、石的拌和料通过混凝土喷射机，用压缩空气作动力沿着管路送到喷嘴处与水混合后，以较高的速度(100 m/s)喷射在岩面上凝结硬化而成的一种支护形式。

喷射混凝土以很高的速度射入岩体张开的节理裂隙，把松动的岩块黏结、充填起来，产生黏结作用，提高围岩的整体性和强度。喷射混凝土在一定程度上改善了围岩的应力状态。围岩由二向应力状态转化为三向应力状态。

喷射混凝土的缺点是易产生粉尘。为了降低粉尘浓度，抑制粉尘的产生，从喷浆机的改造到上料系统的革新，从干喷、潮喷、湿喷的演变中，得出了只有抑制水泥粉尘的飞扬，采取水泥与少量的水混合才能从根本上降低喷射混凝土工艺中的粉尘浓度。

三、掘进作业的组织与管理

巷道施工方法一般有两种：一次成巷施工法和分次成巷施工法。分次成巷施工法的实质是先以小断面掘进，架设临时支架，过一定时间后再刷大到设计的断面，并进行永久支护。经过实践证明，这种方法坑木消耗量大，围岩暴露时间长，受风化和其他外力作用，易引起冒顶、片帮，因此，造成施工中的困难多、速度慢。一次成巷就是把巷道施工中的掘进、支护、水沟掘砌、轨道铺设、线路安装作为一个整体，统筹安排，进行最大限度的同时施工，做到一次成巷，不留收尾工程。

在掘进施工中，由于地质条件、巷道规格尺寸、施工设备以及操作技术等条件的影响和限制，一般按其主要工序掘进和支护的相互关系，大致可分为三种作业形式：掘进与永久支护平行作业、掘进与永久支护顺序作业和掘进与永久支护交替作业。

巷道施工除了要合理选择施工作业方式外，还必须采用科学的施工组织形式。

正规循环作业是在规定时间内，以一定的劳动力和施工设备，按照作业规程、爆破图表和循环图表的规定，完成全部工序及工作量，并保证周而复始地进行工作。

在一次成巷施工中，为了充分利用工时，提高施工速度和质量，做到安全生产，减少材料消耗，在正确选择施工作业方式与合理的劳动组织的同时，还必须建立和健全以工种岗位责任制为中心的各项规章制度。

四、煤矿掘进的安全管理要求与检查要点

（一）煤巷炮掘和综掘工作面重点检查部位

（1）巷道“一坡三挡”声光信号、绞车“四压两戗”、钢丝绳及绞车完好情况。

（2）巷道牌板、电缆及风水管路吊挂情况；局部通风机实现风电闭锁、瓦斯电闭锁情况。

（3）巷道顶板离层仪安设及轨道铺设、地辊安设情况。

（4）巷道内行人过桥安设情况。

（5）带式输送机跑偏、磨胶带、缺辊、坏辊及压柱情况；刮板机缺少刮板、漂链及压柱情况。

（6）风筒吊挂、距迎头距离及逢环必挂情况。

（7）甲烷传感器吊挂情况。

（8）工作面前探梁支护、使用情况；巷道高度是否符合作业规程规定；掘进工作面距离煤层 5 m 时，是否超前探测、采取安全加固措施和防止误揭煤措施。

（9）综掘机截割头截齿、齿座完好情况；减速器、液压缸及油管漏油、油箱油量情况。

（10）综掘机照明、警铃完好情况；停掘时，综掘机退后 5 m，切割头是否落地、落下铲板、切断电源。

（11）局部坡度超过综掘机最大适应坡度时，专项行走安全措施的制定及执行情况。

（12）按照作业规程要求正确使用前探梁等临时支护，工作面顶、帮支护，有无空帮、空顶、超挖、欠挖及迎山退山质量情况。

(13) 工作面顶、帮连网情况；锚杆角度、预紧力、外露长度情况；锚固剂使用情况。

(14) 各运输转载点喷雾洒水，机头机尾、带式输送机里侧卫生及胶带防滑执行情况。

(15) 机组各部位连接情况；操作按钮、声光信号及停送电执行情况。

(16) 职业危害警示牌齐全，劳动保护用品齐全并能正确佩戴使用情况。

(17) 各类机电设备距轨道的安全间距情况。

(18) 贯通措施现场落实及警戒、加固情况。

(19) 各工作地点及责任区内浮煤、杂物、卫生清理情况。

(二) 岩巷炮掘和综合机械化、自动化工作面的检查要点

(1) 工作面前探梁支护、使用情况。

(2) 耙装机的设备完好及安全使用情况。

(3) 迎面墙及两帮活矸、活石情况；专用撬杠使用情况。

(4) 按照作业规程的要求正确使用前探梁等临时支护，工作面顶、帮支护，有无空帮、空顶、超挖、欠挖及迎山退山质量情况。

(5) 工作面顶、帮连网情况；锚杆角度、预紧力、外露长度情况；锚固剂数量、顺序情况。

(6) 导向辊使用及工作面光爆成型情况。

(7) 喷浆料配比及搅拌是否均匀。

(8) 喷雾降尘，巷道内风流净化装置安设、使用情况。

(9) 机电工配备验电笔、停电牌等执行情况。

(10) 各类机电设备距轨道的安全间距情况。

(11) 贯通与透点措施现场落实情况；警戒及贯通加固情况。

(12) 特殊工种及一般工种持证上岗情况；跟班队长、爆破工、班长及瓦斯检查工在爆炸材料票持证签字情况。

(13) 检查爆破正规操作情况；爆破作业必须编制爆破说明书，爆破作业人员必须依照爆破说明书进行爆破作业；爆破作业必须执行“一炮三检”和“三人连锁爆破”制度，并在起爆前检查起爆地点的甲烷浓度。爆破专业人员接到起爆命令后，必须先发出警号，至少再等 5 s 方可起爆。

(14) 炮眼封泥及洒水装置情况；无封泥、封泥不足或不实的严禁爆破；洒水装置齐全完好；在有煤尘爆炸危险的煤层中的掘进工作面爆破前后，附近 20 m 的巷道内必须洒水降尘；采用钻眼爆破法掘进的岩石巷道，必须采用光面爆破；靠近掘进工作面 10 m 内的架棚支护，在爆破前必须加固。

(15) 职业危害警示牌齐全，劳动保护用品齐全并能正确佩戴使用情况。

(16) 综掘机及施工工艺、工序的安全检查：

① 检查综掘机的启动油泵电机、喷雾装置、第一运输机与铲板、截割部、截割电机、截割部回转液压缸、升降液压缸、照明、泡沫抑尘装置是否全部完好，灵敏可靠。

② 切割后巷道成型质量达到帮直、顶平、不欠挖，局部超挖不大于 100 mm，由于层理、节理发育造成局部超挖，每循环不超过两处，顶及两帮欠挖处用风镐挖够尺寸；岩层不应有明显的切割台阶。

③ 整个断面切割完成后，进行第二次整修时，是否严格按中腰线刷帮挑顶、先顶后帮、刷帮挑顶紧跟迎头。

④ 巷道采用临时支护的方式，锚杆、锚索支护时，采用带帽点柱作为临时支护；架棚支护时，采用金属前探梁作为临时支护。支护材料、支护参数的选用必须符合作业规程的要求。

⑤ 综掘机截割后退回截割头，应及时“敲帮问顶”，除掉活矸，找顶人员必须站在支护完好的地点进行。检查临时点柱是否打牢，是否垂直顶板，发现失效点柱必须及时打好，发现顶板局部放线，要在该处及时补打点柱。

⑥ 每班必须检查前探梁与吊环，如发现变形、弯曲等现象时必须及时更换。吊环与前探梁之间的木楔必须楔紧打牢。

⑦ 检查锚杆、锚索支护参数是否符合设计要求，巷道净高、净宽、锚杆（索）间排距、规格、锚固长度、排列形状、初锚力、锚固力、喷浆标号、喷混凝土配合比、喷混凝土水灰比、喷层厚度是否符合设计要求。

⑧ 检查架棚支护参数是否符合设计要求，巷道净高、净宽、棚距、棚梁节数、梁腿搭接长度、卡缆间距、螺母拧紧力矩、腿窝深度、材料规格、棚架间距、网片搭接长度是否符合设计要求。

⑨ 锚杆、锚索支护及锚网喷支护喷浆厚度、初喷厚度、复喷厚度、巷道净宽、净高必须符合作业规程设计要求。

⑩ 顶板、帮部、肩窝及底脚锚杆与岩石的夹角不小于75°，或垂直于巷道轮廓线，锚杆外露（露出螺母）10～40 mm。

⑪ 锚索钻孔轴线与设计轴线的偏差角不大于2°，锚索钻孔深度不小于设计深度的95％，锚索外露150～250 mm。

第四节 采煤方法

一、采煤方法综述

（一）采煤方法

采煤方法主要由采区内的采煤系统和采煤工艺两部分组成。采煤系统是指采区内的巷道布置系统，以及为了正常生产而必须建立的采区内用于运输、通风等的生产系统。采煤工艺是指采煤工作面内破煤、装煤、运煤、支护和采空区处理等工序在时间和空间上的进行程序和安排方式。

采煤方法的种类较多，按照工作面长度可分为长壁式和短壁式采煤法两类。长壁式采煤法的主要特征是采煤工作面长度较大，一般为100～200 m或更长。长壁式采煤法按照采煤工作面推进方向可分为走向长壁采煤法和倾斜长壁采煤法两类。如果将长壁工作面沿煤层倾斜方向布置，工作面沿走向推进，工作面的倾斜角度等于煤层的倾角，这种采煤法叫做走向长壁采煤法；如果将长壁工作面沿煤层走向布置，工作面沿倾斜方向推进，这种采煤法叫作倾斜长壁采煤法。

（二）走向长壁采煤法的巷道布置

1. 单一煤层采区巷道布置

采区巷道布置是指在采区内布置准备巷道和回采巷道。对于单一煤层而言，采区巷道布置有其基本规律。

(1) 采煤工作面两侧需各布置一条巷道,一条为运输巷道,一条为轨道巷道(回风巷道),即采用单巷布置。另外还有双巷布置、多巷布置,以满足工作面通风量和无轨胶轮车运输的要求。

(2) 采区内至少要布置两条上山,一条为运输上山,一条为轨道上山。高瓦斯矿井、有煤与瓦斯突出危险的矿井的每个采区和开采容易自燃煤层采区,必须设置至少一条专用回风巷。低瓦斯矿井开采煤层群和分层开采采用联合布置的采区,必须设置一条专用回风巷。

(3) 采区内要设采区车场。在每一区段的下部水平上,轨道上山与轨道巷相连,组成相应的采区车场。采区车场有上部车场、中部车场和下部车场之分。采区上部车场一般应设置反向竖曲线,采区下部车场一般应设置正向竖曲线。

(4) 如果区段平巷和上山布置在同一煤层内,则存在巷道平面交叉问题,其巷道布置分为轨道巷水平绕过运输上山方式及轨道巷直接跨越运输上山方式,如图 3-3 所示。

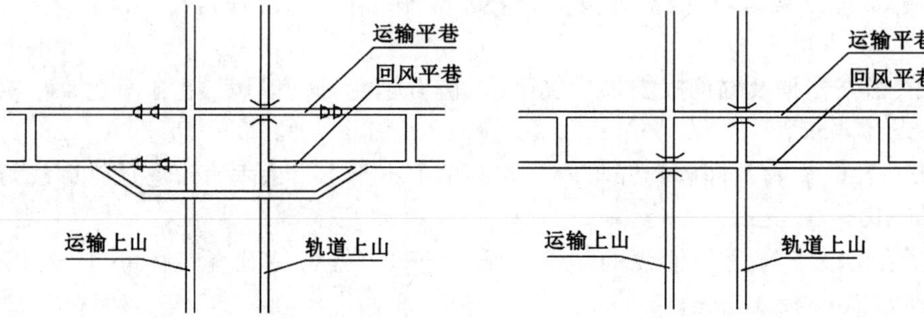

(a) 轨道巷水平绕过运输上山　　(b) 轨道巷直接跨越运输上山

图 3-3　巷道之间的平面交叉

(5) 当煤层厚度较大时,采区服务年限较长,为降低上山及平巷的维护费用,常将采区上山及区段集中平巷布置在煤层底板岩石中。如果上山布置在煤层底板岩石中时,区段巷与上山连接比较容易,不存在与上山交叉问题。

2. 区段平巷布置

区段平巷布置本着围岩稳定、煤岩均匀、避开地质破坏带和高应力区等原则进行。煤巷一般采用留煤柱和无煤柱两种布置方式。

(1) 留煤柱布置方式

区段平巷煤柱尺寸取决于煤层厚度和岩性,一般为 8～15 m。厚煤层分层开采时,区段平巷有三种布置方式,分别是倾斜式布置、水平式布置及垂直式布置。

(2) 无煤柱布置方式

采用留煤柱维护区段平巷时,巷道往往布置在高应力区,反而不利于巷道维护。根据支承压力沿煤层倾斜的显现规律可知,与采空区相邻的煤体边缘地区存在一个应力比原岩应力低的卸载带,当采煤工作面采过一定时间后,这个卸载带仍能较稳定地长期保存。所以,在这个地区内掘进和维护巷道可以减轻巷道受压,达到维护巷道的目的。在无煤柱护巷方法中,其基本方式有两种,即沿空留巷及沿空送巷。

3. 多煤层采区联合布置

生产矿井大多开采两个以上煤层。如果每个煤层中都布置采区上山、硐室、区段平巷，建立彼此独立的采区生产系统，称为采区分层布置；如果几个煤层共用一套采区上山、硐室，甚至区段平巷，并采用适当方式将各煤层联系起来，就形成了采区联合布置。共用的采区上山称为集中上山，共用的区段平巷称为区段集中平巷。这种联合布置的采区，不仅可以扩大采区储量，延长采区服务年限，减少采区搬家次数，还可以减少掘进量及维护量，降低掘进率，提高回采率；同时还可增加采区生产能力，减少井下同时生产的采区个数，实现集中生产。

当一个矿井开采十多个甚至几十个煤层，或开采几个远近相距悬殊的煤层时，应将煤层分为若干组，在每个组内设置共用的采区巷道，形成独立的采区生产系统，称为分组联合布置。

在联合布置采区中，不论是共用上山还是共用区段平巷，都必须将各煤层与共用上山或共用区段平巷联系起来。联系方式有石门、斜巷和立眼三种方式。

（三）倾斜长壁采煤法的巷道布置

倾斜长壁采煤法的实质是工作面沿走向布置，沿仰斜向上推进或沿俯斜向下推进。倾斜长壁采煤法的巷道布置系统比较简单，一般是在开采水平上沿走向在煤层中或底板岩石中掘进水平的运输大巷和回风大巷（回风大巷也可以放在水平的上部边界），然后便可以在煤层中沿仰斜向上掘回采斜巷，回采斜巷的间距根据工作面长度而定，斜巷一直掘到水平上部边界，并在该处沿走向掘贯通两条斜巷的开切眼，形成采煤工作面，便可由上向下推进回采，形成俯斜长壁。水平以下的部分也可以由水平大巷向下掘回采斜巷，至下部边界后掘开切眼，形成回采系统，工作面自下向上推进回采，形成仰斜长壁。倾斜长壁只适用于倾角小于12°的不存在走向断层的煤层，另外，倾斜长壁采煤工作面的辅助运输也较困难。

（四）采煤工艺

1. 爆破采煤工艺

爆破采煤工艺主要包括爆破落煤、人工装煤、刮板输送机运煤、推移刮板输送机、顶板支护和回柱放顶等工序。

爆破落煤包括打眼、装药、填炮泥、连线和爆破等工序。

2. 普通机械化采煤工艺

普采面的回采工艺过程包括工作面内破煤、装煤、运煤、支护和采空区处理等工序，落煤和装煤是利用采煤机或刨煤机来完成。

普采面配套的设备有：单摇臂滚筒采煤机或双摇臂滚筒采煤机，刮板输送机，单体液压支柱，可配金属铰接顶梁。沿工作面每 6 m 设一移溜器推移刮板输送机，液压移溜器可用设置在平巷内的乳化液泵通过管路进行集中供液控制，也可使用手动的液压式移溜器。

3. 综合机械化采煤工艺

综合机械化采煤（简称综采），采煤工作面的落煤、装煤、运煤、支护、采空区处理等主要工序全部实现了机械化，形成连续作业。综采与普采最基本的区别是将支护与控顶这两种工序用自移式液压支架合为一体。

根据煤层赋存条件、生产能力以及动力供应等情况，采用不同的液压支架、采煤机、输送机等设备,可配套成多种合理的综采工作面成套设备。工作面主要设备有液压支架、采煤机、刮板输送机和单体液压支柱;平巷主要设备有转载机、带式输送机、破碎机、乳化液泵、乳化液泵箱、喷雾泵站和液压安全绞车;端头主要配备端头液压支架、单体液压支柱和金属铰接顶梁。电气设备包括移动变电站、到配电点的馈电开关、到各机械设备电动机的磁力启动器,以及照明和通信设备。

采用综采工艺时,必须遵守下列规定:

(1) 必须根据煤矿各个生产环节、煤层地质条件、厚度、倾角、瓦斯涌出量、自然发火倾向和矿山压力等因素,编制工作面设计。

(2) 运送、安装和拆除综采设备时,必须有安全措施,明确规定运送方式、安装质量、拆装工艺和控制顶板的措施。

(3) 工作面煤壁、刮板输送机和支架都必须保持直线。支架间的煤、矸必须清理干净。倾角大于15°时,液压支架必须采取防倒、防滑措施;倾角大于25°时,必须有防止煤(矸)窜出刮板输送机伤人的措施。

(4) 液压支架必须接顶。顶板破碎时必须超前支护。在处理液压支架上方冒顶时,必须制定安全措施。

(5) 采煤机采煤时必须及时移架。移架滞后采煤机的距离,应当根据顶板的具体情况在作业规程中明确规定;超过规定距离或者发生冒顶、片帮时,必须停止采煤。

(6) 严格控制采高,严禁采高大于支架的最大有效支护高度。当煤层变薄时,采高不得小于支架的最小有效支护高度。当采高超过3 m或者煤壁片帮严重时,液压支架必须设护帮板。当采高超过4.5 m时,必须采取防片帮伤人措施。

(7) 工作面两端必须使用端头支架或者增设其他形式的支护。

(8) 处理倒架、歪架、压架,更换支架,以及拆修顶梁、支柱、座箱等大型部件时,必须有安全措施。

(9) 乳化液的配制、水质、配比等必须符合有关要求。泵箱应当设自动给液装置,防止吸空。

(五) 综采放顶煤技术

1. 放顶煤技术概念和类型

放顶煤技术主要是在厚煤层的某一底部位置布置采煤工作面,并利用顶板压力及其他措施将顶煤一起放落的采煤方法。根据国内的实践经验,放顶煤技术主要有一次采全厚放顶煤技术、预采顶分层的放顶煤技术及急倾斜特厚煤层分段放顶煤技术,其中一次采全厚放顶煤技术是我国当前使用的主要方法,它是在煤层下部沿着底板布置采煤工作面,在采煤的过程中,有步骤地放落顶煤。

2. 综采放顶煤技术的优越性

综采放顶煤技术容易实现高产,只要条件合适,支架架型选择恰当,设备配套合理,优化工艺参数和劳动组织后,由于出煤点多,即使采用常规综采设备也能做到产量有较大的提高,并且综采放顶煤的巷道掘进率低,巷道维护条件大幅度改善,工作面搬家次数少,可以明显提高综采设备的利用率,提高单套设备的年产量,减少搬家费用;同时由于综采放顶煤技术中顶煤基本是利用地压破煤、依靠自重放煤的,因此是一种能源动力消耗最少的机械化回采工艺。

3. 综采放顶煤工艺

高位开天窗放顶煤工艺流程(两刀一放):采煤机割煤→移架→推移刮板输送机→反向斜切进刀→割煤→移架→放煤,割两刀放一次顶煤为一个循环,工作面只有一台输送机。采煤机截深为 0.8 m,放煤步距为 1.6 m,割煤高度为 3 m。采煤机可以在工作面两端采用割三角煤的斜切进刀方式。采煤机由机尾向机头牵引时不放顶煤,防止放下大块煤;由机头向机尾牵引时,滞后采煤机放顶煤,滞后距离不得小于 20 m,防止工序之间互相影响。由于输送机能力有限,采煤机割煤时的放煤量很小,停机时放煤量大。放煤工作分三段同时进行,各段的放煤方式均由机尾向机头方向放煤。

低位收尾梁放顶煤工艺流程(一刀一放):采煤机割煤→移架→推移前部刮板输送机→放顶煤→拉移后部刮板输送机。割一刀放一次顶煤为一个循环标志,工作面铺设两部刮板输送机。机采高度为 3.0 m 左右,滚筒截深为 0.8～1.0 m,放煤步距和截深相同,一刀一放为一个循环。放顶煤支架紧跟采煤机推移,后续工序间隔 15 m 平行进行。

4. 采用放顶煤技术开采时的安全管理要求

(1) 煤矿第一次采用放顶煤技术开采,或者在煤层(瓦斯)赋存条件变化较大的区域采用放顶煤技术开采时,必须根据顶板、煤层、瓦斯、自然发火、水文地质、煤尘爆炸性、冲击地压等地质特征和灾害危险性进行可行性论证和设计,并由煤矿企业组织行业专家论证。

(2) 针对煤层开采技术条件和放顶煤开采工艺特点,必须制定防瓦斯、防火、防尘、防水、采放煤工艺、顶板支护、初采和工作面收尾等安全技术措施。

(3) 初采期间应当根据需要采取强制放顶措施,使顶煤和直接顶充分垮落。

(4) 采用预裂爆破处理坚硬顶板或者坚硬顶煤时,应当在工作面未采动区进行,并制定专门的安全技术措施。严禁在工作面内采用炸药爆破方法处理未冒落顶煤、顶板及大块煤(矸)。

(5) 高瓦斯、突出矿井的容易自燃煤层,应当采取以预抽方式为主的综合抽采瓦斯措施,保证本煤层瓦斯含量不大于 6 m^3/t,并采取综合防灭火措施。

(6) 有下列情形之一的,严禁采用放顶煤技术开采:

① 缓倾斜、倾斜厚煤层的采放比大于 1∶3,且未经行业专家论证的;急倾斜水平分段放顶煤采放比大于 1∶8 的。

② 采区或者工作面采出率达不到矿井设计规范规定的。

③ 坚硬顶板、坚硬顶煤不易冒落,且采取措施后冒放性仍然较差,顶板垮落充填采空区的高度不大于采放煤高度的。

④ 放顶煤开采后有可能与地表水、老窑积水和强含水层导通的。

⑤ 放顶煤开采后有可能沟通火区的。

二、采煤工作面的组织管理

(一) 采煤工作面循环作业

采煤工作面循环作业就是完成“采、装、运、支、回”的全过程,且周而复始地进行,一般以放顶工序为标志。炮采、普采完成一个循环的标志是回柱,综采完成一个循环的标志是移架。

1. 循环方式

循环方式是循环进度和昼夜循环数的总称，即每循环进几米，每昼夜几个循环。每完成一个循环，工作面煤壁向前推进的距离称为循环进度，它等于工作面截深和截割次数的乘积。

正规循环作业是指在规定的时间内保质、保量、安全地完成循环作业的全部工作量，并周而复始地进行下去。

正规循环率是指正规循环占计划循环数的比例，一般不低于80%。

2. 作业形式

一昼夜内采煤班和准备班在时间上的配合关系，即何时进行检修，何时进行生产。如"两采一准""三班采煤，边采边准""三采一准，四班作业""交叉作业"等。"两采一准"就是将一昼夜划分成三个班，其中两班出煤、一班准备，采煤班内进行落煤、装煤、运煤、支护和推移刮板输送机，准备班内进行回柱放顶、检修机器、接长或缩短刮板输送机等工作。

3. 工序安排

确定工作面循环方式和作业形式时，应合理安排工序。对安排工序的要求是充分利用工作空间和时间，安排紧凑能避免各工序互相影响，工序利用率高，工作量均衡。

安排工序时应注意：保证主要工序的顺利进行；处理好主要工序和辅助工序之间的关系；利用平行作业，提高工作效率。

4. 劳动组织

劳动组织是各工作班中劳动力定员与各工种之间的相互配合关系，包括劳动力的配备和劳动组织形式。劳动组织形式主要有追机作业、分段作业、分段接力追机作业。

（二）采煤工作面循环作业图表

采煤工作面循环图表包括循环作业图、劳动组织表和技术经济指标表。

循环作业图用来表示工作面内各工序在时间上和空间上的相互关系。正规循环作业图中以工作面长度为纵坐标，昼夜24 h为横坐标，以规定的符号在图内绘出各工序所处的时间和地点，如图3-4所示的综采工作面循环作业图所示。

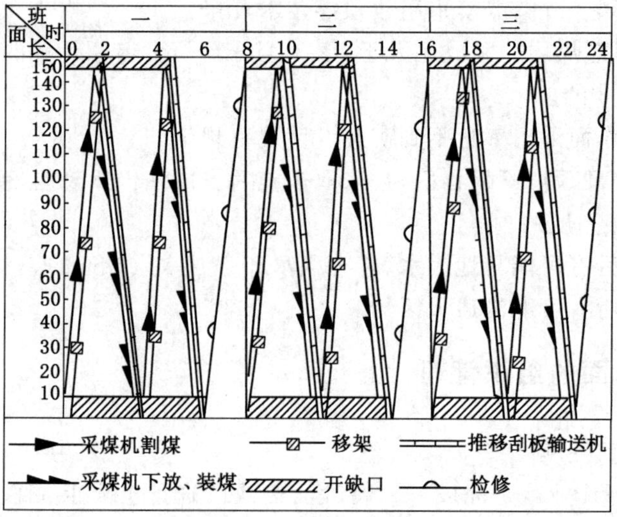

图3-4　综采工作面循环作业图

三、采煤工作面的主要灾害和致灾特征

在实行综合机械化采煤之前，顶板事故在煤矿事故中所占比例高达75%。随着液压支架的使用及对顶板事故的研究和预防技术的逐步完善，顶板事故所占的比例有所下降，但仍然是采煤工作面的主要灾害。

（一）局部冒顶灾害及致灾特征

采掘工作空间或井下其他地点局部范围内顶板岩石坠落造成的顶板事故称为局部冒顶。采煤工作面发生局部冒顶的原因主要有两个：直接顶被破坏后，由于失去有效的支护而造成局部冒顶；基本顶下沉压迫直接顶破坏工作面支架造成局部冒顶。

1. 局部冒顶的征兆

（1）顶板发出响声，岩层下沉断裂。顶板压力急剧加大时，木支架会发出劈裂声，出现折梁断柱现象；金属支柱的活柱急速下缩，也发出很大响声；铰接顶梁的楔子被弹出或挤出；底板软时支柱发生钻底现象；有时也能听到采空区内顶板发生断裂的闷雷声。

（2）顶板掉渣。顶板破裂严重时，折梁断柱就要增加，并出现顶板掉渣现象，掉渣越多，说明顶板压力越大。

（3）煤质变酥，煤壁片帮增多，范围增大，工作面钻眼省力，采煤机割煤时负荷减小。

（4）顶板出现裂缝，裂缝张开，裂缝增多。

（5）顶板出现离层。“敲帮问顶”时，顶板发出“空、空”的响声，说明上下岩层之间已经离层。

（6）顶板发生漏顶。破碎的伪顶或直接顶有时会因背顶不严和支架不牢出现漏顶现象，造成棚顶托空，支架松动造成冒顶。

（7）瓦斯涌出量或淋水增大。在含瓦斯煤层中，瓦斯涌出量突然增大，或顶板淋水增大。

2. 局部冒顶发生的规律

（1）局部冒顶大多数发生在工作面初次来压阶段，正常回采时冒顶次数相对较少。

（2）局部冒顶大多数发生在工作面的上下端头、放顶线处、煤壁机道区、地质破碎带等地点。

（3）落煤后、放顶时、刚开工、快下班时，是采煤工作面冒顶事故的多发时间。

（4）多数冒顶事故是由于“安全第一”思想不牢，作业人员麻痹大意、图省事、怕麻烦、撞大运、不在乎、违章指挥、违章作业及工程质量低劣所造成的。

3. 局部冒顶易发生地点

根据大量冒顶事故的统计数据分析，从发生地点来看，局部冒顶事故易发生的地点主要在：一是煤帮附近；二是上下出口；三是放顶线附近；四是地质构造破坏带。

（二）大面积冒顶灾害及致灾特征

大面积冒顶事故是指冒顶范围大、伤亡人数多的冒顶。引起大面积冒顶事故的原因主要有两种：一是大面积悬露的难冒顶板积累了很大的矿山压力导致压垮顶板破坏工作面支架造成冒顶；二是工作面支架的支撑强度不足导致支架被压垮引起冒顶。

1. 大面积冒顶的征兆

（1）顶板预兆。顶板连续发出断裂声，声音的频率和音响增大，这是由于直接顶和基本

顶发生离层，或顶板切断而发出的声音；有时采空区内顶板发出像闷雷的声音，这是基本顶和上方岩层产生离层或断裂的声音；顶板岩层破碎掉渣，而且掉渣逐渐增多，顶板的裂缝增加或裂隙张开，并产生大量的下沉，下沉速度增大；底板出现底鼓或裂缝。

(2) 煤帮预兆。由于冒顶前压力增大，煤壁出现明显的受压和片帮现象；煤壁受压后，煤质变酥，片帮增多；使用钻机打眼时，钻眼省力。

(3) 支架预兆。使用木支架时，支架被大量地压坏或折断，并发出响声；使用金属支柱时，耳朵贴在柱体上，可听见支柱受压后发出的声音；当顶板压力继续增加时，活柱迅速下缩，连续发出“咯咯”的声音；工作面使用铰接顶梁时，在顶板冲击压力的作用下，楔子有时被弹出或挤出。

(4) 其他预兆：瓦斯涌出量突然增加；顶板淋水增加。

2. 易发生大面积冒顶的地点

(1) 开切眼附近。在这个区域顶板上部硬岩层基本顶两边都受煤柱支撑而不容易下沉，这就给下部软岩层直接顶的下沉离层创造了有利条件。

(2) 地质破坏带(断层、褶曲)附近。在这些地点顶板下部直接顶岩层破断后易形成大块岩体并下滑。

(3) 老巷附近。由于老巷顶板破坏，直接顶易破断。

(4) 倾角大的地段。这些地段由于重力作用而使得岩石倾斜下滑力大。

(5) 顶板岩层含水地段。这些地段摩擦系数降低，阻力大幅度减小。

(6) 局部冒顶区附近也有可能导致大冒顶。

四、采煤工作面的安全管理要求与检查要点

(一) 综采工作面的安全管理要求与检查要点

综采工作面在安全方面最容易出现问题的是采煤机和液压支架的安全使用，以及上下安全出口的安全、工作面冒顶片帮等，当然，防止瓦斯、煤尘事故也是安全管理的重点。

1. 工作面支护

(1) 支架必须采用编号管理。支架要排成直线，排列偏差不应超过±50 mm；中心距要符合作业规程规定，偏差不应超过±100 mm；相邻支架间不得存在明显错茬，错茬不应超过顶梁侧护板高的2/3，歪斜应小于±5°。

(2) 支架初撑力不低于规定值。支架架设要与顶底板和刮板输送机垂直，不得超高；与顶板接触严密，迎山有力，不许空顶；支架顶梁与顶板平行支设，其最大仰、俯角≤7°。

(3) 支架必须完好，无漏液、不串液、不失效，架内无浮煤、浮矸堆积。

(4) 采煤与移架之间的悬顶距离要符合作业规程的规定，超过规定距离或发生冒顶、片帮时，必须及时停止采煤。

(5) 支架间的煤、矸必须清理干净。倾角大于15°时，液压支架要有防倒、防滑措施。

2. 安全出口

(1) 必须按作业规程规定进行超前支护；安全出口 20 m 范围内支架必须完整无缺，并有超前支护；巷道高度不低于1.8 m。

(2) 必须加强端头支护，并与工作面支架成一条直线。

(3) 按作业规程规定采取支架防滑、防倒措施，倾角超过15°时，排头支架安装防倒千斤

顶，并经常保持拉紧状态；倾角大的工作面下部端头需架设木垛，以支撑第一架支架，防止下滑。

3. 采煤作业

(1) 采煤机状态必须满足安全生产的要求，如备件要齐全，截齿要齐全、锋利，喷雾要畅通、正常。

(2) 采煤机运行时，牵引速度必须符合规定。

(3) 采煤机割煤时，顶底板要割得平整，油泵工作压力保持在规定范围内，乳化液泵站和液压系统完好、不漏液，压力不小于 30 MPa，乳化液浓度不低于 3%～5%。

(4) 采煤机停机后，速度控制、机头离合器、电气隔离开关必须打在断开位置，供水管路要完全关闭。

(5) 严禁用采煤机作牵引或推顶设备。

(6) 采煤工作面必须进行矿压监测。

4. 上下平巷(工作面回风巷和工作面运输巷)

(1) 巷道断面和人行道宽度要符合作业规程的要求，其中上平巷净断面应不小于 10 m^2，下平巷净断面应不小于 12 m^2；人行道宽度不小于 1 m，另一侧宽度不小于 0.5 m。

(2) 巷道支护必须完整，无断梁折柱或空帮空顶。

(3) 下平巷中横跨带式输送机或刮板输送机时要有过桥。

(4) 巷道不得出现积水、杂物、浮煤或浮矸，材料设备要码放整齐并有标志牌。

5. 液压支架移架

(1) 移架前整理好架前推移空间，清除架间杂物和顶梁上冒落的坚硬岩块。

(2) 倾斜煤层中的移架顺序坚持由下而上。

(3) 移架操作时，保持支架中心距相等和移架距相等；要追机作业，滞后采煤机后滚筒 4～8 架；移架工要站在架箱内，面向煤壁操作；升架必须有足够的初撑力，与顶板接触严密。

(4) 移架前支架严禁前后窜动、频繁升降；移架区内不得有人工作、停留或穿越。

(5) 移架应一次移好，不得随意升降支架，架间空隙要背严，无漏矸或采空区矸石窜入支架底部；移架完成后，操作手柄必须打到零位，并关闭截止阀。

6. 推移刮板输送机

(1) 要严格掌握输送机的“平直”，遵循推移刮板输送机程序。

(2) 推移刮板输送机时应推移一个步距，上下机头不落后也不超前。

(3) 推移刮板输送机滞后移架的距离要满足要求，严禁出现陡弯，推移刮板输送机时不得在输送机工作时进行。

(4) 倾角大于 25°时，要有防止煤(矸)窜出刮板输送机伤人的措施。

7. 煤壁

(1) 工作面煤壁、刮板输送机和支架要保持一条直线，煤壁要平直，且与顶、底板垂直。

(2) 当采高超过 3 m 或片帮严重时，液压支架应及时打开护帮板，防止片帮伤人。

(3) 煤壁松软时，要采取有效措施防止煤壁片帮。

(4) 煤壁应进行注水。

8. 工作面

(1) 工作面设计和作业规程必须经技术负责人批准,并有效地贯彻执行。

(2) 工作面必须有施工图板。

(3) 必须坚持支护质量和顶板动态检测。

(4) 严格执行开工牌制度和特殊工种持证上岗制度。

(二) 炮采工作面的安全管理要求与检查要点

炮采工作面生产时容易出现的问题是冒顶、片帮和爆破事故。因此,其安全管理的重点是工作面支护与顶板管理、安全出口、放顶安全作业和爆破安全作业等。

1. 工作面支护

(1) 工作面支柱布置必须符合作业规程规定,支柱要呈一条直线,柱距、排距偏差不超过±100 mm。

(2) 支柱初撑力、迎山、棚梁、背板、柱鞋、柱窝必须符合作业规程规定。

(3) 不得存在失效柱、梁和空载支柱。

(4) 顶梁铰接率不得小于90%,不得有顶梁连续不铰接现象。

2. 安全出口

(1) 严格按作业规程规定进行超前支护;巷道高度不低于1.6 m。

(2) 区段平巷至煤壁线20 m范围内支架必须完整。

(3) 要有符合作业规程规定的端头对梁。

(4) 工作面要有宽度超过0.6 m,且高度不低于工作面采高90%的人行通道。

(5) 超前工作面煤层开采的距离要符合规程规定。

3. 顶板管理

(1) 严格执行"敲帮问顶"制度。

(2) 顶底板移近量不得超过每米采高100 mm;不得出现台阶下沉。

(3) 机道梁端至煤壁顶板不得出现高度大于200 mm的冒落,出现时要采取接实顶板的措施。

4. 工作面爆破

(1) 必须按作业规程规定布孔、钻孔。

(2) 要按规定装药量和装药方法装药,装药前必须清除炮眼内的煤粉。

(3) 要按规定使用炮泥封孔,不装空心炮,并使用水炮泥。

(4) 必须坚持一组装药一次起爆、"一炮三检"和"三人连锁爆破"制度。

(5) 拒爆处理必须按规程规定进行。

第五节 煤矿顶板灾害防治

一、采煤工作面顶板灾害预防

顶板事故是指在井下生产过程中,顶板意外冒落造成的人员伤亡、设备损坏、生产中止等事故。按冒顶范围的不同可将顶板事故分为局部冒顶和大型冒顶两类。按发生冒顶事故的力学原因分类,可将顶板事故分为压垮型冒顶、漏垮型冒顶和推垮型冒顶三类。

局部冒顶：指范围不大，有时仅在3～5个支架范围内，伤亡人数不多（1～2人）的冒顶，常发生在靠近煤壁附近、采煤工作面两端以及放顶线附近。在煤矿生产中，局部冒顶事故的发生次数远远多于大型冒顶事故，约占采煤工作面冒顶事故的70%，危害比较大。从开采工序与煤层顶板事故发生的地点来看，局部冒顶可分为靠近煤壁附近的局部冒顶、采煤工作面两端的局部冒顶、放顶线附近的局部冒顶和地质破坏带附近的局部冒顶。

大型冒顶：指范围较大，伤亡人数较多（每次死亡3人以上）的冒顶。它包括基本顶来压时的压垮型冒顶、厚层难冒顶板大面积冒顶、直接顶导致的压垮型冒顶、大面积漏垮型冒顶、复合顶板推垮型冒顶、金属网下推垮型冒顶、大块游离顶板旋转推垮型冒顶、采空区冒矸冲入采煤工作面的推垮型冒顶及冲击推垮型冒顶等。

（一）局部冒顶事故防治

从生产工序上来看，局部冒顶可分为采煤过程中发生的和回柱过程中发生的两类。前者是由于破碎顶板得不到及时支护，或支护质量不好造成的；后者是由于单体支柱回柱操作方式不合理，如先回承压柱，使邻近破碎顶板失去支撑而造成的。

1. 煤壁附近的局部冒顶

(1) 局部冒顶的原因

在煤层的直接顶中，常存在多组相交裂隙，将直接顶分割成游离岩块，如果支护不及时，这类游离岩块可能突然冒落砸人，造成局部冒顶事故。局部冒顶的原因一般有三种：

① 直接顶被密集裂隙切割，形成了游离岩块；

② 采高过大，在基本顶来压期间煤壁片帮，扩大了无支护空间；

③ 放顶煤开采，顶煤破碎。

(2) 单体支柱采煤工作面预防靠近煤壁附近局部冒顶的措施

① 采用能及时支护悬露煤层顶板的支架，如正悬臂支架、错梁直线柱支架、“Π”型梁对棚迈步支架等，并使端面距不大于200 mm，还应提高支柱的初撑力，以使端面冒高不超过200 mm。架设支架前必须“敲帮问顶”，以防止岩块掉落伤人。

② 爆破采煤时，炮眼布置及装药量应合理，尽量避免崩倒支架。

③ 尽量使采煤工作面与煤层的主要节理方向垂直或斜交，避免煤层片帮。一旦煤层有片帮，应掏梁窝超前支护，防止冒顶。

(3) 综采工作面预防靠近煤壁附近局部冒顶的措施

① 在支架设计上，采用伸缩前探梁和护帮板增大支架向煤壁方向的水平推力，提高支架的初撑力。

② 在工艺操作上，采煤机过后，及时伸出伸缩梁，及时擦顶带压移架，顶梁的俯视角不超过7°。

③ 当碎顶范围较大时（比如过断层破碎带等），应采取对破碎直接顶注入树脂类黏结剂使其固化等方法防止漏顶。

2. 采煤工作面两端的局部冒顶

(1) 局部冒顶的原因

① 在采煤工作面两端机头、机尾处，暴露的空间大；

② 若巷道提前掘进，巷道周边围岩可能已变形与破坏；

③ 曾受集中支承压力作用，顶板已遭破坏；

④ 经常要进行机头、机尾的移置工作，在拆除旧支柱支设新支柱时，破碎的煤层顶板可能进一步松动冒落。

(2) 局部冒顶的预防措施

为预防采煤工作面两端发生漏顶，可在机头、机尾处各应用四对“一梁三柱”的钢梁抬棚支护（即“四对八梁”支护），每对抬棚随机头、机尾的推移迈步前移；采煤工作面两端还可以采用十字铰接顶梁以防漏冒。在超前支护 20 m 的范围内靠近采煤工作面 10 m 以内，巷道支架应加双中心柱，10 m 以外巷道支架可以采用单中心柱加强支护。

综合机械化采煤时，工作面两端必须使用端头支架或增设其他形式的支护。其他形式的支护主要有普通液压支架和单体液压支柱。若采用单体液压支柱，在采煤工作面与巷道相连处需用一对迈步抬棚。

3. 放顶线附近的局部冒顶

(1) 局部冒顶的原因

放顶线附近的局部冒顶主要发生在使用单体支柱的采煤工作面。放顶线上的支柱受力是不均匀的，当工人回拆“吃劲”的柱子时，往往柱子一倒下煤层顶板就冒落，如果回柱工来不及撤退到安全地点，就可能被砸着而造成事故。

当煤层顶板中存在被断层、裂隙、层理等切割而形成的大块游离岩块时，回柱后游离岩块就会旋转，可能推倒采煤工作面的支架，导致局部冒顶。

此外，在金属网假顶下回柱放顶时，由于网上有大块游离岩块，也可能会发生上述的因游离岩块旋转推倒支架而造成局部冒顶。

(2) 局部冒顶的预防措施

① 加强地质及观察工作，弄清大岩块的位置及尺寸；

② 在大岩块范围内采用木垛等加强支护；

③ 当大岩块沿采煤工作面推进方向的长度超过一次放顶步距时，在大岩块的范围内要延长控顶距；

④ 如果采煤工作面采用的是单体支柱，在大岩块范围内要用木支柱替换单体支柱，待大岩块全部都处在放顶线以外的采空区时，再用绞车回木支柱。

(二) 大型冒顶事故的防治

1. 基本顶来压时的压垮型冒顶

(1) 冒顶发生的条件

① 直接顶比较薄，其厚度小于煤层采高的 2～3 倍，直接顶冒落后不能充填满采空区。

② 直接顶上面基本顶分层厚度小于 5～6 m，初次来压步距为 20～30 m，或更大一些。在采煤工作面中，当支柱的初撑力较小时，基本顶往往断裂在煤壁之内。实践证明，随基本顶支撑条件不同，基本顶在煤壁内的断裂位置距煤壁 1～10 m 不等。当采煤工作面推进到基本顶断裂线附近时，煤层顶板可能出现台阶下沉，这时基本顶岩块的重量全部由采煤工作面支架承担。

(2) 冒顶事故的原因

① 垮落带基本顶岩块压坏采煤工作面支架导致冒顶。

② 由于采煤工作面支架初撑力不足，在基本顶岩块未明显运动之前，直接顶与基本顶已发生离层；当基本顶岩块向下运动时，采煤工作面支架要承受冲击载荷，支架容易被损坏，

从而导致冒顶。

③ 综合机械化采煤工作面如遇基本顶冲击来压时，可能将支架压死、压坏（立柱液压缸炸裂、平衡千斤顶拉坏等）或压入煤层底板，从而导致煤层顶板事故。

(3) 预防措施

① 采煤工作面支架的支撑力应能平衡垮落带直接顶及基本顶岩层的重量。

② 采煤工作面支架的初撑力应能保证直接顶与基本顶之间不离层。

③ 采煤工作面支架的可缩量应能满足裂隙带基本顶下沉的要求。

④ 遇到平行采煤工作面的断层时，如果采煤工作面的支护是单体支柱，当断层刚露出煤壁时，在断层范围内就要及时加强采煤工作面的支护（最好用木垛），不得采用正常回柱法，要扩大控顶距，并用木支柱替换金属支柱，待断层进到采空区后再回柱；如果采煤工作面支护是液压自移式支架，若支架的工作阻力有较大的富余时，则采煤工作面可以正常推进，若支架的工作阻力没有太大的富余时，则应考虑使采煤工作面与断层斜交或在采空区采取挑顶的措施过断层。

2. 大面积漏垮型冒顶

(1) 冒顶的原因

由于煤层倾角较大，直接顶又异常破碎，采煤工作面支护系统中如果某个地点失效就发生局部漏冒，这时破碎的煤层顶板就有可能从这个地点开始沿采煤工作面往上全部漏空，造成支架失稳，导致采煤工作面发生漏垮型冒顶。

(2) 预防措施

① 选用合适的支柱，使采煤工作面支护系统有足够的支撑力与可缩量；

② 煤层顶板必须背严背实；

③ 严禁爆破、推移刮板输送机等工序弄倒支架，防止局部冒顶。

3. 复合煤层顶板推垮型冒顶

推垮型冒顶是指因水平推力作用使采煤工作面支架大量倾斜而造成的冒顶事故。复合煤层顶板由下软上硬岩层构成。下部软岩层可能是一个整层，也可能是由几个分层组成的分层组。这里的软岩层与硬岩层只是个形象的说法，实际上是指采动后下部岩层或因岩石强度低，或因分层薄，其挠度比上部岩层大，向下弯曲得多，而上、下部岩层间又没有太大的黏结力，因此下部岩层与上部岩层形成离层。

(1) 冒顶的原因

由于支柱的初撑力小，在煤层顶板下位软岩层的自重作用下，软岩层与支柱同时萎缩或下沉，而煤层顶板上位硬岩层未下沉或下沉较慢，也就是软、硬岩层下沉不同步，软快而硬慢，从而导致软岩层与其上部硬岩层离层，进而引发冒顶事故。

(2) 预防措施

① 应用伪俯斜采煤工作面并使垂直采煤工作面方向的向下倾角达 4°～6°；

② 掘进上、下平巷时不破坏复合煤层顶板；

③ 采煤工作面初采时不要反推；

④ 控制采高，使软岩层冒落后能超过采高；

⑤ 尽量避免上、下平巷与采煤工作面斜交；

⑥ 在开切眼附近于控顶区内，系统地布置树脂锚杆。但是，在采用这个措施时应考虑

在采煤工作面中打锚杆钻孔的可能性，以及煤层顶板硬岩层折断垮落时，由于没有已垮落的软岩层作垫层，来压是否会过于强烈等问题。

二、掘进工作面顶板灾害预防

巷道掘进过程中的顶板事故一般发生在掘进工作面、巷道交岔口及巷道贯通处。

（一）掘进工作面冒顶事故的防治

1. 冒顶的原因

（1）掘进破岩后，顶部存在将与岩体失去联系的岩块，如果支护不及时，该岩块可能与岩体失去联系而冒落。

（2）掘进工作面附近已支护部分的顶部存在与岩体完全失去联系的岩块，一旦支护失效，就会冒落而造成事故。

2. 预防措施

（1）根据掘进工作面岩石性质，严格控制控顶距。当掘进工作面遇到断层、褶曲等地质构造破坏带或层理裂隙发育的岩层时，棚子支护时应紧靠掘进工作面，并缩小棚距，在掘进工作面附近应采用拉条等将棚子连成一体，防止棚子被推垮，必要时还要打中柱；锚杆支护时应有特殊措施。

（2）严格执行“敲帮问顶”制度，危石必须挑下，无法挑下时应采取临时支撑措施，严禁空顶作业。

（3）掘进工作面冒顶区及破碎带必须背严接实，必要时要挂金属网防止漏空。

（4）掘进工作面炮眼布置及装药量必须与岩石性质、支架与掘进工作面距离相适应，以防止因爆破而崩倒棚子。

（5）采用前探掩护式支架，使工人在煤层顶板有防护的条件下出渣、支棚腿，以防止冒顶伤人。

（二）巷道交岔处冒顶事故的防治

1. 冒顶的原因

巷道交岔处冒顶事故往往发生在巷道开岔的时候，因为开岔口需要架设抬棚替换原巷道棚子的棚腿，如果开岔处巷道顶部存在与岩体失去联系的岩块，并且围岩正向巷道挤压，而新支设抬棚的强度或稳定性不够就可能造成冒顶事故。

（1）抬棚架设一段时间后才能稳定，过早拆除原巷道棚腿容易造成抬棚不稳。

（2）开口处围岩尖角如果被压碎，抬棚腿失去依靠也会失稳。至于抬棚的强度，则与选用的支护材料及其强度有关。

2. 预防措施

（1）开岔口应避开原来巷道冒顶的范围。

（2）必须在开口抬棚支设稳定后再拆除原巷道棚腿，不得过早拆除，切忌先拆棚腿后支护抬棚。

（3）注意选用抬棚材料的质量与规格，保证抬棚有足够的强度。

（4）当开口处围岩尖角被挤压坏时，应及时采取加强抬棚稳定性的措施。

（三）支架支护巷道冒顶事故的防治

1. 冒顶的原因

(1) 压垮型冒顶是因巷道顶板或围岩施加给支架的压力过大，损坏了支架，从而导致巷道顶部已破碎的岩块冒落。

(2) 漏垮型冒顶是因无支护巷道或支护失效（非压坏）巷道顶部存在游离岩块，这些岩块在重力作用下冒落，造成事故的发生。

(3) 推垮型冒顶是因巷道顶帮破碎岩石在其运动过程中存在平行巷道轴线的分力，如果这部分巷道支架的稳定性不够，可能被推倒而发生冒顶。

2. 预防措施

(1) 在可能的情况下，巷道应布置在稳定的岩体中，并尽量避免采动带来的不利影响。

(2) 巷道支架应有足够的支护强度以抗衡围岩压力。

(3) 巷道支架所能承受的变形量应与巷道使用期间围岩可能的变形量相适应。

(4) 尽可能做到支架与围岩共同承载。支架选型时，尽可能采用有初撑力的支架；支架施工时要严格按工序质量要求进行，并特别注意顶与帮的背严背实问题，杜绝支架与围岩间的空顶与空帮现象。

(5) 凡因支护失效而空顶的地点，重新支护时应先护顶再施工。

(6) 巷道替换支架时，必须先支新支架再拆旧支架。

(7) 在易发生推垮型冒顶的巷道中要提高巷道支架的稳定性，可以在巷道的架棚之间严格地用拉撑件连接固定，增加架棚的稳定性，以防推倒。倾斜巷道中架棚被推倒的可能性更大，其架棚间拉撑件的强度、密度要适当加大。

三、处理顶板事故的基本原则

（一）基本原则

1. 先外后里

先检查冒顶处前后 5 m 范围内支架的完整情况，有问题先处理。必要时可采取临时加固措施，例如加密支架、加打木垛、前后支架拉紧支牢、加打抬板、插严背牢等，以增加后路、外围支架的支护能力和稳定性，确保后路畅通。

对一段巷道进行冒顶处理时，也必须坚持先处理外面的（离安全出口近的那一头），再逐渐向里面前进，直至全部完成。禁止在巷道只存一个安全出口的情况下，两头同时进行处理，以防止再一次发生冒顶时将人员堵在里面。

2. 先支后拆

更换巷道支护时，在拆除原有支护前，应先加固邻近支护，拆除原有支护后，必须及时除掉顶帮后面的碎矸并架设永久支护，必要时还应采取临时支护措施。

如需更换柱腿，应该先用单体液压支柱在顶梁下打好立柱，再拆去旧柱腿。

3. 先上后下

倾斜巷道处理冒顶时应该由上至下进行，特别是倾角在 15°以上时，必须有防止矸石、物料滚落和支架歪倒的安全措施。

4. 先近后远

当一条巷道存在几处需要处理冒顶的地段，应该先处理距安全出口较近的那段，再向前处理较远的那一段，直至把巷道内的各段都处理通。这样可以避免因距安全出口较近的那一段再次发生冒顶而将里面那一段的作业人员堵在里面。

5. 先顶后帮

为了保证操作人员的人身安全，在处理程序上必须注意先支撑住顶板，再维护好两帮。如巷道一侧片帮需要处理，这时必须在顶梁下靠片帮侧打上一根立柱，使顶板稳住，然后对片帮空间进行架设支架。

（二）处理方法

1. 直接支架法

在巷道围岩已经稳定，冒落矸石又不多，冒顶范围为 2～3 架时，可采用直接支架法，即先扒掉碍事的矸石，在两帮掏出柱窝，然后立好柱腿，紧接着架设顶梁，并且插背好，最后清理底部煤矸。再往前依次照上述程序操作，直至处理完毕为止。

2. 撞楔法

当巷道冒落矸很碎，可采用撞楔法处理，如图 3-5 所示。在冒顶的地方先用撞楔向冒落碎矸深处打入，在撞楔的保护下，清理冒落的煤矸，重新架设支架。撞楔的材料可选用钢轨或小圆木。

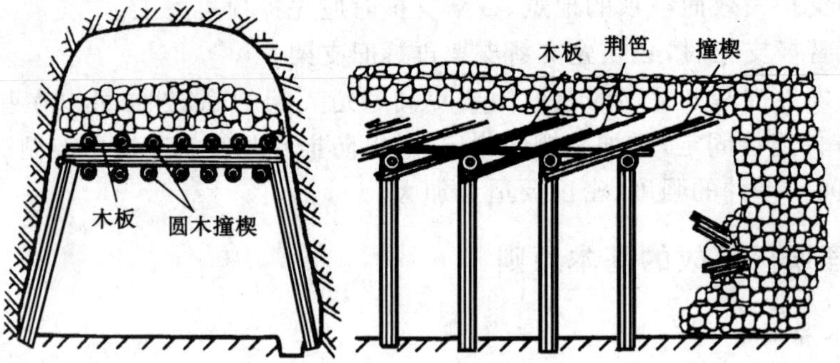

图 3-5　撞楔法处理冒顶

3. 锚喷法

锚喷法适用于冒顶范围较大、具备锚喷支护设备的岩巷。先处理冒顶区域内顶板及两帮活矸，人员站在安全侧向冒顶区域顶部喷射一层厚 30～50 mm 的混凝土封固顶板，然后再封两帮。当初喷层凝固后再打锚杆，并及时挂网和复喷一次，复喷厚度不宜超过 200 mm。冒顶处理完后，按要求立模砌碹，也可架设金属支架。如图 3-6 所示。

4. 木垛法

如果巷道冒顶范围较大、冒落高度较高，且冒落空洞以上顶板基本稳定，可以采用木垛法。

先在冒落空洞里以下部的冒落煤矸为底加打木垛接顶，然后在木垛保护下清理煤矸，重新支架。在冒落空洞里加打木垛是带有一定危险性的工作，操作时必须十分注意安全。操作前要站在有支架掩护的地点，用长柄工具“敲帮问顶”，并设专人观察顶板变化情况。

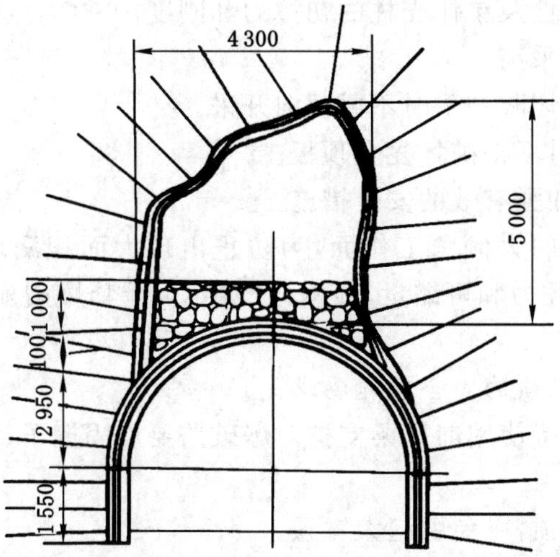

图 3-6 锚喷法处理冒顶

四、预防顶板事故的安全管理要求与检查要点

(一) 预防顶板事故的安全管理要求

1. 采煤工作面预防局部冒顶的安全管理要求

(1) 工作面支护方式要与顶板岩性相适应。较坚硬的顶板可采用点柱，松软破碎的顶板要用棚子加背板。

(2) 采取措施预防爆破造成冒顶。根据顶板条件选择炮眼布置、角度、装药量及一次爆破量，防止爆破崩倒支架，形成过大的空顶面积。

(3) 工作面落煤后要及时支护。因受到刮板输送机弯曲段的限制，在一定范围内不能及时打基本柱，顶板悬露面积大、时间长，因此，应采取超前挂梁或打临时支柱的方法防止局部冒顶。

(4) 在推移刮板输送机时，有较大面积的顶板不能用支柱支撑，对容易冒顶的破碎顶板必须采取相应措施。

(5) 工作面上、下出口要有特殊支架。

(6) 采取正确的回柱方法防止顶板压力集中在局部支柱上，造成局部顶板破碎及回柱困难。严格执行作业规程规定，不得违章作业。

(7) 严格执行各项顶板管理制度。如"敲帮问顶"制度、验收支架制度、岗位责任制度、顶板分析制度和交接班制度等。

(8) 保证工作面正规循环作业，加快推进速度。

2. 采煤工作面预防大型冒顶的安全管理要求

(1) 了解顶板活动规律，有条件时应对采煤工作面顶板进行矿压观测，对顶板来压进行预测预报。

(2) 对于坚硬顶板有大面积悬顶，并有大冒顶危险时，要采取顶板高压注水措施。

(3) 坚硬顶板要进行强制放顶。

(4) 提高支架的稳定性及单体支柱的初撑力和刚度。

(5) 严格控制工作面采高。

(6) 采煤工作面在开切眼初采时不要反向开采。

(7) 掘进上、下平巷时不得破坏复合顶板。

(8) 重视初次放顶,加强有效的安全措施。

(9) 对于直接顶破碎的大倾角工作面,为防止出现大面积漏垮型冒顶,应合理选用支架,保证支柱有足够的支撑力和可缩量,顶板背严接实,严禁爆破崩倒支架或移刮板输送机推倒支架。

3. 掘进工作面预防冒顶的安全管理要求

(1) 掘进工作面要坚持使用前探梁支护。爆破前要加固棚子、实行"三人连锁爆破"制,防止崩倒棚子引起冒顶。

(2) 及时处理局部漏顶,以免引起大冒顶。

(3) 坚持执行"敲帮问顶"制度。在进入掘进工作面装煤、支护前要"敲帮问顶",处理已离层的顶板,如果处理不下来,要先用点柱支撑。

(4) 在破碎带或斜巷掘进时,要采取缩小支架间距、控制控顶距、用拉撑件连接支架、顶帮背实等预防冒顶的措施。

(5) 必须按作业规程的规定及时支护,严禁空顶作业。

(二) 预防顶板事故的检查要点

(1) 采煤工作面所有安全出口与巷道连接处超前压力影响范围内必须加强支护,且加强支护的巷道长度不得小于 20 m;综合机械化采煤工作面,此范围内的巷道高度不得低于 1.8 m,其他采煤工作面,此范围内的巷道高度不得低于 1.6 m。安全出口和与之相连接的巷道必须设专人维护,发生支架断梁折柱、巷道底鼓变形时,必须及时更换、清挖。

(2) 采煤工作面不得任意留顶煤和底煤,伞檐不得超过作业规程的规定。采煤工作面的浮煤应当清理干净。阶檐的宽度、台阶面长度和下部超前小眼的个数,必须在作业规程中规定。

(3) 采煤工作面必须存有一定数量的备用支护材料。严禁使用折损的坑木、损坏的金属顶梁、失效的单体液压支柱。

(4) 在同一采煤工作面中,不得使用不同类型和不同性能的支柱。在地质条件复杂的采煤工作面中使用不同类型的支柱时,必须制定安全措施。

(5) 单体液压支柱入井前必须逐根进行压力试验。

(6) 对金属顶梁和单体液压支柱,在采煤工作面回采结束后或者使用时间超过 8 个月后,必须进行检修。检修好的支柱还必须进行压力试验,合格后方可使用。

(7) 采煤工作面严禁使用木支柱(极薄煤层除外)和金属摩擦支柱支护。

(8) 采煤工作面必须及时支护,严禁空顶作业。所有支架必须架设牢固,并有防倒措施。严禁在浮煤或者浮矸上架设支架。单体液压支柱的初撑力,柱径为 100 mm 的不得小于 90 kN,柱径为 80 mm 的不得小于 60 kN。对于软岩条件下初撑力确实达不到要求的,在制定措施、满足安全的条件下,必须经矿总工程师审批。严禁在控顶区域内提前摘柱。碰倒或者损坏、失效的支柱,必须立即恢复或者更换。移动刮板输送机机头、机尾需要拆除附近的支架时,必须先架好临时支架。

(9) 采煤工作面遇顶底板松软或者破碎、过断层、过老空区、过煤柱或者冒顶区,以及托伪顶开采时，必须制定安全措施。

(10) 采煤工作面用垮落法管理顶板时，必须及时放顶。顶板不垮落、悬顶距离超过作业规程规定的，必须停止采煤，采取人工强制放顶或者其他措施进行处理。

(11) 放顶的方法和安全措施，放顶与爆破、机械落煤等工序平行作业的安全距离，放顶区内支架、支柱等的回收方法，必须在作业规程中明确规定。

(12) 放顶人员必须站在支架完整，无崩绳、崩柱、甩钩、断绳抽人等危险的安全地点工作。

(13) 回柱放顶前，必须对放顶的安全工作进行全面检查，清理好退路。回柱放顶时，必须指定有经验的人员观察顶板。

(14) 采煤工作面初次放顶及收尾时，必须制定安全措施。

(15) 采煤工作面采用密集支柱切顶时，两段密集支柱之间必须留有宽 0.5 m 以上的出口，出口间的距离和新密集支柱超前的距离必须在作业规程中明确规定。采煤工作面无密集支柱切顶时，必须有防止工作面冒顶和矸石窜入工作面的措施。

(16) 巷道架棚时，支架腿应落在实底上；支架与顶、帮之间的空隙必须塞紧、背实。支架间应设牢固的撑杆或拉杆，可缩性金属支架应采用金属支拉杆，并用机械或力矩扳手拧紧卡缆。倾斜井巷支架应当设迎山角；可缩性金属支架可待受压变形稳定后喷射混凝土覆盖。巷道砌碹时，碹体与顶帮之间必须用不燃物充满填实；巷道冒顶空顶部分，可用支护材料接顶，但在碹拱上部必须充填不燃物垫层，其厚度不得小于 0.5 m。

(17) 采用锚杆、锚索、锚喷、锚网喷等支护形式时，应当遵守下列规定：

① 锚杆(索)的形式、规格、安设角度，混凝土强度等级、喷体厚度，挂网规格、搭接方式，以及围岩涌水的处理等，必须在施工组织设计或者作业规程中明确。

② 采用钻爆法掘进的岩石巷道，应当采用光面爆破。

③ 锚杆拉拔力、锚索预紧力必须符合设计要求。煤巷、半煤岩巷支护必须进行顶板离层监测，并将监测结果记录在牌板上。对喷体必须做厚度和强度检查并形成检查记录。在井下做锚固力试验时，必须有安全措施。

④ 遇顶板破碎、淋水，过断层、老空区、高应力区等情况时，应加强支护。

(18) 严格执行"敲帮问顶"及围岩观测制度。

第六节 冲击地压及其防治

冲击地压是煤矿巷道和采场周围煤岩体由于聚集的弹性变形能的突然释放而产生的以突然、急剧、猛烈破坏为特征的特殊的矿山压力现象，是煤矿重大灾害之一。其主要显现特征是:突发性，发生前无明显前兆，冲击过程短暂；多样性，表现为煤爆、浅部冲击(煤壁内 2～6 m 范围)和深部冲击；破坏性强，往往造成煤壁片帮、顶板下沉和底鼓、支架折损、巷道堵塞、人员伤亡；复杂性，冲击地压可简单地看作承受高应力的煤岩体突然破坏的现象。

一、冲击地压的形成机理、特征与分类

(一) 冲击地压的形成机理

所谓冲击地压发生机理，就是指冲击地压发生的原因、条件、机制和物理过程，冲击地

压的发生机理就其主要方面来讲，就是在一定的地质因素和开采条件下，煤岩受外力引起变形，发生突然破坏的力学过程。

地下岩体处在复杂与强大的自重应力、构造应力和开采附加应力场中，地下赋存的煤体与岩体，在强大的应力作用下产生变形。当岩块处于弹性状态，且应力不能解除时，外力做的功将会以能量的形式储存在岩体内，获得变形弹性能。在进行地下采掘过程中，随着开采场所的不断变更，原岩应力发生改变，煤岩体原有应力平衡状态遭到破坏后，煤岩体寻找一种新的动力平衡状态，当应力超过煤岩的强度极限时，聚集在煤岩体中的能量就会突然释放，动力平衡条件就会被破坏，从而引发冲击地压灾害。

对冲击地压成因和机理的解释主要有强度理论、刚度理论、能量理论、冲击倾向性理论和失稳理论。

（二）冲击地压的特征

（1）突然爆发。冲击地压发生前，预兆不明显。

（2）巨大声响。冲击地压爆发的瞬间伴有雷鸣般的响声。

（3）冲击波强。煤体内积聚的弹性能突然释放，产生强大的冲击波。它能冲倒几十米至几百米内的风门、风墙等设施。

（4）弹性震动。冲击地压发生时在围岩内引起弹性震动，人员被弹起后摔倒，甚至输送机、轨道等重型设备可能被震动和推移，连地面人员有时都能感到这种震动。

（5）煤体移动。据现场观测，浅部冲击时煤体发生移动，煤体移动时在顶板接触面上留有明显的棕褐色擦痕。

（6）顶板下沉或底板鼓裂。冲击地压发生时，常导致顶板下沉或底板底鼓。

（7）煤帮抛射性塌落。塌落多发生在煤帮上部到顶板的一段，越靠近顶板塌落越深，强烈冲击时，塌落深度可达 1.5～2.0 m。

（三）冲击地压的分类

冲击地压可分为重力型冲击地压、构造型冲击地压和综合型冲击地压三类。

（1）重力型冲击地压是受重力作用，在一定的顶、底板和深度条件下，由采掘影响引起的冲击地压。

（2）构造型冲击地压主要是指受构造应力作用引起的冲击地压。

（3）综合型冲击地压是指受重力和构造力共同作用引起的冲击地压。

二、引发冲击地压的条件与因素

（一）自然地质条件

（1）煤层性质：煤的强度、冲击倾向性、弹脆性等力学性质；煤的厚度、埋深、含水率、孔隙度、煤层结构等物理性质。

（2）煤层顶、底板岩层性质：坚硬岩层的厚度、强度、冲击倾向性等。

（3）地质构造：褶曲构造、断裂构造、局部地应力异常、煤层厚度和倾角突变等。

（二）生产技术因素

（1）人为造成高应力集中区，为冲击地压的发生提供力源条件。

（2）人工作业造成应力状态的突变和煤层约束条件的改变。

三、冲击地压的预测预防

为了对有冲击危险的煤层及时采取防治措施，必须进行预测。冲击地压虽是瞬时发生，但发生之前有预兆，进行预测是可能的。

（一）冲击地压的预测方法

1. 顶板动态法

冲击地压发生之前的预兆表现为：煤岩层向已采空间运动加剧，顶板岩层断裂声加剧，有炮声，采空区有雷声，顶板下沉，煤壁片帮；打煤层眼时，钻杆卡住不易拔出，支柱折断，柱帽压缩等；采煤工作面和巷道压力有明显的增大现象。只要认真观察分析，掌握其规律，就能及时进行预报。

2. 钻屑法

钻屑法又称钻粉率指数法或钻孔检验法。此法是通过在煤层中打直径为 42～50 mm 的钻孔，根据排出的煤粉量及其变化规律和有关的动力效应，鉴别冲击危险的一种方法。

3. 微震法或地音监测法

岩石在压力作用下发生变形、破坏过程中，必然产生声响和震动，以脉冲形式向周围岩体传播，产生应力波或声发射现象。这种声发射也称地音。因此，用微震仪或地音仪记录这一系列地震波，根据地震波的强弱变化规律和正常地震波相比，即可判断煤层或岩体发生冲击地压的倾向程度。

此外，还有电磁辐射法、能量法、综合指数法及综合预测法等。

（二）冲击地压的防治方法

根据发生冲击地压的成因和机理，冲击地压的主要防治措施应是避免产生应力集中。因此，对已产生应力的区域、因地质构造等因素存在高应力区的区域，应采取改变煤岩体物理力学性质、降低或释放煤岩体积聚的弹性能等措施。

1. 选择合理的开采方法

（1）开采有冲击地压危险的煤层时，应尽量采用长壁采煤法、全部垮落法管理顶板。煤柱支撑法、房柱式及其他留煤柱的开采方法将使冲击地压发生频繁。

（2）开采有冲击地压危险的煤层时，应尽量将主要巷道和硐室布置在底板岩石中。

（3）合理安排开采程序，防止采煤工作面三面被采空区包围，形成“半岛”。采煤工作面应采用后退式开采，避免相向采煤。

2. 煤层预注水

煤层预注水的目的主要是降低煤体的弹性和强度。采用向煤层注水的方法，使相邻巷道、采煤工作面的煤岩层边缘区减少内部黏结力，降低其弹性，减少其潜能。

大量的研究表明，煤岩层的单向抗压强度随着其含水量的增加而降低，同样，煤的强度与冲击倾向指数也随煤的湿度的增加而降低。

3. 钻孔卸压法

钻孔卸压法是利用钻孔降低积聚在煤层中的弹性能，是释放弹性能的一种方法。一般利用直径大约为 100 mm 的钻头钻孔，现已有直径为 300 mm 的钻头。由于钻孔后，周围的煤体受力状态发生了变化，约束条件减弱，使煤体卸载，支承压力的分布发生了变化，峰值向煤体深部转移。当支承压力不超过煤层孔壁稳定范围时，孔壁不破坏，钻孔不变形，排出的煤粉量为正常值，煤层没有卸压；当支承压力超过煤层孔壁稳定范围时，钻孔被破坏。支承压力愈高，钻孔破坏范围愈大。因此，煤层积聚的应力愈高，利用钻孔卸压愈有效。

4. 震动爆破法

震动爆破法是在安全条件下，用爆破方法释放煤层积聚的能量，使煤层裂隙松动。这也是预防冲击地压的有效方法，一般有卸载爆破和诱发爆破两种方式。

卸载爆破就是在高应力区附近打钻，在钻孔中装药进行爆破，其主要目的是改变支承压力带的形状和减小峰值，炮眼布置尽量接近于支承压力带峰值位置。

诱发爆破就是在具有冲击地压危险的区域进行大药量的爆破，人为地在工作人员撤出后诱发冲击地压。

四、预防冲击地压的安全管理要求与检查要点

煤矿经过多年的开采，随着开采深度的逐渐增加，地质构造更加复杂，冲击地压的显现形式和破坏规模都有增大的趋势，给安全生产带来巨大威胁。因此，在生产中做预测预报和采取防治措施工作，是煤矿今后安全管理的重点。

（一）冲击地压的安全管理要求

（1）煤矿主要负责人（法定代表人、实际控制人）是冲击地压防治的第一责任人，对防治工作全面负责；其他负责人对分管范围内冲击地压防治工作负责；煤矿企业（煤矿）总工程师是冲击地压防治的技术负责人，对防治技术工作负责。

（2）新建煤矿和冲击地压煤矿的新水平、新采区、新煤层有冲击地压危险的，必须编制防冲设计。

（3）冲击地压防治费用必须列入煤矿企业（煤矿）年度安全费用计划，满足冲击地压防治工作需要。

（4）冲击地压煤矿必须编制冲击地压事故应急预案，且每年至少组织一次应急演练。

（5）冲击地压煤矿必须进行区域危险性预测和局部危险性预测。区域与局部危险性预测可根据地质与开采技术条件等，优先采用综合指数法确定冲击危险性。

（6）必须建立区域与局部相结合的冲击地压危险性监测制度。

（7）开采具有冲击倾向性的煤层，必须进行冲击危险性评价。

（8）冲击地压危险区域必须进行日常监测预警，预警有冲击地压危险时，应当立即停止作业，切断电源，撤出人员，并报告矿调度室。在实施解危措施、确认危险解除后方可恢复正常作业。

（9）冲击地压煤矿应当选择合理的开拓方式、采掘部署、开采顺序、采煤工艺及开采保护层等区域防冲措施。

（二）煤矿防治冲击地压的检查要点

（1）检查冲击地压煤矿是否明确冲击地压防治工作的负责人，设立专门的防冲机构，并配备专业防冲技术人员与施工队伍，防冲队伍人数是否满足煤矿防冲工作的需要，建立防冲监测系统，配备防冲装备，完善安全设施。

（2）检查是否建立冲击地压防治岗位责任制、安全技术管理制度、教育培训制度、事故

报告制度、危险区域人员准入制度和限员制度等相关制度。

(3) 检查冲击地压煤矿中长期防冲规划和年度防冲计划完善情况，是否落实到位。

(4) 检查冲击地压煤矿是否依据冲击地压防治培训制度，定期对井下相关的作业人员、班组长、技术员、区队长、防冲专业人员与管理人员进行冲击地压防治的教育和培训，保证防冲相关人员具备必要的岗位防冲知识和技能。

(5) 检查作业规程是否包含防冲专项措施，内容是否完整。

(6) 检查监控系统传感器布置图及报警断电、复电浓度设置、断电范围。

(7) 检查防冲设计是否依据不同的预测结果制定相应的防治措施。

(8) 人员进入冲击地压危险区域时是否严格执行人员准入制度。人员准入制度是否明确规定人员进入的时间、区域和人数，井下现场设立管理站。

(9) 进入严重(强)冲击地压危险区域的人员是否采取穿戴防冲服等特殊的个体防护措施。

(10) 有冲击地压危险的采掘工作面，供电、供液等设备是否放置在采动应力集中影响区外。

(11) 冲击地压危险区域巷道扩修时，是否制定专门的防冲措施。

第七节　煤矿热害防治

矿内高温、高湿环境严重影响井下作业人员的身体健康和生产效率，已形成了煤矿面对的一类新的灾害——热害。热害已逐渐成为与瓦斯、煤尘、顶板、火、水一样需要认真处理的煤矿井下自然灾害之一。

一、煤矿热害

(一) 煤矿热害形成的原因

地壳最表层的温度受地面温度周期性变化的影响，这种影响是随着深度的增加而逐渐减弱的；到一定深度，这种影响基本消失，从而地温保持恒定。地温常保持恒定的地带称为恒温带。在恒温带以上，地温受太阳辐射热的影响而具有周期性的变化，故称为变温带。在恒温带以下，地温的变化受控于地球的内热；随着深度的增加而不断增温，故称为增温带。恒温带则是变温带与增温带的分界面。

由于恒温带的深度大多为十余米、数十米，而煤矿生产的深度大多为数百米，甚至上千米，远远大于恒温带的深度；随着温度的增加，地温升高，当地温超过某一温度时，就产生了热害问题。可以说，热害是煤矿生产向深部发展过程中不可避免的。

影响井下气温的主要因素有：① 煤矿进风温度；② 井下风流的压缩和膨胀；③ 机电设备散热；④ 氧化放热；⑤ 人体散热、散湿；⑥ 地下热水散热；⑦ 围岩与井下空气的热交换。

(二) 煤矿热害的主要危害

1. 高温对人体的危害

在高温作业环境中，能使人产生一系列生理功能的改变：① 体温调节发生障碍，主要表现为体温和皮温升高；② 水盐代谢出现紊乱，使机体的机能受到影响；③ 循环系统、消化系统、泌尿系统、神经系统等均会因高温下的机体大量失水，改变正常的功能，甚至致病。

2. 高温环境对劳动效率及安全的影响

在高温环境中，人的中枢神经系统容易失调，从而感到精神恍惚、疲劳、周身无力、昏昏沉沉，这种精神状态会成为导致事故发生的原因。在高温煤矿中，一般生产率均较低，有的矿山其相对劳动率仅为 30%～40%。

此外，煤矿井下高温也是造成我国煤矿火灾事故频繁发生的一个不可忽视的因素。

3. 高温中常见的热病

在高温、高湿、繁重体力劳动的条件下，能量代谢大大加快，产热量增多，出汗量也加大，相对排汗量下降，体内热量散发不出去，积热增多，导致人体产热与散热的动平衡状态遭到破坏，此时极可能发生热病。其中最常见的热病有中暑、热衰竭、热虚脱及热痉挛。

二、煤矿热害防治办法

（一）通风降温

1. 选择合理的通风系统

按照煤矿地质条件、开拓方式等选择进风风路最短的通风系统，可以减少风流沿途吸热，降低风流温升。在一般情况下，对角式通风系统的降温效果要比中央式好。

2. 改善通风条件

增加风量，提高风速，可以使巷道壁对空气的对流散热量增加，风流带走的热量随之增加，而单位体积的空气吸收的热量随之减少，使气温下降。与此同时，巷道围岩的冷却圈形成的速度又得到加快，有利于气温缓慢升高。适当加大工作面的风速，还有利于人体对流散热。

在可能的条件下，可以采用采煤工作面下行风流使工作面运煤方向、风流方向相同和缩短工作面的进风路线等措施。实践证明，采用这些措施，有利于降低工作面的气温。

另外，采煤工作面的通风方式也影响气温。在相同的地质条件下，由于 W 型通风方式比 U 型和 Y 型更能增加工作面的风量，因此降温效果较好。

3. 调热巷道通风

利用调热巷道通风一般有两种方式：一种是在冬季将低于 0 ℃的空气由专用进风道通过浅水平巷道调热后再进入正式进风系统。在专用风道中应尽量使巷道围岩形成强冷却圈，若断面许可还可洒水结冰，储存冷量。当风温向零度回升时，即予关闭，待到夏季再启用。淮南九龙岗矿曾利用－240 m 水平的旧巷作为调热巷道，冬季储冷，春季封闭，夏季使用，总进风量的一部分被冷却，使－540 m 水平井底车场降温 2 ℃。另外一种方式是利用开在恒温带里的浅风巷作调温巷道。

4. 其他通风降温措施

采用下行风对于降低采煤工作面的气温有比较明显的作用。

对于发热量较大的机电硐室，应有独立的回风路线，以便把机电设备所产生的热量直接导入采区的回风流中。

在局部地点使用水力引射器或压缩空气引射器，或使用小型局部通风机，以增加该点风速也可起到降温的作用。向风流喷洒低于空气湿球温度的冷水也可降低气温，且水温越低效果越好。

（二）矿内冰冷降温

冰冷降温系统就是利用地面制冰厂制取的粒状冰或泥状冰，通过风力或水力输送至井下的融冰装置，在融冰装置内，冰与井下空调回水直接换热，使空调回水的温度降低。煤矿降温系统一般分为冰冷降温系统和空调制冷降温系统，其中，空调制冷降温系统为水冷却系统。

（三）矿内空调的应用

1. 井下集中式空调系统

该系统的制冷机设在井下，通过管道集中向各工作面供冷水，在井下设置高低压换热器将一次高压冷冻水转换成二次低压冷冻水，最后在用风地点上用空冷器冷却风流。

井下集中式空调系统的优点是：供冷管道短、冷损少；无高压冷水系统；可利用煤矿水或回风流排热；供冷系统简单，冷量调节方便。

井下集中式空调系统的缺点是：井下要开凿大断面的硐室；对制冷设备要求严格；设备安装、管理和维护不方便。

2. 地面集中式空调系统

地面集中式空调系统将制冷站设置在地面，冷凝热也在地面排放，而在井下设置高低压换热器将一次高压冷冻水转换成二次低压冷冻水，最后在用风地点上用空冷器冷却风流。

3. 井上、下联合式空调系统

这种布置形式是在地面和井下同时设置制冷站，冷凝热在地面集中排放。它实际上相当于两级制冷，井下制冷机的冷凝热借助于地面制冷机冷水系统冷却。

联合式空调系统的优点是：可提高一次载冷剂回水温度，减少冷损；可利用一次载冷剂将井下制冷机的冷凝热带到地面排放。

联合式空调系统的缺点是：系统复杂；设备分散，不便管理。

根据上述三种煤矿空调系统的优缺点，设计时究竟采用何种形式应根据煤矿的具体条件而定。

【案例 4-1】 山东某煤矿热害防治案例

山东某煤矿下开采深度达到－1 000 m，地温一般大于 37 ℃，处于一级高温区。为有效解决夏季高温热害问题，煤矿设计采取全风量降温技术治理煤矿热害，选用水源热泵机组制备低温冷冻水通过管道输送到设置在主、副井口的空气换热站，实现夏季对主、副井进行降温，冬季利用煤矿水＋蒸汽作为热源，由热泵机组制备热水通过管道输送到井口设置的空气换热站，对主、副井口供热。

热害治理与余热利用改造项目有效解决了夏季高温热害及冬季井筒防冻两大问题。

三、预防煤矿热害的安全管理要求与检查要点

（一）预防煤矿热害的安全管理要求

(1) 当采掘工作面空气温度超过 26 ℃、机电设备硐室温度超过 30 ℃时，必须缩短超温地点工作人员的工作时间，并给予高温保健待遇。

(2) 当采掘工作面的空气温度超过 30 ℃、机电设备硐室超过 34 ℃时，必须停止作业。

(3) 新建、改扩建煤矿设计时，必须进行煤矿风温预测计算，超温地点必须有降温设施。

(4) 有热害的井工煤矿应当采取通风等非机械制冷降温措施。无法达到环境温度要求时，应当采用机械制冷降温措施。

(5) 采用非人工制冷降温，应根据煤矿的具体条件，综合采用天然冷源、增加供风量或提高作业人员集中处的局部风速、下行通风或同流通风等有利于降温的通风方式、回避井下热源、隔绝或减少热源向进风流散热、疏放或封堵热水、个体防护等措施。

(6) 采用人工制冷降温，应根据煤矿地质条件、开拓开采系统、巷道布置、煤矿通风系统、制冷降温范围、采深、冷负荷、煤矿涌水量及水质和水温、回风风量和温度、采掘机械化程度、热源及条件类似煤矿的经验，进行技术经济论证后，选用井下移动式空调或压缩空气制冷等局部降温措施，以及地面集中式空调系统、井上下联合式空调系统等降温方式。

(7) 制冷机冷凝热排除方式应根据降温方式、冷凝热量、水源的水质和水量及水温、煤矿回风风量和温度、采深等因素确定。

(8) 制冷剂的选择，应符合防火、不爆炸、无毒、冷凝温度高、冷凝压力低、价廉、环保等要求。

(二) 预防煤矿热害的安全检查要点

(1) 采煤、掘进工作面和机电设备硐室是否设置温度传感器。

(2) 当空气温度超过《煤矿安全规程》要求时，是否缩短超温地点工作人员的工作时间，并给予劳动者高温保健待遇。

(3) 井工煤矿是否采取通风降温、采用分区式开拓方式缩短入风线路长度等措施，降低工作面的温度；当采用上述措施仍然无法达到作业环境标准温度的，是否采用制冷等降温措施。

第四章　煤矿“一通三防”安全管理

第一节　矿 井 通 风

一、矿井通风基础知识

（一）矿井通风的基本任务

矿井通风就是利用动力机械把地面的新鲜空气由进风井送入井下，空气在井下经过各个用风地点后，再由出风井排到地面的完整过程。它在矿井建设和生产期间始终占有非常重要的地位，是保障煤矿生产安全的重要技术手段。

矿井通风的基本任务是：① 向井下各个场所连续不断地输送足够的新鲜空气，供人员呼吸，保障其身体健康和生命安全。② 冲淡并排除井下煤岩层中涌出或在煤炭生产过程中产生的有毒有害气体、粉尘和水蒸气。③ 调节煤矿井下的气候条件，给作业人员创造良好的生产工作环境；保证井下的设备、仪器、仪表正常运行。④ 增强矿井的防灾、抗灾能力，使作业人员发挥劳动效能，提高生产率，从而达到高效、安全、健康的目的。

（二）矿井空气中的有害气体及主要防治措施

1. 矿井空气中的有害气体

地面空气进入矿井以后就称为矿井空气。地面空气进入井下后，由于受到污染，其成分和性质要发生一系列变化，如氧气浓度降低、二氧化碳浓度增加；混入各种有毒有害气体和矿尘；空气的成分、温度、湿度和压力都会发生改变。一般来说，将井巷中经过用风地点以前、受污染程度较轻的进风巷道内的空气，称为新鲜空气；经过用风地点以后、受污染程度较重的回风巷道内的空气，称为污浊空气。

尽管矿井空气与地面空气相比存在许多差异，但其主要成分仍然是氧气（O_2）、氮气（N_2）和二氧化碳（CO_2）。矿井空气中也含有一些有毒有害气体，如一氧化碳（CO）、二氧化氮（NO_2）、硫化氢（H_2S）、二氧化硫（SO_2）、氢气（H_2）、氨气（NH_3）、甲烷（CH_4）等。

（1）矿井空气中有害气体对井下作业人员的生命安全危害极大，因此《煤矿安全规程》对常见有害气体的安全标准作了明确的规定。矿井空气中有害气体的最高容许浓度见表 4-1。

表 4-1 矿井空气中有害气体的最高容许浓度

有害气体名称	符　号	最高容许浓度/%
一氧化碳	CO	0.002 40
氧化氮(换算成二氧化氮)	NO_2	0.000 25
二氧化硫	SO_2	0.000 50
硫化氢	H_2S	0.000 66
氨气	NH_3	0.004 00

注:① 瓦斯、二氧化碳和氢气的允许浓度按《煤矿安全规程》的有关规定执行;

② 矿井中所有气体的浓度均按体积的百分比计算。

(2) 风速过高或过低都是有害的。风速过高,尤其是在采煤工作面,不仅会使人体散热多,易患感冒,而且会引起矿尘的飞扬,恶化工作环境,危害人体健康,增加矿尘爆炸的可能性;同时通风阻力和漏风率增大,增加通风成本。风速过低,不利于排除瓦斯和矿尘。因此,《煤矿安全规程》对井巷中的风流速度规定见表 4-2。

表 4-2 井巷中的允许风流速度

井巷名称	允许风速/(m/s)	
	最低	最高
无提升设备的风井和风硐		15
专为升降物料的井筒		12
风桥		10
升降人员和物料的井筒		8
主要进、回风巷		8
架线电机车巷道	1.00	8
运输机巷,采区进、回风巷	0.25	6
采煤工作面、掘进中的煤巷和半煤岩巷	0.25	4
掘进中的岩巷	0.15	4
其他通风行人巷道	0.15	

(3)《煤矿安全规程》对矿井空气温度作出规定:进风井口以下的空气温度(干球温度,下同)必须在 2 ℃以上。生产矿井采掘工作面空气温度不得超过 26 ℃,机电设备硐室的空气温度不得超过 30 ℃;当空气温度超过时,必须缩短超温地点工作人员的工作时间,并给予高温保健待遇。新建、改扩建矿井设计时,必须进行矿井风温预测计算,超温地点必须有制冷降温设计,并按要求配备降温设施。

(4) 矿井空气湿度是指空气中所含的水蒸气量,空气的潮湿程度一般用"相对湿度"来表示。相对湿度是指每立方米空气中实际含有的水蒸气量和同一温度下的饱和水蒸气量的百分比。人体比较适宜的相对湿度为 50%～60%。

2. 矿井空气中有害气体主要防治措施

(1) 加强通风。

（2）加强检测。

（3）抽采瓦斯。

（4）喷雾洒水减少生成。

（5）加强火区管理，防止火灾、瓦斯和煤尘爆炸产生大量的有害气体。

（6）禁入险区，避免窒息。

二、矿井通风系统

矿井通风系统是矿井通风方法、通风方式、通风网络与通风设施的总称，包括从进风到回风的全部路线。安全可靠的通风系统是矿井安全生产的保证。

（一）矿井通风方法

1. 自然通风

利用自然风压产生的通风动力，使空气在井下流动的方法称为自然通风。自然风压的大小及其作用方向，受地面空气温度变化等因素的影响。采用机械通风的矿井，自然风压也是存在的，并在各个时期影响矿井通风工作。当自然风压与机械风压方向相反时，矿井风量减小，特别是浅部矿井作用明显。

2. 机械通风

矿井利用通风机械运转产生的通风动力，使空气在井下巷道流动的通风方法称为机械通风。按主要通风机的工作方法和安装位置不同，分为抽出式通风、压入式通风及混合式通风三种。

（1）抽出式通风

矿井抽出式通风如图4-1所示。将矿井主要通风机安设在出风井一侧的地面上，在抽出式通风机的作用下，整个矿井的通风系统处于低于当地大气压力的负压状态，由于井下风流处于负压状态，当主要通风机因故停止运转时，井下风流压力提高，可使采空区瓦斯涌出量减少，比较安全。目前我国大部分矿井一般多采用抽出式通风。

（2）压入式通风

矿井压入式通风如图4-2所示。压入式通风是将矿井主要通风机安设在进风井一侧的地面上，新风经主要通风机加压后送入井下各用风地点，污风再经过回风井排出地表的一种矿井通风方法。其优点为：矿井风压呈正压状态，可减少井巷、采空区、围岩裂隙中有毒有害气体的析出量；新鲜风流通过主要通风机，腐蚀性较小。

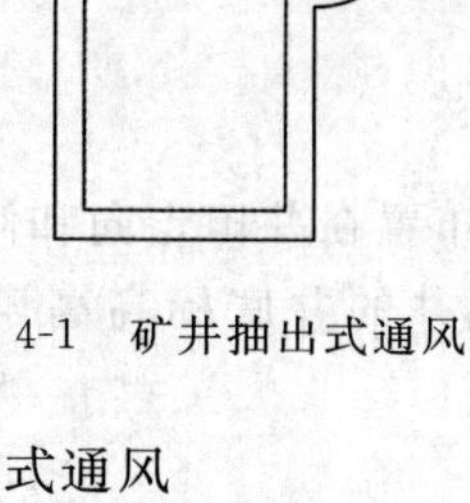

图4-1　矿井抽出式通风

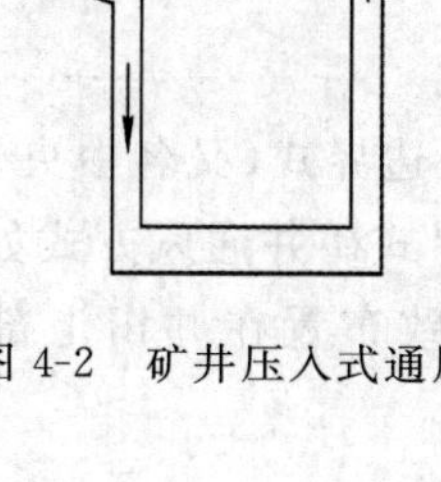

图4-2　矿井压入式通风

（3）混合式通风

混合式通风是在进风井和回风井一侧都安设矿井主要通风机，新风经压入式主要通风机送入井下，污风经抽出式主要通风机排出井外的一种矿井通风方法。

上述三种通风方法，矿井主要通风机均安装在地面。

(二) 矿井通风方式

矿井通风方式是指矿井进风井与回风井的布置方式。按进、回风井的位置不同，分为中央式、对角式、区域式和混合式四种。

1. 中央式

中央式是进、回风井均位于井田走向中央。按进、回风井沿倾斜方向相对位置的不同，又可分为中央并列式和中央边界式两种。

(1) 中央并列式

中央并列式矿井通风方式如图 4-3(a)所示，进、回风井均并列布置在井田走向和倾斜方向的中央，两井底可以开掘到第一水平，也可以将回风井只掘至回风水平。后者只适用于较小型矿井。

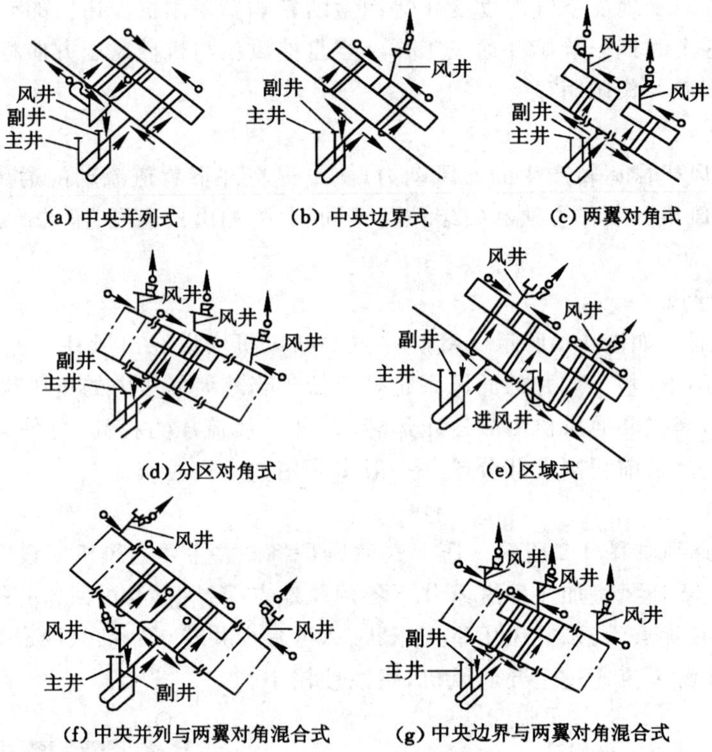

图 4-3 矿井通风方式

(2) 中央边界式(又名中央分列式)

中央边界式矿井通风方式如图 4-3(b)所示，进风井仍布置在井田走向和倾斜方向的中央，回风井大致布置在井田上部边界沿走向的中央，回风井的井底标高高于进风井井底标高。

2. 对角式

进风井大致布置于井田的中央，回风井分别布置在井田上部边界沿走向的两翼上。根据回风井沿走向的位置不同，又分为两翼对角式和分区对角式两种。

(1) 两翼对角式

两翼对角式矿井通风方式如图 4-3(c)所示，进风井大致位于井田走向中央，在井田上部沿走向的两翼边界附近或两翼边界采区的中央各开掘一个出风井。如果只有一个回风井，且进、回风井分别位于井田的两翼称为单翼对角式。

(2) 分区对角式

分区对角式矿井通风方式如图 4-3(d)所示，进风井位于井田走向的中央，在每个采区的上部边界各掘进一个回风井，无总回风巷。

优点：各采区之间互不影响，便于风量调节；建井工期短；初期投资少，出煤快；安全出口多，抗灾能力强；进回风路线短，通风阻力小。

3. 区域式

在井田的每一个生产区域开凿进、回风井，分别构成独立的通风系统，如图 4-3(e)所示。

4. 混合式

混合式是中央式和对角式的混合布置，因此混合式的进风井与出风井数目至少有 3 个。混合式可以分为中央并列与两翼对角混合式和中央边界与两翼对角混合式，如图 4-3(f)、(g)所示。混合式一般是老矿井进行深部开采时所采用的通风方式。

总之，矿井的通风方式应根据矿井的设计生产能力、煤层赋存条件、地形条件、井田面积、井田走向长度、矿井瓦斯等级、煤层的自燃倾向性等情况，从技术、经济和安全等方面加以分析，通过方案比较确定。

(三) 矿井通风网络

矿井通风网络是指所有井筒、巷道、车场和硐室、工作面等相互连接构成的全部风流流经的路线。矿井通风系统中的井巷连接关系一般比较复杂，为了便于分析通风系统中各井巷间的连接关系及特点，把矿井或采区中风流分岔、汇合线路的结构形式和控制风流的通风构筑物统称为通风网络。通风网络的连接形式有串联网络、并联网络和角联网络 3 种。

(四) 主要通风设施

为了使井下风流沿指定路线流动分配，就必须在某些巷道内建筑引导控制风流的构筑物即通风设施，它分为引导风流和隔断风流的设施。

1. 引导风流的设施

(1) 风硐：风硐是连接通风机装置和风井的一段巷道。风硐多用混凝土、砖石等建材构筑成圆形或矩形巷道，这是由风硐的特点所决定的。

(2) 风桥：风桥是将两股平面交汇的新、污风流隔成立体交汇的新、污风分开的一种通风设施。根据结构特点不同，风桥可分为三种：绕道式风桥、混凝土风桥、铁筒风桥。

(3) 风窗(卡)：风窗是在巷道内设在墙或门上，在墙或门上留一个可调空间窗口，通过调节空间窗口面积从而达到调节风量的目的。

(4) 风障：在巷道内利用木板、苇席、风筒布做布障起到引导风流的作用。常用此方法处理高冒处、落山角等处积聚瓦斯。

(5) 风筒：在巷道中利用正压或负压通风动力通过管道把指定的风量送到目的地，这个管道就叫风筒。

2. 隔断风流的设施

(1) 防爆门：防爆门装在回风井筒，为防止井下发生煤尘瓦斯爆炸时产生的冲击波毁坏通风机的安全设施。当井下发生煤尘、瓦斯爆炸时，防爆门即会被气浪冲开，爆炸波直接冲入大气，从而起到保护通风机的作用。

(2) 密闭(也叫挡风墙)：在不允许风流通过，也不允许行车、行人的井巷(如采空区、旧巷、火区以及进风与回风大巷之间的联络小眼)都必须设置密闭，将风流截断，以免造成漏风或风流形成短路使通风系统失去合理稳定性而发生事故。密闭分为临时密闭和永久密闭。

(3) 风门：在不允许风流通过，但需行人或行车的巷道内，必须设置风门。按结构分，风门分为普通风门和自动风门。

三、矿井通风安全管理要求与检查要点

(一) 矿井通风系统安全管理

(1) 矿井必须有完整的独立通风系统。每一个通风系统至少有一个进风井和一个回风井，常以罐笼提升井兼作进风井，回风井则常是专用风井。

(2) 改变全矿井通风系统时，必须编制通风设计及安全措施，由企业技术负责人审批。

(3) 进、回风井之间和主要进、回风巷之间的每个联络巷中，必须砌筑永久性风墙；需要使用的联络巷，必须安设 2 道连锁的正向风门和 2 道反向风门。

(4) 进风井口必须布置在粉尘、有害和高温气体不能侵入的地方。已布置在粉尘、有害和高温气体能侵入地点的，应制定安全措施。

(5) 矿井必须采用机械通风。

(6) 溜煤眼不得兼作风眼使用。

(7) 多风机并联运转时，总进风道不宜过小，尽量减少公共风路的风阻，其公用段阻力应小于任一风机风压的 20%。

(8) 消除或尽量减少主要供风巷道处于有害角联分支处。

(9) 矿井通风系统图必须标明风流方向、风量和通风设施的安装地点。必须按季绘制通风系统图，并按月补充修改。多煤层同时开采的矿井，必须绘制分层通风系统图。矿井应绘制矿井通风系统立体示意图和矿井通风网络图。

(二) 主要通风机安全管理

矿用通风机按其用途，分为主要通风机、辅助通风机、局部通风机。

矿用通风机按其结构和工作原理，分为离心式通风机和轴流式通风机。

1. 主要通风机安装与使用的规定

(1) 主要通风机必须安装在地面；装有通风机的井口必须封闭严密，其外部漏风率在无提升设备时不得超过 5%，有提升设备时不得超过 15%。

(2) 箕斗提升井或装有带式输送机的井筒兼作风井筒使用时，应遵守下列规定：

① 箕斗提升井兼作回风井时，井上下装、卸载装置和井塔(架)必须有完善的封闭措施，其漏风率不得超过 15%，并应有可靠的防尘措施。装有带式输送机的井筒兼作回风井时，井筒中的风速不得超过 6 m/s，且必须装设甲烷断电仪。

② 箕斗提升井或装有带式输送机的井筒兼作进风井时，箕斗提升井筒中的风速不得超

过 6 m/s，装有带式输送机的井筒中的风速不得超过 4 m/s 并应有可靠的防尘措施，井筒中必须装设自动报警灭火装置和敷设消防管路。

(3) 必须保证主要通风机连续运转。

(4) 必须安装 2 套同等能力的主要通风机装置，其中 1 套作备用，备用通风机必须能在 10 min 内开动。

(5) 严禁采用局部通风机或风机群作为主要通风机使用。

(6) 装有主要通风机的出风井口应安装防爆门，防爆门每 6 个月检查维修 1 次。

(7) 至少每月检查 1 次主要通风机。

(8) 改变通风机转数、叶片角度或者对旋式主要通风机级数时，必须经矿技术负责人批准。

(9) 矿井必须制定主要通风机停止运转的应急预案。

(10) 主要通风机技术改造及更换叶片后必须进行性能测试。

2. 主要通风机的防爆设施

矿用的主要通风机，除主机之外还有一些附属装置。附属装置有风硐、扩散器（扩散塔）、防爆设施（防爆门或防爆井盖）和反风装置等。在装有主要通风机的出风井口，必须安装防爆设施。在斜井口设防爆门，在立井口设防爆井盖。当井下发生瓦斯或煤尘爆炸时，受高压爆炸冲击波的作用自动打开，保护主要通风机免受毁坏；爆炸冲击波过后能自动关闭，迅速恢复矿井通风。在正常情况下它是气密的，以防止风流短路。

3. 矿井反风的安全要求

生产矿井主要通风机必须装有反风设施，并能在 10 min 内改变巷道中的风流方向；当风流方向改变后，主要通风机的供给风量不应小于正常供风量的 40%。每季度应至少检查 1 次反风设施，每年应进行 1 次反风演习；矿井通风系统有较大变化时，应进行 1 次反风演习。

4. 主要通风机房的安全管理

严禁主要通风机房兼作他用。主要通风机房内必须安装水柱计、电流表、电压表、轴承温度计等仪表，还必须有直通矿调度室的电话，并有反风操作系统图、司机岗位责任制和操作规程。主要通风机的运转应由专职司机负责，司机应每小时将通风机运转情况记入运转记录簿内。发现异常，立即报告。

5. 主要通风机停风应急管理要求

矿井必须制定主要通风机停止运转的应急预案。因检修、停电或者其他原因停止主要通风机运转时，必须制定停风措施。变电所或者电厂在停电前，必须立即停止工作、切断电源，工作人员先撤到进风巷道中，由值班矿领导组织全矿井工作人员全部撤出。主要通风机停止运转期间，必须打开井口防爆门和有关风门，利用自然风压通风；对由多台主要通风机联合通风的矿井，必须正确控制风流，防止风流紊乱。

（三）掘进通风安全管理

1. 掘进通风方法

掘进通风又称局部通风，是指利用局部通风机或主要通风机产生的风压对局部地点进行通风的方法。其方法主要有全风压通风和局部通风机通风。

2. 掘进通风安全管理要点

(1) 矿井开拓或者准备采区时,在设计中必须根据该处全风压供风量和瓦斯涌出量编制通风设计。掘进巷道的通风方式、局部通风机和风筒的安装及使用等应当在作业规程中明确规定。

(2) 掘进巷道必须采用矿井全风压通风或局部通风机通风,不得采用扩散通风。

(3) 煤巷、半煤岩巷和有瓦斯涌出的岩巷的掘进通风方式应采用压入式,不得采用抽出式;如果采用混合式,必须制定安全措施。瓦斯喷出区域和突出煤层的掘进通风方式必须采用压入式。

(4) 局部通风机必须由指定人员负责管理,保证正常运转。

(5) 压入式局部通风机和启动装置必须安装在进风巷道中,距掘进巷道回风口不得小于 10 m;全风压供给该处的风量必须大于局部通风机吸入风量,局部通风机安装地点到回风口间的巷道中的最低风速必须符合《煤矿安全规程》的有关规定。

(6) 采用抗静电、阻燃风筒,风筒口到掘进工作面的距离、正常工作的局部通风机和备用局部通风机自动切换的交叉风筒接头的规格和安设标准,应当在作业规程中明确规定。

(7) 高瓦斯矿井、突出矿井的煤巷、半煤岩巷和有瓦斯涌出的岩巷掘进工作面正常工作的局部通风机,必须配备安装同等能力的备用局部通风机,并能自动切换。正常工作的局部通风机必须采用三专(专用开关、专用电缆、专用变压器)供电,专用变压器最多可向 4 个不同掘进工作面的局部通风机供电;备用局部通风机电源必须取自同时带电的另一电源,当正常工作的局部通风机故障时,备用局部通风机能自动启动,保持掘进工作面正常通风。

(8) 严禁使用 3 台以上(含 3 台)的局部通风机同时向 1 个掘进工作面供风。不得使用 1 台局部通风机同时向 2 个作业的掘进工作面供风。

(9) 使用局部通风机供风的地点必须实行风电闭锁和甲烷电闭锁,保证正常工作的局部通风机停止运转或者停风后自动切断停风区内全部非本质安全型电气设备的电源。正常工作的局部通风机故障,切换到备用局部通风机工作时,该局部通风机通风范围内应当停止工作,排除故障;待故障被排除,恢复到正常工作的局部通风后方可恢复工作。使用 2 台局部通风机供风的,2 台局部通风机都必须同时实现风电闭锁。

(10) 使用局部通风机通风的掘进工作面,不得停风;因检修、停电、故障等原因停风时,必须将人员全部撤至全风压进风流处,切断电源,设置栅栏、警示标志,禁止人员入内。局部通风机因故停止运转,在恢复通风前,必须首先检查瓦斯,只有停风区中最高甲烷浓度不超过 1.0%和最高二氧化碳浓度不超过 1.5%,且局部通风机及其开关附近 10 m 以内风流中的甲烷浓度都不超过 0.5%时,方可人工开启局部通风机,恢复正常通风。

(11) 其他掘进工作面和通风地点正常工作的局部通风机可不配备备用局部通风机,但正常工作的局部通风机必须采用三专供电;或者正常工作的局部通风机配备安装一台同等能力的备用局部通风机,并能自动切换。

3. 独头巷道安全管理

(1) 独头巷道的局部通风机必须保持正常运转,临时停工时,也不得停风。如果因临时停电、检修或其他原因,局部通风机停止运转,风电闭锁装置立即切断局部通风机供风巷道的一切非本质安全电气设备的电源,人员撤至全风压通风的进风流中,独头巷道口设置栅栏,并悬挂明显警标牌,严禁人员入内。

(2) 停风的独头巷道，每天在栅栏处至少检查 1 次瓦斯。如发现栅栏内侧 1 m 处瓦斯浓度超过 3%，应采用木板密闭予以封闭。

(3) 局部通风机停风后，停风区中瓦斯浓度超过 1%或二氧化碳浓度超过 1.5%，最高瓦斯浓度和二氧化碳浓度都不超过 3.0%时，必须采取专门的安全措施，控制风流排放瓦斯。

(4) 停风区中瓦斯浓度或二氧化碳浓度超过 3.0%时，必须制定安全排除瓦斯措施。

4. 巷道贯通安全管理

(1) 巷道贯通前应当制定贯通专项措施。掘进巷道贯通前，综合机械化掘进巷道在相距 50 m 前、其他巷道在相距 20 m 前，必须停止一个工作面作业，做好调整通风系统的准备工作。矿井在同一煤层、同翼、同一采区相邻正在开采的采煤工作面沿空送巷时，采掘工作面严禁同时作业。停掘的工作面必须保持正常通风，设置栅栏及警标牌，每班必须检查风筒的完好状况和工作面及其回风流中的瓦斯浓度，瓦斯浓度超限时，必须立即处理。

(2) 掘进的工作面每次爆破前，必须派专人和瓦斯检查工共同到停掘的工作面检查工作面及其回风流中的瓦斯浓度，瓦斯浓度超限时，必须先停止在掘工作面的工作，然后处理瓦斯，只有在 2 个工作面及其回风流中的瓦斯浓度都在 1.0%以下时，掘进的工作面方可爆破。每次爆破前，2 个工作面入口必须有专人警戒。

(3) 贯通后，必须停止采区内的一切工作，立即调整通风系统，风流稳定后，方可恢复工作。间距小于 20 m 的平行巷道的联络巷贯通，必须遵守以上规定。

(4) 突出煤层中掘进工作面与煤层巷道交叉贯通前，被贯通的煤层巷道必须超过贯通位置，其超前距不得小于 5 m，并且贯通点周围 10 m 内的巷道应加强支护。

(四) 采区通风安全管理

采区通风系统是指矿井风流经主要进风巷进入采区，流经采区进风巷道，清洗采掘工作面、硐室和其他用风巷道后，沿采区回风巷排至矿井主要回风巷的整个网络。

(1) 生产水平和采(盘) 区必须实行分区通风。

(2) 采掘工作面都应独立通风。

(3) 采煤工作面必须采用矿井全风压通风，禁止采用局部通风机稀释瓦斯浓度。

(4) 采掘工作面的进风和回风不得经过采空区或者冒顶区。

(5) 矿井在同一煤层、同翼、同一采区相邻正在开采的采煤工作面沿空送巷时，采掘工作面严禁同时作业。

(6) 水采和连续采煤机开采的采煤工作面由采空区回风时，工作面必须有足够的新鲜风流，工作面及其回风巷的风流中的甲烷和二氧化碳浓度必须符合《煤矿安全规程》的规定。

(7) 井下爆破材料库、充电室、采区变电所都必须有独立的通风系统。

(五) 风量管理

《煤矿安全规程》规定矿井需要的风量应按下列要求分别计算，并选取其中最大值：

(1) 按井下同时工作的最多人数计算，每人每分钟供给风量不得少于 4 m^3。

(2) 按采掘工作面、硐室及其他地点实际需要风量的总和进行计算。各地点的实际需要风量，必须使该地点风流中的甲烷、二氧化碳和其他有害气体的浓度、风速、温度及每人供风量符合本规定的有关规定。

使用煤矿用防爆型柴油动力装置机车运输的矿井,行使车辆巷道的供风量还应当按同时运行的最多车辆数增加巷道配风量,配风量不小于4 $m^3/(min \cdot kW)$。

按实际需要计算风量时,应当避免备用风量过大或者过小。煤矿企业应当根据具体条件制定风量计算方法,至少每5年修订1次。

矿井测风应符合《煤矿安全规程》规定:矿井必须建立测风制度,每10天至少进行1次全面测风。对采掘工作面和其他用风地点,应当根据实际需要随时测风,每次测风结果应当记录并写在测风地点的记录牌上。应当根据测风结果采取措施,进行风量调节。

(六)矿井通风阻力管理

新井投产前必须进行1次矿井通风阻力测定,以后每3年至少测定1次。生产矿井转入新水平生产、改变一翼或者全矿井通风系统后,必须重新进行矿井通风阻力测定。

矿井通风阻力是矿井通风困难的顽症。矿井风量不足、有效风量低、漏风大,主要原因是矿井通风阻力大。矿井通风阻力大使矿井风量不能满足要求,通风机不能发挥高效作用,甚至造成通风机不能正常运转,从而引发事故。

风流在井巷中流动时,沿途要遇到因井巷和其他障碍物的摩擦、阻挡、冲击所产生的阻力,这些阻力总称为矿井通风阻力。矿井通风阻力包括摩擦阻力和局部阻力。

矿井通风阻力测定工作是通风技术管理的重要内容之一。测量方法常用的有两种,一是压差计测量法,二是气压计测量法。通风阻力测定的基本内容及要求包括测算井巷风阻、摩擦阻力系数及通风阻力的分布情况。

第二节　矿井瓦斯灾害防治

一、瓦斯基础知识

(一)基本概念

从狭义上讲,矿井瓦斯就是指甲烷。甲烷是一种无色、无味、无臭的气体,相对密度为0.554。由于甲烷比空气轻,所以它常积聚于巷道的顶部、独头巷道或冒落的高顶处。甲烷的扩散能力是空气的1.34倍,微溶于水,不助燃也不能维持呼吸,达到一定浓度时,能使人缺氧窒息,并能燃烧或爆炸。

(二)瓦斯的赋存状态

瓦斯在煤层中的赋存状态主要有游离状态和吸附状态两种。

(1)游离瓦斯:瓦斯以自由的气体状态存在于煤体和围岩的孔隙、裂隙或空洞中,瓦斯分子在孔隙中可以自由运动。

(2)吸附瓦斯:又分为吸着瓦斯和吸收瓦斯。

吸着瓦斯:在被吸附瓦斯中,通常把附着在煤体表面的瓦斯称为吸着瓦斯。

吸收瓦斯:把进入煤体内部的瓦斯称为吸收瓦斯。

(3)瓦斯沿煤层垂深有特征明显的四个分带,从上向下依次为CO_2—N_2带、N_2带、N_2—CH_4带、CH_4带,前面三个分带统称为瓦斯风化带。

(三)瓦斯涌出

1. 瓦斯涌出形式

矿井瓦斯涌出形式分为普通涌出和特殊涌出两种形式。特殊涌出又分为喷出和煤与瓦斯突出。

2. 瓦斯涌出量

瓦斯涌出量是指矿井建设和生产过程中涌进采掘空间的瓦斯量。瓦斯涌出量大小的表示方法有绝对瓦斯涌出量和相对瓦斯涌出量两种。

绝对瓦斯涌出量是指矿井在单位时间内从煤层以及采落的煤(岩)涌入矿井风流中的气体总量,单位为 m^3/d 或 m^3/min。

相对瓦斯涌出量是指矿井在正常生产条件下,平均日产一吨煤同期所涌出的瓦斯量,单位为 m^3/t。

影响矿井瓦斯涌出量的因素主要有自然因素和开采技术因素,包括:地面大气压力的变化对瓦斯涌出产生的影响;煤层瓦斯含量;开采规模影响;采煤方法与顶板管理影响;生产工序影响;采空区管理影响等。

(四) 矿井瓦斯等级鉴定

矿井瓦斯等级应当依据实际测定的瓦斯涌出量、瓦斯涌出形式以及实际发生的瓦斯动力现象、实测的突出危险性参数等确定。《煤矿安全规程》规定:一个矿井中只要有一个煤(岩)层发现瓦斯,该矿井即为瓦斯矿井。瓦斯矿井必须依照矿井瓦斯等级进行管理。

(1) 煤(岩)与瓦斯(二氧化碳)突出矿井(简称突出矿井)。具备下列情形之一的矿井为突出矿井:在矿井的开拓、生产范围内有突出煤(岩)层的;经鉴定具有煤(岩)与瓦斯(二氧化碳)突出煤(岩)层的;依照有关规定有按照突出管理的煤层,但在规定期限内未完成突出危险性鉴定的。

(2) 高瓦斯矿井。具备下列情形之一的矿井为高瓦斯矿井:矿井相对瓦斯涌出量大于 $10\ m^3/t$;矿井绝对瓦斯涌出量大于 $40\ m^3/min$;矿井任一掘进工作面绝对瓦斯涌出量大于 $3\ m^3/min$;矿井任一采煤工作面绝对瓦斯涌出量大于 $5\ m^3/min$;矿井发生过瓦斯(二氧化碳)喷出现象。

(3) 低瓦斯矿井。同时满足下列条件的矿井为低瓦斯矿井:矿井相对瓦斯涌出量小于或等于 $10\ m^3/t$;矿井绝对瓦斯涌出量小于或等于 $40\ m^3/min$;矿井任一掘进工作面绝对瓦斯涌出量均小于或等于 $3\ m^3/min$;矿井任一采煤工作面绝对瓦斯涌出量均小于或等于 $5\ m^3/min$。

二、煤与瓦斯突出防治

在地应力和瓦斯(或二氧化碳)的共同作用下,破碎的煤、岩和瓦斯在极短的时间内由煤体内或岩体内突然向采掘空间抛出的异常动力现象,称为煤与瓦斯突出。

(一) 煤与瓦斯突出机理

煤与瓦斯突出机理有很多假说,如瓦斯主导说、地应力主导说、综合作用假说等。目前被多数人认可的是综合作用假说,该假说是指煤与瓦斯突出是煤的物理性质、瓦斯、地应力三个因素综合作用的结果。

(二) 煤与瓦斯突出的分类

按动力现象的力学特征,可分为突出、压出和倾出。

按突出强度,可分为小型突出、中型突出、大型突出、特大型突出。

(三)《煤矿安全规程》对采掘工作面防突的规定

(1) 矿井在采掘过程中,只要发生过一次突出,该矿井即为突出矿井,发生突出的煤层即为突出煤层。突出煤层和突出矿井的鉴定工作应当由具备煤与瓦斯突出鉴定资质的机构承担。

(2) 开采突出煤层时,必须采取突出危险性预测、防治突出措施、防治突出措施的效果检验、安全防护措施等综合防治突出措施。

(3) 开采突出煤层时,每个采掘工作面的专职瓦斯检查工,必须随时检查瓦斯,掌握突出预兆。当发现有突出预兆时,瓦斯检查工有权停止工作面作业,并协助班组长立即组织人员按避灾路线撤出、报告矿调度室。

(4) 有突出危险的采掘工作面爆破落煤前,所有不装药的炮眼、孔都应用不燃性材料充填,充填深度应不小于爆破孔深度的 1.5 倍。

(5) 井巷揭穿煤层和在突出煤层中进行采掘作业时,必须采取震动爆破、远距离爆破、避难硐室、反向风门、压风自救系统等安全防护措施。

(6) 突出矿井的人员入井必须携带隔离式自救器。

(四) 石门(井筒)揭煤的其他防突措施(工作面防突措施)

石门和其他岩石井巷揭穿突出危险煤层时,工作面防突出措施中除抽采瓦斯外,还有水力冲孔、煤体固化、金属骨架等。

【案例 4-1】 河南省某煤矿"6·4"较大煤与瓦斯突出事故案例

2021 年 6 月 4 日,河南省某煤矿发生较大煤与瓦斯突出事故,突出煤量为 1 020 t、瓦斯量为 7.12 万 m^3,造成 8 人死亡、1 人轻伤,直接经济损失 892.39 万元。

1. 事故的基本情况

该矿为省属国有企业,核定生产能力为 1.3 Mt/a,开采二$_1$煤层,平均煤厚为 7.82 m,属煤与瓦斯突出矿井。某分公司为该矿所属煤业公司建立的瓦斯治理专业化队伍,负责该矿 3002 下平巷掘进工作面等地点瓦斯抽采钻孔、水力冲孔等工程施工。

事故发生在 3002 下平巷掘进工作面。该平巷沿二$_1$煤层顶板掘进,矩形断面,宽 5.2 m、高 3.4 m,断面积为 17.68 m^2,采用锚网索+W 型钢带联合支护。掘进工艺为全断面爆破,综掘机装煤、带式输送机运输,每循环进尺 0.7 m。至事故发生时共掘进 31 m。

2. 防突措施实施情况

3002 下平巷采用在 3002 下底抽巷施工穿层钻孔预抽瓦斯的区域防突措施,达标评判合格后,又设计在 3002 下底抽巷补充施工两轮穿层钻孔抽采 3002 下平巷瓦斯,均采取水力冲孔增透措施。至事故发生时,第二轮穿层抽采钻孔已施工完成 7 个,水力冲孔位置均在 3002 下平巷掘进工作面前方 15 m 范围内。

同时,为提高抽采效果,3002 下平巷掘进期间,矿井在 3002 一横川距 3002 下平巷 9 m 范围内,平行 3002 下平巷掘进方向施工了 10 个 60 m 深的顺层钻孔预抽煤层瓦斯。

3. 事故直接原因

该矿 3002 下平巷具有突出危险性,采取的防突措施未消除突出危险。3002 下平巷掘进工作面迎头附近区域穿层钻孔水力冲孔造成应力重新分布、地面压裂井造成应力集中增加了突出危险性，违规用综掘机割煤扰动煤体，诱发煤与瓦斯突出。

4. 事故暴露出的主要问题（间接原因）

(1) 未按要求施工穿层钻孔。某分公司 262 队在 3002 下底抽巷施工穿层钻孔期间未严格落实安全技术措施，事故区域大部分穿层钻孔未穿透煤层进入顶板、未按措施要求敷设筛管，导致事故区域存在抽采空白带。

(2) 技术管理存在差距。事故区域煤层厚度及 3002 下底抽巷距二$_1$煤层底板距离出现变化，矿井未修改钻孔设计；效果检验钻孔位置均按 45 m 间距布置，未根据抽采薄弱环节设计，孔内取样位置为见煤后 3 m，不能反映特厚煤层顶部突出危险性；事故发生后，对该平巷迎头前方 175 m 处煤体重新打钻效检，测得煤层残余瓦斯含量为 8.242 8 m^3/t，且在钻孔施工至 4.5 m 位置时发生喷孔，说明矿井之前效检不规范，效检结果不能真实反映评判区域煤层瓦斯情况。

(3) 防突现场管理不到位。某煤矿验收穿层钻孔时没有发现在 3002 下底抽巷向事故区域施工的大部分穿层钻孔未穿透煤层进入顶板、未按措施要求敷设筛管等问题，在 3002 下平巷掘进过程中发现该情况后，也未分析原因和采取措施；3002 一横川顺层钻孔施工、3002 下底抽巷穿层钻孔水力冲孔与受威胁的 3002 下平巷掘进工作面同时作业；3002 下平巷作业人员违规使用综掘机割煤。

(4) 安全管理不到位。企业履行安全生产职责、对基层单位监督检查、职工安全教育培训不到位。某分公司没有发现下属区队未按措施要求施工 3002 下底抽巷穿层钻孔。某煤矿在 3002 下平巷区域验证 q 值出现高值时不予记录，对 3002 下平巷掘进与相关单位平行作业的违规行为监督检查不到位，未有效制止违规使用综掘机割煤等。

(5) 上级公司安全责任落实有差距。该矿所属煤业公司对该矿 3002 下平巷区域防突设计、区域防突措施效果检验报告存在的问题失察，对该矿和某分公司落实矿井区域防突措施、风险管控、隐患排查等监督检查不到位。

(6) 地方政府及煤矿监管部门履责不到位。

5. 事故教训及防范措施

(1) 煤矿企业要牢固树立安全发展理念，扛起防范化解重大安全风险的政治责任，切实摆正安全和生产、安全和发展的关系；严格落实企业安全生产主体责任，建立健全并落实全员安全生产责任制；深刻吸取事故教训，举一反三采取针对性措施，深入开展煤矿安全生产大排查，从根本上消除隐患、解决问题。

(2) 煤矿企业要加强技术管理。健全技术管理制度，特别要完善综合防突措施的审批、实施、检查、验收等管理制度并严格执行；要加强穿层钻孔全层位预抽管控，消除抽采与防突的薄弱环节，特厚煤层区域防突措施效果检验测试点要“一孔多点”，实现全煤厚检验与评价，并规范测定有关数据，确保区域防突措施评价（瓦斯抽采达标评判）结果准确；水力冲孔（割缝）等强化卸压增透作业应当与采掘工作面保持安全距离，避免形成应力异常集中、相互干扰，增加突出危险；采用地面压裂治理瓦斯必须兼顾井下采掘部署，在对压裂效果进行评价的同时，要考察评价应力升高区的范围及影响。

(3) 煤矿企业要加强综合防突措施实施的过程管理，煤巷掘进过程中要根据煤巷实际位置，反演抽采钻孔的控制层位，跟踪记录煤巷揭露穿层钻孔情况，发现异常情况立即停止掘进并采取相应措施；要加强地质探查，煤层赋存、底抽巷和煤层距离等情况发生变化时，要及时核查分析，根据实际情况修改或者补充钻孔设计；要加强抽采现场管理，强化对抽采钻孔施工的监督检查、验收，确保抽采钻孔施工及筛管敷设到位。

(4) 煤矿企业要加强从业人员安全教育培训，对井下从业人员进行全员防突知识及相关操作规程、作业规程的培训，切实提高全员安全生产意识，坚决杜绝违章作业行为。同时，要加强对瓦斯治理专业化队伍的管理、考核及其职工的安全教育培训。

(5) 上级公司要针对事故暴露出的问题，研究制定实施有效措施，通过健全安全管理体制、完善安全管理制度、明确安全管理责任等方式方法，有效提升安全生产管控能力，督促、指导下属煤矿等单位正确履行安全生产工作职责，全面辨识管控安全风险，切实加强现场安全管理，及时发现整改事故隐患，坚决防范和遏制煤矿事故发生。

(6) 地方政府与煤矿安全监管部门要强化煤矿安全监管工作，针对事故暴露出的问题与不足，加大煤矿安全监管执法力度，强化综合防突措施的监管力度，及时纠正不按设计施工、不及时修改设计等违规行为，消除瓦斯抽采空白带等事故隐患。

三、瓦斯抽采与管理

在治理瓦斯的过程中，建立以抽采工程（巷道或钻孔）、管网、计量、抽采泵及安全装置为一体的瓦斯抽采系统，利用机械设备和专用管道造成的负压，将煤层、岩层和采空区内的瓦斯直接抽至地面或井下安全排放地点，将这种治理瓦斯的方法称为矿井瓦斯抽采。

矿井瓦斯抽采是减少煤层瓦斯含量和涌出量，防治煤与瓦斯突出的有效方法，可以有效减少瓦斯事故，保障煤矿安全生产。

（一）矿井建立瓦斯抽采系统的条件

煤矿瓦斯抽采应当坚持“应抽尽抽、多措并举、抽掘采平衡”的原则。《煤矿安全规程》规定：突出矿井必须建立地面永久抽采瓦斯系统。

有下列情况之一的矿井必须进行瓦斯抽采，并实现抽采达标：

(1) 开采有煤与瓦斯突出危险煤层的；

(2) 任一采煤工作面绝对瓦斯涌出量大于 5 m^3/min 或者任一掘进工作面绝对瓦斯涌出量大于 3 m^3/min 的；

(3) 矿井绝对瓦斯涌出量大于或等于 40 m^3/min 的；

(4) 矿井年产量为 1.0～1.5 Mt，其绝对瓦斯涌出量大于 30 m^3/min 的；

(5) 矿井年产量为 0.6～1.0 Mt，其绝对瓦斯涌出量大于 25 m^3/min 的；

(6) 矿井年产量为 0.4～0.6 Mt，其绝对瓦斯涌出量大于 20 m^3/min 的；

(7) 矿井年产量小于或等于 0.4 Mt，其绝对瓦斯涌出量大于 15 m^3/min 的。

（二）瓦斯抽采基本参数

瓦斯抽采基本参数是抽采与利用瓦斯规划、设计和技术管理的基本科学依据，应当保证数据的真实与准确。按照《煤矿安全规程》规定进行瓦斯抽采，效果受到抽采难易程度和可行性分析影响。对基本参数的测算会影响到抽采效果。

(1) 瓦斯压力。煤层瓦斯压力是瓦斯从煤层向外释放的能力，决定煤层瓦斯含量和突出危险性大小的因素之一，煤层瓦斯压力越大，瓦斯抽采越容易，是瓦斯管理的基础参数。

(2) 煤层瓦斯含量。煤层瓦斯含量是指每吨煤或每立方米煤体中含有的瓦斯量，单位

为 m^3/t 或 m^3/m^3。

(3) 矿井瓦斯储量。矿井瓦斯储量是指在煤田开发过程中能够向矿井排放瓦斯的煤层及围岩所赋存的瓦斯总量。

(4) 矿井瓦斯抽采量。矿井瓦斯抽采量是标准状态下($p=101\ 325$ Pa、$T=20$ ℃)从煤岩层中抽出的纯瓦斯量。

(5) 瓦斯抽采率。其中,矿井(或采区)抽采率,是指矿井(或采区)的抽出瓦斯量占其风排瓦斯量与抽采瓦斯量之和的百分比;工作面(开采层)瓦斯抽采率,是指开采层抽采的瓦斯量占开采层涌出及其抽出瓦斯量的百分比;工作面(邻近层)瓦斯抽采率,是指从邻近层抽出的瓦斯量占邻近层涌出及其抽出瓦斯量的百分比;工作面总抽采率,是指工作面开采层与邻近层抽出的瓦斯量占其涌出及其抽出瓦斯量的百分比。

(6) 煤层透气性系数。煤层透气性系数是衡量瓦斯等气体在煤层内流动难易程度的物理量,是宏观上评价煤层可抽性的指标之一。由于煤是一种多孔介质,因此,在一定压力梯度下,瓦斯可以在煤体内流动。煤的透气性系数越大,瓦斯在煤体中流动越容易;反之,越困难。在生产实践中,增加煤层透气性的方法主要有深孔预裂控制爆破、水力造穴、水射流割缝、水力冲孔、顺层(穿层)钻孔水力压裂等。

(7) 钻孔瓦斯流量衰减系数。钻孔瓦斯流量衰减系数是指不受采动影响条件下,煤层内钻孔的瓦斯流量随着时间延续呈衰减变化关系的系数。钻孔瓦斯流量衰减系数越大,表明抽采煤层瓦斯越难。它可以作为评价煤层预抽瓦斯难易程度的一个指标。

(三) 瓦斯抽采基本方法

(1) 按抽采瓦斯的来源,分为本煤层瓦斯抽采、邻近煤层瓦斯抽采、采空区瓦斯抽采;

(2) 按抽采瓦斯煤层是否卸压,分为未卸压煤层瓦斯抽采和卸压煤层瓦斯抽采;

(3) 按抽采瓦斯与采掘作业的先后顺序,分为煤层预抽采、边作业边抽采、采后抽采;

(4) 按汇集瓦斯的方式,分为钻孔抽采、巷道抽采和钻孔巷道混合抽采;

(5) 按瓦斯抽采作业场所不同,分为地面抽采和井下抽采。

(四) 瓦斯抽采系统

煤矿瓦斯抽采系统是指借助钻孔、巷道或向采空区埋管等工程设施收集瓦斯源,经专用管路和瓦斯抽采设备形成的负压进行安全抽采、检测或监测监控和压送工作系统的总称。

瓦斯抽采系统主要由瓦斯抽采泵、管路系统、流量计、安全装置等组成。

(1) 瓦斯抽采泵。常用的瓦斯抽采泵有水环式真空泵、离心式瓦斯泵和回转式瓦斯泵。

水环式真空泵的特点是真空度高、抽采负压大、流量小、安全性好(工作室内充满介质,不会发生瓦斯爆炸),结构简单,运转可靠;适用于煤层透气性低、管路系统阻力大和需要高负压抽采瓦斯的矿井,特别适用于抽采低浓度瓦斯或瓦斯浓度变化大的抽采系统。

离心式瓦斯泵负压低、流量大,适用于瓦斯抽出量大(20～1 200 m^3/min)、管道阻力不高(4～5 kPa)、负压要求不高、瓦斯浓度大于25%的矿井。

回转式瓦斯泵的特点是流量不受阻力变化影响,流量大小接近一个常数,因此运行稳定、供气均匀。缺点是噪声大,检修复杂。当压力高时,气体漏损较大,磨损较严重。适用于流量要求稳定、阻力变化大、负压高、瓦斯浓度高于25%的瓦斯抽采系统。

由于水环真空泵安全性好,抽采负压大,所以使用较为广泛。

（2）抽采管路系统。井下敷设的用于瓦斯抽采的各种管路统称为矿井瓦斯抽采管路系统；由主管、干管、支管、连接管和封孔管等组成。

（3）流量计。为了全面掌握与管理井下瓦斯抽采情况，需要在总管、支管和各个钻场内安设测定瓦斯流量的流量计。孔板流量计操作简单、方便，目前井下一般采用孔板流量计。

（4）安全装置。安全装置包括“三防”装置、放水装置、干粉抑爆阻火器、避雷装置。

（五）瓦斯抽采达标评判

瓦斯抽采矿井应根据《煤矿瓦斯抽采达标暂行规定》，同时结合矿井生产实际，建立瓦斯抽采达标工作体系，制定瓦斯抽采达标评判细则。

抽采瓦斯矿井应当对瓦斯抽采的基础条件和抽采效果进行评判。在基础条件满足瓦斯先抽后采要求的基础上，再对抽采效果是否达标进行评判。工作面采掘作业前，应当编制瓦斯抽采达标评判报告，并由矿井技术负责人和主要负责人批准。

（1）有下列情况之一的，应当判定为抽采基础条件不达标：

① 未按本规定要求建立瓦斯抽采系统，或者瓦斯抽采系统没有正常、连续运行的；

② 无瓦斯抽采规划和年度计划，或者不能达到规定要求的；

③ 无矿井瓦斯抽采达标工艺方案设计、无采掘工作面瓦斯抽采施工设计，或者不能达到规定要求的；

④ 无采掘工作面瓦斯抽采工程竣工验收资料、竣工验收资料不真实或者不符合规定要求的；

⑤ 没有建立矿井瓦斯抽采达标自评价体系和瓦斯抽采管理制度的；

⑥ 瓦斯抽采泵站能力和备用泵能力、抽采管网能力等达不到规定要求的；

⑦ 瓦斯抽采系统的抽采计量测点不足、计量器具不符合相关计量标准和规范要求或者计量器具使用超过检定有效期，不能进行准确计量的；

⑧ 缺乏符合标准要求的抽采效果评判用相关测试条件的。

（2）预抽煤层瓦斯效果评判应当包括下列主要内容和步骤：抽采钻孔有效控制范围界定；抽采钻孔布孔均匀程度评价；抽采瓦斯效果评判指标测定；抽采效果达标评判。

（3）预抽煤层瓦斯，应当同时满足以下要求：

① 钻孔有效控制范围应当满足《煤矿瓦斯抽采基本指标》《防治煤与瓦斯突出细则》的要求；布孔均匀程度满足规定要求；

② 预抽瓦斯效果应当满足如下标准：

a. 对瓦斯涌出量主要来自开采层的采煤工作面，评价范围内煤的可解吸瓦斯量满足表4-3规定的，判定采煤工作面评价范围瓦斯抽采效果达标。

表 4-3 采煤工作面回采前煤的可解吸瓦斯量应达到的指标

工作面日产量/t	可解吸瓦斯量/(m^3/t)
≤1 000	≤8.0
1 001～2 500	≤7.0
2 501～4 000	≤6.0
4 001～6 000	≤5.5

表 4-3(续)

工作面日产量/t	可解吸瓦斯量/(m^3/t)
6 001～8 000	≤5.0
8 001～10 000	≤4.5
>10 000	≤4.0

b. 对于突出煤层，当评价范围内所有测点测定的煤层残余瓦斯压力或残余瓦斯含量都小于预期的防突效果达标瓦斯压力或瓦斯含量，且施工测定钻孔时没有喷孔、顶钻或其他动力现象时，则评判为突出煤层评价范围预抽瓦斯防突效果达标；否则，判定以超标点为圆心、半径 100 m 范围未达标。预期的防突效果达标瓦斯压力或瓦斯含量按煤层始突深度处的瓦斯压力或瓦斯含量取值；没有考察出煤层始突深度处的煤层瓦斯压力或含量时，分别按照 0.74 MPa、8 m^3/t 取值。

c. 对于瓦斯涌出量主要来自突出煤层的采煤工作面，只有当瓦斯预抽防突效果和煤的可解吸瓦斯量指标都满足达标要求时，方可判定该工作面瓦斯预抽效果达标。

(4) 对瓦斯涌出量主要来自邻近层或围岩的采煤工作面，计算的瓦斯抽采率满足表 4-4 规定时，其瓦斯抽采效果判定为达标。

表 4-4　采煤工作面瓦斯抽采率应达到的指标

工作面绝对瓦斯涌出量 Q/(m^3/min)	工作面瓦斯抽采率/%
$5 \leqslant Q < 10$	≥20
$10 \leqslant Q < 20$	≥30
$20 \leqslant Q < 40$	≥40
$40 \leqslant Q < 70$	≥50
$70 \leqslant Q < 100$	≥60
$100 \leqslant Q$	≥70

(5) 采掘工作面同时满足风速不超过 4 m/s、回风流中瓦斯浓度低于 1%时，判定采掘工作面瓦斯抽采效果达标。

(6) 矿井瓦斯抽采率满足表 4-5 规定时，判定矿井瓦斯抽采率达标。

表 4-5　矿井瓦斯抽采率应达到的指标

矿井绝对瓦斯涌出量 Q/(m^3/min)	矿井瓦斯抽采率/%
$Q < 20$	≥25
$20 \leqslant Q < 40$	≥35
$40 \leqslant Q < 80$	≥40
$80 \leqslant Q < 160$	≥45
$160 \leqslant Q < 300$	≥50
$300 \leqslant Q < 500$	≥55
$500 \leqslant Q$	≥60

四、瓦斯治理“十六字工作体系”及两个“四位一体”措施

（一）瓦斯治理“十六字工作体系”

瓦斯综合治理工作“十六字工作体系”是煤矿瓦斯治理实践经验的概括总结，是防范瓦斯灾害的基本要求。其内容是通风可靠、抽采达标、监控有效、管理到位。

（1）通风可靠是系统合理、风量充足、风流稳定、设施完好。

（2）抽采达标是多措并举、应抽尽抽、抽采平衡、效果达标。

（3）监控有效是装备齐全、数据准确、处置迅速、断电可靠。

（4）管理到位是责任明确、制度完善、执行有力、监督严格。

瓦斯治理工作必须在“通风可靠、抽采达标、监控有效、管理到位”十六字方针的指导下开展。

（二）瓦斯治理两个“四位一体”措施

防治煤与瓦斯突出的“四位一体”措施是我国总结的一套行之有效的综合措施，习惯称为“四位一体”防突措施。综合防突措施有两个“四位一体”，即区域“四位一体”和局部“四位一体”，也叫双“四位一体”。

区域“四位一体”是指区域突出危险性预测、区域防突措施、区域防突措施效果检验、区域验证。

局部“四位一体”是指工作面突出危险性预测、工作面防突措施、工作面防突措施效果检验、安全防护措施。

防突工作必须坚持“区域综合防突措施先行、局部综合防突措施补充”的原则，按照“一矿一策、一面一策”的要求，实现“先抽后建、先抽后掘、先抽后采、预抽达标”。突出煤层必须采取两个“四位一体”综合防突措施，做到多措并举、可保必保、应抽尽抽、效果达标，否则严禁采掘活动。在采掘生产和综合防突措施实施过程中，发现有喷孔、顶钻等明显突出预兆或者发生突出的区域，必须采取或者继续执行区域防突措施。

1. 区域综合防突措施

（1）区域突出危险性预测

① 阶段划分

突出矿井应当对突出煤层进行区域突出危险性预测（简称区域预测）。经区域预测后，突出煤层划分为无突出危险区和突出危险区。未进行区域预测的区域视为突出危险区。

② 区域预测方法

区域预测一般根据煤层瓦斯参数结合瓦斯地质分析的方法进行，也可以采用其他经试验证实有效的方法。

区域预测所依据的主要瓦斯参数测定应当符合要求，煤层瓦斯压力、瓦斯含量等参数应当为井下实测数据，用直接法测定瓦斯含量时应当定点取样；测定煤层瓦斯压力、瓦斯含量等参数的测试点在不同地质单元内根据其范围、地质复杂程度等实际情况和条件分别布置；同一地质单元内沿煤层走向布置测试点不少于 2 个，沿倾斜方向不少于 3 个，并确保在预测范围内埋深最大及标高最低的部位有测试点。

（2）区域防突措施

区域防突措施包括开采保护层和预抽煤层瓦斯两类，优先采用开采保护层。

① 开采保护层

开采保护层分为开采上保护层和开采下保护层 2 种方式。

具备开采保护层条件的突出危险区，必须开采保护层。选择保护层应当遵循下列原则：

a. 优先选择上保护层。选择下保护层开采时，不得破坏被保护层的开采条件。

b. 优先选择无突出危险的煤层作为保护层。矿井中所有煤层都有突出危险时，应当选择突出危险程度较小的煤层作为保护层。

c. 当煤层群中有几个煤层都可作为保护层时，优先开采保护效果最好的煤层。

d. 开采煤层群时，在有效保护垂距内存在厚度为 0.5 m 及以上的无突出危险煤层的，除因与突出煤层距离太近威胁保护层工作面安全或者可能破坏突出煤层开采条件的情况外，应当作为保护层首先开采。

② 预抽煤层瓦斯

采取预抽煤层瓦斯区域防突措施时，应当遵守下列规定：

a. 预抽区段煤层瓦斯区域防突措施的钻孔应当控制区段内整个回采区域、两侧回采巷道及其外侧如下范围内的煤层：倾斜、急倾斜煤层巷道上帮轮廓线外至少 20 m，下帮至少 10 m；其他煤层为巷道两侧轮廓线外至少各 15 m。

b. 穿层钻孔预抽煤巷条带煤层瓦斯区域防突措施的钻孔应当控制整条煤层巷道及其两侧一定范围内的煤层。该范围与 a. 中巷道外侧的要求相同。

c. 穿层钻孔预抽井巷揭煤区域煤层瓦斯区域防突措施的钻孔应当在揭煤工作面距煤层最小法向距离 7 m 以前实施，并用穿层钻孔至少控制以下范围的煤层：石门和立井、斜井揭煤处巷道轮廓线外 12 m（急倾斜煤层底部或者下帮 6 m），同时还应当保证控制范围的外边缘到巷道轮廓线（包括预计前方揭煤段巷道的轮廓线）的最小距离不小于 5 m。

d. 顺层钻孔预抽煤巷条带煤层瓦斯区域防突措施的钻孔应当控制煤巷条带前方长度不小于 60 m 及其两侧一定范围内的煤层。该范围与 a. 中巷道外侧的要求相同。

e. 厚煤层分层开采时，预抽钻孔应当一次性穿透全煤层，不能穿透的，应当控制开采分层及其上部法向距离至少 20 m、下部 10 m 范围内的煤层，当遇有局部煤层增厚时，应当对钻孔布置进行相应的调整或者增加钻孔。

f. 当煤巷掘进和采煤工作面在预抽煤层瓦斯防突效果有效的区域内作业时，工作面距未预抽或者预抽防突效果无效区域边界的最小距离不得小于 20 m。

g. 应当采取保证预抽瓦斯钻孔能够按设计参数控制整个预抽区域的措施。

(3) 区域防突措施效果检验

① 开采保护层的保护效果检验

a. 开采保护层的保护效果检验主要采用残余瓦斯压力、残余瓦斯含量及其他经试验证实有效的指标和方法。

b. 采用残余瓦斯压力、残余瓦斯含量检验的，应当根据实测的最大残余瓦斯压力或者最大残余瓦斯含量对被保护区域的保护效果进行检验。若检验结果仍为突出危险区，保护效果为无效。

② 预抽煤层瓦斯区域措施的效果检验

对预抽煤层瓦斯区域防突措施进行效果检验时，均应当首先分析、检查预抽区域内钻孔的分布等是否符合设计要求。不符合设计要求的，不予检验。

采用预抽煤层瓦斯区域防突措施的，必须对区域防突措施效果进行检验，检验指标优先采用残余瓦斯含量指标，根据现场条件也可采用残余瓦斯压力或者其他经试验证实有效的指标和方法进行检验。

(4) 区域验证

① 对井巷揭煤区域进行的区域验证，应当采用《防治煤与瓦斯突出细则》第八十七条所列的井巷揭煤工作面突出危险性预测方法进行。

② 在煤巷掘进工作面和采煤工作面应当分别采用《防治煤与瓦斯突出细则》第八十九条、第九十三条所列的工作面预测方法结合工作面瓦斯涌出动态变化等对无突出危险区进行区域验证。

2. 局部综合防突措施

(1) 工作面突出危险性预测

① 工作面突出危险性预测的主要任务

工作面突出危险性预测(简称工作面预测)是预测工作面煤体的突出危险性，包括井巷揭煤工作面、煤巷掘进工作面和采煤工作面的突出危险性预测等。工作面预测应当在工作面推进过程中进行，经工作面预测后划分为突出危险工作面和无突出危险工作面。

应当采取局部综合防突措施的采掘工作面未进行工作面预测的，视为突出危险工作面。

② 工作面预测的方法和指标

a. 钻屑指标法；b. 复合指标法；c. R 值指标法；d. 其他经试验证实有效的方法。

(2) 局部防突措施

① 石门和立井揭煤工作面防突措施

a. 井巷揭煤工作面的防突措施包括超前钻孔预抽瓦斯、超前钻孔排放瓦斯、金属骨架、煤体固化、水力冲孔或者其他经试验证明有效的措施。

b. 立井揭煤工作面可以选用前款规定中除水力冲孔以外的各项措施。

c. 金属骨架、煤体固化措施，应当在采用了其他防突措施并检验有效后方可在揭开煤层前实施。

d. 对所实施的防突措施都必须进行实际考察，得出符合本矿井实际条件的有关参数。

e. 井巷揭穿(开)突出煤层必须遵守下列规定：

(a) 在工作面距煤层法向距离 10 m(地质构造复杂、岩石破碎的区域 20 m)之外，至少施工 2 个前探钻孔，掌握煤层赋存条件、地质构造、瓦斯情况等。

(b) 从工作面距煤层法向距离大于 5 m 处开始，直至揭穿煤层全过程都应当采取局部综合防突措施。

(c) 揭煤工作面距煤层法向距离 2 m 至进入顶(底)板 2 m 的范围，均应当采用远距离爆破掘进工艺。

(d) 厚度小于 0.3 m 的突出煤层，在满足(a)的条件下可直接采用远距离爆破掘进工艺揭穿。

(e) 禁止使用震动爆破揭穿突出煤层。

② 煤巷掘进工作面防突措施

a. 煤巷掘进工作面应当选用超前钻孔预抽瓦斯、超前钻孔排放瓦斯的防突措施或者其他经试验证实有效的防突措施。

b. 不得选用水力挤出(挤压)、水力冲孔措施;倾角在 8°以上的上山掘进工作面不得选用松动爆破、水力疏松措施。

c. 采用松动爆破或者其他工作面防突措施时,必须经试验考察确认防突效果有效后方可使用。

d. 前探支架措施应当配合其他措施一起使用。

③ 采煤工作面防突措施

a. 采煤工作面可以选用超前钻孔预抽瓦斯、超前钻孔排放瓦斯、注水湿润煤体、松动爆破或者其他经试验证实有效的防突措施。采取排放钻孔措施的,应当明确排放的时间。

b. 突出煤层的采掘工作面应当根据煤层实际情况选用防突措施,并遵守下列规定:

(a) 不得选用水力冲孔措施,倾角在 8°以上的上山掘进工作面不得选用松动爆破、水力疏松措施;

(b) 突出煤层煤巷掘进工作面前方遇到落差超过煤层厚度的断层,应当按井巷揭煤的措施执行;

(c) 采煤工作面采用超前钻孔预抽瓦斯和超前钻孔排放瓦斯作为工作面防突措施时,超前钻孔的孔数、孔底间距等应当根据钻孔的有效抽排半径确定;

(d) 松动爆破时,应当按远距离爆破的要求执行。

(3) 工作面防突措施效果检验

① 石门和其他揭煤工作面防突措施效果检验

a. 对井巷揭煤工作面进行防突措施效果检验时,应当选择《防治煤与瓦斯突出细则》第八十七条所列的钻屑瓦斯解吸指标法,或者其他经试验证实有效的方法,但所有用钻孔方式检验的方法中检验孔数均不得少于 5 个,分别位于井巷的上部、中部、下部和两侧。

b. 如果工作面防突措施效果检验结果的各项指标都在该煤层突出危险临界值以下,且未发现其他异常情况,则措施有效;否则,判定为措施无效,必须重新执行区域综合防突措施或者局部综合防突措施。

② 煤巷掘进工作面防突措施效果检验

a. 煤巷掘进工作面执行防突措施后,应当选择《防治煤与瓦斯突出细则》第八十九条所列的方法进行措施效果检验。

b. 检验孔应当不少于 3 个,深度应当小于或者等于防突措施钻孔。

c. 如果煤巷掘进工作面措施效果检验指标均小于指标临界值,且未发现其他异常情况,则措施有效;否则,判定为措施无效,必须重新执行区域综合防突措施或者局部综合防突措施。

d. 当检验结果措施有效时,若检验孔与防突措施钻孔向巷道掘进方向的投影长度(以下简称投影孔深)相等,则可在留足防突措施超前距并采取安全防护措施的条件下掘进。当检验孔的投影孔深小于防突措施钻孔时,则应当在留足所需的防突措施超前距并同时保留有至少 2 m 检验孔投影孔深超前距的条件下,采取安全防护措施后实施掘进作业。

③ 采煤工作面防突措施效果检验

a. 对采煤工作面防突措施效果的检验应当参照采煤工作面突出危险性预测的方法和指标实施。但应当沿采煤工作面每隔 10～15 m 布置 1 个检验钻孔,深度应当小于或者等于防突措施钻孔。

b. 如果采煤工作面检验指标均小于指标临界值，且未发现其他异常情况，则措施有效，为无突出危险工作面；否则，判定为措施无效，必须重新执行区域综合防突措施或者局部综合防突措施。

c. 当检验结果为措施有效时，若检验孔与防突措施钻孔深度相等，则可在留足防突措施超前距并采取安全防护措施的条件下回采。当检验孔的深度小于防突措施钻孔时，则应当在留足所需的防突措施超前距并同时保留 2 m 检验孔超前距的条件下，采取安全防护措施后实施回采作业。

(4) 安全防护措施

① 井巷揭穿突出煤层和在突出煤层中进行采掘作业时，必须采取避难硐室、反向风门、压风自救装置、隔离式自救器、远距离爆破等安全防护措施。

② 在突出煤层的井巷揭煤、煤巷和半煤岩巷掘进工作面进风侧，必须设置至少 2 道牢固可靠的反向风门。风门之间的距离不得小于 4 m。工作面爆破作业或者无人时，反向风门必须关闭。

③ 突出煤层采掘工作面附近、爆破撤离人员集中地点、起爆地点必须设有直通矿调度室的电话，并设置有供给压缩空气的避险设施或者压风自救装置。工作面回风系统中有人作业的地点，也应当设置压风自救装置。

④ 井巷揭煤采用远距离爆破时，必须明确包括起爆地点、避灾路线、警戒范围，并制定停电撤人等措施。

⑤ 清理突出的煤(岩)时，必须制定防煤尘、片帮、冒顶、瓦斯超限、出现火源，以及防止再次发生突出事故的安全措施。

五、新型瓦斯抽采技术与设备

(一) 地面钻井预抽技术

1. 适用条件与选择原则

(1) 按照突出矿井设计的新建矿井建设工程开工前，应开展煤层气(瓦斯)综合地质评价，对沉积体系和煤层空间展布、煤级、含气量、渗透率、地下水动力条件及构造背景等因素进行系统描述，对首采区内评估有突出危险性，具有煤层气(瓦斯)开发条件，且瓦斯含量(含气量)$\geqslant$12 m^3/t 的煤层应该首先进行地面井预抽煤层瓦斯，预抽率应当达到 30%以上。

(2) 生产矿井采取地面钻井预抽技术时，应当根据开拓部署、井下采掘布置选择和构造发育情况等设计地面钻井井型和位置，合理开展地质和工程设计工作，保证有效的抽采期和安全距离，避免对井下采掘作业造成影响。

(3) 地面钻井施工区域应能建立满足安全、环保要求的抽采井场和抽采设备，保证每口地面钻井预抽煤层瓦斯做到抽采量精准计量。

(4) 地面钻井施工队伍应具备完备的测井技术手段和能力，能够对每口钻井施工质量、揭露煤层地质情况进行可靠分析。

(5) 地面钻井预抽工程达到预期抽采效果后，应具备对钻井进行后期封孔的条件，防止钻井对采掘作业产生安全影响。

2. 地面钻井及压裂设计施工

(1) 地面钻井设计可选择垂直井或U型水平对接井等技术，优选套管及井身结构等。设计应与预抽区域煤层地质条件相适应。可形成单井预抽一定范围内的煤层瓦斯，也可形成井组，对水平、采区或采掘工作面进行区域预抽。

(2) 地面钻井的井组间距应依据预计的有效预抽半径合理布置，结合地质构造特征调整钻井位置，确保抽采均匀。

(3) 地面钻井的井组中设计的参数井，应详细进行录井、DST测试及取芯工作，加强信息采集，按照不超过1/2井间距的要求，布置参数井对预抽区域煤层瓦斯含量进行测定。

(4) 为评价煤层气(瓦斯)储层特性和力学性质，可使用各种测井方法开展测井工作，如比较普遍的电阻率测井、自然伽马测井、自然电位测井、密度测井、声波测井、中子测井、自然伽马射线能谱测井、诱导伽马射线能谱测井、地球化学测井和氮氧测井等。

(5) 依据目标煤层埋深、井壁稳定性、地层压力、渗透率、地层水文条件、开采方式、开采气量以及投资考量等因素，合理确定煤层气(瓦斯)井的完井固井方法。

(6) 地面钻井设计时，应一并考虑计划采取的储层强化技术措施，积极采取煤层压裂等储层强化技术，提高地面钻井预抽效果。

(7) 地面钻井抽采设计应对抽采工艺详细设计，依据地面井气、水产量及压力等预测结果，确定抽采设备、抽采制度等。

(8) 地面钻井施工期间应认真做好钻井信息记录，准确掌握钻井所揭露的构造特征、煤层分布、顶底板地层及岩性、煤层瓦斯含量等地质数据，以及井口位置、井型、煤层井深、完井井深、完钻层位、钻井液、井斜数据、人工井底等钻井数据，套管规格、钢级、壁厚、下入深度、水泥返高、固井质量、射孔参数等完井数据。采取压裂增透技术时，还要详细记录压裂液类型及用量、支撑剂类型及用量、施工参数等压裂数据。

(9) 地面压裂施工后，应对压裂效果进行评价，对钻井有效预抽半径进行考察，确保井组布置参数满足均匀抽采的要求。井组间距大于有效预抽半径时，应根据抽采目的合理补充地面钻井，保障抽采满足瓦斯治理需要。

(二) 煤矿井下定向长钻孔施工关键技术及装备

ZDY8000S/ZDY10000S型钻机是目前国内煤矿巷道钻进能力最大的全液压近水平孔钻机，如图4-4所示。它具有全液压、双泵系统，可分流、合流以满足各种钻进工况要求；钻速、钻矩和给进/起拔力范围较大，处理孔内事故能力较强。该型号钻机优点如下：

(1) 测斜精度高。该钻机采用石英加速度计和磁通门传感器分别对重力加速度、大地磁场的变化进行测量，确定钻进轨迹，以保证精确造斜或纠偏；运行稳定、能耗低，精度达到0.5°。

(2) 孔位靶向性好。特殊设计的钻杆柔性好、强度高、重量轻；靶向精度高，有效减少定向钻孔的参数调整次数，提高钻孔精度和效率。

(3) 输出扭矩大。动力头两挡机械变速，输出最大扭矩为3 500 N·m；预开孔能力强，并减少定向钻孔时出现抱卡钻现象。

(4) 可多功能钻孔。除进行孔底马达定向钻孔外，还可进行孔口回转螺旋钻孔，输出扭矩能够满足常规钻孔需要；另外，还具有勘探取芯功能，可完成煤层取样工作。

(5) 系统配置高。液压系统元件全部采用国际或国内知名品牌，三联液压泵具有负载敏感功能;测斜系统采用高端元件,孔底马达可选用国内或国际知名品牌。

(6) 巷道适应性强。整机分为动力模块、操纵模块和给进模块,可实现分块下井,单独运输,且现场摆放灵活。

(7) 施钻范围大。给进机构可双向旋转,施钻可调角度为±90°,能 360°全方位、全角度施钻。

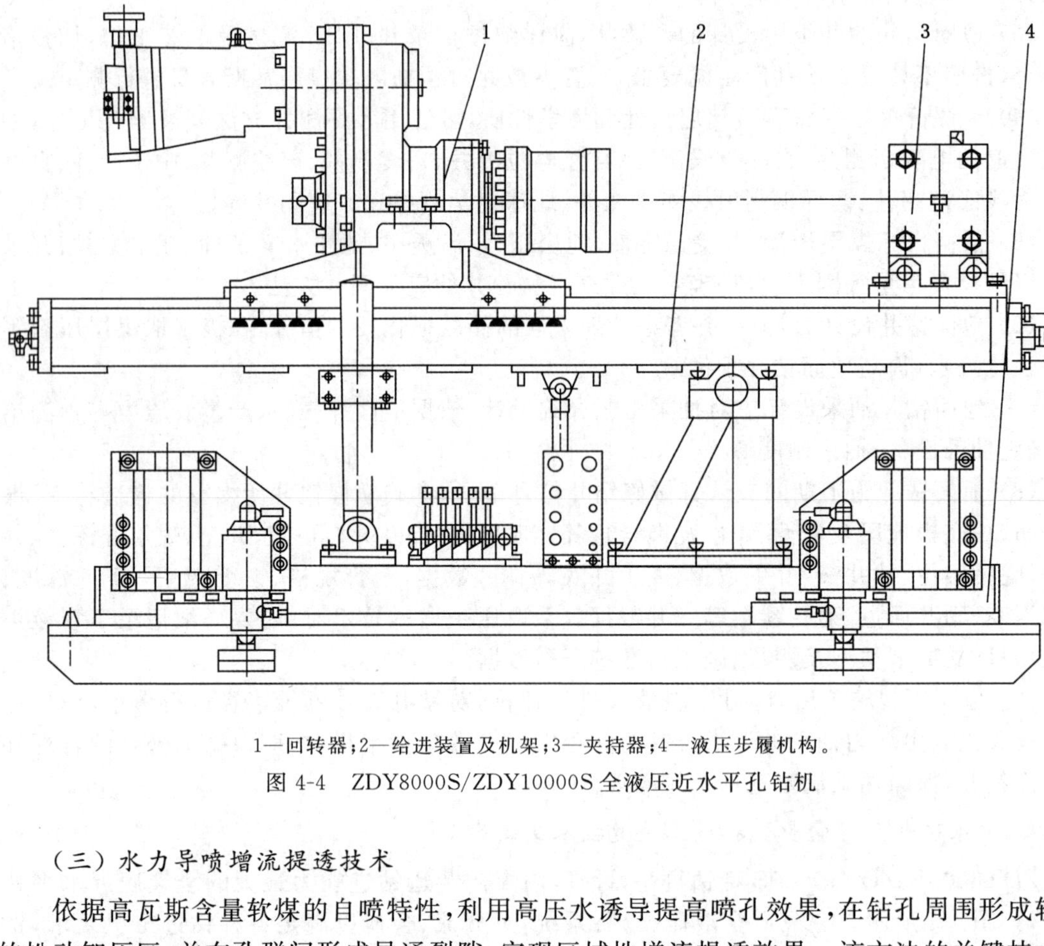

1—回转器;2—给进装置及机架;3—夹持器;4—液压步履机构。

图 4-4 ZDY8000S/ZDY10000S 全液压近水平孔钻机

(三) 水力导喷增流提透技术

依据高瓦斯含量软煤的自喷特性,利用高压水诱导提高喷孔效果,在钻孔周围形成较大的松动卸压区,并在孔群间形成导通裂隙,实现区域性增流提透效果。该方法的关键技术包括孔群参数优化、水力诱导喷孔和封孔抽采技术。

(1) 孔群参数优化技术:孔群增流提透效果是通过孔间裂隙的相互沟通来实现的。若孔间距过大,导喷形成的裂隙不能充分沟通钻孔,无法实现孔群范围内的区域性增流提透;若孔间距过小,则钻孔工程量大。应根据地质、瓦斯、喷孔和施工条件,运用现场测试和理论研究方法,优化孔群参数。钻孔直径为 90 mm,孔底间距为 5～8 m。

(2) 水力诱导喷孔技术:在导喷安全装置保护下实现诱导喷孔施工。利用煤的自喷特性,在钻孔进入煤层时导喷水压为 5～10 MPa、流量为 10 m^3/h(0.17 m^3/min),喷出的煤、瓦斯和水经导喷钻进安全装置进入分离器分离。瓦斯分离后进入抽采管路,确保作业地点人员的施工安全。

(3) 封孔抽采技术:钻孔竣工后应立即封孔,封孔材料为水泥浆,封孔长度不小于 5 m、直径为 40 mm。封孔管接入汇流管、气水分离器和支管并入抽采管网进行抽采。集气箱应具有排水除渣功能。钻孔孔口负压不低于 13 kPa,钻孔平均预抽时间不低于 6 个月。

(四) 深孔预裂控制爆破增流提透技术

(1) 用途:石门揭煤、采掘工作面防突,增大煤层透气性,提高瓦斯抽放率,应用于矿井瓦斯灾害(含煤与瓦斯突出)治理及瓦斯抽采。

(2) 原理、技术特点:该技术针对综采、综放等采煤工作面的局部性防突措施作用范围小、占用采煤时间长、难以满足安全高效生产需要的实际情况,以及无保护层可采等情况。

① 在综采(放)工作面突出危险区域的机巷或风巷,打深钻孔进行预裂控制爆破,降低高地应力、改善煤层透气性,增强回采前预抽排瓦斯量,降低采煤过程瓦斯涌出;

② 要保护好顶板,避免回采过程冒顶和过度片帮。

③ 在突出煤层打长钻孔采用压风排渣、孔底孔口双向供风二级导向钻头、风水联合除尘的成孔技术。

六、矿井瓦斯治理要求与检查要点

(一) 矿井瓦斯管理应达到的标准

(1) 采掘工作面和其他工作地点必须做到无瓦斯超限作业,无瓦斯积聚。

(2) 每班检查次数符合《煤矿安全规程》的规定;瓦斯检查工在井下指定地点交接班,并有记录可查;无空班漏检,表中无虚报瓦斯数。

(3) 井下所有爆破地点,都要执行"一炮三检"和"三人连锁爆破"制度。

(4) 临时停风地点要立即断电撤人,设置栅栏,揭示警标。长期停风区必须在 24 h 内封闭完毕。

(5) 排放瓦斯要有经批准的专门措施,并严格执行。

(6) 瓦斯检查做到井下记录牌、检查手册、瓦斯台账三对照,通风(瓦斯)调度日报(其内容反映当日瓦斯情况、隐患情况、重大问题领导处理意见,"一通三防"重点调度内容等)每日上报矿长、总工程师审阅。

(7) 矿井通风瓦斯管理机构和人员的配备符合《煤矿安全规程》的有关规定。

(8) 对井下停风地点要进行瓦斯、氧气检查,并符合《煤矿安全规程》的规定。

(二) 矿井瓦斯防治的安全检查

1. 瓦斯防治检查要点

(1) 对矿井瓦斯抽采系统进行安全检查,一是检查抽采系统的完备性及设计是否合理;二是采煤、掘进、抽采关系比例是否合理;三是瓦斯抽采泵站是否符合要求;四是瓦斯抽采管路系统是否符合相关规定;五是抽采钻场、钻孔和抽采区域是否符合规定;六是抽采效果和指标是否达到规定要求。

(2) 检查矿井安全监测监控系统是否正常运行,系统配置的分站与传感器是否符合规定,管理台账与运行报表是否规范,监控设备及传感器是否按期调校、测试,监测监控布置图是否根据采掘工作的变化情况及时修改等。

(3) 检查矿井瓦斯事故预防措施是否到位。

(4) 检查矿井通风系统设计是否合理。

(5) 检查矿井瓦斯浓度以及有无局部瓦斯积聚，出现积聚后处理措施是否到位。

2. 瓦斯重大隐患的安全检查要点

(1) 在瓦斯超限情况下是否照常作业，不采取措施。

(2) 采煤工作面回风隅角、回风巷瓦斯经常超限，未采取有效措施；掘进巷道瓦斯超限未及时处理；巷道出现层状瓦斯积聚。

(3) 对瓦斯涌出异常区域未编制和执行专门的安全措施；对瓦斯涌出严重的采掘工作面，不按规定进行装备、检查、检验维修和正常使用。

(4) 瓦斯检查空班、漏检、伪造数据；不按规定检查盲巷。

(5) 工作区域瓦斯超限不及时切断电源、撤出人员、停止工作、未及时汇报和采取措施进行处理。

(6) 作业地点瓦斯或二氧化碳浓度达到 3% 又不能立即处理时，未能在 24 h 内封闭。

(7) 处理巷道积聚瓦斯时，不制定和执行排放瓦斯措施；瓦斯排放未执行分级管理；瓦斯排放时，回风区域不断电、撤人和警戒，不控制向盲巷供风。

(8) 有煤与瓦斯突出危险的采掘工作面未采取切实可行的防突措施，存在较大发生突出的可能。

(9) 随意改变瓦斯监测探头吊挂位置，擅自调整瓦斯监测仪指标或堵塞防护罩，造成监测失真。

(三) 突出矿井的安全管理

(1) 编制防治突出的专项设计。在矿井新水平和新采区设计时，必须编制防治突出措施的专项设计。专项设计应包括开拓方式、煤层开采顺序、采煤方法、煤层突出危险性预测、保护层选择或预抽煤层瓦斯、局部防治突出措施等内容。突出矿井新水平、新采区移交生产前，必须经煤矿安全监察部门按管理权限进行防突专项验收，未通过验收的，不得移交生产。

(2) 通过突出区域预测，对突出煤层进行分区管理。在突出煤层开采过程中，如果确切掌握了突出的区域分布规律，并具有可靠的测定资料，则可通过突出区域预测，划分出煤层不同区域的突出危险程度，并进行突出煤层的分区管理。

(3) 加强地质预测工作，为突出预测提供可靠的技术资料。地质预测工作中，要及时掌握煤层厚度、倾角和走向的变化以及地质构造条件变化等，严防岩石巷道误穿煤层。突出煤层应编制瓦斯地质图。

(4) 积累突出资料，掌握突出规律。突出矿井在每次突出发生后，必须专人负责收集资料，做好详细记录，填写突出卡片。特大型突出发生后，除填写突出卡片外，还须编写专题报告，分析突出发生原因，总结经验教训。每年年末应对已记录的突出卡片进行系统分析。

(5) 应有可靠的通风系统。为了避免突出事故扩大，在突出矿井严禁任何两个工作面串联通风，并应有可靠的措施防止突出后破坏通风系统。对于一个突出矿井来说，如有条件，可以把矿井通风分为几个独立的分区系统，一旦一个区域发生突出，不致波及另外的区域。采掘工作面回风巷应畅通无阻，不应设置风门、风窗等设施。

(6) 正确布置巷道。突出矿井的巷道布置，应符合下列要求：

① 主要巷道应布置在岩层或非突出煤层中。

② 井巷揭穿突出煤层的次数，应尽可能减少。

③ 井巷揭穿突出煤层的地点，应尽可能避开地质构造带。

④ 在突出煤层中的掘进工程量，应尽可能减少。

⑤ 开采保护层的采区，应充分利用保护层的保护范围。

⑥ 突出煤层的掘进工作面，应尽可能避开本煤层或邻近煤层采煤工作面的应力集中带。

⑦ 同一煤层的同一个阶段，在应力集中影响范围内不得布置两个工作面相向采煤或掘进。

(7) 设置防治突出措施的专门机构。

(8) 进行防治突出措施的安全培训。突出矿井的井下工作人员必须学习防治突出的基础知识，熟悉本矿突出预兆的特征和征象。

(9) 加强瓦斯检测。突出矿井中每个采掘工作面都应有专职瓦斯检查工，必须经常检查工作面瓦斯浓度，掌握突出预兆，当发现有突出危险时，有权停止工作面作业，并协助班组长立即组织人员按避灾路线撤出，并及时向矿调度室报告。

(四) 煤与瓦斯突出重大隐患判定

《煤矿重大事故隐患判定标准》第六条将“煤与瓦斯突出矿井，未依照规定实施防突出措施”列为重大事故隐患，是指有下列情形之一的：

(1) 未建立防治突出机构并配备相应专业人员的；

(2) 未装备矿井安全监控系统和地面永久瓦斯抽采系统或者系统不能正常运行的；

(3) 未进行区域或者工作面突出危险性预测的；

(4) 未按规定采取防治突出措施的；

(5) 未进行防治突出措施效果检验或者防突措施效果检验不达标仍然组织生产建设的；

(6) 未采取安全防护措施的；

(7) 使用架线式电机车的。

(五) 煤与瓦斯突出防治的安全检查要点

(1) 区域防突措施的检查包括开采保护层、预抽煤层瓦斯和区域验证的安全检查。

(2) 局部防突措施的检查包括石门揭穿突出危险煤层时的检查、煤巷掘进防突措施的检查，以及防突管理措施的检查。

(3) 突出煤层在施工中主要检查突出煤层中施工的通风系统、突出矿井巷道的布置。

(六) 煤矿防突工作异常信息管控

在煤矿安全生产中经常会出现影响、威胁煤矿安全生产的“一通三防”和防突工作方面的异常征兆、信号或设备异常工作状态。要高度重视异常信息，采取有效处置措施。

(1) 要对异常信息进行收集汇总，根据出现的信息，按照程序完成信息的处理。异常信息包括：① 井下作业区域出现无风、微风、循环风。② 出现瓦斯局部积聚，瓦斯浓度超过规定标准。③ 瓦斯超限区域没有断电。④ 瓦斯防治、地质前探、验证等打钻过程中顶钻、夹钻，出现突出预兆(有声和无声)，喷孔和煤炮现象，指标超限。⑤ 石门揭煤、过煤门出现瓦斯涌出异常；采掘过程中过老巷时瓦斯涌出异常。⑥ 安全监测监控系统运行异常。⑦ 通风设施损坏，通风机工况参数波动异常。⑧ 瓦斯抽采出现故障停转，负压、轴温、声音异常，粉尘浓度超标。⑨ 采掘过程中出现断层和褶皱等地质构造、煤厚变化较大或地应力异常等。

(2) 建立异常信息管理制度,明确责任,保证各环节措施落实到位,积极应对突发情况。

(3) 发现异常要及时按照要求上报,不同的类别采取不同的处置方式。停止作业,严重的要停电、撤人。

(4) 出现异常信息要及时评价,根据现场情况分析原因,制定防范和整改措施。为确保"一通三防"和防突工作正常开展,要定期对通风系统、监测监控系统、瓦斯抽采及防灭火系统及防尘系统进行周期性评价。

(5) 对于处置的异常信息要建档管理,积累重要信息,方便指导后期工作开展。

第三节　矿井火灾防治

火灾是煤矿严重的灾害事故,严重威胁着矿井及周边人员的生命健康及安全,并会阻碍矿井的可持续发展。

一、矿井火灾概述

凡发生在矿井地面或井下,威胁到井下安全生产,造成资源和经济损失或人员伤亡的一切非控制燃烧均称为矿井火灾。

导致矿井火灾发生的三个要素为热源、可燃物和空气。火灾的三个要素必须同时存在,且达到一定的能量,才能引起矿井火灾。

(一) 矿井火灾的分类

(1) 根据引火热源的不同,矿井火灾分为外因火灾和内因火灾。

(2) 根据发火地点的不同,矿井火灾分为井筒火灾、巷道火灾、工作面火灾、煤柱火灾、采空区火灾和硐室火灾等。

(3) 根据燃烧物的不同,矿井火灾可分为机电设备火灾、火药燃烧火灾、油料火灾、坑木火灾、瓦斯燃烧火灾和煤炭自燃火灾等。

(二) 矿井火灾的危害

(1) 矿井火灾对人身的危害主要是在火灾发展过程中产生的大量 CO、CO_2、SO_2、烟尘等有毒有害气体。

(2) 在火源近邻处产生高温,往往引燃附近的可燃物,使火灾范围迅速扩大,危及其他区域。

(3) 矿井火灾发生后,提供了瓦斯、煤尘爆炸的引火火源,如果瓦斯浓度、煤尘浓度在爆炸范围之内,便会引发爆炸事故。

(4) 井下火灾一旦发生,火势无法及时控制时,会使生产设备设施和煤炭资源遭到严重破坏,甚至使矿井区域性或全矿性停产,损失更加惨重。

(5) 矿井发生火灾后,高温浓烟流经的区域气温升高,产生的火风压可造成风流逆转,使通风系统紊乱,扩大灾害,增加救灾的难度。

(6) 对火灾采取控制的同时,封闭火区也会烧掉大量的煤炭资源,冻结煤量,同时消耗大量的人力、物力、财力,造成矿井局部或全部停产,破坏矿井的正常生产秩序。

二、矿井外因火灾及其预防

外因火灾是由外部火源(如明火点、爆破、电流短路、摩擦等)引起的火灾。矿井在建设和生产过程中,除煤层自燃原因而形成的各种火灾都属于外因火灾。

(一) 外因火灾发生的条件

火源(热源)、可燃物、充足的氧气(空气)属于火灾发生的三个必要条件。

1. 火源(热源)

机械能产生的热,如采掘机械运转时冲击或摩擦产生的热(摩擦火花);电能转换的热,如短路、设备过负荷运行、静电放电等;化学反应产生的热,如不合格的炸药或爆破、瓦斯与煤尘爆炸等;其他明火,如电、气焊和吸烟等。

2. 可燃物

井下存放的坑木、荆条等木质材料;润滑油、液压油、变压器油等各种液体燃料;胶带等橡胶制品;棉纱、布头等擦拭材料;瓦斯、CO 等可燃气体;等等。

3. 氧气

燃烧是剧烈的氧化反应,发生火灾必须有足够的新鲜空气。

(二) 外因火灾的主要特点

(1) 发生突然、来势凶猛,如发现不及时,处理不当,往往会酿成重大事故。

(2) 往往在燃烧物的表面进行,因此容易发现,早期的外因火灾较易扑灭。

(3) 多数发生在井口房、井筒、机电硐室、爆炸材料库、安装机电设备的巷道或采掘工作面等地点。

(三) 外因火灾的预防

1. 外因火灾预防的分析

以上火灾发生的三个必要条件同时存在,并相互作用时才会产生燃烧。由于必须向井下提供充足的空气,以供人员呼吸及满足井下需求,所以预防火灾必须从火源和可燃物两方面着手:一是防止失控的高温热源产生和存在;二是尽量采用不燃或阻燃材料支护和不燃或难燃制品,不得不用时应与潜在热源保持一定的安全距离,同时防止可燃物大量积存。

2. 外因火灾的预防措施

预防外因火灾的主要措施有:煤矿井下禁止吸烟和明火照明;电气设备和器材的选择、安装与使用,必须严格遵守有关规定,配备完善的保护装置;机械运转部分要定期检查,防止因摩擦产生高温,采煤机械截割部必须有完善的喷雾装置,防止引燃瓦斯或煤尘;易燃物和炸药、雷管的运送、保管、领发和使用,均应遵守有关规定;尽量用不燃材料代替易燃材料;一些主要巷道和机电硐室必须砌碹或用不燃性材料支护;严格按照相关要求构筑防火门。

3. 外因火灾处置

(1) 任何人发现井下火灾时,应当视火灾性质、灾区通风和瓦斯情况,立即采取一切可能的方法直接灭火,控制火势,并迅速报告矿调度室。矿调度室在接到井下火灾报告后,应当立即按灾害预防和处理计划通知有关人员组织抢救灾区人员和实施灭火工作。

(2) 处理矿井外因火灾时,应当遵守下列原则:

① 控制烟雾的蔓延,防止火灾扩大。

② 保持通风系统稳定,防止引起瓦斯、煤尘爆炸。

③ 有利于人员撤退和保护救灾人员安全。

④ 创造有利的灭火条件。

三、矿井内因火灾及其预防

内因火灾是由于煤炭或者其他易燃物质自身氧化蓄热,发生燃烧而引起的火灾。煤的自燃倾向性分为容易自燃、自燃、不易自燃3类。

(一)内因火灾发火原因

1. 煤炭自然发火与自然发火期

(1) 自然发火是指有自燃倾向性的煤层被开采破碎后在常温下与空气接触,发生氧化,产生热量使其温度升高,出现发火和冒烟的现象。

(2) 煤层自然发火期是指从煤层被开采破碎、接触空气之日起,至出现上述定义的自燃现象或温度上升到自燃点为止,所经历的时间,以月或天为单位。

2. 煤炭自燃条件

煤炭自燃的必要充分条件是:

(1) 煤炭自身具有自燃倾向性且以破碎状态存在,堆积厚度一般要大于0.4 m。

(2) 煤炭氧化生成的热量易于积聚,即有较好的蓄热条件。

(3) 有连续的供氧条件,通风是维持较高氧浓度的必要条件,是保证氧化反应自动加速的前提。

(4) 上述条件持续稳定足够的时间,即上述三个条件共存的时间大于煤的自然发火期。

上述四个条件缺一不可。

3. 煤的自燃倾向性

煤的自燃倾向性是煤自燃的固有特性,是煤炭自燃的内在因素。新建矿井所有煤层的自燃倾向性由地质勘探部门提供煤样和资料,送国家授权的相关单位作出鉴定,并将所有煤层的自燃倾向性鉴定结果报省级煤炭行业管理部门及省级煤矿安全监察机构。生产矿井延深新水平时,也必须对所有煤层的自燃倾向性进行鉴定。

(二)煤炭自燃的预测预报

(1) 预测预报指标。我国煤炭自燃的预测预报主要采用气体分析法。最新研究成果表明,可以使用CO、C_2H_4及C_2H_2等指标预测预报煤炭自燃情况。

(2) 束管监测系统。束管监测系统是一套能自动对井下环境中O_2、N_2、CO、CO_2、CH_4、C_2H_2、C_2H_4、C_2H_6等气体含量的变化实现24 h连续、循环监测的系统。

(三)内因火灾的预防措施

自燃火灾多发生在风流不畅通的地点,如采空区、压碎的煤柱、巷道顶煤、断层附近、浮煤堆积处等,给煤矿安全生产带来极大的影响,必须引起足够的重视。预防自燃火灾的措施主要有以下几种方法。

1. 开采技术措施

矿井的开拓方式、采区巷道布置、回采方法和回采工艺、通风系统选择以及技术管理水平等因素,对煤层的自燃起着决定性的影响。从防止煤炭自然发火的角度,对于开拓、开采的要求是：提高回采率，减少煤柱和采空区遗煤，破坏煤炭自燃的物质基础；加快回采速度，回采后及时封闭采空区，缩短煤炭与空气接触的时间，减少漏风，消除自燃的供氧条件，破坏煤炭自燃的过程，从而达到防止自燃的目的。

2. 预防性灌浆

灌浆就是将不燃性材料和水按一定比例配成浆液，利用高度差产生的静压或水泵加压，将浆液经输浆管路输送至可能发生自燃的采空区。浆液中的固体物沉降下来，水则经巷道排出。这种预防采空区遗留煤炭自燃的措施，叫作预防性灌浆，是我国目前广泛采取的一种预防煤炭自燃的措施。预防性灌浆的方法很多，按灌浆与回采在时间上的关系，可分为采前预灌、随采随灌和采后封闭灌浆3种。

3. 阻化剂防火

阻化剂是抑制煤氧结合、阻止煤氧化的化学药剂。所谓阻化剂防火就是将阻化剂喷洒于煤壁、采空区或压注入煤体之内，以抑制或延缓煤炭的氧化，达到防止自燃的目的。目前所使用的阻化剂，多数为吸水性很强的无机盐类，如氯化钙、氯化镁、氯化锌等。

4. 凝胶防灭火

矿井防灭火常用的凝胶是以水玻璃为基料，以碳酸氢铵为促凝剂，两种材料的水溶液混合后，经化学反应形成的胶体。凝胶在成胶前是液体，具有流动性，可渗入煤体缝隙中；成胶后充填空洞、裂隙，包裹松散煤体，隔绝空气，预防煤炭自燃。胶体含有大量的水，可吸热降温，且遇高温不易消失，也无毒。因此，胶体材料是一种比较理想的防灭火材料。

5. 均压防灭火

均压防灭火技术是指设法降低采空区区域两侧风压差，从而减少向采空区漏风供氧，达到抑制和窒息煤炭自燃的方法。实践证明，均压防灭火技术与其他防灭火措施（阻化剂、灌浆、惰性气体、密闭等）相比具有以下特点：可以在不影响工作面生产的前提下实施及采用；均压通风加强了密闭区的气密性，减少了采空区的漏风，从而加速了密闭区（或采空区）里的空气惰化；工程量小、投资少、见效快。

6. 惰性气体防灭火

使用惰性气体防灭火是指使用低氧、不燃烧、不助燃的混合气体防止或扑灭井下火灾的作业。惰性气体（在煤矿经常使用的有 N_2 和 CO_2）进入封闭性较好的区域可以很好地降低该区域 O_2 浓度，低温的惰性气体吸收热量降低周围煤体的温度，同时会有一定量的惰性气体渗入煤体裂隙表面，阻止 O_2 进入，大大减小煤的吸氧量，从而降低氧化速度，阻止煤炭自燃。

7. 密闭防灭火技术

(1) 采煤工作面回采结束后的采空区、报废煤巷，以及采煤工作面长期停产等特殊条件采空区的自燃火灾预防，应当采用密闭防火。

(2) 采用密闭防火时，必须分析掌握自然发火隐患区域，查明隐患区域的漏风分布、流向和漏风通道及其连通性，确定合理的封闭范围和密闭数量。

(3) 必须加强对封闭区的管理，定期检查其邻近区域生产活动对密闭的采动影响，及时对密闭进行维修，保证封闭区良好的密闭状态。

(4) 定期测定封闭区密闭内外压差、气体浓度及空气温度，进行漏风分析，掌握密闭区的自然发火趋势。

8. 采用三相泡沫防火

三相泡沫是由气(氮气或空气)、固(粉煤灰或黄泥等)、液(水)相经发泡而形成的具有一定分散体系的混合体。三相泡沫集固、液、气三相防灭火介质的防灭火性能于一体,利用粉煤灰或黄泥的覆盖性、氮气的窒息性和水的吸热降温性进行防灭火。

(四) 内因火灾处置

(1) 当井下自然发火监测数据出现异常,达到自然发火预警值或者出现自然发火预兆时,应当采取应急处置措施,并从预防措施设计、实施和现场管理等方面分析原因,改进措施,消除隐患。

(2) 当井下发现自然发火征兆时,必须停止作业,立即采取有效措施处置。在发火征兆不能得到有效控制时,必须撤出人员,封闭危险区域。进行封闭施工作业时,其他区域所有人员必须全部撤出。

(3) 巷道高冒区、煤柱(煤壁)破碎区自燃火灾处置,应当符合下列规定:

① 采取下风侧撤人,上风侧封堵、注水、注浆(胶)等直接灭火措施进行灭火。当火情不能有效控制时,立即对火区区域进行封闭。

② 火区封闭后,应当采取措施减少漏风,并向封闭区域内连续注入惰性气体,保持封闭区域氧气浓度不大于5.0%。

③ 为加速封闭火区熄灭,可向火区施工钻孔注入灭火材料。

④ 灭火过程中应当连续观测火区内气体、温度等参数,考察灭火效果,完善灭火措施,直至火区达到熄灭标准。

四、矿井火灾处理与控制技术

灭火是要破坏燃烧的三个条件同时存在,至少消退燃烧的三个条件中的一个。灭火的实质就是把正在燃烧体系内的物质冷却,将其温度降低到燃点之下,使燃烧停顿。

灭火原理:① 冷却,把燃烧物质的温度降低到燃点以下。② 隔离和窒熄,使燃烧反响体系与环境隔离,抑制参与反响的物质。③ 稀释,降低参与反响物(液、气体)的浓度。④ 中断链反应。现代燃烧理论认为,燃烧反应是由于可燃物分解成游离状态的自由基与氧原子相结合,发生链反应后才能形成的。因此,阻挡链反应发生或不使自由基与氧原子结合,就可以抑制燃烧,达到灭火目的。

灭火就其方法而言,可分为直接灭火、隔离灭火和综合灭火三类。

(一) 直接灭火法

在火源附近利用灭火材料(如水、砂子或岩粉、化学灭火器)或采取挖除火源等方式把火直接扑灭的方法称直接灭火法,这是一种积极的灭火方法。

1. 用水灭火

水是经济、有效、来源最广的灭火材料。一般采用水射流和水幕两种方式来灭火。用水灭火适用于发火地点明确、人能够接近火源的情况下:一是处于发火初期,火势不大,范围较小,对其他区域无影响;二是火源地点通风系统正常,风路畅通无阻,瓦斯浓度低于2%;三是附近水源充足,供水系统完善;四是灭火地点顶板较好,能在支架掩护下进行灭火作业。

2. 用砂子或岩粉灭火

把砂子或岩粉直接撒盖在燃烧物体上将空气隔绝,使火熄灭。砂子或岩粉不导电并有吸收液体的作用，故适用于扑灭包括电气和油类火灾在内的各类初起火灾。

砂子或岩粉成本低廉，易于长期保存，灭火时操作简单，所以在机电硐室、材料仓库、炸药库、绞车房、通风机房等地点，都应备有防火沙箱。

3. 用化学灭火器灭火

按灭火器的性能和使用范围以及燃烧物和场所选择适合的灭火器灭火，可以起到理想的效果。否则，不但不能奏效，还会使事故扩大，甚至在灭火过程中造成人员伤亡。

4. 用高倍数泡沫灭火

高倍数泡沫是高倍数空气机械泡沫的简称，是以表面活性物质为主要成分的泡沫剂，按一定比例混入压力水中，并均匀喷洒在发泡网上，借助风流吹动而连续产生气液两相、膨胀倍数很高(200～1 000)的泡沫集合体。高倍数泡沫灭火成本低、水量损失小、速度快、效果明显，可在远离火区的安全地点进行灭火。

5. 用燃油惰气灭火

燃油惰气灭火就是用惰气发生装置产生惰气，注入火区灭火。用惰气扑灭矿井火灾，一般是在不能接近火源，以及用其他方法直接灭火具有很大危险或不能获得应有效果时采用。

6. 挖除火源灭火

挖除火源灭火就是将着火带及附近已经发热或正在燃烧的可燃物挖除，并运出井外。这是一种扑灭火灾最简单、最彻底的方法，一般适用于火灾初始阶段，燃烧物较少，火势和火灾范围都不大的情况下，特别适用于煤炭自燃火灾。但前提是火源位于人员可直接到达的地点。这种灭火方法具有一定的危险性，特别是在高瓦斯矿井，处理不当可能会引起瓦斯爆炸。所以挖除火源工作要组织足够的力量，制定严格的安全措施，力求用最短的时间完成。

(二) 隔离灭火法

隔离灭火法就是用密闭墙将火区封闭，使空气无法进入火区，断绝向火区供氧，以达到灭火的目的。这类方法是在采用直接灭火法达不到预期效果，或人员不能接近火区时使用。

1. 常用的封闭顺序

(1) 先封闭进风侧，后封闭回风侧

一般来说，在火区的进风侧建立密闭墙要比回风侧容易得多。只要封闭了进风侧，进入火区的风量就会大大减少，使火势减弱、涌出的烟量减少，就有利于回风侧密闭墙的建立。因此，在非瓦斯矿井中，通常都是先封闭进风侧，后封闭回风侧。

(2) 先封闭回风侧，后封闭进风侧

当火势不大、温度不高、无瓦斯存在时，为了迅速截断火源蔓延可采用此法。密闭墙建立后，墙前压力局部升高，墙后压力局部下降。在瓦斯矿井，如果前一个建立的是进风侧密闭墙，此墙和火源之间有老空区存在时，在构筑密闭墙的过程中，流向火源的风量将逐步减少，与此同时，在局部负压的作用下，从老空区涌出的瓦斯量将增加，易使风流中瓦斯浓度达到爆炸界限而引起爆炸。因此在密闭墙和火源之间有瓦斯源存在时，封闭进风侧的密闭墙是极其危险的。而首先封闭回风侧密闭墙可能要安全一些。因为它能够在火区内造成正压，能抑制老空区的瓦斯涌出。

(3) 进、回风侧同时封闭

进、回风侧同时封闭是指在砌筑密闭墙的过程中，留有一定断面积的通风口，保证供给的风量使火区内瓦斯不超限聚积，当砌墙工作完成时，在约定的时间同时将进、回风侧密闭墙上的通风口迅速封闭并立即撤出人员。由于这种方法能很快封闭火区，切断供氧，火区瓦斯也不容易达到爆炸界限，可保证人员的安全，所以它是瓦斯矿井封闭火区常用的封闭顺序。

2. 封闭火区时的防爆措施

火区被封闭后，空气中瓦斯含量将逐渐增加，氧含量逐渐减少。经过一定时间，如果氧含量降低到12%以下，即使瓦斯达到爆炸界限也不会发生爆炸。但是，如果在砌墙过程中，瓦斯浓度上升较快，一旦达到爆炸界限，即可能发生爆炸。因此，在火势条件允许的情况下，应先加大火区的供风量，排除瓦斯，再开始建造密闭墙。

封闭火区期间，必须指定专人检查瓦斯、一氧化碳、煤尘及其他有害气体和风流的变化，当瓦斯浓度达到2%或有爆炸危险浓度的瓦斯向火区移动时，所有救灾人员应撤至安全地点，并在进回风侧巷道中建防爆墙。

（三）综合灭火法

综合灭火法就是在火区封闭后，采用向火区注入泥浆、惰性气体或调节风压等方法，使火灾尽快熄灭，是隔离灭火与其他灭火方法的综合应用。

（四）矿井火灾处理原则及控制技术

处理火灾时的控风方法有正常通风、减少风量、增加风量、火烟短路、反风、停止主要通风机运转。处理矿井火灾时，要根据火源位置、火灾波及范围、遇险及受威胁人员所处的位置等具体情况合理控风。

1. 矿井火灾处理原则

处理矿井火灾时，应遵循以下基本原则：控制烟雾的蔓延，不危及井下人员的安全；防止火灾扩大；防止引起瓦斯、煤尘爆炸；防止火风压引起风流逆转而造成危害；保证救灾人员的安全，并有利于抢救遇险人员；创造有利的灭火条件。

2. 风流控制技术

(1) 正常通风。当火灾发生在比较复杂的通风网络中，救灾人员难以摸清火区的具体情况，或者矿井火灾发生在回风大巷中时，改变通风方法可能会造成风流紊乱，增加人员撤退的困难，也可能出现瓦斯积聚等后果，此时应正常通风，即保持原有的通风系统、原有的风向及风量，稳定风流，否则会出现意想不到的后果。

(2) 减少风量。处理火灾时，一般不要轻易减少火区的供风量，也不能停止向火区供风，这是处理火灾事故应遵循的基本原则。在具体行动上，一是要保证救灾人员的安全，二是尽量避免出现富燃料燃烧。在某些特殊的环境下，当采用其他控风方法会使火势扩大、现场可燃气体浓度增加时，也可考虑减少风量的办法，但要慎用，且必须采取相应的安全措施。

在减少风量的过程中，若发现瓦斯浓度上升，应立即停止使用减少风量的办法，恢复正常通风，必要时还可增加风量，以冲淡和排出瓦斯。

(3) 增加风量。增加风量和减少风量一样，也应慎重考虑，否则会适得其反。但在以下几种情况下应首先考虑采用增加风量的方法：① 火区内或其回风流中瓦斯浓度升高。② 火区内出现火风压，呈现风流可能发生逆转现象。③ 在处理火灾过程中发生瓦斯爆炸后，灾区内遇险人员未撤出。

(4) 火烟短路。火烟短路就是利用通风设施进行风流调节，把火烟和一氧化碳直接引入回风，减少人员伤亡。火烟短路也是处理火灾中常用的方法，最常用的实现火烟短路的方法是打开进、回风井巷间的风门。

(5) 反风。反风分为全矿性反风和局部反风两种。全矿性反风一般适用于当矿井进风井口、井筒、井底车场、中央石门等地点，或者距矿井入风井口较近的地区出现火灾时。局部反风主要用于采区内发生火灾时，主要通风机仍保持正常运行，通过调整采区内预设风门的开关状态，实现采区内部部分巷道风流的反向。如果火灾发生在某一采区或工作面的进风侧，应当采用局部反风措施，防止烟流进入人员汇集的工作地点，减少灾害损失。

反风是一项技术性很强的决定，应慎重考虑反风后果，特别是多回风井通风的矿井涉及问题很多。如果决定反风，首先要撤出原进风系统的人员，并让全体救灾人员知道，同时设法通知井下人员，井口要设置安全岗哨，控制入井人员。

五、火区的封闭、管理与启封

(一) 火区的封闭

1. 火区封闭的条件及工作原则

(1) 火区封闭条件：火势发展迅猛、范围较大、直接灭火无效时，采取封闭火区的方法最合适。另外，在采用直接灭火法处理任何类型火灾的同时都需做好封闭火区的准备，一旦灭火失败，便可利用封闭火区来予以挽救。

(2) 封闭火区的工作原则："密、小、少、快"。"密"是指密闭墙要严密，尽量少漏风；"小"是指密闭范围要尽量小；"少"是指密闭墙的道数要少；"快"是指密闭墙的施工速度要快。

2. 封闭火区的方法和适用条件

(1) 锁风封闭火区。在不维持通风的情况下，同时在进、回风侧构筑密闭墙，从火区的进、回风侧同时密闭，封闭火区时不保持通风。这种方法适用于氧浓度低于瓦斯爆炸界限(O_2浓度＜12％)的火区。

(2) 通风封闭火区。在保持火区通风的条件下，在火区进、回风侧同时构筑带通风孔的密闭墙，适用于在火区有可能形成可燃气体达到爆炸下限的情况。这时火区中的氧浓度高于瓦斯爆炸界限(O_2浓度＞12％)，封闭时存在着瓦斯爆炸的危险性。

(3) 注惰气封闭火区。在封闭火区的同时，注入大量的惰性气体，使火区中的氧浓度达到瓦斯爆炸界限所经过的时间比爆炸气体积聚到爆炸下限所经过的时间要短。既可以防止火区发生爆炸，又能加速火灾的熄灭，但采用这种方法需要装备一整套注惰气装置和惰气源。

3. 密闭墙的类型

(1) 临时密闭墙。其作用是暂时切断风流，控制火势发展，为砌筑永久密闭墙或直接灭火创造条件。对临时密闭墙的要求是结构简单，建造速度快，具有一定的密闭性，以及位置上尽量靠近火源。

(2) 永久性密闭墙。构筑密闭墙材料有木段、料石、混凝土、片石、黄泥等。密闭墙可用料石、砖或混凝土块等材料与水泥砂浆砌筑，内外抹面。砌筑前要在墙周围巷道壁上挖0.5～1.0 m深的槽，打好基础。为了增加严密性，在墙的外侧与槽的四周需涂抹一层黏土、砂浆或水玻璃、橡胶乳液等。密闭墙内外5～6 m内应加强支护，防止冒顶或产生裂隙而漏风。

(3) 耐爆密闭墙。它是由沙袋、沙段(5～10 m)、石膏等构筑的密闭墙。封闭有瓦斯爆炸危险的火区时，为防止瓦斯爆炸伤人，需建造防爆墙。防爆墙常用沙袋或土袋堆砌而成，堆砌厚度一般为巷道宽度的 2 倍。防爆墙建造好以后，在其掩护下再构筑永久性密闭墙。

(二) 火区的管理

火区封闭后，配合灭火工作的进行，日常对火区所进行的观察、检测、资料分析整理等工作，统称为火区的管理。具体内容有以下几个方面：

(1) 建立火区档案。矿井通风部门应对火区实行统一编号，建立火区档案，妥善保存；记录发火时间、原因、位置、火区处理过程、原矿井通风系统图或采区巷道布置图及相应的通风设施等。

(2) 密闭墙的管理。密闭墙要编号，记录密闭墙的厚度，位置与矿井通风系统图相一致。密闭墙前要设栅栏、悬挂警标牌，禁止人员入内；墙外悬挂木牌，标明瓦斯、一氧化碳、温度的测定数据和日期、测定人员姓名。

(3) 火区的检查。刚封闭的火区要连续检查，稳定后每天检查一次瓦斯浓度，急剧变化时每班检查一次，如果发现密闭墙封闭不良及有害气体变化时，要采取措施及时处理。

(三) 火区熄灭的条件

《煤矿安全规程》规定：封闭的火区，只有经取样化验证实火已熄灭后，方可启封或者注销。火区同时具备下列条件时，方可认为火已熄灭：

(1) 火区内的空气温度下降到 30 ℃以下，或者与火灾发生前该区的日常空气温度相同。

(2) 火区内空气中的氧气浓度降到 5.0%以下。

(3) 火区内空气中不含有乙烯、乙炔，一氧化碳浓度在封闭期间逐渐下降，并稳定在 0.001%以下。

(4) 火区的出水温度低于 25 ℃，或者与火灾发生前该区的日常出水温度相同。

(5) 上述 4 项指标持续稳定 1 个月以上。

(四) 火区的启封

火区启封要十分慎重，处理不当，可以引起火灾复燃，甚至发生瓦斯爆炸。封闭的火区，只有经过长期取样分析，确认火灾已经熄灭后，方可启封。启封前，必须制定安全措施和实施计划，并报主管领导批准。

启封火区的方法包括通风启封火区法和锁风启封火区法两种。

(1) 通风启封火区。火区范围不大，确认火源已经熄灭，可采用此法。启封前要预先确定火区有害气体的排放路线，撤出路线上的所有工作人员；然后选择一个出风侧密闭墙首先打开，过一段时间后再打开进风侧密闭墙。待火区内有害气体排出一段时间后无异常现象，可以相继打开其余的密闭墙。打开第一个密闭墙时，应先开一个小孔，然后逐渐扩大，严禁一次将密闭墙全部扒开。

(2) 锁风启封火区。火灾发生范围较大，难以确认火源是否完全熄灭，先在原有火区墙外 5～6 m 构筑带门的风墙形成一个封闭空间，再将原有的密闭墙打开，确认一段范围内无火源，再选择适当地点重新构筑临时密闭墙，火区要求始终处于封闭隔离状态。

无论采用哪种启封火区的方法，在工作过程中都要经常检查火区气体，如果发现有火灾复燃征兆要及时采取措施进行处理。

【案例 4-2】　河南省某煤矿“5·9”较大火灾事故

2023 年 5 月 9 日 13 时 39 分许，河南省某煤矿发生一起较大火灾事故，造成 5 人死亡，直接经济损失 1 483.26 万元。

1. 矿井概况

该矿核定生产能力 360 万 t/a；主采 2^{-3}煤，煤层厚度为 0.24～26.06 m，自燃倾向性等级为Ⅱ类自燃，煤尘具有爆炸危险性；为高瓦斯、冲击地压矿井；水文地质类型中等；事故发生前处于正常生产状态，属证照齐全生产矿井。

该矿为分区式通风方式，通风方法为抽出式，主井、副一井、副二井、东风井进风，服务 12 采区的西风井、服务 13 采区的南风井回风，矿井总进风量为 9 891 m^3/min（12 采区为 4 697 m^3/min、13 采区为 5 194 m^3/min），矿井总回风量为 10 124 m^3/min（12 采区为 4 814 m^3/min、13 采区为 5 310 m^3/min）；采用双回路供电，建有注浆、注氮等防灭火系统和自然发火监测系统，安装 KJ70X 型安全监控系统和 KJ602 型人员位置监测系统，建立有紧急避险、压风自救、供水施救、通信联络、应急广播等系统。

2. 事故发生、救援经过和报告情况

2023 年 5 月 9 日八点班，该矿正常组织生产，当日值班矿领导为副矿长杨某寒，井下带班领导为工会主席刘某。到 13 时 39 分，井下共有 339 人，其中 13 采区 186 人、12 采区 141 人、井底车场 12 人。13 采区人员主要分布在 13120 采煤工作面、13200 采煤工作面、13 采区第一联络巷及第二联络巷掘进工作面等作业地点。

13 时 39 分前后，信息运维队值机员彭某通过监测监控系统发现 13 采区上部回风联络巷下风侧烟雾传感器报警、13120 采煤工作面瓦斯抽采泵站（地面）管道内 CO 浓度开始升高、13 采区回风下山 CO 传感器显示浓度异常，立即向调度员黄某、信息运维队支部书记董某汇报。得知上述情况后，董某和通风队值班员王某分别通知正在井下的通风队支部书记孙某、队长杨某民排查报警和异常原因。杨某民于 13 时 51 分从南风井井底沿着 13 采区回风下山向上排查，走到 13120 下巷回风联络通道口附近，用 CO 便携检测报警仪测试显示 CO 浓度为 3 ppm（$1\ ppm=10^{-6}$），并看到前方有烟气后，原路返回通过 13 采区延伸联络巷进入回风下山后向下排查，大约走了七八十米到达中部车场水仓泵房回风联络巷口附近，发现从联络巷口向回风下山冒烟，且有火星。杨某民返回至 13 采区延伸机头处，于 14 时 16 分通过电话向调度室汇报：“赶快协调送洒水软管，13 采区回风下山有异常。”14 时左右，通风队支部书记孙某到达 13 采区第二联络巷掘进工作面、13 采区上部回风联络巷下风侧烟雾传感器处进行排查，均未发现问题，就通过 13120 上巷联络巷进入 13 采区回风下山后向下排查，走到距中部车场水仓泵房回风联络巷口时，发现回风联络巷与回风下山交岔口的左侧顶板处有明火和烟雾，随后在 13 采区延伸机头周围找水管时碰到杨某民，2 人用找到的 ϕ10 mm 高压管到回风下山着火点灭火，由于管径细、水流小，灭火效果不佳。

在通风队人员灭火期间，矿井地面值班人员发现 13 采区回风下山、总回风巷 CH_4、CO、风速等传感器于 14 时 30 分突然断线，15 时南风井井口开始持续冒出烟雾，14 时 22 分到 16 时 10 分南风井负压持续下降至 0 kPa。

15 时 24 分，该矿所属煤业公司救护大队第二中队中队长李某接到矿通风副总工程师王某电话通知后，带领一小队 6 人入井进行灭火监护。16 时 50 分到达 13 采区延深机头，现场检测气体 CH_4、CO 浓度为 0 ppm。随后，杨某民和随后到达 13 采区回风下山的通风队四点班跟班队长张某、班长杜某和救护队员李某等 7 人，使用 ϕ10 mm 和 ϕ25 mm 水管（15 时 40 分左右 ϕ25 mm 水管接通）灭火，同时进行监护。17 时 19 分之后，离开 13 采区回风下山的孙某先后组织人员在 13 采区 2 号回风联络巷、南风井底附近灭火。在此期间，15 时 26 分，调度室通过应急广播通知 13 采区采掘工作面人员停止作业，中部车场以下人员撤离至中部车场，中部车场以上人员撤到进风巷道，此时四点班人员继续入井，井下人数为 446 人，其中 13 采区 225 人。15 时 30 分到 16 时 30 分间，矿总工程师朱某等人员对火情进行研判，认为火情可控，并将有关情况告知杨某寒。随后，杨某寒通过电话向正在外地学习的矿长汇报了事故情况，并于 16 时 50 分启动了“三级（基层单位）响应”，继续组织火灾处置；17 时 39 分左右，调度员彭某接到王某通知，让通风队四点班瓦斯检查工进入作业地点检查气体。瓦斯检查工胡某从 13120 上巷进入检查气体。

18 时 06 分许，中部车场水仓泵房回风联络巷里的火已被扑灭，并顺着回风向下灭了 10 m 左右，这时突然有人喊“撤”，正在灭火点以上十多米处的杨某、杜某等 3 人看到巷道内充满烟雾，风流逆转带着烟雾向上涌来，3 人便通过 13 采区延伸机头联络巷撤至带式输送机机头附近，正在火点附近灭火的张某和监护灭火的李某、何某、陈某未撤出。

18 时 13 分，调度室通过应急广播通知 13 采区一部缆车机头以下人员紧急撤离至 13120 上巷行人通道处、一部缆车机头处等安全地点。18 时 40 分到 19 时 29 分左右，在井下现场指挥的朱某先后组织救护队员 2 次尝试进入 13 采区回风下山搜救被困人员，均因搜救通道 CO 浓度高、温度高和能见度低未成功。

18 时 54 分，彭某通过 13120 上巷电话联系到胡某，要求立即撤离；19 时 03 分至 19 时 07 分，彭某又通过应急广播对 13120 采煤工作面区域进行呼叫，胡某在 13120 上巷 65# 定位基站处通过应急广播回复请求救援。

18 时 58 分，杨某寒再次通过电话向矿长汇报，并启动“二级（矿级）响应”，进一步组织火灾处置和救援工作。杜某某于 19 时 5 分赶到调度室，协调指挥事故救援。

19 时 10 分，矿井调度室调动救护大队二中队第二小队 6 名救护队员下井搜救被困的胡某，至 21 时 55 分共进行了 3 次救援行动，均因搜救通道坍塌和 CO 浓度高、温度高、能见度低未成功。

5 月 10 日 1 时 25 分，该矿先后向上级公司和地方政府有关部门报告了事故情况。接到事故报告后，该矿所属煤业公司启动应急预案（一级响应）；该市成立了市、县联合应急救援指挥部；国家矿山安全监察局河南局主要领导和省工信厅、应急管理厅等部门领导及时赶到现场指导抢险救援。

5 时 20 分左右，13120 上巷行人通道处出现 CO，浓度约为 40 ppm，现场指挥部通知人员撤离至 13 采区一部缆车机头处；随后 13 采区一部缆车机头处也出现 CO，井下现场指挥部将人撤离至 13 采区第一联络巷与 13 采区石门交岔口以外。5 时 52 分，应急救援指挥部根据井下灾情态势，决定立即撤出井下全部人员。截至 7 时 08 分，除 5 名被困人员外，其余人员全部安全撤离至地面。经防灭火专家综合分析研判，5 名被困人员已无生存可能，且不具备继续搜救条件。为避免灾情扩大，应急救援指挥部决定对矿井所有井口进行封闭，并组织实施灾害治理工作。截至 5 月 12 日 12 时 44 分，矿井所有井口封闭完成。

3. 事故原因

(1) 事故直接原因

该矿开采的煤层为自燃煤层，13采区中部水仓泵房回风联络巷调节风窗周边破碎煤体自燃，火势发展至13采区回风下山，引燃巷道内的木背板和破碎煤体，并沿回风侧迅速蔓延，形成较大火风压，导致风流逆转和紊乱，高温烟气和高浓度CO阻断逃生通道，造成5名人员死亡。

(2) 事故间接原因

① 风险研判不全面。发现火灾后，未按照该煤矿《综合应急预案》有关要求召开应急会议研判应急处置过程中的各种风险。井上下各种信息汇报、汇总和综合分析不及时，未能准确分析研判火势发展蔓延速度和波及范围，未认识到直接灭火存在的风险。火灾应急处置期间，未及时分析研判13采区回风下山和总回风巷的风量、风速、负压变化等情况，缺乏下山巷道火灾火风压导致烟流逆转的研判，没有采取防止火风压逆转风流的措施。

② 隐患排查治理不深入。安全生产综合整治工作不深不细，未按照河南《全省煤矿全生产综合整治工作方案》"全系统各环节"的要求开展自查自改，排查出的23条问题中涉及防灭火方面的只有1条；未严格落实《安全生产法》的规定，日常检查和定期巡查均未发现13采区中部车场水仓泵房回风联络巷存在的自然发火隐患。

③ 安全监控系统有缺陷。矿井安全监控系统CO传感器保护设置存在缺陷，未将CO传感器瞬时超限（>1 000 ppm）认定为有效监测值，从而导致CO浓度超限未报警。矿井安全监控系统CO浓度监测存在问题，矿井安全监控系统未监测到本次煤层自然发火初期和发展期状态变化信息（CO浓度从3 ppm升至1 000 ppm的过程未显示），不能反映自然发火发生、发展及变化情况；火灾事故发生后，与之相关的10个CO传感器，均未显示CO浓度从3 ppm升至1 000 ppm（满量程）的过程，也未报警。

④ 应急处置工作不力。在井下出现火灾事故险情后，未按照《国家矿山安全监察局关于做好煤矿灾害情况发生重大变化及时报告和出现事故征兆等紧急情况及时撤人工作的通知》有关要求及时撤出受威胁区域人员，出现险情时井下有339人，四点班照常安排人员入井，灾情扩大时井下有381人，直至下达撤离井下全部人员命令前，井下仍有105人；在18时06分许火灾未得到有效控制、已超出矿井处置能力后，没有按照该煤矿《综合应急预案》有关规定立即报告上级公司启动"一级响应"；事故区域灭火器材储备不足，从14时16分开始调运高压水管，直到15时40分才运到火灾现场，耗时1小时24分，贻误了灭火时机。

⑤ 火灾防治技术管理存在漏洞。没有认识到专用回风巷存在自然发火的潜在风险，在安全风险辨识、"一通三防"管理制度、防灭火措施、隐患排查治理等方面均未体现专用回风巷相关内容，存在技术管理漏洞。

⑥ 事故上报不及时。在5月9日18时06分许火情突然扩大、13采区回风下山风流逆转、CO和烟雾扩散至进风巷道造成人员涉险，且于19时许已知有5人被困后，没有按照《矿山生产安全事故报告和调查处理办法》的规定及时上报，而是"反复确认被困人数"，直至5月10日1时27分才向政府有关部门报告事故情况。

4. 事故防范和整改措施

(1) 树牢安全发展理念。要认真吸取事故教训，深入学习贯彻习近平总书记关于安全生产重要论述，始终把安全生产摆在重要位置，牢固树立安全发展理念，坚决落实企业安全生产主体责任，扛起防范化解重大安全风险的政治责任，提升安全生产治理水平，着力从根本上消除隐患，从根本上解决问题。

(2) 加强矿井煤层自然发火规律研究。正确认识矿井火灾的特点，加强煤层自然发火早期监测预警，定期对井下容易发生自然发火的地点进行排查和分析研判，及时发现自然发火征兆并采取治理措施，有效防范事故发生。

(3) 认真制定并严格执行应急预案。修订完善矿井应急预案，加强救援物资、装备储备，并结合应急预案和典型事故案例，开展救援指挥人员应急处置指挥决策能力、现场救援人员专业技能培训，提升安全意识和应急处置能力。险情处置过程中，要按照应急预案要求及时召开应急会议，综合分析、研判应急处置过程中的各种风险，准确掌握险情发展态势和波及范围，及时启动相应级别应急响应，严格按照《国家矿山安全监察局关于做好煤矿灾害情况发生重大变化及时报告和出现事故征兆等紧急情况及时撤人工作的通知》要求及时撤出危险区域作业人员。

(4) 强化隐患排查治理工作。建立健全并落实事故隐患排查治理制度，及时发现、消除事故隐患。修订《"一通三防"专业管理制度》，完善矿井灾害预防和处理计划，明确界定各分管人员的职责，对回风联络巷等其他回风巷检查做出要求。对照煤矿"一规程四细则"和《煤矿重大事故隐患判定标准》等规定，深入开展全系统、各环节自查自改，聚焦关键岗位、关键环节和重大灾害治理，逐系统过筛子，逐环节找漏洞，杜绝出现检查盲区和漏洞。

(5) 加强矿井安全监测监控系统管理及维护。严格按照《煤矿安全监控系统及检测仪器使用管理规范》(AQ 1029)、《煤矿感知数据联网接入规范》(MT/T 1201)等标准要求，完善煤矿安全监测系统，并加强管理和维护，确保系统灵敏可靠。

(6) 依法依规上报事故。加强生产安全事故报告有关法律法规宣传教育，事故发生后严格按照《矿山生产安全事故报告和调查处理办法》等规定及时、准确、完整上报事故情况。

六、矿井火灾防治的安全管理要求与检查要点

(一) 矿井火灾防治的安全管理要求

(1) 煤矿企业应当明确防灭火工作负责部门，建立健全防灭火管理制度和各级岗位责任制度。开采容易自燃和自燃煤层的矿井应当配备满足需要的防灭火专业技术人员。

(2) 煤矿企业必须保证火灾防治费用投入，满足煤矿防灭火工作需要。

(3) 开采容易自燃和自燃煤层的矿井，必须建立注浆系统或者注惰性气体防火系统，并建立煤矿自然发火监测系统。

(4) 煤矿年度灾害预防和处理计划中的火灾防治内容必须根据具体情况及时修改。煤矿必须编制火灾事故应急预案，每年至少组织 1 次应急预案演练。

(5) 煤矿防灭火工作必须坚持预防为主、早期预警、因地制宜、综合治理的原则，制定井上、下防灭火措施。

(6) 煤矿应当遵循灾害协同防治的原则，综合考虑多种灾害因素影响，选择合理的开拓布置、矿井通风方式、采煤方法及工艺、巷道支护方式等。

(7) 煤矿企业、煤矿必须对从业人员进行防灭火教育和培训，定期对防灭火专业技术人员进行培训，提高其防灭火工作技能和有效处置火灾的应急能力。

(8) 煤矿闭坑时应当制定闭坑矿井防灭火专项措施，防止闭坑期间及闭坑后发生井下

火灾。

（二）矿井火灾防治的安全检查要点

1. 地面消防水池和井下消防管路系统

（1）消防水池是否经常保持 200 m^3 以上的水量。

（2）井下消防管路是否每隔 100 m 设置支管和阀门，带式输送机巷道中的消防管路是否每隔 50 m 设置支管和阀门。检查时，应按照要求对照现场进行逐段检查。

2. 防火措施

（1）木料场、矸石山距进风井的距离是否小于 80 m，小于 80 m 时是否采取措施。

（2）进风井口是否装设防火铁门，或有防止烟火进入矿井的措施。

（3）《煤矿安全规程》中禁止使用可燃性材料支护的地点是否仍然使用可燃性材料进行支护。

（4）井下进行电焊、气焊和喷灯焊接时是否制定安全措施，并严格遵守《煤矿安全规程》的有关规定。

（5）井上、下是否按照《煤矿安全规程》要求设置消防材料库，并遵守其相应的规定。

（6）井下爆破材料库、机电设备硐室、检修硐室、材料库、井底车场、使用带式输送机或液力耦合器的巷道，以及采掘工作面附近的巷道中是否备有灭火器材，其数量、规格和存放地点是否在灾害预防与处理计划中有明确规定。

（7）井上、下的消防管路系统，防火门，消防材料库和消防器材是否按照《煤矿安全规程》要求进行定期检查。

3. 灌浆系统

（1）灌浆站的容积、蓄水池的水量、取土场的大小是否满足矿井防灭火的要求。检查时应根据井下实际需浆量进行分析。

（2）灌浆管路管径是否与灌浆量相适应，管路架设是否平直、靠帮、靠腰线以上，管路每隔 200～500 m 是否有安全阀；管路压力倍数是否大于 3.5 倍。检查时应一段一段地检查，发现问题应及时通知有关部门进行整改。

（3）采区设计中是否明确灌浆系统、疏水系统，是否有疏水和灌浆后防止遗浆、突水的措施。

4. 注氮系统

（1）氮气是否充足，其浓度是否达到 97%以上。

（2）是否有氮气专用输送管路及其附属安全设施。

（3）注氮管路是否平直、严密不漏气，低洼处是否有放水设施。

（4）是否有能连续监测采空区气体变化的监测系统；是否有专人定期进行检查、分析和整理有关记录。

5. 火区管理

（1）是否绘制火区位置关系图，建立火区管理卡片。

（2）火区所有永久性防火墙是否都有编号，并在火区位置关系图中注明。

（3）是否按《煤矿安全规程》要求进行防火墙的管理。

（4）启封已扑灭火区前是否制定安全措施。

第四节　矿井粉尘防治及安全管理

一、矿井粉尘的产生及危害

矿井粉尘是矿井生产过程中产生的固体物质细微颗粒的总称，简称矿尘。

(一) 矿尘的分类

(1) 按其成分，可分为岩尘、煤尘。

(2) 按矿尘存在状态，划分为浮游粉尘、沉积粉尘。

(3) 按矿尘粒径组成范围，划分为全尘(总粉尘)、呼吸性粉尘。

(二) 矿尘的产生

采煤工作面的主要产尘工序有采煤机落煤、装煤、运煤、液压支架移架、运输转载、人工攉煤、爆破及放煤口放煤等。

掘进工作面的产尘工序主要有机械破岩(煤)、装岩(煤)、爆破、煤矸运输转载及锚喷等。

巷道维修的锚喷现场、煤炭的装卸点等也都会产生高浓度的矿尘，尤其是煤炭装卸处的瞬时矿尘浓度，有时甚至达到煤尘爆炸浓度界限，应予以充分重视。

(三) 矿尘的危害

矿尘具有很大的危害性，主要表现在以下几个方面：

(1) 矿尘污染作业环境，降低生产场所的能见度，增加工伤事故发生的概率。

(2) 长期吸入矿尘后，会引起身体器官的病变，引起职业病。

(3) 某些矿尘(如煤尘、硫化尘)在一定的条件下可能发生爆炸。

(4) 矿尘还会加速机械、电气设备的损坏，缩短精密仪器、仪表的使用寿命。

二、煤尘爆炸及预防

(一) 煤尘爆炸的特征

(1) 形成高温、高压、冲击波。煤尘爆炸火焰温度为 1 600～1 900 ℃，爆源的温度达到 2 000 ℃以上，这是煤尘爆炸得以自动传播的条件之一。

(2) 煤尘爆炸具有连续性。由于煤尘爆炸具有很高的冲击波速，能将巷道中落尘扬起，甚至使煤体破碎形成新的煤尘，导致新的爆炸，有时可如此反复多次，形成连续爆炸，这是煤尘爆炸的重要特征。

(3) 煤尘爆炸也有一个感应期，即煤尘受热分解产生足够数量的可燃气体形成爆炸所需的时间。挥发分越高，感应期越短。

(4) 挥发分减少或形成“黏焦”煤尘爆炸时，参与反应的挥发分约占煤尘挥发分含量的40%～70%，致使煤尘挥发分减少。根据这一特征，“黏焦”也是判断井下发生爆炸事故时是否有煤尘参与的重要标志。

(5) 产生大量的 CO。煤尘爆炸时产生的 CO，在灾区气体中的浓度可达 2%～3%，甚至高达 8%左右。

(二) 煤尘爆炸的条件

(1) 煤尘本身具有爆炸危险性。

(2) 浮游煤尘的浓度一般为30～2 000 g/m³,其中爆炸力强度最强的浓度范围为300～500 g/m³,低于下限浓度或高于上限浓度的煤尘都不会发生爆炸。

(3) 引燃煤尘爆炸的高温热源一般为610～1 050 ℃,多数为700～800 ℃。

(4) 空气中氧浓度大于18%。

(三) 影响煤尘爆炸的因素

1. 煤的挥发分

煤尘爆炸主要是在尘粒分解的可燃气体(挥发分)中进行的,因此煤的挥发分数量和质量是影响煤尘爆炸的最重要因素。一般说来,煤尘的可燃挥发分含量越高,爆炸性越强。

2. 煤的灰分和水分

煤内的灰分是不燃性物质,能吸收能量,阻挡热辐射,破坏链反应,降低煤尘的爆炸性。水分能降低煤尘的爆炸性,因为水的吸热能力大,能促使细微尘粒聚结为较大的颗粒,减少尘粒的总表面积,同时还能降低落尘的飞扬能力。

3. 煤尘粒度

粒度对爆炸性的影响极大。粒径为1 mm以下的煤尘粒子都可能参与爆炸,而且爆炸的危险性随粒度的减小而迅速增加。

4. 空气中的瓦斯浓度

瓦斯参与使煤尘爆炸下限降低。随着瓦斯浓度的升高,煤尘爆炸浓度下限急剧下降,这一点在有瓦斯煤尘爆炸危险的矿井应引起高度重视。

5. 空气中氧的含量

空气中氧的含量高时,点燃煤尘的温度可以降低;氧的含量低时,点燃煤尘云困难;当氧含量低于18%时,煤尘就不再爆炸。氧含量高,爆炸压力高;氧含量低,爆炸压力低。

6. 引爆热源

煤尘爆炸必须有一个达到或超过最低点燃温度和能量的引爆热源。引爆热源的温度越高,能量越大,越容易点燃煤尘云,而且煤尘初爆的强度也越大;反之,温度越低,能量越小,越难以点燃煤尘云,且即使引起爆炸,初始爆炸的强度也越小。

(四) 煤尘爆炸性鉴定

煤尘爆炸性的鉴定方法有两种:一种是在大型煤尘爆炸试验巷道中进行,这种方法比较准确可靠,但工作繁重复杂,所以一般作为标准鉴定用;另一种是在实验室内使用大管状煤尘爆炸性鉴定仪进行,方法简便,目前多采用这种方法。

(五) 预防煤尘爆炸的措施

预防煤尘爆炸的技术措施主要包括防止煤尘达到爆炸浓度(即减、降尘措施)、防止煤尘引燃措施及隔绝煤尘爆炸措施三个方面。

1. 减、降尘措施

煤矿采取煤层注水、湿式打眼、水炮泥、喷雾洒水降尘、冲洗巷道等多种防尘手段。

2. 防止煤尘引燃措施

加强明火管理,提高防火意识。一是防止爆破火源;二是防止电气火源和静电火源;三是防止摩擦和撞击火花。

3. 隔绝煤尘爆炸的措施

一是清除落尘。定期清除落尘，防止沉积煤尘参与爆炸，可有效降低爆炸威力，使爆炸由于得不到煤尘补充而逐渐熄灭。二是撒布岩粉。定期在井下某些巷道中撒布惰性岩粉，增加煤尘的灰分，使煤尘失去爆炸性。三是设置水棚。隔爆水棚按隔绝煤尘爆炸作用的保护范围，分为主要隔爆棚和辅助隔爆棚。四是设置岩粉棚和自动隔爆棚。

三、综合防尘措施与新型装备

矿山综合防尘是指采用各种技术手段减少矿山粉尘的产生量、降低空气中的粉尘浓度，以防止粉尘对人体、矿山生产等造成危害的措施。综合防尘措施主要有以下几种。

（一）煤层注水

按国内外注水状况，目前有短孔注水、深孔注水、长孔注水等方式。

1. 短孔注水

在采煤工作面垂直煤壁或与煤壁斜交打孔注水，注水孔长度一般为 2～3.5 m。对于煤层赋存不稳定、地质构造复杂、产量较低的采煤工作面，或者顶、底板岩性易吸水膨胀而影响顶板管理的工作面，采用短孔注水较合理。短孔注水方式对生产能力高的工作面不适用，注水效果不如另外两种方式。短孔注水在机械化采煤工作面很少采用，炮采工作面在爆破前利用炮眼注水在国内应用比较普遍。

2. 深孔注水

在采煤工作面垂直煤壁打钻孔注水，孔长一般为 5～25 m，如图 4-5 所示。由于钻孔比较长，其要求煤层赋存稳定。它具有适应顶、底板吸水膨胀等特点，要求注水压力高，注水工艺设备较复杂，而且要求准备班的时间较长。

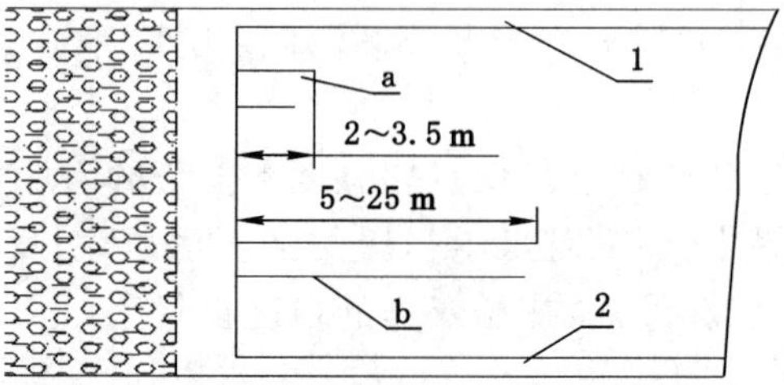

1—回风巷；2—运输巷；a—短孔；b—深孔。

图 4-5　短孔、深孔注水方式示意图

3. 长孔注水

从采煤工作面的运输巷或回风巷、沿煤层倾斜方向平行于工作面打上向孔或下向孔注水（如图 4-6 所示），孔长为 30～100 m；当工作面长度超过 120 m 而单向孔达不到设计深度或煤层倾角有变化时，可采用下向、上向钻孔联合布置钻孔注水（如图 4-7 所示）。

长孔注水是一种先进的注水方式，是在原始应力区的煤体中注水，湿润较大区域的煤体注水时间长，煤体湿润均匀，注水与回采互不干扰。缺点是对地质条件变化的适应性相对于短孔注水和深孔注水较差。这种方法被国内外广泛采用。

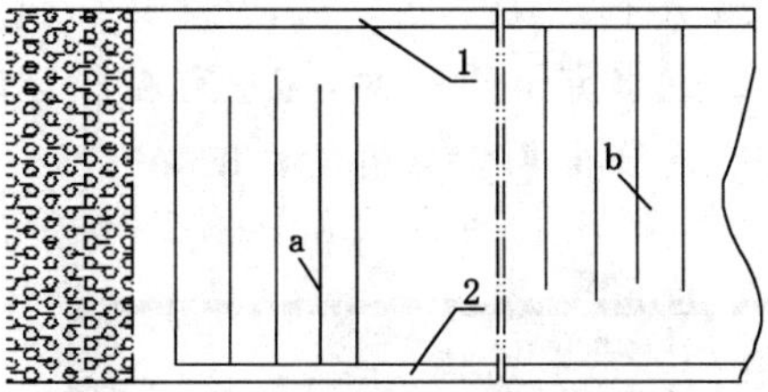

1—回风巷；2—运输巷；a—上向孔；b—下向孔。

图 4-6　单向长钻孔注水方式示意图

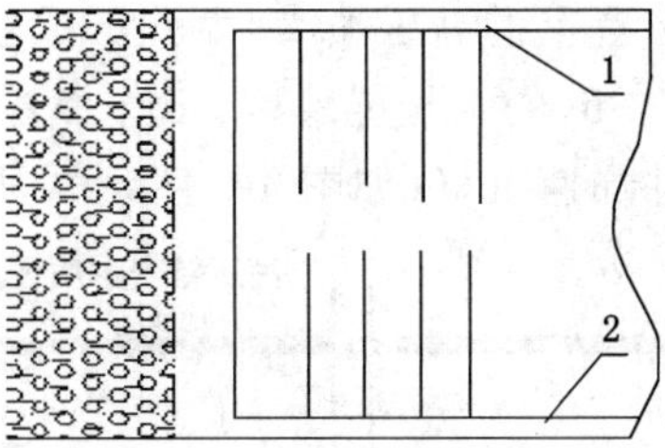

1—回风巷；2—运输巷。

图 4-7　双向长钻孔注水方式示意图

（二）湿式作业

湿式作业是利用水或其他液体，使之与尘粒相接触而捕集粉尘的方法。它是矿井综合防尘的主要技术措施之一，具有所需设备简单、使用方便、费用较低和除尘效果较好等优点。缺点是增加了工作场所的湿度，恶化了工作环境，能影响煤矿产品的质量，除缺水和严寒地区外，一般煤矿应用较为广泛。我国煤矿较成熟的经验是采取以湿式凿岩为主，配合喷雾洒水、水封爆破和水炮泥以及煤层注水等防尘技术措施。

（三）净化风流

净化风流是使井巷中含尘的空气通过一定的设施或设备，将矿尘捕获的技术措施。目前使用较多的是水幕和湿式除尘装置。

1. 水幕净化风流

水幕是在敷设于巷道顶部或两帮的水管上间隔地安上数个喷雾器喷雾形成的。喷雾器的布置应以水幕布满巷道断面尽可能靠近尘源为原则。净化水幕应安设在支护完好、壁面平整、无断裂破碎的巷道段内。

2. 除尘装置

除尘装置（或除尘器）是指把气流或空气中含有固体粒子分离并捕集起来的装置，又称集尘器或捕尘器。

（四）通风除尘

通风除尘是指通过风流的流动将井下作业点的悬浮矿尘带出，降低作业场所的矿尘浓度，因此搞好矿井通风工作能有效地稀释和及时地排出矿尘。

决定通风除尘效果的主要因素是风速及矿尘密度、粒度、形状、湿润程度等。风速过低，粗粒矿尘将与空气分离下沉，不易排出；风速过高，能将落尘扬起，增大矿内空气中的粉尘浓度。因此，通风除尘效果是随风速的增大而逐渐增强的，达到最佳效果后，如果再增大风速，效果又开始减弱。排除井巷中的浮尘要有一定的风速。我们把能使呼吸性粉尘保持悬浮并随风流运动而排出的最低风速称为最低排尘风速，把能最大限度排除浮尘而又不致使落尘二次飞扬的风速称为最优排尘风速。一般来说，掘进工作面的最优风速为 0.4～0.7 m/s，机械化采煤工作面的最优风速为 1.5～2.5 m/s。

（五）几种新型防尘技术与设备

1. 炮掘工作面高压喷雾降尘技术

炮掘工作面高压喷雾降尘技术利用高压喷雾泵产生高压水，通过高压管路输送到固定在喷雾装置上的高压喷嘴，由此形成密度大、速度高、带电荷的细微水雾粒，在工作面回风侧形成近 10 m 的水雾屏障区，工作面爆破产生的粉尘经过水雾屏障区时，与水雾粒相互碰撞而凝结并加速沉降(如图 4-8 所示)，从而达到降低炮掘工作面粉尘浓度的目的。

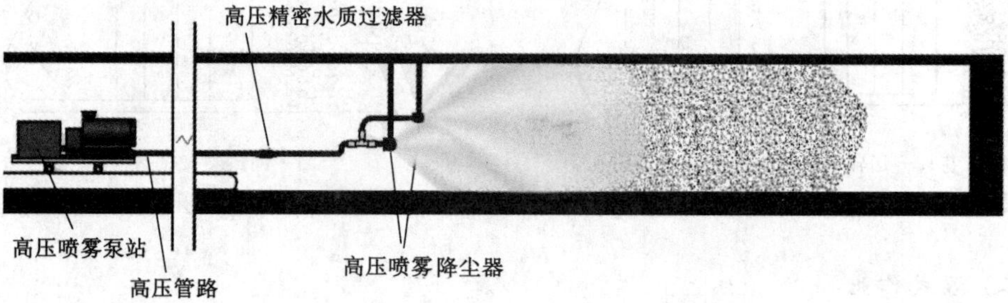

图 4-8 炮掘工作面高压喷雾降尘系统示意图

2. 喷射机上料除尘一体化工艺技术

喷射机上料处产尘主要来自四个方面：上料扬尘、上料口余气产尘、机身余气口产尘、摩擦板与转子之间的间隙产尘。根据上述喷射机产尘特点，拟通过降低上料高度减小上料过程中的扬尘；针对上料口余气产尘、机身余气口产尘、摩擦板产尘，采用密闭罩将喷浆机、输送装置进行全密闭从而控制粉尘；控尘罩内的粉尘通过除尘器抽尘净化，为了减小除尘器的体积和质量，除尘器拟采用压缩空气为动力，最终形成喷射机上料除尘一体化装备。喷射机上料除尘一体化装备示意图如图 4-9 所示。

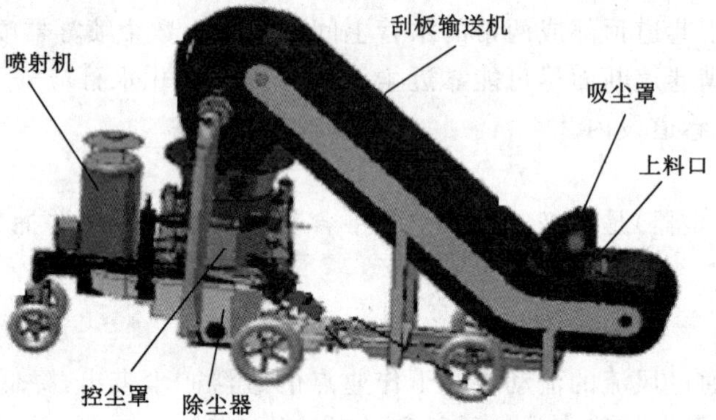

图 4-9 喷射机上料除尘一体化装备示意图

3. 综掘工作面高压喷雾降尘技术

综掘工作面高压喷雾降尘系统利用高压喷雾泵产生 8～12 MPa 高压水，通过高压管路输送到固定在掘进机喷雾装置上的高压喷雾装置，由此形成密度大、速度高、带电荷的细微水雾粒，掘进机割煤时产生的粉尘经过水雾屏障时，与水雾粒相互碰撞而凝结并加速沉降，从而达到降低综掘工作面粉尘浓度的目的。综掘工作面高压外喷雾降尘系统如图 4-10 所示。

4. 可调式控风抽尘净化系统

工作面可调式控风抽尘净化系统主要由压入式风机、压入式风筒、附壁风筒、吸尘罩、骨架风筒及除尘器等组成。压入式风筒出风口连接附壁风筒形成涡旋风流，在掘进机司机的

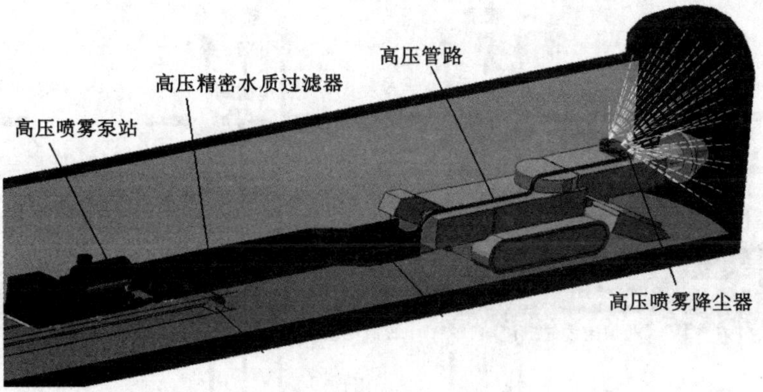

图 4-10　综掘工作面高压外喷雾降尘系统示意图

前方建立起空气屏幕，形成控尘系统；除尘器、骨架风筒、吸尘罩等形成除尘系统（如图 4-11 所示）。通过除尘器运行中产生的负压，在工作面迎头形成一个负压区，使含尘空气由吸尘罩经骨架风筒进入除尘器中净化处理，干净的风流再排至巷道中。

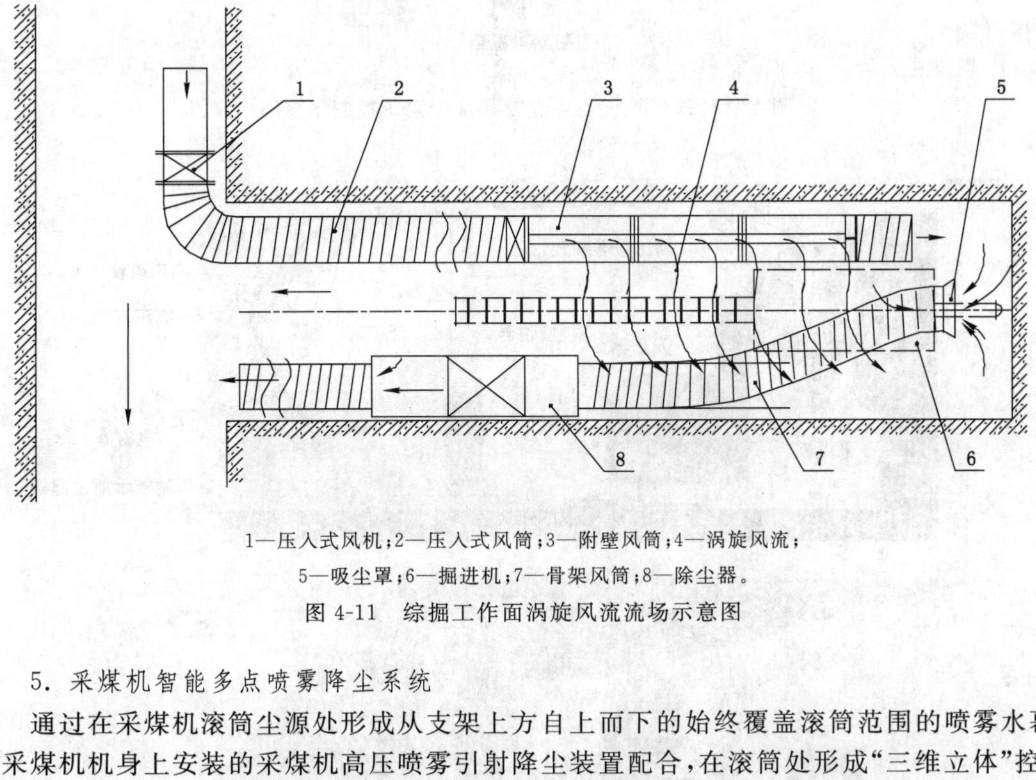

1—压入式风机；2—压入式风筒；3—附壁风筒；4—涡旋风流；
5—吸尘罩；6—掘进机；7—骨架风筒；8—除尘器。

图 4-11　综掘工作面涡旋风流流场示意图

5. 采煤机智能多点喷雾降尘系统

通过在采煤机滚筒尘源处形成从支架上方自上而下的始终覆盖滚筒范围的喷雾水幕，与采煤机机身上安装的采煤机高压喷雾引射降尘装置配合，在滚筒处形成“三维立体”控尘水幕，尤其是在产尘强度高的采煤工作面，可显著降低采煤机割煤时的粉尘浓度。

该系统主要由控制箱、传感器（可包含发射器和接收器）、水路执行元件（防爆电磁阀或电动球阀）、遥控发送器、连接管路及配件等组成，如图 4-12 和图 4-13 所示。系统工作原理是当采煤机经过设置在支架上的接收器时，接收器接收到设置在煤机上的发射器产生的信号，送至控制箱推动电磁阀启动，使安装在支架顶梁或前探梁处喷雾系统按预设时间喷雾降尘，实现对采煤机滚筒及采煤机下风流自动喷雾降尘，减小粉尘产生量并消除煤机下风流粉尘污染。

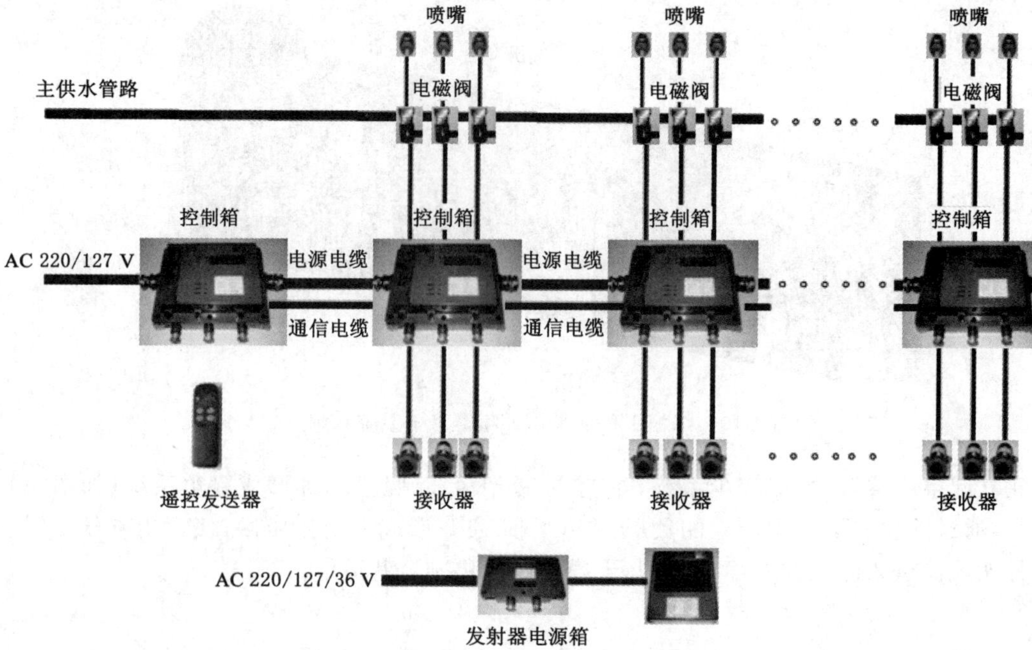

图 4-12　采煤机智能多点喷雾降尘系统控制示意图

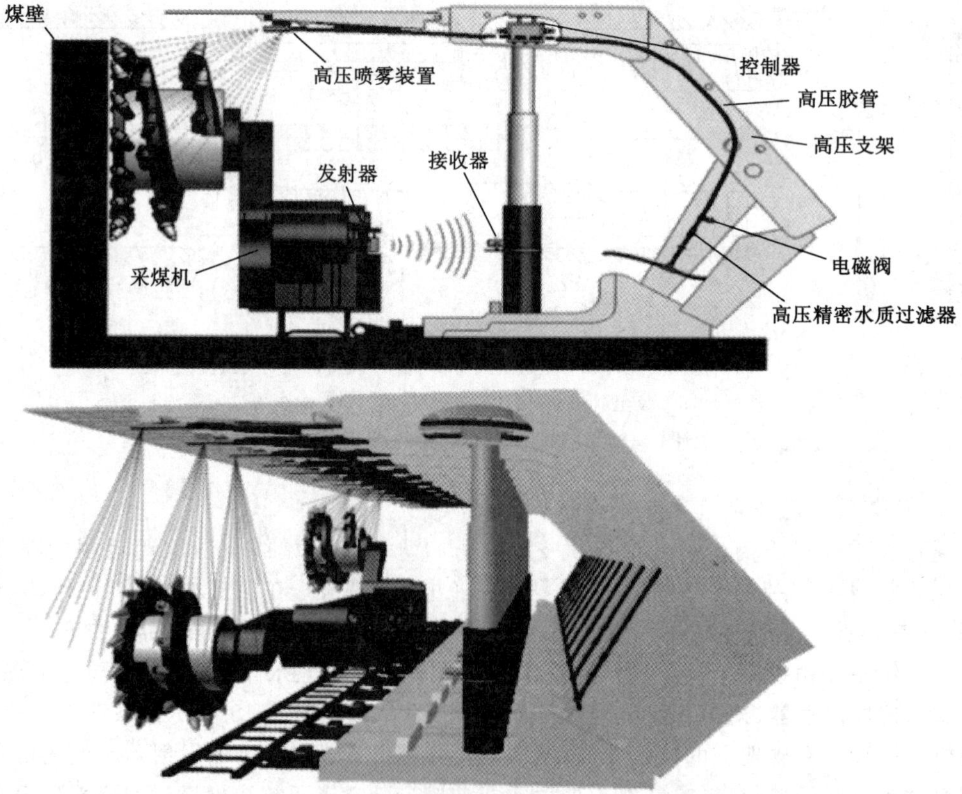

图 4-13　采煤机智能多点喷雾降尘系统结构示意图

6. 泡沫抑尘技术及装备

矿用泡沫抑尘技术是利用井下的除尘水管和压风管路，在水管中加入一定量的添加剂，通过专用的发泡装置，引入压风，产生高倍数泡沫，通过喷嘴喷洒至尘源。泡沫通过良好的覆盖、湿润和黏附等方式作用于粉尘，从根本上防止粉尘的扩散，有效地降低空气中的粉尘浓度。该技术与其他湿式抑尘相比，用水量可减少 30%～80%，抑尘效率比喷雾洒水高 3～5 倍。该技术主要包含矿用泡沫抑尘设备和矿用泡沫抑尘专用液两种产品，二者配合使用。

泡沫抑尘设备主要由箱体及泡沫产生设备、泡沫分配器、泡沫喷头及支架三部分组成。

抑尘专用液是为泡沫抑尘技术专门研发的添加剂，具有发泡能力强，迅速改变粉尘的湿润性两个方面的功能。专用液有两个方面的作用：一是产生高倍数泡沫覆盖产尘点，从根本上阻止粉尘的扩散；二是即使有粉尘扩散至空气中，泡沫中所含的泡沫液能够迅速改变粉尘的表面结构，把粉尘由疏水性变为亲水性，使粉尘快速湿润而被捕获，从而提高降尘效率。

与传统除尘技术相比，泡沫除尘技术不但克服了除尘器体积庞大、噪声大的缺点，兼有普通喷雾和化学抑尘的优点。当泡沫喷洒到岩石或料堆上时，造成无空隙的泡沫体覆盖尘源，从而抑制粉尘的产生；当泡沫液喷洒到含尘空气中时，则形成大量的泡沫粒子群，增加了与尘粒的碰撞效率，从而增加了泡沫和粉尘的黏附效率，防止粉尘的二次飞扬。

（六）个体防护

个体防护是指通过佩戴各种防护面具以减少人体吸入粉尘的一项措施。井下各生产环节虽然采取了一系列防尘措施，但仍会有少量微细矿尘悬浮于空气中，甚至个别地点不能达到卫生标准，因此个体防护是防止矿尘对人体造成伤害的最后一道关卡。个体防护的用具主要有防尘口罩、防尘风罩、防尘帽、防尘呼吸器等，其目的是使佩戴者能呼吸净化后的清洁空气而不影响正常工作。

个体防护不可以也不能完全代替其他防尘技术措施。防尘是首位的，但采取一定的个人防护措施也是必要的。

四、矿井防尘安全管理要求与检查要点

（一）矿井防尘安全管理要求

(1) 新建矿井或者生产矿井每延深一个新水平，应当进行 1 次煤尘爆炸性鉴定工作，鉴定结果必须报省级煤炭行业管理部门和煤矿安全监察机构。

(2) 开采有煤尘爆炸危险煤层的矿井，必须有预防和隔绝煤尘爆炸的措施。矿井的两翼、相邻的采区、相邻的煤层、相邻的采煤工作面间，掘进煤巷同与其相连的巷道间，煤仓同与其相连的巷道间，采用独立通风并有煤尘爆炸危险的其他地点同与其相连的巷道间，必须用水棚或者岩粉棚隔开。必须及时清除巷道中的浮煤，清扫、冲洗沉积煤尘或者定期撒布岩粉；应当定期对主要大巷刷浆。

(3) 矿井应当每年制定综合防尘措施、预防和隔绝煤尘爆炸措施及管理制度，并组织实施。应当每周至少检查 1 次隔爆设施的安装地点、数量、水量或者岩粉量及安装质量是否符合要求。

(4) 高瓦斯矿井、突出矿井和有煤尘爆炸危险的矿井，煤巷和半煤岩巷掘进工作面应当安设隔爆设施。

(5) 粉尘监测应当采用定点监测、个体监测方法。

(6) 煤矿必须对生产性粉尘进行监测。

(7) 井工煤矿采煤工作面应当采取煤层注水防尘措施。

(8) 井工煤矿炮采工作面应当采用湿式钻眼、冲洗煤壁、水炮泥、出煤洒水等综合防尘措施。

(二) 矿井防尘安全检查要点

矿井防尘系统检查的重点:一是检查防尘洒水系统的有效性,水量、水压、供水管路是否满足矿井降尘的需要;二是检查矿井喷雾降尘、洒水降尘等工作是否正常进行,以及降尘效果等。

矿井防尘安全检查的具体内容包括:

(1) 蓄水池容积水量是否满足矿井防尘洒水的需要;水压是否达到洒水、注水的要求。

(2) 供水管径能否满足需要;大巷供水管路每 50 m 是否设置调节阀门;供水管路是否靠帮靠顶;供水管路通过巷道交岔处时是否妨碍行人和通车。

(3) 工作地点的喷洒头是否足够;喷雾时是否呈雾状;水质是否清洁,不清洁时有无过滤装置。

(4) 井巷清扫、冲洗是否正常进行,巷道有无积尘。

(5) 矿井是否有完备的防尘资料,包括煤尘爆炸鉴定报告、矿井综合降尘措施、清扫煤尘记录、防尘洒水系统图、注水钻场、钻孔台账、防尘洒水月报和季报等。

第五章　煤矿爆破安全

第一节　爆破器材与起爆的安全管理

一、煤矿许用炸药

凡是允许在有瓦斯和可燃性煤层爆炸危险性矿井中使用的炸药称为煤矿许用炸药。必须对照矿井瓦斯等级，使用不同等级的煤矿许用炸药。

（一）煤矿许用炸药的安全等级

煤矿许用炸药的安全等级是指在特定条件下，就炸药爆破对瓦斯、煤尘的引爆能力而言的。在相同的条件下，炸药的安全等级越低，爆破时引爆瓦斯、煤尘的可能性就越大。

《煤矿安全规程》规定，井下爆破作业，必须使用煤矿许用炸药。煤矿许用炸药的选用必须遵守下列规定：

（1）低瓦斯矿井的岩石掘进工作面，使用安全等级不低于一级的煤矿许用炸药。

（2）低瓦斯矿井的煤层采掘工作面、半煤岩掘进工作面，使用安全等级不低于二级的煤矿许用炸药。

（3）高瓦斯矿井，使用安全等级不低于三级的煤矿许用炸药。

（4）突出矿井，使用安全等级不低于三级的煤矿许用含水炸药。

（二）常见煤矿许用炸药的种类

根据炸药的组成和性质，我国煤矿常用的煤矿许用炸药一般有水胶炸药、乳化炸药、被筒炸药、离子交换炸药和当量炸药等。

1. 水胶炸药

水胶炸药是一种在煤矿中应用比较广泛的煤矿许用炸药，其品种主要有二级水胶炸药和三级水胶炸药两种。二级水胶炸药适用于低瓦斯矿井，三级水胶炸药可用于低瓦斯矿井、高瓦斯矿井及煤与瓦斯突出矿井。

2. 乳化炸药

乳化炸药是通过乳化剂的作用，形成油包水型膏状含水炸药，具有密度可调范围较宽，抗水性能强，爆速高，爆轰感度和爆炸性能好，生产、使用安全等一系列优点。乳化炸药分为五级，主要有二级、三级和四级。

3. 被筒炸药

被筒炸药的特点是安全性能高，爆温、爆热、做功能力、猛度和爆轰感度低，制作工艺复杂,药卷直径大,被筒易于破裂。

4. 离子交换型炸药

离子交换型炸药是我国现有安全性能最高的煤矿许用炸药,以硝酸钠和氯化铵的混合物为主,再加入敏感剂硝化甘油制成,可用于煤与瓦斯突出矿井,根据使用的气温条件,应在不低于−20 ℃的条件下使用。离子交换型炸药的安全度大约为被筒炸药的两倍。

5. 当量炸药

盐量分布均匀,而且安全性与被筒炸药相当的炸药称为当量炸药。当量炸药的含盐量比被筒炸药高,做功能力、猛度和爆热远比被筒炸药低,正常爆轰条件下,具有很高的安全性。

二、常用起爆器材

起爆器材是用于使炸药获得必要引爆能量的器材,包括激发系统、连通部分和起爆体。激发系统有点火器、电源、激发笔、激发雷管等;连通部分有导电线、导火索、导爆管、导爆索、导爆管连接件、继爆管等;起爆体常用的有雷管、导爆索、起爆弹和中继药包等。

(一) 电雷管

电雷管是利用电能引起雷管爆炸,进而激发炸药爆轰的基本元件。

1. 瞬发电雷管

瞬发电雷管是一种通电即刻爆炸的电雷管,其结构如图 5-1 所示。瞬发电雷管的装药部分与火雷管相同,不同之处在于其管内装有电点火装置。电点火装置由脚线、桥丝和引火药组成。

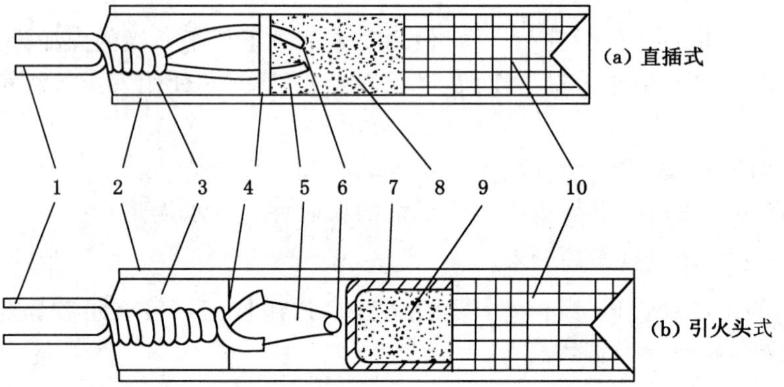

1—脚线;2—管壳;3—密闭塞;4—纸垫;5—线芯;6—桥丝(引火药);
7—加强帽;8—散装 DDNP;9—正起爆药;10—副起爆药。

图 5-1 瞬发电雷管结构图

根据电点火装置的不同,瞬发电雷管的结构有两种。

图 5-1(a)所示为直插式,其特点是正起爆药 DDNP 是松散的,取消了加强帽。点火装置的桥丝上没有引火药。桥丝直接插入松散的 DDNP 中,DDNP 既是正起爆药,又是点火药。当电流经脚线传至桥丝时,灼热的桥丝直接引燃 DDNP,并使之爆轰。

图 5-1(b)所示为引火头式,桥丝周围涂有引火药,作成一个圆珠状的引火头。当桥丝

通电灼热，引起引火药燃烧，火焰穿过加强帽中心孔，即引起正、副起爆药的爆炸。

2. 延期电雷管

延期电雷管是装有延期元件或延期药，以电能激发后间隔一定时间爆炸的电雷管。它由引火元件、延期元件和火雷管三部分组成。延期电雷管主要有秒或半秒延期电雷管及毫秒延期电雷管两类。

3. 煤矿许用电雷管

允许在有瓦斯和煤尘爆炸危险的煤矿井下使用的电雷管统称为煤矿许用电雷管。

4. 电子雷管

电子雷管又称高精度数码电子雷管，与传统延期电雷管的根本区别在管壳内部的延期结构和延期方式。电子雷管和传统延期电雷管的“电”部分是不同的。对延期电雷管来说，这部分是一根电阻丝和一个引火头，点火电流通过时，电阻丝加热引燃引火头和邻近的延期药，由延期药长度来决定雷管的延期时间；在电子雷管内，也有一个这种形式的引火头，但电子延期芯片取代了电和非电雷管引火头后面的延期药。

山西壶化集团股份有限公司顺利通过国家矿用产品安全标志中心组织的工厂评审，并于 2022 年 6 月 24 日取得煤矿许用数码电子雷管安全标志证书，标志着煤矿井下开采进入数码电子雷管时代。2022 年 7 月 20 日工业和信息化部安全生产司《关于进一步做好数码电子雷管推广应用工作》（工安全函〔2022〕109 号），要求煤矿许用工业电雷管于 2022 年 9 月底前停止生产、11 月底停止销售，开启了煤矿数码电子雷管的全面应用。由于数码电子雷管起爆系统的高精度、高可靠性，延期时间的灵活性，对射频电、杂散电流的可控性，正在成为起爆器材领域中的新星。

（二）发爆器与起爆电源

1. 常用发爆器

发爆器是供给电爆网路上的雷管起爆电能的器具，有防爆型和非防爆型两种；按结构原理不同，有发电机式和电容式两种。发爆器的选用应根据有无煤尘和瓦斯爆炸危险、一次起爆雷管数量、使用雷管种类、起爆线路的阻抗等确定，保证每个雷管的端电能满足发火电流的要求。

(1) 发电机式发爆器

发电机式发爆器是一个小型手摇发电机，当手摇转柄时可发出瞬时脉冲直流电，由输出端钮供电雷管起爆。这种发爆器重量大、起爆能力不稳定、受潮时能力降低，已退出历史舞台。

(2) 电容式发爆器

工业雷管时期应用最广泛的发爆器是电容式发爆器。

2. 数码电子雷管起爆控制器

数码电子雷管起爆控制器是为煤矿许用数码电子雷管爆破作业而开发设计的集激光扫码录入、脚线录入、电源逆变、无线网络通信、在线连网申请爆破授权、爆破记录上报、双线无极性通信等技术于一体的手持式起爆设备；具有携带方便、操作简易、扫描快速、充电状态可监测以及可远程维护管理等特点。

3. 起爆电源

起爆电源指直接引爆电雷管所用的电源。目前的主井、斜井、大断面隧道等炮眼较多的爆破多使用220 V或380 V的交流电源。这种电源的电流强度大,因此在电爆网路中的雷管数量多、网路连接复杂、需要总电流强度大时应用较多。

三、电力起爆法

(一)起爆方法类型

根据施加能量的方法不同,起爆方法大致可分为以下三类:

(1)非电起爆法:属于这类起爆方法的有火雷管起爆法、导爆索起爆法和导爆管起爆法。

(2)电起爆法:是指采用电能来起爆工业炸药,如工程爆破中广泛使用各种电雷管的起爆方法。

(3)其他起爆法:如水下超声波起爆法、电磁波起爆法和电磁感应起爆法等。

(二)电力起爆法的形式

利用电雷管通电后起爆产生的爆炸能引爆炸药的方法称为电力起爆法。它是通过由电雷管、母线和起爆电源三部分组成的起爆网路来实施的。

电力起爆与火花起爆比较,其优点是改善了工作条件,减少了爆破工作的危险性,能同时引爆许多药包,增大爆破的范围与效果。

(三)电力起爆的相关工作

电力起爆的主要工作有检查母线和电雷管、制作起爆药卷、计算和敷设电爆网路等。

1. 检查母线和电雷管

(1)检查母线

检查母线连通情况,电阻值是否正常,有无断线,外表绝缘是否良好等。

(2)检查电雷管

电雷管的质量检查主要在生产厂,现场应用时主要是检查电雷管脚线破皮和电雷管电阻值,同一爆破网路中必须使用同厂、同批、同牌号的电雷管,且最大和最小电阻差不得超过0.25 Ω。因为电阻值不同的电雷管不能同时爆炸,先爆炸的会将电路切断,产生拒爆。

2. 制作起爆药卷

为防止在装填药卷过程中将电雷管从药卷中拉出,应先在药卷的一端上部用尖木棍(或竹棍)穿一斜孔,把电雷管脚线弯成一圈环并穿过斜孔,再将圈环套过药卷后拉紧。在药卷中心线上穿孔插入雷管,最后将线绕在一起,扎紧即可。

3. 计算和敷设电爆网路

(1)计算电爆网路

按设计的网路形式,进行网路总电阻和电流、各支路的电阻和电流的计算,校核起爆电源能力是否满足电雷管安全准爆要求。

(2)敷设电爆网路

在敷设电爆网路时,母线必须短接。为了减少接头的电阻,先将母线端头绝缘包皮切下5～10 cm长,刮去金属线上的氧化层,再把两端头短接牢固,外面用胶布包裹,以免发生短路或漏电。

第二节　爆破作业的安全管理

一、爆破有害效应及防护

（一）爆破地震效应及防护

1. 爆破地震安全距离计算

在爆破设计时，为避免爆破地震，炸药在煤岩中爆炸时，一部分能量破碎煤（岩），一部分能量在煤（岩）中以波的形式向外传播，产生地震作用，还有一部分能量会在空气中产生空气冲击波。《爆破安全规程》对矿山巷道规定的最大允许质点振动速度为：围岩稳定，有良好支护的，其速度为 10 cm/s；围岩中等稳定，有良好支护的，其速度为 20 cm/s；围岩稳定，无支护的，其速度为 30 cm/s。

爆破地震安全距离的计算公式为：

$$R = (K/v)^{1/\alpha} Q^{1/3} \tag{5-1}$$

式中　R——爆破地震安全距离，m；

Q——炸药量（齐发爆破取总装药量，微差爆破或秒差爆破取最大一段药量），kg；

v——地震安全速度，即最大允许质点振动速度，cm/s；

K,α——爆破安全系数和衰减指数，可按表 5-1 选取，或通过现场试验确定。

表 5-1　爆区不同岩性的 K、α 值

岩性	K	α
坚硬岩石	50～150	1.3～1.5
中硬岩石	150～250	1.5～1.8
软岩石	250～350	1.8～2.0

减小爆破地震效应的具体措施有：采用微差爆破技术；减小最大一段爆破药量；采用低爆速炸药和不耦合装药结构；设计合理的起爆顺序；采用预裂爆破技术等。

2. 爆破地震效应的安全设计

（1）控制一次爆破的最大用药量。根据爆破类型和爆破周围需保护对象，按表 5-2 确定爆破震动安全允许速度 V 后，即可利用下式计算出一次爆破的最大用药量 Q_{max}：

$$Q_{max} = R^3 (V/K)^{3/\alpha} \tag{5-2}$$

表 5-2　爆破震动安全允许标准

序号	保护对象类别	安全允许质点振动速度 V/(cm/s)		
		$f \leqslant 10$ Hz	10 Hz $< f \leqslant 50$ Hz	$f > 50$ Hz
1	土窑洞、土坯房、毛石房屋	0.15～0.45	0.45～0.9	0.9～1.5
2	一般民用建筑物	1.5～2.0	2.0～2.5	2.5～3.0
3	工业和商业建筑物	2.5～3.5	3.5～4.5	4.2～5.0

表 5-2(续)

序号	保护对象类别	安全允许质点振动速度 V/(cm/s)		
		$f \leqslant 10$ Hz	10 Hz $< f \leqslant 50$ Hz	$f > 50$ Hz
4	一般古建筑与古迹	0.1～0.2	0.2～0.3	0.3～0.5
5	运行中的水电站及发电厂中心控制室设备	0.5～0.6	0.6～0.7	0.7～0.9
6	水工隧洞	7～8	8～10	10～15
7	交通隧道	10～12	12～15	15～20
8	矿山巷道	15～18	18～25	20～30
9	永久性岩石高边坡	5～9	8～12	10～15
10	新较大体积混凝土(C20) 龄期:初凝～3 d 龄期:3～7 d 龄期:7～28 d	 1.5～2.0 3.0～4.0 7.0～8.0	 2.0～2.5 4.0～5.0 8.0～10.0	 2.5～3.0 5.0～7.0 10.0～12.0

爆破震动监测应同时测定质点振动相互垂直的三个分量。

注 1:表中质点振动速度为三个分量中的最大值,振动频率为主振频率;

注 2:频率范围根据现场实测波形确定或按如下数据选取:硐室 f 小于 20 Hz,露天深孔爆破 f 在 10～60 Hz 之间,露天浅孔爆破 f 在 40～100 Hz 之间;地下深孔爆破 f 在 30～100 Hz 之间,地下浅孔爆破 f 在 60～300 Hz 之间。

(2) 采用延时爆破,合理安排起爆顺序。理论与实践表明,延时爆破比齐发爆破具有明显的降震效果,但在井下有瓦斯与煤尘爆炸危险的工作面爆破时,从起爆到最后一段的延期时间不得超过 130 ms。

(3) 开挖减振沟槽或采用预裂爆破。在爆破体周围合理位置的土体中开挖一定宽度(以便于施工为原则)和深度(超过药包底部 20～30 cm)的减振沟槽,或在主爆区边界钻凿一定深度、间距和孔径的单排或多排隔振孔,可以降低爆破震动的破坏性。矿山爆破一般采用预裂爆破降低爆破震动效应。

(4) 采用空气间隔装药结构或使用做功能力低、爆速低的炸药。根据爆破工程类别,采用适宜的空气间隔、不耦合装药结构或使用做功能力低、爆速低的炸药也可达到降震的目的。

(二) 爆破冲击波效应及防护

炸药在空气中爆炸时,爆炸产物高速向空中膨胀,使周围空气受压缩形成压力很高的冲击波,这种冲击波称为爆破空气冲击波。

1. 爆破冲击波安全距离计算

空气冲击波对物体的破坏和对人体的伤害主要取决于空气冲击波的超压值。目前,尚未有公认的对井下爆破空气冲击波超压的计算公式。在封泥质量良好的情况下,可以这样确定:

(1) 地表裸露爆破大块时,一次爆破的炸药量不应大于 20 kg,应按下式确定躲避物爆破空气冲击波最小安全距离:

$$R_k = 25Q^{1/3} \tag{5-3}$$

式中 R_k——作业人员爆破空气冲击波最小允许距离,m;

Q——一次爆破的炸药量,秒延时爆破取最大分段药量计算,毫秒延时爆破按一次爆破的总药量计算,kg。

(2) 地表大药量爆炸加工时,应核算不同保护对象所承受的空气冲击波超压值,并确定相应的安全距离。在平坦地形条件下爆破时,超压的计算式为:

$$\Delta p = 14(Q/R^3) + 4.3(Q^{2/3}/R^2) + 1.1(Q^{1/3}/R) \tag{5-4}$$

式中 Δp——空气冲击波超压值,10^5 Pa;

Q——一次爆破的梯恩梯炸药当量,秒延时爆破为最大一段药量,毫秒延时爆破为总药量,kg;

R——装药至保护对象的距离,m。

空气冲击波的安全超压标准:对人员为 0.02×10^3 Pa。

(3) 爆破作用指数 $n<3$ 的爆破作业,对人员和其他保护对象的防护,应首先考虑个别飞散物和爆破地震安全允许距离。

(4) 井下爆破时,对人员和其他保护对象的空气冲击波安全允许距离由设计确定。一般按能量计算,即将实际装药量 Q 转变为爆破产生空气冲击波的裸露药包炸药量 Q',然后以 Q'计算超压:

$$Q' = \eta Q \tag{5-5}$$

式中 Q'—— 裸露药包炸药量

η——转换系数,深孔爆破 $\eta=0.08\sim0.12$,浅孔爆破 $\eta=0.05\sim0.10$。

2. 爆破空气冲击波的安全防护

为了确保人员和建筑物的安全,爆破作业时,必须对空气冲击波加以控制,使之低于允许的超压值。煤矿井下采用以下技术措施对爆破空气冲击波进行安全防护:

(1) 煤矿井下严禁使用非煤矿许用雷管起爆网路。

(2) 控制一次起爆药量。从空间、时间上将总装药量平均分配到各个爆破部位,防止产生强烈的冲击波。

(3) 优化爆破参数,选择适宜的装药结构。合理控制最小抵抗线大小和方向,选择空气间隔、不耦合装药结构,确保封泥长度和质量,以有效控制空气冲击波的产生。

(4) 在爆破区附近采用薄膜水袋阻波墙,既可削弱冲击波又可降尘,同时还可稀释有毒有害气体浓度。

(三) 爆破飞散物及防护

1. 爆破飞散物的产生和危害

根据矿山爆破事故的统计,爆破飞散物(飞石)伤人事故占整个爆破事故的27%,因此必须对爆破个别飞散物的危害予以高度重视。

2. 爆破飞散物的防护

爆破飞散物的安全防护必须从爆破设计、施工,以及主动防护三方面入手,具体措施为:

(1) 选择并确定合理的爆破参数。合理的装药量、最小抵抗线大小与方向、封泥长度、起爆顺序与时差,以及爆炸作用指数是控制爆破个别飞散物的主要参数。

(2) 选择适宜的炸药及其装药结构。采用不耦合装药结构等技术有利于控制爆破飞散物。

(3) 做好地质、地形勘测工作,合理确定炮孔位置,严防将炮孔布置在软弱地质破碎带。

(4) 严格控制封泥质量。

(5) 采取主动防护措施,对人员可设置掩体,以设防个别飞散物。

(四)爆破有害气体及防护

1. 爆破有害气体的产生

一般而言,爆破有害气体的产生首先与炸药的氧平衡有关。其次,起爆药卷的类型和做功能力、炸药加工质量和使用条件(如装药密度、炮眼直径、炮眼内的水和岩粉等)对有害气体的产生也有一定的影响。

正氧平衡过大的炸药爆炸时,过剩的氧将使氮元素氧化成氧化氮(NO_2、N_2O_5);负氧平衡过大的炸药爆炸时,由于氧不足,碳原子不能完全氧化,因而生成较多的一氧化碳(CO)。

一般来说,起爆能量越大,生成的有毒气体越少;相反,如起爆条件不好,炸药爆轰不完全或炸药发生爆燃等将会产生较多的NO_2。炸药的加工质量对有害气体的生成也有影响。粉碎和混合得较好的混合炸药,爆炸生成的CO和NO_2较少。

2. 爆破有害气体的允许浓度

井下爆破产生的有害气体会随风流向井下其他空间扩散,或者聚积在通风不良的巷道、硐室,以及其他独头工作面内,如不及时稀释会对作业人员构成较大威胁。

《煤矿安全规程》规定,井下空气成分必须符合下列要求:① 采掘工作面的进风流中,氧气浓度不低于20%,二氧化碳浓度不超过0.5%。② 有害气体的浓度不超过表5-3规定。

表5-3 矿井有害气体最高允许浓度

名称	最高允许浓度/%
一氧化碳(CO)	0.002 4
氧化氮(换算成NO_2)	0.000 25
二氧化硫(SO_2)	0.000 5
硫化氢(H_2S)	0.000 66
氨(NH_3)	0.004

注:矿井中所有气体的浓度均按体积百分比计算。

3. 爆破有害气体的安全防护

爆破产生的有害气体量除与爆破规模有关外,主要取决于炸药及其化学反应的特性。所以要从根本上消除爆破有害气体,就必须提高炸药质量,并确保其完全氧化反应。

为避免有害气体中毒,应采取以下措施:

(1) 掘进工作面停风或风量不足,或局部通风机的风筒口距离掘进工作面太远时,禁止爆破。

(2) 正确选择适合井下条件,并符合质量规定的炸药。

(3) 加强炸药质量管理,定期检验炸药质量,不使用硬化、含水量超标、过期变质的炸药。

(4) 控制一次爆破量,避免产生的炮烟量超过通风能力。

(5) 采掘工作面避免串联通风,回风巷应保证有足够的通风断面。

(6) 加强炸药的防水与防潮,保证炸药质量,避免炸药产生不完全的爆炸反应。

(7) 装药时,要清理干净炮眼内的煤、岩粉和水,保证炸药爆炸时的零氧平衡。

(8) 爆破的起爆点必须设在有新鲜风流的巷道或硐室内。

(9) 加强工作面通风。

(10) 掘进工作面爆破后，待炮烟吹散吹净，作业人员方可进入爆破地点作业。

(11) 爆破前后，在工作面 20 m 范围内充分洒水，以吸收、溶解有毒气体，净化空气。

(12) 炮眼封孔时应使用水炮泥。

二、爆破作业安全管理要求与检查要点

炸药具有爆炸的可能性，只要外部给以一定的能量，炸药就会瞬间燃爆，产生巨大能量。这些外界能量有热能、摩擦、撞击、雷管起爆能等多种类型。设计不合理、操作不善、违反《爆破安全规程》，就可能导致爆破事故的发生。

【案例 5-1】 龙岩某煤矿“5·2”一般爆破事故

事故经过：2023 年 5 月 2 日 13 时许，某煤矿事故工作面的中班作业人员张某（班长）、穆某、张某某从＋458 m 井口入井，张某安排张某某到二采区＋458 m 打挂钩点取走暂存在打点工陈某处的火工品。拿到火工品后，3 人乘坐矿车，通过二采区＋458～＋290 m、＋290～＋200 m 两道轨道下山，到达＋200 m 水平车场，于 13 时 40 分许到达＋200 m－37# 北采面。

到达工作面后，张某某把火工品交给张某，然后 3 个人在迎头用气腿凿岩机（型号为 ZY24，以下简称风钻）打眼，穆某扶钻杆，张某某扶气腿，张某打钻。在打钻过程中出现钻头卡钻现象，当班共打炮眼 7～8 个。打完炮眼后，穆某、张某某把风钻拿到运输巷，张某某在巷道推空车到装车口，穆某到巷道后面准备扛木头上工作面，张某在迎头装药爆破。在装药作业过程中，张某使用钻杆捅送药包，捅送时钢钎与炮孔壁、雷管外壳摩擦撞击而引爆炸药，张某被爆炸冲击波瞬间冲击倒地后，又被垮落下的煤、矸石埋压。

15 时许，穆某、张某某在巷道中听到有爆破声。十多分钟后，穆某扛木头上工作面，把坑木搬到第一道平巷拐弯点并放下后，空手上到第二道平巷中部 5 m 位置，这时听到前面 3 m 位置有粗重的喘息声，但没有看到人。穆某认为是工作面出事故了，就呼叫当班作业工人张某某开展井下自救，在有喘息声的位置把煤、矸石搬开，扒了 7～8 min 后，发现到张某的背部，其上半身被矸石埋住，头、手被卡住。因矸石块大，两个人搬不动，穆某就到附近的二采区＋200 m－37# 北掘进面叫工人前来帮忙救援，并到二采区＋200 m 车场打点室打电话向井口报告事故，请求救援。

事故直接原因：

当班作业人员张某在二采区＋200 m－37# 北采面无证违规装药作业时引爆炸药，爆炸冲击波瞬间冲击张某，爆炸同时贯通采煤工作面的上部采空区，张某被垮落的煤和矸石掩埋，导致其死亡。

事故间接原因：

(1) 爆破管理责任落实不到位。一是爆炸物品的清退制度落实不到位；二是对二采区的爆破作业失察失管。

(2) 违章爆破作业。由无证人员进行爆破作业。

(3) 重大事故隐患排查整治不认真、不到位、不彻底。

因此，在井下进行爆破作业必须严格按照相关操作标准，规范作业。

（一）爆破作业的基本要求

井下爆破工作必须由专职爆破工担任。爆破作业必须执行“一炮三检”和“三人连锁爆破”制度。突出煤层采掘工作面爆破工作必须由固定的专职爆破工担任。

爆破作业说明书是采掘作业规程的主要内容之一，是爆破作业贯彻《煤矿安全规程》的具体体现，是爆破工进行爆破作业的依据。《煤矿安全规程》第348条规定，爆破作业必须编制爆破作业说明书，钻眼、爆破人员必须依照说明书进行作业。

（二）爆破作业的安全管理

1. 安全领取爆炸物品

爆破工在领取爆炸物品时，必须遵守下列规定：

（1）不论在井上还是在井下，爆破工接触爆炸物品时，必须穿棉布或抗静电衣服。

（2）领取的爆炸物品必须符合国家规定质量标准和使用条件；井下爆破作业，必须使用煤矿许用炸药和煤矿许用雷管。

（3）爆破工携带“爆破资格证”和班组长签章的爆破工作指示单到爆炸物品库领取爆炸物品。

（4）领取爆炸物品时，必须当面检查品种、规格和数量，并从外观上检查其质量。

2. 安全选取装配起爆药卷地点

装配起爆药卷必须在顶板完好、支架完整、避开电气设备和导电体的爆破工作地点附近进行。严禁坐在爆炸物品箱上装配起爆药卷。

3. 安全装配起爆药卷

（1）了解炮眼布置情况。爆破工应了解炮眼布置情况，然后装配起爆药卷。

（2）从成束雷管中抽出单个雷管。从成束的电雷管中抽取单个电雷管时，不得手拉脚线硬拽管体，也不得手拉管体硬拽脚线，应将成束的电雷管顺好，拉住前端脚线将电雷管抽出。

（3）药卷扎眼装配：电雷管必须由药卷的顶部装入，严禁用电雷管代替竹、木棍扎眼。

4. 安全装药程序

（1）清孔。装药前，首先将等待装药的炮眼用掏勺或压缩空气吹眼器清除净炮眼内的煤、岩粉和积水，以防煤、岩粉堵塞炮眼。

（2）验孔。炮眼清理后，再用炮棍检查炮眼的深度、角度、方向和炮眼内部情况。

（3）装药方法。爆破工必须按作业规程、爆破作业说明书规定的各号炮眼的装药量、起爆方式进行装药。

（4）封孔。装填炮泥时，要一只手拉住雷管脚线，使脚线紧贴炮眼侧壁；另一只手装填炮泥，最初填塞的炮泥应慢慢用力，轻捣压实；以后各段炮泥须依次用力一一捣实。

5. 安全封泥要求

（1）炮眼深度小于0.6 m时，不得装药、爆破；在特殊条件下，如挖底、刷帮、挑顶确需进行炮眼深度小于0.6 m的浅孔爆破时，必须制定安全措施并封满炮泥。

（2）炮眼深度为0.6～1 m时，封泥长度不得小于炮眼深度的1/2。

（3）炮眼深度超过1 m时，封泥长度不得小于0.5 m。

（4）炮眼深度超过2.5 m时，封泥长度不得小于1 m。

(5) 深孔爆破时,封泥长度不得小于孔深的1/3。

(6) 光面爆破时,周边光爆炮眼应用炮泥封实,且封泥长度不得小于0.3 m。

(7) 工作面有2个及以上自由面时,在煤层中最小抵抗线不得小于0.5 m,在岩层中最小抵抗线不得小于0.3 m。浅孔装药爆破大块岩石时,最小抵抗线和封泥长度都不得小于0.3 m。

6. 安全连接网路

(1) 连线前,必须认真检查爆破工作面的瓦斯浓度、顶板、两帮、工作面煤壁及支架情况,确认安全后方可进行连线。

(2) 脚线的连接工作可由经过专门训练的班组长协助爆破工进行。

(3) 连线时,脚线之间、脚线与连接线之间的接头必须扭紧牢固,不得虚接,并要悬空;不得与任何物体相接触。

7. 安全起爆

(1) 爆破前,爆破工必须把爆炸物品箱放到警戒线以外,做好爆破准备。

(2) 爆破工在检查连线工作无误后,通知班组长布置警戒。

(3) 班组长必须清点人数,确认无误后,瓦斯检查工对爆破地点附近20 m内风流中瓦斯进行检查,瓦斯浓度在1%以下、煤尘符合规定后,方准下达起爆命令。

(4) 爆破工接到爆破命令后,将爆破母线与连接线(或脚线)进行连接。

(5) 若网路正常,必须先发出爆破警号,高喊数声"爆破"或鸣笛数声,至少再等5 s,方可起爆。

(6) 爆破后,爆破工必须立即取下发爆器把手或钥匙,并把爆破母线从发爆器电源上摘下,扭结成短路。

8. 爆破后安全巡检

(1) 爆破后,待工作面的炮烟被吹散,爆破工、瓦斯检查工和班组长必须首先巡视爆破地点,检查通风、瓦斯、煤尘、顶板、支架、拒爆、残爆等情况。发现情况,必须立即处理。

(2) 验炮后,工作面无拒爆、残爆,爆破工作完成。

(3) 处理拒爆。通电以后拒爆时,爆破工必须先取下把手或者钥匙,并将爆破母线从电源上摘下,扭结成短路;再等待一定时间(使用瞬发电雷管,至少等待5 min;使用延期电雷管,至少等待15 min),才可沿线路检查,找出拒爆的原因。处理拒爆、残爆时,应当在班组长指导下进行,并在当班处理完毕。如果当班未能完成处理工作,当班爆破工必须在现场向下一班爆破工交接清楚。

第三节 爆炸物品储存、运输、使用的安全管理

一、爆炸物品的安全储存

爆炸物品库分为矿区总库和地面总库。总库专对地面分库或井下爆炸物品库供应炸药,禁止从总库将炸药直接发给爆破工。

不同性质的炸药必须分别贮存。因为不同性质炸药的感度和安定性不一样,贮存它们的危险程度也不同。

数码电子雷管存放地点应自然通风良好、干燥，并不得接近火源或高温物体，严防日晒雨淋及鼠咬，以免产品变质或爆炸。产品搬运时应轻拿轻放，严禁撞击、摩擦、抛掷等，运输过程中防止产品箱掉落和雨淋。禁止雷管和炸药、易燃危险品、带电体等同时存放或运输。存放时纸箱距地面高度不应大于150 mm。

由于国内普遍采用的延期药剂的性能和延期体生产工艺技术一直未有大的突破，延期时间性能短期内难以有根本改观。建议煤矿对煤矿许用毫秒延期电雷管贮存时间不超过9个月。

二、爆炸物品的安全运输

爆炸物品的运输包括地面运输到用户单位或爆炸物品库，以及把爆炸物品运输到爆破现场(包括井下运输)。

(一) 地面运输爆炸物品

在运输爆炸物品时要注意：

硝化甘油类炸药、硝酸铵类炸药、黑火药和雷管，任何两种都不准一同运输。硝化甘油类炸药和导火索不准一同运输。

运输爆炸物品的路线必须取得当地公安部门的同意，不得随意改变路线。运输爆炸物品的车辆，不准无关人员乘坐，不准装运其他物品(包括汽车备用燃料)，不准在人多的地方和交叉路口停留。

(二) 井筒内运送爆炸物品必须遵守的规定

1. 井筒内运送爆炸物品的规定

《煤矿安全规程》规定，井筒内运送爆炸物品，必须遵守下列规定：

(1) 电雷管和炸药必须分开运送；但在开凿或延深井筒时的装配起爆药卷工作，可在地面专用的房间内进行。专用房间距井筒、厂房、建筑物和主要通路的安全距离必须符合国家有关规定，且距离井筒不得小于50 m。

(2) 必须事先通知绞车司机和井上、下把钩工。

(3) 运送电雷管时，罐笼内只准放一层爆炸物品箱，不得滑动。运送炸药时，爆炸物品箱堆放的高度不得超过罐笼高度的2/3。

(4) 在装有爆炸物品的罐笼或吊桶内，除爆破工或护送人员外，不得有其他人员。

(5) 罐笼升降速度：运送电雷管时，不得超过2 m/s；运送其他类爆炸物品时，不得超过4 m/s。不论运送何种爆炸物品，吊桶升降速度都不得超过1 m/s。

(6) 在交接班、人员上下井的时间内，严禁运送爆炸物品。

(7) 禁止将爆炸物品存放在井口房、井底车场或其他巷道内。

2. 其他要求

除遵守上述规定外，同罐运送爆炸物品，还应遵守国家《爆破安全规程》有关下列规定：

(1) 电雷管、导爆索、导爆管和硝化甘油类炸药任何两种都不准同罐运送。

(2) 乳化炸药同硝铵类炸药、硝化甘油类炸药、水胶炸药、雷管、导爆索等任何一种都不准同罐运送。

(三) 井下用机车运送爆炸物品时的规定

1.《煤矿安全规程》井下用机车运送爆炸物品的规定

《煤矿安全规程》规定,井下用机车运送爆炸物品时,应遵守下列规定:

(1) 炸药和电雷管不得在同一列车内运输。如用同一列车运输,装有炸药与装有电雷管的车辆之间,以及装有炸药或电雷管的车辆与机车之间,必须用空车分别隔开,隔开长度不得小于 3 m。

(2) 硝化甘油类炸药和电雷管必须装在专用的、带盖的有木质隔板的车厢内,车厢内部应铺有胶皮或麻袋等软质垫层,并只准放一层爆炸物品箱。其他类炸药箱可以装在矿车内,但堆放高度不得超过矿车上缘。

(3) 爆炸物品必须由井下爆炸物品库负责人或经过专门训练的专人护送。跟车人员、护送人员和装卸人员应坐在尾车内,严禁其他人员乘车。

(4) 列车的行驶速度不得超过 2 m/s。

(5) 装有爆炸物品的列车不得同时运送其他物品或工具。

2. 其他要求

用电机车运送爆炸物品时,除遵守上述规定外,对照国家《爆破安全规程》有关“用电机车运送爆破器材”的规定,还应遵守下列规定:

(1) 列车前后设“危险”标志。

(2) 用架线电机车运输爆破器材,装卸时机车应停电。

(3) 运输电雷管时,应采取可靠的绝缘措施。

【案例 5-2】　炸药同电雷管混装引发重大炸药爆炸事故

2018 年 6 月 5 日,本溪市某铁矿基建期间,措施井井口发生炸药爆炸事故,造成 12 人死亡、2 人失踪、10 人受伤(含井下受伤 1 人)。在措施井地面井口处,准备用主提升吊桶向井下转运炸药时,工人将一塑料袋雷管扔进装有炸药的吊桶内,雷管与吊桶内壁发生碰撞,产生的机械能超过了雷管的机械感度,导致雷管爆炸,进而引发炸药爆炸。

(四) 用钢丝绳牵引的车辆运送爆炸物品时的规定

《煤矿安全规程》规定,水平巷道和倾斜巷道内有可靠的信号装置时,可用钢丝绳牵引的车辆运送爆炸物品,但炸药和电雷管必须分开运输,运输速度不得超过 1 m/s。运输电雷管的车辆必须加盖、加垫,车厢内以软质垫物塞紧,防止震动和撞击。

严禁用刮板输送机、带式输送机等运输爆炸物品。

【案例 5-3】　串车运送电雷管,机车脱轨事故引发煤尘爆炸事故

1990 年 11 月 29 日,四川省某煤矿一号井用串车运送 5 000 发电雷管时,由于运输速度过快,加上轨道质量差,当串车运行至斜巷中部时,装运雷管的机车突然脱轨,雷管发生爆炸,相继引起斜巷内的煤尘爆炸。爆炸后的冲击波及高温烟流迅速波及上部车场及绞车房,造成 15 人死亡、10 余人中毒。

(五) 人力运送爆炸物品时的规定

由爆炸物品库或爆炸物品发放硐室(站)直接向工作地点用人力运送爆炸物品,是井下

最常用的运送方法。

《煤矿安全规程》规定，由爆炸物品库直接向工作地点用人力运送爆炸物品时，应当遵守下列规定：

(1) 电雷管必须由爆破工亲自运送，炸药应当由爆破工或在爆破工监护下运送。

(2) 爆炸物品必须装在耐压和抗撞冲、防震、防静电的非金属容器内。

(3) 携带爆炸物品上、下井时，在每层罐笼内搭乘的携带爆炸物品的人员不得超过4人，其他人员不得同罐上、下。

(4) 在交接班和人员上、下井的时间内，严禁携带爆炸物品人员沿井筒上、下。

三、爆炸物品的安全使用

《煤矿安全规程》规定，煤矿企业必须建立爆炸物品领退制度、电雷管编号制度和爆炸物品丢失处理办法。电雷管(包括清退入库的电雷管)在发给爆破工前，必须用电雷管检测仪逐个做全电阻检查，并将脚线扭结成短路。严禁发放电阻不合格的电雷管。煤矿企业必须按《民用爆炸物品管理条例》的规定，建立爆炸物品销毁制度。因此，爆破工必须遵守有关的要求和规定，保证领退、运送爆炸物品过程安全。

(一) 装配起爆药卷

装配起爆药卷(引药)就是把电雷管装进药卷，形成起爆药卷。必须符合下列条件：

(1) 装配起爆药卷必须在顶板完好、支架完整、避开电气设备和导电体的爆破工作地点附近进行。严禁坐在爆炸物品箱上装配起爆药卷。

(2) 只准爆破工装配起爆药卷，不得由其他人代替。

(3) 装配起爆药卷时，必须防止电雷管受震动、冲击、折断脚线或损坏脚线绝缘层。

(4) 一个起爆药卷内只准插放一个电雷管。

1. 装配起爆药卷的操作方法

装配起爆药卷时，电雷管只许由药卷的顶部(非聚能穴端)装入，装入的方法有两种。

(1) 药卷扎眼装配

先将药卷顶部揉软，再用一根略大于电雷管直径的尖头木棍或竹棍，在药卷顶端。中心垂直扎一孔眼，将电雷管全部插入孔眼中，然后用电雷管脚线在药卷上套一个扣，剩余脚线全部缠绕药卷，以便把电雷管固定在药卷内，并把电雷管脚线末端扭结短路。

(2) 启开药卷封口装配

用竹、木棍在药卷顶端中心扎略大于雷管直径的孔眼，再将电雷管全部装入药卷，用雷管脚线把封口扎牢，同时把电雷管脚线末端扭结成短路，不得用电雷管代替竹、木棍扎眼；电雷管必须全部插入药卷内；严禁将电雷管从侧面斜插入药卷或捆在药卷上。

2. 起爆药卷数目的确定

起爆药卷的数量应以当时爆破工作面的需要数量为限，用多少装配多少。

3. 起爆药卷的保存

爆破工必须把炸药、电雷管分开存放在专用的爆炸物品箱内。装配好的起爆药卷也要整齐摆放在容器内，点清数，并加锁；严禁乱扔乱放。爆炸物品箱必须放在顶板完好，支架完整，避开机械、电气设备的地点。爆破时，必须把爆炸材料箱放到警戒线以外的安全地点。

（二）安全装药事项

1. 安全装药条件要求

爆破工在装药之前，必须与班组长、瓦斯检查工对装药工作面附近及炮眼等进行全面检查，有下列情况之一时，严禁装药：

(1) 采掘工作面的控顶距离不符合作业规程的规定，或者支架有损坏，或者伞檐超过规定；采煤工作面炮道宽度不符合作业规程规定；采掘工作面上、下出口支护状态不好。

(2) 装药前未检查瓦斯，或装药地点附近 20 m 以内风流中瓦斯浓度达到 1%。

(3) 在装药地点 20 m 以内，矿车、未清除的煤(矸)或其他物体堵塞巷道断面 1/3 以上。

(4) 炮眼内发现异状、有显著瓦斯涌出、煤岩松散、温度骤高骤低、透老空等情况。

(5) 采掘工作面风量不足，风向不稳，或风筒末端距掘进工作面的距离超过作业规程规定，循环风未处理好以前。

(6) 炮眼内煤、岩粉没有清除干净。

(7) 炮眼深度与最小抵抗线小于《煤矿安全规程》规定。

(8) 发现炮眼缩小、坍塌或有裂缝。

(9) 装药安全警戒范围内，正在打眼、装岩。

(10) 没有合乎质量和满足数量要求的黏土炮泥和水炮泥。

(11) 有冒顶、透水、瓦斯突出预兆，以及过断层和冒顶区无安全措施、发现拒爆未处理时。

2. 装药时的安全注意事项

(1) 装药时，必须注意起爆药卷的方向，不得装“盖药”“垫药”或采用其他不合理的装药结构；不得使起爆药卷爆炸后产生的爆轰波方向与药卷排列方向相反。

(2) 不得装错电雷管的段数。

如果装错雷管延期段数，应先爆的未爆，应后爆的却先爆了。原定后爆的炮眼，是按 2～3 个自由面装的药量，由于提前起爆，结果只有一个自由面，必然造成放空炮(打洞)，无法使工作面形成有效的爆破效果。因此，爆破工必须按爆破作业说明书进行装药。

(3) 一个炮眼内不得装两个起爆药卷。

严格说来，雷管起爆的时间是很难达到一致的，一般都有一定的时间差。不同段的雷管在设计上就有时间差，即使是同一厂家同一批产品，其同一段的雷管也有一定的误差值。

(4) 坍塌、变形、有裂缝或用过的炮眼不准装药。

坍塌、变形、有裂缝或用过的炮眼都不完整，装药时容易将药卷卡住，不是装不到底，就是互不衔接，而且还容易把起爆药卷的电雷管拽出，或将药卷包皮刮破。炮眼的裂缝泄漏爆生气体，容易引燃瓦斯和煤尘。这不仅收不到预期的爆破效果，而且不利于安全。

(5) 装药时要清除炮眼内的煤、岩粉，并使药卷彼此密接。

炮眼内存有煤、岩粉容易发生瓦斯爆炸事故或爆破事故。原因是：第一，炮眼内的煤、岩粉使装入炮眼的药卷不能装到眼底，或者药卷之间不能密接，影响爆炸能量的传播，以致造成残爆、拒爆和爆燃，并留下残眼；第二，煤粉是可燃物质，极易被爆炸火焰燃烧，喷出孔外，有点燃瓦斯、煤尘的危险；第三，若煤粉参与炸药爆炸的反应过程，就会改变了原有爆炸的氧平衡，成为负氧平衡，爆生气体的一氧化碳增高，影响人身健康。

(6) 装药时要用炮棍将药卷轻轻推入，并保证聚能穴端部都朝着传爆的方向。

若用炮棍把炸药捣实，使炸药密度大于最佳密度，就会降低炸药的敏感度，造成炸药反应不完全，有时还会出现爆轰中断而产生拒爆。同时，应避免捣破雷管脚线或捣响雷管。

（三）安全封泥注意事项

井下常用炮泥有两种：一种是在塑料圆筒袋中充满水的水炮泥，简称为水炮泥；另一种是黏土炮泥。

为了保证封孔的质量，封孔时必须使用质量合格的炮泥。

(1) 黏土炮泥是用具有不燃性和可塑性的松散材料制成的。它是由比例为 1∶3 的黏土和砂子，加上含有 2%～3%食盐的水拌和搓制而成。

(2) 水炮泥是将水注入筒状聚乙烯塑料袋并封住口而制成的充填材料。其长度一般为 250～300 mm，直径略小于炮眼直径。作炮眼封泥用时，塑料袋内应有足够的水量，对漏水的水炮泥不得使用。

(3) 严禁用煤粉、块状材料或其他可燃性材料做炮眼封泥。

【案例 5-4】 四川省广元市某煤矿"7·28"较大瓦斯爆炸事故

2019 年 7 月 28 日，四川省广元市某煤矿发生瓦斯爆炸事故，造成 3 人死亡、2 人受伤，直接经济损失 404 万元。

事故直接原因：在瓦斯浓度达到 1.2%且未检查附近环境瓦斯浓度的情况下违章裸露爆破，引爆积聚瓦斯，导致事故发生。

（四）爆破母线和连接线

爆破母线和连接线必须符合下列要求：

(1) 爆破母线符合标准。

(2) 爆破母线和连接线、电雷管脚线和连接线、脚线和脚线之间的接头必须互相扭紧并悬空，不得与轨道、金属管、金属网、钢丝绳、刮板输送机等导电体相接触。

(3) 巷道掘进时，爆破母线应随用随挂。不得使用固定爆破母线，特殊情况下，在采取安全措施后，可不受此限。

(4) 爆破母线与电缆、电线、信号线应分别挂在巷道的两侧。如果必须挂在同一侧，爆破母线必须挂在电缆的下方，并应保持 0.3 m 以上的距离。

(5) 只准采用绝缘母线单回路爆破，严禁用轨道、金属管、金属网、水或大地等作回路。

(6) 爆破前，爆破母线必须扭结成短路。

(7) 爆破母线要有足够的长度，必须大于规定距离。

(8) 爆破母线接头不应过多，发现破损及时包扎，以免增加网路电阻、断线、漏电或断路故障。

（五）安全爆破

爆破工在爆破前，发现有下列情况之一时，在做出妥善处理前，爆破工有权拒绝爆破：

(1) 采掘工作面的控顶距离不符合作业规程的规定，或者支架有损坏，或者伞檐超过规定。

(2) 爆破前未检查瓦斯，或爆破地点附近 20 m 以内风流中瓦斯浓度达到 1%。

(3) 在爆破地点 20 m 以内，矿车、未清除的煤矸或其他物体堵塞巷道断面 1/3 以上。

(4) 炮眼内发现异状、有显著瓦斯涌出、煤岩松散、温度骤高骤低、透老空等情况。

(5) 采掘工作面风量不足，或风筒末端距掘进工作面的距离超过规定。

(6) 工具未收拾好，机器、液压支架和电缆等未加以可靠地保护或未移出工作面时。

(7) 爆破前，靠近掘进工作面 10 m 长度内的支架未加固时。

(8) 爆破母线的长度、质量和敷设质量不符合规定。

(9) 工作面人员未撤离到警戒线外，或各路警戒岗哨未设置好，或人数未点清。

四、爆炸物品的安全销毁

由于管理不当，贮存条件不好或贮存时间过长，致使爆炸物品安全性能不合格或失效变质时，必须及时销毁。

(一) 销毁场地与安全设施

炸毁或烧毁爆炸物品，必须在专用空场内进行。在不具备天然屏障的隐蔽地方，要考虑销毁时爆炸冲击波对周围企业、单位、民用建筑、铁路、高压线等设施的影响，确定最小安全距离。

在销毁场内应建立销毁人员掩蔽所，爆炸物品临时存放废品库和起爆材料准备室。互相之间距离，应符合最小允许内部安全距离的规定。它们分别到销毁场地的距离也应符合安全规定。具体数值由最小允许距离公式进行计算，但最低不得小于 50 m。

(二) 销毁方法

安全地销毁爆炸物品是对销毁工作的基本要求；选择合理的销毁方法，是能否安全彻底销毁爆炸物品的重要措施。

1. 炸毁法

如果被销毁的炸药能完全爆炸，同时不宜采用其他方法销毁时，则应采用炸毁法。一般一次销毁量为 10～15 kg。如果一次销毁量大于 20 kg，则应考虑和计算空气冲击波对人和建筑物的危害。销毁时，一般采用电力起爆法，如使用电雷管起爆。

工业雷管炸毁时，每次不得超过 1 000 发。

2. 烧毁法

对没有爆炸性或已失去爆炸性，烧毁时不能转为爆炸的爆炸物品和导火索等宜采用烧毁法，但不能烧毁雷管和导爆索等起爆材料。

3. 溶解法

对失去爆炸性能的硝铵类炸药和黑火药，可在桶或其他容器中用水溶解，不得丢在江河、湖泊中，污染水质。每次销毁 15 kg，所需水量不少于 400～500 L。

有些起爆药，数量不多时可根据其化学特性进行化学分解法处理。例如，少量雷汞的销毁可用硫化硫酸钠($Na_2S_2O_3$)或硫化钠(Na_2S)分解处理，氮化铅可利用稀硝酸分解处理。

第四节　爆破事故的预防与处理

一、早爆的预防

在爆破施工中，杂散电流、静电感应、雷电、射频感应电等均可引起电爆网路中雷管早爆。

（一）杂散电流的防治

杂散电流是指来自电爆网路之外的电流，有可能使电爆网路发生早爆事故。因此在井巷掘进中，要经常监测杂散电流，超过 30 mA 时，必须采取可靠的预防杂散电流的措施。

由于杂散电流可引起电雷管爆炸，具有很大危害性，因此，尽量减少杂散电流的来源，特别要注意防止架线式电机车牵引网路的漏电。一般可在铁轨接头处焊接铜导线以减少接头电阻；采用绝缘道砟或疏干巷道底板与铁轨之间的电阻，以减少漏电等。

（二）静电的防治

静电是指绝缘物质上携带的相对静止的电荷。静电表现为高电压、小电流，静电电位往往高达几千伏特甚至上万伏特。

静电之所以能够造成危害，主要是由于它能聚积在物体表面达到很高的电位，并发生静电放电火花。当高电位的带电体与零电位或低电位物体接触形成不大的间隙时，就会发生静电放电火花。这种电火花电压高到足以使绝缘击穿，有可能引起爆区发生早爆事故。

为了预防静电引起的早爆事故，可采取以下措施。

1. 采用抗静电雷管

抗静电雷管与普通电雷管的区别是采用体积电阻为 1 000 Ω/cm^3 的半导体塑料塞，代替普通电雷管的绝缘塞。穿过半导体塑料塞的一段脚线，一根是裸露的，裸露脚线与金属管壳之间就构成静电通路，使管壳与雷管引火头之间的电位相等或接近，不因火花放电而引爆。

2. 预防机械产生的静电影响

对爆区附近的一切机械运转设备，除要有良好的接地外，雷管和电爆网路要尽量远离。必要时，在可能产生静电的区域附近，正当连接电爆网路时，以及整个网路起爆之前，让机械运转设备暂停运行。

机械系统的接地导线和接地极应远离钢轨、导线和管路，避免钢轨和金属管线将杂散电流传送到爆破网路。

二、拒爆的预防

（一）拒爆的原因

根据大量拒爆事故的调查分析，产生拒爆的原因有以下几个方面。

1. 雷管方面

雷管是起爆药卷的爆炸能源，一般是以串联和串并联形式连接在网路中，一发不爆，就会导致一部分拒爆。大致有以下几个原因：① 雷管受潮或因雷管密封防水失效；② 雷管电阻值之差大于 0.25 Ω 或采用了非同厂同批生产的雷管；③ 雷管质量不合格，又未经质量性能检测。

2. 起爆电源方面

（1）通过拒爆雷管的起爆电流太小，或通电时间过短，雷管得不到所必需的点燃冲能；

（2）发爆器内电池电压不足；

（3）发爆器充电时间过短，未达到规定的电压值。

3. 爆破网路方面

(1) 爆破网路电阻太大，未经改正，即强行起爆；

(2) 爆破网路错接或漏接，导致发爆电流小于雷管的最小发火电流；

(3) 爆破网路有短路现象；

(4) 爆破网路漏电、母线破损并与积水或泥浆接触，此时实测网路电阻远小于计算电阻值。

4. 炸药方面

(1) 炸药保管不善导致受潮或超过有效期，发生硬化和变质现象；

(2) 粉状混合炸药装药时药卷被捣实，密度过大。

5. 其他方面

(1) 药卷与炮孔壁之间存在间隙效应；

(2) 药卷之间有岩粉阻隔。

(二) 拒爆的预防和处理

1. 拒爆的预防措施

(1) 禁止使用不合格的爆破器材；

(2) 不同类型、不同厂家、不同批次的雷管不得混用；

(3) 连线后检查整个线路，查看有无连错或漏连；

(4) 进行爆破网路准爆电流的计算，实测的总电阻值与计算值之差应小于 10%；

(5) 检查爆破电源并对电源的起爆能力进行计算；

(6) 对硝铵类炸药在装药时要避免压得过紧、密度过大；

(7) 对硝铵类炸药要注意间隙效应的发生，装药前可在药卷上涂一层黄油或黄泥；

(8) 装药前要认真清除炮孔内岩粉；

(9) 所有雷管脚线用绝缘胶布或绝缘套管进行保护；

(10) 吊挂爆破母线挂钩以使爆破母线不漏电；

(11) 底板眼采用阻燃胶带，便于查找底板眼残爆情况。

2. 拒爆的处理方法

(1) 因连线不良、错连、漏连，要重新连线爆破，经检查确认起爆线路完好时，方可重新起爆。

(2) 因其他原因导致的拒爆，在距拒爆炮眼 0.3 m 以外另打与拒爆炮眼平行的新炮眼，重新装药起爆。

(3) 严禁用镐刨或从炮眼中取出原放置的起爆药卷，或从起爆药卷中拉出电雷管。不论有无残余炸药，严禁将炮眼残底继续加深；严禁使用打孔的方法往外掏药；严禁使用压风吹拒爆炮眼。

(4) 处理拒爆的炮眼爆炸后，爆破工必须详细检查炸落的煤、矸，收集未爆的电雷管。

(5) 在拒爆处理完毕以前，严禁在该地点进行与处理拒爆无关的工作。

三、爆燃的预防

炸药爆燃现象是指炸药爆炸时，未能形成稳定的爆轰，爆速下降，爆轰波衰减或熄灭，由爆炸转为激烈燃烧。

实践证明，发生爆燃使爆破作业达不到设计的预期要求，以致产生较大危害，特别是煤矿井下爆破及其影响和危害最大，因为对有瓦斯和煤尘存在的矿井，炸药爆燃产生的炽热微粒和明火往往会引起潜在的瓦斯和煤尘的爆炸或燃烧。

（一）生产过程中的爆燃控制

1. 控制各组分的细度和混拌时间

质量决定产品性能。设法减小颗粒直径、增大比表面积可明显提高炸药的爆炸性能。选择最佳的混合方式，适当延长混合时间可以明显改善爆炸效果，提高爆轰感度，降低爆燃发生的概率。

2. 控制炸药的装药密度

爆速随装药密度增大而增大，但密度过大，爆速反而降低，所以要严格控制药卷密度。

3. 严格控制成品和半成品炸药的水分

在起爆过程中若水分增加，将吸收大量热量，降低热点，也可引起爆燃。因此，在生产过程中应严格控制炸药水分。

（二）使用过程中的爆燃预防

（1）炸药通常是依靠起爆器材爆炸产生的能量来激发其完全爆轰，爆轰的激发、成长和传播过程取决于起爆冲量的特性，如果起爆能量不足，不能瞬间达到炸药爆轰所需的能量，是可以引起爆燃现象的。因此，选择起爆能量匹配的起爆器材是十分必要的。

（2）加强对炸药的保管和使用检查，以防使用过期和变质的炸药。

（3）合理布置炮眼和装药对防止爆燃有一定效果。

（4）装药过程中严格控制炮孔中积水或做好药卷的防水措施，否则，采用具有防水作用的煤矿许用乳化炸药。

（5）采用不耦合装药、间隔装药，要采取措施确保可靠和稳定的传爆。

（6）采用散装炸药时，在装药过程中控制好装药密度，不宜过大或过小。

四、如何防止爆破伤人

（一）爆破伤人的原因

1. 爆破伤人的主要原因

（1）爆破母线短，躲避处选择不当，造成飞煤、飞石伤人。

（2）爆破时，未执行《煤矿安全规程》中有关爆破警戒的规定，爆破未完成，擅自进入工作面检查作业。

（3）处理拒爆、残爆未按《煤矿安全规程》规定的程序和方法操作，致使拒爆炮眼突然爆炸崩人。

（4）通电以后出现拒爆时，等候进入工作面的时间过短，造成崩人。

（5）连线前，电雷管脚线没有扭结成短路，导致杂散电流等，造成雷管突然爆炸而崩人。

（6）爆破作业制度不严，发爆器及其把手、钥匙乱扔乱放；任意使用固定爆破母线，造成爆破工作混乱，当工作面有人工作时，另有他人用发爆器通电起爆，造成崩人。

（7）一个采煤工作面使用两个发爆器同时进行爆破。

2. 炮烟熏人的主要原因

(1) 掘进工作面停风、风量不足,风筒有破损漏风处,或局部通风机的风筒口距离迎头太远,无法把炮烟吹散排出。

(2) 掘进工作面爆破后,炮烟尚未排除就急于进入爆破地点。

(3) 炸药变质引起炸药爆燃,有害气体大量增加,导致作业人员中毒的可能性增大。

(4) 未按规定使用水炮泥;封泥长度和质量达不到要求。

(5) 长距离单孔掘进工作面爆破后,炮烟长时间飘游在巷道中,使人慢性中毒。

(二) 防止爆破伤人措施

1. 预防爆破崩人的措施

(1) 爆破母线要有足够的长度;

(2) 躲避处选择能避开飞石、飞煤袭击的安全地点;

(3) 掩护物要有足够的强度;

(4) 爆破时,安全警戒必须执行《煤矿安全规程》的规定;

(5) 通电以后装药炮眼不响时,不能提前进入工作面,以免炮响崩人;

(6) 爆破工应最后一个离开爆破地点,并按规定发出数次爆破信号,爆破前应清点人数;

(7) 采取措施,避免因杂散电流造成突然爆炸崩人;

(8) 处理拒爆、残爆时必须按《煤矿安全规程》规定的程序和方法操作。

2. 预防炮烟熏人的措施

(1) 工作面爆破后,作业人员要待炮烟吹散吹净后,方可进入爆破地点作业;

(2) 控制一次爆破量,避免产生的炮烟量超过通风能力;

(3) 不使用硬化、含水量超标、过期变质的炸药;

(4) 采掘工作面避免串联通风;

(5) 装药时要清理干净炮眼内的煤、岩粉和水,保证炸药爆炸时零氧平衡;

(6) 炮眼封泥时应使用水炮泥,并且封泥的质量和长度符合作业规程的规定;

(7) 爆破时,除警戒人员以外,其他人员都要在进风巷道内躲避等候;

(8) 单孔掘进巷道内所有人员要远离爆破地点,同时风量要充足;

(9) 作业人员通过较高浓度的炮烟区时,要用潮湿的毛巾捂住口鼻,并迅速通过;

(10) 爆破前后,爆破地点附近应充分洒水,以利于吸收部分有害气体和煤岩粉。

第五节 防止爆破事故引发更大次生事故的措施

一、防止爆破引发瓦斯、煤尘爆炸事故

(一) 爆破引爆瓦斯、煤尘的原因

煤矿生产中的爆破作业,在炸药爆炸瞬间会产生 2 000 ℃以上高温和高压冲击波,为瓦斯爆炸提供了高温热源条件,并产生很大的气体压力,也大大降低了引爆火源温度,容易发生引爆瓦斯事故。归结起来,爆破引爆瓦斯的主要原因有以下三点。

1. 炸药爆生气体产物的直接作用

炸药爆炸生成的高温、高压气体在高速膨胀过程中，由于扩散和渗透作用，逐渐与瓦斯空气混合气体相作用。若爆炸产物内含有剩余的氧、氮氧化物、过氧化物和一氧化碳等成分时，还会降低瓦斯发火下限，并加速瓦斯的氧化反应，使发火的可能性增大。因此，煤矿安全炸药应按零氧平衡配制，以减少爆炸产物中的氧或过氧化物。

2. 炸药爆破过程中炽热固体颗粒的作用

当炸药爆炸产物中的炽热固体产物或当爆炸不完全使一部分尚未分解或正处于燃烧的炸药颗粒从炮孔中飞出遇含瓦斯气体中时，接触时间超过感应期就能使其发火燃烧。

3. 炸药爆破形成的空气冲击波的作用

根据冲击波理论，当瓦斯与空气的混合气体被爆破产生的冲击波压缩时，会引起压力和温度急剧升高。如果冲击作用的温度超过瓦斯的爆发点，而且冲击波的正压作用时间大于瓦斯引燃的感应期，就能引起瓦斯燃烧和爆炸。因此，井下爆破设计时，应采取加强炮孔堵塞和减少同段起爆的炸药量来减小爆破冲击波的作用。

（二）防治爆破引爆瓦斯的对策

瓦斯作业环境是煤矿井下爆破最具危险性的作业环境，为确保井下爆破作业安全，应采取如下对策：

(1) 掘进和采煤工作面要有足够的新鲜风流，当采掘工作面风流中瓦斯浓度达到 1% 时，应停止用煤电钻打眼；爆破地点附近 20 m 以内风流中的瓦斯浓度达到 1%时，严禁爆破。

(2) 采掘工作面使用的爆破器材，要选用与瓦斯等级相应的煤矿许用爆破器材。

(3) 在有瓦斯风险的矿井爆破时，都应采用正向起爆，禁止反向起爆。

(4) 掘进工作面风流中瓦斯浓度达到 1.5%或其回风巷风流中瓦斯浓度超过 1%时，都必须停止工作，撤出人员，切断电源，进行处理。

(5) 井下爆破作业严禁在一个炮孔中使用两种不同品种的炸药。

(6) 井下爆破 15 min 后，瓦斯检查工进入工作面检测瓦斯浓度，正常时方可恢复送电；爆破工和班组长必须巡回检查爆破地点的通风、瓦斯、煤尘和拒爆、残爆等情况，遇有险情应立即处理。只有在工作面的炮烟被吹散、无险情时，方可进入工作面继续作业。

（三）防止爆破引爆煤尘的对策

为了预防煤矿井下爆破引起煤尘爆炸，目前采取的措施可分为降尘、防止引燃和阻止爆炸三类。

降尘措施主要包括：采煤工作面煤层注水、采用湿式打眼和水炮泥、采煤机和掘进机安装喷雾装置、爆破后喷雾或洒水等。

防止引燃的措施包括：按煤矿瓦斯等级选用相应的爆破器材，应采用加强松动爆破方案，合理设计爆破参数，严格执行“一炮三检”制度，按规程进行爆破作业。

阻止煤尘爆炸是指将已发生的煤尘爆炸限制在较小的范围内，阻止其继续传播与发展。通常采用的措施是在掘进巷道中装设岩粉棚或水槽棚。

二、防止爆破引发火灾事故

（一）爆破引发火灾的原因

1. 炸药爆燃引起火灾事故

当炸药水分增大到1%左右时，其瓦斯引火率可达30%～40%，安全性下降，不合格炸药发生爆燃。除了炸药质量不合格使炸药发生爆燃之外，炮眼布置太近时，先爆炮孔的冲击压力使与其相邻的炮孔壁产生变形，炸药受挤压密度增大导致爆燃。

2. 分次爆破、电火花引起火灾事故

有瓦斯爆炸危险的工作面必须采用瞬发爆破，工作面雷管的总延期时间不应超过130 ms。严禁一次装药，分次起爆。在有瓦斯的工作面进行分次爆破，因先爆炮孔中的药包极易在未爆炮孔周围产生较大的爆破裂缝，二次爆破的爆炸火焰从裂缝中喷出，会引发瓦斯燃烧和瓦斯爆炸。尽管工作面加强通风排出工作面瓦斯，但局部仍然积存有一定量的瓦斯，裂缝中喷出的火焰会引起瓦斯爆炸。

3. 炮泥封堵长度不足引起瓦斯爆炸事故

炮泥的堵塞质量和长度直接影响爆破效果和安全。炮泥能阻止爆炸气体自炮孔逸出，增加爆炸应力波的作用时间和冲量，从而影响岩石的破碎过程和炸药能量利用率。有瓦斯的工作面，炮泥除降低爆炸气体逸出自由面时的温度和压力外，还会阻止雷管壳碎片等灼热固体颗粒从炮孔内飞出，而可能导致的局部瓦斯爆炸。

（二）防止爆破引发火灾的对策

(1) 爆燃的控制。生产过程的爆燃控制：控制各组分的细度和混拌时间；控制炸药的装药密度；严格控制成品和半成品炸药的水分。使用过程中的爆燃预防：选择起爆能量匹配的起爆器材；加强对炸药的保管和使用检查；合理布置炮眼和装药；装药过程中严格控制炮孔中积水或做好药卷的防水措施；采用不耦合装药、间隔装药，采取措施确保可靠和稳定的传爆；采用散装炸药时，在装药过程中控制好装药密度，不宜过大或过小。

(2) 严禁工作面一次装药，分次起爆。

(3) 炮眼深度和炮眼的封泥长度的必须符合《煤矿安全规程》和《爆破安全规程》的相关规定。

(4) 使用有效期内煤矿许用炸药和煤矿许用雷管，煤矿许用毫秒延期电雷管，其起爆总延时间不得超过130 ms，严禁使用秒和半秒延期电雷管。

(5) 违规爆破（裸露爆破）。

(6) 爆破作业未严格执行“一炮三检”和“三人连锁爆破”制度。

(7) 炮眼封泥材料不符合规定要求，采用煤泥封孔。

(8) 无封泥、封泥不足、无水炮泥或者不实的炮眼进行爆破。

(9) 爆破孔与老孔（探煤钻孔、抽采孔、水力冲孔等）连通，爆破引燃积存瓦斯或煤尘。

(10) 顶板来压期间进行切顶爆破作业（重点在装药）。

三、防止爆破引发水灾事故

（一）爆破作业引起突水原因

爆破作业引起突水事故的主要原因如下：

(1) 对矿井水文地质情况掌握不准,对井田范围内的水文地质情况及采掘区域内存在的可能突水情况不清楚,或知道得不准确,不能正确估算出涌水量。特别是在对老窑和矿井上部或附近小煤窑的积水情况不清楚时,未采取任何措施就实施采掘爆破作业,很容易盲目揭穿而造成透水事故。

(2) 井下爆破施工时,忽视安全,投机取巧,违章作业。不采取防水和探水的规定措施,而是侥幸心理作祟,导致突水事故。

(3) 井下施工人员缺乏安全技术培训,素质差,对突水发生前的征兆认识不清,没有及时采取措施或停止工作和撤离人员,而是照常实施爆破作业,造成重大突水事故和人员伤亡。

(二) 防止爆破透水事故的对策

在有突水危险的区域进行爆破作业,需对可能发生的水患因素采取有效的防范措施,制定严格的作业规程,井下透水事故是可以预防的。目前常采取的主要措施有:

(1) 对矿井水源和水文地质资料进行深入调查研究。认真了解井下岩层组成和性质,掌握可能出水的断层和裂隙的分布;查清含水层的补给来源和补给通道。查清井田内老窑和小煤窑的数量、分布地点和水量大小;划出积水区域,编制爆破区域的详细水文地质资料,做到有的放矢。

(2) 坚决贯彻有疑必探、先探后掘、边探边掘的防水安全规定,制定切实可行的探放水措施。一般在透水前,采掘工作面可能会有如下征兆:① 煤层发潮变软,颜色变暗,煤壁挂汗;② 巷道中忽然变冷,发生雾气;③ 巷道顶板淋水加大,出现压力水流或底板鼓起;④ 工作面透水量比以前明显增大,出现水温异常、水色发浑或水流声;⑤ 钻眼时发现钻孔中水有压力、水量增大和压力顶钻等异常现象,掘进面岩石发软且有片帮时,应立即停止钻孔,查明原因,采取有效处理措施。

(3) 进行探水作业时,一定与掘进相结合,切忌一次探水无问题就不再探了。

(4) 在爆破作业时要特别注意爆破后可能发生的突水事故,遇到以下几种情况时,要停止爆破作业,进行探水处理:① 当掘进到老空区、可能水淹井巷区域,或接近含水层、导水断层、溶洞和陷落区时,要停止爆破作业,先进行探水;② 接近水文地质复杂的区域并有出水征兆或接近有出水可能的钻孔时,应立即探水;③ 打开隔离煤柱防水或接近可能的河流、湖泊、水库等相通的断层破碎带时,必须停止爆破作业,先进行探水;④ 打完探水钻孔后,当炮眼或掘进头有出水征兆,可能是超前距离不够或偏离探水方向,要认真分析,可再打不同方位的探水孔,切忌盲目装药爆破。

(5) 有些井下掘进工作面涌水严重,如果仅依靠排水措施不经济或无法奏效时,可通过工作面注浆堵塞涌水通道,阻隔透水水源后再进行掘进爆破作业。

四、防止爆破引发顶板垮塌事故

(一) 爆破崩倒支架及造成冒顶的原因

1. 爆破崩倒支架的原因

(1) 支架(柱)架设质量不好。

(2) 炮眼排列方式与煤层硬度、采高不适应,有大块煤崩出造成支柱被崩倒。

(3) 爆破参数、炮眼角度不合理，炮眼浅、装药量过多，封泥质量差、封孔长度不够，爆破时冲击力过大而崩倒支架(柱)。

2. 爆破造成冒顶的原因

(1) 工作面顶眼距顶板距离太小或打入了顶板内，爆破时造成冒顶。

(2) 采掘工作面遇到地质构造、顶板破碎、裂隙发育时，未采取少装药放小炮的方法爆破。

(3) 一次爆破的炸药量过大，对顶板、支架冲击强烈。

(4) 工作面空顶面积大，崩倒的支架(柱)未及时扶起；空顶时，照样装药爆破。

(5) 全部陷落法采煤工作面基本顶未冒，煤帮顶板出现大的裂缝，引发冒顶。

(二) 防止爆破崩倒支架及造成冒顶的对策

1. 防止爆破崩倒支架的对策

(1) 爆破前，必须检查支架并对爆破地点附近 10 m 内的支护进行加固。

(2) 掘进工作面要选择合理的掏槽方式、炮眼布置、角度、个数等参数。

(3) 采煤工作面要留有足够宽的炮道，掘进工作面要有足够的掏槽深度。

(4) 严格按作业规程规定的装药量进行装药，避免出现装药量过大现象。

2. 防止爆破造成冒顶事故的对策

(1) 采掘工作面遇到地质构造，顶板破碎、裂隙发育时，应采用少装药、放小炮的方法减小对顶板的震动或破坏。

(2) 顶眼眼底距顶板 0.2～0.3 m，以防止爆破时对顶板冲击强烈而造成冒顶。

(3) 一次爆破的炮眼数和装药量应控制在作业规程范围以内。

(4) 爆破前，应对爆破地点及其附近的支护进行加固，防止崩倒支架；空顶时，严禁装药爆破。

第六章　煤矿机电运输提升安全管理

第一节　煤矿电气安全

一、矿用电气设备的一般规定、主要类型及正确选用

（一）矿用电气设备的一般规定

（1）电气设备的检查、维护和调整，必须由电气维修工进行。高压电气设备和线路的修理和调整工作，应有工作票和施工措施。高压停、送电的操作，可根据书面申请或其他联系方式，得到批准后，由专责电工执行。采区电工，在特殊情况下，可对采区变电所内高压电气设备进行停、送电的操作，但不得打开电气设备进行修理。

（2）操作井下电气设备应遵守下列规定：① 非专职人员或非值班电气人员不得操作电气设备；② 操作高压电气设备主回路时，操作人员必须戴绝缘手套，并穿电工绝缘靴或站在绝缘台上；③ 手持式电气设备的操作手柄和工作中必须接触的部分必须有良好绝缘。

（3）井下防爆电气设备的运行、维护和修理，必须符合防爆性能的各项技术要求。防爆性能遭受破坏的电气设备，必须立即处理或更换，严禁继续使用。

（4）井下不得带电检修电气设备。严禁带电搬迁非本安型电气设备、电缆，采用电缆供电的移动式用电设备不受此限。检修或搬迁前，必须切断上级电源，检查瓦斯，在其巷道风流中甲烷浓度低于1.0%时，再用与电源电压相适应的验电笔检验；检验无电后，方可进行导体对地放电。所有开关把手在切断电源时必须闭锁，并悬挂“有人工作，不准送电”字样的警示牌，只有执行这项工作的人员才有权取下此牌送电。

（5）容易碰到的、裸露的带电体及机械外露的转动和传动部分必须加装护罩或遮栏等防护设施。

（6）井下各级配电电压和各种电气设备的额定电压等级应符合相关标准。井下电压等级应符合要求：① 高压不超过10 000 V；② 低压不超过1 140 V；③ 架线电机车直流电压不超过600 V；④ 照明和手持式电气设备的供电额定电压不超过127 V；⑤ 远距离控制线路的额定电压不超过36 V；⑥ 采掘工作面用电设备电压超过3 300 V时，必须制定专门的安全措施。

（7）井下配电系统同时存在2种或者2种以上电压时，配电设备上应当明显地标出其电压额定值。

（8）防爆电气设备到矿验收时，应当检查产品合格证、煤矿矿用产品安全标志，并核查

与安全标志审核的一致性。入井前，应当进行防爆检查，签发合格证后，方准入井。

(9) 井下严禁使用油浸式电气设备。40 kW 及以上的电动机，应采用真空电磁启动器控制。

(10) 井下高压电动机、动力变压器的高压控制设备，应具有短路、过负荷、接地和欠压释放保护。井下由采区变电所、移动变电站或配电点引出的馈电线上，必须具有短路、过负荷和漏电保护。低压电动机的控制设备，必须具备短路、过负荷、单相断线、漏电闭锁保护及远程控制功能。

(11) 井下配电网路(变压器馈出线路、电动机等)必须具有过流、短路保护装置；必须用该配电网路的最大三相短路电流校验开关设备的分断能力和动、热稳定性，以及电缆的热稳定性；必须用最小两相短路电流校验保护装置的可靠动作系数。保护装置必须保证配电网路中最大容量的电气设备或者同时工作成组的电气设备能够启动。

(12) 井上、下必须装设防雷电装置，遵守下列规定：①经由地面架空线路引入井下的供电线路和电机车架线，必须在入井处装设防雷电装置；②由地面直接入井的轨道、金属架构及露天架空引入(出)井的管路，必须在井口附近对金属体设置不少于 2 处的良好的集中接地。

(二) 矿用电气设备的类型及适用条件

煤矿井下使用的电气设备，按使用场所、设备类型可分为矿用一般型和矿用防爆型。

1. 矿用一般型电气设备

矿用一般型电气设备是一种没有采取防爆措施的电气设备，其外壳的明显处有“KY”标志。它和一般电气设备在爬电距离、绝缘、电气间隙、防潮防尘和井下运输条件等方面有很多不同，包括：外壳坚固、封闭；防潮防溅；爬电距离及电气间隙较大；有电缆引入装置，并能防止电缆扭转、拔脱和损伤；开关的手把和门盖有联锁装置等。

矿用一般型电气设备主要适用于煤矿井下无瓦斯、煤尘爆炸的场所，还可用于瓦斯矿井的井底车场、总进风巷和主要进风巷，也适用于使用架线电机车运输的巷道及沿该巷道的机电硐室(包括照明、通信、自动化装备和仪器仪表)。

2. 矿用防爆型电气设备

根据《爆炸性环境第 23 部分：用于瓦斯和/或煤尘环境的 Ⅰ 类 EPL Ma 级设备》(GB/T 3836.23—2017)，将矿用防爆型电气设备按防爆原理的不同分为 4 种形式：

(1) 由隔爆外壳“d”保护的设备：内部装有可能点燃爆炸性气体环境的部件，能承受内部爆炸性混合物爆炸产生的压力，并阻止爆炸传播到周围爆炸性气体环境中。

(2) 由本质安全型“i”保护的设备：将设备内部和暴露于爆炸性气体环境的连接导线可能产生的电火花或热效应能量限制在不能产生点燃的水平；分为 ia、ib、ic 保护级别。

(3) 由充砂型“q”保护的设备：将能点燃爆炸性气体的部件固定在适当位置上，且完全埋入填充材料，以防止点燃爆炸性气体环境。

(4) 由浇封型“m”保护的设备：将可能产生点燃爆炸性混合物的火花或发热的部件封入复合物中，使其在运行和安装条件下不能点燃爆炸性气体环境；分为 ma、mb、mc 保护级别。

矿用防爆型电气设备按保护级别的不同，分为 2 种形式：

(1) EPL Ma 设备：安装在煤矿瓦斯爆炸性环境中的设备，具有“很高”的保护级别，该级别具有足够的安全性，使设备在正常运行、出现预期故障或罕见故障，甚至在气体突然出现和设备仍带电的情况下均不可能成为点燃源。

(2) EPL Mb 设备：安装在煤矿瓦斯爆炸性环境中的设备，具有"高"的保护级别，该级别具有足够的安全性，使设备在正常运行中或在气体突然出现和设备断电之间的时间内出现的预期故障条件下仍不可能成为点燃源。

《煤矿安全规程》规定，在爆炸性环境中使用的设备应当采用 EPL Ma 保护级别。

防爆型电气设备按使用环境不同分为 3 类。Ⅰ类设备用于煤矿瓦斯气体环境；Ⅱ类设备用于除煤矿瓦斯气体环境之外的其他爆炸性气体环境，又再分为ⅡA（气体是丙烷）、ⅡB（气体是乙烯）、ⅡC（气体是氢气和乙炔）；Ⅲ类设备用于除煤矿之外的爆炸性粉尘环境。用于煤矿的设备，当其环境中除瓦斯外还可能含有其他爆炸性气体时，应按照Ⅰ类和Ⅱ类相应可燃性气体的要求进行制造和试验。矿用防爆型电气设备铸"Ex"字样和煤矿矿用产品安全标志"MA"，适用于有瓦斯、煤尘爆炸危险的场所。矿用防爆型电气设备种类较多，但使用最多的是矿用隔爆型电气设备和本质安全型电气设备。

（三）煤矿常用的供配电设备

1. 高压开关设备

高压开关设备主要包括高压断路器、高压隔离开关和高压负荷开关等。

(1) 高压断路器。高压断路器不仅可以切断或闭合高压电路中的空载电流和负荷电流，而且当系统发生故障时通过继电器保护装置的作用，切断过负荷电流和短路电流，它具有相当完善的灭弧结构和足够的断流能力，可分为油断路器（多油断路器、少油断路器）、六氟化硫（SF_6）断路器、真空断路器、压缩空气断路器等。

(2) 高压隔离开关。高压隔离开关是高压电路中重要的开关电器，需与高压断路器配套使用。

(3) 高压负荷开关。这是一种功能介于高压断路器和高压隔离开关之间的电器，常与高压熔断器串联配合使用，用于控制电力变压器。

2. 矿用变压器（移动变电站）

矿用变压器是一种可移动的成套的供、变电装置，用来改变交流电压的大小，具有机械强度高、温升低、散热效果好等优点，可在高温下持续满负荷运行。中央变电所、采区变电所一般使用 KBSG 型隔爆干式变压器，采掘工作面使用 KBSGZY 型矿用隔爆移动变电站。

移动变电站由矿用隔爆型干式变压器、隔爆型高压负荷开关箱、隔爆型低压馈电开关箱组成，具有容量大、体积小、功能完善、安全可靠、运输方便等特点。

3. 高压配电装置

高压配电装置包括高压配电柜和高压隔爆配电开关。

高压开关柜起通断、控制和保护电路的作用，地面使用的型号有 GG-1A、KGN、KYGG、KYN28 等。在具有瓦斯及煤尘爆炸危险的矿井中作为配电使用的高压隔爆开关，也可作为高压电动机的控制开关，主要型号有 BGP3、BGP9L、BGP10 等。

4. 低压配电开关

煤矿用低压配电开关有低压配电柜和低压隔爆配电装置两类。

低压配电柜具有分断能力强、动热稳定性好、组合方便、实用性强、结构新颖等特点，型号有 GCS、GCK、MNS、GGD、PGL 等。

井下使用的低压隔爆配电装置有馈电开关和电磁启动器两大类，一般配置真空断路器或真空接触器。矿用隔爆型馈电装置的功能是控制馈电主回路的供电，一般具有短路、过负荷和漏电保护功能。常用的真空馈电装置有 KBD、KJZ、KBZ、BBD、KZDF 等型号。矿用隔爆电磁启动器是控制电动机运转的重要设备，一般具有失压保护、过载保护、短路保护和断相保护，主回路具有接通和分段能力。常用的真空电磁启动器有 QCZ、QJZ、BQD、QBZ 等型号。

（四）井下常用电气设备的选择与配置

1. 电气设备选型的要求

《煤矿安全规程》规定，选用的井下电气设备必须符合表 6-1 的要求。

表 6-1 井下电气设备选用规定

设备类别	突出矿井和瓦斯喷出区域	高瓦斯矿井、低瓦斯矿井				
		井底车场、中央变电所总进风巷和主要进风巷		翻车机硐室	采区进风巷	总回风巷、主要回风巷、采区回风巷、采掘工作面和工作面进、回风巷
		低瓦斯矿井	高瓦斯矿井			
1. 高低压电机和电气设备	矿用防爆型（增安型除外）	矿用一般型	矿用一般型	矿用防爆型	矿用防爆型	矿用防爆型（增安型除外）
2. 照明灯具	矿用防爆型（增安型除外）	矿用一般型	矿用防爆型	矿用防爆型	矿用防爆型	矿用防爆型（增安型除外）
3. 通信、自动控制的仪表、仪器	矿用防爆型（增安型除外）	矿用一般型	矿用防爆型	矿用防爆型	矿用防爆型	矿用防爆型（增安型除外）

注：① 使用架线电机车运输的巷道中及沿该巷道的机电设备硐室内可以采用矿用一般型电气设备（包括照明灯具、通信、自动化装备和仪表、仪器）。

② 突出矿井井底车场的主泵房内，可使用矿用增安型电动机。

③ 突出矿井应当采用本质安全型矿灯。

④ 远距离传输的监测监控、通信信号应当采用本质安全型，动力载波信号除外。

⑤ 在爆炸性环境中使用的设备应采用 EPL Ma 保护级别。非煤矿专用的便携式电气测量仪表，必须在甲烷浓度为 1.0%以下的地点使用，并实时监测使用环境的甲烷浓度。

2. 低压电气设备选型应遵循的原则

（1）在采区一律选择隔爆型或隔爆兼本质安全型电气设备。

（2）按工作机械对控制的要求选择电气设备的型式：供电线路的总馈电尽可能选择真空馈电开关，如 KBZ、KZDF 型；电磁启动器要考虑是否频繁启动、正反转要求，如 QCZ、QJZ、BQD 系列。

（3）开关的额定电压、额定电流按电网额定电压和长时最大工作电流选择。

（4）电气设备的保护装置要适应电网和工作机械对保护的要求。移动变电站的高压馈电线上，必须装设有选择性的动作于跳闸的单相接地保护装置；变压器二次侧的总馈电应有过流和漏电保护；采区的一般工作机械（如局部通风机、绞车和带式输送机等）必须有短路保护；大型采掘机械必须有过负荷和短路保护。

(5) 电气设备喇叭嘴的数目要满足电网接线的需要，内径要与电缆的外径相适应。

3. 移动变电站主变压器的选择与配置

矿用隔爆型移动变电站是一种可移动的成套供、变电装置。将 6 kV 或 10 kV 电源转换成 133 V(127 V)、693 V(660 V)、1 200 V(1 140 V)、3 450 V(3 300 V)煤矿井下所需的低压电源。

移动变电站型号为 KBSGZY 型，由矿用隔爆型高压真空配电装置、矿用隔爆型干式变压器、矿用隔爆型低压综合保护箱三部分组成。

干式变压器外壳为全波纹，两边开盖式和上开盖式结构，具有机械强度高、温升低、散热效果好等优点；铁芯选用优质低损耗硅钢片，空载损耗低、空载电流小、噪声小；采用 H 级绝缘材料及先进的绝缘结构，热稳定性好，可在高温下持续满负荷运行。

移动变电站主变压器的容量通常有 200 kV·A、315 kV·A、500 kV·A、630 kV·A、800 kV·A、1 000 kV·A、1 250 kV·A、1 600 kV·A、1 800 kV·A、2 000 kV·A、3 150 kV·A 等几种，根据容量计算结果选取较大规格的即可。

二、煤矿电气灾害及防治

(一) 杂散电流及其防治

1. 杂散电流的产生及危害

任何不按指定路径流动的电流统称为杂散电流。杂散电流分为直流杂散电流和交流杂散电流。运输巷道以直流杂散电流为主，而采区以交流杂散电流为主。

杂散电流过大的危害：① 在井下，杂散电流可能引起电雷管的误爆炸；② 对井下金属管道和铠装电缆外皮造成腐蚀，缩短金属管道和金属铠装电缆的使用寿命；③ 杂散电流可能产生电火花，引起瓦斯、煤尘爆炸，从而引发火灾；④ 杂散电流可能使漏电保护、高压隔爆配电装置发生误动作。

2. 杂散电流的防治

(1) 直流杂散电流的防治措施

牵引电网对架线的要求：① 当有两个以上牵引变流所向架空线供电时，牵引变流所供电区域之间应设绝缘和分段联络开关。当电机车为双弓时，架线上要装设两处绝缘，其间距应大于电机车双弓之间的距离。② 架线每隔 500 m 左右应设分段绝缘和分段开关。③ 馈电线与架线应用不少于 2 个铜质馈电夹子连接，每个夹子与导线的接触面积应不小于导线截面的 1.5 倍，连接应紧固、可靠。④ 多水平生产的矿井，每个生产水平要有单独的直流供电系统，严禁一个牵引变流所向多个水平供电。⑤ 牵引变流所电源的正极经馈电线接架线，负极经回电线接轨道。为了减少回电点附近电缆外皮的腐蚀，宜将电源的负极经馈电线接架线，正极经回电线接轨道。如果有几个牵引变流所向架线供电时，必须采取相同极性的接线方法。⑥ 牵引变流所应设在架线区间的中央，最佳供电半径不宜大于 1.5 km。

对轨道的要求：① 回电轨道的接缝应进行电气连接，即采用长度不小于 600 mm、截面积不小于 50 mm^2的铜线进行焊接，焊接点的面积不小于 255 mm^2。② 不同规格的轨道接缝电阻值不大于《煤矿安全规程》的要求。③ 回电的平行钢轨间，每隔 50 m 应用截面积不小于 30 mm^2的钢板进行电气连接。④ 回电轨道在道岔处导轨和主轨道之间应进行电气连接，连接电阻值与轨道接缝电阻值的要求相同。⑤ 不回电的轨道和回电的轨道相连时，必须加以绝缘。⑥ 平巷与斜巷间的轨道分别设置两道绝缘。两道绝缘间的距离应不大于一列串车的长度，并保证在任何情况下，第二道绝缘处不回电侧轨道与回电侧轨道之间不得被串车等形成连接。

(2) 交流杂散电流的防治措施

一是提高交流电网的绝缘水平；二是采取屏蔽电缆。

(二) 触电事故及其预防

1. 触电的危害

触电事故是指人体接触低压带电体或靠近高压带电体时，电流流过人体而造成的伤害事故。触电对人体的伤害可分为电击和电伤。电击是指电流通过人体，损坏人体内部器官，导致触电者伤残或死亡。电伤是指电弧对人体表面造成的烧伤。

(1) 触电对人体的影响。人体触电时，触电电流会对心脏、呼吸系统和中枢神经系统等造成影响。一般认为，凡是能引起心室颤动的电流，或者使触电者不能自主地摆脱带电体的电流均是危险电流。只有触电者能自主摆脱带电体的触电电流才是安全电流。电流对人体的作用有感知电流(5 mA)、摆脱电流(30 mA)、致命电流(50 mA 以上)三级。

(2) 触电的方式。按是否接触带电体，触电事故包括接触触电和非接触触电；按电流流经人体的路径，触电可分为单相触电、两相触电、跨步电压触电。

(3) 影响触电伤害的因素。① 电流的大小。通过人体的电流越大，造成人死亡的危险性也越大。通过人体的电流强度取决于触电电压和人体电阻。人体电阻一般在 1 000～2 000 Ω 之间。② 持续时间。通电时间越长，伤害程度越重。③ 电流的途径。电流通过心脏、呼吸系统和中枢神经系统时，危险性最大。从外部看，左手至脚的触电最危险。④ 电流频率。常用的 50～100 Hz 的工频交流电对人体的伤害最严重。⑤ 其他因素：性别、人体健康状况、心理准备等。

2. 触电的原因

(1) 低压触电的主要原因：违章作业，如带电安装、带电检修、带电搬迁电气设备；不严格执行停送电制度，停错、送错电；设备及电缆漏电、保护装置失灵等未及时处理等。

(2) 高压触电的原因：带电清扫、带电检查、带电搬运、带电作业；没有执行停电、验电、放电及在停电的电源侧设三相短路接地线，以及部分停电应加遮栏等规定和要求；误操作、误停送电，误认开关和电缆等；保护装置及防护设施不齐全、不可靠等。

(3) 直流架线触电的原因：人员站在矿车上，或人员上、下矿车时触及直流架线；矿工扒车或乘坐空载矿车；人员手持、肩扛金属材料和工具在有架线的运输巷内行走；架线电机车车弓子或其带电部分过低。

3. 触电的预防措施

(1) 煤矿井下变压器中性点严禁直接接地。

(2) 井下电气设备必须设有保护接地。

(3) 矿井变电所的高压馈电线和井下低压馈电线，应装有漏电保护装置。

(4) 井下电缆敷设应符合规定，并加强管理；电机车架线应符合要求。

(5) 对人员易接触的电气设备尽量采用较低电压，电气设备控制回路的电压不得大于 36 V(采用安全电压)。

(6) 操作高压电气设备时，工作人员必须戴绝缘手套、穿电工绝缘靴或站在绝缘台上，维修电气装置时要使用保安工具。容易碰到的、裸露的带电体必须加装护罩或遮栏等防护设施。

(7) 设置电气防护使人体不能触及或接近带电体。将操作时需触及的电气设备加强绝缘;将可能触及的带电部分封闭在外壳内,并设置闭锁机构。停电时外壳才能打开,外壳打开时送不上电;无法封闭的,采用栅栏门隔离并设置闭锁机构;架空线等无法隔离的裸露带电体安装在一定高度,防止触及。

4. 安全电压与安全电流

(1) 安全电流:发生触电时不会使人致死、致伤的通过人体的最大触电电流。我国规定安全电流为 30 mA。其含义是:对于任何供电系统,必须保证当发生人员触电时,触电电流不得大于 30 mA,否则必须设置触电保护装置。

(2) 安全电压:安全电流与人体电阻的乘积称为安全电压。在我国,对于人员可能经常接触的电气设备,在没有高度危险的条件下(如干燥洁净的场所),安全电压采用 65 V;在有高度危险的条件下(如煤矿井下),安全电压采用 36 V。那么,从触电的危险性看,36 V 以上为危险电压。

(三) 电气火灾及其预防

随着煤矿采掘机械化和电气化程度的提高,电气火灾发生的比例也在增高。低压电缆着火、矿用变压器着火、架线式电车电弧引燃易燃物着火等电气火灾时有发生。一旦发生火灾,井下众多生产设备遭受破坏,并引发其他一系列的矿井事故,具有很大的危害性。

1. 电气火灾的主要特征

(1) 不易发现。由于漏电与短路通常发生在电气设备内部及电线的交叉接头部位,因此电气起火的最初部位是看不到的,只有当火已形成并发展成明火后才能看到,但此时火势已大,矿井井巷众多,电气线路错综复杂,给火灾扑救带来很大困难。

(2) 变化性大。煤矿井下电气设备布置分散,发火的位置很难进行常规性预测,对起火时间和概率很难定量。这种突发性、意外性和随机性给矿井电气火灾的预防和管理带来难度。

(3) 燃烧速度快。电缆着火时,由于短路或过流的电缆温度高,导致火焰沿着电缆燃烧的速度非常快,并借助巷道风流及其他助燃物质的影响,使燃烧速度加快,事故一旦发生容易酿成恶性事故,损失惨重。

2. 电气火灾的危害

一旦发生矿井电气火灾事故,可能会在井下引起连锁反应,火焰借助电缆、电气设备、矿井风流、瓦斯和煤尘等引发其他事故,其危害性表现为以下几个方面:

(1) 可能烧毁设备和破坏现场工作条件,给矿井生产带来严重影响。

(2) 造成矿井电气设备、生产材料的损失和破坏。

(3) 会改变主要通风机的工作状态,导致井下通风系统紊乱、火烟弥漫井巷,还可能引起瓦斯或煤尘爆炸事故,造成更大的损失。

(4) 造成矿井内部环境污染,矿井电缆、电线及电气设备的绝缘材料燃烧时会放出各种有毒有害气体,造成整个矿井内部或局部的空气污染,致使灾区或波及区域的工作人员中毒或窒息死亡。

3. 电气火灾的原因

在使用电能时，接触不良产生电弧、火花或发热的高温导电部位，如过载、短路、漏电等都会引发电气火灾。

(1) 短路电流。导线短路时，因有大量的电流流过而使导体发热特别快，在几秒钟就可能燃烧并引燃邻近的可燃物品而造成火灾。

(2) 过负荷。当长时间处于超负荷工作状态，设备将达到使自己失去绝缘性能的危险温度，最后引起电气设备中线路的短路而引发火灾。

(3) 接触不良。线路中个别部位接触电阻的增加，是接触不良的结果。井下电缆或设备之间的连接部位(接头)做得不好，常常会发热而引发火灾。

(4) 漏电。漏电是引起电气火灾的主要原因。电缆绝缘材料性能不好、绝缘等级不够、电缆已有砸伤未发现而漏电，以及电缆两相短接时漏电等，引燃周围可燃物形成火灾。

(5) 静电。在井下，静电的产生可能是因为砂砾或其他含在压缩空气中的混合物与橡胶管、金属管壁相摩擦，橡胶带在带式输送机卷筒上摩擦等，从而产生电弧火花。静电的电压达到一定值时极易引起瓦斯爆炸或火灾。

4. 电气火灾的预防对策

(1) 严格执行《煤矿安全规程》《煤矿防灭火细则》中的电气规定及防火要求。井下电气设备的选用和安装要严格遵照规程。加强对电气设备管理，确保“三大保护”完善可靠，严禁电气设备超负荷运行；定期检查电缆线路的绝缘程度及设备的运行完好情况，防止因设备内部的故障等原因导致设备起火；防止人为造成电气设备及线路的机械损伤或漏电。

(2) 加强矿井电气管理，提高防火意识。严格落实电气设备包保制度，建立健全电气设备的操作规程，完善设备的检修、维护、保养等制度；做好职工的安全教育和培训，提高防火意识；经常组织井下消防和设备隐患排查，消除电气火灾的事故隐患；建立矿井电气火灾应急预案，并进行事故模拟演练；开展电气设备预防性试验，经常开展事故演习，确保在发生火灾时具有相应的扑灭火灾、避难、救援等具体防范措施。

(3) 推广应用新技术、新设备、新材料、新工艺，提高防灭火能力。积极开展对矿井电气火灾发生、发展机理和规律性的研究；推广利用矿用火灾报警设备、灭火设备和逃生新设备；在矿井电气火灾的预防、监测、扑灭、救援等方面，实现综合性防治。

三、矿用电气设备的防爆管理

(一) 常见的电气失爆现象

电气失爆是指电气设备的隔爆外壳失去了耐爆性或隔爆性。已经失爆的防爆设备，如果其内部发生爆炸，必将炸坏外壳引起壳外爆炸；或从缝隙中喷出高温气体引起壳外的爆炸，这是十分危险的。因此凡是《煤矿安全规程》规定必须使用防爆电气设备的场所，已经失爆的防爆型电气设备，绝对禁止使用。井下隔爆型电气设备常见的失爆现象有以下几种。

1. 用螺栓固定的隔爆接合面的失爆现象

(1) 缺螺栓、弹簧垫圈或螺母；螺栓或螺孔滑扣；螺栓折断在螺孔中，未上满扣。

(2) 弹簧垫圈未压平或螺栓松动；弹簧垫圈断裂或无弹性且间隙超限的。

2. 电缆引出、引入装置的失爆现象

(1) 密封圈老化、失去弹性、变质、变形，有效尺寸配合间隙达不到要求，起不到密封作用。密封圈外径与进线装置内径差值不符合规定，密封圈内径与引入电缆外径差大于1 mm，以及密封圈宽度、厚度不符合规定。

(2) 线嘴压紧而没有余量(1～3扣)，线嘴与密封圈之间没有加装金属垫圈。线嘴压紧而引入深度不足6扣。

(3) 进线嘴压紧后没有余量或进线嘴内缘压不紧密封圈，或密封圈端面与器壁接触不严，或密封圈能活动。

(4) 引入、引出电缆压线板未压紧电缆，用单手扳动喇叭嘴上下左右晃动时有明显晃动，在引入装置处能轻易来回抽动电缆。

(5) 高压铠装电缆终端接线盒没有灌绝缘胶；绝缘胶没有灌到电缆三岔口以上；绝缘胶有裂纹而能相对活动。

3. 隔爆型插接装置的失爆现象

(1) 电源电压低于1 140 V的插接装置缺少防止突然拔脱的联动装置。

(2) 电压在1 140 V以上的插接装置没有电气联锁装置。

(3) 插销在触头断开的断电瞬间，外壳隔爆接合面的最大直径差 W 和最小有效长度 L 不符合表6-2的规定。

表6-2　外壳隔爆接合面的最大直径差 W 和最小有效长度 L

外壳净容积/L	L/mm	W/mm
≤0.5	15	0.5
>0.5	25	0.6

4. 隔爆电气设备内外壳的失爆

(1) 隔爆外壳有裂纹、开焊、严重变形长度超过50 mm，同时凹坑深度超过5 mm。

(2) 隔爆壳内外有锈皮脱落(锈皮厚度达0.2 mm及以上)。

(3) 闭锁装置不符合规定，闭锁装置不全，变形损坏而起不到机械闭锁作用。

(4) 隔爆室(腔)的观察窗(孔)的透明板松动、破裂，使用普通玻璃或机械强度不符合规定。

(5) 螺纹隔爆结构：螺距的最少啮合扣数、最小拧入深度不符合表6-3的规定时，拧紧程度一般用手正向用力再拧入半圈以上。

表6-3　螺距的最小啮合扣数、最小拧入深度

外壳净容积 V/L	最小拧入深度/mm	最小啮合扣数
V<0.1	5.0	
0.1≤V≤2.0	9.0	6
V>2.0	12.5	

(6) 喇叭嘴外缺损影响防爆性能。

(7) 未接线的喇叭嘴没有分别用密封圈、挡板、金属圈依次装入、压紧，有一项未装上、上反或未压紧(闲置进线喇叭嘴可以不用金属圈)。

(8) 挡板直径与进线装置内径之差大于 2 mm，挡板厚度小于公称尺寸 2 mm(厚度允许误差为±0.18mm)，挡板材质低于钢垫板强度，挡板有缺陷或机械性伤痕超过有关规定。

(9) 金属圈外径小，与进线装置内径之差大于 2 mm，金属圈厚度小于 1 mm，金属圈开口等。

5. 隔爆面的失爆现象

隔爆接合面应保持光洁、完整，各结构参数符合规定。有下列情况之一者即为失爆：

(1) 隔爆接合面的间隙、接合面宽度、接合面内缘至螺栓孔距不符合表 6-4 的规定。

表 6-4　平面结合面和止口接合面的规定尺寸

接合面宽度 L/mm	与外壳容积 V 对应的最大间隙/mm	
	$V \leqslant 100\ cm^3$	$V > 100\ cm^3$
$6 \leqslant L < 12.5$	0.3	—
$12.5 \leqslant L < 25$	0.4	0.4
$25 \leqslant L$	0.5	0.5

(2) 操纵杆直径(d)与隔爆接合面长度(L)不符合表 6-5 的规定。

表 6-5　操纵杆和轴接合面的规定尺寸

结合面宽度 L/mm	与外壳容积 V 对应的最大间隙/mm	
	$V \leqslant 100\ cm^3$	$V > 100\ cm^3$
$6 \leqslant L < 12.5$	0.3	—
$12.5 \leqslant L < 25$	0.4	0.4
$25 \leqslant L$	0.5	0.5

(3) 转盖式或插盖式隔爆接合面的宽度小于 25 mm，间隙大于 0.5 mm。

(4) 活动部分(操纵杆及电机轴)隔爆接合面长度及接合面直径差不符合表 6-6 的规定。

表 6-6　活动隔爆接合面的规定尺寸

结合面宽度 L/mm		与外壳容积 V 对应的最大间隙/mm	
		$V \leqslant 100\ cm^3$	$V > 100\ cm^3$
带滑动轴承的转轴	$6 \leqslant L < 12.5$	0.3	—
	$12.5 \leqslant L < 25$	0.4	0.4
	$25 \leqslant L < 40$	0.5	0.5
	$40 \leqslant L$	0.6	0.6
带滚动轴承的转轴	$6 \leqslant L < 12.5$	0.45	—
	$12.5 \leqslant L < 25$	0.6	0.6
	$25 \leqslant L$	0.75	0.75

(5) 隔爆电动机轴与轴孔的隔爆接合面在正常工作状态下产生摩擦。

(6) 隔爆面上产生的机械伤痕,宽度与深度大于0.5 mm;其长度未保证剩余无伤隔爆面有效长度小于规定长度的2/3。

(7) 隔爆接合面的表面粗糙度大于6.3,操纵杆的表面粗糙大于3.2。

(8) 隔爆接合面无间隙或锈蚀,正常情况下用手打不开大盖。

(二) 防爆电气设备的管理要点

1. 下井前的检查要点

(1) 零部件是否齐全、完整。

(2) 隔爆外壳是否涂有防腐油漆;大、中型设备必须重新涂防腐油漆。

(3) 隔爆外壳、接线箱、底座等是否变形;轻微凸凹不平不能超过完好标准的规定值。

(4) 要通电试运行,看开、停、吸、合动作是否灵敏可靠,运行是否正常,有无杂音。

(5) 各种进、出线嘴是否封堵;要有合格的密封圈、挡板和垫圈;安装顺序是最里为密封圈,中间为挡板,最外是垫圈;线嘴要拧紧。

(6) 隔爆面是否有锈蚀和机械伤痕,是否涂有防锈油脂;隔爆面不能有锈,最好进行磷化处理,光洁度要符合要求;气孔、划痕等机械伤痕不能超过规定。

(7) 隔爆间隙是否符合要求;对每台设备的隔爆面都要逐一测量。

2. 搬运中的注意事项

(1) 装车时要轻装轻放。为避免运输中在车内滚动碰撞,要用木板等支垫好外露接合面,如采煤机电机的端面、电动机轴头等,要用木板或专用铝制外罩加以保护。低压防爆开关要用闭锁螺丝将转盖锁住,避免转盖滑脱、内部进水和灰尘、碰坏隔爆面等。

(2) 卸车时不能扔摔,防止将线嘴、线盒手把、仪表碰坏。

(3) 采掘工作面采用绞车、单轨吊车等搬运设备时,防止剐碰设备的突出部分,如轴头、手把、线盒、线嘴托架等,而这些部分恰恰是影响隔爆性能的关键部位。

3. 使用中的管理要求

(1) 运行中的电气设备,周围环境要干燥、整洁,不能堆积杂物和浮煤,保持良好的通风,设备上的煤尘要及时打扫;顶板要有可靠的支护,防止矸石冒落砸坏设备;底板有水的地方,要疏通水沟及时排水;底板潮湿时,要用不燃性材质做台架,把设备垫起来;避不开的淋水,要搭设防水棚。

(2) 备用的电气设备,其零部件要齐全,螺丝要拧紧,大小线嘴要有密封圈、垫圈,并用挡板堵好;外露螺丝、隔爆面要涂防锈油。存放地点要安全、干燥,且便于运输;设备上要有明显的“备用”标志牌。

(3) 因急需或倒装须拆下来未经上井检修的电气设备时,要在井下现场进行小修;更换老旧螺丝和失效的弹簧垫圈,擦净隔爆腔内的煤尘、电弧、潮气等,修理接线柱丝扣、变形的卡爪,修理或更换烧灼的触头,隔爆面除锈,擦拭涂油,并测量其绝缘情况。不经检修、零件不全、螺丝折断、绝缘及隔爆间隙不合要求的设备不准使用。

(4) 为了及时排除设备故障,保证隔爆性能良好,必须在井下现场准备一定数量的备件和材料,如各种线嘴盒、接线柱、绝缘套管、卡爪、接线座、触头、螺丝、弹簧垫圈、密封圈、按钮、漆布、胶布、砂布等。要做到数量充足,质量合格,及时补充,专人保管。

第二节 煤矿供电系统与电气设备的安全管理

一、煤矿供电系统的安全管理

(一)供电系统的类型、运行方式及安全管理要点

1. 矿井供电系统的类型

矿井供电系统主要有深井和浅井供电系统。

(1)深井供电系统

对于开采煤层较深、年产量大的矿井,通常经过井筒将10 kV(或6 kV)高压电能送入井下,一般将这种供电方式称为深井供电。深井供电系统的特征是高压电能用电缆送到井下,并直接送到采区,它的一般供电模式为:地面变电所—井下中央变电所—采区变电所(或移动变电站)—工作面配电点。

为保证供电的可靠性,地面变电所和井下中央变电所都采用单母线分段。所有主要用电设备均与两段母线连接,当任意一段母线发生故障或检修时,主要用电设备均可由另一段母线供电。井下一、二级负荷占比较大,故根据《煤矿安全规程》的规定,井下中央变电所的电源引入线至少要用两条电缆,且它们应分接于地面变电所的不同母线段上;在正常工作时,诸段同时运行,而在任一回路停止供电时,其余回路应能承担井下全部负荷的供电。

(2)浅井供电系统

如果煤层埋藏较浅,且电力负荷较小,可通过井筒或钻孔将660 V低压电能送入井下,这种供电方式称为浅井供电。其特征是高压电能不下井,而是由地面变电所的380 V或660 V低压电经过井筒中的低压电缆直接送到井底车场的配电所(取代了井下中央变电所),作为井底车场附近的低压动力和照明用电。

究竟采用哪种供电系统,应根据矿井的具体情况经技术经济比较后确定,如建井初期采用浅井供电系统,后期则采用深井供电系统。但无论采用哪种供电系统,都必须符合供电安全、可靠、质量良好、经济技术合理、能力充足的要求。

2. 矿井供电系统的运行方式

矿井供电系统的运行方式有两种,即分列运行和并列运行。

(1)多回路分列运行和并列运行

《煤矿安全规程》规定:正常情况下,矿井电源应当采用分列运行方式。若一回路运行,另一回路必须带电备用。带电备用电源的变压器可以热备用,若冷备用,备用电源必须能及时投入,保证主要通风机在10 min内启动和运行。高瓦斯和突出矿井电源必须采用分列运行方式。

此外,对井下各水平中央变(配)电所和采(盘)区变(配)电所、主排水泵房和下山开采的采区排水泵房供电的线路,不得少于两回路。当任一回路停止供电时,其余回路应能担负全部负荷。向局部通风机供电的井下变(配)电所应采用分列运行方式。

并列运行方式适用于负荷较大的变(配)电所,其优点是运行电缆线路工作电流较小、压降较小、运行线路距离较长;缺点是两回路的负荷不同,两回路总配电开关保护整定不同,当一回路停电时,另一路总配电开关需重新整定,不便于两回路的切换。

(2) 变压器中性点的运行方式

在交流供电系统中,变压器的中性点接地方式有三种,即中性点直接接地、中性点不接地和中性点经消弧线圈(或限流阻抗)接地。变压器的不同运行方式,对供电安全有着直接的影响。

对于变压器中性点直接接地系统,当发生人身触电事故时,电源直接通过人体、大地和接地体构成通路,人体将流过一个很大的触电电流,极其危险。当电源电压为 660 V 时,触电电流为 380 mA。发生单相接地故障时,大地与中性点直接形成单相接地短路故障,将产生很大的短路电流,可能引起瓦斯和煤尘爆炸。因此,《煤矿安全规程》规定:严禁井下配电变压器中性点直接接地,严禁由地面中性点直接接地的变压器或发电机直接向井下供电。

3.《煤矿安全规程》对矿井供电安全的要求

(1) 矿井应当有两回路电源线路(即来自两个不同变电站或者不同电源进线的同一变电站的两段母线)。当任一回路发生故障停止供电时,另一回路应当担负矿井全部用电负荷。区域内不具备两回路供电条件的矿井采用单回路供电时,应当报安全生产许可证的发放部门审查。采用单回路供电时,必须有备用电源。备用电源的容量必须满足通风、排水、提升等要求,并保证主要通风机等在 10 min 内可靠启动和运行。

矿井的两回路电源线路上都不得分接任何负荷。

正常情况下,矿井电源应当采用分列运行方式。若一回路运行,另一回路必须带电备用。带电备用电源的变压器可以热备用;若冷备用,备用电源必须能及时投入,保证主要通风机在 10 min 内启动和运行。

10 kV 及以下的矿井架空电源线路不得共杆架设。

矿井电源线路上严禁装设负荷定量器等各种限电断电装置。

(2) 矿井供电电能质量应当符合国家有关规定;电力电子设备或者变流设备的电磁兼容性应当符合国家标准、规范要求。电气设备不应超过额定值运行。

(3) 对井下各水平中央变(配)电所和采(盘)区变(配)电所、主排水泵房和下山开采的采区排水泵房供电线路,不得少于两回路。当任一回路停止供电时,其余回路应当承担全部用电负荷。向局部通风机供电的井下变(配)电所应当采用分列运行方式。主要通风机、提升人员的提升机、抽采瓦斯泵、地面安全监控中心等主要设备房,应当各有两回路直接由变(配)电所馈出的供电线路;受条件限制时,其中的一回路可引自上述设备房的配电装置。

向突出矿井自救系统供风的压风机、井下移动瓦斯抽采泵应当各有两回路直接由变(配)电所馈出的供电线路。

上述供电线路应当来自各自的变压器或者母线段,线路上不应分接任何负荷。

上述设备的控制回路和辅助设备,必须有与主要设备同等可靠的备用电源。

向采区供电的同一电源线路上,串接的采区变电所数量不得超过 3 个。

(4) 矿井必须备有井上、下配电系统图,井下电气设备布置示意图和供电线路平面敷设示意图,并随着情况变化定期填绘。图中应注明:① 电动机、变压器、配电设备等装设地点;② 设备的型号、容量、电压、电流等主要技术参数及其他技术性能指标;③ 馈出线的短路、过负荷保护的整定值以及被保护干线和支线最远点两相短路电流值;④ 线路电缆的用途、型号、电压、截面和长度;⑤ 保护接地装置的安设地点。

(5) 电气设备不应超过额定值运行。井下防爆设备变更额定值使用和进行技术改造时，必须经国家授权的矿用产品质量监督检验部门检验合格后，方可投入运行。

(6) 矿井 6 000 kV 及以上高压电网，必须采取措施限制单相接地电容电流，生产矿井不超过 20 A，新建矿井不超过 10 A。井上、下变电所的高压馈电线上，必须具备有选择性的单相接地保护；向移动变电站和电动机供电的高压馈电线上，必须具有选择性的动作于跳闸的单相接地保护。井下低压馈电线上，必须装设检漏保护装置或者有选择性的漏电保护装置，保证自动切断漏电的馈电线路。每天必须对低压漏电保护进行 1 次跳闸试验。

(7) 直接向井下供电的馈电线上，严禁装设自动重合闸。手动合闸时，必须事先同井下联系。

4. 矿井供电系统安全检查要点

矿井供电系统安全检查要点如表 6-7 所列。

表 6-7　矿井供电系统安全检查要点

序号	检查项目及内容	检查情况	备注
1	矿井应有两回路电源线路。主要通风机、提升人员的提升机、抽采瓦斯泵、压风机以及地面安全监控中心等主要设备房，应有两回路直接由变(配)电所馈出的供电线路		
2	矿井、采区及采掘工作面等供电地点均有合格的供电系统设计		
3	井下变电所、配电点悬挂与实际相符的供电系统图		
4	正常工作的局部通风机必须采用“三专”供电，专用变压器最多可向 4 个不同掘进工作面的局部通风机供电		
5	防爆电气设备及小型电器无失爆		
6	严禁井下配电变压器中性点直接接地		
7	电气设备不应超过额定值运行		
8	实行停送电审批和工作票制度		
9	井上、下必须装设防雷电装置		

(二) 矿井供电系统管理中的常见问题

1. 供电系统不合理

在煤矿井下，由于一些采区变电所距离远，中间经过的开关级数较多，供电系统的设计和布置存在缺陷。有的采煤工作面和掘进工作面的供电搅在一起，相互影响；有的采掘工作面的供电负荷存在分配不均、相互交叉现象；有的供电设备保护功能欠缺，供电系统图错误百出；有的对电源保护和负荷保护整定值无法配合，整定值不能根据负荷变化及时调整。

2. 电缆管理不到位

电缆事故在井下电气事故中所占比例较大，常见的有电缆放炮(电缆相间短路)、漏电接地故障、断相、着火等影响面广，处理时间长。电缆事故引起的火灾、瓦斯和煤尘爆炸的惨痛教训也很多。

3. 高压防爆开关故障率高

虽然煤矿井下矿用一般型高压防爆开关具有高压漏电和绝缘监视保护功能，但由于变压器高、低压侧腔体的盖没有有效的连锁保护装置，使得高压开关与分立的变压器、低压馈电开关之间的保护不能形成有效的配合，致使高压开关失去了应有的保护功能，因此会出现漏电、过流和短路等问题；另外，高压负荷开关触头接触不良，产生弧光或放电，高压负荷开关带载停送移动变电站，也会导致高压断电事故。

4. 局部通风机供电问题突出

煤矿井下低压供电系统中，个别掘进工作面达不到《煤矿安全规程》规定的局部通风机必须满足“三专”和“双风机双电源”的要求。一种情况是没有采用专用电缆线路供电，一旦其中一台通风机供电线路出现故障，马上影响到另一台通风机的供电，扩大了故障的影响范围，给人身及矿井带来严重的安全隐患。再者生产用电与局部通风机用电为一趟线路，一旦供电线路出现故障，直接影响局部通风机的正常运转。

5. 防爆电气设备存在安全隐患

国家已经明令禁止使用的电气设备，在一些煤矿还有使用，如矿井主排水泵电机、电控是非防爆型的，采区上下山绞车的电机以及带式输送机的电机也是非防爆型的，采区变电所使用油浸式变压器等，带来很大的安全隐患。还有，由于设备老化、失修等原因，一些煤矿井下存在着大量有重大隐患或故障率较高的电气设备。

6. 电气设备维修人员素质低，违章操作引发事故多

在一些煤矿，由于电气设备维修人员素质低，在电气设备的管理和使用中，综合保护时有被甩掉的现象，保险丝选用不合格，过流继电器动作系数小于 1.5 时有发生。在检修过程中作业人员违章操作，更是引发事故的根源。

（三）加强矿井供电系统管理的对策

1. 完善井下供电系统

随着煤矿井下生产工作面的不断延伸，高压供电电缆及设备不断深入末端，低压系统一直向前延伸，构成井下供电系统的设备只要一个出现故障，整个系统就会终止运行。因此，既要关心系统本身的设计，经常检查系统的合理性，完善供电设备的保护功能，又要对设备进行预防性检查、检修和试验，根据负荷变化及时调整整定值，及时更换淘汰有隐患的设备。

2. 加强井下电缆管理

（1）成立专门机构，明确职责，落实电缆管理责任。矿井要实行电缆集中统一管理、发放、领取、修补和试验，严把电缆从入库到报废的整个环节。

（2）严格执行电缆各项管理制度，确保使用电缆符合规定标准。矿井选用的电缆必须是阻燃电缆，有生产许可证和煤矿矿用产品安全标志，出厂检验合格。矿井选用的电缆主芯线的截面要满足供电线路负荷的要求。

（3）严格标准，进一步加强电缆的现场管理。电缆的敷设、悬挂与连接必须符合《煤矿安全规程》的规定。

3. 加强高压防爆开关管理

为保证井下高压防爆开关的安全可靠性，在选择高压开关时，其断流容量不得小于变电所母线上的实际短路容量。对分立的供电变压器，其高、低压侧腔体盖都应设置联锁开关，其接点串接在高压开关的监视回路中，当变压器高、低压侧腔体盖开关前及高压橡套电缆的监视线断开时，高压开关便能迅速跳闸。严格按照《煤矿安全规程》规定的标准、周期对高压防爆开关有关部件进行耐压试验，定期检修。

4. 解决局部通风机"三专两闭锁"供电问题

局部通风机专用变压器与备用电源必须分布在不同的母线上，备用电源的容量和开关整定必须满足所带局部通风机及其他负荷同时运行的需要，确保局部通风机正常运行；专用线路应采用装有选择性漏电保护装置的供电线路；通风专用变压器的低压分支开关必须安装低压选漏，并按《煤矿安全规程》规定周期进行试验，以减小漏电线路的影响。

5. 坚决淘汰国家明令禁止的电气设备

煤矿企业要严格按照原国家安全生产监督管理总局《禁止井工煤矿使用的设备及工艺目录》（目前已发布六批）的要求，及时淘汰国家明令禁止使用的设备，禁止使用超期服役和不符合《煤矿安全规程》规定的电气设备。要严格落实设备定期检测、维护、保养和检修制度，提高矿井装备的安全可靠性。

被列入国家禁止使用或淘汰的设备及工艺目录的产品或工艺执行下列目录：

(1)《关于发布〈禁止井工煤矿使用的设备及工艺目录(第一批)〉的通知》(安监总规划〔2006〕146 号)。

(2)《关于发布〈禁止井工煤矿使用的设备及工艺目录(第二批)〉的通知》(安监总煤装〔2008〕49 号)。

(3)《关于发布〈禁止井工煤矿使用的设备及工艺目录(第三批)〉的通知》(安监总煤装〔2011〕17 号)。

(4)《关于发布〈禁止井工煤矿使用的设备及工艺目录(第四批)〉的通知》(煤安监技装〔2018〕39 号)。

(5)《关于印发淘汰落后安全技术装备目录(2015 年第一批)的通知》(安监总科技〔2015〕75 号)。

(6)《关于印发淘汰落后安全技术工艺、设备目录(2016 年)的通知》(安监总科技〔2016〕137 号)。

6. 强化电气管理业务技术素质培训

坚持集中培训与专业培训相结合、内培与外委相结合、理论学习与实践操作相结合的原则，采取集中学习培训、分专业培训、外委培训、技术比武、岗位练兵、案例分析等形式，抓好井下电钳工的技术培训工作，全面提高其业务技术素质。

二、矿井电气设备与机电硐室的安全管理

(一) 矿井电气设备安全管理的内容

(1) 井下安全供电"十不准"制度：① 不准带电检修；② 不准甩掉无压释放器、过电流保护装置；③ 不准甩掉漏电断电器、煤电钻综合保护装置和局部通风机风电、甲烷电闭锁装置；④ 不准明火操作、明火打点、明火爆破；⑤ 不准用铜、铝、铁等代替保险丝；⑥ 停风、停电的采掘工作面，未经检查瓦斯，不准送电；⑦ 有故障的线路不准强行送电；⑧ 电气设备的保护装置失灵后，不准送电；⑨ 不准使用失爆电气设备；⑩ 不准在井下拆卸矿灯。

(2) "三无""四有""两齐""三全""三坚持"制度：无"鸡爪子"、无"羊尾巴"、无明接头；有过流和漏电保护装置、有螺丝和弹簧垫、有密封圈和挡板、有接地装置；电缆吊挂整齐、设备硐室清洁整齐；防护装置全、绝缘用具全、图纸资料全；坚持使用检漏继电器，坚持使用煤电钻照明和信号综合保护装置，坚持使用风电、甲烷电闭锁。

（二）机电硐室的安全管理要点

（1）永久性井下中央变电所和井底车场内的其他机电设备硐室，应砌碹或用其他可靠的方式支护。采区变电所应用不燃性材料支护。

硐室必须装设向外开的防火铁门。铁门全部敞开时，不得妨碍运输。铁门上应装设便于关严的通风孔。装有铁门时，门内可加设向外开的铁栅栏门，但不得妨碍铁门的开闭。

从硐室出口防火铁门起 5 m 内的巷道，应砌碹或用其他不燃性材料支护。硐室内必须设置足够数量的扑灭电气火灾的灭火器材。

井下中央变电所和主要排水泵房的地面标高，应分别比其出口与井底车场或大巷连接处的底板标高高出 0.5 m。

（2）采掘工作面配电点的位置和空间必须能满足设备检修和巷道运输、矿车通过及其他设备安装的要求，并用不燃性材料支护。

（3）变电硐室长度超过 6 m 时，必须在硐室的两端各设 1 个出口。

（4）硐室内各种设备与墙壁之间应留出 0.5 m 以上的通道，各种设备之间留出 0.8 m 以上的通道。对不需从两侧或后面进行检修的设备，可不留通道。

（5）带油的电气设备必须设在机电设备硐室内，严禁设集油坑。

硐室不应有滴水。硐室的过道应保持畅通，严禁存放无关的设备和物件。带油的电气设备溢油或漏油时，必须立即处理。

（6）硐室入口处必须悬挂"非工作人员禁止入内"字样的警示牌。硐室内必须悬挂与实际相符的供电系统图。硐室内有高压电气设备时，入口处和硐室内必须醒目悬挂"高压危险"警示牌。采区变电所应设专人值班。无人值班的变电所必须关门加锁，并有巡检人员巡回检查。硐室内的设备，必须分别编号，标明用途，并有停送电的标志。

三、矿用电缆的安全使用

（一）矿电电缆分类

矿用电缆分为铠装电缆、矿用橡套电缆和塑料电缆三种。

1. 铠装电缆

铠装电缆就是用钢丝或钢带把电缆铠装起来。其最大优点是绝缘强度高，适合用作高压电缆，在井下多用于对固定设备和半固定设备供电。由于钢丝或钢带耐拉力强，所以钢丝铠装电缆多用于立井井筒或急倾斜巷道中；而钢带铠装电缆多用于水平巷道或缓倾斜巷道。

2. 矿用橡套电缆

矿用橡套电缆分为普通橡套电缆、阻燃橡套电缆和屏蔽橡套电缆三种。对于井下移动设备的供电，多采用柔软性好、能够弯曲的橡套电缆。普通橡套电缆的外护套由天然橡胶制成。由于天然橡胶可以燃烧，而且燃烧分解出的气体有助燃作用，容易造成火灾，所以特别是有瓦斯、煤尘爆炸危险的煤矿井下，不宜使用普通橡套电缆。阻燃橡套电缆的护套采用氯丁橡胶制成。氯丁橡胶同样可以燃烧，但燃烧分解产生氯化氢气体，将火焰包围起来，使它与空气隔离，因而火焰会很快熄灭，不会沿电缆继续燃烧。因此煤矿井下应使用这种阻燃橡套电缆。屏蔽电缆每根主芯线的橡胶绝缘内护套的外面，缠绕有用导电橡胶带制成的屏蔽层；接地芯线的外面直接缠绕有导电橡胶带；电缆中心的垫心，也是用导电橡胶制作的。

3. 塑料电缆

塑料电缆的特点是允许工作温度高，绝缘性能好，护套耐腐蚀，敷设的落差不受限制等。若电缆外部有铠装，则与铠装电缆的使用条件相同；若电缆外部无铠装，则与橡套电缆的使用条件相同。

（二）井下电缆的选用应遵守的规定

（1）电缆敷设地点的水平差应与规定的电缆允许敷设水平差相适应。

（2）必须选用取得煤矿矿用产品安全标志的阻燃电缆。

（3）电缆主线芯的截面应当满足供电线路负荷的要求。电缆应带有供保护接地用的足够截面的导体。

（4）对固定敷设的高压电缆：在立井井筒或倾角为45°及其以上的井巷内，应采用煤矿用粗钢丝铠装电力电缆；在水平巷道或倾角在45°以下的井巷内，应采用煤矿用钢带或细钢丝铠装电力电缆；在进风斜井、井底车场及其附近、中央变电所至采区变电所之间，可以采用铝芯电缆，其他地点必须采用铜芯电缆；固定敷设的低压电缆，应采用煤矿用铠装、非铠装电缆或对应电压等级的煤矿用橡套软电缆；非固定敷设的高低压电缆，必须采用煤矿用橡套软电缆；移动式和手持式电气设备应使用专用橡套电缆。

（三）敷设电缆应遵守的规定

（1）电缆悬挂应注意：在水平巷道或倾角在30°以下的井巷中，电缆应用吊钩悬挂；在立井井筒或倾角在30°及其以上的井巷中，电缆应用夹子、卡箍或其他夹持装置进行敷设。夹持装置应能承受电缆重量，并不得损伤电缆。

（2）水平巷道或倾斜井巷中悬挂的电缆应有适当的弛度，并能在意外受力时自由坠落。其悬挂高度应保证电缆在矿车掉道时不受撞击，在电缆坠落时不落在轨道或输送机上。

（3）电缆悬挂点间距，在水平巷道或倾斜井巷内不得超过3 m，立井井筒内不得超过6 m。

（4）沿钻孔敷设的电缆必须绑紧在钢丝绳上，钻孔必须加装套管。

（5）电缆不应悬挂在管道上，不得遭受淋水。电缆上严禁悬挂任何物件。电缆与压风管、供水管在巷道同一侧敷设时，必须敷设在管子上方，并保持0.3 m以上的距离。在有瓦斯抽采管路的巷道内，电缆（包括通信电缆）必须与瓦斯抽采管路分挂在巷道两侧。盘圈或盘“8”字形的电缆不得带电，但给采、掘等移动设备供电的电缆不受此限。

（6）井筒和巷道内的通信和信号电缆应与电力电缆分挂在井巷的两侧，如果受条件所限，在井筒内应敷设在距电力电缆0.3 m以外的地方，在巷道内应敷设在电力电缆上方0.1 m以上的地方。

（7）高、低压电力电缆敷设在巷道同一侧时，高、低压电缆之间的距离应大于0.1 m。高压电缆之间、低压电缆之间的距离不得小于50 mm。

（8）井下巷道内的电缆，沿线每隔一定距离、拐弯或分支点以及连接不同直径电缆的接线盒两端、穿墙电缆的墙的两边都应设置注有编号、用途、电压和截面的标志牌。

（9）立井井筒中敷设的电缆中间不得有接头；因井筒太深需设接头时，应当将接头设在中间水平巷道内。运行中因故需要增设接头而又无中间水平巷道可以利用时，可以在井筒中设置接线盒。接线盒应当放置在托架上，不应使接头承力。

（四）电缆连接的相关规定

（1）电缆与电气设备连接时，电缆线芯必须使用齿形压线板（卡爪）、线鼻子或者快速连接器与电气设备进行连接。

（2）不同型号电缆之间严禁直接连接，必须经过符合要求的接线盒、连接器或母线盒进行连接。

（3）同型号电缆之间直接连接时必须遵守下列规定：

① 橡套电缆的修补连接（包括绝缘、护套已损坏的橡套电缆的修补）必须采用阻燃材料进行硫化热补或与热补有同等效能的冷补。在地面热补或冷补后的橡套电缆，必须经浸水耐压试验，合格后方可下井使用。

② 塑料电缆连接处的机械强度以及电气、防潮密封、老化等性能，应符合该型号矿用电缆的技术标准。

四、井下低压电网保护方式及安全检查要点

（一）漏电保护

当电气设备或导线的绝缘损坏或人体触及一相带电体时，电源和大地形成回路，有电流流过的现象，称为漏电。

1. 漏电原因

（1）电缆和电气设备长期过负荷运行，使绝缘老化而造成漏电。

（2）运行中的电气设备受潮或进水，造成对地绝缘电阻下降而漏电。

（3）电缆与设备连接时，接头不牢，运行或移动时接头松脱，某相碰壳而造成漏电。

（4）电气设备内部随意增加电气元件，使外壳与带电部分之间电气间隙小于规定值，造成某一相对外壳放电而发生接地漏电。

（5）橡套电缆受车辆或其他器械的挤压、碰砸等，造成相线和地线破皮或护套破坏，芯线裸露而发生漏电。

（6）铠装电缆受到机械损伤或过度弯曲而产生裂口或缝隙，长期受潮或遭水淋使绝缘损坏而发生漏电。

（7）电气设备内部遗留导电物体，造成某一相碰壳而发生漏电。

（8）设备接线错误，误将一相火线接地或接头毛刺太长而碰壳，造成漏电。

（9）移动频繁的电气设备的电缆反复弯曲使芯线部分折断，刺破电缆绝缘与接地芯线接触而造成漏电。

（10）操作电气设备时，产生弧光放电造成一相接地而漏电。

2. 漏电危害

漏电会给人身、设备以及矿井造成很大威胁，其危害主要有以下四个方面：

（1）人接触到漏电设备或电缆时会造成触电伤亡事故。

（2）漏电回路中碰地、碰壳的地方可能产生电火花，有可能引起瓦斯煤尘爆炸。

（3）漏电回路上各点存在电位差，若电雷管引线两端接触不同电位的两点，可能使雷管爆炸。

（4）电气设备漏电时不及时切断电源会扩大为短路故障，烧毁设备，造成火灾。

3. 漏电保护

(1) 保护方式:漏电保护、选择性漏电保护、漏电闭锁。

(2) 漏电保护的作用:监视电网绝缘;迅速切断漏电故障线路的电源,防止漏电故障引发各种危害;补偿电容电流。

4. 安全检查要点

(1) 值班电工是否每天对检漏继电器运行情况进行一次检查和跳闸试验,是否有试验记录。

(2) 电缆与设备连接是否牢固(接头、触点接触是否良好,有无松动脱落或烧毁的现象)。

(3) 漏电保护是否甩掉不用。

(二) 过流保护

1. 过电流原因

过电流是指流过电气设备和电缆的实际电流超过额定值。其现象有短路、过负荷和断相。

(1) 短路:煤矿井下供电系统,其短路故障可分为两相短路和三相短路。短路电流不流经负载,这时电流很大,可达额定电流的几倍、几十倍,甚至更大,其危害是能够在极短时间内烧毁电气设备,引起火灾或瓦斯、煤尘爆炸事故。

(2) 过负荷:流过电气设备和电缆的实际电流超过其额定电流和允许过负荷时间。其危害是电气设备和电缆出现过负荷后,温度将超过所用绝缘材料的最高允许温度,损坏绝缘,如不及时切断电源,将会发展成漏电和短路事故。

(3) 断相。断相是指三相交流电动机的一相供电线路或一相绕组断线。此时,运行中的电动机叫单相运行,由于其转矩比三相运行时小得多,在其所带负载不变的情况下,必然过负荷,甚至造成电动机被烧毁。

造成断相的原因有:断路器有一相熔断;电缆与电动机或开关的接线端子连接不牢而脱落等。

2. 过流保护安全检查要点

(1) 所有电气设备的额定电流是否大于或等于它的长时最大实际工作电流。

(2) 电缆截面的选择是否符合设备容量的要求。

(3) 高、低压开关设备是否具有切断短路电流的能力。

(4) 熔断保护中的熔丝是否用铜丝、铁丝代替。

(5) 继电保护整定是否合理,能否切断最小短路电流。

(三) 保护接地及其检查要点

保护接地:在变压器中性点不接地系统中,将电气设备正常情况下不带电的金属外壳及构架等与大地作良好的电气连接。

漏电保护的侧重点是故障发生后的跳闸时间,一旦发生漏电或人身触电,应尽快切断电源,将故障存在的时间减少到最短。井下保护接地的侧重点在于限制裸露漏电电流和人身触电电流的大小。两种保护在煤矿井下低压电网中相辅相成,缺一不可,它们对保证井下低压电网的安全运行具有重要作用。

保护接地安全检查要点：

(1) 主接地极、局部接地极是否按《煤矿安全规程》设置。

(2) 保护接地线是否完整，接头是否松动、锈蚀，接地线是否断裂或断面减小。

(3) 每台电气设备是否单独与接地母线连接。

(4) 接地线与接地母线连接是否焊接；用螺钉连接是否用镀锌、镀锡螺钉和螺母接牢。

第三节 矿井提升系统安全管理

一、矿井提升设备的安全要求

(一) 提升容器的安全要求

(1) 立井中升降人员应当使用罐笼。在井筒内作业或者因其他原因，需要使用普通箕斗或者救急罐升降人员时，必须制定安全措施。

(2) 升降人员或者升降人员和物料的单绳提升罐笼必须装设可靠的防坠器。

(3) 立井罐笼和箕斗的最大提升载荷和最大提升载荷差应当在井口公布，严禁超载和超最大载荷差运行。

(4) 箕斗提升必须采用定重装置。

(5) 专为升降人员和升降人员与物料的罐笼，必须符合下列要求：

① 乘人层顶部应当设置可以打开的铁盖或者铁门，两侧装设扶手。

② 罐底必须满铺钢板，如果需要设孔时，必须设置牢固可靠的门；两侧用钢板挡严，并不得有孔。

③ 进出口必须装设罐门或者罐帘，高度不得小于 1.2 m。罐门或者罐帘下部边缘至罐底的距离不得超过 250 mm，罐帘横杆的间距不得大于 200 mm。罐门不得向外开，门轴必须防脱。

④ 提升矿车的罐笼内必须装有阻车器。升降无轨胶轮车时，必须设置专用定车或者锁车装置。

⑤ 单层罐笼和多层罐笼的最上层净高(带弹簧的主拉杆除外)不得小于 1.9 m，其他各层净高不得小于 1.8 m。带弹簧的主拉杆必须设保护套筒。

⑥ 罐笼内每人占有的有效面积应当不小于 0.18 m^2。罐笼每层内 1 次能容纳的人数应当明确规定。超过规定人数时，把钩工必须制止。

⑦ 严禁在罐笼同一层内人员和物料混合提升。

(6) 立井提升容器间及提升容器与井壁、罐道梁、井梁之间的最小间隙，必须符合表 6-8 的要求。提升容器在安装或者检修后，开车前必须检查各个间隙，不符合要求时不得开车。

(二) 提升钢丝绳的安全要求

1. 提升钢丝绳安全系数的要求

钢丝绳的安全系数，等于实测的合格钢丝拉断力的总和与其所承受的最大静拉力(包括绳端载荷和钢丝绳自重所引起的静拉力)之比。

(1) 各种用途钢丝绳悬挂时的安全系数，必须符合表 6-9 的要求。

表 6-8　立井提升容器间及提升容器与井壁、罐道梁、井梁间的最小间隙值(mm)

罐道和井梁布置		容器与容器之间	容器与井壁之间	容器与罐道梁之间	容器与井梁之间	备注
罐道布置在容器一侧		200	150	40	150	罐耳与罐道卡子之间为20
罐道布置在容器两侧	木罐道		200	50	200	有卸载滑轮的容器，滑轮与罐道梁间隙增加25
	钢罐道		150	40	150	
罐道布置在容器正面	木罐道	200	200	50	200	
	钢罐道	200	150	40	150	
钢丝绳罐道		500	350		350	设防撞绳时，容器之间最小间隙为200

表 6-9　钢丝绳悬挂时安全系数最小值

用途分类			安全系数*的最小值
单绳缠绕式提升装置	专为升降人员		9
	升降人员和物料	升降人员时	9
		混合提升时**	9
		升降物料时	7.5
	专为升降物料		6.5
摩擦轮式提升装置	升降人员时		$9.2-0.000\,5H$***
	升降人员和物料	混合提升时	$9.2-0.000\,5H$
		升降物料时	$8.2-0.000\,5H$
	专为升降物料		$7.2-0.000\,5H$
倾斜钢丝绳牵引带式输送机	运人		$6.5-0.001L$**** 但不得小于6
	运物		$5-0.001L$ 但不得小于4
倾斜无极绳绞车	运人		$6.5-0.001L$ 但不得小于6
	运物		$5-0.001L$ 但不得小于3.5
架空乘人装置			6
悬挂安全梯用的钢丝绳			6
罐道绳、防撞绳、起重用的钢丝绳			6
悬挂吊盘、水泵、排水管、抓岩机等用的钢丝绳			6
悬挂风筒、风管、供水管、注浆管、输料管、电缆用的钢丝绳			5
拉紧装置用的钢丝绳			5
防坠器的制动绳和缓冲绳(按动载荷计算)			3

注：* 表示钢丝绳的安全系数，等于实测的合格钢丝绳拉断力的总和与其所承受的最大静拉力(包括绳端载荷和钢丝绳自重所引起的静拉力)之比；

** 混合提升指多层罐笼同一次在不同层内提升人员和物料；

*** 表示 H 为钢丝绳悬挂长度，m；

**** 表示 L 为由驱动轮到尾部绳轮的长度，m。

(2) 在用的缠绕式提升钢丝绳在定期检验时,安全系数不得小于下列规定值,否则应当及时更换。

2. 新提升钢丝绳的安全要求

(1) 钢丝绳到货后,应当进行性能检验。合格后应当妥善保管备用,防止损坏或者锈蚀。

(2) 每根钢丝绳的出厂合格证、验收检验报告等原始资料应当保存完整。

(3) 存放时间超过1年的钢丝绳,在悬挂前必须再进行性能检测,合格后方可使用。

(4) 钢丝绳悬挂前,必须对每根钢丝做拉断、弯曲和扭转3种试验,以公称直径为准对试验结果进行计算和判定:

① 不合格钢丝的断面积与钢丝总断面积之比达到6%,不得用作升降人员;达到10%,不得用作升降物料。

② 钢丝绳的安全系数小于表6-9的规定时,该钢丝绳不得使用。

(5) 主要提升装置必须有检验合格的备用钢丝绳。

(6) 专用于斜井提升物料且直径不大于18 mm的钢丝绳,有产品合格证和检测检验报告等,外观检查无锈蚀和损伤的,可以不进行(1)、(3) 所要求的检验。

3. 提升钢丝绳与提升容器连接的安全要求

(1) 立井提升容器与提升钢丝绳的连接,应采用楔形连接装置。每次更换钢丝绳时,必须对连接装置的主要受力部件进行探伤检验,合格后方可继续使用。楔形连接装置的累计使用期限,单绳提升不得超过10年,多绳提升不得超过15年。

(2) 倾斜井巷运输时,矿车之间的连接、矿车与钢丝绳之间的连接,必须使用不能自行脱落的连接装置,并加装保险绳。

(3) 倾斜井巷运输用的钢丝绳连接装置,在每次换钢丝绳时,必须用2倍于其最大静荷重的拉力进行试验。

(4) 倾斜井巷运输用的矿车连接装置,必须至少每年进行1次2倍于其最大静荷重的拉力试验。

(5) 各种保险链以及矿车的连接环、链和插销等,初次使用前和使用后每隔2年,必须逐个以2倍于其最大静荷重的拉力进行试验,发现裂纹或者永久伸长量超过0.2%时,不得使用。

(6) 连接装置的安全系数等于主要受力部件的破断力与其所承受的最大静载荷之比,各类连接装置的安全系数符合相关规定。

4. 钢丝绳的使用期限和更换标准

(1) 摩擦轮式提升钢丝绳的使用期限应不超过2年,平衡钢丝绳的使用期限应不超过4年。到期后如果钢丝绳的断丝、直径缩小和锈蚀程度不超过《煤矿安全规程》的规定,可继续使用,但不得超过1年。

(2) 在用的缠绕式提升钢丝绳在定期检验时,安全系数小于规定值时,应当及时更换。

(3) 断丝超过《煤矿安全规程》的规定。各种股捻钢丝绳在1个捻距内断丝断面积与钢丝总断面积之比达到下列数值时,必须立即更换:

① 升降人员或者升降人员和物料用的钢丝绳达到5%;

② 专为升降物料用的钢丝绳、平衡钢丝绳、防坠器的制动钢丝绳(包括缓冲绳)达

到10%；

③ 罐道钢丝绳达到15%。

(4) 钢丝绳直径减小量达到下列数值时，必须立即更换：

① 以钢丝绳公称直径为准计算的直径减小量，提升钢丝绳、架空乘人装置或者制动钢丝绳达到10%；罐道钢丝绳达到15%时，应当更换。

② 使用密封式钢丝绳时，外层钢丝厚度磨损量达到50%时，应当更换。

(5) 钢丝绳在运行中遭受到卡罐、突然停车等猛烈拉力时，必须立即停车检查，发现钢丝绳产生严重扭曲、变形、断丝超限等情况时，必须将受损段剁掉或者更换全绳。

(6) 在钢丝绳使用期间，断丝数突然增加或者伸长突然加快的，必须立即更换。

(三) 提升系统制动装置与安全保护装置的安全要求

提升机机械制动装置由制动器和传动机构组成。根据制动器结构的不同，制动装置分为盘闸和块闸两种。通过提升机操作台上制动闸操作手把控制制动器的系统，习惯上称作工作闸，也叫常用闸；通过提升机操作台上的急停按钮、提升信号硐室信号操作台上的急停按钮或提升机安全回路控制制动器的系统，习惯上称作安全闸，也叫保险闸。工作闸和安全闸共用同一套制动器，只是传动机构不同。通过工作闸实施制动，称为工作制动；通过安全闸制动，称为安全制动，安全制动又分为二级制动和柔性制动。

1. 提升系统制动装置的安全要求

(1) 提升机必须设置机械制动和电气制动装置。

(2) 机械制动装置应当采用弹簧式，能实现工作制动和安全制动。工作制动必须采用可调节的机械制动装置。安全制动必须有冗余的回油通道。双滚筒提升机每个滚筒的制动装置必须能够独立控制，并具有调绳功能。

(3) 缠绕式提升机除安设制动装置外，还应加设定车装置，以便调整滚筒位置或修理制动装置时使用。

(4) 提升机制动装置的性能，必须符合下列要求：

① 制动闸空动时间：盘式制动装置不得超过0.3 s，径向制动装置不得超过0.5 s。

② 盘形闸的闸瓦与闸盘之间的间隙不得超过2 mm。

(5) 各类提升机的制动装置发生作用时，其安全制动减速度必须符合相关规定。

(6) 为满足立井提升安全制动减速度的要求，大型提升机的安全制动都要求具有二级制动特性。二级制动既能快速、平稳地闸住提升机，又不致使提升机减速度过大，可避免减速时产生过大的动载荷，防止对提升机机械、电气设备造成损害。

(7) 液压站残压不得超过0.5 MPa。残压过大将直接影响制动力矩的大小，严重时会出现刹不住车的现象。

(8) 严禁用常用闸进行紧急制动。

2. 提升系统安全保护装置的安全要求

(1) 在提升速度大于3 m/s的提升系统内，必须设防撞梁和托罐装置。防撞梁必须能够挡住过卷后上升的容器或者平衡锤，并不得兼作他用；托罐装置必须能够将撞击防撞梁后再下落的容器或者配重托住，并保证其下落的距离不超过0.5 m。

(2) 立井提升装置的过卷和过放应当符合下列要求：

① 罐笼和箕斗提升，过卷和过放距离不得小于相关规定。

② 在过卷和过放距离内，应当安设性能可靠的缓冲装置。缓冲装置应当能将全速过卷（过放）的容器或者平衡锤平稳地停住，并保证不再反向下滑或者反弹。

③ 过放距离内不得积水和堆积杂物。

④ 缓冲托罐装置必须每年至少进行1次检查和保养。

(3) 提升机必须装设下列安全保护：过卷和过放保护；超速保护；过负荷和欠电压保护；限速保护；提升容器位置指示保护；闸瓦间隙保护；松绳保护；仓位超限保护；减速功能保护；错向运行保护。

(4) 提升机必须装设可靠的提升容器位置指示器和减速声光示警装置。

(四) 提升信号的安全要求

1. 提升信号装置的安全要求

(1) 提升信号装置电源的额定供电电压不得超过127 V，并设置独立的信号电源变压器及电源指示灯，升降人员和主要井口绞车的信号装置的直接供电线路上，严禁分接其他负荷。

(2) 信号电缆应采用铠装或非铠装通信电缆、橡套电缆或塑料电缆。

2. 立井罐笼提升信号与井口设施联锁的安全要求

立井罐笼提升井口、井底和各水平的安全门与罐笼位置、摇台或者锁罐装置、阻车器之间的联锁，必须符合下列要求：

(1) 井口、井底和中间运输巷的安全门必须与罐位和提升信号联锁：罐笼到位并发出停车信号后安全门才能打开；安全门未关闭，只能发出调平和换层信号，但发不出开车信号；安全门关闭后才能发出开车信号；发出开车信号后，安全门不能打开。

(2) 井口、井底和中间运输巷都应当设置摇台或者锁罐装置，并与罐笼停止位置、阻车器和提升信号系统联锁：罐笼未到位，放不下摇台或者锁罐装置，打不开阻车器；摇台或者锁罐装置未抬起，阻车器未关闭，发不出开车信号。

(3) 立井井口和井底使用罐座时，必须设置闭锁装置，罐座未打开，发不出开车信号。升降人员时，严禁使用罐座。

3. 立井多层罐笼提升信号安全使用的要求

用多层罐笼升降人员或者物料时，井上、下各层出车平台都必须设有信号工。各信号工发送信号时，必须遵守下列规定：

(1) 井下各水平的总信号工收齐该水平各层信号工的信号后，方可向井口总信号工发出信号。

(2) 井口总信号工收齐井口各层信号工信号并接到井下水平总信号工信号后，才可向提升机司机发出信号。

(3) 信号系统必须设有保证按上述顺序发出信号的闭锁装置。

4. 提升信号转发的安全要求

井底车场的信号必须经由井口信号工转发，不得越过井口信号工直接向提升机司机发送开车信号；但有发送紧急停车信号、箕斗提升、单容器提升、井上下信号联锁的自动化提升系统等情况之一时，不受此限。

(五) 提升速度与加(减)速度的安全要求

1. 立井提升速度与加(减)速度的安全要求

(1) 立井中用罐笼升降人员时的最大速度，不得超过采用式(6-1)求得的数值，且最大不得超过 12 m/s。

$$v=0.5\sqrt{H} \tag{6-1}$$

式中 v——最大提升速度,m/s;

H——提升高度,m。

(2) 立井升降物料时,提升容器的最大速度不得超过采用式(6-2)求得的数值。

$$v=0.6\sqrt{H} \tag{6-2}$$

(3) 立井中用吊桶升降人员时的最大速度,在使用钢丝绳罐道时,不得超过采用式(6-3)求得的数值,且最大不超过 7 m/s;无罐道时,不得超过 1 m/s。

$$v=0.25\sqrt{H} \tag{6-3}$$

(4) 立井中用吊桶升降物料的最大速度,在使用钢丝绳罐道时,不得超过采用式(6-4)求得的数值,且最大不超过 8 m/s;无罐道绳段,不得超过 2 m/s。

$$v=0.4\sqrt{H} \tag{6-4}$$

(5) 立井中用罐笼升降人员时的加速度和减速度,都不得超过 0.75 m/s^2。

限制立井用罐笼升降人员时的加速度、减速度和最大速度,从安全的角度上讲,是为了防止因加(减)速度过大而造成乘罐人员不舒适,损害人体健康;同时,无论是升降人员还是升降物料,加(减)速度过大所产生的动载荷可能造成提升电动机过负荷,提升机机械设备和提升钢丝绳也会因动应力的增加而降低使用寿命;对于摩擦轮式提升系统,过大的加(减)速度会造成滑绳,加快钢丝绳和主导轮绳槽衬垫之间的磨损;加(减)速度过大还容易出现松绳现象,甚至导致提升钢丝绳被拉断。

(6) 提升容器接近井口时的速度不得超过 2 m/s。

(7) 使用罐笼运送电雷管时,升降速度不得超过 2 m/s;运送其他类爆炸物品时,不得超过 4 m/s。

(8) 使用吊桶升降各类爆炸材料时,升降速度都不得超过 1 m/s。

(9) 检修人员站在罐笼或箕斗顶上工作时,提升容器的速度一般为 0.3~0.5 m/s,最大不得超过 2 m/s。

2. 斜井提升速度与加(减)速度的安全要求

(1) 斜井升降人员时,提升容器的最大速度不得超过 5 m/s,并不得超过人车设计的最大允许速度。

(2) 斜井用矿车升降物料时,最大速度不得超过 5 m/s。

(3) 斜井用箕斗升降物料时,速度不得超过 7 m/s;当铺设固定道床并采用大于或等于 38 kg/m 钢轨时,最大速度不得超过 9 m/s。

(4) 斜井串车提升时的加(减)速度,不得超过 0.5 m/s^2。

二、立井提升系统安全管理

(一) 提升机房安全管理

1. 总体要求

制定并严格落实提升机司机岗位责任制与操作规程、要害场所管理制度、设备包机制度、保护试验制度、设备检修制度、巡回检查制度、交接班制度、防灭火管理制度、干部上岗制度等，如实填写运行日志、巡回检查记录、交接班记录、要害场所登记簿、定期检查记录、钢丝绳检查记录、安全保护装置检查试验记录、干部上岗记录和事故登记簿等，做好提升机房安全生产标准化工作。

2. 提升装置相关资料的管理

妥善保管提升机的说明书、钢丝绳的技术资料、提升机的各种运行记录等，在机房内悬挂制动系统图、电气系统图、提升装置的技术特征、岗位责任制和操作规程等。

3. 对提升机司机的管理

(1) 提升机司机必须经过严格的安全技术培训，考核合格，持证上岗。

(2) 加强对提升机司机的安全教育，认真落实安全生产岗位责任制和操作规程的相关规定。

(3) 认真执行《煤矿安全规程》关于主要提升装置操作的规定。

4. 防火管理

(1) 提升机房内使用的汽油、煤油必须装入盖严的铁桶内，由专人押运送至使用地点，剩余的汽油、煤油必须清理，严禁在提升机房内存放。

(2) 提升机房内使用的润滑油、棉纱、布头和纸等，必须存放在盖严的铁桶内。用过的棉纱、布头和纸，也必须放在盖严的铁桶内，并由专人定期处理，不得乱放乱扔。严禁将剩油、废油泼洒在井巷或者硐室内。

(3) 保持提升机房及设备清洁，及时处理油污。

(4) 提升机房内严禁使用灯泡取暖和使用电炉；提升机房附近 20 m 内，不得有烟火或者用火炉取暖。

(5) 提升机房内不得进行电焊、气焊和喷灯焊接等作业。确需在提升机房内进行焊接作业时，必须制定安全措施，履行动火审批手续。

(6) 提升机房内必须按规定配备不同类型的、足够数量的消防器材，如 4 台以上的灭火器、0.2 m^3以上的灭火沙箱、消防水源或消火栓等。

5. 安全仪表与通信管理

(1) 配电及控制装置应安设电流表、电压表、功率因数表，并定期校验。

(2) 液压站相关油路应安设压力表，并定期校验。

(3) 应安设电动机、减速器、提升机主轴等各部位轴承测温装置。

(4) 提升机房除设有与各水平信号硐室的电话外，还必须设有直通调度室的电话。

(二) 立井提升系统的检查与试验

1. 提升系统的检查

(1) 提升系统各部分每天必须由专职人员至少检查 1 次，每月还必须组织有关人员至少进行 1 次全面检查。

(2) 检查中发现问题必须立即处理，检查和处理结果都应当详细记录。

2. 提升机的验收与性能检测

新安装的提升机，验收合格后方可投入运行。专门升降人员及混合提升的系统应当每年进行 1 次性能检测，其他提升系统每 3 年进行 1 次性能检测，检测合格后方可继续使用。

3. 井架及井筒设施的检查与维护

应当每年检查 1 次金属井架、井筒罐道梁和其他装备的固定和锈蚀情况，发现松动及时加固,发现防腐层剥落及时补刷防腐剂。检查和处理结果应当详细记录。建井用金属井架,每次移设后都应当涂防腐剂。

4. 钢丝绳的日常检查与定期检验

(1) 日常检查。

① 提升钢丝绳必须每天检查1次,平衡钢丝绳、罐道绳、防坠器制动绳(包括缓冲绳)、架空乘人装置钢丝绳、牵引带式输送机钢丝绳和井筒悬吊钢丝绳必须每周至少检查1次。对易损坏和断丝或者锈蚀较多的一段应当停车详细检查。断丝的突出部分应当在检查时剪下。检查结果应当记入钢丝绳检查记录簿。

② 对使用中的钢丝绳,应当根据井巷条件及锈蚀情况,采取防腐措施。摩擦提升钢丝绳的摩擦传动段应当涂、浸专用的钢丝绳增摩脂。

③ 多绳提升的任意一根钢丝绳的张力与平均张力之差不得超过±10%。

④ 平衡钢丝绳的长度必须与提升容器过卷高度相适应,防止过卷时损坏平衡钢丝绳。使用圆形平衡钢丝绳时,必须有避免平衡钢丝绳扭结的装置。严禁平衡钢丝绳浸泡水中。

(2) 定期检验。摩擦轮式提升钢丝绳因不能剁绳头而不能做定期检验。缠绕式提升钢丝绳定期检验的要求为:

① 升降人员或升降人员和物料用的钢丝绳,自悬挂时起每隔6个月检验1次;悬挂吊盘的钢丝绳,每隔12个月检验1次。

② 升降物料用的钢丝绳,自悬挂时起12个月时进行1次检验,以后每隔6个月检验1次。

③ 缠绕式提升钢丝绳的定期检验,可以只做每根钢丝的拉断和弯曲2种试验。试验结果以公称直径为准进行计算和判定。对于安全系数不符合要求或不合格钢丝的断面积与钢丝总断面积之比达到25%的钢丝绳,必须停止使用。

5. 防坠器的检查与试验

(1) 防坠器必须每天检查1次。

(2) 新安装或者大修后的防坠器,必须进行脱钩试验,合格后方可使用。对使用中的立井罐笼防坠器,应当每6个月进行1次不脱钩试验,每年进行1次脱钩试验。

6. 检修人员站在罐笼或箕斗顶上工作时必须遵守的规定

(1) 在罐笼或箕斗顶上,必须装设保险伞和栏杆。

(2) 必须系好保险带。

(3) 提升容器的速度一般为0.3~0.5 m/s,最大不得超过2 m/s。

(4) 检修用信号必须安全可靠。

(三) 立井提升系统常见事故类型及防范措施

在各类立井提升事故中,按事故的性质可分为过卷事故、断绳事故、松绳事故、卡罐事故、井筒检修事故等类型。下面主要介绍过卷事故、断绳事故和松绳事故的原因及防范措施。

1. 过卷事故及其防范措施

(1) 过卷事故的原因与危害分析

正常情况下,提升容器到达终端停止位置时应及时停车。如果此时提升机继续运行,上提的容器就会超过井口、下放的容器就会超过井底而发生过卷(过放)事故。发生过卷事故的主要原因有:提升机司机误操作,提升容器到达终端停止位置时未及时停车;制动装置失灵;减速功能保护失效,当提升容器到达设计减速点时未开始减速;提升容器位置指示器、提升容器位置指示保护失效;过卷保护失效等。发生过卷事故后,如果容器接近井口位置时提升速度不超过 2 m/s,无论过卷保护装置动作或提升机司机实施制动,均可较快地将提升容器停下来,事故危害相对较小;如果提升容器接近井口位置时速度较大,尤其是以等速段最大运行速度通过井口时,在过卷保护装置动作后,提升容器在惯性的作用下会运行很长一段距离才能停下来。在未安装防撞梁和托罐装置的提升系统中,上提的容器过卷后可能直接撞击到天轮,在天轮的反作用下容器下坠、拉断提升钢丝绳;下放的容器过放后可能因超过过放距离导致提升容器报废。

(2) 过卷事故防范措施

① 加强对过卷保护的检查维护,并且每天至少试验 1 次。对于只安装 1 套牌坊式深度指示器的提升设备,除在深度指示器上安装 1 套过卷保护装置外,还应在上井口井架上再安装 1 套过卷保护装置。

② 提升机必须安装提升容器位置指示保护,当提升容器位置指示器失效时,能自动断电并使保险闸发生作用。

③ 加强对限速保护、过速保护、闸间隙保护和减速功能保护装置的维护检修,确保上述保护装置齐全有效,动作灵敏可靠。

④ 提升机工作制动装置和保险制动装置应齐全有效,并定期检查和试验,确保动作灵敏、制动可靠。

⑤ 条件允许时,可以增设后备保护系统。目前我国已研制出多种型号的后备综合保护系统,其主要功能包括:过卷保护和自动停车;通过减速点显示和自动减速;限速保护和自动停车;提升容器位置指示器传动失效报警和自动停车;超速显示和自动停车等。当提升机现有保护装置失灵时,后备保护可以起到保护作用。

⑥ 加强对提升机司机的培训,提高司机的安全意识、技术操作和处理紧急事故的能力。

⑦ 加强对提升机的维护检修,尤其要对提升机的各种安全保护、制动装置、深度指示器和调绳离合器等进行维护检修。

2. 断绳事故及其防范措施

(1) 断绳事故的原因与危害分析

断绳事故是指提升机运行时提升钢丝绳突然断裂而引发的严重事故。断绳事故一般发生在钢丝绳因断丝、直径减小、锈蚀等原因导致的自身抗拉强度下降,即钢丝绳的安全系数低于规定的数值,以及超载提升、松绳冲击、严重过卷事故及钢丝绳在运行中遭受到卡罐或突然停车等情况下。其中,提升容器下放时发生卡罐,会发生松绳事故;提升容器上提时卡罐,可能引发断绳事故。此外,提升机运行时,提升钢丝绳与容器的连接装置断裂、提升钢丝绳因与卷筒的固定装置失效而脱离卷筒,事故性质及危害与断绳事故相同。发生断绳事故后,对于安装了防坠器的提升容器,如果防坠器完好有效,防坠器的抓捕机构会将断绳后的提升容器卡在刚性罐道上,或者卡在钢丝绳罐道的制动绳上,从而减小事故损失;如果防坠器失效,或者对于不需安装防坠器的提升容器,断绳后提升容器将坠入井底,造成提升容器、提升钢丝绳报废,还会撞坏井筒内的装备及设施。

(2) 断绳事故防范措施

① 提升钢丝绳的使用与管理，在用钢丝绳的检查、维护、检验、报废和更换标准，必须符合《煤矿安全规程》的相关规定。

② 提升钢丝绳与提升容器的连接装置的性能指标和投入使用前的试验，提升钢丝绳在卷筒上的固定装置，必须符合《煤矿安全规程》的相关规定。

③ 为减小断绳事故的危害后果，升降人员或者升降人员和物料的单绳提升罐笼必须装设可靠的防坠器，并做好防坠器的日常检查维护和定期试验。

④ 罐笼和箕斗的最大提升载荷和最大提升载荷差应当在井口公布，严禁超载和超最大载荷差运行；箕斗提升必须采用定重装置。

⑤ 加强对仓位超限保护、松绳保护和过卷保护的检查维护，确保上述保护正常使用、动作可靠，避免由于松绳事故和过卷事故引发断绳事故。

⑥ 提升机司机必须按章操作，随时注意运行电流的指示变化情况，发现异常立即停车，同时，监护司机要加强责任心，切实起到监护作用。

⑦ 提升机司机应熟练操作，避免因突然加速、紧急停车而使提升钢丝绳受到冲击负荷的作用。

⑧ 立井使用罐笼升降矿车、无轨胶轮车时，信号工必须认真负责，确认罐内阻车器、专用定车或者锁车装置关闭后，方可发出开车信号。

3. 松绳事故及其防范措施

(1) 松绳事故的原因与危害分析

立井松绳事故只发生在缠绕式提升机的运行过程中。当上井口箕斗在卸载位置因满仓、冰冻、溜煤嘴闸板不能关闭而被卡住，或提升容器向下运行时因防坠器误动作、罐内矿车溜出、刚性罐道的间距变小而被卡住时，如果提升机继续运行，下放的提升容器因不能向下运行而导致该钩容器的提升钢丝绳松弛，即为松绳事故。发生松绳事故后，如果松绳保护失效，同时提升机司机马虎大意，不能注意到提升电流增大而继续开车，松弛的提升钢丝绳可能因弯曲、扭转而报废，同时提升机由一钩提升、一钩下放变为单钩提升，可能造成提升机及电动机过载。此外，如果被卡住的提升容器突然意外坠落，其冲击力往往能拉断松弛的提升钢丝绳而导致断绳事故。

(2) 松绳事故防范措施

① 严格执行相关规定：缠绕式提升机应当设置松绳保护装置并接入安全回路或者报警回路；箕斗提升时，松绳保护装置动作后，严禁受煤仓放煤；箕斗提升的井口煤仓仓位超限时，能报警并闭锁开车。

② 为确保松绳保护装置的正常使用，必须至少每天检查并试验1次。

③ 箕斗提升时，必须加强对仓位超限保护的检查和试验，确保仓位超限保护可靠、有效。

④ 箕斗提升时，必须加强对箕斗溜煤嘴闸板和卸载曲轨的维护检修，并保证溜煤嘴闸板开闭灵活和箕斗在卸载曲轨上正常运行。

⑤ 加强对刚性罐道的检查维护，发现罐道之间的距离变小后应立即处理，严禁在不具备安全提升条件的情况下进行提升作业。

⑥ 立井使用罐笼升降矿车、无轨胶轮车时，信号工必须认真负责，确认罐内阻车器、专用定车或者锁车装置关闭后，方可发出开车信号。

⑦ 缠绕式提升机发生松绳事故后，运行电流会增大。因此，在提升机运行时，必须时刻注意运行电流的变化情况。一旦电流增大，必须立即停车检查。

三、斜井提升系统安全管理

（一）提升机房安全管理

对于斜井串车提升系统，其提升机房安全管理要求与立井相同。对于小型斜井串车提升绞车，当卷筒直径小于 800 mm 时，其设置的安全保护装置比立井提升机少，制动装置中可以只设置工作闸，而不需设置保险闸。

（二）斜井提升系统安全管理的特殊要求

1. 倾斜井巷内使用串车提升的安全要求

(1) 在倾斜井巷内安设能够将运行中断绳、脱钩的车辆阻止住的跑车防护装置。

(2) 在各车场安设能够防止带绳车辆误入非运行车场或者区段的阻车器。

(3) 在上部平车场入口安设能够控制车辆进入摘挂钩地点的阻车器。

(4) 在上部平车场接近变坡点处，安设能够阻止未连挂的车辆滑入斜巷的阻车器。

(5) 在变坡点下方略大于 1 列车长度的地点，设置能够防止未连挂的车辆继续往下跑车的挡车栏。

上述挡车装置必须经常关闭，放车时方准打开。兼作行驶人车的倾斜井巷，在提升人员时，倾斜井巷中的挡车装置和跑车防护装置必须是常开状态并闭锁。

2. 倾斜井巷使用提升机或者绞车提升的安全要求

(1) 采取轨道防滑措施。

(2) 按设计要求设置托绳轮（辊），并保持转动灵活。

(3) 井巷上端的过卷距离，应当根据巷道倾角、设计载荷、最大提升速度和实际制动力等参量计算确定，并有 1.5 倍的备用系数。

(4) 串车提升的各车场设有信号硐室及躲避硐；运人斜井各车场设有信号和候车硐室，候车硐室具有足够的空间。

(5) 提升信号参照立井提升信号的规定。

(6) 运送物料时，开车前把钩工必须检查牵引车数、各车的连接和装载情况。牵引车数超过规定，连接不良，装载物料超重、超高、超宽或者偏载严重有翻车危险时，严禁发出开车信号。

(7) 提升时严禁蹬钩、行人。

（三）斜井提升系统常见事故类型及防范措施

在斜井提升事故中，按事故性质基本上可分为过卷事故、跑车事故、松绳事故、掉道事故等类型。下面主要介绍过卷事故、跑车事故和松绳事故的原因及防范措施。

1. 过卷事故及其防范措施

(1) 过卷事故的原因与危害分析

斜井提升系统发生过卷（过放）事故的主要原因有：提升机司机操作中精神不集中，串车到达减速点没有减速或串车到达坡口后仍未停车；深度指示器失效又没有深度指示器失效保护；过卷保护、超速保护、限速保护、减速功能保护装置失效；制动装置失灵等。斜井串车提升系统发生过卷事故后，过卷后的串车在惯性作用下可能冲入上坡口平巷，如果在平巷的过卷距离内有人员，可能造成人身伤害事故；如果平巷有矿车或其他障碍物，会造成碰撞，严重时过卷后的串车在撞击力的作用下还可能反弹而滑入斜井，甚至造成断绳跑车事故。因此斜井串车提升系统发生过卷事故后产生的危害非常严重。

(2) 过卷事故防范措施

为防止发生过卷事故，主要应从以下几个方面加强管理：

① 加强对提升机司机的安全教育和安全培训，提高司机的安全意识、技术操作水平和处理紧急事故的应变能力，并严格按照操作规程认真操作。

② 加强设备管理，完善各种安全保护装置，如过卷保护、限速保护、超速保护、减速功能保护和深度指示器失效保护等，并对上述保护装置按照有关规定进行认真检查和维护，确保齐全有效，动作灵敏可靠。条件允许时，还可以增设后备保护系统。

③ 提升机必须安设符合《煤矿安全规程》规定的制动装置，并正确使用、及时维护，保证其动作灵敏、制动可靠。

④ 按照《煤矿安全规程》的规定：在上坡口留有足够的过卷距离；信号把钩工每次发出开车信号前，必须经过检查，确认过卷距离内没有人员、车辆和影响行车的任何障碍物后，方可发出开车信号。

2. 跑车事故及其防范措施

(1) 跑车事故类型

斜井串车提升系统跑车事故可以分为断绳脱钩跑车事故和带绳跑车事故两类。断绳脱钩跑车事故是指串车运行中，提升钢丝绳断裂、提升钩头断裂、组成串车的各个矿车之间没有连挂或连挂装置断裂等。带绳跑车事故是指串车运行中，提升钢丝绳、钩头及矿车连接装置均未断裂，矿车连带提升钢丝绳一起跑车。事故原因多为提升机制动力矩不足，或提升钢丝绳在卷筒上的固定装置失效等。

(2) 跑车事故防范措施

① 合理选择和使用提升钢丝绳，定期进行防腐处理，并加强检查和试验。发现断丝数、直径减小量、安全系数及锈蚀程度超标时，必须立即更换。

② 提升钢丝绳在卷筒上固定时，必须使用专用的绳卡，严禁将钢丝绳系在卷筒轴上。

③ 必须采用不能自行脱落的提升钩头和矿车连接装置，并按规定定期检查试验。

④ 托绳轮和地辊按设计要求设置，并加强检查维护，保持转动灵活。

⑤ 斜井提升时，严禁超载和超最大载荷差运行。

⑥ 加强对提升机司机和信号工的安全教育和技术培训，提高其安全意识和操作水平。

⑦ 加强对提升机制动装置和各种安全保护装置的日常检查和维修，发现问题及时处理。

⑧ 加强对斜井内轨道、设施及矿车轮对的维护检查，发现问题立即处理。

⑨ 按规定在倾斜井巷内安设跑车防护装置，并认真进行检查维护。

3. 松绳事故及其防范措施

(1) 松绳事故的原因与危害分析

斜井串车提升系统松绳事故一般多于立井提升系统松绳事故。发生松绳事故的主要原因有：斜井箕斗在上坡口卸载煤仓附近被卡住而提升机继续运行；串车向下运行时被轨道内杂物卡住、矿车掉道或被误动作的跑车防护装置挡住后，提升机继续运行；串车（尤其是重载串车）向上运行时实施保险制动或保险闸误动作，而制动减速度大于串车自然减速度；串车向下运行时严重过放等。斜井提升系统发生松绳事故后，容易引发断绳跑车事故。

（2）松绳事故防范措施

① 提升机必须设置松绳保护并接入安全回路或报警回路，在钢丝绳松弛时能自动断电并报警。箕斗提升时，松绳保护装置动作后，严禁受煤仓放煤。此外，为确保松绳保护的正常使用，每天必须进行一次松绳保护试验。

② 箕斗提升时，必须加强对仓位超限保护的检查、试验，确保仓位超限保护有效、可靠。

③ 箕斗提升时，必须加强对箕斗溜煤嘴闸板的维护检修，并保证溜煤嘴闸板开闭灵活。

④ 加强对提升机各种安全保护装置的检查维护，保证其齐全有效，动作灵敏可靠，不发生误动作。

⑤ 加强对斜井轨道的日常检查和维护，及时清除轨道线路上的杂物和片帮下落的岩石，防止影响串车运行。

⑥ 加强对斜井跑车防护装置的检查维护，确保其保持正常的开、闭状态，防止误动作挡住正常运行的串车。

⑦ 提升系统安全制动减速度（包括提升减速度和下放减速度）应满足《煤矿安全规程》的相关规定。

第四节　矿井运输系统安全管理

一、矿井运输系统的安全要求

（一）带式输送机运输的安全要求

1. 滚筒驱动带式输送机运输的安全要求

（1）采用非金属聚合物制造的输送带、托辊和滚筒包胶材料等，其阻燃性能和抗静电性能必须符合有关标准的规定。

（2）必须装设防打滑、跑偏、堆煤、撕裂等保护装置，同时应当装设温度、烟雾监测装置和自动洒水装置。

（3）应当具备沿线急停闭锁功能。

（4）主要运输巷道中使用的带式输送机，必须装设输送带张紧力下降保护装置。

（5）倾斜井巷中使用的带式输送机，上运时，必须装设防逆转装置和制动装置；下运时，应当装设软制动装置且必须装设防超速保护装置。

（6）在大于16°的倾斜井巷中使用带式输送机时，应当设置防护网，并采取防止物料下滑、滚落等的安全措施。

（7）机头、机尾、驱动滚筒和改向滚筒处，应当设防护栏及警示牌。行人跨越带式输送机处，应当设过桥。

（8）输送带设计安全系数的选取符合规定。

2. 钢丝绳牵引带式输送机运输的安全要求

新建矿井不得使用钢丝绳牵引带式输送机。生产矿井采用钢丝绳牵引带式输送机运输时，必须遵守下列规定：

(1) 装设过速保护、过电流和欠电压保护、钢丝绳和输送带脱槽保护、输送带局部过载保护、钢丝绳张紧车到达终点和张紧重锤落地保护，并定期进行检查和试验。

(2) 在倾斜井巷中，必须在低速驱动轮上装设液控盘式失效安全型制动装置，制动力矩与设计最大静拉力差在闸轮上作用力矩之比在 2～3 之间；制动装置应当具备手动和自动双重制动功能。

(3) 采用钢丝绳牵引带式输送机运送人员时，应当遵守相关规定，人员乘坐间距不得小于 4 m。

(二) 轨道机车运输的安全要求

1. 轨道机车的选用规定

(1) 突出矿井必须使用符合防爆要求的机车。

(2) 新建高瓦斯矿井不得使用架线电机车运输。高瓦斯矿井在用的架线电机车运输，必须遵守下列规定：沿煤层或者穿过煤层的巷道必须采用砌碹或者锚喷支护；有瓦斯涌出的掘进巷道的回风流，不得进入有架线的巷道中；采用碳素滑板或者其他能减小火花的集电器。

(3) 低瓦斯矿井的主要回风巷、采区进(回)风巷应当使用符合防爆要求的机车。低瓦斯矿井进风的主要运输巷道可以使用架线电机车，并使用不燃性材料支护。

2. 轨道的安全要求

(1) 通用要求

① 运行 7 t 及以上机车、3 t 及以上矿车，或者运送 15 t 及以上载荷的矿井、采区主要巷道轨道线路，应当使用不小于 30 kg/m 的钢轨；其他线路应当使用不小于 18 kg/m 的钢轨。

② 同一线路必须使用同一型号钢轨，道岔的钢轨型号不得低于线路的钢轨型号。

③ 轨道线路必须按标准铺设，使用期间应当加强维护及检修。

(2) 采用架线电机车运输时轨道的特殊要求

① 两平行钢轨之间，每隔 50 m 应当连接 1 根断面不小于 50 mm^2 的铜线或者其他具有等效电阻的导线。

② 线路上所有钢轨接缝处，必须用导线或者采用轨缝焊接工艺加以连接。连接后每个接缝处的电阻应当符合要求。

③ 不回电的轨道与架线电机车回电轨道之间，必须加以绝缘。第一绝缘点设在 2 种轨道的连接处；第二绝缘点设在不回电的轨道上，其与第一绝缘点之间的距离必须大于 1 列车的长度。在与架线电机车线路相连通的轨道上有钢丝绳跨越时，钢丝绳不得与轨道相接触。

3. 矿车及其连接装置的安全要求

(1) 各种车辆的两端必须装置碰头，每端突出的长度不得小于 100 mm。

(2) 矿车的车梁、碰头和连接插销，安全系数不得小于 6。

(3) 各种保险链以及矿车的连接环、链和插销等，必须符合相关规定。

4. 对架线电机车架空线的安全要求

(1) 架空线悬挂高度、与巷道顶或者棚梁之间的距离应当保证机车的安全运行。

(2) 架空线的直流电压不得超过 600 V。

5. 轨道机车运行的安全要求

(1) 通用安全要求

① 生产矿井同一水平行驶 7 台及以上机车时,应当设置机车运输监控系统;同一水平行驶 5 台及以上机车时,应当设置机车运输集中信号控制系统。新建大型矿井的井底车场和运输大巷,应当设置机车运输监控系统或者运输集中信号控制系统。

② 列车或者单独机车均必须前有照明,后有红灯。

③ 列车通过的风门,必须设有当列车通过时能够发出在风门两侧都能接收到声光信号的装置。

④ 巷道内应当装设路标和警标。

⑤ 必须定期检查和维护机车,发现隐患及时处理。机车的闸、灯、警铃(喇叭)、连接装置和撒砂装置,任何一项不正常或者失爆时,机车不得使用。

⑥ 正常运行时,机车必须在列车前端。机车行近巷道口、硐室口、弯道、道岔或者噪声大等地段,以及前有车辆或者视线有障碍时,必须减速慢行,并发出警号。

⑦ 2 辆机车或者 2 列列车在同一轨道同一方向行驶时,必须保持不少于 100 m 的距离。

⑧ 同一区段线路上,不得同时行驶非机动车辆。

⑨ 必须有用矿灯发送紧急停车信号的规定。非危险情况下,任何人不得使用紧急停车信号。

⑩ 机车司机开车前必须对机车进行安全检查确认;启动前,必须关闭车门并发出开车信号;机车运行中,严禁司机将头或者身体探出车外;司机离开座位时,必须切断电动机电源,取下控制手把(钥匙),扳紧停车制动。在运输线路上临时停车时,不得关闭车灯。

新投用机车应当测定制动距离,之后每年测定 1 次。运送物料时,制动距离不得超过 40 m;运送人员时,制动距离不得超过 20 m。

(2) 蓄电池动力装置的安全要求

① 充电必须在充电硐室内进行。

② 充电硐室内的电气设备必须采用矿用防爆型。

③ 检修应当在车库内进行,测定电压时必须在揭开电池盖 10 min 后测试。

6. 轨道机车运送人员的安全要求

(1) 长度超过 1.5 km 的主要运输平巷或者高差超过 50 m 的人员上下的主要倾斜井巷,应当采用机械方式运送人员;运送人员的车辆必须为专用车辆,严禁使用非乘人装置运送人员;严禁人、物料混运。

(2) 采用平巷人车运送人员的安全要求:

① 每班发车前,应当检查各车的连接装置、轮轴、车门(防护链)和车闸等。

② 严禁同时运送易燃易爆或者腐蚀性的物品,或者附挂物料车。

③ 列车行驶速度不得超过 4 m/s。

④ 人员上下车地点应当有照明,架空线必须设置分段开关或者自动停送电开关,人员上下车时必须切断该区段架空线电源。

⑤ 双轨巷道乘车场必须设置信号区间闭锁,人员上下车时,严禁其他车辆进入乘车场。

⑥ 应当设跟车工,遇有紧急情况时立即向司机发出停车信号。

⑦ 两车在车场会车时,驶入车辆应当停止运行,让驶出车辆先行。

7. 人力推车的安全要求

(1) 1 次只准推 1 辆车。严禁在矿车两侧推车。同向推车的间距,在轨道坡度小于或者等于 5‰时,不得小于 10 m;坡度大于 5‰时,不得小于 30 m。

(2) 推车时必须时刻注意前方。在开始推车、停车、掉道、发现前方有人或者有障碍物,从坡度较大的地方向下推车以及接近道岔、弯道、巷道口、风门、硐室出口时,推车人必须及时发出警号。

(3) 严禁放飞车和在巷道坡度大于 7‰时人力推车。

(4) 不得在能自动滑行的坡道上停放车辆,确需停放时必须用可靠的制动器或者阻车器将车辆稳住。

(三) 无轨胶轮车运输的安全要求

(1) 严禁非防爆、不完好无轨胶轮车下井运行。

(2) 驾驶员持有"中华人民共和国机动车驾驶证"。

(3) 建立无轨胶轮车入井运行和检查制度。

(4) 设置工作制动、紧急制动和停车制动,工作制动必须采用湿式制动器。

(5) 必须设置车前照明灯和尾部红色信号灯,配备灭火器和警示牌。

(6) 运行中应当符合下列要求:

① 运送人员必须使用专用人车,严禁超员;

② 运行速度,运人时不超过 25 km/h,运送物料时不超过 40 km/h;

③ 同向行驶车辆必须保持不小于 50 m 的安全运行距离;

④ 严禁车辆空挡滑行;

⑤ 应当设置随车通信系统或者车辆位置监测系统;

⑥ 严禁进入专用回风巷和微风、无风区域。

(7) 巷道路面、坡度、质量应当满足车辆安全运行要求。

(8) 巷道和路面应当设置行车标识和交通管控信号。

(9) 长坡段巷道内必须采取车辆失速安全措施。

(10) 巷道转弯处应当设置防撞装置。人员躲避硐室、车辆躲避硐室附近应当设置标识。

(11) 井下行驶特殊车辆或者运送超长、超宽物料时,必须制定安全措施。

(12) 井下采用无轨胶轮车运送爆炸物品时,应当按照民用爆炸物品运输管理有关规定执行。

(四) 架空乘人装置的安全要求

(1) 有专项设计。

(2) 吊椅中心至巷道一侧突出部分的距离不得小于 0.7 m,双向同时运送人员时钢丝绳间距不得小于 0.8 m,固定抱索器的钢丝绳间距不得小于 1.0 m。乘人吊椅距底板的高度不得小于 0.2 m,在上下人站处不大于 0.5 m。乘坐间距不应小于牵引钢丝绳 5 s 的运行距离,且不得小于 6 m。除采用固定抱索器的架空乘人装置外,应当设置乘人间距提示或者保护装置。

(3) 固定抱索器最大运行坡度不得超过 28°,可摘挂抱索器最大运行坡度不得超过 25°,

运行速度应当满足相关规定。

(4) 驱动系统必须设置失效安全型工作制动装置和安全制动装置,安全制动装置必须设置在驱动轮上。

(5) 各乘人站设上下人平台,乘人平台处钢丝绳距巷道壁不小于 1 m,路面应当进行防滑处理。

(6) 架空乘人装置必须设置超速、打滑、全程急停、防脱绳、变坡点防掉绳、张紧力下降、越位等保护,安全保护装置发生保护动作后,需经人工复位,方可重新启动。应当有断轴保护措施。减速器应当设置油温检测装置,当油温异常时能发出报警信号。沿线应当设置延时启动声光预警信号,各上下人地点应当设置信号通信装置。

(7) 倾斜巷道中架空乘人装置与轨道提升系统同巷布置时,必须设置电气闭锁,2 种设备不得同时运行;架空乘人装置与带式输送机同巷布置时,必须采取可靠的隔离措施。

(8) 巷道应当设置照明。

(9) 每日至少对整个装置进行 1 次检查,每年至少对整个装置进行 1 次安全检测检验。

(10) 严禁同时运送携带爆炸物品的人员。

二、矿井运输系统安全检查要点

(一) 带式输送机运输系统安全检查要点

(1) 电气保护齐全可靠。

(2) 采用阻燃、抗静电输送带,输送带接头处应平齐,强度符合要求。

(3) 液力耦合器严禁使用可燃性传动介质(调速型液力耦合器除外),易熔塞、防爆片符合要求。

(4) 制动装置、防逆转装置和各种安全保护装置齐全有效,动作可靠。

(5) 在带式输送机沿线应安设有效的急停装置。

(6) 连续运输系统应使用联锁、闭锁控制装置。

(7) 在大于 16°的倾斜井巷中使用带式输送机,应当设置防护网。

(8) 机头、机尾处应设置扫煤器,扫煤器的刮板与输送带的间隙符合要求。

(9) 机头、机尾部位的照明、防护栏、警示牌,以及行人过桥等应符合要求。

(10) 机架应固定牢靠、无破损;托辊应齐全、转动灵活,托辊周围无积煤。

(11) 检修及使用工具清理滚筒上的积煤前,必须停止输送机运行。

(12) 使用钢丝绳牵引带式输送机运送人员时,严禁同时运送物料,人员必须严格按规定乘坐输送带。

(二) 轨道机车运输系统安全检查要点

1. 轨道机车的安全检查要点

(1) 根据矿井瓦斯等级,选用符合《煤矿安全规程》要求的机车。突出矿井使用架线电机车运输,属于煤矿重大事故隐患;高瓦斯矿井在用的架线电机车运输、低瓦斯矿井架线电机车运输必须符合相关规定。

(2) 制动装置符合规定,齐全可靠。

(3) 机车照明装置良好,符合要求。

(4) 警铃(喇叭)、连接装置和撒砂装置完好。

(5) 根据同一水平行驶机车台数,装备机车运输监控系统或机车运输集中信号控制系统及机车通信设备。

(6) 防爆蓄电池机车或柴油机机车装设甲烷断电仪或者便携式甲烷检测报警仪。

(7) 防爆蓄电池机车充电、检修应符合规定。

(8) 防爆柴油机动力机车装设自动保护装置和防灭火装置。

2. 轨道的安全检查要点

(1) 轨道线路轨型、轨道铺设质量符合标准要求,道岔的钢轨型号不得低于线路的钢轨型号。

(2) 主要运输线路及行驶人车的轨道线路质量应达到相关要求。

(3) 其他轨道线路不得有杂拌道(异型轨道长度小于 50 m 为杂拌道),接头平整度、轨距、水平、轨缝等应符合相关要求。

(4) 架线电机车运输的轨道应符合导电、绝缘的相关要求。

3. 巷道、车场的安全检查要点

(1) 巷道支护完整,巷道(包括管、线、电缆)与运输设备最突出部分之间的最小间距符合《煤矿安全规程》的规定。

(2) 主要运输线路水沟畅通,巷道无淤泥、积水;水沟侧作为人行道时,盖板齐全、稳固。

(3) 车场、巷道曲线半径、巷道连接方式、运输方式设计合理,符合《煤矿安全规程》及有关规定要求。

4. 架线电机车架空线的安全检查要点

(1) 架空线悬挂高度:自轨面算起,架空线悬挂高度在行人的巷道内、车场内以及人行道与运输巷道交叉的地方不小于 2 m;在不行人的巷道内不小于 1.9 m;在井底车场内,从井底到乘车场不小于 2.2 m。

(2) 架空线与巷道顶或棚梁之间的距离不小于 0.2 m;悬吊绝缘子距架空线的距离,每侧不超过 0.25 m。

(3) 架空线悬挂点的间距,直线段内不超过 5 m,曲线段内符合规定。

(4) 架空线直流电压符合要求。

5. 轨道机车运行的安全检查要点

(1) 机车司机必须按规定开车。开车前必须对机车进行安全检查;启动前,必须关闭车门并发出开车信号;运行中,严禁将头或者身体探出车外;司机离开座位时,必须切断电动机电源,取下控制手把(钥匙),扳紧停车制动。在运输线路上临时停车时,不得关闭车灯。

(2) 列车或者单独机车前有照明,后有红灯。

(3) 正常运行时,机车必须在列车前端;机车行近巷道口、硐室口、弯道、道岔或者噪声大等地段,以及前有车辆或者视线有障碍时,必须减速慢行,并发出警号;收到用矿灯发送的紧急停车信号时,必须立即减速停车。

(4) 2 辆机车或者 2 列列车在同一轨道同一方向行驶时,必须保持不少于 100 m 的距离。

(5) 同一区段线路上,不得同时行驶非机动车辆。

(6) 巷道内按规定装设路标和警标,风门符合要求。

(7) 机车的制动距离符合要求，并定期测定。

(8) 轨道机车运送人员或爆炸物品时，必须符合《煤矿安全规程》的相关规定。

(三) 无轨胶轮车运输的安全检查要点

(1) 必须建立无轨胶轮车入井运行和检查制度，驾驶员持有"中华人民共和国机动车驾驶证"，严禁非防爆、不完好无轨胶轮车下井运行。

(2) 车辆转向系统、制动系统、照明系统、警示装置等完好可靠，车辆应自带防止停车自溜的设施或工具。

(3) 车辆应装备自动保护装置、便携式甲烷检测报警仪、防灭火设备等安全保护装置。

(4) 车辆应设置车前照明灯和尾部红色信号灯，以及随车通信系统或者车辆位置监测系统。

(5) 运送人员应使用专用人车，载人或载货数量在额定范围内。

(6) 车辆运行速度符合规定，同向行驶时安全运行距离不小于 50 m。

(7) 巷道路面、坡度、质量应当满足车辆安全运行要求，并设置行车标识和交通管控信号。

(8) 巷道转弯处应当设置防撞装置。人员躲避硐室、车辆躲避硐室符合要求，并在附近设置标识。

(9) 车辆运行区域符合要求，严禁进入专用回风巷和微风、无风区域。

(10) 车辆应符合排气标准规定。

(11) 井下行驶特殊车辆或者运送超长、超宽物料时，必须制定安全措施。

(四) 架空乘人装置的安全检查要点

(1) 有专项设计，运行坡度、运行速度不得超过《煤矿安全规程》规定。

(2) 制动装置和安全保护装置符合《煤矿安全规程》规定。

(3) 钢丝绳之间的距离、钢丝绳与巷道壁的距离以及人员乘坐间距符合要求，乘人平台路面应进行防滑处理。

(4) 巷道应当设置充足的照明，沿线应当设置延时启动声光预警信号，各上下人地点应当设置信号通信装置。

(5) 钢丝绳安全系数、插接长度、断丝面积、直径减小量、锈蚀程度等应符合《煤矿安全规程》规定。

(6) 倾斜巷道中架空乘人装置与其他提升系统同巷布置时，必须采取相应的措施。

(7) 每天至少对整个装置进行 1 次检查，每年至少对整个装置进行 1 次安全检测检验。

(8) 严禁同时运送携带爆炸物品的人员。

三、煤矿常见运输事故及防范措施

煤矿常见运输事故，按照运输设备划分，可分为带式输送机运输事故、轨道机车运输事故、无轨胶轮车运输事故、钢丝绳牵引矿车运输事故、架空乘人装置运输事故及其他设备运输事故(包括单轨吊车、卡轨车、无极绳牵引车)；按照人员是否受到伤害，可分为人身伤害事故和设备损坏事故。

(一) 煤矿常见运输事故的类型与原因分析

1．带式输送机运输事故

(1) 带式输送机运输事故最严重的是火灾事故。着火的原因包括：使用非阻燃输送带；托辊转动不灵活，与非阻燃输送带摩擦；下托辊与积煤摩擦；违章从事动火作业，点燃周围易燃品；违章存放汽油等易燃品；输送带因张力不足、严重跑偏、超载或堆煤发生打滑，防打滑保护不起作用，输送机继续运行，输送带与滚筒摩擦生热等。

(2) 带式输送机运输常见的人身伤害事故主要包括：

① 输送机运行时，人员违章使用工具清理滚筒上的粘煤，人员被卷入滚筒与输送带之间发生事故；

② 输送机滚筒处未按规定设置护栏，人员身体触及转动的滚筒发生事故；

③ 检修时人员违章站在输送带或机架上，因故摔倒发生事故；

④ 做输送带接头时，人员违章站在输送带上，点动打倒车时人员摔倒或被拉入输送带与滚筒之间发生事故；

⑤ 人员从过桥以外的其他地点跨越输送带时可能发生被输送带刮倒的事故；

⑥ 人员在输送机巷道行走时可能摔倒或被输送带上滚落的煤矸砸中而发生事故；

⑦ 发生断带事故或逆转飞车事故时，现场人员被散落的煤矸砸中发生事故；

⑧ 人员违章乘坐输送带或违反乘坐输送带的相关规定，可能发生人员坠落事故。

(3) 带式输送机运输常见的设备损坏事故主要包括：

① 断带事故。根本原因是输送带所受的拉力超过了其抗拉强度，如输送带接头强度不足、输送带破损或磨损老化、超载运煤以及输送带严重跑偏引起的过载等。

② 输送带打滑事故。主要原因是：输送带老化引起的输送带张力下降；超载运煤以及输送带严重跑偏引起的过载；滚筒表面胶层破损老化或沾水黏煤引起的输送带与滚筒的摩擦力下降；输送机运行中突然停电，重载启动输送机时也可能引起输送带打滑。输送带打滑后，输送带与滚筒的滑动摩擦产生大量热量，如果不及时停车，容易发生火灾事故。

③ 输送带跑偏事故。根本原因是输送带横断面上两侧所受拉力不相等，哪一侧受力大，输送带就往哪个方向跑偏。具体原因包括：机头滚筒和机尾滚筒不平行，机架或托辊安装不正，输送带接头不平直等。输送带跑偏的危害是运送的煤从输送带上撒下来，同时会增加运输负荷，严重时会损坏输送带或引起输送带打滑。

④ 逆转飞车事故。逆转飞车事故会使向上运输的带式输送机突然停电，或输送机重载启动时，如果输送机制动装置和防逆转装置同时失效，上行的输送带在煤炭重力作用下向下运动，造成机尾严重撒煤，甚至埋住机尾滚筒，同时还可能造成输送机电动机烧毁。

2．轨道机车运输事故

(1) 机车撞人事故，人员违章在机车运行巷道内行走，在行人、机车司机精神都不集中，或双方都认为对方错误而斗气时，可能发生机车撞人事故。因为机车制动距离较大，很多事故是机车司机已经实施制动，但机车不能及时停下来，在允许的机车制动距离内撞到人员。

(2) 人员违章乘车造成的人身伤害事故，包括人车启动后上车、人车未停稳时下车、携带超长物品或爆破物品乘车，甚至蹬乘在两车之间的碰头上等引发的各类人身伤害事故。

(3) 机车司机人身伤害事故主要是指机车运行中，司机违章将身体的某些部位伸出车外，与车外物体撞击引发的事故。

(4) 人员触电事故主要是指在架线电机车运行范围内，人员携带的金属工具触碰架空线引发的触电事故。

(5) 机车撞车事故主要有两种情况:一是同向行驶的机车之间的安全距离小于规定值,前车突然制动后,后车撞到前车;二是机车运行的轨道上,违章停放其他车辆,或人力推车进入机车运行的线路,当机车司机不能及时注意到前方的车辆时,可能造成撞车事故。

(6) 矿车掉道事故的主要原因是轨道铺设质量不合格、轨道维护检修不到位,矿车的轮对转动不灵活或矿车偏载,以及机车运行速度超限等。矿车掉道后,可能撞坏巷道内敷设的电缆、风管或水管等设施,造成更大影响。

(7) 机车过载事故主要有两种情况:一是违章超出规定数量挂车;二是矿车掉道后,违章使用机车牵引复轨。过载可造成机车运行电流增大,严重时可能烧毁机车电动机。

(8) 使用架线机车运输时,遇到矿井主要通风机停风,机车运行产生的电火花可能引起瓦斯爆炸事故。

3. 无轨胶轮车运输事故

(1) 使用非防爆的无轨胶轮车或车辆不符合排气标准,可能发生瓦斯爆炸事故。

(2) 驾驶员未取得机动车驾驶证,酒后驾驶或违章操作,可能发生撞人或撞坏巷道设施的事故。

(3) 人员违章在无轨胶轮车运行巷道中行走,可能发生撞人事故。

(4) 车辆转向系统、制动系统、照明装置等存在故障时,或巷道路面、坡度、质量不符合规定时,可能发生车辆倾覆或撞坏巷道设施的事故。

(5) 超载、超员、超速或同向行驶时安全距离不足,可能引起制动失灵而发生撞坏巷道设施或撞车事故。

4. 架空乘人装置运输事故

(1) 人身伤害事故是架空乘人装置运行中最常见的事故,伤害形式主要是坠落、摔伤。

(2) 设备损坏事故(如断绳事故、断轴事故等)主要是设备维护检修不到位造成的。

(二) 煤矿常见运输事故的防范措施

1. 加强对从业人员的安全教育,杜绝"三违",实现自主保安和相互保安

(1) 加强对入井人员的安全教育,时刻注意行走、乘车时的人身安全。严格执行"行人不行车,行车不行人"的管理规定;在任何运输巷道内,严禁蹬钩车辆。

(2) 加强对从业人员的安全教育和培训,严格执行安全生产责任制。各类运输设备司机、信号工应经过培训且考核合格后持证上岗;工作中严格执行本工种操作规程,杜绝"三违"。

2. 加强设备的维护检修,严禁设备带病运转

(1) 检查各种设备的运转状况,应无异常声音、异常振动、异味,各种仪表指示正常。

(2) 检查设备的制动装置、安全保护装置,应齐全有效。检查中发现问题必须立即停机,待问题全部处理好后设备方可恢复运行。

(3) 加强对运输轨道的检查维护,发现问题立即处理。

(4) 制订设备定期检修计划和性能测试计划,并认真落实。

(5) 加强设备备件的储备和管理,防止因无备件影响设备维修和运行。

3. 加强运输系统环境治理,减少运输事故

(1) 运输巷道路面平整,无淤泥、积水,无堆积杂物,机车运输线路上无影响行车的障碍

物，设备中心线与巷帮的距离符合要求，架空线的安设符合《煤矿安全规程》的规定。

(2) 运输巷道内应有充足的照明。

(3) 风门的设置、性能符合规定。

4. 加强运输系统安全管理，实现矿井运输安全

(1) 建立、完善运输系统各类人员安全生产责任制，并监督落实。

(2) 制定并落实各工种操作规程、设备维护检修制度。

(3) 运输系统各岗位人员数量必须符合定额要求，并保证必要的安全投入，如巷道维护、设备大修、维简及备品备件费用等。

(4) 加强技术管理工作，运输设备设计、选型合理，安装符合规范要求，使用中加强保养，定期检修、检测，重要设备实行编号管理，如实填写设备运行、维修台账和事故记录，整理好运输设备、设施、线路的图纸和技术档案。

(5) 定期开展运输系统专项检查，开展运输专业风险辨识与评估、隐患排查治理等。

(6) 条件允许时，可以通过改善运输方式提高矿井运输系统安全水平，如采用先进的运输方式替代多级、多段运输，逐步取消调度绞车，矿井实现辅助运输连续化等。

第五节　采掘设备的安全管理

一、采煤工作面主要机电设备的安全管理

(一) 采煤机安全管理

1. 采煤机的安全管理规定

(1) 采煤机上装有能停止工作面刮板输送机运行的闭锁装置。启动采煤机前，必须先巡视采煤机四周，发出预警信号，确认人员无危险后，方可接通电源。采煤机因故暂停时，必须打开隔离开关和离合器。采煤机停止工作或者检修时，必须切断采煤机前级供电开关电源并断开其隔离开关，打开截割部离合器。

(2) 工作面遇有坚硬夹矸或者黄铁矿结核时，应当采取松动爆破处理措施，严禁用采煤机强行截割。

(3) 工作面倾角在 15°以上时，必须有可靠的防滑装置。

(4) 更换截齿和滚筒时，采煤机上下 3 m 范围内，必须护帮护顶，禁止操作液压支架。必须切断采煤机前级供电开关电源并断开其隔离开关，断开采煤机隔离开关，打开截割部离合器，并对工作面输送机施行闭锁。

2. 安全使用及管理要点

(1) 采煤机司机必须经过培训考核合格后持证上岗，熟练掌握采煤机启动前的检查内容，启动和停止采煤机的程序。

(2) 采煤机禁止带负荷启动和频繁启动；一般情况下不允许用隔离开关或断路器断电停机；不允许在电动机开动的情况下，操纵滚筒离合器。

(3) 无冷却水或冷却水压力、流量达不到要求，或喷雾系统不工作时，不准割煤。

(4) 防止采煤机滚筒截割支架顶梁和刮板输送机铲煤板等物体。端头割煤时，除司机外其他作业人员都要躲到安全地点，并严防滚筒割工字钢或单体支柱造成危险。

(5) 采煤机运行时，要随时注意电缆的拖移情况，防止损坏电缆。必须在电动机即将停止时操作截割部离合器。

(6) 更换截齿和滚筒作业，上下 3 m 以内有人工作时，必须护帮护顶，切断电源，打开采煤机隔离开关和离合器，并对工作面输送机施行闭锁。

(7) 司机在翻转挡煤板时要正确操作，防止其变形。检查滚筒、更换截齿或在滚筒附近工作时，必须打开截割部离合器。

(8) 非专职司机不得启动采煤机。司机在开机前，一定要查看采煤机附近有无人员及可能危害人身安全的隐患，然后发出信号及大声喊话。

(9) 采煤机在割煤过程中要割直、割平，严格控制采高。

(二) 刮板输送机的安全管理

1. 刮板输送机的安全管理规定

(1) 采煤工作面刮板输送机必须安设能发出停止、启动信号和通信的装置，发出信号点的间距不得超过 15 m。

(2) 刮板输送机使用的液力耦合器，必须按所传递的功率大小注入规定量的难燃液，并经常检查有无漏失。易熔合金塞必须符合标准，并设专人检查、清除塞内污物；严禁使用不符合标准的物品代替。

(3) 刮板输送机严禁乘人。

(4) 用刮板输送机运送物料时，必须有防止顶人和顶倒支架的安全措施。

(5) 移动刮板输送机时，必须有防止冒顶、顶伤人员和损坏设备的安全措施。

2. 安全使用及管理要点

(1) 刮板输送机应空载启动。

(2) 刮板输送机运转时，刮板输送机槽中不宜装大块煤和矸石，防止卡住刮板链造成事故。

(3) 凡是转动、传动部位应按规定设置保护栏或保护罩，机尾应设保护板，行人处必须设置过桥。

(4) 刮板输送机两侧电缆要按规定吊挂，特别是采煤工作面移动电缆一定要管理好，防止落入刮板输送机槽内被刮坏或拉断造成事故。

(5) 严禁从刮板输送机两端头向中间推移刮板输送机槽；推移时要掌握好推移步距，防止发生脱节事故；进行推移工作时，煤壁与输送机之间不得站人，支撑设备附近尽量不要安排工作人员，要把机道浮煤清理干净后再推移。

(6) 刮板输送机在运行中严禁人员跨越机头，不准清理转动部位的煤粉。

(7) 刮板输送机槽、电机减速机严禁过负荷启动，电机减速机联轴器及大轴温度不得超过 75 ℃；刮板输送机附近有人工作时严禁开机，严禁使用刮板输送机运输物料和人员。

(三) 转载机与破碎机安全管理

1. 转载机与破碎机的安全管理规定

(1) 工作面转载机位于运输平巷，此处空间狭窄，噪声大，人员通过频繁，当转载机安有破碎机时，很容易发生事故，因此，要求必须有安全防护装置。

(2) 破碎机入口前应安设急停闭锁装置，没有封闭管理的破碎机需设有效的安全防护装置，避免伤人。

(3) 转载机、破碎机的减速机与电动机软连接或采用软启动控制，液力耦合器不使用可燃性传动介质(调速型液力耦合器不受此限)，使用合格的易熔塞和防爆片。

(4) 转载机、破碎机电气保护必须齐全可靠，电机采用水冷方式时，水量、水压要符合要求，减速机和电机的冷却水进出口要保持清洁畅通。

(5) 转载机、破碎机的动力部上方应加装防水、防尘装置。

2. 安全使用及管理要点

(1) 转载机、破碎机的操作顺序：启动时，先启动破碎机，平稳后再启动转载机；停机时，先停转载机，后停破碎机。

(2) 启动设备时，要先点动试车，注意设备的运行方向是否正确。

(3) 若遇到启动故障，需找出原因处理后再启动；负荷过大时，要采取措施，不得超负荷运行。正常情况下，停机前要把煤运空。

(4) 制定转载机、破碎机日常检查维护制度，转载机和破碎机的转动部位要定期、定量地加注润滑脂，有效降低设备损耗，提高设备使用寿命。

(5) 每天检查供液系统有无渗液、漏液现象，检查试验喷雾装置雾化效果是否良好，压力不得低于1.5 MPa。

(四) 液压支架的安全管理

1. 液压支架的安全管理规定

(1) 采用综合机械化充填采煤时，如有人进行充填作业，严禁操作作业区域的液压支架。

(2) 支架间的煤、矸必须清理干净，为移架创造良好条件，保证支架架设质量。当工作面倾角大于15°时，液压支架很容易倾倒，所以工作面倾角大于15°时，液压支架必须采取相应的防倒、防滑措施。

(3) 采煤工作面的液压支架必须接顶，避免发生顶板离层、下沉，支架前移困难的情况，有效防止发生架间冒顶和超前冒顶事故。

(4) 在处理液压支架上方冒顶时，在处理倒架、歪架、压架，更换支架，以及拆修顶梁、支柱、座箱等大型部件时，在运送、安装和拆除液压支架时很容易发生人员伤害事故，另外也容易引起顶板事故和产生碰撞火花，因此必须制定相应的安全措施。

(5) 液压支架的支护方式，根据液压支架的型式、结构、移动方式和支护条件的不同，可分为及时支护和滞后支护两种。无论采用哪种支护方式，采煤机采煤时必须及时移架，控制采煤机与液压支架的距离不超过作业规程的规定，确因超过规定距离发生冒顶、片帮时，应立即妥善处理，否则禁止采煤。

(6) 严格控制采高，严禁采高大于支架的最大有效支护高度。当煤层变薄时，采高不得小于支架的最小有效支护高度。当采高超过 3 m 或者煤壁片帮严重时，液压支架必须设护帮板。

(7) 综采工作面根据需要采取爆破手段，在爆破时很容易崩倒、崩坏液压支架和其他设备，因此在爆破前，必须加强对机电设备、液压支架和电缆等的保护。

(8) 乳化液是液压传动系统中的介质，乳化液的配制、水质、配比等将直接影响着传动效果和设备的使用寿命，因此乳化液的配制、水质、配比等必须符合有关要求。泵站供液吸空时，会在注液管内产生气体，使液压传动系统中无法正常操作，极易发生各类事故，所以要求泵箱应设自动给液装置，防止吸空。

2. 液压支架的安全使用及管理要点

(1) 液压支架要保持初撑力不低于规定值的 80%，乳化液浓度在 3%～5%之间。

(2) 操作时支架要排成一条直线，编号管理，其偏差不超过±50 mm，中心距偏差不超过±100 mm；支架顶梁与顶板平行支设，其最大仰俯角小于或等于 7°；支架垂直顶底板，歪斜角不大于 5°；相邻架间不能有明显错茬（不超过顶梁侧护板高的 2/3），支架不挤、不咬、不倒架，架间空隙不超过 200 mm。支架保持直线，可使其受力均匀，提高支护强度，有效地控制顶板；同时支架呈直线可控制输送机、充填垛和工作面保持直线。

(3) 采煤机割煤时，要及时收回采煤机前 4～5 架的护帮板或伸缩梁，待采煤机通过后，再及时伸出护帮板或伸缩梁；采煤机割煤后正常情况下移架距采煤机的距离为 5～8 架，推移刮板输送机距采煤机后滚筒的距离为 10～15 架。

(4) 操作人员在对液压支架进行操作时要站在液压支架底座上并防止挤伤，严禁站在架间，以防漏矸伤人；在把支架升起接实顶板后要继续供液 3～5 s，以确保支架达到初撑力。

(5) 每次移架前清理架间和支架底座的浮煤等杂物，移架时，如阻力过大，应及时查找原因进行处理，严禁硬拉、硬推；严禁非工作人员在行移支架附近工作或逗留。

(6) 对液压支架的日常维护保养要做到一经常、二齐全、三无漏堵。“一经常”是指维护保养坚持经常；“二齐全”是指连接件齐全、液压及电器元部件齐全；“三无漏堵”是指阀类无漏堵、立柱千斤顶无漏堵、管路无漏堵。液压件维修的原则是井下更换、井上拆检。

(7) 搬家倒面时要将长期使用的液压支架升井大修，拆卸更换老化的阀件、液压缸、液压管路，更换全部液压密封组件。液压支架上的液压部件及管路系统在有压力的情况下，不得进行修理与更换，必须在卸载后进行。

二、掘进工作面主要机电设备的安全管理

（一）掘进机安全管理

1. 掘进机的安全管理规定

(1) 掘进机开机前，在确认铲板前方和截割臂附近无人时，方可启动。采用遥控操作时，司机必须位于安全位置。开机、退机、调机前，必须发出报警信号。

(2) 作业时，应当使用内、外喷雾装置，内喷雾装置的工作压力不得小于 2 MPa，外喷雾装置的工作压力不得小于 4 MPa。在内、外喷雾装置工作稳定性得不到保证的情况下，应当使用与掘进机、掘锚一体机或者连续采煤机联动联控的除降尘装置。掘进机无水或者喷雾装置不能正常使用时，必须停机。

(3) 截割部运行时，严禁人员在截割臂下停留和穿越，机身与煤（岩）壁之间严禁站人，检修掘进机时，严禁其他人员在截割臂和转载桥下方停留或作业。

(4) 在掘进机非操作侧，必须装有紧急停转按钮。

(5) 掘进机必须装有前照明灯和尾灯。

(6) 司机离开操作台时，必须切断电源。停止工作和交班时，必须将切割头落地，并切断电源，断开掘进机上的电源开关和电磁启动器的隔离开关。

(7) 掘进机必须设置甲烷断电仪或者便携式甲烷检测报警仪。

2. 安全使用及管理要点

（1）掘进机操作必须由专职司机完成，司机必须具备娴熟的操作技能并且经过安全培训，取得特种作业操作证，否则不得上岗操作。

（2）掘进机司机使用专用工具开、闭掘进机的电气控制回路开关，并且专用工具由专职司机保管，防止他人违章操作或误操作；司机离开操作台时，必须断开掘进机的电源开关，以防止触及控制开关造成事故。

（3）为了在紧急情况下能及时停止掘进机运转，在掘进机非操作侧，装设能紧急停止运转的按钮。

（4）掘进机的喷雾流量应与机型相匹配，一般每个喷嘴流量不应少于 15 L/min。

（5）掘进机开机前检查设备的机械系统、液压系统、电气系统，检查工作面帮顶支护情况，在确认设备完好，支护良好的情况下方可作业。

（6）掘进机要按正确的截割循环方式操作，根据不同性质的煤岩确定最佳的切割方式，防止超挖（主要巷道的巷宽超过 0～＋200 mm 或其他巷道超过－50～＋200 mm）；截割时必须确保履带板全部接地，在截割硬岩时，为减少机器振动，要使铲板及后支撑接地良好，加强稳定性，严禁用铲板及后支撑使履带在脱离底板的状态下进行切割。

（7）制定掘进机检查检修以及维护保养制度，按掘进机使用说明书规定定期更换装载部、切割部、装运机构驱动部以及泵站传动箱等传动部位的润滑油；定期更换液压系统液压油、过滤器、磨损明显的密封件；定期清洗喷雾降尘冷却系统的进出水过滤器；定期检测电机绝缘情况，更换电控箱内老化的电气元件。

（8）每次升井大修时要更换截割头磨损的齿座，修补耐磨焊道；检查行走机构，拆检驱动轮、引导轮、支重轮、脱键轮并加油。

（二）耙装机安全管理

1. 耙装机的安全管理规定

（1）耙装机作业时必须有照明，在方便作业的同时提醒耙装作业场所人员请勿靠近。

（2）耙装机绞车的刹车装置必须完好可靠。

（3）耙装机必须装有封闭式金属挡绳栏和防耙斗出槽的护栏；在巷道拐弯段装岩（煤）时，必须使用可靠的双向辅助导向轮，清理好机道，并有专人指挥和信号联系。

（4）固定钢丝绳滑轮的锚桩及其孔深和牢固程度，必须根据岩性条件在作业规程中明确。

（5）耙装机在装岩（煤）前，必须将机身和尾轮固定牢靠，防止机身发生滑移和摇摆。耙装机运行时，严禁在耙斗运行范围内进行其他工作和行人。

（6）在倾斜井巷移动耙装机时，下方不得有人；上山施工倾角大于 20°时，煤（矸）易沿底板滚落，伤及司机，在司机前方必须设护身柱或者挡板，并在耙装机前方增设固定装置；在倾斜井巷使用耙装机时，必须有防止机身下滑的措施。

（7）耙装作业段的上方必须悬挂甲烷自动检测报警断电装置。

2. 安全使用及管理要点

（1）耙装机操作必须由固定人员持证上岗作业，作业配电点处悬挂耙装机司机操作规程和岗位责任制等相关规章制度牌板。

（2）耙装机每次安装都应经生产、机电和安监部门现场联合验收，确保安全运行；每次移动耙装机，使用单位应对耙装机固定情况进行一次全面检查，确保安全。

(3) 使用单位的机电维护人员每天应对耙装机的完好情况、保护使用情况、安全防护设施使用情况进行检查，发现问题及时处理。

(4) 在上山掘进或下山掘进施工时，耙装机安装固定方式，在正常采用卡轨器固定耙装机车体的同时，需在耙装机的两侧面距轨道 300 mm 左右的地板上各打入 1 根规格不小于 ϕ20 mm×2 000 mm 的高强锚杆，用 ϕ15.5 mm 的钢丝绳将耙装机和锚杆连接固定。此外，上山掘进应在轨道上紧靠耙装机后方的位置安设 2 个阻车器作为辅助防跑车装置；下山掘进应在轨道上紧靠耙装机前方的位置安设 2 个阻车器作为辅助防跑车装置。每天要对阻车器的完好状况进行检查确认。

(5) 耙斗的主、副钢丝绳应使用光面钢丝绳，具有良好的韧性和耐腐蚀性，绳径不应小于 15.5 mm。每天施工前要对钢丝绳进行检查，如钢丝绳出现断丝超限、直径缩小超限或明显锈蚀的，则应立即更换。

三、抽采及钻探设备的安全管理

(一) 瓦斯抽采泵站的安全管理

1. 瓦斯抽采泵站的安全管理规定

(1) 抽采瓦斯设施为矿井一类供电设施，供电、照明及安全保护设施符合《煤矿安全规程》相关规定。

(2) 瓦斯抽采泵站的抽采泵吸入管路中应当设置流量传感器、温度传感器和压力传感器，利用瓦斯时，还应当在输出管路中设置流量传感器、温度传感器和压力传感器。

(3) 抽采瓦斯设施应当符合下列要求：

① 地面泵房必须用不燃性材料建筑，并必须有防雷电装置，其距进风井口和主要建筑物不得小于 50 m，并用栅栏或者围墙保护。

② 地面泵房和泵房周围 20 m 范围内，禁止堆积易燃物和有明火。

③ 抽采瓦斯泵及其附属设备，至少应当有 1 套备用，备用泵能力不得小于运行泵中最大一台单泵的能力。

④ 地面泵房内电气设备、照明和其他电气仪表都应当采用矿用防爆型；否则必须采取安全措施。

⑤ 泵房必须有直通矿调度室的电话和检测管道瓦斯浓度、流量、压力等参数的仪表或者自动监测系统。

⑥ 干式抽采瓦斯泵吸气侧管路系统中，必须装设有防回火、防回流和防爆炸作用的安全装置，并定期检查。抽采瓦斯泵站放空管的高度应当超过泵房房顶 3 m。

(4) 设置井下临时抽采瓦斯泵站时，必须遵守下列规定：

① 临时抽采瓦斯泵站应当安设在抽采瓦斯地点附近的新鲜风流中。

② 抽出的瓦斯可引排到地面、总回风巷、一翼回风巷或者分区回风巷，但必须保证稀释后风流中的瓦斯浓度不超限。在建有地面永久抽采系统的矿井，临时泵站抽出的瓦斯可送至永久抽采系统的管路，但矿井抽采系统的瓦斯浓度必须符合规定。

③ 抽出的瓦斯排入回风巷时，在排瓦斯管路出口必须设置栅栏、悬挂警戒牌等。栅栏设置的位置是上风侧距管路出口 5 m、下风侧距管路出口 30 m，两栅栏间禁止任何作业。

2. 安全使用及管理要点

(1) 地面瓦斯泵站是矿井安全管理的重要地点，设专人值班，建立健全各项管理制度，如岗位操作规程和值班制度、定期检测抽采参数及设备运行状况汇报制度、瓦斯泵及其附属设备、设施的检查维修制度等，并做好各项记录。

(2) 当抽采瓦斯泵停止运转时，必须立即向矿调度室报告。如果利用瓦斯，在瓦斯泵停止运转后和恢复运转前，必须通知使用瓦斯的单位，取得同意后，方可供应瓦斯，以免用户忘记关闭阀门或点火不当而引起熏人或爆炸事故。

(3) 为防止瓦斯意外引燃沿管路向井下传播而威胁矿井安全，在抽采泵吸气侧的管路中，必须装设防回火、防回气和防爆炸作用的安全装置。

(4) 抽采瓦斯必须遵守下列规定：

① 抽采容易自燃和自燃煤层的采空区瓦斯时，抽采管路应当安设一氧化碳、甲烷、温度传感器，实现实时监测监控。发现有自然发火征兆时，应当立即采取措施。

② 井上下敷设的瓦斯管路，不得与带电物体接触并应当有防止砸坏管路的措施。

③ 采用干式抽采瓦斯设备时，抽采瓦斯浓度不得低于25%。

④ 在利用瓦斯的系统中必须装设有防回火、防回流和防爆炸作用的安全装置。

⑤ 抽采的瓦斯浓度低于30%时，不得作为燃气直接燃烧。进行管道输送、瓦斯利用或排空时，必须按有关标准的规定执行，并制定安全技术措施。

(二) 履带式液压钻机的安全管理

1. 液压钻机的安全管理规定

(1) 安装钻机探水前，必须遵守下列规定：

① 加强钻场附近的巷道支护，并在工作面迎头打好坚固的立柱和拉板。

② 清理巷道，挖好排水沟。探水钻孔位于巷道低洼处时，必须配备与探放水量相适应的排水设备。

③ 在打钻地点或附近安设专用电话。

④ 测量和探放水人员必须亲临现场，依据设计，确定主要探水孔的位置、方位、角度、深度以及钻孔数目。

(2) 在向老空区打钻探查的过程中，当钻孔接近老空时，必须有瓦斯检查工或矿山救护队员在现场值班检查空气成分，如果瓦斯或其他有害气体超限，必须立即停钻、断电、撤人，并报告矿调度室，采取措施进行处理。

(3) 在打钻时具有自喷(喷煤、喷瓦斯)现象的煤层，可采用水力冲孔措施。

2. 安全使用及管理要点

(1) 每次开机作业前施工人员要认真检查巷道帮顶支护情况，做好“敲帮问顶”作业。

(2) 履带式液压钻机由回转机构、导轨机构、行走机构、液压系统和电动机等设施组成，开机工作前要检查确认各运转部件无卡阻，机身表面无杂物，液压马达工作压力正常不超限。

(3) 钻进过程中施工人员要随时注意观察各压力表的读数变化，钻进推进速度要匀速，不可猛推猛拉，根据钻进工况调节钻进速度。

(4) 当孔内有钻具时，按规定程序卸钻杆，严禁马达反转，否则孔内钻杆丝扣松脱导致丢钻杆。

(5) 钻眼完毕后应将液压钻车退出距工作面 50 m 以外，切断电源，将控制开关操纵杆打到停止位置，并闭锁，以防爆破作业崩坏设备附件。

(6) 根据产品使用说明书及矿有关机电管理制度，制定相应的钻机维护保养制度，做好周期性的检修维护工作，定期更换液压马达、减速机以及泵站润滑油脂，保障设备可靠运行。

四、采掘辅助设备的安全管理

单轨吊车、无极绳绞车等设备具有投入小、安装方便、使用快捷等特点，在采掘工作面应用广泛。在这里着重讲解单轨吊车和无极绳绞车的安全管理。

(一) 单轨吊车安全管理

1. 单轨吊车运行的安全管理规定

(1) 采用单轨吊运输时，必须根据起吊重物的最大载荷设计起吊梁和吊挂轨道，其安装与铺设应当保证单轨吊车的安全运行，有防止淋水侵蚀轨道的措施。

(2) 单轨吊机车与巷道之间的最小间距必须符合以下规定：

① 单轨吊车顶部距巷道顶不小于 0.5 m。

② 单轨吊车两侧距巷帮不小于 0.85 m。

③ 行驶到曲线巷道段时，应当在直线巷道允许安全间隙的基础上内侧加宽不小于 0.1 m，外侧加宽不小于 0.2 m。巷道内外侧加宽要从曲线巷道段两侧直线段开始，加宽段的长度不小于 5.0 m。

④ 在双向运输巷中，两辆单轨吊车对开相遇时，间距不得小于 0.8 m。

(3) 单轨吊车的结构强度、牵引能力、制动力矩等都是根据其适用的运行坡度、运行速度和载荷重量设计计算和制造的，柴油机单轨吊车运行巷道坡度不大于 25°，蓄电池轨吊车不大于 15°，钢丝绳单轨吊车不大于 25°，同时机车的运行坡度、速度和载重不得超过设计规定值。倾斜井巷中使用的单轨吊车的连接装置在运送人员时安全系数达到 13，运送物料时安全系数达到 10。

(4) 单轨吊车的安全制动和停车制动装置必须为失效安全型，应具有可靠的制动系统，满足以下要求：保险制动和停车制动的制动力应为额定牵引力的 1.5～2 倍；必须设有既可手动又能自动的保险闸，运行速度超过额定速度的 15%时能自动施闸，施闸时的空动时间不大于 0.7 s。

(5) 胶套轮材料与钢轨的摩擦系数不得小于 0.4，且胶套应具有阻燃和抗静电性能。

(6) 在单轨吊车牵引机车或头车上，必须装设车灯和喇叭，列车的尾部设有红灯；单轨吊车运行中应当设置跟车工，单轨吊车司机应当配备通信装置。

(7) 柴油机和蓄电池单轨吊车，必须具备 2 路以上相对独立回油的制动系统，必须设置超速保护装置。

(8) 绳牵引单轨吊车，还应当设置越位、超速、张紧力下降等保护。运行时绳道内严禁有人。

2. 安全使用及管理要点

(1) 单轨吊司机必须经过专门的培训并考试合格，取得操作资格证后持证上岗，严格遵守操作规程。

(2) 起吊或者下放设备、材料时，人员严禁在起吊梁两侧；机车过风门、道岔、弯道时，必须确认安全，方可缓慢通过。

(3) 采用柴油机、蓄电池单轨吊车运送人员时，必须使用人车车厢；两端必须设置制动装置，两侧必须设置防护装置。

(4) 采用钢丝绳牵引单轨吊车运输时，严禁在巷道弯道内侧设置人行道。

(5) 单轨吊车的检修工作应当在平巷内进行。若必须在斜巷内处理故障时，应当制定安全措施。

(6) 单轨吊轨道系统：选用符合德国工业标准(DIN20593)的 I140E、I140V 专用钢轨；吊挂三环链、U 型环、吊耳齐全，连接紧固；斜拉链、加强链布置合理，连接可靠；道岔装置固定牢靠，气缸、摆动轨动作灵活可靠；沿线红灯信号装置齐全完好，亮度符合要求。

(7) 采用柴油机驱动的单轨吊车符合以下要求：

① 在正常运行条件下，尾气排放应满足相关规定；排气口表面温度不超过 150 ℃，排气温度不超过 77 ℃，冷却水温度不超过 95 ℃。

② 发动机壳体不得采用铝合金制造；非金属部件应具有阻燃和抗静电性能；油箱及管路必须采用不燃性材料制造；油箱最大容量不得超过 8 h 用油量。

③ 冷却水箱、废气处理箱、油箱等容器无破损变形，不漏液、不漏气；燃油的闪点应高于 70 ℃；进气系统空气滤清器、进气栅栏完好不阻塞。

④ 液压马达、减速箱符合相关完好标准；油泵、马达运转正常，无异响，压力正常；各部密封良好，不得渗油，压力表齐全、压力正常，符合要求。

⑤ 具有发动机排气超温、冷却水超温、尾气水箱水位、润滑油压力等保护装置，定期试验各项保护是否完好。

⑥ 必须配备灭火器。

(8) 采用蓄电池驱动的单轨吊车应设置充电硐室对蓄电池进行充电，充电硐室室内的电气设备必须采用矿用隔爆型，测量电压时应在揭开电池盖 10 min 后测试。

(9) 单轨吊机车驾驶室必须悬挂一台完好的便携式甲烷检测报警仪，当瓦斯浓度达到或者超过 0.5%时，必须停止单轨吊机车的运行。

(10) 制定单轨吊车维护保养制度和保护试验制度，做好单轨吊车的周期性检查维护工作，定期对单轨吊车的超速、限速等各项保护进行试验，确保各项保护功能完好；每年委托有检验资质的单位对单轨吊车进行安全性能检测检验。

(二) 无极绳绞车的安全管理

1. 无极绳绞车的安全管理规定

(1) 倾斜巷道使用无极绳绞车运输时，所使用的钢丝绳安全系数不得小于 3.5，且最小值为 $5-0.001L$(L 为运输距离)。

(2) 无极绳绞车允许使用有接头的钢丝绳，钢丝绳接头的插接长度不得小于钢丝绳直径的 1 000 倍。

(3) 无极绳绞车钢丝绳的连接装置安全系数不得小于 8。

(4) 无极绳绞车的制动力应当为额定牵引力的 1.5～2 倍；设置既能手动又能自动的安全闸。

(5) 无极绳绞车主机、尾轮处及沿线变坡点、硐室口、巷道交叉点、巷道转弯处均应设置红灯，其余直线运输区段每 100 m 设置一个红灯，除安装齐全声光信号装置外，还应配备可靠的泄漏通信系统。

(6) 无极绳绞车主、副压绳轮(张紧装置)前方不大于 2 m 处应安装固定的阻车器;尾轮处前方不大于 2 m 处须安装固定的阻车器。当坡度大于 10°时,阻车器前方 0.5 m 处应安装一道常闭式挡车杠,防止撞坏主、副压绳轮(张紧装置)。常闭式挡车杠与主道道岔岔尖之间的间距不得小于 8 m。

(7) 无极绳绞车运输系统中间巷各变坡点,当巷道连续坡度大于 18°,且长度超过 200 m 时,应增设挡车杠。

2. 安全使用及管理要点

(1) 绞车司机必须经培训合格,持证上岗作业,并定期参加复训。

(2) 使用单位应建立健全无极绳绞车运行和检查制度、操作规程和岗位责任制。

(3) 张紧装置与绞车处应采用高度不低于 1.2 m 的安全防护栏,固定牢固,安全可靠。

(4) 运输液压支架等大型设备时,梭车要增加配重,防止掉道,配重块在梭车上必须固定可靠。

(5) 运输区段中间临时摘挂钩地点必须备有临时阻车器。

(6) 根据"行人不行车、行车不行人"的规定,无极绳绞车运输时,原则上跟车工不得进行跟车作业。确需跟车时,必须制定专门的安全措施,确保跟车工的人身安全。

(7) 推广使用井下无极绳绞车运输移动视频监控系统,移动视频监控系统的监视屏应安装在绞车司机操作台上或操作台左右两侧易于观察的部位。车载移动视频探测监控装置应在连挂车辆的前后分别挂置 1 台,确保司机能够连续监控到运行车辆的周围环境。

(8) 无极绳绞车必须设置有越位、超速、张紧力下降等保护,并定期检查试验。

第六节 矿井通风、压风及排水设备的安全管理

一、矿井主要通风设备的安全管理

(一) 主要通风机安全要求

(1) 矿井必须采用机械通风。

(2) 主要通风机的安装和使用应当符合下列要求:

① 主要通风机必须安装在地面;装有通风机的井口必须封闭严密,其外部漏风率在无提升设备时不得超过 5%,有提升设备时不得超过 15%。

② 必须保证主要通风机连续运转。

③ 必须安装 2 套同等能力的主要通风机装置,其中 1 套作备用,备用通风机必须能在 10 min 内开动。

④ 严禁采用局部通风机或者风机群作为主要通风机使用。

⑤ 装有主要通风机的出风井口应当安装防爆门,防爆门每 6 个月检查维修 1 次。

⑥ 至少每月检查 1 次主要通风机。改变主要通风机转数、叶片角度或者对旋式主要通风机运转级数时,必须经矿总工程师批准。

⑦ 新安装的主要通风机投入使用前,必须进行试运转和通风机性能测定,以后每 5 年至少进行 1 次性能测定。

⑧ 主要通风机技术改造及更换叶片后必须进行性能测试。

⑨ 井下严禁安设辅助通风机。

(3) 矿井反风的安全要求

① 生产矿井主要通风机必须装有反风设施，并能在 10 min 内改变巷道中的风流方向；当风流方向改变后，主要通风机的供给风量不应小于正常供风量的 40%。

② 每季度应当至少检查 1 次反风设施，每年应当进行 1 次反风演习；矿井通风系统有较大变化时，应当进行 1 次反风演习。

(4) 主要通风机房及司机的安全要求

① 严禁主要通风机房兼作他用。

② 主要通风机房内必须安装水柱计(压力表)、电流表、电压表、轴承温度计等仪表，还必须有直通矿调度室的电话，并有反风操作系统图、司机岗位责任制和操作规程。

③ 主要通风机的运转应当由专职司机负责，司机应当每小时将通风机运转情况记入运转记录簿内；发现异常，立即报告。实现主要通风机集中监控、图像监视的主要通风机房可不设专职司机，但必须实行巡检制度。

④ 通风机房必须设有应急照明设施。

(5) 主要通风机停止运转时，必须制定主要通风机停止运转的应急预案。因检修、停电或者其他原因停止主要通风机运转时，必须制定停风措施。

(二) 矿井主要通风机安全检查要点

1. 主要通风机性能满足矿井通风安全要求

(1) 对于没有备用主要通风机，或者两台主要通风机不具有同等能力的，属于煤矿重大事故隐患。

(2) 主要通风机的风量、负压满足矿井通风的安全要求。

(3) 新安装的主要通风机投入使用前，是否进行了试运转和通风机性能测定；在用主要通风机是否按规定每 5 年至少进行 1 次性能测定。

(4) 主要通风机技术改造及更换叶片后，是否进行了性能测试，有无记录。

(5) 井下是否违反规定安设辅助通风机。

2. 通风机房安全检查的要点

(1) 主要通风机是否配备专职司机，司机是否每小时记录一次通风机的运转情况；实现主要通风机集中监控、图像监视的主要通风机房是否实行巡检制度。

(2) 主要通风机房内安装的水柱计(压力表)、电流表、电压表、轴承温度计等仪表是否指示正常、定期校验；是否悬挂反风操作系统图、司机岗位责任制和操作规程。

(3) 机房内是否安设了应急照明装置和直通矿调度室的电话。

(4) 机房内配备足够数量扑灭电气火灾的灭火器和灭火沙箱，符合消防要求；机房周围 20 m 范围内不得有明火。

(5) 机房内干净整洁，设备表面无油污。

3. 反风设施的检查

(1) 是否按规定每季度至少检查 1 次反风设施，与反风有关的闸门及其控制绞车、钢丝绳是否符合要求。

(2) 每年是否进行 1 次反风演习；矿井通风系统有较大变化时，是否进行 1 次反风演习。

(3) 反风演习时,能否在 10 min 内改变巷道中的风流方向;当风流方向改变后,主要通风机的供给风量是否小于正常供风量的 40%。

4. 防爆门的检查

是否按规定每 6 个月检查维修 1 次。检查内容主要是防爆门金属结构完整,无开焊、无锈蚀;与回风巷交接处密封严密、无漏气现象;重锤、钢丝绳等配重装置符合要求。

(三) 矿井主要通风设备事故类型及防范措施

矿井主要通风设备事故可分为两类:停风事故和反风事故。

1. 停风事故及其防范措施

停风事故是指工作和备用的主要通风机均不能运转,导致整个矿井停止通风的事故。

(1) 停风事故原因

① 无计划停电。

② 工作的主要通风机因故障停机后,备用通风机无法启动或启动后不能正常运行,导致矿井停风。备用通风机无法启动或启动后不能正常运行的原因包括:电源及电控系统故障、电动机故障、各部位轴承因润滑油(脂)过多或过少温度过高、控制通风机吸风口或出风口的闸板不能正常升降、轴流式通风机从吸风口吸入异物打碎叶片等。

③ 主要通风机正常倒机时,停止工作通风机后,备用通风机无法启动或启动后不能正常运行,且再次开启工作通风机时,工作通风机也无法启动或启动后不能正常运行,导致矿井停风。

(2) 停风事故危害分析

矿井停风后,总回风巷的污浊空气不再由风井排出、地面的新鲜空气也不再由进风井口进入矿井,而井下各工作地点的瓦斯仍在涌出,因此停风后就会造成煤矿井下瓦斯积聚,甚至达到瓦斯爆炸极限引发瓦斯爆炸事故。一般情况下,矿井停风达到 10 min 时,值班矿领导应组织全矿井工作人员全部撤出。

(3) 停风事故防范措施

① 主要通风机采用双回路供电,杜绝无计划停电。

② 至少每月检查 1 次主要通风机。除保证工作通风机正常运行外,还要重点检查备用通风机的机械部分、电动机及电控装置、吸风口和出风口的闸板及其控制绞车,使备用通风机时刻处于完好状态,并能够在 10 min 内开动。

③ 矿井必须制定主要通风机停止运转的应急预案。一旦发生停风事故,严格执行应急预案。

2. 反风事故及其防范措施

反风事故是指矿井需要反风时,主要通风机不能实现反风或反风后不能在 10 min 内改变巷道中风流方向导致的事故。

(1) 反风事故原因

主要通风机不能实现反风,主要是由于反风设施故障造成的。对于采用反转方式反风的主要通风机,原因是控制电动机反转的电气装置发生故障;对于采用调整叶片角度方式反风的主要通风机,原因是调整叶片角度的装置发生故障;对于采用反风道反风和地道反风的主要通风机,原因是反风闸门破损或关闭不严、控制闸门升降的绞车及其提升钢丝绳发生故障。此外，由于主要通风机司机平时进行反风操作的机会很少，进行反风操作又都是在矿井发生事故后，如果司机反风操作不熟练或因心理因素等原因出现误操作，可能出现不能在10 min内改变巷道中风流方向的事故。

(2) 反风事故危害分析

当矿井进风井筒及其上井口、井底车场等部位发生较大火灾、爆炸等事故需要反风时，如果主要通风机不能实现反风，火灾、爆炸事故产生的大量一氧化碳、二氧化碳等有毒有害气体会随风流进入总进风巷道，导致进风巷道以里的工作人员中毒或窒息，扩大了火灾、爆炸事故的危害后果。

(3) 反风事故防范措施

① 按规定每季度至少检查1次反风设施，保证反风设施经常处于完好状态。

② 按规定每年进行1次反风演习；反风演习结束后，认真总结经验教训，及时整改发现的问题，持续改进，并做好记录。

③ 主要通风机房内应悬挂反风操作系统图，司机应认真按照反风操作系统图学习反风操作流程，并熟练掌握。有条件的单位可以制作模拟反风操作台，让司机演练反风操作步骤。

二、矿井压风设备的安全管理

(一) 矿井压风设备的安全要求

1. 空气压缩机站的安全要求

(1) 矿井应当在地面集中设置空气压缩机站。

(2) 在井下设置空气压缩设备时，应当遵守下列规定：

① 应当采用螺杆式空气压缩机，严禁使用滑片式空气压缩机；

② 固定式空气压缩机和储气罐必须分别设置在2个独立硐室内，并保证独立通风；

③ 移动式空气压缩机必须设置在采用不燃性材料支护且具有新鲜风流的巷道中；

④ 应当设自动灭火装置；

⑤ 运行时必须有人值守。

2. 空气压缩机站设备的安全要求

(1) 设有压力表和安全阀。压力表和安全阀应当定期校准。安全阀和压力调节器应当动作可靠，安全阀动作压力不得超过额定压力的1.1倍。

(2) 使用闪点不低于215 ℃的压缩机油。

(3) 使用油润滑的空气压缩机必须装设断油保护装置或者断油信号显示装置。水冷式空气压缩机必须装设断水保护装置或者断水信号显示装置。

3. 空气压缩机站储气罐的安全要求

(1) 储气罐上装有动作可靠的安全阀和放水阀，并有检查孔。定期清除风包内的油垢。

(2) 新安装或者检修后的储气罐，应当用1.5倍空气压缩机工作压力做水压试验。

(3) 在储气罐出口管路上必须加装释压阀，其口径不得小于出风管的直径，释放压力应当为空气压缩机最高工作压力的1.25～1.4倍。

4. 空气压缩设备安全保护的要求

(1) 螺杆式空气压缩机的排气温度不得超过120 ℃，离心式空气压缩机的排气温度不得超过 130 ℃。必须装设温度保护装置，在超温时能自动切断电源并报警。

（2）储气罐内的温度应当保持在 120 ℃以下，并装有超温保护装置，在超温时能自动切断电源并报警。

（二）矿井压风设备安全检查要点

（1）矿井供风能力满足矿井安全生产需求。

（2）空气压缩机、储气罐及管路的设置符合要求。

（3）空气压缩机的电动机各种保护齐全、可靠。

（4）压力表、安全阀、释压阀设置齐全、指示准确、定值准确、定期校准。

（5）润滑油质量、闪点符合规定，有可靠的断油保护。

（6）水冷式空气压缩机水质符合要求，有可靠的断水保护；风冷式空气压缩机冷却系统及环境符合规定。

（7）温度保护齐全、可靠，定值准确。

（8）压风管路与元件的设置、密封符合要求。

（9）井下空气压缩机运转时有人值守。

（三）矿井主要压风设备事故类型及防范措施

矿井主要压风设备事故可分为爆炸事故、火灾事故和压力气体喷出伤人事故三类。

1. 爆炸事故

当储气罐或压风管路内气体压力超过储气罐或压风管路的强度时，可以导致储气罐或压风管路发生物理性爆炸。爆炸事故的原因一方面是储气罐或压风管路内气体压力过高，同时安全阀失效或调定的压力过高；另一方面是储气罐或压风管路设计、产品质量不合格，或使用维护不当，如锈蚀、变形等原因引起的强度下降等。

2. 火灾事故

井下违规使用滑片式空气压缩机，或者违规使用低闪点的压缩机油时，可能引发火灾事故。为避免类似事故的发生，井下必须使用螺杆式空气压缩机；使用压缩机油的闪点不得低于 215 ℃。

3. 压力气体喷出伤人事故

压力气体喷出伤人事故一般发生在压风管路及其元件连接部位突然破损，同时人员经过该地点的情况下。防范措施主要是提高压风管路的敷设质量，使用中加强检查，尤其是各连接部位，发现问题及时处理。

三、矿井排水设备的安全管理

（一）矿井排水设备的安全要求

1. 矿井排水设备排水能力的安全要求

（1）矿井应当配备与矿井涌水量相匹配的水泵、排水管路、配电设备和水仓等，并满足矿井排水的需要。

（2）除正在检修的水泵外，应当有工作水泵和备用水泵。工作水泵的能力，应当能在 20 h 内排出矿井 24 h 的正常涌水量（包括充填水及其他用水）。备用水泵的能力，应当不小于工作水泵能力的 70%。检修水泵的能力，应当不小于工作水泵能力的 25%。工作和备用水泵的总能力，应当能在20 h内排出矿井24 h的最大涌水量。

(3) 排水管路应当有工作和备用水管。工作排水管路的能力，应当能配合工作水泵在20 h内排出矿井24 h的正常涌水量。工作和备用排水管路的总能力，应当能配合工作和备用水泵在20 h内排出矿井24 h的最大涌水量。

(4) 配电设备的能力应当与工作、备用和检修水泵的能力相匹配，能够保证全部水泵同时运转。

2. 主要泵房的安全要求

(1) 主要泵房至少有2个出口，一个出口用斜巷通到井筒，并高出泵房底板7 m以上；另一个出口通到井底车场，在此出口通路内，应当设置易于关闭的既能防水又能防火的密闭门。泵房和水仓的连接通道，应当设置控制闸门。

(2) 排水系统集中控制的主要泵房可不设专人值守，但必须实现图像监视和专人巡检。

3. 主要水仓的安全要求

(1) 矿井主要水仓应当有主仓和副仓，当一个水仓清理时，另一个水仓能够正常使用。

(2) 新建、改扩建矿井或者生产矿井的新水平，正常涌水量在1 000 m^3/h以下时，主要水仓的有效容量应当能容纳8 h的正常涌水量。正常涌水量大于1 000 m^3/h的矿井，主要水仓有效容量可以按照下式计算：

$$V=2(Q+3\ 000) \tag{6-5}$$

式中 V——主要水仓的有效容量，m^3；

Q——矿井每小时的正常涌水量，m^3。

(3) 水仓进口处应当设置箅子。对水砂充填和其他涌水中带有大量杂质的矿井，还应当设置沉淀池。

(4) 水仓的空仓容量应当经常保持在总容量的50%以上。

(5) 水仓、沉淀池和水沟中的淤泥，应当及时清理，每年雨季前必须清理1次。

4. 联合排水试验的安全要求

水泵、水管、闸阀、配电设备和线路，必须经常检查和维护。在每年雨季之前，必须全面检修1次，并对全部工作水泵和备用水泵进行1次联合排水试验，提交联合排水试验报告。

5. 大型、特大型矿井排水系统的安全要求

大型、特大型矿井排水系统可以根据井下生产布局及涌水情况分区建设，每个排水分区可以实现独立排水，但泵房设计、排水能力及水仓容量必须符合上述1～4条的规定。

(二) 矿井排水设备安全检查要点

1. 矿井排水设备排水能力满足矿井排水安全需要

(1) 水泵台数符合规定，有工作、备用和检修的水泵，其排水能力与涌水量匹配。

(2) 排水管路有工作和备用水管，并与水泵排水能力匹配。

(3) 配电设备的能力与水泵匹配。

(4) 主要水仓有主仓和副仓，其有效容量与矿井涌水量匹配。

2. 主要泵房安全检查的要点

(1) 主要泵房应设专人值守，对于排水系统集中控制的主要泵房不设专人值守时，必须实现图像监视和专人巡检。

(2) 主要泵房内安装的压力表、真空表、电流表、电压表等仪表应指示正常，定期校验；

水仓水位显示装置应具有高水位、低水位报警功能;泵房内应悬挂司机安全生产责任制和操作规程,水泵运转记录、设备检修记录等各种记录应齐全、如实填写。

(3) 有可靠的引水装置和备用引水装置,保证水泵启动前把水泵内充满水。

(4) 水泵和主仓、副仓连通的吸水井内,应当分别设置控制闸门,控制闸门必须开闭灵活,关闭闸门后闸门两侧的水不能互通,以防止主仓、副仓通过主要泵房内的吸水井串通。吸水井内的淤泥应及时清理,保证淤泥到吸水龙头底面的距离在0.5 m以上。

(5) 主要泵房出口、密闭门应符合要求。

(6) 主要泵房应安设直通矿调度室的电话。

(7) 主要泵房内应配备足够数量扑灭电气火灾的灭火器和灭火沙箱,符合消防要求。

(8) 主要泵房内应干净整洁、无积水,泵房到出口的通道内不堆积杂物。

3. 主要水仓安全检查的要点

(1) 按规定清理水仓、沉淀池和水沟中的淤泥,保证其空仓容量经常保持在总容量的50%以上。

(2) 水仓进口处应当设置箅子,防止大块杂物进入水仓。

(3) 连通两个水仓的闸门能够可靠关闭,防止串水。

4. 管路安全检查的要点

(1) 有工作和备用的排水管路。多台水泵与管路的连接采用并联方式。

(2) 排水管路应使用无缝钢管,并定期防腐。泵房内和平巷铺设的管路,可以采用法兰盘连接,立井或30°以上斜井内铺设的管路必须焊接,保证连接部位强度符合要求。

(3) 水泵出水口依次安装闸阀、逆止阀,要求动作灵活且能够可靠关闭。

(4) 定期检查排水管网中所有闸阀,要求动作灵活且能够可靠关闭。

(5) 吸水管全段无锈蚀、无漏气,吸水管中的弯头应采用渐缩型。

5. 联合排水试验的安全检查要点

(1) 联合排水试验必须在每年雨季前完成。

(2) 进行联合排水试验前,应对排水系统进行一次全面检查。

(3) 进行联合排水试验时,要求把每个泵房的工作和备用水泵全部开启,不需开启检修水泵。

(4) 尽量延长联合排水试验持续的时间。联合排水试验持续的时间是指所有主要泵房的工作和备用水泵同时处于运转状态下持续的时间,因此进行联合排水试验前,每个水平的水仓都应保持较高的水位。

(5) 联合排水试验结束后,积极整改试验中发现的问题,及时提交试验报告。

(三) 矿井排水设备事故及防范措施

矿井排水设备事故主要有中断排水事故和水锤事故。

1. 中断排水事故

(1) 中断排水事故原因

① 无计划停电,导致某个水泵房或全部水泵房中断排水。

② 水仓清理不及时,大量煤泥进入水泵吸水井堵塞水泵的吸水龙头,导致该泵房的水泵全部或部分不能正常排水。

③ 某个水泵房的引水装置及备用引水装置同时发生故障不能工作,导致该泵房在引水

装置修复前中断排水。

④ 某个水泵房的工作和备用排水管路同时漏水或破裂，导致该泵房中断排水。

⑤ 在矿井最大涌水量时期，因设备检修不到位，某个水泵房多台水泵不能工作，即实际检修的水泵数量远远大于工作水泵数量的25%时，该泵房将部分中断排水。

(2) 中断排水事故防范措施

① 主要排水设备采用双回路供电，杜绝无计划停电。

② 按规定及时清理水仓、沉淀池、水沟、泵房吸水井内的淤泥。

③ 加强工作和备用引水装置的检查维修，发现问题立即处理。

④ 排水管路按规定铺设，定期检查，锈蚀严重时应及时更换。排水管路与水泵之间、工作排水管路与备用排水管路之间安设的闸阀也应经常检查，保证开闭灵活且可靠关闭。

⑤ 加强对水泵及其电气装置的检查维护，尤其在每年雨季前，应确保每台水泵均能正常运行。

2. 水锤事故

水锤事故是指在正常工作的水泵停止运行的瞬间，排水管路中带有压力的水突然倒流进入水泵，带动水泵转子反转，并流入水泵的吸水井而引发的排水事故。

(1) 水锤事故危害

① 发生水锤事故时，排水管路中带有压力的水突然倒流进入水泵，对排水管路造成巨大的冲击，而且排水高度越大冲击力也越大，可能造成排水管路中的薄弱环节断裂，如变形、锈蚀严重的部位，以及管路接头的焊接部位开焊、法兰盘的密封圈损坏等，导致排水管路损坏而影响排水。

② 发生水锤事故后，水泵转子突然反转，带动电动机轴由正转突然转入反转，可能烧毁电动机。

(2) 水锤事故防范措施

① 加强对水泵逆止阀的检查维护，发现问题立即处理。

② 严禁在水泵逆止阀不能可靠关闭的情况下启动该水泵。

③ 加强对水泵司机的管理，严禁在未关闭水泵出水口闸阀的情况下直接停止水泵电动机。

④ 定期对排水管路进行检查和防腐处理，管路连接部位强度符合要求。

第七章 煤矿事故应急管理与现场救护

第一节 煤矿事故应急救援体系

煤矿一旦发生重大事故，往往造成惨重的人员伤亡、财产损失和环境破坏。由于各种原因，当事故或灾害不能完全避免时，建立煤矿生产安全事故应急救援预案，组织及时有效的应急救援行动，已成为抵御事故风险、控制灾害蔓延、降低危害后果的手段和途径。

一、煤矿应急救援的基本原则

（一）“以人为本、安全第一”的原则

在实施救援的过程中，要牢牢把握“及时进行救援处理”和“减轻事故所造成的损失”两个事故损失控制的关键点，把遇险人员和应急救援人员的安全放在第一位。

（二）“早期预警、快速处置”的原则

危机发生后，当事人应当冷静下来，采取有效的措施，并迅速找出危机发生的原因，进行化解处理，以最快的速度启动危机应变计划。

（三）“先重后轻，先易后难”的原则

救援人员应以抢救遇险人员为主，必须做到“有巷必查”。对于多人遇险待救时，应灵活掌握先救重伤后轻伤、先易后难的原则，赢得抢救生命的最佳时机。

（四）“救援由外向内，控制事态发展”的原则

救援工作应坚持“由外向内”的就近原则，以防止事态向不利的方面发展。

（五）“保护环境，有利于灾后重建和尽快恢复生产”的原则

应急救援过程中，在尽力挽救人的生命的同时，应对措施的后果进行评估，尽可能减少对生态环境的破坏及可能造成财产的巨大损失，有利于保护环境、灾后重建和尽快恢复生产。

（六）“统一指挥、分级负责、区域为主、单位自救与社会救援相结合”的原则

指挥分为集中指挥和现场指挥或场内指挥与场外指挥，无论采用哪一种指挥形式都必须实行统一指挥。救援活动必须在指挥部的统一组织协调下行动，有令则行、有禁则止、统一号令、步调一致。分级负责是指在初级响应到扩大应急响应的过程中实行分级负责机制。扩大或提高应急级别的主要依据是事故的危害程度、影响范围和控制事态的能力，后者是

“升级”的基本条件。扩大应急响应主要是提高指挥级别、扩大应急范围，有效调动更多的资源来应急响应。区域为主是强调“第一反应”的思想和以现场指挥为主。单位自救与社会救援是应急机制的基础，是确保整个应急体系发挥作用的基础。

二、煤矿应急救援的目标和任务

（一）立即组织营救受害人员

组织撤离或者采取措施保护危害区域内的人员，抢救受害人员是应急救援的首要任务。在应急救援行动中，快速、有序、有效地实施现场急救与安全转送伤员，是降低伤亡率、减少事故损失的关键。在撤离过程中，应积极组织群众开展自救和互救工作。

（二）迅速控制事态

对事故造成的危害进行检测、监测，测定事故的危害区域、危害性质及危害程度及时控制住造成事故的危险源是应急救援工作的重要任务。只有及时地控制住危险源，防止事故的继续扩展，才能及时有效地进行救援。

（三）消除危害后果，做好现场恢复

针对事故对人体、环境等造成的现实危害和可能的危害，迅速采取封闭、隔离、洗消、监测等措施，防止对人的继续危害和对环境的污染，及时清理废墟杂物和恢复基本设施，将事故现场恢复至相对稳定的状态。

（四）认清事故原因，评估危害程度

事故发生后应及时调查事故发生的原因和事故性质，评估事故的危害范围和危险程度，查明人员伤亡情况，做好事故原因调查，并总结救援工作中的经验和教训。

三、煤矿应急救援体系建设

该体系由矿山应急救援管理系统、组织系统、技术支持系统、装备保障系统和信息系统五部分组成。

（一）矿山应急救援管理系统

该系统由应急管理部矿山应急救援委员会、应急管理部矿山救援指挥中心、省级矿山救援指挥中心、市级及县级矿山应急救援指挥部门、矿山应急救援管理部门等组织（机构）组成。

（二）矿山应急救援组织系统

该系统分为救护队和急救医疗队伍。救护队是处理矿井水、火、瓦斯、煤尘、顶板等灾害的专业队伍，由区域矿山救援基地、重点矿山救护队和矿山救护队组成。急救医疗队伍包括国家矿山医疗救护中心、区域和重点医疗救护中心及企业医疗救护站，负责矿山灾变事故的救护及医疗。

（三）矿山应急救援技术支持系统

该系统包括国家矿山应急救援专家组、矿山救援技术研究实验中心、矿山救援技术培训中心等，负责为应急救援工作提供技术和培训服务。

（四）矿山应急救援装备保障系统

该系统的基本框架是：应急管理部矿山救护中心购置先进的、具备较高技术含量的救灾装备与仪器仪表，储存在区域矿山救援基地、用于支援重大、复杂灾害的抢险救灾；区域矿山救援基地应按规定进行现有救护装备更新改造，配备较先进救灾技术设备，用于区域内或区域外矿山灾害的应急救援；重点矿山救护队负责省（市、自治区）内重大特大矿山事故的应急救援，按规定配齐常规救援装备并保持装备的完好性。

（五）矿山应急救援信息系统

该系统以应急管理部中心网站为中心点，建立完善的抢险救灾信息网络。使应急管理部矿山救援指挥中心、省级矿山救援指挥中心、各级矿山救护队、各级矿山医疗救护中心、各矿山救援技术研究实验培训中心、地（市）及县（区）应急救援管理部门和矿山企业之间，建立并保持畅通的通信信息通道，并逐步建立起救灾远程会商视频系统。

四、事故应急救援响应

根据事故严重程度、可控性、救灾难度和影响范围，原则上按照发生一般（四级）、较大（三级）、重大（二级）和特别重大（一级）四级事故，分别启动相应级别应急预案，组织实施应急救援工作。

（一）四级响应（企业级）

当矿山发生预期3人以下或直接经济损失100万元以下的非伤亡事故，事态能够完全被企业控制的，启动蓝色灾害级别的四级响应。该响应以企业自救为主。企业救护队和医院在进行救助的同时，应及时向当地政府和矿山救援指挥部门汇报。

（二）三级响应（地区级）

当矿山发生预期3人（含3人）以上10人以下死亡或直接经济损失100万元（含100万元）以上200万元以下的非伤亡事故，事态不能完全控制，需要应急管理部矿山救援中心支持的，启动黄色灾害级别的三级响应。该响应以地区自救为主。

（三）二级响应（省级）

当矿山发生预期10人（含10人）以上30人以下死亡或直接经济损失200万元（含200万元）以上500万元以下的非伤亡事故，事态不能完全控制，需要应急管理部矿山救援中心支援的，启动橙色灾害级别的二级响应。这时，省级人民政府立即启动应急预案，组织实施应急救援。

（四）一级响应（国家级）

当矿山发生预期30人（含30人）以上死亡或直接经济损失500万元（含500万元）以上非伤亡事故，事态不能完全控制，需要应急管理部矿山救援中心支援的，启动红色灾害级别的一级响应。这时，应急管理部启动本预案。

第二节 重大事故应急救援预案、灾害预防和处理计划的编制与实施

一、煤矿安全生产事故应急救援预案的编制与实施

（一）《生产经营单位生产安全事故应急预案编制导则》(GB/T 29639—2020)

《生产经营单位生产安全事故应急预案编制导则》(GB/T 29639—2020)规定了生产经营单位编制生产安全事故应急预案(以下简称应急预案)的编制程序、体系构成,以及综合应急预案、专项应急预案、现场处置方案的主要内容和附件信息。

1. 应急预案编制程序

应急预案编制的程序包括成立应急预案编制工作组、资料收集、风险评估、应急资源调查、应急预案编制、桌面推演、应急预案评审和批准实施8个步骤。

2. 应急预案体系

生产经营单位的应急预案体系主要由综合应急预案、专项应急预案和现场处置方案构成。

3. 综合应急预案内容

(1) 总则:说明应急预案适用的范围。依据事故危害程度、影响范围和生产经营单位控制事态的能力,对事故应急响应进行分级,明确分级响应的基本原则。

(2) 应急组织机构及职责:明确应急组织形式(可用图示)及构成单位(部门)的应急处置职责。应急组织机构可设置相应的工作小组,各小组具体构成、职责分工及行动任务应以工作方案的形式作为附件。

(3) 应急响应:按照信息接报、信息处置与研判、预警启动、响应准备、预警解除、响应启动、应急处置、应急支援、响应终止、后期处置、应急保障等程序进行响应。

4. 专项应急预案内容

适用范围:说明专项应急预案适用的范围,以及与综合应急预案的关系。

应急组织机构及职责:明确应急组织形式(可用图示)及构成单位(部门)的应急处置职责。

响应启动:明确响应启动后的程序性工作。

处置措施:针对可能发生的事故风险、危害程度和影响范围,明确应急处置指导原则,制定相应的应急处置措施。

应急保障:根据应急工作需求明确保障的内容。

5. 现场处置方案内容

事故风险描述:简述事故风险评估的结果(可用列表的形式列在附件中)。

应急工作职责:明确应急组织分工和职责。

应急处置:应急处置程序;现场应急处置措施。

6. 附件内容

附件内容包括但不限于:① 生产经营单位概况;② 风险评估的结果;③ 预案体系与衔接;④ 应急物资装备的名录或清单;⑤ 有关应急部门、机构或人员的联系方式;⑥ 关键的路

线、标识和图纸;⑦ 列出与相关应急救援部门签订的应急救援协议或备忘录。

（二）煤矿安全生产事故应急救援预案的实施

(1) 煤矿应当采取多种形式开展应急预案的宣传教育,普及生产安全事故避险、自救和互救知识,提高从业人员的安全意识与应急处置技能。煤矿应当组织开展本单位的应急预案、应急知识、自救互救和避险逃生技能的培训活动,使有关人员了解应急预案内容,熟悉应急职责、应急处置程序和措施。应急培训的时间、地点、内容、师资、参加人员和考核结果等情况应当如实记入本单位的安全生产教育和培训档案。

(2) 煤矿制订本单位的应急预案演练计划,根据本单位的事故风险特点,每年至少组织一次综合应急预案演练或者专项应急预案演练,每半年至少组织一次现场处置方案演练。并将演练情况报送所在地县级以上地方人民政府负有安全生产监督管理职责的部门。应急预案演练结束后,应急预案演练组织单位应当对应急预案演练效果进行评估,撰写应急预案演练评估报告,分析存在的问题,并对应急预案提出修订意见。

(3) 煤矿企业应当建立应急预案定期评估制度,对预案内容的针对性和实用性进行分析,并对应急预案是否需要修订给出结论。每三年进行一次应急预案评估。应急预案评估可以邀请相关专业机构或者有关专家、有实际应急救援工作经验的人员参加,必要时可以委托安全生产技术服务机构实施。

(4) 有下列情形之一的,应急预案应当及时修订并归档:

① 依据的法律、法规、规章、标准及上位预案中的有关规定发生重大变化的;

② 应急指挥机构及其职责发生调整的;

③ 安全生产面临的风险发生重大变化的;

④ 重要应急资源发生重大变化的;

⑤ 在应急演练和事故应急救援中发现需要修订预案的重大问题的;

⑥ 编制单位认为应当修订的其他情况。

(5) 煤矿企业按照应急预案的规定,落实应急指挥体系、应急救援队伍、应急物资及装备,建立应急物资、装备配备及其使用档案,并对应急物资、装备进行定期检测和维护,使其处于适用状态。应急预案修订涉及组织指挥体系与职责、应急处置程序、主要处置措施、应急响应分级等内容变更的,修订工作应当参照应急预案编制程序进行,并按照有关应急预案报备程序重新备案。

(6) 发生事故时,应当第一时间启动应急响应,组织有关力量进行救援,并按照规定将事故信息及应急响应启动情况报告事故发生地县级以上人民政府应急管理部门和其他负有安全生产监督管理职责的部门。生产安全事故应急处置和应急救援结束后,事故发生单位应当对应急预案实施情况进行总结评估。

（三）事故应急救援预案编制和执行中常见问题和解决办法

1. 事故应急救援预案编制的基本原则

事故应急救援预案编制原则应当遵循以人为本、依法依规、符合实际、注重实效的原则,以应急处置为核心,明确应急职责、规范应急程序、细化保障措施。

2. 应急预案编写中常见问题及解决办法

(1) 编写人员感觉一头雾水,无从下手,然后就照搬照抄,比葫芦画瓢。

原因及解决办法:主要原因是编写人员预案编写知识不足,不能掌握编写要领。对策是加强学习培训,不仅学习好、领会通“导则”“细则”内容,而且还应该理解“评审”要求。

(2) 风险辨识不全面、不深入,没有结合本单位实际,风险评估流于形式、千篇一律。

解决办法:端正态度,加强责任心,必须真正抓住本单位的风险要害,科学分析,不留遗漏。

(3) 预案编写常常由两个人承包完成,虽成立编写领导小组,但缺乏相互沟通,闭门造车。

解决办法:避免单兵作战、各自为政,充分发挥领导小组职能,定期开会沟通,总结分析存在问题,特别是单位主要领导多关注并协调存在的问题。

(4) 编写出的预案虽然面面俱到,但是缺乏针对性和可操作性。

解决办法:区分核心要素和一般要素,核心要素要突出详写,一般要素要简明扼要,充分体现可操作性、实用性。

(5) 编写出的预案内容不齐全、不完整。

解决办法:一是严格对照“导则”“细则”不漏项编写,二是对照“评审规范”内部评审一下,查找存在的问题和不足,然后进行改进。

(6) 预案编写完之后,不重视日常管理和应用,不培训、不演练或者即使演练也是脱离预案进行演练,预案与实际应用严重脱节等。

解决办法:一是单位主要领导重视,建立预案管理制度,明确责任分工;二是加强管理,在实际应用和演练中总结提高。矿井的生产工艺重大变革或涉及的法律法规、政策等发生改变时,都要及时进行修改。

(7) 应急预案体系不完整,综合预案、专项预案和现场处置方案之间层次乱,重叠多、相互不衔接。

解决办法:组织有关部门人员在一起认证筛查预案,分析存在的问题,将职责重叠不清部分进行梳理和完善调整。

(四) 事故应急预案的衔接

生产经营单位应针对可能发生的事故,按照有关规定和要求编制应急预案。生产经营单位发生的安全生产事故一旦超出厂界或超出本单位自身的应急能力,就需要社会及政府的应急援助。因此,生产经营单位安全生产事故应急预案必须与所在区域和当地政府的应急预案有效衔接,确保应急救援工作的成效,如发生事故后的及时上报,向政府的救援请求,外部应急救援队伍到现场后的协同作战等。生产经营单位应将应急预案到政府有关部门进行备案,使政府有关部门掌握生产经营单位的应急救援工作情况。同时,生产经营单位应与政府有关部门保持紧密联系,确保应急救援工作能顺畅开展。

二、矿井灾害预防与处理计划的编制与实施

(一) 矿井灾害预防与处理计划的编制

1. 灾害预防与处理计划编制的原则

(1) 贯彻执行预防为主的方针,坚持防治结合的原则,保障矿井安全生产。

(2) 作为事故处理和抢救人员的行动纲领。

(3) 便于将事故消灭在初始阶段或防止事故扩大，将损失减小到最低程度。

2. 灾害预防和处理计划的内容

灾害预防和处理计划的内容包括矿井重大灾害的评价与确定、重大灾害的针对性预防措施、灾区人员撤离与自救的组织措施、处理事故必需的资料和各有关人员的职责。

3. 预防矿井事故发生措施的编制要求

要规定执行各项安全措施的具体办法；对职工进行安全技术教育的安排；定期组织安全检查，及时处理不安全因素；根据矿井瓦斯涌出的情况及规律、煤尘爆炸的倾向性、积水区域和火灾发生的可能性等因素，提出预防各种重大灾害事故的组织措施、技术措施，并规定经常检查这些预防措施的落实情况；必须规定为预防事故发生所必须完成的安全技术措施工程，增添的设备和必备的安全检测仪器（仪表）的数量、安装地点、管理办法和负责人等。

4. 处理灾害和恢复生产措施的编制原则

(1) 处理火灾事故应根据已探明的火区地点和范围制定控制火势及灭火方法，风流调度的原则和方法，以及防火墙的位置、材料和构筑的顺序等。

(2) 处理爆炸事故关键是制定出如何迅速恢复通风、用适当的风量冲洗灾区、避免出现或消除火源、防止出现瓦斯连续爆炸的措施。

(3) 其他事故的预防和处理措施，也应根据本矿井具体情况制定。

（二）矿井灾害预防与处理计划的实施

(1) 灾害预防与处理计划必须由矿总工程师组织通风、采掘、机电、地质、安全等有关单位人员进行编制，并有矿山救护队参加。

(2) 要通过充分的调查，找出不安全因素和漏洞，并在总结经验教训的基础上进行编制。

(3) 组织全矿有关人员对计划进行讨论、补充、修改。

(4) 必须在每年开始前 1 个月报上级公司总工程师批准。

(5) 在每季度开始前 15 天，矿总工程师应根据矿井生产的变化情况，组织有关部门补充、修改。

(6) 计划由矿长负责实施。

(7) 已批准的计划应立即向全体职工（包括全体矿山救护队员）贯彻，组织认真学习，使每一位职工都能熟悉避灾路线。各基层单位应负责组织本单位的职工学习，并进行考试。

三、事故应急预案、灾害预防和处理计划的异同点分析

《煤矿安全规程》第 12 条规定：煤矿必须编制年度灾害预防和处理计划，并根据具体情况及时修改；《生产安全事故应急预案管理办法》（应急管理部令第 2 号）第 12 条规定：生产经营单位应当根据有关法律、法规、规章和相关标准，结合本单位组织管理体系、生产规模和可能发生的事故特点，与相关预案保持衔接，确立本单位的应急预案体系，编制相应的应急预案。

（一）灾害预防和处理计划与应急预案相同点

(1) 编制责任主体单位相同，都是由煤矿编制。

(2) 实施责任主体单位相同，都是由煤矿具体实施。

(3) 宣传、培训、演练的责任主体相同,责任主体都是煤矿。

(4) 宣传、培训、演练的对象相同,对象都是煤矿从业人员。

(5) 修订的责任主体相同,责任主体都是煤矿。

(6) 目标相同。通过编制、实施灾害预防和处理计划与应急预案,使煤矿从业人员认识、了解灾害或危险,在工作中杜绝或减少灾害及危险的发生,在灾害或危险发生时避免或减轻自身的伤害,并正确实施现场自救和互救。

(二) 灾害预防和处理计划与应急预案的区别

1. 编制内容上的区别

(1) 编制内容在风险或事故时间上的区别

灾害预防和处理计划主要编制的是矿井在没有发生灾害事故时的预防措施和发生灾害事故以后的现场自救和互救。应急预案主要编制的是发生灾害事故后所采取的措施方法,重点是煤矿与上级单位的救援响应、程序、实施方案和措施。

(2) 编制内容在侧重点上的区别

灾害预防和处理计划是对生产作业地点可能存在的灾害、风险进行预判和现场处理(侧重在现场),而应急预案是依据灾害预防和处理计划编制的,在煤矿发生灾变时的整个公司和煤矿的处理程序和措施(侧重在公司和煤矿)。

2. 管理实施上的区别

(1) 评审区别

应急预案的评审必须组织专家按《生产经营单位生产安全事故应急预案评审指南(试行)》(安监总厅应急〔2009〕73 号)进行评审,评审后由主要负责人签署公布实施。灾害预防和处理计划由煤矿组织相关人员进行评审,并经矿总工程师审签后由矿长组织贯彻实施。

(2) 备案区别

应急预案必须报县级安全生产监督管理部门和上级公司备案;灾害预防和处理计划只报上级公司备案,不需要报县级安全生产监督管理部门备案。

(3) 政府管理层级的区别

政府安全生产监督管理部门严格按照应急预案组织培训、演练检查,在灾害发生后按应急预案组织救援;灾害预防和处理计划只由煤矿组织培训、演练。

3. 完善灾害预防和处理计划与应急预案的建议

(1) 切实提高对编制灾害预防和处理计划与应急预案的认识

灾害预防和处理计划与应急预案不是写来应付上级检查和规避责任的。当灾害发生时,如果没有灾害预防和处理计划与应急预案,则灾害发生前不知道灾害的预兆和预防措施,会增大发生灾害的风险和损失;而当灾害发生时,如果没有操作规范、行动指南,现场人员不知晓如何报告、自救,救援人员不知晓职责、救援措施,那么将会造成极大的损失。

(2) 加强对灾害预防和处理计划与应急预案的组织领导

煤矿必须加强对灾害预防和处理计划与应急预案的管理,为建立健全工作机构提供强有力的组织保障,认真落实好灾害预防和处理计划及应急预案的编制、评审、审批、培训、演练及物资准备等工作。

(3) 提高灾害预防和处理计划与应急预案的针对性、操作性

必须通过对本单位危险源的排查工作,摸清本单位可能事故发生的原因、地点,对风险

进行全面评估从而提高灾害预防和处理计划与应急预案的针对性。同时要把责任落实到每个部门、每个人,真正做到职责明确,应对措施具体可行,明白简洁,便于操作。

(4) 加强培训和演练

不加强培训和演练,即使编制了灾害预防和处理计划与应急预案,当灾害发生后,职工不知道干什么、怎么干,仍会造成重大人员伤亡与财产损失。因此必须对煤矿从业人员进行培训和演练。培训和演练要精心组织、注重实效,确保每一个环节、每一个细节都要到位。

第三节 煤矿重大灾害事故抢险救灾

一、煤矿重大灾害事故抢险救灾的决策程序

煤矿重大灾害事故发生后,如何安全、迅速、有效地抢救人员,防止事故扩大,是救灾工作成功的关键,任何怠慢和失误都会造成难以弥补的重大损失。

(一) 重大灾害事故抢险救灾的组织处理

《煤矿安全规程》第 703 条规定:煤矿发生灾害事故后,必须立即成立救援指挥部,矿长任总指挥。矿山救护队指挥员必须作为救援指挥部成员,参与制定救援方案等重大决策,具体负责指挥矿山救护队实施救援工作。

《矿山救护规程》(AQ 1008—2007)规定:在救援指挥部未成立之前,先期到达的救护队应根据事故现场具体情况和矿山灾害事故应急救援预案,开展先期救护工作。

(二) 重大灾害事故抢险救灾的程序

作为煤矿企业的主要负责人,处理重大灾害事故时,必须有一套正确的指挥程序。

1. 重大灾害事故抢险救灾指挥程序

(1) 立即成立以矿长为总指挥的抢险救灾指挥部,有关矿级领导、科室负责人及救护队长为指挥部成员。

(2) 通知有关区队、矿灯房、自救器发放室准确统计当班井下人数及其姓名等情况,统计已下井的人数及姓名,以便分析灾区人员数量及分布。

(3) 指定一名副矿级领导负责签发下井许可证,并通知矿灯房、自救器发放室和副井口的工作人员,没有下井许可证不准发放矿灯、自救器,严禁下井。

(4) 选定井下救护基地,指定具有救护知识的领导担任井下救护基地指挥。

(5) 命令救护队进入灾区引导人员撤退;将伤员救到井下救护基地或其他安全地点进行现场急救后,送到地面甚至医院。

(6) 抢险救灾指挥部根据井下灾情报告,责成指挥部成员根据分工职责将抢险人员组成二线、三线力量。

(7) 总指挥应根据灾区情况适时投入二线或三线力量,命令救护队进行侦察工作,救护队长应具体负责指挥救护队按《矿山救护规程》的要求完成侦察任务,提出测定数据、灾区示意图及灾区处理等建议,供指挥部制定救灾方案。

(8) 总指挥组织指挥部成员听取侦察情况汇报后,命令矿总工程师组织人员依据《矿井灾害预防和处理计划》尽快提出事故处理方案,对总工程师提出的事故处理方案要慎重研究

讨论，在安全系数上应留有余地。总指挥批准处理方案后，应及时报告上级领导，争取得到支持。

(9) 根据掌握的灾情及处理方案的要求，对救护队员做好战前动员，确保方案顺利进行。

(10) 事故处理结束后，总指挥指定有关部门和人员对事故发生原因、抢救处理过程、重要的经验教训以及今后应采取的预防措施等进行分析和整理，形成事故调查报告后上报并存档。

(11) 重大事故发生初期救灾注意事项：重大事故发生后，必须立即撤出灾区人员和停止灾区供电（掘进巷道发火或爆炸不能停局部通风机），按照"生产安全事故应急预案"和"矿井灾害预防和处理计划"进行救灾工作，直至灾情消除后方可恢复正常生产。

2. 抢险救灾指挥部在救灾过程中的协调作用

抢险救灾指挥部在指挥救灾过程中，要妥善处理好三个方面的关系：

(1) 要认真处理好上级领导机关到矿协助救灾时的领导指示，尽量在决策过程中采纳他们的意见。确实不能采用时，宜用召开指挥部会议方式共同议定，或指定专业人员向他们汇报、解释，争取理解，上级领导提出要亲自下井进入灾区时，应尽力耐心说服，阻止其下井。

(2) 要处理好指挥部内部主要成员之间的关系。总指挥是处理事故时的最高领导，要令行禁止、用人得当、不能离岗到灾区。若确需进入灾区时，必须任命代理人，并授予其指挥权。总指挥任命井下救护基地负责人时，要考虑该人的实际经验和能力。指挥部在讨论救灾方案中，切忌个人独断专行，就是有把握时，也应在议定后拍板，以有利于协调总指挥与成员之间的关系。

(3) 对井下直接从事抢险救灾的人员，特别是矿山救护队员，要帮助解决他们提出的问题。

二、瓦斯(煤尘)爆炸事故的抢险救灾

(一) 瓦斯(煤尘)爆炸事故分类

瓦斯(煤尘)爆炸事故，根据其爆炸特点和波及范围可分为局部瓦斯(煤尘)爆炸事故、大型瓦斯(煤尘)爆炸事故和瓦斯(煤尘)连续爆炸事故三类。

1. 局部瓦斯(煤尘)爆炸事故

该类事故仅发生在局部地点（如一个工作面或一条巷道的局部瓦斯集聚点）。其特点是：

(1) 矿井通风系统未破坏或破坏不严重。

(2) 人员在 200～300 m 以内受冲击波和爆炸火焰伤害最大，200～300 m 以外的范围伤害不严重。

(3) 巷道支护一般保持良好，但因支护质量差、煤岩松软、顶板破碎等，也会产生冒顶甚至造成巷道或工作面堵塞埋人的情况。

(4) 事故发生在采煤工作面或其他利用矿井全风压通风的地点。在爆炸点附近的人员，主要受冲击波和爆炸火焰的伤害；在回风侧的人员，主要受有毒气体中毒的伤害。

(5) 事故发生在局部通风机通风的独头掘进巷道时，局部通风机被破坏，爆炸产生的烟雾及有毒有害气体在短时间内不能排除，处于回风流的人员，可能会造成大量人员中毒。

(6) 局部瓦斯(煤尘)爆炸引起的火灾,如果行动迅速,可用直接灭火的方法扑救。

2. 大型瓦斯(煤尘)爆炸事故

大型瓦斯(煤尘)爆炸事故由于参与爆炸的瓦斯(煤尘)量大,爆炸产生的冲击波、爆炸火焰及有害气体可影响一个采区、一个阶段、一翼甚至整个矿井。其特点是:

(1) 矿井通风系统遭到破坏,有的破坏很严重,恢复通风比较困难。

(2) 短时间可发生风流逆转和风流紊乱现象,大量有毒气体四处蔓延,造成大量人员中毒。

(3) 爆炸产生的冲击波、爆炸火焰对人体的伤害、对矿井各种设备设施的破坏程度都很严重。

(4) 巷道支护破坏严重,可出现大面积冒顶区,造成巷道堵、埋人,给抢救遇险人员带来极大的困难。

(5) 事故容易引起大型火灾事故,处理起来十分困难。

3. 瓦斯(煤尘)连续爆炸事故

(1) 多发生在瓦斯涌出量较大、有自然发火的煤层。

(2) 瓦斯连续爆炸的次数和两次爆炸的间隔时间与灾区的通风情况有直接关系。瓦斯(煤尘)连续爆炸的间隔时间可能是几分钟、几小时,也可能是十几小时。

(3) 瓦斯连续爆炸也容易引起煤尘爆炸。连续爆炸对抢险人员,特别是救护队员威胁最大。

(二) 瓦斯(煤尘)爆炸事故的处理要点

发生瓦斯(煤尘)爆炸事故后,矿长应利用一切可能的手段了解灾情,判断灾情的发展趋势,及时果断地下达救灾令。

1. 了解(询问)的主要内容

(1) 爆炸地点及波及范围。

(2) 人员分布及伤亡情况。

(3) 通风情况(风量大小、风流方向、风门等通风构筑物的损坏情况等)。

(4) 灾区瓦斯情况(瓦斯浓度、烟雾大小、一氧化碳浓度及它们的流向)。

(5) 是否发生了火灾。

(6) 主要通风机工作情况。

2. 分析判断的主要内容

(1) 通风系统破坏程度。可根据灾区通风情况和风机房水柱计读值变化情况作出判断:读值比正常通风时数值增加,说明灾区内巷道顶板垮落、通风系统被堵塞;读值比正常通风时数值减小,说明灾区风流短路。其产生原因可能是风门被摧毁、人员撤退时未关闭风门、回风井口防爆门(盖)被冲击波冲开、反风进风闸被冲击波冲击落下堵塞风硐,使风流从反风进风口进入风硐经风机排出;也可能是爆炸后引起明火火灾、高温烟气在上行风流中产生火风压,使主要通风机风压降低。

(2) 是否会产生连续爆炸。

(3) 能否诱发火灾。

(4) 可能的影响范围。

3. 作出决定，并下达的相应命令

(1) 切断灾区电源。

(2) 撤出灾区和可能影响区的人员。

(3) 向上级公司汇报并召请救护队。

(4) 成立抢救指挥部，制定救灾方案。

(5) 保证主要通风机和空气压缩机正常运转。

(6) 保证升降人员的井筒正常提升。

(7) 清点井下人员，控制入井人员。

(8) 矿山救护队到矿后，按照救灾方案组织救护队抢救遇险人员、侦察灾情、扑灭火灾、恢复通风系统等，防止再次爆炸。

(9) 命令有关单位准备救灾物资，医院准备抢救伤员。

4. 处理事故的具体措施

处理瓦斯(煤尘)爆炸事故是十分复杂的工作。具体的方法和措施为：

(1) 选择最短的路线，以最快的速度到达遇险人员最多的地点进行侦察、抢救。

(2) 采取一切可能的措施迅速恢复灾区的通风，从而排出爆炸产生的烟雾和有毒气体，让新鲜空气不断供给灾区，是抢救遇险人员最有效的方法。

(3) 反风。爆炸产生的大量有毒有害气体严重威胁回风侧的人员时，在保证入风方向的人员已安全撤退的情况下，可考虑是否采用反风。

(4) 清除灾区巷道的堵塞物，但应考虑清理堵塞物的时间。若巷道堵塞严重，救护队员在短时间内不能清除时，应考虑其他能尽快恢复通风救人的可行办法。

(5) 扑灭爆炸引起的火灾。为了抢救遇险人员，防止事故蔓延和扩大，在灾区内发现火灾或残留火源，应立即扑灭。

(6) 发生连续爆炸时，为了抢救遇险人员、封闭灾区，可利用两次爆炸的间隔时间进行。但应严密监视通风和瓦斯并掌握连续爆炸中时间间隔的规律，以确定在灾区内的停留时间。

(7) 最先到达事故矿井的救护小队，担负抢救遇险人员和灾区的侦察任务。在煤尘大、烟雾浓的情况下进行侦察时，救护队员应沿巷道排成斜线分段式前进。发现还有可能救活的遇险人员，应迅速救出灾区；发现确已牺牲的遇难人员，应标明位置，继续向前侦察。侦察时，除抢救遇险人员外，还应特别侦察火源、瓦斯以及爆炸点的情况，顶板冒落范围，支架、水管、风管、电气设备、局部通风机、通风构筑物的位置、倒向，爆炸生成物的流动方向及其蔓延情况，灾区风量、风流方向、灾区气体成分等，并做好记录，供抢险救灾指挥部研究全面抢救方案。

(8) 第二个到达事故矿井的救护小队应配合第一救护小队完成抢救人员和侦察灾区的任务，或是根据指挥部的命令担负待机任务。待机地点应选在距灾区最近、有新鲜空气的地点，待机任务主要是做好紧急救人的准备工作。

(9) 恢复通风设施时，首先恢复主要的、最容易恢复的通风设施。恢复独头巷道通风时，除将局部通风机安装在新鲜空气处外，还应按照排放瓦斯的要求进行安装。

(三) 煤尘爆炸事故特点

1. 煤尘爆炸的特征

(1) 在巷道壁和支架上留有黏焦(皮渣与黏块)。

(2) 煤尘的成分发生变化:煤尘爆炸后,放出可燃性气体(挥发分,主要成分是甲烷、乙烷、丙烷、丁烷、氢和其他碳氢化合物)。

(3) 煤尘爆炸时气体的碳氢比明显高于瓦斯爆炸时。

(4) 灾区空气中一氧化碳浓度高:煤尘爆炸时灾区空气中一氧化碳浓度一般为2%～3%,有时达7%～8%,甚至达10%以上。

(5) 爆炸后灾区瞬时气温骤升,爆炸后的瞬时气温可达2 300～2 500 ℃。

(6) 发生连续爆炸反应,间隔时间短,同时离爆源越远其破坏力越大。

2. 煤尘爆炸事故的特殊性处理

(1) 灾害发生时首先要切断灾区的电源。停电操作应在灾区以外的地点进行,以免引起再次爆炸。

(2) 对灾区进行侦察的过程中,发现火源立即扑灭。若火势较大,暂时不能扑灭时,应立即局部封闭,再研究灭火方案,防止再次爆炸。

(3) 救灾过程中要注意寻找煤尘爆炸的痕迹和判断起爆源。

(4) 煤尘连续爆炸的可能性很大,在思想和物资上都应有准备,以免措手不及,出现难以控制的局面。

【案例7-1】 山西某煤矿“11·18”重大瓦斯爆炸事故事故救援

2019年11月18日13时07分左右,山西省某煤矿发生一起瓦斯爆炸事故,事故当班全矿共入井105人,其中35人在事故区域作业。事故发生后,81人自行升井,24人被困。矿井启动应急救援预案,组织开展救援工作,先期救出5名受伤人员。省级应急救援指挥部成立后,经全力搜救,至18日19时55分,又救出4名受伤人员。至19日凌晨2时30分,15名遇难人员全部被运送出井,抢险救援工作结束。事故造成15人死亡、9人受伤(其中1人重伤),直接经济损失2 183.41万元。

(1) 领导重视,有力指导

接到事故报告后,国家和省级领导分别作出重要批示,要求全力做好人员搜救、善后处置等工作,查明事故原因,严肃追责问责,切实把各项防范措施抓严抓实。政府相关部门主要负责人第一时间赶赴现场,指导、指挥抢险救援。

(2) 响应及时,分工明确

事故当班全矿共入井105人,其中35人在事故区域作业。事故发生后,81人自行升井,24人被困。11月18日13时56分,矿总工程师刘某接到当班带班矿领导、安全副矿长王某的事故报告后,立即通知所有矿领导、科室人员到矿调度室集中,启动应急救援预案,组织开展救援工作,先期救出5名受伤人员。

集团公司接到事故报告后,安排该矿及时向有关部门报告事故情况,在条件允许的情况下迅速开展救援工作,同时集团领导立即赶赴现场参与救援工作。

(3) 处置科学,措施得当

在本次事故救援中,企业、各级政府以及各方救援力量均以抢救矿工生命为第一要务。经全力搜救,至18日19时55分,又救出4名受伤人员。至19日凌晨2时30分,15名遇难人员全部被运送出井,抢险救援工作结束。

三、矿井火灾的抢险处理

（一）矿井火灾事故的特点

火灾的特点是突然发生、来势迅猛，发生的时间与地点出人意料。这种突发性和意外性常会使人们惊慌失措。在灭火行动上要果断迅速，不允许迟疑拖拉。

（二）处理矿井火灾时的通风方法及其选择

火灾时风流调度正确与否，对灭火救灾的效果起着决定性的作用。因此，在处理明火火灾事故时，需要在弄清火灾性质、发火位置、火势大小、火灾蔓延方向和速度、遇险人员的分布及伤亡情况、灾区风流（风量大小及流向）及瓦斯等情况后，正确地选择通风方法。

处理火灾时常用的通风方法有正常通风、增减风量、火烟短路、反风、停止主要通风机运转等。无论采用何种通风方法，都必须满足下列基本要求：

(1) 保证灾区和受威胁区人员的安全撤退。

(2) 防止火灾扩大，创造接近火源直接灭火的条件。

(3) 避免火灾气体达到爆炸浓度，避免瓦斯通过火区，防止发生瓦斯、煤尘爆炸。

(4) 防止出现再生火源和火烟逆退。

(5) 防止产生火风压造成风流逆转。

当采用正常通风方法会使火势扩大，而隔断风流又会使火区瓦斯浓度上升时，应采取减少风量的办法。在使用此法进行救灾时，灾区范围内要停产撤人，并严密监视瓦斯情况。在减少灾区风量的救灾过程中，若发现瓦斯浓度上升，特别是瓦斯浓度上升到2%左右时，应立即停止使用此法，恢复正常通风。

增加灾区风量：在处理火灾过程中，如发现灾区内及其回风侧瓦斯浓度升高，则应增加风量，使瓦斯浓度降至1%以下；若火区出现火风压，呈现风流可能发生逆转现象时，应立即增加火区风量，避免风流逆转。

火烟短路是救灾过程中常用的方法。它是利用现有的通风设施（如打开进回风间的风门）进行风量调节，把烟雾和一氧化碳直接引入回风巷，减少人员伤亡。

反风分全矿性反风和局部反风。一般而言，矿井进风井口、井筒、井底车场、中央石门发生火灾时，应采取全矿性反风措施，以免全矿或一翼直接受到烟侵而造成重大恶性事故。采区内部发生火灾，若有条件利用风门的启闭实现局部反风，则应进行局部反风。

停止主要通风机运转的方法决不能轻易采用，否则可能会扩大事故。此方法适用条件是：火灾发生在回风井筒及其车场时，可停主要通风机，同时打开井口防爆盖，依靠火风压和自然风压排烟；火源发生在进风井筒内或进风井底，由于条件限制不能反风，也不能让火灾气体进入回风时，一定要尽快停止主要通风机运转，并打开回风井口防爆盖（门），使风流在火风压作用下自动反向。

（三）火风压的产生及其控制

明火火灾刚发生时，井下风流和烟气是沿起火前的原有方向流动的。火势发展后，凡烟气所流经的巷道内，气温升高，空气成分也发生变化，产生火风压。高温气体流经的巷道始末两端标高差越大，产生的火风压值越大；火势越大、温度越高，产生的火风压也越大。火风压能改变原有的风压分布，引起风量的增减，甚至造成风流逆转，扩大事故范围，在有瓦斯的矿井中还可能引起瓦斯爆炸。

矿井火灾时期风流控制是主要措施之一。目前,风流控制措施有以下几种:

(1) 全矿性反风:井下各主要风道的风流全部反向的反风。

(2) 局部反风:在采区内部发生火灾时,维持主要通风机正常运转,主要进风道风向不变,利用风门开启或关闭造成采风区内部风流反向的反风。

(3) 短路法:在着火巷道的下风侧找到与回风巷连接的联络巷,将其风门打开,使烟流直接流入回风流中。

(四) 高瓦斯矿井处理火灾时防止瓦斯爆炸

处理高瓦斯矿井火灾时,对灾区进行合理的通风,对防止瓦斯爆炸有决定性的作用。在火灾处理过程中,必须掌握瓦斯的变化,合理调度风流,既有助于控制火势,又能冲淡并排走瓦斯。

上下山和运输平巷发火时,如果在火源的上风侧有掘进工作面和废巷,应将积存瓦斯的巷道严密封堵。在火源的下风侧有废巷和掘进工作面积聚瓦斯时,对灭火人员威胁最大,为防止爆炸应果断封闭火区或进行局部反风。

处理高瓦斯矿井高冒处火灾时,必须在喷雾水枪的掩护下,在火源的下风侧设水幕,然后在高冒处两端用水枪灭火。

处理高瓦斯矿井独头巷道火灾时不能停风,要在保持正常通风或加大风量的条件下处理火灾。若风流中断或风机停转时,应检查巷道中瓦斯和烟雾情况,只有在瓦斯浓度不超过2%时才能进入救人灭火。特别是上山独头煤巷发火,如果风机已停转,在无须救人情况下,严禁进入侦察或灭火,应立即在远距离封闭。对于下山掘进煤巷迎头发火,在通风条件下、瓦斯浓度不超过2%时可直接灭火。若在下山中段发火时,无论通风与否,都不得直接灭火,要远距离封闭。

当直接灭火无效或不可能时,应封闭火区。在高瓦斯矿井封闭火区是相当危险的工作。应根据瓦斯涌出情况,通过加大风量将瓦斯浓度降到2%以下,于火区的进风侧和回风侧同时建防爆墙,并在2/3高度处留有通风排气口,然后在统一指挥下同时封口。

(五) 独头掘进水平巷道火灾的处理

1. 处理掘进巷道火灾时应考虑的条件

(1) 由于巷道长、断面小,灭火工作受到很大的局限,接近火源十分困难。

(2) 在多数情况下,掘进巷道的火灾是由小型电气设备的电火花、爆破等引起的,在初始阶段易扑灭,一旦贻误战机,就可能引燃支架和煤壁,扩大灾害范围。

(3) 巷道支架烧毁后,往往发生冒顶,给救人灭火造成困难。

(4) 当掘进巷道中有联络巷时,火灾就可能通过联络巷侵入其他巷道。

(5) 火烟沿倾斜巷道流动时,可能出现火风压和再生火源。

(6) 掘进巷道距水源较远,难有充足的水量用于灭火。

处理掘进巷道的火灾,对局部通风机的管理十分重要,当巷道中瓦斯等情况不明时,应保持原来的通风状态。救灾过程中应派专人守住局部通风机,保证其正常运转。如果局部通风机已经停转,则不要开动并派专人看守。派队员(佩戴呼吸器)进入巷内侦察,然后根据瓦斯浓度和烟雾多少、温度高低,决定局部通风机的停启和采取其他救灾措施。

2. 火灾发生在掘进巷道迎头的处理方法

(1) 此处火灾往往是由于爆破或电火花引起的，在初起阶段采取直接灭火法灭火成功率较高。

(2) 工人易于发现，也易于撤退。在没有发生瓦斯爆炸的情况下，几乎没有人员伤亡。

(3) 在发火初期没有引起爆炸的情况下，若正常涌出瓦斯，只要保持正常通风(工人撤退时不要停掉局部通风机)，是不易构成爆炸条件的。

(4) 当局部通风机已停转，救护队应先测定瓦斯浓度和氧浓度，然后根据爆炸可能性确定对策：当温度高、烟雾大，但瓦斯浓度在2%以下时，可恢复通风利用排烟降温进行灭火。

3. 火灾发生在巷道中部的处理方法

这类火灾的特点是：

(1) 火灾发生后最易烧断风筒。

(2) 火焰点以里容易造成瓦斯积聚。

(3) 难以测定火焰点以里巷道中的瓦斯浓度及其变化情况。

(4) 火焰的燃烧最易发生冒顶，既堵塞了人员通道，又堵塞了风流回路。

(5) 发生火灾后，工人不易发现，所以难以撤出。

处理巷道中部火灾的措施：

(1) 直接灭火。采用水灭火时，水量要充足，要防止水蒸气爆炸和氢气爆炸。

(2) 火焰点以里有遇险人员时，在灭火的同时，可打开压气管阀门加大压气量或将水管改送压风吹气，降低瓦斯浓度，以延长遇险人员待救时间。但供气量不能过大，以免把高浓度瓦斯吹向火焰点引爆。

(3) 在救人灭火过程中要严密监视瓦斯情况，并分析判断发生爆炸的可能性。

(4) 如有可能(火势不大、未产生冒顶等)，救护队员可穿过火区救人，同时在火源以里打上风障，阻止瓦斯向外涌向火源；也可打开水幕，以阻止火灾蔓延。

(5) 火源以里无人时，可用惰气或氮气灭火。

(6) 因人力、物力不足或火势太大，在短期内不能扑灭火灾时，或火区瓦斯浓度已超过2%并继续上升，火源以里瓦斯情况不明时，应在巷道口附近封闭火区。

(7) 在救灾过程中，严禁用局部通风机和风筒把火源以里的瓦斯经过火点排出。

4. 火灾发生在掘进巷道入口部位的处理方法

掘进巷道入口部位火灾的特点是：

(1) 距贯穿风流近，供氧充足，因此火焰沿进风蔓延燃烧，易酿成大火。

(2) 烧断了整列风筒，断绝了掘进巷道的正常通风，但向内涌入的烟气和高温少(靠扩散和热传导作用)，火焰靠热对流供氧，只能向里扩展20～30 m。

因此，发生此类火灾人员被困在巷内时，若火势太大，应快速建防爆墙，严格控制进风量，24 h后在不通风情况下灭火。

【案例7-2】　重庆市某煤矿“9·27”重大火灾事故救援

2020年9月27日0时21分，重庆市某煤矿井下2#大倾角运煤胶带上山发生火灾事故，事故后陆续组织安全撤出357人，其中，有11人送往医院治疗，26人感觉身体不适后自行前往医院治疗。该矿救护大队迅速投入救援，成功救出1名被困人员。事故共造成16人遇难、38 人受伤。

(1) 各级领导高度重视

事故发生后,国务院领导就事故救援等工作作出重要指示。应急管理部党委书记、国家煤矿安全监察局局长通过视频连线就安全灭火、伤员救治等方面提出明确要求。接到事故报告后,重庆市委书记、市长、副市长带领有关部门立即赶赴事故现场,成立了以市长为总指挥长的现场指挥部,全力组织救援。国家煤矿安全监察局副局长带领事故调查司、国家安全生产应急救援中心、矿山救援中心有关人员组成的工作组赶赴事故现场指导救援工作。

(2) 指挥部科学制定救援灭火方案

现场救援指挥部组织制定了详细的人员搜救方案。国家安全生产应急救援中心、矿山救援中心赴现场人员和现场专家共同研究制定了三水平 2# 大倾角胶带上山残余火点隐患处理方案和安全技术措施,保证了快速进行人员搜救和安全实施灭火作业。

(3) 救援队伍行动迅速全力施救

该矿救护大队 3 个小队共 27 人在事故发生后快速到达事故现场,迅速投入救援,于 1 时 30 分进入事故现场展开人员搜救和灭火工作。上午 10 时 30 分,救护队搜救到 5 人,经救护队搜救确认已无生命迹象,另有 1 人有微弱生命体征,立即运送出井。截至 27 日 12 时 40 分,共找到失联人员 17 人,其中 16 人无生命体征,1 人受伤送医院救治,井下搜救工作结束。同时,根据救援指挥部安排和专家制定的直接灭火方案,井下仍有 3 个救援小队在 2# 大倾角－75～5 m 段进行灭火作业,另有 2 个救援小队在＋100 m 运煤联络巷进行隐藏火点巡查,至 28 日零时 6 分,灭火工作安全结束。

四、煤与瓦斯突出事故的抢险救灾

煤与瓦斯突出事故发生后,会喷出大量的瓦斯和煤岩。突出的瓦斯由突出点瞬时形成冲击气浪,向回风和进风道蔓延扩展,可破坏通风系统,使井巷中充满高浓度瓦斯,导致灾区和受影响区内人员因缺氧而窒息。突出的瓦斯在蔓延过程当中可能产生瓦斯爆炸。由于突出大量的煤岩,会堵塞井巷,在突出附近的人员,可能被突出的煤岩流卷入或掩埋。因此,煤与瓦斯突出对矿井安全生产威胁很大。

发生突出事故应采取以下措施:

(1) 切断灾区和受影响区的电源,防止产生电火花引起爆炸。当影响区遍及全矿井时,要慎重考虑停电后会不会造成全矿被水淹的危险:若不会被水淹,则应在灾区以外切断电源;若有被水淹的危险时,应加强通风。

(2) 撤出灾区和受威胁区的人员。

(3) 派人到进、回风井口及其 50 m 范围内检查瓦斯、设置警戒,熄灭警戒区内的一切火源,严禁一切机动车辆进入警戒区。

(4) 派遣救护队佩戴呼吸器、携带灭火器材下井侦察,抢救遇险人员,恢复通风系统等。

(5) 要求灾区内不准随意启闭电器开关,不要扭动矿灯开关和灯盖,严密监视原有的火区,查清突出后是否出现新火源,防止引爆瓦斯。

(6) 发生突出事故后不得停风和反风,防止风流紊乱扩大灾情。

(7) 组织力量抢救遇险人员。救人时本着先明(在巷道中可以看见的)后暗(被煤岩堵埋的)、先活后死的原则进行。

(8) 制定并实施预防再次突出的措施。

(9) 当突出后破坏范围很大、巷道恢复困难时，应在抢救遇险人员之后对灾区进行封闭。

(10) 若突出后造成火灾或爆炸，则按处理火灾或爆炸事故进行救灾。

【案例 7-3】 黑龙江省某煤矿"6 · 5"较大煤与瓦斯突出涉险事故

2021 年 6 月 5 日 12 时 0 分，黑龙江省某煤矿五采区三段 28# 煤层右 7 路大巷发生一起较大煤与瓦斯突出涉险事故，造成 8 名矿工失联。经过 32 h 奋力施救，失联的 8 名矿工成功脱险。

应急救援思考：

(1) 应急响应：2021 年 6 月 5 日 12 时 42 分，该矿救护大队二中队接到矿井电话通知"井下瓦斯超限，请求救护队入井探查"后，立即向救护大队调度汇报并启动应急预案。13 时 55 分，救护队员到达事故地点。

(2) 员工自救互救：事故发生时，正在五采区三段 28# 煤层右 7 路大巷钻机里侧作业的王某杰等 5 人感觉一股气浪，他们立即一边打开自救器，一边向压风管阀门处跑去，打开压风管路阀门，呼吸新鲜空气。他们戴着自救器将抽采管路的 10 余处阀门打开，构成简易通风系统，使有害气体被抽出，为避险空间空气循环创造了有利条件。

(3) 观念改进：12 时 0 分发生煤与瓦斯突出事故，12 时 07 分发现后立即开始撤退，将应急撤人的观念强化并落实到行动中。

五、矿井突水的抢险处理

(一) 处理突水事故的一般原则

(1) 迅速判定水灾的性质。了解突水地点、影响范围、静止水位，估计突出水量、补给水源及有影响的地面水体。

(2) 确定灾区范围。搞清事故前人员分布，分析被困人员可能躲避的地点和生存条件，以迅速组织抢救。

(3) 根据突水量的大小和矿井排水能力，积极采取排、堵、截水的技术措施。

(4) 加强通风，防止瓦斯、其他有害气体的积聚和发生熏人事故。

(5) 排水后进行侦察、抢险时，要防止冒顶、掉底和二次突水。

(6) 抢救和运送长期被困井下的人员时，要防止因突然改变他们已适应的环境和生存条件而造成不应有的伤亡。

(7) 防止搜救人员时发生次生事故。

(二) 正确判断遇险人员的生存条件

在突水事故发生后，应正确判断遇险人员可能躲避的地点，科学地分析该地点是否具有人员生存的条件，然后积极组织力量进行抢救。

发生透水事故后，在分析遇险人员生存条件时要认真分析避难场所的空气质量，并以此估算遇险人员在该空间中能生存的最长时间。

(1) 在平卧情况下，当氧气浓度降至 10% 时，人员能生存的最长时间 T_1 的估算公式为：

$$T_1=7V/n \tag{7-1}$$

式中 n——同一地点的避难人数；

V——避难地点(上山)突水前的体积,m^3。

(2) 在平卧情况下,当二氧化碳浓度增至10%时,人员能生存的最长时间 T_2 的估算公式为:

$$T_2=7.6V/n \tag{7-2}$$

救灾时选取 T_1、T_2 中最小者为允许的最长排水时间。

实践证明,抢救长期被困人员时,如果采取措施不当,会造成幸存人员的死亡。因此抢救被困人员时,禁止用灯光直接照射他们的眼睛,保持体温,进行体检并给予必要的治疗(包扎、输液等);不能立即抬送出井口,应分段搬运到安全地点,让其逐渐适应环境;不能吃硬食和过量的食物以免损坏消化系统;短期内不让其亲友探视,以免过度兴奋造成血管破裂。

【案例7-4】 黑龙江省某矿"5·17"透水事故救援

2019年5月17日3时许,黑龙江省某矿发生透水事故,造成43人被困井下。经过全力救援,36人获救安全升井,7人失踪。

(1) 领导高度重视

事故发生后,国务院领导同志作出重要批示。时任应急管理部党组书记黄明第一时间视频调度指导应急处置,派出工作组赴现场指导抢险救援工作。成立了现场救援指挥部,下设综合组、现场救援组、医疗救援组、宣传报道组、现场服务组、秩序保障组、后勤保障组、事故调查组8个工作组,组织开展抢险救援工作。

(2) 调集救援力量

及时调集国家矿山应急救援鹤岗队、双鸭山矿业公司救护大队、鸡西矿业公司救护大队、七台河矿业公司救护大队、黑河市一五一矿山救护队和伊春市红星区政府、黑河消防支队、齐齐哈尔消防支队、伊春消防支队、伊春森林消防支队等专业救援力量总计500余人赶赴现场,与翠宏山矿业有限公司救援队(系省地方骨干救援队)共同开展救援工作。调动卫星通信车、消防车、翻斗车、挖掘机、铲车、装载机、水泵等各类救援车辆和大型抢险设备200余台(套)参加抢险救援。

(3) 制定救援方案

在勘察、分析现场情况的基础上,按照"科学施救、安全施救、综合施救"的总原则,制定了救援方案和相关措施。一是恢复电力供应,保障矿井提升系统正常运行。二是分别从探矿井、斜坡道、主井和副井区域搜救被困人员。三是挖掘引流渠对河水进行引流改道。四是使用大功率水泵对塌陷区积水实施强排作业。五是对库尔滨河坍塌河道进行封堵。六是根据天气、排水和井下条件的变化及时调整优化救援措施和救援力量。

(4) 全力抢险救援

翠宏山矿业有限公司立即启动应急预案,有关负责人带领和组织本企业救援队员分别从探矿井、斜坡道、主井和副井4个方向展开搜救,井下被困人员也同时积极自救。5月17日3时5分,3名被困人员从探矿井被救出。3时25分至5时,7名被困人员在斜坡道区域获救。7时30分,4名被困人员从主井获救升井。自7时30分至11时41分,又成功救出遇险人员20人。22时30分,库尔滨河透水点成功导流后,救援专家组在保障救援人员安全的情况下，组织矿山救护队多次深入井下探查。5月19日2时45分和4时30分，救援人员在+70 m水平巷道区域搜救出2名被困人员。至此，36名被困人员获救生还。

六、顶板事故的抢险处理

（一）处理冒顶事故的原则

处理冒顶事故的首要任务是抢救遇险人员及恢复通风。抢救遇险人员时，首先要直接与人员联络（呼叫、敲打、使用地音探听器等），以确定遇险人员所在的位置和人数。在抢救中必须时刻注意救护人员的安全。如果觉察到有再次冒顶的危险时，首先应加强支护。在冒顶区工作时，要派专人观察周围顶板的变化，在清除冒顶矸石时，避免伤到遇险人员。

（二）冒顶事故的抢救方法

(1) 工作面冒顶范围较小、矸石块度小并且继续下落时，救护人员可采用撞楔法处理，控制住顶板。

(2) 如果因底板是岩石而掏不动，可沿煤壁掏小洞寻找遇险人员。

(3) 如果工作面两头冒落，把人堵在中间，采用掏小洞和撞楔法穿不过去时，可采用另开巷道的方法，绕过冒落区或危险区将遇险人员救出。

(4) 顶板冒落范围不大时，如果遇险人员被大块矸石压住，可采用千斤顶等工具把大块矸石顶起，将人迅速救出。

(5) 分层开采的工作面发生事故时，可沿底板煤层掏小洞，接近遇险者时将其救出。

(6) 如果遇险人员位置靠近放顶区时，可采用沿放顶区由外向里掏小洞，架设梯形棚，木板背帮背顶，或用超前棚边支护边掏洞，把遇险人员救出。

(7) 工作面冒顶范围很大时，遇险者的位置在冒顶工作面的中间，可沿煤层重新开切眼的方法处理，边支护边掘进，也可以沿煤壁用掏小洞法处理。

(8) 顶板沿煤壁冒落、矸石块度比较破碎、遇险人员又靠近煤壁位置时，可采用沿煤壁由冒顶区从外向里掏小洞，架设梯形棚维护顶板，边支边掏洞，直到把遇险人员救出。

(9) 独头掘进巷道发生冒顶事故将人员压住或者堵住，可参照以上方法抢救遇险人员。

【案例7-5】 山西大同某矿“4·14”冒顶事故救援

2020年4月14日14时45分，山西省大同市某矿3－5号层二盘区2205掘进工作面发生冒顶事故，当班13人，8人安全升井，5人被困。经过现场近30 h的全力抢救，5人成功脱险。

(1) 领导重视，科学指挥

事故发生后，应急管理部、国家安全生产应急救援中心多次视频连线，指导救援工作。山西省委、省政府高度重视，要求科学救援、安全施救，全力以赴做好救援工作，确保被困人员的安全。山西省应急管理厅及大同市委、市政府有关领导第一时间赶赴现场指挥救援，该矿所属集团公司总经理在井下事故第一现场指挥协调救援工作。各级政府和领导高度重视，为成功救援提供了坚强保证。

(2) 科学分析，有效控制事故区域扩大

14日18时40分，该矿所属集团矿山救护大队接到事故召请，立即响应，8人赶赴事故现场。

根据侦查结果，指挥部决定先进行临时支护，在冒落区头端打了2个“井”字木垛进行锁口，防止顶板冒落范围进一步扩大，并补打锁口锚索进行补强支护。随后，救护队进入冒落区域侦查，发现顶板有伞檐、巷道两帮有鳞皮，瓦斯浓度为1.6%，氧气浓度为19%。决定对该区域进行通风，10 min后冒落区瓦斯下降至0.5%以下。然后在冒落段区域进行支护，防止冒落区域继续扩大。在临时支护完成之后，现场确定了两项任务，一是向人员被困区域打钻孔联系被困人员，二是进一步加强支护，两项任务平行作业。调用两台锚索钻机进行锚索支护，并从冒落区域向巷道打钻孔联系被困人员。15日凌晨3时30分，救援钻孔成功打通，钻孔深度约为11 m。通过敲击钻杆与被困人员取得联系，确认有人员生还，有力提振了救援工作的信心。同时，救援队员持续不断敲击管路安慰被困人员。

(3) 方案正确，措施得力

指挥部制定了3套救人方案。结合现场实际情况分析，考虑到救援速度和操作难易程度等因素，决定采用从冒落区顶部挖掘通道进行快速救援（挖掘深度大约6 m）。现场冒落区右侧有风流泄出，决定从该区域挖掘直径为600 mm救援通道抢救被困人员，受救援空间限制，为保证救援效率，救援人员采取6人一组轮班作业的方式挖掘救援通道。

15日10时5分，现场再次施工钻孔与被困区域打通，通过钻孔与被困人员取得了联系，向被困人员输送了水和食物，并通过被困人员传递的纸条确定5名人员全部存活且身体状况良好。15时30分，随着挖掘救援通道的深入，前方煤壁先后两次垮落，造成刚刚打好的锚索、锚杆支护失效，增加了救援工作的难度。为保证救援通道的畅通和人员的安全，决定先停止挖掘救援通道，向顶板破碎的煤壁区域喷注马丽散固化煤壁，并实施分段挖掘，即固化一段煤壁，挖掘一段通道，交替作业。

18时30分，再次打通与被困人员联系的钻孔，与被困人员进行了通话，进一步确认5名被困人员身体状况良好。进一步缩小挖掘通道的面积，并用道木对缩小的通道口进行加固。

20时30分，直径为600 mm的救援通道成功打通，经过与被困人员联系，得知被困人员身体状况良好，能够自行行走，5名被困人员依次通过救援通道，成功脱险。

第四节　煤矿应急救援智能化装备

煤矿事故发生后，及时采取有效的应急救援是保障矿工生命的一项重要工作，统计数据表明，相比未采取救援措施，有效应急救援可以将事故损失降低94%。而有效的应急救援离不开先进可靠的应急救援装备。

在井下矿工被困时，救援人员及时、有效地探测到井下被困人员的位置、建立通信、实施救助并消除灾情是救援工作的核心。经过多年的发展，在矿井灾害远距离侦测装备、灾害区域人员定位智能装备、灾害区域智能钻孔装备、煤矿救援机器人等方面取得了显著进展。

一、矿井灾害远距离侦测装备

近年来，救护队员在救援实施过程中遭受二次灾害伤害的事故屡屡发生，因此，采用智能侦测装置代替救援人员对高危险区域进行探测，对保障救援人员的人身安全、辅助现场指挥人员正确指挥决策具有重要的意义。

（一）矿井灾害远距离探测装备

在我国，按照探测装置的载体类型，可将矿井抢险救灾智能探测装置分为3类。

1. 地面智能载体探测系统

中国矿业大学于2006年6月成功研制了我国第1台用于煤矿救援的CUMT-1型矿井搜救机器人，该装备有低照度摄像机、气体传感器和温度计等设备；随后的几年，陆续研发出了CUMT-2A型、CUMT-2B型煤矿环境探测机器人，该型号装备为四履带两摆臂移动机器人，设计采用主动摆臂形式，两摆臂分别由两直流电动机驱动；CUMT-3型机器人采用了履摆臂结构增强其越障性能；CUMT-4型机器人是通过改变履带形态来增强其越障性能的，自适应能力得到了很大提高；CUMT-5型为带式煤矿救灾机器人；KQR24Z型为矿用本安型机器人，KSJ24型为矿用隔爆兼本安型水下机器人；KQR48型为矿用灾区侦测机器人。另外，还有地面仿生越障机器人（如仿蛇、仿蚂蚁、仿蜘蛛、仿壁虎等）、灾区侦测装甲车和便携式矿用本安救援探测机器人。

2. 空地远程弹射越障智能探测系统

该类探测装置常见的有KT138（A）型矿用远距离灾区侦测系统、ZCJ4型超前环境参数检测装置、KQR48型矿用灾区侦测机器人和跑跳式器人。

3. 无人机载体智能探测系统

该类探测装置包括：西安森兰科贸有限责任公司开发的一种本质安全型矿用救援飞行器，包括充气壳体、基座、平衡杆、两个螺旋桨（桨叶、桨毂和防爆直流电机）等；中煤科工集团的多旋翼WRJZ-200型矿用无人机（本质安全型矿用救援飞行器）；等等。

（二）井下巷道救援生命信息探测装备

采用寻人仪、主动式生命探测仪搜寻被困人员，并取得联系实施救援，可以大大提高救援效率。此方法主要根据感应探测声波、无线电波、人体信号的方式搜寻，包括井下生命探测仪和煤矿救援探测机器人等。

1. 井下生命探测仪

利用该装备探测灾害幸存者发出的生理、化学、物理信息，确定被困人员的基本位置、人数和生存状况，从而进行有效的营救行为。人体的生命信息（如心跳、脉搏等）以声波、光波、电波、红外辐射等能量的方式向外释放，生命探测技术通过各种不同的传感器采集这些不同形式的波，通过分析信号，确定被困人员的位置、人数和生存状况。生命探测仪依据探测所使用的传感器的不同，分为音/视频探测仪、红外探测仪、共振探测仪和雷达探测仪等。

2. 煤矿救援探测机器人

煤矿救援探测机器人可以代替救护人员及时、快速地深入矿井灾害区域进行环境和生命信息探测工作，避免了人员贸然进入井下危险空间环境带来可能的生命威胁。

煤矿救援探测机器人的构架一般包括运动平台和延伸机构，运动平台是机器人的运动驱动机构，延伸机构是机器人的执行机构（机械臂等）。再配以机器人设备内部的多个传感器，达到机器人的运动化、智能化，就可以在地面或基站的远程监控下自主地进行救援探测工作。它可以在井下采集瓦斯、温度、煤尘、塌方、水位等信息，传到地面监控点，为救援工作提供实时灾情；也可以深入人体无法进入的区域，去探测该区域是否存在活体被困人员并将位置信息传输出去。

目前，美国、日本、加拿大等发达国家对救援机器人的技术研究比较成熟，机器人广泛应用于战场侦察、矿难和地震等灾后的探测、救援工作中。例如：美国卡内基梅隆大学研发的Gr0undh0g探测机器人，采用激光技术测距的传感器，附有黑夜环境工作的摄像功能，还能建立矿床的3D模型供参考；日本大阪大学研发的蛇形机器人，其身形十分狭小，适合进入较狭小的缝隙里利用头部安装的摄像机将采集到的画面传输出来。国内对于煤矿救援机器人的研发较晚，但随着对机器人技术的不断研发也取得了不错的进展，如唐山开诚电器研发的矿用探测机器人等。

二、灾害区域人员定位智能装备

在事故救援中，精确的人员定位技术是实现成功救援的核心。目前，主要应用的井下人员定位技术有射频识别(RFID)技术、ZigBee技术、超宽带(UWB)技术、Wi-Fi、蓝牙技术等。

(一) 基于RFID的技术及装备

该技术是目前一种主要的井下人员定位系统，具有成本较低、信号穿透性强、使用方便快捷、使用寿命长等特点，因此非常适合应用于煤矿井下人员识别定位。该技术的基本原理是井下主要区域安装的射频读卡器读取进入其识别的区域之内的电子标签，电子标签安装在矿工的衣帽表面，以此来完成井下人员的定位工作。

(二) 基于ZigBee的网络技术及装备

该技术是一种低功耗无线定位和数据传输技术，是另一种应用在煤矿井下的人员定位技术，具有小型、低功耗、可定位的功能。相对于现有的各种井下无线定位技术，ZigBee技术功耗和成本最低，低复杂度和高容量等的特点决定了这是目前主流的矿用井下无线定位技术，并且有着比RFID精准的定位性，很符合井下对于人员定位方面的要求。

(三) 基于UWB的定位技术及装备

该方法的测量距离主要应用T0A(信号到达时间)、TD0A(信号到达时间差)方法。UWB定位技术传输速率高、抗干扰能力强，并且定位精度可达厘米级，定位相当准确，但由于以电磁波的方式传输数据，需要较高精度的硬件设备，导致相应的成本也较高。

(四) 基于Wi-Fi技术的井下人员定位系统

该系统利用井下以太网建立若干基站，实现井下、井上信息传输功能。该技术的最大优势是具有较快的信息传输速度、较长的有效距离，与其他设备兼容性好。但在井下发生灾害事故后，巷道内的网络系统会受到大范围的破坏，实际起到的作用就比较小。

另外，还可借助地音仪、探测定位仪等监测井压变化，判断塌方、冒顶位置，配合以大地音频、三维地震等技术作为地下人员位置信息探查的辅助手段。美国在矿山救援中曾使用过此类设备寻找井下幸存人员。

三、灾害区域智能钻孔装备

在一些灾害事故中，由于爆炸、水灾及顶板灾害等事故造成巷道阻塞，救援人员无法从井下巷道展开救援工作，近年来，地面大直径钻孔作为应急救援的通道，已受到矿山安全领域的广泛关注和应用。

（一）大直径钻孔技术及装备

矿区地面大直径钻孔能够实现地面与井下直接连通，作为连接通道除了可用于瓦斯排放、电缆铺设、排水、通风、溜渣等方面以外，还可作为煤矿井下应急救援的重要逃生通道。2015 年 12 月 25 日，山东省平邑县某石膏矿发生坍塌，在事故救援过程中，有 4 名矿工通过地面大直径钻孔升井获救，开创了国内利用地面大直径应急救援钻孔成功救人的先例。

地面大直径钻孔能够实现救援逃生目的基于两方面条件：一是精准透巷，钻孔精确钻透被困人员所在巷道或避难硐室；二是钻孔直径足够大，能够满足人员或救生舱通过要求。

（二）矿用应急救援提升装备

矿用应急救援提升装备成为矿难应急救援中的关键一环。提升舱是对井下被困人员进行救援的直接载体。为满足井下大直径钻孔救援的需要，提升舱外形一般为圆筒结构，主要由舱体、导向装置、防断绳保护装置、信号传输设备、缓降机、舱体内摄像头、对讲耳机、安全销、脱开装置、舱底摄像头、舱底缓冲装置等构成。

四、煤矿救援机器人

在《煤矿机器人重点研发目录》中，救援类机器人主要包括井下抢险作业机器人、矿井救援机器人和灾后搜救水陆两栖机器人三类。

（一）井下抢险作业机器人

井下抢险作业机器人在巷道塌方、堵塞等狭小空间进行快速抢险救援作业，应具备自主行走、精确定位、井下环境识别、挖掘、钻扩、运送、远程遥控等功能，实现抢险作业无人化。井下抢险作业机器人的主要作用就是代替人工去清堵、清淤、清道。瑞典 Brokk 公司制造出小尺寸破拆机器人，作业效率是手持风镐的 8 倍，可用于煤仓清堵作业。

（二）矿井救援机器人

矿井救援机器人主要用于煤矿井下发生水灾、火灾及瓦斯灾害之后的救援行动，应具备自主行走、导航定位、被困人员生命探测、音视频交互、紧急救护物资输送等功能。1998 年美国研发出世界上第一台井下救援机器人，2006 年中国矿业大学研制出中国第一台矿山救援机器人。目前，我国取得 MA 标志的井下探测机器人有唐山开诚集团研制的 KQR48 型矿用侦测机器人和中国矿业大学研制的 ZR 型矿用探测机器人。

近年来，国内外对救援机器人研究十分活跃。根据事故类型的不同，救援机器人可以分为消防救援机器人、地震救援机器人、矿山救援机器人、核事故救援机器人和水下救援机器人等。例如，德国的 LUF60 型消防机器人得到了实际应用。我国从 1997 年开始对消防机器人进行研发，2002 年上海强师消防装备有限公司成功研制我国第一台消防灭火机器人。最近，中国中信重工开诚智能装备有限公司研制的消防机器人可拖动 2 条 60 m 长充满水的 80 型水带行走，能够远程控制消防炮回转、俯仰，具有大流量、高射程、多种喷射方式，具有互联网功能、远程诊断功能、环境探测功能、热眼检测功能、声音采集功能、图像采集功能、自主避障功能等。

（三）灾后搜救水陆两栖机器人

灾后搜救水陆两栖机器人主要具备 GPS 拒止环境下导航定位、陆基自主或遥控巡检、透水事故后水下航行器自动分离、被困人员搜索等功能，实现透水事故后井下快速搜救。

第八章 煤矿职业卫生

第一节 煤矿主要职业病危害及防治措施

职业病危害是指对从事职业活动的劳动者可能导致职业病的各种危害,包括职业活动中存在的各种有害的化学、物理、生物因素,以及在作业过程中产生的其他职业有害因素。职业病危害是职业病产生的根源。

一、煤矿主要职业病危害

(一) 煤矿职业病危害因素

1. 职业病危害因素及分类

职业病危害因素也称为职业性有害因素,是指在职业活动中产生(或存在)的、可能危害劳动者健康的各种因素。我国《职业病危害因素分类目录》将职业病危害因素分为粉尘、化学因素、物理因素、放射性因素、生物因素和其他因素共 6 类 459 种。

2. 煤矿常见职业病危害因素

在煤矿生产中,主要的职业病危害因素有生产性粉尘、有毒有害气体、噪声和振动、不良气候条件等。

(1) 生产性粉尘。生产性粉尘是指在煤炭生产过程中形成的,并能够长时间浮游在空气中的固体微粒,如岩尘、煤尘、水泥尘和混合性粉尘等,是煤矿的主要职业病危害因素。无论是回采还是掘进作业,都会产生大量的粉尘。而工作面又恰恰是生产人员较为集中的区域之一。长期吸入粉尘会引起肺部病变,造成硅肺病、煤工尘肺病和水泥尘肺病等职业病。

(2) 有毒有害气体。矿井有毒有害气体是指井下由煤(岩)体涌出和生产过程中产生的各种不利于人体健康的气体的通称。由于井下爆破、煤氧化与自燃等原因,矿井空气中含有致人窒息的气体甲烷(CH_4)、二氧化碳(CO_2),爆炸性气体瓦斯(CH_4)、氢气(H_2),致人中毒的气体一氧化碳(CO)、二氧化氮(或氮的氧化物)、硫化氢(H_2S)和二氧化硫(SO_2)等。

(3) 噪声和振动。煤矿噪声和振动主要来源于井下机械化生产,其危害取决于生产过程、生产工艺和所使用的工具,如凿岩机和局部通风机的噪声和振动等。长期在噪声下工作,可能造成听力下降,甚至引起耳聋;长期接触振动,可能导致局部疼痛,甚至引起内脏器官损伤。

(4) 不良气候条件。煤矿井下不良气候条件包括温度高、湿度大,不同地点风速大小不等和温差大等。这些都对矿工的身体健康有很大的影响。

(5) 放射性物质。煤矿井下的氡气浓度往往比地面高,对矿工的健康有一定的影响。

另外,劳动强度大、作业姿势不良也是煤矿井下作业的特点,容易造成职工腰腿疼痛和各种外伤等。

(二) 煤矿主要职业病

我国煤矿常见职业病主要有尘肺病、职业中毒、噪声性耳聋、振动病、中暑等。

1. 尘肺病

尘肺病是指在职业活动中长期吸入生产性矿物性粉尘并在肺内潴留而引起的以肺组织弥漫性纤维化为主的疾病,是一种较严重的职业病。我国法定的尘肺病有 13 种,煤矿常见的尘肺有硅肺、煤工尘肺、水泥尘肺等。

尘肺病人的临床表现主要是以呼吸系统症状为主的咳嗽、咳痰、胸痛、呼吸困难等症状,此外尚有哮喘、咯血以及某些全身症状。我国《职业性尘肺病的诊断》(GBZ 70—2015)将尘肺病分为三期:尘肺壹期、尘肺贰期和尘肺叁期。

2. 职业中毒

在生产环境中,受职业中毒危害因素作用而引起的病变称为职业中毒。职业中毒对人的神经系统、血液系统、呼吸系统和消化系统产生影响,严重时还会致人死亡。

3. 噪声性耳聋

噪声性耳聋是由于长期处于强噪声环境中而引起的一种缓慢性的耳聋。职业性噪声聋是法定职业病。长期在强噪声的环境中工作容易引起听觉系统的损害,形成耳聋,同时还会引起对人体其他系统的损害。

4. 振动病

振动病一般是对局部振动而言的,主要是由于局部肢体(主要是手)长期接触强烈振动而引起的。人体长期受低频、大振幅的振动作用时,由于振动加速度的作用,可使自主神经功能紊乱,引起皮肤外周血管循环改变,久而久之,就会出现一系列病理改变。

5. 中暑

中暑是指由于高温环境引起的人体体温调节中枢的功能障碍,汗腺功能失调和水、电解质平衡紊乱所导致的疾病。中暑是我国法定的职业病。

(三) 职业病构成条件及分类和目录

1. 职业病构成条件

职业病是指企业、事业单位和个体经济组织的劳动者在职业活动中,因接触粉尘、放射性物质和其他有毒有害物质等因素而引起的疾病。由此可见,职业病是劳动者因职业活动而产生的疾病,但并不是所有工作中得的病都是职业病,要构成法定职业病,必须具备四个条件,且这四个条件缺一不可:

(1) 患病主体是企业、事业单位或个体经济组织的劳动者;

(2) 必须是在从事职业活动过程中产生的;

(3) 必须是因接触粉尘、放射性物质和其他有毒有害物质等职业病危害因素引起的;

(4) 必须是国家公布的《职业病分类和目录》所列的职业病。

2. 职业病分类和目录

根据《职业病防治法》的规定,职业病的分类和目录由国务院卫生行政部门会同国务院安全生产监督管理部门、劳动保障行政部门制定、调整并公布。最新的《职业病分类和目录》中规定的职业病有职业性尘肺病及其他呼吸系统疾病、职业性放射性疾病、职业性化学中毒、物理因素所致职业病、职业性传染病、职业性皮肤病、职业性眼病、职业性耳鼻喉口腔疾病、职业性肿瘤和其他职业病共10大类132种。

（四）职业病危害防控现状

1. 煤矿职业病防治的法律法规体系进一步健全

近几年来，我国煤炭工业快速发展，煤矿科技及管理理念得到很大提升，职业卫生标准体系逐步形成。2018年《职业病防治法》第四次修正；2015年，国家安全生产监督管理总局颁布了《煤矿作业场所职业病危害防治规定》（国家安全生产监督管理总局令第73号）、《用人单位职业病危害防治八条规定》（国家安全生产监督管理总局令第76号）等一系列政策方针；2015年，国家卫生计生委、人力资源和社会保障部、国家安全监管总局、全国总工会牵头修订了《职业病危害因素分类目录》；相关部门制定了《噪声职业病危害风险管理指南》以及《工作场所职业病危害因素检测工作规范》等一系列的职业卫生标准。2020年，国家卫生健康委员会发布《工作场所职业卫生管理规定》等。这些举措对煤矿职业病防治和职业健康发展提供了相对健全的法律法规保障。

2. 煤矿职业病防治支撑技术得到长足发展

在防治技术方面，我国煤炭行业已经初步形成了煤层注水防尘、工作面喷雾防尘、矿井通风除尘以及个体防护相结合的煤矿综合粉尘防治技术体系。在粉尘防治装备方面，煤矿粉尘的精确监测技术突破可以实现矿井工作面等作业空间的粉尘实时监测和分析，使得粉尘防治有了基础数据的支撑和切入点。在煤矿掘进方面，掘进工作面控风稳压、协同增效技术也有了较快的发展，相关科研院所开发了除尘风机等设备。部分煤矿企业将新型泡沫混凝土自动化湿喷成套技术应用于掘进工作面，矿用气动湿式孔口除尘技术的综合应用，逐步形成了粉尘预测、评价、控制成套技术和装备体系。这些技术和装备的应用都为改善煤矿工作环境和保障职业健康提供了重要支持。

3. 煤矿职业病防治工作仍然存在突出问题

（1）煤矿主要职业病危害依然严重

① 煤炭行业是尘肺病危害最严重的行业。截至2020年底，全国累计报告职业病1 011 348例，其中累计报告尘肺病903 680例，占比89.35%，煤矿尘肺病例约占50%，超过45万例。尘肺病是我国最严重的职业病。尘肺病超过半数的病例分布在中、小型企业。尘肺病发病症状包括胸闷、胸痛、气短等，严重者会丧失劳动能力，无法平卧，最后因肺功能衰竭而死。就目前的科技发展状况而言，全球范围内都没有能够治愈尘肺病的药物和手段，一般只能通过洗肺来缓解病人的痛苦和减轻病情的发展。

② 高温危害在煤矿行业也很突出。煤炭储量分析数据表明，我国总储存量73.2%的煤炭埋深在1 000 m以下，属于千米深井。而埋深和井下高温有一定的关联性。高温危害已经成为煤矿生产，特别是井深1 000 m左右矿井生产面临的一大问题，在部分工作面区域温度甚至超过人体正常体温，我国埋深1 000 m左右的围岩温度在37 ℃左右，属于二级热害。通过对我国26个产煤省、市、自治区的高温矿井数量、分布和高温治理措施调查分析发现，我国13个省区存在62处高温矿井，其中华东和华中区域高温矿井占比87.1%，从业人员超过300 000人，接触高温的超过40 000人。

③ 除去以上 2 种主要职业病危害类型，煤矿生产区域还同时存在着噪声、有害气体以及不良气候等职业病危害的因素。这些因素同样威胁着井下从业人员的健康。

(2) 煤矿职业病防治意识较弱

大多数国有重点煤矿在职业病防治方面基本能够保障相应的投入，少数矿井也存在职能分散、技术人员配备不足等问题，但基本上能做到职业病防治专项经费的专款专用，并且设立了职业病防治工作机构，构建了相应的管理制度。但是少部分地方和乡镇煤矿对职业病危害的重视程度明显不够，防治工作认识不到位。职业病专项经费不能专款专用，职业病防治投入少，没有设立专门的职业病危害防治工作机构，往往是利用兼职人员管理，没有针对性和可操作性，执行过程也不严格，职业病防治工作流于形式。

(3) 职业病危害防治安全教育培训欠缺

大多数国有重点煤矿在职工上岗之前，都要进行安全教育培训，但是在职业病危害方面的培训力度不够。部分地方和乡镇煤矿甚至用一般性的安全培训代替职业病危害专项培训。劳动合同也没有将可能产生的职业病危害写入；作业现场没有设置职业病危害公告栏，有毒有害作业场所缺少警示标识，没有及时公布作业场所的有害因素检测结果，往往造成从业人员对职业健康知识了解不够、自我防护意识不强等问题。

(4) 职业病危害因素监测亟待加强

职业病危害因素是一个动态的变化过程，要做好职业健康保护工作，就离不开职业病危害因素的监测工作。目前，一些煤矿监测和操作均不规范，覆盖范围不达标，数据报表不真实。多数煤矿存在设备、人员配置有欠缺，检测项目不全、频次不够和数据造假等问题。部分地方和乡镇煤矿甚至不开展监测工作。在职业健康评价方面，大部分煤矿没有委托具有相关资质的单位开展职业病危险因素定期监测工作，对于监测到的危险因素也未按照规定对职业病危害进行申报。

(5) 个体防护用品管理不规范

大多数国有重点煤矿对个体防护用品都建立了相应的采购、发放和使用的管理制度，但还存在不严格按照配备标准执行的问题。不少煤矿没有按照《煤矿职业安全卫生个体防护用品配备标准》(AQ 1051—2008)执行，在采购、验收及审核监督等方面存在漏洞，导致部分防护用品质量不达标。在健康保障方面，部分煤矿对接触主要危害因素的从业人员体检不及时，职业卫生档案不完整。很多煤矿没有按照规定让具有相关资质的职业卫生机构对粉尘区域工作人员进行健康检查，经常以普通体检代替职业健康检查。

二、我国职业卫生管理体系

(一) 我国职业卫生发展简史

我国关于职业卫生记载的历史悠久，早期因社会发展缓慢，职业卫生工作也相应滞后。宋代孔仲平在《谈苑》中记载有“贾谷山采石人，石末伤肺，肺焦多死”及“后苑银作镀金，为水银所熏头，手俱颤”，阐述了硅肺和汞中毒的临床表现，是我国早期关于职业病和职业中毒的描述。明朝后期，宋应星在《天工开物》中记载“将楠竹凿空，相互连接，用于煤矿井下排除毒气”“烧砒工人应站在上风向丈处操作”等。这些记述是我国职业卫生预防知识方面的文字记录。

中华人民共和国成立后，科技迅猛发展，工业技术不断革新，我国职业卫生也与时俱进，得以全面发展。到20世纪末，主要经过了以下几个阶段：

第一阶段为工业卫生阶段。建国初期，我国职业病防治工作主要参照苏联模式，绝大部分防治工作集中在工矿企业，职业卫生发展处于萌芽阶段。这个时期很多学者的著作一般惯用工业卫生或工业中毒命名，我国早期出版的教科书就命名为《工业卫生学》。1954年第一次全国工业卫生会议召开，职业病防治工作拉开大幕，根据全国防尘实践，总结出"革、水、密、风、护、管、教、查"八字综合防尘措施。1956年颁布《工业企业设计卫生标准》，开启了我国职业病防治标准化道路。

第二阶段为劳动卫生阶段。由于社会经济的发展和进步，尤其是改革开放以后，研究者发现从事农业的劳动者中经常出现的一些疾病与工作过程中的职业性有害因素有关，但农业与工业不属于同一范畴，不能划分为工业卫生，于是一些学者建议将工业卫生更名为劳动卫生，具有代表性的著作是《劳动卫生与职业病学》。

第三阶段为职业卫生阶段。随着科技的进步、技术的革新、作业方式与作业环境的多元化，法定职业病已经不足以囊括劳动者作业过程中导致的危害或损伤，这个时期出现了工作有关疾病的概念，如工作过程中因工作繁重、夜班工作、饮食失调等因素引起的神经衰弱综合征，因作业方式和环境中不良因素引起的腰背痛等疾患，但这些疾患并不能等同于职业病。因此这个时期有学者提出了职业卫生学说，其中1999年出版的《中华职业医学》就是这个时期最具代表性的著作。

进入21世纪，随着《职业病防治法》的实施，标志着我国的职业卫生工作进入了法制化阶段。由于社会不断进步，科技飞速发展，职业病危害因素趋向多样化、复杂化，为适应我国国情和社会经济发展需要，《职业病防治法》进行了四次修订。在我国社会大健康理念影响下，职业健康受到重视，职业卫生工作的重点也逐渐从职业病、职业损害转向关注劳动者健康，职业卫生立法也在向保障劳动者健康转变。随着《职业病防治法》不断修订完善，促使职业卫生工作转向职业健康阶段。

（二）职业卫生法律体系

我国的职业卫生法律法规按其立法主体、法律效力不同，可分为宪法、职业卫生法律、职业卫生行政法规、地方性职业卫生法规、职业卫生规章等。

1982年《宪法》第四十二条规定，要"加强劳动保护，改善劳动条件"。

1993年5月1日起正式施行的《矿山安全法》，是我国第一部有关职业安全健康的法律。1994年7月5日，第八届全国人民代表大会常务委员会第八次会议通过的《劳动法》第六章专章规定"劳动安全卫生"，以劳动基本法的形式对劳动安全卫生提出了基本要求。1996年8月29日，第八届全国人民代表大会常务委员会第二十一次会议通过的《煤炭法》明确要求：各级人民政府及其有关部门和煤炭企业必须采取措施加强劳动保护，保障煤矿职工的安全和健康。国家对煤矿井下作业的职工采取特殊保护措施。2001年10月27日，第九届全国人民代表大会常务委员会第二十四次会议通过的《职业病防治法》对职业病的预防、防护与管理、病人保障、监督检查、法律责任提出了系统的规定。

《职业病防治法》于2011年12月31日第一次修正，对作业场所职业卫生监管职能进行了调整。2016年7月2日第二次修正，相应调整了国家对职业卫生"三同时"监管工作的方式和内容。2017年11月4日第三次修正，进一步完善职业健康检查和职业病诊断工作，最大限度地满足劳动者健康保障的需要，职业健康检查实行省级备案制。2018年12月29日第四次修正，一是顺应机构改革与政府职能转变，职业病防治职能由安监转为卫生监管；二是响应"放管服"改革要求，取消职业病诊断机构由省级卫生行政部门批准的刚性规定。

近年来，相关部门先后制定了《煤矿作业场所职业病危害防治规定》《用人单位职业病危害防治八条规定》《职业病危害因素分类目录》《职业病诊断与鉴定管理办法》《噪声职业病危害风险管理指南》《煤矿井下粉尘综合防治技术规范》《工作场所职业病危害因素检测工作规范》等一系列的职业卫生政策方针与标准，在工业生产尤其是煤矿生产行业形成了较为完善的职业卫生标准体系。

（三）职业病防治工作的方针与管理体系

按照最新的《职业病防治法》规定，我国职业病防治工作坚持"预防为主、防治结合"的方针，建立用人单位负责、行政机关监管、行业自律、职工参与和社会监督的机制，实行分类管理、综合治理。体现的是以用人单位为职业病防治的主体，多方共同参与的管理体系。我国的职业卫生监督管理部门为县级以上人民政府卫生行政部门、劳动保障行政部门，县级以上人民政府有关部门在各自的职责范围内负责职业病防治的有关监督管理工作。

三、煤矿职业病危害因素的防治与管理

（一）煤矿粉尘危害防治

(1) 煤矿作业场所空气中粉尘接触浓度应当符合表 8-1 的要求。

表 8-1　作业场所空气中粉尘浓度要求

粉尘种类	游离 SiO_2 含量/%	时间加权平均容许浓度/(mg/m^3)	
		总尘	呼尘
煤尘	<10	4	2.5
矽尘	10～50	1	0.7
	50～80	0.7	0.3
	≥80	0.5	0.2
水泥尘	<10	4	1.5

注：时间加权平均容许浓度是以时间加权数规定的 8 h 工作日、40 h 工作周的平均容许接触浓度。

(2) 呼吸性粉尘浓度监测应在正常生产时段进行，呼吸性粉尘可采用定点或个体方法进行。监测周期如表 8-2 所列。

表 8-2　呼吸性粉尘浓度监测周期

监测种类	监测地点	监测周期
工作班个体呼吸性粉尘	采、掘(剥)工作面	3 个月 1 次
	其他地点	6 个月 1 次
定点呼吸性粉尘		1 个月 1 次
粉尘分散度		6 个月 1 次
游离二氧化硅含量		6 个月 1 次

(3) 矿井必须建立消防防尘供水系统。应当在地面建立永久性消防防尘储水池，储水池必须经常保持不少于 200 m^3 的水量。备用水池贮水量不得小于储水池的一半。防尘用水水质悬浮物的含量不得超过 30 mg/L，粒径不大于 0.3 mm，水的 pH 值在 6～9 范围内，水的碳酸盐硬度不超过 3 mmol/L。没有防尘供水管路的采掘工作面不得生产。

(4) 掘进井巷硐室时必须采用湿式钻眼、冲洗井壁巷帮、水炮泥、爆破喷雾、装岩(煤)洒水和净化风流等综合防尘措施。

(5) 在煤、岩层中钻孔作业时，应当采取湿式降尘等措施。在冻结法凿井和在遇水膨胀的岩层中不能采用湿式钻眼(孔)、突出煤层或者松软煤层中施工瓦斯抽采钻孔难以采取湿式钻孔作业时，可以采取干式钻孔(眼)，并采取除尘器除尘等措施。

(6) 炮采工作面应当采用湿式钻眼、冲洗煤壁、水炮泥、出煤洒水等综合防尘措施。

(7) 采煤机必须安装内、外喷雾装置。割煤时必须喷雾降尘，内喷雾工作压力不得小于 2 MPa，外喷雾工作压力不得小于 4 MPa，喷雾流量应当与机型相匹配。无水或者喷雾装置不能正常使用时必须停机；液压支架和放顶煤工作面的放煤口，必须安装喷雾装置，降柱、移架或者放煤时同步喷雾。破碎机必须安装防尘罩和喷雾装置或者除尘器。

(8) 掘进机作业时，应当采用内、外喷雾及通风除尘等综合措施。掘进机无水或者喷雾装置不能正常使用时，必须停机。

(9) 采掘工作面回风巷应当安设风流净化水幕。

(10) 井下煤仓(溜煤眼)放煤口、输送机转载点和卸载点，以及地面筛分厂、破碎车间、带式输送机走廊、转载点等地点，必须安设喷雾装置或者除尘器，作业时进行喷雾降尘或者用除尘器除尘。

(11) 喷射混凝土时，应当采用潮喷或者湿喷工艺，并配备除尘装置对上料口、余气口除尘。距离喷浆作业点下风流 100 m 内，应当设置风流净化水幕。

(二) 煤矿噪声危害防治

(1) 煤矿作业场所噪声危害判定标准：煤矿作业场所从业人员每天连续接触噪声时间达到或者超过 8 h 的，噪声声级限值为 85 dB(A)；每天接触噪声时间不足 8 h 的，可根据实际接触噪声的时间，按照接触噪声时间减半、噪声声级限值增加 3 dB(A)的原则确定其声级限值。

(2) 煤矿作业场所噪声每半年至少监测 1 次。

(3) 井工煤矿噪声监测点应当布置在主要通风机、空气压缩机、局部通风机、采煤机、掘进机、风动凿岩机、破碎机、主水泵等设备使用地点。

(4) 应当优先选用低噪声设备，采取隔声、消声、吸声、减振、减少接触时间等措施降低噪声危害。

(三) 煤矿高温危害防治

(1) 当采掘工作面空气温度超过 26 ℃、机电设备硐室超过 30 ℃时，必须缩短超温地点工作人员的工作时间，并给予高温保健待遇。当采掘工作面的空气温度超过 30 ℃、机电设备硐室超过 34 ℃时，必须停止作业。

(2) 进行高温监测时，作业场所无生产性热源的，选择 3 个测点，取平均值；存在生产性热源的，选择 3～5 个测点，取平均值；作业场所被隔离为不同热源环境或通风环境的，每个区域内设置2个测点，取平均值。

（3）常年从事高温作业的，选择在夏季最热月测量；不定期接触高温作业的，选择在工期内最热月测量；作业环境热源稳定时，每天测3次，工作班开始后及结束前0.5 h分别测1次，工作班中间测1次，取平均值。

（4）有热害的井工煤矿应当采取通风等非机械制冷降温措施。无法达到环境温度要求时，应当采用机械制冷降温措施。

（四）煤矿职业中毒防治

（1）煤矿作业场所主要化学毒物浓度限值如表8-3所列。

表8-3　煤矿作业场所主要化学毒物浓度限值

化学毒物名称	最高允许浓度/%	化学毒物名称	最高允许浓度/%
一氧化碳（CO）	0.002 4	氧化氮[换算成二氧化氮（NO_2）]	0.000 25
二氧化碳（CO_2）	0.5	硫化氢（H_2S）	0.000 66
二氧化硫（SO_2）	0.000 5		

（2）化学毒物监测时应选择有代表性的作业地点，其中应包括空气中有害物质浓度最高、作业人员接触时间最长的作业地点。采样应在正常生产状态下进行。在不影响作业人员工作的情况下，采样点要尽可能靠近作业人员，空气收集器尽量接近作业人员工作时的呼吸带。

（3）煤矿应当对NO（换算成NO_2）、CO、SO_2每3个月至少监测1次，对H_2S每月至少监测1次。煤层有自燃倾向的，应当根据需要随时监测。

（4）煤矿作业场所存在H_2S、SO_2等有害气体时，应当加强通风降低有害气体的浓度。在采用通风措施无法达到作业环境标准时，应当采用集中抽取净化、化学吸收等措施降低H_2S、SO_2等有害气体的浓度。

（五）煤矿职业病危害防治管理

（1）煤矿企业法定代表人是本单位职业病危害防治工作的第一责任人。

（2）煤矿企业应建立健全职业病危害防治领导机构，负责制定职业病危害防治规划、年度计划和机构设置、职责分工、经费落实等工作，加强对职业病危害防治工作的领导。

（3）煤矿企业应建立健全职业病危害防治管理机构，配备专职管理人员，负责职业病危害防治日常管理工作。

（4）煤矿企业应建立职业病危害防治院所，负责企业职业病危害因素监（检）测与评价、职业健康监护、职业病诊断治疗康复等工作；不具备建立条件的，必须委托职业卫生技术服务机构为其提供职业病危害防治技术服务。

（5）煤矿企业应建立健全下列职业病危害防治制度：

① 职业病危害防治责任制度；

② 职业病危害防治年度计划和实施方案；

③ 职业病危害警示与告知制度；

④ 职业病危害防治宣传、教育和培训制度；

⑤ 职业病防护设施管理制度；

⑥ 职业病个体防护用品管理制度；

⑦ 职业病危害日常监测及检测、评价管理制度；

⑧ 劳动者职业健康监护及其档案管理制度；

⑨ 职业病危害项目申报制度；

⑩ 职业病诊断鉴定及治疗康复制度；

⑪ 职业病危害防治经费保障及使用管理制度；

⑫ 职业卫生档案管理制度；

⑬ 职业病危害事故应急管理制度；

⑭ 法律、法规、规章规定的其他职业病危害防治制度。

(6) 煤矿企业应将煤矿建设项目职业病危害防治专篇、职业病危害预评价报告、职业病危害控制效果评价报告、职业病危害防护设施验收批复文件及时报送建设项目所在地卫生行政管理部门。

(7) 煤矿企业应指定专职或兼职职业病危害因素监测人员，配备足够的监测仪器设备，按照有关规定对作业场所职业病危害因素进行日常监测。监测人员参照特种作业人员管理。

(8) 煤矿企业应委托具有资质的职业卫生技术服务机构，每年进行一次作业场所职业病危害因素检测，每三年进行一次职业病危害现状评价，并将其结果报告所在地卫生行政管理部门，同时向从业人员公布。

(9) 煤矿企业要积极依靠科技进步，应用有利于职业病危害防治和保护从业人员健康的新技术、新工艺、新材料、新设备，坚决限制、逐步淘汰职业病危害严重的技术、工艺、材料和设备。

(10) 煤矿企业要通过优化生产布局和工艺流程，使有害作业和无害作业分开，尽可能减少接触职业病危害的人数和接触时间。

(11) 煤矿企业应按照《煤矿职业安全卫生个体防护用品配备标准》(AQ 1501—2008)规定，为接触职业病危害的从业人员提供符合要求的个体防护用品，并指导和督促其正确使用。

(12) 煤矿企业应强化劳动用工管理，切实履行告知义务，与从业人员订立劳动合同时，应将作业过程中可能产生的职业病危害及其后果、防护措施和相关待遇等如实告知从业人员，并在劳动合同中载明。

(13) 煤矿企业应在醒目位置设置公告栏，公布职业病危害防治的规章制度、操作规程和作业场所职业病危害因素检测结果；对产生严重职业病危害的作业岗位，应在醒目位置设置警示标志和说明。

(14) 煤矿企业主要负责人初次职业卫生培训不得少于 16 学时，继续教育不得少于 8 学时；职业卫生管理人员初次职业卫生培训不得少于 16 学时，继续教育不得少于 8 学时，职业病危害监测人员的培训，可以参照职业卫生管理人员的要求执行；接触职业病危害的劳动者初次职业卫生培训时间不得少于 8 学时，继续教育不得少于 4 学时。

(15) 对接触职业病危害的从业人员，煤矿企业应按照国家有关规定组织上岗前、在岗期间和离岗时的职业健康检查和医学随访，并将检查结果如实告知从业人员。职业健康检查费用由煤矿企业承担。

(16) 接触职业病危害作业人员的职业健康检查周期应当按照表 8-4 执行。

表 8-4　接触职业病危害作业人员职业健康检查周期

接触有害物质	体检对象	检查周期
煤尘(以煤尘为主)	在岗人员	两年 1 次
	观察对象、壹期煤工尘肺患者	每年 1 次
岩尘(以岩尘为主)	在岗人员、观察对象、壹期硅肺患者	
噪声	在岗人员	
高温	在岗人员	
化学毒物	在岗人员	根据所接触的化学毒物确定检查周期
接触职业病危害作业退休人员的职业健康检查周期按照有关规定执行		

(17) 煤矿企业应为从业人员建立职业健康监护档案，并按照规定的期限妥善保存。从业人员离开煤矿企业时，有权索取本人职业健康监护档案复印件，煤矿企业应如实、无偿提供，并在所提供的复印件上签章。

(18) 职业健康检查和职业病诊断工作应由具有资质的医疗卫生机构承担。对已确诊的职业病人，应及时进行伤残度等级鉴定，并按照有关规定进行工伤赔偿。

(19) 煤矿应当保障职业病危害防治专项经费，经费在《关于印发〈企业安全生产费用提取和使用管理办法〉的通知》(财资〔2022〕136 号)第八条“(十二)与安全生产直接相关的其他支出”中列支。

(20) 煤矿企业发生职业病危害事故后，应及时向所在地煤矿安全监管部门和驻地矿山安全监察机构报告，并采取有效措施，控制或者消除职业病危害因素，防止事故扩大。对遭受职业病危害损害的从业人员，要及时组织救治，并承担所需费用。煤矿企业不得迟报、漏报、谎报或者瞒报煤矿职业病危害事故。

第二节　煤矿职业健康监护

煤矿职业健康监护是对从事有职业病危害因素作业的人群进行健康检查。职业健康检查不仅要检查健康损害效应，而且要查明这种危害效应是否由职业病危害因素直接引起的。因此，需要检测并记录接触职业病危害因素的种类与程度，从而进行职业健康危害评价。其主要内容包括职业健康危害鉴定、职业病危害接触评价、接触水平与机体反应关系分析、职业病危害特征评定等。

及时发现和掌握从事煤矿职业病危害作业人员健康状况及职业病危害、职业病和工作相关疾病的发生情况，能够为保护劳动者健康权益和采取相应的防治措施提供依据。

一、职业健康检查

(一) 劳动者在职业病防治中的权利

《职业病防治法》第三十九条规定劳动者享有职业卫生保护的权利，包括：获得职业卫生教育、培训；获得职业健康检查、职业病诊疗、康复等职业病防治服务；了解工作场所产生或者可能产生的职业病危害因素、危害后果和应当采取的职业病防护措施；要求用人单位提供符合防治职业病要求的职业病防护设施和个人使用的职业病防护用品，改善工作条件；对违反职业病防治法律、法规以及危及生命健康的行为提出批评、检举和控告；拒绝违章指挥和强令进行没有职业病防护措施的作业；参与用人单位职业卫生工作的民主管理，对职业病防治工作提出意见和建议的权利。用人单位应当保障劳动者行使上述所列权利。因劳动者依法行使正当权利而降低其工资、福利等待遇或者解除、终止与其订立的劳动合同的，其行为无效。

(二) 职业健康检查的内容

1. 上岗前职业健康检查

对新录用、变更工作岗位或工作内容的劳动者上岗前进行健康检查，特别是对该岗位接触职业病危害因素作业可能影响人体健康的相关项目的检查。根据检查结果，评价劳动者上岗前的健康状况，鉴定是否有职业禁忌证。

检查的内容包括：

(1) 活动性肺结核。

(2) 慢性肺部疾病、严重的慢性上呼吸道或支气管疾病，如萎缩性鼻炎、严重的慢性支气管炎、支气管哮喘和支气管扩张、明显的肺气肿、肺化脓症及肺原虫病等。

(3) 明显影响肺功能的胸膜、胸廓疾病，如严重的胸膜肥厚、粘连性胸膜炎、胸腔积液，严重的先天性或后天性胸廓畸形。

(4) 严重的心血管疾病，如高血压、动脉硬化、器质性心脏病等。

2. 在岗期间职业健康检查

根据劳动者所在工作岗位职业病危害因素对健康的影响，选定重点检查项目，定期进行职业健康检查。动态观察劳动者健康变化，结合作业场所职业病危害因素监测和生物学监测结果，评价劳动者的健康变化是否与职业病危害因素有关，及时发现疑似病患者，判断劳动者是否适合继续从事该工种作业或需进一步观察治疗。

3. 离岗时职业健康检查

因某种原因准备调离从事职业病危害工种的劳动者，根据其所在的工作环境存在的职业病危害因素及其对劳动者健康的影响规律，选定重点检查项目进行检查，根据检查结果评价劳动者健康状况是否与职业病危害因素有关，或是否患有职业病，以明确法律责任。

4. 应急职业健康检查

当发生职业病危害事故，对遭受伤残或者可能受职业病危害的劳动者，及时组织并进行健康检查和医学观察。依据检查结果发现危害因素，评价劳动者健康危害程度并提出预防措施，控制职业病危害的继续蔓延和发展。

(三) 职业健康检查的方法

根据所接触职业病危害因素的种类，按《职业健康监护管理办法》的有关规定，确定检查项目和周期。检查项目可分为一般检查项目、特殊检查项目和选择检查项目。

(1) 一般检查项目，如内科、外科、心电图、胸腹部 B 超检查等。

(2) 特殊检查项目，依据接触职业病危害因素种类确定。按照《职业健康监护管理办法》的要求，接触粉尘作业工人体检除拍摄高千伏的胸片外，还需做内科、心电图、肺功能检查等；接触噪声的劳动者应查耳聋；从事铅作业的劳动者应查血铅、尿铅等。

（3）选择检查项目，根据作业场所职业病危害的种类和程度，以及对劳动者健康损伤的程度确定。

检查过程中要注意以下两点：①详细询问职业劳动者及生产环境状况，如询问井下接尘工人从事的工种、煤矿井下机械化程度、防尘措施、粉尘浓度等情况。②询问职业劳动者以往的疾病史，以及有哪些不良卫生习惯和嗜好等。

二、职业健康监护

职业健康监护是对从业人员的一项预防性措施，是法律赋予从业人员的权利。职业健康监护主要内容包括：一是职业健康检查；二是职业健康监护档案，用人单位应建立职业健康档案，每人 1 份，并妥善保存。

（1）劳动者职业健康监护档案内容包括：① 劳动者个人基本情况；② 劳动者职业史、既往史和职业病危害接触史；③ 相应工作场所职业病危害因素检测结果；④ 历次职业健康检查结果及处理情况；⑤ 职业病诊疗等健康资料。

（2）用人单位职业健康监护档案的内容包括：① 用人单位职业卫生管理组织的组成、职责；② 职业健康监护制度和年度职业健康监护计划；③ 历次职业健康检查的文书，包括委托协议书、职业健康检查机构的健康检查总结报告和评价报告；④ 工作场所职业病危害因素监测结果；⑤ 职业病诊断证明书和职业病报告卡；⑥ 用人单位对职业病患者、患有职业禁忌证者和已出现职业相关健康损害劳动者的处理和安置记录；⑦ 用人单位在职业健康监护中提供的其他资料和职业健康检查机构记录整理的相关资料；⑧ 卫生行政部门要求的其他资料。

（3）档案管理人员必须维护劳动者的职业健康隐私权、保密权。相关的卫生监督检查人员、劳动者或其近亲属、劳动者委托代理人有权查阅、复印劳动者的职业健康监护档案，其他人员不得私自查阅职业健康监护档案。

（4）劳动者离开单位时，本人有权索取职业健康监护档案复印件，档案管理人员应如实、无偿提供，并在所提供的复印件上签章。

（5）对已离职人员的职业健康监护档案，应在离职后 3 个月后进行封存，并保存 10 年以上。

（6）档案管理人员应将职业健康监护档案妥善保管，防虫蛀、防霉、防丢失，保证档案安全。

（7）所有档案应有专柜存放、加锁，定期清理通风，防湿。所有档案不得随意查阅、复印，不得置于公共场所。

三、煤矿职业病的管理、统计和上报

（一）煤矿职业病的管理

煤矿企业应当及时安排对疑似职业病病人到经批准的医疗卫生机构进行诊断。经诊断为职业病的，煤矿企业职业卫生主管部门应填写职业病登记表，按国家规定向有关部门进行职业病报告。

（二）煤矿职业病的统计

（1）在煤矿企业职业卫生工作领导小组的领导下，人力资源及医疗单位要认真做好矿区职业病危害因素的流行病学调查工作，掌握职业病危害因素的性质、种类、分布、强度和危害等，认真做好煤矿职业病统计报告的管理工作。

（2）根据煤矿职业病危害因素的流行病学调查结果，组织检测和职业病诊断。

（3）职业病危害因素检测与职业病诊断应当委托有资质的单位进行。

（4）职业病危害与职业病统计数据应当真实准确，统计报告必须设有专职人员负责。

（5）对于职业病危害与职业病统计工作人员实行奖惩制度。

（三）煤矿职业病的上报

《职业病防治法》规定用人单位需要信息上报的情形如下：

（1）用人单位工作场所存在职业病目录所列职业病危害因素的，应当及时、如实向所在地卫生行政部门申报危害项目，接受监督。

（2）发生或者可能发生急性职业病危害事故时，用人单位应当立即采取应急救援和控制措施，并及时报告所在地卫生行政部门和有关部门。

（3）用人单位和医疗卫生机构发现职业病病人或者疑似职业病病人时，应当及时向所在地卫生行政部门报告。确诊为职业病的，用人单位还应当向所在地劳动保障行政部门报告。接到报告的部门应当依法作出处理。

（4）医疗卫生机构发现疑似职业病病人时，应当告知劳动者本人并及时通知用人单位。用人单位应当及时安排对疑似职业病病人进行诊断；在疑似职业病病人诊断或者医学观察期间，不得解除或者终止与其订立的劳动合同。疑似职业病病人在诊断、医学观察期间的费用，由用人单位承担。

（5）用人单位应当如实提供职业病诊断、鉴定所需的劳动者职业史和职业病危害接触史、工作场所职业病危害因素检测结果等资料；卫生行政部门应当监督检查和督促用人单位提供上述资料；劳动者和有关机构应当提供与职业病诊断、鉴定有关的资料。

四、煤矿职业健康监护评价及职业禁忌

职业健康监护评价可分为个体评价和群体评价。个体评价主要反映接触职业病危害因素作业对劳动者个体健康的影响。群体评价包括工作环境中职业病危害因素的浓度、范围，检测点合格率，剂量（浓度）-反应（对劳动者健康的影响）关系等。

（一）个体评价的内容

1. 上岗前职业健康检查结果评价

该评价以了解劳动者的健康状况、发现职业禁忌或易感人群为目的。其内容是分析该岗位存在的职业病危害因素可能对人体健康的影响，作出劳动者是否适合从事该岗位工作的评价，为用人单位安置劳动者的工作岗位提供依据。

2. 在岗期间职业健康检查结果评价

该评价以动态观察劳动者的健康状况、及时发现健康损害因素和职业病人为目的。其内容是分析个体和群体健康水平，发现职业病危害因素对健康影响的规律，评价劳动者健康变化与职业病危害因素的关系，判断劳动者是否适合继续从事该岗位工作。

3. 离岗后职业健康检查结果评价

该评价以分清劳动者的健康状况与职业病危害的责任为目的。其内容是根据职业健康检查结果,分析劳动者的健康状况与职业病危害因素的关系。对于有远期危害效应的危害因素,提出进行离岗后医学观察的内容和时限,为安置劳动者和保护劳动者健康权益提供依据。

4. 应急职业健康检查结果评价

该评价的目的是判断劳动者健康损害(中毒)程度及健康损伤与职业病危害因素的关系,明确健康损伤的致病因素,为及时救治中毒者提供有效措施。

(二)关于煤矿作业环境职业禁忌证的相关规定

《煤矿安全规程》规定,有下列病症之一的人,不得从事井下工作:癫痫病和精神分裂症患者;风湿病(反复活动);严重的皮肤病;活动性肺结核及肺外结核病;严重的上呼吸道或支气管疾病;显著影响肺功能的肺脏病或胸膜病变;心血管器质性疾病;患有高血压、心脏病、高度近视等病症以及其他不适应高空(2 m以上)作业者,不得从事高空作业;或者经医疗鉴定,不适于从事井下工作的其他疾病。

(三)职业健康监护评价的原则

(1)严肃性。在职业健康监护评价时,要以职业病防治的法律法规和标准为依据,针对职业健康监护中发现的问题,提出符合职业禁忌、职业病危害、健康损害、疑似职业病等判别标准的处理意见。

(2)严谨性。在职业健康检查过程中,必须依据科学方法和程序,在职业史的采集、体格检查、辅助检查、化验检查过程中,以及体检结果的收集、分析等每个环节,都必须保证评价结论的正确性和可靠性。

(3)公正性。在职业健康监护评价时,必须依据国家、地方有关职业病的方针政策、法律法规和标准,对健康检查中发现的异常检查指标,提出明确的要求和评价结论。

五、职业健康监护的档案管理

用人单位应当依法建立职业健康监护档案,并按规定妥善保存。职业健康监护档案应有专人管理,管理人员应保证档案只能用于保护劳动者健康的目的,并保证档案的保密性。所有档案应有专柜存放、加锁,不得随意查阅、复印,不得置于公共场所。

对已离职人员的职业健康监护档案,应在离职3个月后进行封存,并保存10年以上。相关的卫生监督检查人员、劳动者或其近亲属、劳动者委托代理人有权查阅、复印劳动者的职业健康监护档案,其他人员不得私自查阅职业健康监护档案。

劳动者离开单位时,本人有权索取健康监护档案复印件,企业应当如实、无偿提供,并在所提供的复印件上签章。

劳动者健康出现损害需要进行职业病诊断、鉴定的,煤矿企业应当如实提供职业病诊断、鉴定所需的劳动者职业史和职业病危害接触史、作业场所职业病危害因素检测结果等资料。

第二篇

煤矿主要负责人管理能力提升

第九章 煤矿智能化与高质量发展

第一节 煤矿智能化建设

一、煤矿机械化、自动化、信息化和智能化技术装备发展概况

（一）煤矿生产从手工作业到机械化、自动化、信息化和智能化的发展

随着国民经济的快速发展，煤炭需求量逐年加大，导致煤炭开采速度逐年加快，煤炭开采所面临的地质条件越来越复杂，开采难度越来越大。为了提高回采率，降低人力资源使用率，我国煤矿行业在推行机械化、自动化、信息化的实践中长期探索，煤炭生产方式发生了历史性的转变。

20 世纪初我国煤炭工业处于发展阶段，在此阶段内煤矿生产主要采用密集型人力劳动为主，随着煤矿生产能力的不断提升，单链刮板输送机、小功率耙岩机等投入使用，实现了机械设备辅助人力采煤工艺，采煤工作面采用爆破落煤，即采用能自动开启、关闭、检查及控制的机械设备进行煤矿采掘活动，从而代替人力劳动。

到 20 世纪中叶，随着煤矿发展水平不断提高，煤矿内实现了半机械化半人力回采模式，综采工作面掩护式支架、小功率采煤机等设备的投入，大大提高了煤炭回采效率，但是这些机械设备结构简单、故障率高且人工操作量大，无法实现集中控制。1978 年改革开放后，我国煤炭工业经历了从炮采、普通机械化采煤到综合机械化采煤，机械化程度进入快速发展时期。1987 年重新修订的《煤炭工业技术政策》进一步推进综合机械化采煤，同时开始了综采放顶煤技术、连续采煤机房柱式采煤方法的研发和推广。1999 年，我国综合机械化采煤产量占国有重点煤矿的 51.7%，较 1975 年提高了 26 倍。与此同时，综合机械化掘进工艺集合了钻孔、装岩、运输、支护等多种作业为一体，巷道支护模式也从木支护、钢铁支护发展到锚杆支护。

进入 21 世纪后，随着国民经济建设对煤炭资源的大量需求，煤炭行业发展处于鼎盛时期。与此同时，我国加快了大型煤矿机械装备自主研发，煤矿科学技术水平有了很大的进步和突破，主要表现在采掘面液压支架、大采高采煤设备以及各种监控设施的应用，年产 1 000 万 t 的综采设备、采煤机、液压支架和运输机全部实现了国产化，并达到世界先进水平。到 2022 年，大型煤矿企业的采煤机械化程度由 1978 年的 32.34%提高到 98.9%。

在煤矿综合机械化不断升级发展的基础上，经过多年的持续攻关与创新实践，实现了人工炮采、普通机械化开采、综合机械化开采到自动化工作面开采的跨越，走上了智能化发展

之路。2010年,国家发展和改革委员会、工业和信息化部组织开展智能制造专项研究,首个煤矿智能化工作面项目落户陕煤集团神木红柳林矿业有限公司(简称红柳林矿)。红柳林矿以厚煤层为主,开采条件好,适合超大采高智能化综采,也是国内外第一个成功实现7 m超大采高智能化综采的煤矿。2011年,黄陵矿业一号煤矿开始设计首个1.1～2.2 m薄煤层和中厚较薄煤层智能化工作面,解决了无人化作业等一系列难题。2014年,该工作面建成并通过鉴定,开创了"工作面一人巡视,无人操作"常态化远程控制采煤的"黄陵模式"。由此,智能化开采成为煤炭行业发展的新主题。

目前,煤矿智能化建设的高潮正在全国兴起,企业的积极性空前高涨,煤矿智能化建设和机器人应用步入快车道,开展试点示范,先进产能比重大幅度增加,为近两年煤矿增产保供发挥了作用。

(二) 煤矿智能化建设对煤炭产业高质量发展的意义

煤矿智能化将人工智能、工业物联网、云计算、大数据、机器人、智能装备等与现代煤炭开发利用深度融合,形成煤矿全时空多元信息实时感知、实时互联、分析决策、自主学习、动态预测、协同控制的智能系统,实现煤矿采掘、运输、通风、洗选、经营管理等过程的智能化运行,对提升煤矿安全生产水平、保障煤炭稳定供应具有重要意义。

(1) 能够实现煤矿生产本质安全。加快煤矿智能化建设,通过机械化换人、自动化减人、智能化无人,可减少高危岗位人员一半以上,条件好的还可形成井下工作面无人采煤、少人值守的场景,避免矿工直接面对灾害事故风险,减少人员误操作,大幅度消除安全生产隐患,从根本上遏制重特大事故发生。

(2) 能够提升煤炭安全保障水平。加快煤矿智能化建设,提升煤矿柔性生产能力,可以根据市场供需形势灵活释放生产能力,增强供给质量和供给弹性。从近年煤炭保供情况看,实现机械化、自动化与智能化建设的大型先进煤矿发挥了骨干作用,是稳定煤炭供应的主力军。

(3) 能够助推能源低碳转型。在大规模低成本储能尚未突破、以新能源占比逐渐提高的新型电力系统加快构建的情况下,仍需煤电及煤炭发挥调峰和兜底保障作用。加快煤矿智能化建设,可以提高煤矿绿色安全生产素质,形成部分生产能力储备,这样既可以更好地保证能源供需总量的平衡,还可以在水电来水偏枯、新能源出力波动以及不确定因素影响的情况下,及时弥补缺口,为能源绿色低碳转型提供有力支撑。

(三) 煤矿智能化建设取得的新成果

煤矿智能化作为学术研究与工程应用的结合,正在经历着一个伴随自动化、数字化和智能化技术发展和演化的过程。近年来,国家层面加强顶层设计和政策支持,广大煤炭企业、科研单位、高等院校、高新技术企业顺应科技发展大势,大力推动信息技术与煤炭产业深度融合,加快开展煤矿智能化技术装备研发攻关,取得了积极成效。

2020年以来,国家能源局联合多部门印发《关于加快煤矿智能化发展的指导意见》《煤矿智能化建设指南(2021年版)》《"十四五"机器人产业发展规划》《关于加快推进能源数字化智能化发展的若干意见》等,推动建设更多智能煤矿。山西、内蒙古、山东、河南、陕西等14省(区)也先后出台文件,对智能煤矿建设提供政策、资金、项目等支持。目前,国家矿山安全监察局已推动制定智能化控制系统、生产辅助系统等92个相关标准,并指导成立全国信标委大数据标准工作组矿山行业组，组织编制《智能化矿山数据融合共享规范》等。

目前，数字煤矿及智能化开采基础理论体系已基本形成，开启了矿山多学科、多系统交叉融合的新方向。煤炭行业搭建了数据、通信、装备、安全、管理等40余项团体标准，智能化建设有标可依，有据可查，有章可循。

各地各企业坚持试点探路、典型引路、经验开路，以点带面加快国家级智能化示范项目建设。国家矿山安全监察局指导标准建设，推动科技攻关，开展试点示范，截至2023年底，全国累计建成智能化采掘工作面超过1651个，煤矿758个，煤矿智能化产能比例占总产能近60%，晋陕蒙鲁豫占80%。智能化建设投资总规模接近2 000亿元，现场应用的煤矿机器人达到311 000台(套)，约300台无人驾驶车辆在30余处露天煤矿运行。

煤炭行业顺应智能化发展要求，强化企业创新主体地位，涌现了一批自主研发的煤矿智能化技术装备。2023年，建成了一批各具特色的智能化示范煤矿，一大批智能化采煤工作面实现常态化的运行，煤矿智能化建设取得了一系列新的重大进展。形成了10 m超大采高智能化综采成套技术装备、煤矿无人化智能开采控制技术装备、复杂条件特大型矿井智能化煤矿建设和运行管控模式、基于全景视频拼接的自适应截割智能化工作面无人开采技术、深部煤炭资源高效开发数字化和智能化关键技术装备、综采工作面装备快速精准推移与超前联动控制技术、煤矿辅助作业机器人技术与集群应用、基于透明化地质保障系统的煤矿智能管控平台、煤矿安全风险隐患综合一体化智能防控技术装备等智能化建设成果，推动了煤炭工业数字化转型、智能化升级、“安全、高效、智能和绿色”高质量发展。

（四）新形势下煤矿智能化发展的方向

煤矿智能化代表着煤炭先进生产力的发展方向，是行业迈向更高质量发展的必由之路。矿业在为经济社会可持续发展和人类生活水平不断改善而提供物质财富的过程中，与科技发展相融合，引入了一种全新理念，即构建一种新的采矿模式，实现资源与开采环境数字化、技术装备智能化、生产过程控制可视化、信息传输网络化、生产管理与决策科学化。在该目标的实现过程中，煤矿智能化已经成为矿业科技和煤矿管理工作者的美好憧憬，人们希望未来的采矿设备能够在井下安全场所或地面进行远程遥控，甚至全面采用无人操控的智能设备进行井下作业，逐步实现无人化开采。

针对煤矿智能化的特征与基本要求，煤矿智能化的发展必须实现安全、可靠、可持续、敏感性、全面服务和智慧等六个目标，简称6S(Safety、Security、Sustainability、Sensitivity、Service、Smartness)。具体而言，第一是安全，煤矿智能化的各个系统、设备、信息、功能等要保证各方面的安全性，且不能给煤矿生产带来附加隐患。第二是可靠，煤矿智能化各个系统、设备的运行要稳定可靠，零故障。第三是可持续，煤矿智能化必须保证运行质量和效率，实现资源可持续、生态可持续、发展可持续。第四是系统敏感性或系统柔性，煤矿智能化系统的柔性主要体现在技术核心要素、技术架构上，这需要对供需链条上的信息敏感、响应敏感等持续关注与开发。第五是系统的全面服务，煤矿智能化建立产供销新型的服务体系，从提供设备向提供全生命周期增值服务转变。第六是智慧，系统智能与人文智慧高度融合，形成煤矿综合智慧生态。

社会科技发展进入智能化时代，煤矿智能化必将迎来新时代。新一代信息技术与传统产业融合发展，是社会基本发展规律。煤矿主要负责人需要做的，就是了解规律，适应规律，在社会科技变革、工业革命的过程中不掉队、有作为，使煤炭行业健康、高质量发展。

二、煤矿智能化的内涵及特征

煤矿智能化所涉及的采、掘、机、运、通、洗选、营销、质量、安全保障等主要系统应具有一定的自主感知、自主分析、智能辅助决策与执行能力，具有时空一体、万物互联、数据融合、全息感知、业务联动、智能决策等特征。

(1) 时空一体。基于GIM(GIS+BIM)模式实现微观领域的BIM(建筑信息模型)信息和宏观领域的GIS(地理信息系统)信息的全面整合，实现矿山时空一体数字化建设，为煤矿智能化提供一种全新的数字化、可视化和可量化的管理方式，推动安全生产管理向智能化和宏观化迈进。

(2) 万物互联。基于5G技术，全面连接所有人、机、环、管要素的参数、位置、姿态、状态等数据，构建有效的人与人、人与物、物与物的感知网络。

(3) 数据融合。将海量的异构、多维、动态的各类信息，基于感知网络拓扑关系，从时间、地点、场所、人员等多维度实现对所有数据的融合分析。

(4) 全息感知。基于人工智能对所有信息进行强实时关联、融合和智能分析，实现人员、设备、环境和管理信息的自动快速分析和主动全息感知。

(5) 业务联动。采用灵活、轻便、松耦合微服务模式，构建能够快速响应生产调度、实时指挥、紧急救援与ERP等生产管理系统一体化协同控制系统，实现业务之间的关联互动。

(6) 智能决策。利用大数据和人工智能建立深度学习的知识库，实现煤矿安全、生产、运销、后勤保障等方面管控的自我学习、快速分析和智能决策，并在部分领域能够实现系统的自主运维。

三、《关于加快煤矿智能化发展的指导意见》(简称《智能化发展指导意见》)

(一)《智能化发展指导意见》出台背景、重要性和必要性

党的十九大报告提出："加快建设制造强国，加快发展先进制造业，推动互联网、大数据、人工智能和实体经济深度融合"。十九届四中全会决定提出："建立健全运用互联网、大数据、人工智能等技术手段进行行政管理的制度规则"。习近平总书记在2018年10月31日主持中共中央政治局第九次集体学习时，对"把握数字化、网络化、智能化融合发展契机"作了重要论述。国家能源局学习贯彻习近平总书记的重要论述，结合能源工作实际，深入推进新一代人工智能与能源发展及能源行业管理服务深度融合。

煤炭行业作为我国重要的传统能源行业，是我国国民经济的重要组成部分，其智能化建设直接关系我国国民经济和社会智能化的进程。煤矿智能化是煤炭工业高质量发展的核心技术支撑，将人工智能、工业物联网、云计算、大数据、机器人、智能装备等与现代煤炭开发利用深度融合，形成全面感知、实时互联、分析决策、自主学习、动态预测、协同控制的智能系统，实现煤矿开拓、采掘(剥)、运输、通风、洗选、安全保障、经营管理等过程的智能化运行，对于提升煤矿安全生产水平、保障煤炭稳定供应具有重要意义。

(二) 煤矿智能化发展的指导思想

加快煤矿智能化发展的指导思想是：以习近平新时代中国特色社会主义思想为指导，深入贯彻落实"四个革命、一个合作"能源安全新战略，坚持新发展理念，坚持以供给侧结构性

改革为主线，坚持以科技创新为根本动力，推动智能化技术与煤炭产业融合发展，提升煤矿智能化水平，促进我国煤炭工业高质量发展。

（三）煤矿智能化发展的主要任务

（1）加强顶层设计，科学谋划煤矿智能化建设。研究制订煤矿智能化发展行动计划，鼓励地方政府研究制定煤矿智能化发展规划，支持煤炭企业制定和实施煤矿智能化发展方案。

（2）强化标准引领，提升煤矿智能化基础能力。加快基础性、关键技术标准和规范制修订，开展煤矿智能化标准体系建设专项工作。

（3）推进科技创新，提高智能化技术与装备水平。加强煤矿智能化基础理论研究，加强关键共性技术研发，推进国家级重点实验室等技术创新研发平台建设，加快智能工厂和数字化车间建设。

（4）加快生产煤矿智能化改造，提升新建煤矿智能化水平。对具备条件的生产煤矿进行智能优化提升，推行新建煤矿智能化设计，鼓励具有严重灾害威胁的矿井加快智能化建设。

（5）发挥示范带动作用，建设智能化示范煤矿。凝练出可复制的智能化开采模式、技术装备、管理经验等，并进行推广应用。

（6）实施绿色矿山建设，促进生态环境协调发展。坚持生态优先，推进煤炭清洁生产和利用，积极推进绿色矿山建设。

（7）推广新一代信息技术应用，分级建设智能化平台。探索建立国家级煤矿信息大数据平台，鼓励地方政府有关部门建设信息管理云平台，推进煤炭企业建立煤矿智能化大数据应用平台。

（8）探索服务新模式，持续延伸产业链。推动煤矿智能化技术开发和应用模式创新，打造煤矿智能装备和机器人研发制造新产业，建设具有影响力的智能装备和机器人产业基地。

（9）加快人才培养，提高人才队伍保障能力。支持和鼓励高校加强煤矿智能化相关学科专业建设，培育一批具备相关知识技能的复合型人才，创新煤矿智能化人才培养模式，共建示范性实习实践基地。

（10）加强国际合作，积极参与“一带一路”建设。开展跨领域、跨学科、跨专业协同合作，支持共建技术转移中心；加强与“一带一路”沿线国家能源发展战略对接，构建煤矿智能化技术交流平台。

（四）落实《智能化发展指导意见》的保障措施

《智能化发展指导意见》提出了5个方面的保障措施：一是强化法律法规保障，深化标准化工作改革。加强部门协同，加快相关法律、法规、规章、标准和政策的制修订工作，健全煤矿智能化标准体系，推进我国煤矿智能化标准的国际化进程。二是加大政策支持力度，建立智能化发展长效机制。对验收通过的智能化示范煤矿，给予产能置换、矿井产能核增等方面的优先支持；对新建的智能煤矿，在规划和年度计划中优先考虑；将煤矿相关智能化改造纳入煤矿安全技术改造范围，鼓励金融机构加大对智能煤矿的支持力度，鼓励企业发起设立相关市场化基金。三是加强知识产权保护，增强核心技术可控能力。加强共性关键技术领域高质量、高价值专利培育和保护，鼓励构建煤矿智能化建设知识产权保护体系，鼓励和支持企业运用知识产权参与市场竞争，培育一批具备煤矿智能化知识产权优势的煤炭企业。四是凝聚各方共识，促进智能化跨界合作。在国家和省级有关部门指导下，以行业协会、研究机构、科技企业、设计院、高校、金融、装备厂商和煤炭企业等为主体，组建煤矿智能化创新联盟和区域性创新机构，充分发挥各自专业领域优势，实现协同创新、跨界融合发展。五是加强组织领导，形成智能化发展整体合力。建立煤矿智能化建设工作机制，加强煤矿智能化发展相关政策的宣传和解读，宣传推广煤矿智能化发展的经验和成果，营造发展的良好氛围。

四、《煤矿智能化建设指南(2021 版)》及《智能化示范煤矿验收管理办法(试行)》的应用

这是两个煤矿智能化建设的纲领性文件，近阶段煤矿智能化建设内容和验收的主要依据性文件。

《煤矿智能化建设指南(2021 版)》是国家能源局、国家矿山安全监管局联合制定的一项行业标准。该标准从煤矿智能化建设的总体要求、煤矿智能化总体设计、煤矿智能化建设内容、保障措施等方面进行了详细阐述，为煤矿智能化建设提供了标准和指导。《智能化示范煤矿验收管理办法(试行)》的制定目的是推动煤矿智能化建设示范工作的顺利实施，保证示范工作的质量和效果。该办法规定了煤矿智能化示范工作的申请条件及验收程序、验收要求等，并明确了相关部门和责任人员的职责和权限，为煤矿智能化建设提供了有效的管理保障。

煤矿智能化建设的应用极大地提升了煤矿的安全生产水平，推动了煤炭产业的可持续发展。《煤矿智能化建设指南(2021 版)》及《智能化示范煤矿验收管理办法(试行)》的出台，为煤矿智能化建设提供了有力的支持和推动。煤矿企业应该积极引进智能化技术和设备，按照标准要求进行智能化建设，提高煤矿企业的生产效率和安全性。在煤矿智能化建设中，深入贯彻落实这两份文件的精神，切实推动煤矿企业的智能化建设，提高行业的整体智能化水平。

五、煤矿智能化技术构架与应用

煤矿智能化应基于一套标准体系、构建一张全面感知网络、建设一条高速数据传输通道、形成一个大数据应用中心、开发一个业务云服务平台，面向不同业务部门实现按需服务。

通过煤矿智能化建设实现矿山资源与开采环境智能化、技术设备智能化、生产过程控制可视化、信息传输网络化、生产管理与决策及生产经营科学化。

煤矿智能化建设是以煤矿采掘系统的完整过程和具体需求为基础，以地理空间为参考系，以煤矿综合自动化技术、在线检测技术、计算机技术、网络技术和采矿专用技术为支撑，建立起系列化的数据采集、传输、分析、输出和决策支持模型以及软硬件系统，实现采矿过程的信息化管理，大大降低安全生产事故的发生。实现全矿井人、财、物、产、供、运、销整个信息链的信息融通，建设成安全、高效、绿色、智能的矿山。

智能煤矿总体架构设计框架如图 9-1 所示。

通过煤矿智能化建设应达到以下效果：安全管理由事先预防向事先预控发展；生产系统由自动化向智慧发展，实现少人(无人化)作业；各监测系统由单一工作向协同工作发展；综合管理数据输入发展为全部数据系统自动生成；调度监控由菜单式提取升级为区域立体展示，由故障(事故)被动跟踪向主动报警提示发展；矿井各系统由二维模拟发展为虚拟矿井三维综合管理系统展示；最终实现全矿井人、财、物、产、供、运、销整个信息链的信息融通互联和智能分析管控一体化。

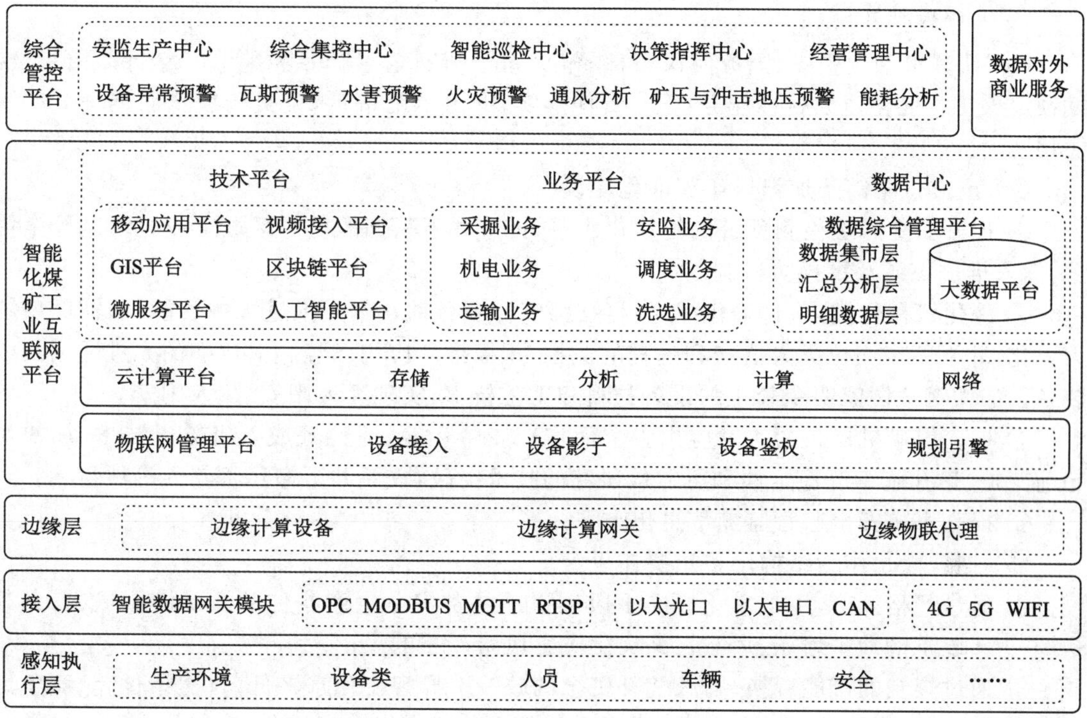

图 9-1　智能煤矿总体架构设计框架

六、我国煤矿智能化建设中存在的问题及对策

(一) 煤矿智能化建设中存在的问题

(1) 对煤矿智能化建设的认识和理念不统一,智能化发展不平衡。大多数煤炭企业没有下功夫做煤矿智能化顶层架构设计,普遍缺乏科学合理的顶层数据治理架构,管理理念、管理机制和管理规程不适应智能煤矿建设要求,智能化巨系统兼容协同困难。

(2) 相关政策措施和实施方案还需要细化和落实。尽管国家和各产煤省出台了一些政策,国家八部委也出台了加快智能化发展的指导意见,但这些政策还要细化、落实。

(3) 一些关键核心技术和装备,系统智能化、智能系统化、智慧矿山等关键核心的系统,还没有解决一些“卡脖子”问题。导致煤矿智能化建设水平还不够高,距离系统完备、功能齐全、运行可靠的高级智能煤矿存在一定差距。现有智能技术装备对复杂煤层条件的适应性还存在不足。

(4) 部分煤矿智能化建设由于未从全要素技术链、技术发展图谱进行系统布局,往往重硬件轻软件、重系统轻数据;为追求建设效果,简单场景投入较大,复杂场景问题难解决,资源投入反而少;从煤矿企业到行业供应链仍存在信息壁垒、数据孤岛,数据安全缺乏保障,导致数据无法流动,知识不能共享、产业链数字化水平不高等。

(5) 智能化需要的人才,尤其是懂行业、懂技术的智能化专门人才,在多数企业还比较匮乏。行业智能化人才的培养教育和交叉科学、综合学科的建设还不够。煤矿智能化从业人员整体技术水平偏低,缺少专业化运维团队。

（二）解决对策

(1) 认真贯彻党中央、国务院决策部署，巩固全国安全生产专项整治三年行动结果，继续锁定煤矿智能化建设目标任务，强化责任落实，突出示范带动，分类分级全面推进煤矿智能化建设。

(2) 全方位全链条加强煤矿智能化建设。

① 提升安全风险检测预警的智能化水平，推进井下采掘的重点区域工业视频监控全覆盖，深入推进煤矿双重预防机制。

② 深化机械化换人、自动化减人、科技强安专项行动。重点推进采掘智能化，辅助系统无人化，井下固定岗位无人值守和远程的监控，积极推广应用已经相对成熟的先进适用技术装备。加大淘汰国家明令禁止的设备材料和工艺技术，实现无人则安、少人则安。

③ 推广煤矿机器人的研发应用。全面推广胶带运输、巡检等成熟机器人装备，加快对超前支护、钻孔施工等稳定性和可靠性研究的技术突破，攻关井下搬运机器人等项目。

④ 提高煤矿安全监管监测信息化水平。

(3) 把智能化作为结构调整重要抓手。

① 通过严格执法，用市场化标准手段倒逼不具备安全生产条件的煤矿淘汰退出，尤其是 30 万 t 以下的冲击地压、煤与瓦斯突出灾害风险严重的煤矿。

② 通过煤炭的产能置换、财政奖补资金的政策引导智能化水平低、自然条件差、竞争力弱的煤矿主动改革。利用产能置换、产能合增等政策提高煤矿规模化、智能化水平。

③ 以实现机械化为基本条件，以开展智能化建设为优先条件，对剩余资源多安全有保障的煤矿进行升级改造，对确需保留的少量特别需要的小煤矿，作为重点安全监管监察改造的对象，推动机械化、智能化改造升级。

(4) 认真总结各地智能化建设的经验和做法，典型示范，经验推广。

① 因地制宜，因企制宜，针对智能化试点矿井建设过程中遇到的问题和困难，要支持，要投入，要公关，要积极创造条件，支持试点、创造经验，也要从理念、系统框架、智能装备、综合管理、经济投入方面，制定实施科学合理先进的智能化改造升级的建设方案。

② 探索创建少人无人矿井。积极对标国内外煤矿智能化先进技术设备管理理念、服务模式，推动少人无人示范的矿井建设，加大重点产煤地区扶持力度，探索建成一批无人少人的示范矿井。

③ 总结推广典型经验。在试点建设的基础上，总结凝练一些可复制和推广的建设与管理经验，加大在主流媒体、新媒体的宣传报道，营造智能化建设的良好环境。

(5) 加大组织保障和政策支持力度。

① 加强组织领导，建立智能化发展长效机制。建立协调工作机制，推动煤矿智能化建设。

② 健全法律法规，进一步为煤矿智能化发展提供法规制度保障。

③ 加大政策扶持，国家有关部门要出台政策。在安全生产费用的提取使用、煤矿安全改造专项政策方面，及时制定一些支持智能化建设的实施细则和管理办法；各地也要结合实际，出台一些配套政策，加快煤矿智能化建设。

④ 构建知识型＋技能型＋创新型人才培养体系。支持和鼓励高等院校和职业技术学校开设煤矿智能化相关专业课程，培育一批精通采矿工程、信息与计算科学、人工智能等专

业的复合型人才;加强对煤炭行业从业人员的信息化、智能化知识培训,培养专业技能型人才。

第二节 煤矿智能化关键技术及装备

一、采煤工作面智能化关键技术及装备

(一)采煤工作面智能化的目标及发展历程

采煤工作面智能化是在自动化基础之上,以工作面少人化或无人化为目标,结合机器视觉、三维激光扫描、多传感器融合等信息感知技术,采用工业互联网、物联网、云平台等数据传输方法,通过大数据分析与挖掘、深度神经网络、多智能决策等,实现采煤工作面设备的智能、自主、最优控制。

采煤工作面初级智能控制以远程视频监控为主要信息感知手段,以设备的程序化控制为目标,采用经验存储、顺序控制、反馈控制等方法,实现采煤机记忆截割、工作面调直、液压支架自动跟机移架等功能。2008年,澳大利亚提出LASC(长壁工作面自动控制委员会)技术,包括工作面调直、采煤机自动控制、通信及操作接口、信息系统、防撞系统、状态监视等6个功能模块。2014年,黄陵煤矿率先在国内实现了综采设备远程可视化监控和记忆割煤。2016年左右,我国引入LASC技术,在兖矿集团转龙湾矿、宁煤集团麦垛山煤矿等推广应用。

2012年,以深度学习为代表的新一代人工智能技术取得重大突破,并迅速应用于计算机视觉、大数据挖掘、智能控制等领域。2017年3月,我国首次将人工智能写入政府工作报告,极大地促进了采煤工作面的智能化发展。目前,采煤工作面的智能化水平也正从初级阶段逐步向高级阶段迈进。随着人工智能研究的纵深发展,采煤工作面信息感知、智能决策和最优控制等核心问题将取得突破,采煤工作面智能的无人化开采必将实现。

(二)采煤工作面智能化开采系统架构

采煤工作面成套设备主要包括信息感知系统、液压支架、采煤机、运输系统、供液系统等构成。各部分通过工业现场总线、以太环网等建立数据链路,可实现地面远程控制、平巷集控仓集中控制和设备本地控制。

目前,采煤工作面的被控对象主要是液压支架、采煤机和刮板输送机。智能控制系统以平巷集控仓和支架电液控系统为核心,形成了信息感知、智能决策、驱动执行、反馈评估的集散控制方式。其中,由摄像头、压力传感器、红外传感器、位移传感器和接近传感器等构成的信息感知子系统,为系统决策提供工作面环境、设备运行状况、设备姿态等信息。供液系统主要为支架电液控提供驱动力,同时也为工作面喷淋装置提供水源。电液控系统是支架的控制核心,其根据感知的信息,通过控制策略对动作作出决策。而平巷集控仓实现对采煤机、刮板输送机、支架群的远程协调控制。工作面的视频信息、地质信息、设备信息、操作过程等数据通过工业以太网上传至地面服务器,为地面监控中心提供实时数据。同时,这些数据通过互联网进入云平台,为云端用户提供实时的可视化数据及分析结果。

(三)采煤机智能化技术现状及难点

采煤机是综采工作面的核心设备。目前,采煤机的智能化主要围绕滚筒运动调节和牵

引控制两个方面展开研究和工程实践。

采煤机牵引系统采用变频器控制牵引电机驱动采煤机在行走齿轮上往返运动。由于牵引系统的控制精度要求不高，且变频调速技术已经较为成熟，所以牵引控制本身已能满足智能系统的需求。但是，由于牵引控制关系到采煤机的位置和姿态，进而影响到煤壁的截割工艺。因此，采煤机的牵引控制衍生出两个主要问题：采煤机的定位技术和规划开采技术。

人工操作模式下，在截割煤壁时采煤机司机根据顶板和底板的起伏，手动调节采煤机滚筒升降，避开顶底板的岩层。而在智能化开采模式下，采煤机需要根据感知信息自主调节滚筒高低。然而，采煤机滚筒还无法达到真正的智能化调节。在此情况下，记忆截割是一种较好的半智能化方法。此外，在滚筒截割过程中，煤层变化和滚筒截深不同导致截割部的负载变化明显，是典型的负载扰动。如果滚筒调节的控制算法不适配，将导致滚筒的调节鲁棒性差、精度达不到要求，这是采煤机智能控制领域面临的重要问题之一。

（四）采煤机定位技术现状及难点

采煤机精确定位是记忆割煤、液压支架动作、开采工艺决策的基础。目前，采煤机定位方法主要有 3 种：红外传感器定位、编码器定位和惯性导航定位。

1. 红外传感器定位

红外传感器定位是将红外发射装置安装在采煤机上，在每台支架上安装红外接收装置。当采煤机经过液压支架时，支架上的红外接收装置输出开关信息，从而确定采煤机相对于支架的位置。由于采煤机上发射的红外线是扇形区域，常常导致多台支架同时接收到信号。因此，需要设计相应算法对接收到的架次信息进行修正。

工作面回采是动态过程，使得空间定位难以找到恰当的绝对参考位置。而红外传感器定位方法能够为采煤机提供相对于支架的参考位置，这为支架的“降一移一升”和采煤机的截割规划提供位置基准。但这一方法的定位精度低，而且红外传感器会遭遇砸损、进水、煤尘覆盖等干扰因素，导致数据丢失，从而引起采煤机定位出现丢架、跳架的情况。

2. 编码器定位

编码器定位是在采煤机牵引部位安装编码器，记录采煤机的增量位置。编码器的定位精度高、故障少，目前已被广泛使用。为了防止累积误差，在回采过程中需要定时校正。

编码器位置校正有静态校正和动态校正两种方式。其中，静态校正是在工作面某固定位置安装接近开关，当采煤机处于该位置时，对编码器数据进行校正，从而确定编码器值与工作面位置的关系。动态校正是编码器与红外传感器定位相结合的方法。该方法首先建立编码器输出与红外传感器位置的映射关系；在采煤机运行过程中，当通过红外传感器可以确定采煤机的相对位置时，对该映射关系进行修正。编码器动态校正方法融合了编码器和红外传感器的信息，使得采煤机定位更加准确。

3. 惯性导航定位

将惯性导航技术应用于采煤机定位并绘制采煤机的运行轨迹是 LASC 的核心技术之一。目前，国内外在采煤机定位中应用的惯性导航装置均采用捷联方式。

在惯性导航系统运行之初，需要通过位置校正算法进行位置标定。即通过北斗或 GPS 等导航卫星明确采煤机在导航坐标系中的位置。然而，在井下无法接受北斗或 GPS 信号。因此，每次开机均进行一次位置初始化标定。在标定时，无论采煤机处于何种位置和姿态，均会被初始化为预设值。这就使得惯性导航仅能提供采煤机的相对位置信息。当采煤机长时间运行后，产生的累积误差可能导致导航坐标偏差较大。因此，需要通过位置校正算法对惯性导航装置在导航坐标系中的位置进行校正。

将惯性导航应用于采煤机定位，不仅可以提升采煤机自身的位姿感知能力，也为记忆截割、工作面调直等其他工艺提供重要的信息。

（五）采煤机姿态检测的技术现状及难点

在无人开采条件下，采煤机的横滚角、航向角、俯仰角等姿态信息是割煤工序和参数设置的重要依据。如俯仰角直接决定了摇臂的高度，航向角则关系到斜切进刀的深度。因此，如何检测采煤机的姿态信息是采煤机智能化技术的重要发展方向之一。测量姿态的检测方法主要是倾角传感器或惯性导航装置，这两类检测方法在实际工程中均有成熟的应用方案。

采煤机的姿态信息必须与工作面顶底板的地质状态相匹配，才能真正实现采煤机滚筒的自适应调节等智能控制。然而，当前煤层的顶板识别技术仍然是技术难题。因此，在工程应用中采煤机的姿态信息检测应用相对较少。为了解决这一问题，部分学者将煤层地质信息与惯性导航装置检测的位姿信息相结合，提出了采煤机的定位定姿算法。2015 年，提出利用地震波探测技术对工作面建立精确的地理信息系统，将采煤机定位在煤层中，并根据采煤机的姿态信息确定滚筒与工作面顶底板的位置关系。该方法能使滚筒的截割轨迹与地理信息系统的顶板曲线之间的误差小于 0.2 m，经过消差处理后该误差可小于 0.05 m。

（六）记忆截割技术现状及难点

记忆割煤通常是人工示范一刀或两刀，并记录采煤机的位置、摇臂高度等信息。在自动截割时，通过查表或模型映射方法为采煤机动态提供割煤参数。目前，采煤机自动割煤技术已在多个煤矿推广，取得了较为显著的效果。但是，即便在顶底板条件都较好的煤矿，记忆割煤一般在几刀后仍需要进行人工校正，主要原因有两个：采煤机位置定位精度不高；采煤机姿态信息欠缺。为了解决以上问题，需采用惯性导航装置对采煤机进行绝对位置定位。在此基础上，通过工作面直线度调整，可以减小偏航姿态带来的滚筒调高误差。但是，目前采用惯性导航的姿态信息来矫正采煤机摇臂高度的方法尚需进一步研究。

（七）液压支架智能化技术现状及难点

液压支架是工作面安全支护的核心设备。综采工作面通常有上百架液压支架同时作业，完成顶板支护、煤壁护帮、刮板输送机推移等工序。自电液控技术成熟以来，液压支架的升架、降架、移架、护帮板和伸缩梁的伸缩等动作均已能实现程序控制。目前，在智能化综采工作面中，液压支架智能控制的关键技术主要集中在支架姿态感知、跟随采煤机的自主移架和工作面直线度调整 3 个方面。

液压支架的姿态信息是综采工作面动作控制的基础。特别是液压支架组动作时，如果其姿态信息不准确，支架容易出现咬架、倾斜、低头等情况，严重影响设备后续操作，甚至危及工作面安全。因此，需要对液压支架的姿态进行监测，并在其动作过程中对姿态进行控制。

倾角传感器的装配和校准对液压支架的姿态检测至关重要。然而，在工程应用中，因为装配不当、校准不够精细、环境温湿度变化等情况，经常导致检测精度不高，甚至检测失效。

液压支架姿态的调整主要是通过支架的推移千斤顶、抬底千斤顶、底调千斤顶实现。目前，仅有推移千斤顶的油缸安装有位移传感器，采用开环控制方式，导致对液压支架姿态的调整现在仍处于人工调整阶段。在智能开采模式下，对支架姿态进行自动精确调整，就需要对上述 3 个千斤顶的控制实现闭环模式，建立必要的控制模型，设计合理的控制算法。

（八）液压支架自动跟机控制技术现状及难点

液压支架自动跟机控制技术是液压支架根据采煤机的运行方向和位置等信息，针对不同的采煤工艺，在采煤机运行前方执行收护帮板，在采煤机后方执行伸护帮板、伸伸缩梁、成组推移刮板输送机、拉架等动作。这一系列动作是液压支架、采煤机和刮板输送机之间的协同控制，如图 9-2 所示。

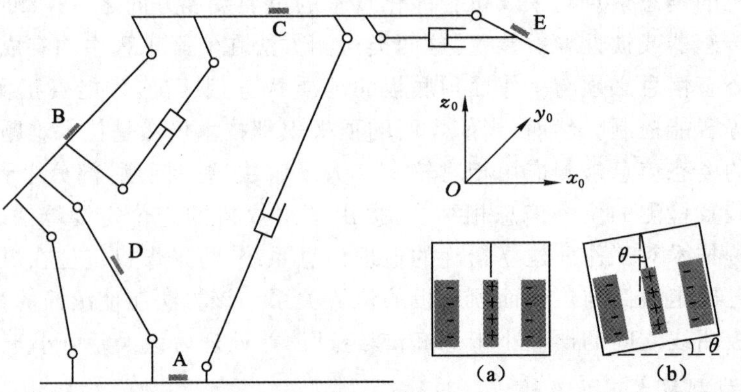

A—底座倾角传感器；B—尾梁倾角传感器；C—顶梁倾角传感器；D—四连杆倾角传感器；E—护帮倾角传感器；
(a)—地质条件正常时刮板输送机与液压支架的位置关系；(b)—地质条件变化如仰采时刮板输送机与液压支架位置存在函数关系，导致推移千斤顶负载变化，则有可能导致支架移动偏差。

图 9-2　液压支架机械结构与姿态测量单元

目前，液压支架自动跟机控制技术在倾角较小、顶板条件较好的综采工作面的中部应用较为成熟。其中，当采煤机位置和运行方向确定后，如何根据割煤工艺确定相应位置液压支架的动作是自动跟机控制的核心。常用的方法：一是建立采煤机与对应液压支架动作的规则库，以查表的方式确定支架动作；二是建立采煤机位置与液压支架位置之间的函数关系，在线直接求解液压支架的动作。但在实际工程应用中，由于地质条件和设备运行状态的影响，仍然存在跟机缓慢、丢架、端头跟机困难等问题。其主要原因包括以下几个方面：

(1) 液压支架的移架控制是根据采煤机的运行速度，位于采煤机后方一定数量的液压支架通过推移千斤顶移动到刮板输送机的控制。

(2) 液压支架自动跟机控制需要完成“降—移—升”、护帮板伸缩、喷雾等成组动作。在顶板和底板地质条件较好、煤层分布均匀的工作面，上述自动跟机控制可以采用相对固定的顺序逻辑，通过查表或者计算直接获取液压支架的执行动作。然而受复杂地质条件和设备运行状态的影响，部分执行顺序可能需要重新配置。如带压移架需要减少成组移架的数量、底板起伏则需要调整采煤机运行到可以移架的液压支架的距离等。特别是当发生跟机缓慢、丢架等事件时，上述固化的顺序逻辑控制有可能使得整个移架过程出现错乱。因此，如何感知工作面的环境变化和液压支架的自身工作状态，使液压支架具备自适应控制功能，从而实现智能跟机控制是目前面临的一大难题。

(九) 工作面自动调直技术现状及难点

在回采过程中,液压支架不断推动刮板输送机向着回采方向移动。在液压支架推移刮板输送机过程中,由于底板地质条件差异和刮板输送机与液压支架之间的链接间隙,常常在相同的推移方式下,各支架产生不同的推移距离,造成刮板输送机的直线度较差。若长时间处于该状态,易引起刮板链条断裂。此外,工作面的推移会发生偏移,可能导致液压支架支护不到位,从而影响安全。因此,回采过程中需要经常对工作面进行调直。

工作面智能调直需要解决两个关键技术:工作面的直线度感知和直线度调整。

工作面直线度感知的实质是获取刮板输送机在导航坐标系中的空间位置。目前,工程中常用的测试方法有钢丝量测、测距传感器量测、惯性导航反演量测、光纤光栅传感器量测和机器视觉量测等几种类型。

工作面直线度调整是在测定刮板输送机当前状态后,通过推移千斤顶使液压支架达到指示的期望位置。目前工程应用中常用的调节方法可认为起源于澳大利亚的 LASC 系统,根据工作面的实际位置(轮廓线)及期望位置,给出需要移动的最佳距离,然后采用闭环基础控制策略,通过对推移千斤顶的控制实现推移刮板输送机和拉架,使工作面达到期望的直线度。

(十) 工作面设备协同控制技术现状与难点

综采工作面液压支架跟机、移架等控制本质上是采煤机、液压支架、刮板输送机的协同控制,包括顺序逻辑系统控制和设备运动状态适配协同两种情况。其中,顺序逻辑控制以采煤机位置变化为依据,动态确定对应液压支架执行关联动作。设备状态适配协同主要是指采煤机牵引速度与液压支架动作适配、采煤机割煤量与刮板输送机运力适配等问题。目前,针对这一难题,多采用定性分析的解决思路。然而,上述问题相互影响,单一解决某个问题,无法获得较好的控制效果。为此,采用全局最优规划思路,建立工作面设备之间的空间位姿关系等多个模型,将全局最优问题纳入最优控制问题,并提出一种多模态控制策略。传统的建模方法以系统传递函数或微分方程为基础,根据设备的物理特性和动态过程建立严密的数学关系,并在此基础上建立控制算法。在此框架下,采煤机、刮板输送机、液压支架等设备均需抽象成为数学模型,再设置如安全约束、负荷约束等系统约束条件,同时根据需要优化的性能指标,如生产效率、产量、能耗等,建立系统层级性能指标函数,最后采用最优控制、自适应控制等理论设计控制算法。另外在设计算法时,通常考虑系统的稳定性、响应的快速性和控制的精确性。

(十一) 供液系统智能化技术现状及难点

供液系统是综采工作面液压支架的主要动力源,是液压支架能否及时准确执行给定动作的决定因素之一。综采工作面供液系统主要由综合供水净化站、乳化液自动配液站、乳化液泵站、高压反冲洗过滤站和回液过滤站组成。工作面供水管中的地下水在供水净化站中经过粗过滤、软化和精过滤之后,形成 pH 值为 6.5~7.5、硬度小于 100 mg/L 的纯水。纯水和矿用乳化油在乳化液自动配液站中按照既定比例配成乳化液。当液压支架有供液请求时,乳化液泵站启动将乳化液加压,通过高压反冲洗过滤站后供应液压支架千斤顶。当液压支架回液产生后,乳化液经过回液过滤站后进入乳化液泵站。

目前,综采工作面供液系统是“机—电—液”一体的复杂系统,其智能化关键技术主要集中在智能协调控制和故障智能诊断两个方面。在工程应用中，由于对机械振动、磨损、爆管等机械故障及油污、油液磨损等油液品质检测的机理尚未成熟，故障诊断主要集中在压力、温度、电流等常规的检测参量。在智能协调控制方面，主要的关键技术包括乳化液自适应恒压供液及乳化液自动配比两个方面。

1. 乳化液自适应恒压供液技术现状与难点

供液系统的乳化液泵站一般包含两台以上的乳化液加压泵，为液压支架提供高压乳化液。乳化液加压泵的运行方式决定了液压支架供液的稳定性。供液系统中，普通的运行模式是单泵或多泵长时间循环运行。当液压支架不执行动作时，容易造成压力过大，冲击溢流阀，延缓液压支架移架跟机。而当多台液压支架同时执行多个动作时，又容易造成乳化液压力过小，导致液压支架执行动作缓慢。

目前，乳化液泵站多采用变频器控制。系统通过流量和压力传感器检测供液油路的状态信息，反馈给变频器启停对应的加压泵。在工程应用中，为了确保压力的稳定性，每一台加压泵的输出端加装溢流阀。当供液回路中的压力大于设定溢流阈值时，溢流阀打开，供液回路的乳化液通过溢油回路进入泵站油箱中。由于溢流阀设定了供液回路的压力上限，因此工程中仅通过简单逻辑判断来控制加压泵的启停，而忽略流量控制。在此情况下，多泵恒压控制就简化成了单输入、单输出的线性控制系统。简单的开关控制可满足工作面的供液需求，这也是目前关于多泵恒压控制智能化算法研究不多的主要原因。

然而，该控制算法仍然存在供液压力不稳定的情况，容易出现加压过缓或压力冲击的现象。为缓解加压过缓现象就需要加大加压泵数量，但是供液回路的压力传导本身具有时滞特征，这就导致了从控制算法上难以根植。为此，在供液回路设计一种储能器，增加物理上的压力缓冲机构，可以弥补算法的不足。在算法层面，简单的开关控制对单一泵的调节十分有效，但无法有效协调多个加压泵工作。为解决这一问题，提出一种协同控制机制，构建液压支架跟机速度和供液系统压力变化之间的映射模型，通过供液系统与液压支架动作逻辑的交叠关系产生变频器的控制规则，实现供液系统的恒压自适应控制，有待工业实践检验。

2. 乳化液自动配比技术现状与难点

按照国家标准，综采工作面乳化液配比浓度需要控制在3%～5%。若浓度过低，将会增加机械磨损，损坏关键部件，缩短设备的使用寿命，若浓度过高，则会增加乳化油的使用成本。乳化液自动配液站的净化水通过水泵和减压阀进入配比器。油箱中的乳化油在虹吸作用下，通过配比浓度调节阀进入配比器。其中，净化水回路中的减压阀和乳化油回路的配比浓度调节阀是乳化液配比浓度的关键设备。目前，这两个设备调节均采用人工操作。

为实现无人乳化液浓度精确配比，需要解决乳化液浓度检测和调节阀的可控问题。目前，乳化液浓度检测多采用浓度传感器通过透光效应实现，但是检测精度较低。因此，提升乳化液浓度检测精度是关键难题。此外，针对调节阀可控的问题，通常的解决思路是分别采用油泵和水泵自动向配比器注入乳化油和净化水。如设计了一种对冲喷嘴，净水回路和乳化油路分别采用水泵和油泵控制二者的流量。但这类方法增加了系统的复杂性，且注入的水和乳化油的压力均衡性得不到保障，常导致配液浓度不均匀的问题，实际工程中应用较少。因此，研制供液压力均衡的可控调节阀是乳化液自动配比的又一关键问题。

（十二）采煤工作面运输系统智能化技术现状及难点

综采工作面的运输系统主要由刮板输送机、破碎机和桥式转载机组成。刮板输送机将采煤机截割的煤运到桥式转载机中，经过破碎机破碎后进入带式输送机送出地面。目前，刮板输送机、桥式转载机多采用高压大功率变频控制。运输系统智能化的技术难点主要集中在刮板输送机故障诊断、智能调速、煤流检测等几个方面。

1. 刮板输送机故障诊断技术现状及难点

刮板输送机的故障主要表现为电机故障和链条故障两类。大多数刮板输送机由变频器控制，而在变频器中一般都具备成熟的检测方法来保护短路、过载、欠压等电机故障。因此，刮板输送机的故障诊断主要集中在链条故障上。链条故障主要包括链条张力过大、松弛和断链故障等。上述状态都可以通过链条张力检测系统实现。目前，张力检测方法主要包括应变片压力检测、张紧油缸压力检测、刮板运动状态检测等方法。

应变片压力检测是将电阻式单轴应变片紧贴于链条内侧，通过检测应变片的形变间接测量张力，张力数据通过无线方式传出。张紧油缸压力检测是在油缸中安装压力传感器和位移传感器，通过油缸压力和位移反演链条张力。刮板运动状态检测方法是通过霍尔元件等设备，检测刮板输送机上刮板的运动状态。

在实际应用中，由于刮板输送机的链条需要拉着堆煤运行，并且容易遭受落煤的撞击，因此安装在链条上的应变片容易损坏。而刮板输送机上刮板容易受到堆煤干扰，且不能定量检测张力，因此刮板运动检测方法应用并不广泛。目前，应用最多的是张紧油缸压力检测方法。但由于油缸压力是链条张力的间接量，因干扰因数较多，无法精准检测张力。

2. 刮板输送机智能调速与煤流检测技术及难点

目前，刮板输送机启动后通常以额定速度运行。然而，当采煤机尚未割煤或割煤量较少时，刮板输送机在额定速度下运行将造成较大的电力浪费。为降低系统能耗，刮板输送机的运行速度应该与煤流量关联。即当负载煤流量少时，运行速度低；当负载煤流量达到一定程度后，以额定速度运行。目前，大多数综采工作面的刮板输送机均采用高压变频控制，具备动态调速功能，只要参考速度确定，即可设定刮板输送机的运行速度。然而，在实际工程应用中，由于煤量检测方法无法提供参考速度，因此变频器绝大部分仅使用了软启动功能，没有实现速度的自适应调节。根据煤流量的精确检测结果确定刮板输送机的动态参考速度是智能变频调试的基础。目前，常用的煤流检测方法有负载电流检测法和断面扫描法等。

负载电流检测方法是通过对比刮板输送机空载电流与负载电流之差来确定运输机上的煤流量。然而，在实际应用中，刮板输送机的刮板与槽之间的摩擦力较大，特别是在液压支架推移刮板输送机形成的S弯，不同的弯曲程度其摩擦力变化较大，从而导致电机的负载不均匀。因此，直接采用负载电流法检测刮板输送机上的煤流量出现的误差较大。

理论上断面扫描法是一种较为精确的煤流量检测方法。但是这一方法存在刮板输送机边界难以确定、光斑去噪、摄像头污损等问题。目前刮板输送机的煤流检测还处于理论研究阶段，尚未有成熟技术应用工程实践。

二、智能化掘进工作面关键技术及装备

（一）综掘工作面智能化开采技术要点

1. 综掘工作面智能化开采工序设定

智能开采技术主要以煤壁为输入对象，输出对象为开掘的煤炭和成型的巷道。在具体工作中，综掘工作面各模块通过视频控制、生产控制和检测控制等方式进行。整个系统内各

个工作职能相互协同,共同完成智能化开采。与传统工作面相比,综采工作面整体信息源更为复杂,可控与不可控、可测与不可测信号相互交叉。工作面探测时,先探测岩层运动,然后进行地质勘查,再探测水源,最后根据探测情况进行瓦斯抽采。具体生产环节主要包括运输、支护及隔煤。在智能采矿技术中,视频工具主要包括对排水、通风和供电的监控。

2. 综掘工作面智能化关键技术

(1) 综掘工作面巷道变形智能控制技术。随着煤炭开采强度的不断提高,对综掘工作面生产自动化水平的要求不断提高。目前,许多煤矿已进入深部开采,综掘工作面支护发生了较大变化。若巷道开挖之后,不能在第一时间实现有效支护,巷道塑性变形区和围岩破碎区将出现急剧增大。在整个变形过程中,如能及时给予高强锚网索支护,可有效控制巷道变形。从综掘工作面智能控制技术来看,应具有智能控制和智能感知的功能,实际需要的智能控制,需在进行开掘之前,结合煤矿实际地质条件及综掘工作面开掘需求,研究出符合综掘工作面实际需要的智能化控制,确保准确预测围岩变形并智能控制围岩变形。

(2) 掘进机智能化技术。在综掘开采的过程中,掘进机是关键设备,从当前掘进机智能化技术来看,其中关键技术为断面智能成型控制技术、煤岩智能识别技术及掘进机姿态定位技术。其中在定位技术当中,当前已经取得较好应用效果的是机器视觉测量定位技术、激光制导技术及惯性导航技术,能够将掘进过程中巷道开掘过程中巷道和掘进机之间的耦合关系展现出来,在巷道掘进过程中形成自主导航体系,是当前掘进机的关键技术。

(3) 综掘面锚杆支护智能化技术。从当前综掘工作面支护情况来看,锚杆支护仍旧是综掘工作面常见的支护技术,从该技术智能工作情况来看,其中关键的技术为安装智能化、铁丝网铺设智能化及钻孔智能化。现阶段,安装智能化水平与钻孔智能化水平相对于先前已经取得了较大的进展,特别是在使用了掘锚一体机之后,整体的支护效果更好,但是铺网整体的智能化水平相对于实际需求仍旧有着较大的提升空间,并没有形成一整套完整的智能化铺网方案,从当前支护智能化技术开展情况来看,可以在锚杆支护设计过程中进行更深层次的优化,提升铺网的智能化水平。

(4) 综掘面运输系统智能化技术。随着综掘工作面规模的不断扩大,运输系统智能化已经成为整个综掘工作面智能化的关键。从当前运输系统智能化开展情况来看,其主要在于补给运输、材料运输及原煤运输,从具体工作来看,受到综掘工作面空间影响较大的是补给运输智能化及材料运输智能化,从未来发展情况来分析,人工装卸材料可由智能装备或者机器人进行装卸,全面实现综掘工作面运输智能化发展。

(5) 视频监控智能化技术。视频监控是综掘工作面智能化发展的关键。综掘工作面的视频晃动非常明显,粉尘量非常大,影响远程视频的效果,所以构建综掘工作面成像轮廓与掘进机转速、电流、机头温度等工况参数的非线性规律关系,探索基于热成像技术的综掘工作面高清成像研究,是提升综掘工作面视频监控智能化水平的关键。

(二) 煤矿远程智能掘进面临的主要挑战

掘进工作面智能化的研究不断深入,近几年已经成为煤矿智能化研究的热点,但是在相关基础理论、设备定位、定向导航与纠偏、成形截割、协同控制等方面还存在不足。

1. 掘进状态感知基础理论研究不足

煤矿井下存在低照度、高粉尘、水雾、振动,以及电磁干扰等因素影响,很多地面成熟技术及设备在井下应用存在严峻挑战。机电设备位姿、工况等感知元件的安装也由于防爆、供电等特殊要求存在诸多难题。远程控制模式下需要井下设备更多、更全面的感知传感器，为远程监控人员提供设备位姿、工况数据、设备与环境变化等方面信息，避免“盲人摸象”，保障设备可靠性，同时实现多维数据可视化呈现。矿井环境下的不同感知手段适应性设计理论、多设备协同控制决策，以及远程控制网络实时性等方面的基础研究应该引起广泛重视。

2. 掘进机定向导航与成形截割亟待深入研究

悬臂式掘进机的定向掘进是解决巷道掘进方向控制的关键问题。巷道施工中根据位姿误差信息对机身进行控制，连续的航向位姿形成定向导航实际路径，结合截割臂的运动控制可以实现巷道断面的成形控制。非全断面掘进设备需要控制机身和截割头，实现预定截割轨迹的跟踪控制，全断面掘进设备相对简单，仅需关注航向方向位移为掘进进尺提供参考。由于悬臂式掘进机掘进工艺复杂、使用在地质复杂场合，因此国内外对其成形截割控制研究思路是将截割臂当作一个移动机械臂，进行统一的运动学建模，实现掘进机的自动截割。

3. 设备群协同应用研究不够

智能协同控制技术是智能掘进机器人系统的核心。掘进工作面实现掘—锚—支—运—通过程中，设备群协同是实现多工序并行作业的技术基础。在实现单个设备智能控制的基础上，如何通过对掘进多个任务并行、多个设备智能协同控制成为重要研究内容之一。目前，掘进工作面作业线上各设备独立，缺乏信息感知、交流、互通功能，实时协作能力弱、人机交互性差，掘进工艺流程缺乏统一规范，要实现巷道智能化快速掘进，就必须建立掘进设备各子系统之间的并行协同控制机制。

4. 远程控制实时性等基础技术未引起重视

我国煤矿赋存条件复杂，掘进工作面环境恶劣，存在煤层起伏大、顶板松软、夹矸与片帮并存、水与瓦斯突出等一系列问题，且不同矿区差异大，掘进作业本地控制的自动化、智能化难度较大。虽然地面一键启动、数据驱动远程监控、三维可视化监测等技术得到一定应用，但对井下采掘工作面的远程控制基础理论和技术研究基本处于空白，行业还存在“快”即为实时、控制没有模型的理解误区。因此，应重视煤矿网络控制系统实时性保障技术、网络通信系统实时性、数字孪生驱动的远程掘进控制系统模型等基础理论及技术研究。

（三）远程智能掘进关键技术研究进展

1. “DT＋VR”井下掘进人-机-环智能管控技术

（1）煤矿智能掘进工作面数字孪生技术。随着信息技术与煤矿相关专业的深度融合，少人化、无人化、机器人化、智能化等先进生产理念在煤炭行业快速推广。煤矿“透明”地质条件是实现智能快速掘进的重要基础之一。目前，相关专家学者在基于智能钻探、智能物探、地质数字化、地质信息智能化更新和地质信息可视化等多源数据的综合地质建模上开展了大量研究，以满足煤矿智能快速掘进和精准开采的地质条件需求。

（2）煤矿井下视觉成像系统标定基础理论。近年来，智能视觉技术在煤矿井下迅猛发展，在固定设备及场合视觉监测、煤流检测、人员定位及异常状态识别，甚至工作面直线度和设备位姿测量方面得到一定的应用。但是影响图像质量的防爆玻璃折射、采掘振动影响，以及高粉尘、低照度和杂光干扰环境下的应用性研究基本空白，影响了测量的稳定性和精度。

2. 煤矿井下掘进机位姿精准测量理论

悬臂式掘进机机身及截割头位姿的实时、准确测量是实现煤矿巷道掘进定向导航和定形截割的基础和核心内容。针对掘进机自动位姿测量技术方面的研究，专家学者们提出了多种不同的技术方案，并取得了一定的研究成果。目前方法主要有 iGPS 测量技术、基于全站仪的导向和定位技术、惯性测量技术、超宽带测量技术、空间交汇测量技术和视觉测量技术等。基于全站仪的测量系统由于掘进过程中巷道内粉尘浓度大，测量环境恶劣，加之棱镜光路易被遮挡，测量结果稳定性亟待解决。基于惯性传感器的掘进机位姿测量系统存在时间累积误差，难以长程连续地提供位置参量，目前研究热点是如何将井下采掘与施工工艺有机结合解决工程难题。基于立体视觉的掘进机机身位姿检测技术，在矿井下的应用主要集中于对车辆与人员的监控，而应用于机身定位方面的文献较少。

3. 定向导航与纠偏技术

煤矿井下掘进设备导航目前有基于惯性导航方式、惯导＋组合导航方式、基于视觉导航方式、惯导＋视觉组合方式。吴淼教授团队提出的二维里程辅助自主导航方法，分析掘进机滑移特点，研制出一种外置式二维里程的测量装置，实现了二维里程辅助的组合导航算法。

在实现掘进机位姿检测的基础上，须完成掘进机的自主纠偏以保证巷道截割质量。针对工况复杂且存在封闭边界的受限巷道空间，吴淼等将综掘巷道环境自适应划分为区域栅格，提出掘进机纠偏影响度作为模型降维与简化的指标，结合掘进机自身运动特点与实际工况，建立掘进机在栅格场景中的自主纠偏运动模型，实现了结合 PID 算法与神经网络的自主纠偏算法，并采用 EBZ-55 型掘进机与模拟巷道验证了纠偏算法的可行性。

4. 掘进机智能截割控制技术

针对井下掘进机截割智能化程度低、截割臂摆速不能根据煤岩硬度进行自适应调节的问题，吴淼团队研究了基于多种传感器信息掘进机截割臂自适应截割控制策略和掘进机姿态调整模型辨识与精准控制方法；针对煤矿掘进机机器人化和无人化的目标，提出了一种悬臂式掘进机煤矸智能截割控制系统与方法，提高掘进机截割煤矸的效率和智能化程度；针对常见及复杂构造断面，提出了悬臂式掘进机断面成型轨迹多目标优化方法等。

5. 掘进工作面群组协同与数字孪生驱动技术

按照掘—支—运工序并行提高掘进效率的方向，通过建立掘进机群组位姿和运动关联模型，对多机群组的时空坐标系进行统一，在单机设备自动化的基础上进行多机群组的精准定位与智能导航，解决多机协同并行作业冲突的问题。多设备协同包括两个方面：① 建立多个设备之间的空间位置关系，一般通过基坐标系标定来实现；② 协同插补算法，该算法中的关键技术是协同轨迹的过渡和对多个运动单元的同步速度规划。

6. 远程网络控制系统实时性

近几年工业通信网络在掘进工作面得到迅速发展和应用。通过部署矿用 5G 设备实现掘进巷道工作区域 5G 网络稳定覆盖，利用 5G 网络可实现掘进机运行状态、机载传感器、机载工业视频等数据传输至掘进工作面监控中心及地面调度信息中心，为掘进机远程控制解决了数据和视频传输方面的瓶颈。

但是许多网络协议导致的网络延迟是时变的，如 DeviceNet、无线网络和 Ethernet，作为远程控制系统通信通道时必须引起高度重视。具有控制功能的远程掘进系统本质上是典型的网络控制系统，应该考虑不同链路的监测数据和控制数据的差异，特别是为了满足控制性能要求和系统稳定性，需要对 NCS 采样周期进行正确的选择。因此，在设计远程掘进控制系统时，必须针对控制器、传感器和执行器的特点研究网络时延对网络控制系统的影响，还要确定合理的采样速率和信息传递的时间间隔，以保证网络控制系统的性能和效率。

（四）远程智能综掘开采技术发展展望

煤矿井下巷道掘进本地控制是将掘进设备作为“移动机器人＋串联机械手”组合体，利用机器人正、逆运动学求解，以设计路径参数为目标，以实时测量数据为反馈，达到伺服控制、轨迹跟踪的结果，形成要求的形状和尺寸的高质量巷道。因此，以机器人技术、数字工作面、精确定位、自主导航、定形截割构建本地控制理论和技术基础，解决远程控制中的多维数据呈现、设备群碰撞、掘进工艺建模和人机协同机制问题，是远程智能掘进的关键。

针对煤矿井下采煤和掘进施工复杂度高、监测数据量大，协同控制难度大，“自动控制＋人工视频干预”的控制方案难以实现工作面常态化自动生产等问题，近几年煤炭行业多家研究单位将数字孪生（DT）和虚拟现实（VR）引入采掘工作面设备群远程智能控制决策系统，提出“惯导＋”或“视觉＋”等多种方法有效解决煤矿井下采掘工作面设备精确定位、自主导航和自主截割难题，“数字煤层、虚实同步、数据驱动、实时修正、虚拟碰撞、截割预测、人机协同”的煤矿井下设备远程控制技术体系已经成为行业解决采掘工作面智能化的共识，这对破解目前煤矿井下工作面煤岩界面预测、少人或无人自动截割控制、设备群间异常检测等难题起到了重要推动作用。

数字孪生驱动掘进装备远程智能控制技术构架，是通过构建掘进工作面数字孪生体，将井下人员、设备、环境相关信息呈现到数字空间，虚实融合，共智互驱，达到数字掘进与物理掘进智能协同的目标，破解掘进施工中人-机-环共生安全难题。为了聚焦远程控制任务，提出以掘进为控制时空参考的掘-支-运作业机制，以掘进定位、定向导航和定形截割为核心，自动钻锚和高效转运辅助的远程控制构架。

三、智能化地质保障技术及关键设备

（一）智能地质保障系统要求

（1）建立可局部动态更新的多尺度、多精度三维地质模型体系。不同的应用场景对三维地质模型的精度要求不同，因此应根据需求建立多尺度、多精度的三维地质模型体系，并随着数据的更新，支持使用者根据实际揭露的地质数据，对已建立的地质模型进行实时动态更新与修正，大幅度降低后期维护成本。

（2）三维地质模型支持预测致灾因素。根据应用场景建立的三维地质模型应充分、真实地反映出地质情况，并结合监测数据进行模拟计算，从而支撑智能分析，实现对火灾、水害等隐蔽地质灾害的评估、监测及预警。

（3）海量数据管理与大规模高精度三维地质模型 Web 端可视化。使用 Web 端地质保障系统可方便相关部门同步更新、共享与服务。煤炭行业需要的三维地质模型精度较高、数据量较大，因此智能地质保障系统的关键点在于支持海量数据的管理与大规模高精度三维地质模型的 Web 端可视化。

（二）智能地质保障系统关键技术

（1）多元数据融合分析技术。利用各种地质数据进行地质建模，包括但不限于地质图及剖面、钻孔、物探、地球化学数据等。可快速建立任意复杂高精度地质三维模型，还可以进行数字高程模型（DEM）与地质模型的融合，并具备对矿区地质数据融合分析、地质数据推演等能力。

(2) 复杂地质建模技术。处理任意复杂地质情况,如煤层倾角、煤层稳定性、断层、褶曲、陷落柱、瓦斯、水文等信息,建立完备的三维地质模型,支持智能估算和核实煤矿煤炭资源/储量以及煤矿瓦斯(煤层气)资源/储量。还可以通过特定的地质数据进行四维动态分析。

(3) 三维网格剖分技术。三维网格模型是属性建模与数值模拟的基础,为大数据技术与人工智能技术的应用创造了更好的条件。网格天地自主研发的顺层截断网格生成技术,完美匹配地质构造模型的几何形状,避免了其他绝大多数建模软件在地层断裂和尖灭出现锯齿效应等严重偏离现象。

(4) 无缝拼接技术。通过无缝拼接技术解决模型精度与尺度的矛盾,建立大规模高精度三维地质模型,形成多尺度、多精度三维地质模型体系,并支持其局部动态更新,满足不同应用场景的需求。

(5) 巷道、矿井与三维地质模型一体化剖切技术。可以将巷道、矿井等模型与三维地质模型进行切割,形成一体化的三维模型,支持各种模拟计算。

(6) 数值模拟技术。包括地层中应力、水流和瓦斯气体的数值模拟技术。

(7) 海量三维数据管理与服务。让用户可以根据需求,在平台上自由建立、管理各类数据,任意组建三维场景,并提供多种服务接口。

(8) 多分辨率可视化技术。当数据量大时,通过浏览器进行三维可视化的速度会很慢,甚至导致浏览器崩溃。通过多分辨率可视化技术可以有效地解决问题,使任何规模的数据都可以在 Web 端高效地呈现。

构建煤矿智能地质保障系统是建立科学、系统、全面的煤矿生态系统的地质基础,是加速煤矿智能化建设,促进我国煤炭工业转型升级的保障。以煤矿智能地质保障系统 8 项关键技术为基础建立的高精度、动态更新三维地质模型可以辅助矿山设计、巷道掘进、煤炭回采等,还可为矿井水害防治、煤矿瓦斯治理、冲击地压防治等提供帮助。

四、煤矿洗选系统的智能化关键技术及装备

选煤自动化系统是指利用现代信息技术、智能化技术和自动化控制技术对选煤工艺流程进行全面控制和监控的系统。它可以实现选煤过程中的自动控制、故障自诊断、数据采集、数据处理和信息共享等功能。该系统硬件设备包括传感器、控制器、执行器、通信设备等,软件系统则包括自动化控制软件、数据采集软件、故障诊断软件等。

(一) 人工智能技术在选煤自动化系统中的应用

1. 故障预警和预防

在选煤过程中,由于设备长时间运行和生产工艺的不稳定性,可能会出现故障或异常情况。人工智能技术可以通过数据挖掘和机器学习算法对选煤过程中的数据进行分析和建模,预测出可能出现的故障和异常情况,并在出现问题之前进行预警和预防。

例如,可以使用机器学习算法对选煤过程中的数据进行分析,建立故障分类模型,对可能出现的故障进行分类和预测。通过实时监控和分析选煤过程中的数据,当检测到可能出现故障时,及时发出警报,并提供相应的处理建议,避免故障的发生或降低故障的损失。

2. 数据分析和优化控制

选煤过程中涉及的数据量非常大,包括原煤质量、选煤设备参数、处理流程等。人工智

能技术可以利用深度学习算法对这些数据进行处理和分析，提取出有价值的信息和规律，从而优化选煤生产流程和控制策略。

例如，可以使用深度学习算法对选煤过程中的数据进行处理和分析，提取出与原煤质量和选煤设备参数相关的特征，然后通过数据挖掘和机器学习算法对选煤过程进行建模和优化，实现智能化控制。这样可以使选煤生产流程更加稳定、高效和节能。

3. 智能控制

人工智能技术可以实现智能控制，通过对选煤过程中的各个环节进行自主调节和优化，实现选煤生产的智能化。例如，可以利用人工智能技术对选煤设备进行自主调节，实现自动化控制和优化。此外，人工智能技术还可以结合物联网技术，通过与传感器和监控设备进行连接，实时监控选煤设备的运行状态和生产过程，并进行智能化控制和优化。

（二）智能化技术的应用对选煤自动化系统的优化

智能化技术的应用可以提高选煤生产的自动化水平和智能化程度，降低人工干预和管理成本；可以优化选煤生产流程和控制策略，提高生产效率和产品质量；可以实现对选煤过程中环境参数和能耗的监测和调节，实现节能减排的目标。

1. 物联网技术在选煤自动化系统中的应用

物联网技术是指通过各种传感器和网络通信技术，将各种物理设备和智能终端连接起来，实现信息共享和自主控制的技术。在选煤自动化系统中，物联网技术可以实现对选煤过程中各个设备和环节的实时监测和控制。

(1) 设备监测与诊断：通过传感器实现对选煤设备的实时监测和诊断。传感器可以监测设备运行状态、温度、压力等参数，并将数据通过无线网络传输至云端，实现对设备状态的远程监控和诊断，以便及时发现设备故障并进行维修。

(2) 生产流程优化：实现设备间的自动通信和协同。通过将各个设备连接在一起，实现自动化调度和协同生产，从而优化选煤生产流程，提高生产效率。例如，在选煤过程中，可以通过自动控制设备的转速和进料量，实现最优化的选煤效果。

(3) 环境参数监测与调节：实现对选煤过程中环境参数、能耗的监测和调节。通过监测环境参数，如温度、湿度、氧气含量等，可以及时调节选煤设备的运行参数，以保证选煤效果。同时，还可以监测能耗，实现能源的节约和减排，降低生产成本和环境污染。

2. 大数据技术在选煤自动化系统中的应用

大数据技术是指利用各种技术手段对海量数据进行存储、处理和分析的技术。在选煤自动化系统中，大数据技术可以实现对选煤过程中各种数据的存储、分析和挖掘，从而为选煤生产提供有价值的信息和支持。

(1) 数据存储和管理：通过大数据技术的分布式存储和数据处理能力，实现对选煤过程中产生的海量数据（包括选煤设备的运行数据、环境数据、工艺参数等）的存储和管理。

(2) 数据分析和挖掘：通过数据挖掘和机器学习等算法，对选煤过程中的数据进行分析和挖掘，提取出数据背后的价值信息和规律，为选煤生产提供科学依据和优化方案。

(3) 实时监测和反馈：通过大数据技术的实时数据处理和传输能力，实现对选煤生产过程中各种数据（包括设备运行状态、产品质量、生产效率等）的实时监测和反馈。

(4) 资源调配和节能减排：通过大数据技术实现对选煤生产过程中各种资源的调配和优化，包括能源、水资源等；通过对能源消耗、排放情况的监测和控制，实现节能减排。

3．智能化技术对选煤自动化系统的优化效果

智能化技术在选煤自动化系统中的应用也存在一些挑战和问题。智能化技术的应用需要大量的数据和算法支持，但选煤行业的数据和算法资源相对较少。智能化技术的应用需要进行系统集成和测试，但选煤行业的设备和系统异构性较强，集成和测试难度较大。

针对这些挑战和问题，可以通过数据采集和共享，增加选煤行业的数据资源，同时引进和开发适合选煤行业的算法和模型；可以加强智能化技术在选煤设备和系统中的应用，提高系统的智能化和自主控制能力，降低人工干预和管理成本；可以采用标准化和模块化的设计，提高设备、系统的互操作性和集成性，降低系统集成和测试的难度。

(1) 完善设备保护及监测仪表

在选煤厂生产过程中，当离心机的筛篮有破损或断条时，会导致粗颗粒物料不断在离心液桶内堆积，最终导致堵泵或堵塞管路，发生刮板输送机槽溢流跑水，甚至导致系统大面积停车。为实现无人化厂房，需要集中控制的阀门改为电动阀，可远程控制，需要调开度的阀门改为电动调节阀，实现集中控制系统自动控制开度。实现阀门一液位的自动调节功能，自动检测桶的液位。其信号送入控制主机，与设定工作液位值相比较后，通过 PLC(可编程逻辑控制器)的运算输出，电动执行器控制阀门开度，使液位维持在设定的范围之内。闸门、翻板安装激光测距传感器实现开度的调节。现场手动操作的闸板、翻板改为电动远方操作，配套闸板、翻板远控箱。

(2) 智能控制

① 智能重介系统。建立质量分析数学模型，利用原煤可选性试验所得数据，预测理论分选密度，用以设定重介分选密度的初始值；在选煤厂末精煤和块精煤胶带上设置无源 X 射线在线灰分仪，利用精煤在线灰分仪实时灰分反馈数据、精煤快灰及原煤可选性试验数据，对分选密度的设定值进行修正，使灰分控制精度为±0.25%；实时检测并分析重介循环悬浮密度、各介质桶液位、磁性物含量、压力等参数，建立补水、分流、密度之间的智能控制模型与策略，实现智能补水、自动分流，实现循环悬浮液密度、桶液位、煤泥含量、压力的稳定控制。智能浓缩加药对底流浓度、底流流量、药剂添加量、溢流水浊度、清水高度等工艺参数进行检测与分析。根据实时与历史数据、入料性质等建立浓缩加药数学模型，自主预测浓缩环节的药剂添加量；根据溢流水浊度、清水层厚度实时调节加药量及加药比例。智能压滤系统将压滤机的单机设备连接到生产集中控制系统中，并将相关的信号以及现场岗位的视频信号也引入控制系统。

② 智能浮选系统。智能浮选系统共包含 4 层：第一层为数据采集层，采集现场浮选系统生产数据；第二层为数据层，存储基础、设备、操作、故障、生产数据；第三层为控制逻辑层，依据数据层数据，实现设备运行控制、加药控制、故障诊断、数据分析；第四层为用户感知层，能够完成生产监控、设备控制、报警管理、设备维护、报表管理。通过实时检测浮选药剂加药量、入料浓度、流量、煤泥粒度、结合入料性质和产品指标，建立浮选加药数学模型，自主预测浮选环节加药量、加药比例、充气量、精煤或尾煤灰分等各工艺参数。根据预测参数及在线检测参数，实时调整加药量、加药比例、充气量及液位，实现基于浮选效果及浮精快速灰分检测仪等产品数质量指标的智能控制，稳定精煤灰分，提高精煤产率。

③ 智能仓储系统。利用新型 3D 物位扫描仪对原煤仓和各产品仓仓内煤量进行精确测量；根据 3D 物位扫描仪探测的料位情况，可通过移动卸料小车定位装置及闸门定位装置的

信号，开启相应的分料闸门，进行精确装仓；同时根据 3D 物位扫描仪的检测信号，可以指导仓下装车闸板的开闭、给煤机的变频调速及启停，有效解决装仓、偏仓问题；智能装仓系统针对各仓的料位情况，自动控制相关插板的开度实现智能选仓、均匀配仓。

④ 智能火车装车系统。智能火车装车系统实现装车过程无人操作，有人值守，控制系统能够全面检测装车站各个环节，根据物料特性、车辆状态、设备状况等，自适应调整装车过程控制参数，自动自主完成从物料上料、配料、车厢识别、车辆动态跟踪，到刮板输送机槽自动控制、自动卸料、自动平煤等全部装车工序。从待装车辆进入装车区域开始，直到整列装载完成，将车号识别、定位、定量、装载、超偏载检验等系统进行智能化集成，安全稳定地完成装载任务，其间所有人工常规操作全部由智能系统替代完成，相关人员仅负责系统的启停、装车过程的监督以及收到报警后的决策。

⑤ 智能视频识别与联动。传统的视频监控系统是通过人员监控和录像来实现安全防护，实际上并不能有效地保障安全，尤其是监控点过多的时候，人员监控根本无法顾及所有监控场景；监控人员很难保证 24 h 都能准确高效地监控所有监控场景。智能分析技术可以通过对摄像机拍录的图像序列进行定位、识别和跟踪，并在此基础上分析和判断目标的行为，从而做到既能完成日常管理又能在异常情况发生的时候及时作出反应。视频联动系统可与 PLC 集中控制系统互联实现视频联动控制，起车时按设备启动顺序，在控制屏幕上放大该设备监控图像，设备出现故障时监控该设备图像可自动放大并发出报警。

⑥ 智能管理系统。实现智能化的调度管理、煤质管理、运销管理、机电管理、设备动态运行管理以及经营管理，包括计划统计、分析与指导、成本分析、物资管理、节能与环保管理等内容。

五、煤流运输设备的智能化关键技术及装备

（一）煤流运输设备的智能化现状及存在的问题

目前煤流运输设备的智能化主要实现了带式输送机单机控制和集中控制。在单台带式输送机保护及控制装置的基础上，煤流集中控制系统通过井下工业以太网形成实时监控网络，管控平台具备完善的生产监控管理功能，通过工业电视子系统进行图像监视以保障人员及设备安全，通过调度电话子系统对现场人员进行调度并快速检查、处理现场故障信息。然而，目前煤流运输系统智能化技术仍存在以下 3 个方面的问题：

（1）单机保护和控制方面：带面撕裂检测和转载点卡堵检测因误动作多，基本不投入使用；无法实现整条带面上的煤量分布感知，沿线传输网络（包括数据和语音）未实现数字化，且链路单一。

（2）单机沿线关键感知方面：目前对带式输送机机械易损部件关键运行特征的感知主要集中在机头、机尾等转载点，如电动机、减速机、滚筒、电气开关等，对于沿线的托辊、H 架、带面、环境等，由于距离长，几乎没有很好的感知手段。

（3）煤流系统协同管控方面：沿线各缓冲煤仓煤量检测不准确；缓冲煤仓下口给煤机无法实现给煤量精准控制；带载启停过程和根据带面载荷动态智能控制张紧力和制动力的模型缺失；一般仅实现了顺煤流、逆煤流启停，运行过程中仅少部分实现了根据单条输送带瞬时煤流的变频调速。

煤流运输系统向从工作面到地面原煤仓全对象有人巡视、无人值守、协同经济运行的管

控一体化新模式发展，是当前阶段国内煤矿智能主运输系统的发展趋势。

（二）煤流运输系统智能化关键技术

1. 基于全数字化的FCS分布式带式输送机通信控制技术

传统带式输送机单机保护及控制装置一般采用机头配置防爆PLC＋带式输送机通信保护装置的方式，沿线采用电源线＋脉冲编码线＋闭锁线＋语音线＋低速总线的多芯电缆进行传输，存在控制架构复杂、信号易受电磁干扰、沿线数字化扩展困难、系统自诊断能力弱等问题。基于全数字化的FCS（现场总线控制系统）分布式带式输送机通信控制技术采用模块化、标准化、本安化、平台化设计，与数字传输、开放式可编程控制、基于机器视觉的增强型保护检测技术融合，实现煤矿井下带式输送机智能通信、检测与控制。

2. 基于机器音视觉的多传感融合增强型带式输送机保护技术

传统带式输送机一般采用八大保护（打滑、堆煤、跑偏、超温洒水、烟雾、撕裂、双向急停开关、张力下降保护），其中多为单点保护，如机头堆煤保护主要依靠接触式堆煤开关，其对安装位置有一定要求，在正常运输过程中易被煤块误砸损坏或误动作，导致频繁停机。基于机器音视觉的多传感融合增强型带式输送机保护技术引入机器音视觉判断技术，采用工业高速相机（含音视频采集功能）、结构光发射器，结合传统保护传感器及转载点前后的煤流量，以多传感融合计算盒为边缘计算核心。该技术可将传统的单点检测和事后报警转变为多点融合检测和事前预测，大大提高了带式输送机保护的可靠性。

（三）煤流运输设备的智能化发展趋势

（1）“十四五”初中期发展趋势。实现地面集中流程控制＋现场有人巡视、无人值守的作业模式。煤矿现有的地面集中流程控制＋现场有人巡视、无人值守的作业模式已经具备成熟技术条件，通过对带式输送机传统八大保护（尤其是堆煤和撕裂保护）进行完善和升级，能极大限度地提高保护的可靠性。同时通过增加沿线视频监控和语音联络装置，以及煤仓煤量监测、给煤机控制及产量监控装置，可更好地实现在地面远程一键流程启停功能。

（2）“十四五”末发展趋势。实现煤流协同经济运行＋机器人辅助巡视、无人值守的作业模式。系统底层可增加集中润滑、油脂监测、AI增强型保护、智能降尘及防灭火等装置或系统，提高设备运转的可靠性与安全性；在固定煤流线增加沿线机器人辅助巡检，减小巡检人员劳动强度；以全煤流线所有设备为控制对象，采用多点感知融合技术对全煤流线带面载荷分布进行精确感知，在保证全煤流线不洒煤的前提下实现煤多快运、煤少慢运的协同经济运行。

（3）2035年中远期发展趋势。实现全煤流线常态化智能运行＋机器人智能巡视的作业模式。全面引入AI感知和执行技术，实现整个主运输系统从底层装备到顶层系统整体的智能感知、智能决策、自动执行，真正实现全煤流线常态化局部智慧无人作业模式。

六、AI技术的关键技术及应用

目前基于AI智能识别的技术日益成熟，但在煤矿的研究应用还处于起步阶段，大部分矿井视频监控设备有待升级换代，且不具备AI分析功能。AI视频智能分析在煤矿安全生产中的研究应用有将高清摄像设备、物联网、云计算、大数据、人工智能、自动控制、新一代信息技术等与煤炭生产技术进行深度融合，形成全面感知、实时互联、数据驱动、智能决策、自主学习、协同控制的完整煤矿视频智能系统，实现煤矿地测、设计、采掘、机电、运通、洗选、安全保障、生产经营管理等全过程安全高效智能运行。其中，AI 主要研发内容包括：

一是 AI 视频对隐患的识别。对各种设施的不安全状态、设备的异常情况、环境的不安全因素进行识别，并具备预警、报警、闭锁功能。

二是 AI 视频对不安全行为识别。利用煤矿数字视频监控系统现有的设备，实现井下人员各种常见违章及标准化作业规范的智能识别，实现自动识别报警、图像抓拍、延时录像等功能。

三是 AI 视频实现煤流量监测智能控制。利用 AI 智能识别高速摄像仪配合专用激光灯，精确识别计算出胶带上的煤量，对胶带的运量进行统计，可以发出信号给胶带控制主机，实现自动保护停机、调速，减少设备磨损和降低能耗。

四是 AI 视频实现专用设备实时安全监测。对提升机首、尾绳主副井井筒检测，钢缆胶带、候车等的钢丝绳在线检测，发现问题提前预警报警，超前处置，降低机电事故发生率。

七、安全生产智能管控及大数据分析平台

安全生产智能管控及大数据分析平台以煤矿综合自动化技术、在线数据检测技术、计算机技术、3S[地理信息系统(GIS)、遥感(RS)、全球定位系统(GPS)]技术、网络技术和采矿专业技术为支撑，是集信息采集、数据分析、综合展示、协同调度、集中管控为一体的安全生产智慧管控平台。该平台高度集成各类安全、生产、工业视频、网络通信、经营管理等信息化数据，实现全矿井采、掘、机、运、通、地测、调度、防治水、人、财、物、产、供、销等系统的信息融通，以及生产安全可控可视、实时监测、定位追溯、调度指挥、预警报警、系统联动、趋势研判、安全防范、决策支持等功能。

(一) 安全监测系统集成

该平台基于 GIS 协同一张图无缝集成矿井各种监测监控子系统、人员位置监测系统和视频监控系统等所有生产设备、环境、人员数据和文字信息，实现数据共享、综合信息展示。实现模拟曲线类、数字显示类、流动方向类、跟踪定位类、组合开停类、储藏仓位类、位置监控类、视频播放类的维度组态和视点布局，实现实时数据的增强现实展示、报表查询、声光报警、快速定位和关联分析，实现分系统展示安全监控、人员位置监测、视频监控、瓦斯抽采、矿压监测、矿井水文监测、环保监测、自然发火(束管)监测、冲击地压监测、应急避险、联动报警等。

(二) 智能监控系统集成

控制平台通过底层接口通信方式和上位机软件接口方式实时采集各智能监控子系统数据，形成工艺流程图、趋势图、柱状图、视频信息等多种方式，实时监控全矿的生产运行状况，平台为用户提供各类监测系统的实时报警信息，包括超限报警、开关报警、系统在接设备的故障记录，当系统出现故障和报警时会自动弹出窗口或弹出报警条，根据用户自定义的等级严重性排序，并提供报警功能。系统自动统计出昨日、当日、当前的报警故障个数，并可点击查看相应详细信息，可以按子系统、类别、等级、日期段等条件查询和统计历史报警或故障信息。

（三）GIS 协同一张图在矿井的应用

GIS 协同一张图基于大数据集中存储及网络服务模式创新，完成多终端、多人在线的矿图数据录入及编辑，安全、稳定的数据提交，可以满足煤矿地质、测量、水文、储量、通防、机电、生产、监测等专业同时在线协同编辑、多部门协同办公等应用要求，从而实现各专业、各部门间矿图的即时动态更新，最终实现以巷道为底图的多专业专题图协同更新。

GIS 协同一张图以图层为单位将矿井各类专业图形集中为一张图管理，将地质、测量、水文、储量、通防、机电、生产、监测等多专业的图件，以图层为单元，统一管理，减少数据冗余，实现数据共享和动态更新；通过多专业协同工作，数据及时、动态更新，实现各个专业基于共同的一张图，同时在线编辑各自的图形内容，实现在线协同工作；充分利用多终端数据录入、多方式维护及查询一张图数据，可以通过计算机、移动设备、Web 在线等多种方式实现一张图数据的维护、多种设备终端的随时随地浏览及查询；系统基于统一绘图平台的矿图制图系统，统一符号库，规范图层分层及命名标准，提高系统的实用性和便利性。

（四）基于三维 GIS 技术的可视化平台

系统平台采用三维可视化技术，以数据仓库技术、三维表面建模技术、三维实体建模技术、数字采矿设计方法、工程制图技术为基础，通过信息化与自动化的融合，综合利用地测采三维空间数据、人员位置监测系统、监测监视系统、现场数据采集系统、通信系统、自动化控制系统、云计算技术和建模技术，全面构建矿井的采、掘、机、运、通各专业子系统仿真模拟和漫游巡检系统，实现全矿井“监测、控制、管理”的一体化，最终实现基于三维 GIS 平台的网络化、分布式综合管理系统，为煤矿安全生产管理提供保障。

（五）大数据智能分析

平台应用大数据、地理信息系统、现代数理统计、数据挖掘技术、量化分析技术，对煤矿安全生产相关的信息、在线监控系统采集的数据进行综合展示、关联分析、探索挖掘、概括推理，发现历史数据中蕴含的安全生产知识规则和人、机、环、管要素演化模型，根据现势数据量化概括当下的安全生产状况，发现目前存在的安全风险和问题，诊断推理风险与问题发生的原因及可采取的处理措施，根据历史和现势对未来的安全生产形势进行预判和预警，实现煤矿安全生产的动态诊断和辅助决策监管。

平台分为采集接入平台、大数据分析处理中心、智能 BI 引擎和业务支撑中心。其中，采集调用平台主要是负责环境传感器（如甲烷、通风、温度、电压传感器等）数据、大型设备传感器（如 PLC、OPC Server、温度、电压、震动传感器等）数据以及人员便携式传感器（如位置传感器等）数据的采集和调用，并将数据按照国家和集团标准写入大数据中心，进行数据建模和预测分析。智能 BI 引擎提供可视化和自定义交互式能力，向上层业务支撑中心提供模型和报表支持。

通过对煤矿生产数据和市场数据的分析，可以发现潜在的风险，为煤矿管理人员提供决策依据。同时数据分析系统还可以对煤矿的生产效率、能耗等方面进行分析，发现、探索生产优化和节能降耗的潜力与机会，帮助煤矿提高生产效率和降低生产成本。

第三节　智能煤矿的安全管理

一、智能煤矿在建设和运行过程中的经验与教训

煤矿智能化建设一项复杂的系统工程，不仅是指矿井采、掘、机、运、通各业务系统的运行，还包括采前智能地质探测、采后智能洗选加工与增值利用等环节。煤矿智能化建设需要实现智能化各系统之间的互联互通，推动煤矿企业管理模式重塑、业务流程再造，由管人员、管现场向管网络、管数据、管装备转变，在生产系统智能化单兵突击的基础上，实现全系统、全流程、全链条智能化的整体推进。根据相关经验教训，煤矿管理人员应注意技术、设备、系统、人员、管理诸功能的合理匹配，把握以下事项。

（一）统一规划，避免信息孤岛

煤矿生产经营管理部门多，由于各部门专业技术水平的差异性，与系统供应商技术交流时，偏重于系统功能需求的层面，至于组网方式、服务器的配置及安装位置、通信接口方式及通信协议等技术要求，往往依赖系统供应商根据自己的特点或利益倾向确定。这就容易造成煤矿各部门在智能化建设上各自为政，建设的生产、经营、管理系统之间难以实现数据的互联互通，系统建成后易形成信息孤岛，为后期各系统融合、数据采集与智能分析埋下隐患。

针对以上情况，煤矿在智能化建设时须有专业管理部门进行统一规划，统筹煤矿智能化建设的顶层设计。以专业管理部门的角色，统筹煤矿各生产经营管理部门智能化建设的需求。专业管理部门负责系统组网方式、服务器的配置及安装位置、通信接口方式及通信协议等技术要求的统一规划，其他生产经营管理部门根据本部门专业技术要求及功能需求提出要求。

在顶层设计及规划中应跳出传统的逻辑架构和思维方式，避免按照原系统进行堆砌建设。要从智能化视角进行流程再造和管理再造，以系统思维和智能化视角重塑原有架构完成规划方案，在顶层设计指导下进行流程再造和关联关系重塑。

（二）周密调研，合理顶层设计

煤矿智能化建设的方案规划需要各生产经营管理部门参与，在智能化建设专业部门的统一协调下进行密集的调研、分析与讨论，共同开展智能化规划工作。为确保智能化建设方案的科学性、合理性、可行性、前瞻性，重点需要考虑以下几个方面：

（1）利用系统的观点，多视角地对全矿井生产经营的全部业务范围进行分析、描述和设计，建立安全生产信息化的总体架构。把整个安全生产业务看作一个整体，在各个生产、经营、管理系统设计和实施之前就进行总体架构的分析和设计，使各个系统有统一的标准和架构参照。

（2）为便于后期各系统融合，煤矿各生产自动化控制系统的组态软件配置要统一，组态软件尽量是国际一流的正版软件，比如 iFIX、WinCC、InTouch 等。各生产自动化控制系统的组态软件配置统一应有利于以下几个因素：有利于系统运维技术人员的培养（只需针对一种组态软件开展培训）；有利于组建专业化运维队伍，能使运维队伍功能发挥最大化；有利于智能化建模与分析的数据采集；有利于集中控制平台的建设。

(3) 根据煤矿生产能力、服务年限、生产系统布局(供电、通风、排水、压风、提升、瓦斯抽采、安全监控等),确定煤矿各生产自动化子系统的数量、I/O 点数等,实现业务功能。

(4) 根据煤矿安全生产经营管理的特点及人、财、物、产、供、销各专业管理部门的需求,确定各子系统的数量及业务功能。各子系统除了各自具有完善的管理功能外,必须提供开放的二次开发接口,能与其他系统集成,满足上下游管理的需要。

(5) 根据煤矿生产自动化系统、经营管理系统的数量、业务功能需求,进行机房和工控机位选址及设计,避免后期系统数量增加导致机房、工控机位的空间大小或位置不合理。

(6) 进行充分考察与调研,重点调研以下几方面:① 主要应用技术的先进性与成熟性;② 系统供应商专业技术人员的数量与技能水平;③ 系统供应商关键设备采用的技术与质量;④ 系统供应商的市场占有率。

(7) 服务器、工控机的配置与选型。根据系统需求(容量、内存、冗余量)配置选型,严禁出现小马拉大车导致系统运行频繁卡机、死机,造成软硬件配置及建设资金的浪费。

(8) 现场控制设备的选型与配置,重点考虑:① 煤矿各生产自动化系统控制设备的统一,宜选择国际一流的自动化控制设备,如西门子 PLC、三菱 FR 系列 PLC,尽量避免出现控制设备"独生子";② 根据系统的控制点数及感知数据的采集点数合理选择控制设备的容量(30%左右的冗余量);③ 考虑控制设备的体积与重量要利于现场安装、布线及后期运维。

(9) 现场感知设备的选型与配置,重点考虑以下几方面:① 感知设备的精确度(为后期智能分析与决策提供准确的数据支撑);② 便于安装及后期运维;③ 感知设备的接口方式。

(10) 专业化运维人才队伍建设。煤矿智能化建设涉及矿业工程、自动化工程、信息工程、机器人以及人工智能等多学科,迫切需要与之匹配的人才队伍。在智能化改造过程中容易出现人员结构与当前工作不匹配的情况,比如原有采矿专业人员占比较多,但现在智能设备配套、安装、使用和维护等工作越来越多,信息化人员已不能满足现有需求。另外,需要越来越多掌握一定信息化和智能装备使用能力的人员,还需要一些具备采矿基础、自动化控制基础和运维实践的复合型人才。通过机械设备的安装、电气设备的连接、供液系统的保养、控制系统的维护以及数据系统审查,做到岗位作业人员会安装、会维护、会调试、会操作、会分析处理。

(三) 分步实施,科学组织

煤矿应成立智能化专职机构,强化"一把手"工程,由一把手担任专职机构负责人,确保煤矿智能化建设各项工作有序推进。按照"顶层设计、基础先行、重点突破、全面接入"的建设步骤,一是充分考虑井下信号的传输、网络承载能力、传输速度,减少井下线缆的铺设量,提高数据传输的可靠性;二是对采、掘、机、运、通、压、提、排、供等环节智能化系统要优先建设和重点突破,采用工业控制软件、人工智能、数字孪生等新一代智能化技术,实现安全生产设备的状态感知、实时分析、科学决策、精准执行的闭环赋能体系;三是各子系统融入智慧管控平台,禁止出现"数据孤岛";四是智能管控平台系统通过数据仓库和各种服务软件实现深度集成和互联互通,对各类数据进行抽取、清洗、聚集、汇总和压缩定制,自动显示常规信息,具备预警发布、导航查询、智能搜索、综合分析、辅助决策、协同办公、操作培训等功能。

（四）开放协议，互联互通

煤矿智能化建设的关键是各系统数据的相互融合、互联互通，通过对各系统采集的数据进行智能分析、超前研判，要求各系统通信接口能支持多种数据业务、通信协议和接口，如TCP/IP、HTTP、DDS、DDE/NetDDE、COM/DCOM、OPC、RS232/RS485、FTP等。

煤矿智能化需要建设基础网络平台、自动化控制系统，采煤系统、掘进系统，各类信息化管理系统之间的数据兼容、网络兼容、业务兼容和控制兼容效果如何，能否实现系统间协同作业是关键。煤矿设备品类众多、工业协议“七国八制”、数据格式规范各不相同。为避免各生产、经营子系统建设后不能与其他系统融合、联通，形成孤立，就要在各子系统建设规划时，提前对通信接口规范统一，各系统供应商的通信接口必须符合要求，能够从SCADA（数据采集与监视控制系统）、DCS（集散控制系统）、PLC、板卡、仪表、DDE（动态数据交换）、端口等多种软件、设备、协议获取数据，并从各种服务系统、应用系统和控制端获取命令，自动转发和执行。

（五）网络容量，数据通道

工业网络需要井上下统一规划、统一运维，形成基于业务隔离网络统一的系统。煤矿网络系统建设重点考虑以下几个方面：

(1) 安全监控系统采用专用网络，尽量避免与其他系统共用，减少因日常网络接入、维护等对监控系统运行造成影响。

(2) 监测类、自动控制类系统对于网络带宽要求较低，实时性要求较高，应优先保证该类系统数据传输。对于视频监控业务，需采用主干带宽10 000 Mb/s的工业网络，保障视频传输流畅。在建设中可优先选用F5G无源全光工业网络系统，实现“万兆上联、千兆接入”。

(3) 主干网络具备冗余保护，井下网络主要节点间物理线路应至少2条，在井筒、巷道中尽量分开布设，避免因线路故障造成网络中断。各个网络节点间采用环形、网状结构，减少单点故障造成网络大面积瘫痪。

(4) 核心设备应配备冗余，支持三层路由，具备自诊断功能，自愈时间小于50 ms。

(5) 支持对不同类型的业务分配端到端管道资源，管道带宽可灵活配置；支持优先级标记功能，不同的业务流可以根据优先级别配置；支持优先级、权重等拥塞管理机制，保障重要系统的实时性。

(6) 无线网络应采用4G/5G/Wi-Fi6主流无线通信技术，不同制式通信网络均能通过其通信网关实现终端节点基于IPv4或IPv6进行网络层级访问。

（六）网络、信息安全、防护做到“三同时”

煤矿网络应用规模和复杂度大幅度提高，网络信息安全问题愈加突显。传统的IT（信息技术）、OT（运营技术）隔离格局逐渐打破，工业网络与办公网络融合，给工业控制系统带来的风险越来越多。一旦出现网络信息安全事件，将对煤矿正常秩序带来严重影响，轻则造成生产影响，重则造成人身伤害事故。网络信息安全防护系统用来保护网络及信息系统的硬件、软件、数据等，不受偶然的或者恶意的原因而遭到破坏、更改、丢失、泄露，保障信息系统连续可靠稳定运行，网络服务不中断。网络安全建设应满足国家网络信息安全法规规定，需达到等保2.0二级要求，有条件的要达到等保2.0三级要求。

煤矿智能化规划时，网络信息安全防护体系建设需要与智能化建设同时规划、同时建设、同时投入使用。对于监测监控系统、传感系统、工业自动化系统、软件系统等业务系统之间既要互相访问、又要互相隔离，满足信息安全要求。主要从以下几方面考虑：

(1) 基础网络防护。通过对煤矿办公网络、工业网络分区分域，并在各区域根据功能特性不同，部署边界安全防护设备，保障网络具备初步的网络防护能力。形成主动、全面、高效的技术防御、检测、响应闭环体系，将面临的各种风险控制在可以接受的范围之内，出现网络信息安全事件后，能够快速定位、响应。

(2) 工业网络防护。随着智能化建设推进，工业网络与办公网络互联互通，一旦发生攻击，没有有效的阻断机制和隔离机制将难以遏制攻击扩散造成严重的影响。在工业控制系统中，终端设备包括现场的仪表、传感器、PLC、RTU(远程终端单元)等，也包括 SCADA 系统中的各类操作终端和服务器及 PLC 对应的操作员站。这些终端既有不同厂商生产的自动化设备，也有使用 Windows 系统安装工业组态软件的工控计算机。这些设备中存在大量的可被利用的隐患，且存在难以修复、难以利用防病毒软件进行保护的特点。在工业控制系统网络边界、网络内部及现场的关键终端需要分别落实必要的安全防护技术手段，实现安全威胁的闭环处置。

(3) 数据安全与灾备。为保障业务系统连续性，防止由于硬件故障、操作系统升级、软件崩溃、逻辑错误等生产环境造成的业务停顿及数据丢失等情况的发生，重要的业务系统需要考虑建立应用级灾备，在因外部原因导致业务系统中断时，可以快速地完成整个业务系统重建，保障业务系统数据的完整性和业务的连续性。

(4) 完善网络信息安全管理制度。建立完善的网络信息安全管理制度，对接入煤矿网络的人员、设备采取严格的管控措施，建立网络信息安全事件应急预案并定期进行演练。定期扫描病毒和恶意软件、定期更新病毒库、查杀临时接入设备(如临时接入 U 盘、移动终端)等；以满足工作要求的最小特权原则来进行系统账户权限分配，确保因事故、错误、篡改等原因造成的损失；定期审计分配的账户权限是否超出工作需要；强化工业控制设备、SCADA 软件、工业通信设备等的登录账户及密码，避免使用默认口令或弱口令，定期更新口令；严格禁止工业控制系统面向互联网开通 HTTP、FTP 等高风险通用网络服务，严禁私自通过工业网络连接互联网远程调试；外来人员携带 U 盘、笔记本等设备接入煤矿内部网络调试设备的，要严格检查确认。

(七) 机房安全，重中之重

煤矿数据中心机房是所有信息化、智能化设备运行的中枢，机房的设计、布局要考虑安装使用方便、管理容易、安全可靠等各方面的因素，同时要考虑为今后容量增加预留一定余量。主要考虑以下几个方面：

(1) 可靠性。具有抵御一般自然灾害如地震、水灾、水害、鼠虫害等的能力；具备可靠稳定的电力系统(双回路供电)、空调系统、防雷系统、抗电磁干扰系统、防静电系统、事故照明系统、消防系统，确保电力系统及空调系统运行的连续性。

(2) 先进性。采用先进的设备和技术，对机房内包括供配电、空调与新风、环境、安保、消防等系统设备运行情况进行数据采集，结合动环监控系统平台进行有效的运行管控。

(3) 灵活性。考虑到未来不断发展的需要及投资效益，综合考虑机房面积、供配电系统容量、空调系统容量、数据接入量等，预留合理的余量及可扩充的空间，使机房的投资及今后的发展都能得到可靠的保障。

二、智能化采掘工作面建设经验及注意事项

建设智能化的采掘工作面，是建设好智能煤矿的关键。必须做好规划设计，充分了解主要设备及其要实现的功能。同时，要建立新的管理机制和运维体系，做好已安装智能装备的使用、调试、维修，推动已建成智能化系统尤其是采掘工作面的常态化运行，避免建而不用、搞"花架子"。管理人员应注意把握以下事项。

（一）工作面应用"主动支护＋矿压在线监测"技术

优化设计采掘工作面巷道支护强度，构建"主动支护＋矿压在线监测"技术体系，为智能化采掘顺利推进打好基础。综采工作面安全出口与巷道连接处超前压力影响范围内必须加强支护，由传统的单体支柱或超前液压支架被动支护升级为锚索主动支护方式。同时配套顶板压力在线监测系统，对液压支架工作阻力、锚杆（索）受力、顶板离层、围岩应力分布及巷道收敛变形情况进行实时在线监测，井上计算机实时动态显示监测参数、云图和直方图，出现异常可实时报警并记录报警事件，以分析矿压显现规律、对回采应力集中情况进行监测预警，确保智能化工作面巷道支护满足安全要求。

（二）煤流系统应用"AI视频监控＋变频调速＋电磁除铁"技术

煤流系统应用"AI视频监控＋四象限变频调速"技术，以实现综采综掘工作面的智能监管。利用煤矿井下已有摄像仪的视频监控图像，在煤流系统新增AI智能识别高速摄像仪配合专用激光灯，监视和识别人员、设备、环境等运行状况，对煤流中的铁器杂物、矸石及输送机异常等情况进行识别，抓拍照片、自动录像、弹屏报警、输出报警信号；并识别煤流系统的负荷状况，输出控制信号调节输送机的运行速度或自动保护停机。配合四象限变频器，根据煤流大小进行工况设计，实现变频器全时段四象限运行，满足多工况运行模式。利用AI摄像仪检测到无煤流时采用全速段的30％运行，有煤流时采用全速段的100％运行，根据煤流运行条件设置多工况运行，从而实现自动保护运行、调速，减少设备磨损和降低能耗，满足绿色运行。为防止煤流中的铁器杂物造成设备损坏与煤流拥堵，应在合适位置安装自动控制高效强力的电磁除铁器。通过AI摄像仪远程监控，电磁除铁器自动开启对煤流系统的铁器进行清理，减少人员的投入，提高煤流系统安全。

（三）动力设备应用"远距离供电供液＋电缆自移"装置

采掘工作面动力设备应用远程恒压供液系统及电缆自移装置，远程供液设备应布置在车场（或巷中），以减少动力设备在综采工作面回采、掘进工作面掘进期间的移动次数。采用高压供电，一次安装完成布线，解决工作面远距离供电压降及设备列车搬迁问题。配套电缆自移装置与电液控结合，机组电缆自移实现远程自动化电液控制，减少人工操作挪移。乳化液泵站供液系统配套有净化水装置和乳化液自动配比装置，设置专用水源，保证供液系统水质安全；同时采用特高压钢管作为工作面供回液管路，增加工作面供液流量，满足多支架成组操作的要求。

（四）工作面设备选型配套优化

综采工作面采煤机防碰撞设计。采煤机在割煤过程中，由于支架拉设不到位或者因地质条件导致支架倾斜等特殊情况时，采煤机容易碰撞到支架。目前采用的处理方式为控制

器通过计算支架倾角传感器的位置判断支架状态，此方式设计单一，加上倾角传感器电缆在使用过程中容易折断导致计算产生误差较大。因此应用冗余设计理念，除采用控制器计算支架状态外，还使用AI摄像仪判断、计算支架状态与采煤机位置，两种处理方式相互配合、精准判断，防止设备碰撞。

设备加工工艺处理设计。运输机链条与链轮、槽帮与滑靴的热处理工艺必须一致。在设备设计与加工时采用配套的工艺处理方式，防止工艺不一致导致设备磨损较快。

综采工作面智能化平台开发技术融合设计。工作面“三机”信息工况协同，通过“三机”及其配套设备动作时序规划、“三机”联动控制模型和策略等关键技术，实时提取“三机”及其配套设备运行的参数，实现“三机”运行控制参数的自适应调整和匹配，达到“三机”协同控制，最终实现自动化和无人化作业。

综掘工作面设备选型与技术配套。根据工程设计确定主体设备及辅助运输设备选型：根据煤岩层硬度确定掘进机机型；根据巷道顶底板情况确定支护方式；根据巷道断面设计确定辅助运输方式等。根据智能化综掘发展的趋势，优先选择成熟的技术保证安全生产，如掘进机远距离集中可视化操作技术、辅助运输系统集中控制技术等。保证系统开源，后期再根据使用情况逐步增加相关功能。

（五）建立常态化应用和持续改进的长效机制

（1）完善智能化管理制度，促进智能化管理与矿井管理的融合。

① 将智能化作为一个专业进行管理，配齐包机、巡检、试验、岗位责任制（操作规程）、安全管理、培训等制度，进一步规范智能化管理。

② 理清思路，明确责任分工，确保智能化赋能安全生产。智能化与现场是一个统一的整体，两者是既有分工又有协调配合。对于智能化工控系统而言，首先要保证设备（系统）完好、现场标准化达标，其次要保证智能化系统通信正常，能够实时监测设备（系统）各项参数指标，具备远程控制功能。只有两个条件同时满足，方能实现机电设备的安全高效运行。

（2）制定考核办法。在保证安全生产的前提下，鼓励使用智能化技术解决生产安全、人员短缺等问题。

（3）开展离散设备集控系统建设，将井下采掘头面配电点、巷道内离散设备数据进行整合，纳入智能化系统进行一体化管理，实现离散设备地面集中控制。

（六）配套建设专业化运维体系

（1）解决智能化系统运行问题，包括现场运维和远程运维。现场运维包括软硬件故障处理、人员培训等。远程运维包括应用数据分析技术诊断设备健康状况，指导矿井精准检修；实时监测设备运行状态，指导矿井快速解决设备运行过程的异常情况。

（2）规范智能化设备的备品备件管理。智能化设备配件大多为精密器件，在井下的运输、安装、回撤以及存储过程中要严格管控，包括管路的接口封堵、控制器件和线缆的编号管理、材料库的编号管理，以及技术资料管理。

三、智能化采掘工作面安全管理工作要点

（一）完善智能化采掘工作面管理制度

为充分发挥智能化采掘工作面的综合效能，实现安全高效生产，煤矿企业必须加强智能

化采掘管理。按照国家、省等上级有关部门关于煤矿智能化建设的标准、规范、制度等文件规定，针对综采、综掘智能化装备在安装及使用管理中存在的不足和问题，制定完善的管理制度，为安全高效生产提供管理与技术保障。

(1) 有智能化岗位责任制，包括控制中心值班人员、维护人员、管理人员等岗位责任制。

(2) 有智能化操作规程，明确设备智能化操作、应急操作、远程人工干预操作流程，保证操作前通信畅通。

(3) 有智能化巡检制度，明确巡检项目及标准、责任人和周期，通过线上、线下方式定期对受控设备与智能化系统进行巡检和维护。

(4) 有智能化试验制度，明确试验项目、标准、责任人和周期，保证受控设备本体保护和智能化系统保护齐全可靠。

(5) 有月度智能化安全评价制度，每月组织系统安全评价(专项检查)，对系统运行薄弱环节制定措施进行管控，对系统隐患制定措施落实整改。

(6) 有智能化技术档案，并保管齐全。包括智能化设备使用说明书及图纸、大修及技术改造记录、设备台账、巡检记录、试验记录等。

(二) 强化责任考核与制度落实

规范智能化系统常态化运维管理，一是系统运行上要做到100%自动化运行；二是系统维护上要做到设备(系统)有包机、维护有配件，保证设备(系统)100%完好。

1. 严格岗位责任制考核

(1) 操作舱值班人员：持证上岗，熟练掌握操作规程、线上巡检流程、异常信息报警处置流程等，能够配合智能化维护人员和设备巡检工完成保护试验。

(2) 维护人员：持证上岗，熟练掌握系统工作原理，会处置一般故障，能够配合驾驶舱值班人员和设备巡检工完成保护试验。

(3) 安全生产管理人员：定期检查系统运行、现场标准化情况，指导处理异常情况。

2. 严格智能化采掘工作面常态化应用考核

(1) 有开机率统计。智能化采掘工作面不能正常运行时必须及时追查分析原因，并落实责任。

(2) 每天按规定进行保护试验，保证保护装置齐全可靠。

(3) 定期进行系统巡检并记录，包括线上、线下巡检，异常信息及时处理。

(4) 每周进行曲线分析，异常信息及时处理、分析。

(5) 每月进行系统安全评价，及时整改问题，分析系统运行情况，明确下一步重点工作。

(6) 每月对智能化采掘工作面运行情况进行总结分析，总结主要内容包括：系统运行情况，阶段性工作达标情况；存在问题及整改方案，下一步重点工作等。

四、智能煤矿日常维护与安全管理要点

(一) 安全管理要点

1. 安全检查

(1) 现场检查。检查系统是否存在运行隐患或风险。

(2) 安全管理检查。检查安全生产责任制、制度、基础工作的落实情况；检查员工的安

全意识和安全培训情况；检查员工的岗位责任制和培训学习情况。

(3) 煤矿应每月组织一次智能化系统专项检查活动，形成专项检查工作总结。

2. 隐患管理

(1) 事故隐患管理应认真贯彻“安全第一、预防为主、综合治理”的安全生产方针，及时发现和处理各系统存在的安全隐患，避免或减少事故发生。

(2) 建立事故隐患管理制度。对事故隐患的分析、调查、处理和复核进行全过程管控，并形成规范的技术档案。

(3) 建立事故隐患报告制度。对不能及时整改的事故隐患应填写事故隐患记录并逐级上报。事故隐患报告包括以下内容：隐患部位、隐患类别、隐患基本情况、主要危害（包括影响范围、影响程度、估计损失等）、整改措施、防范措施。

(4) 事故隐患应按照“五定”原则（定项目、定资金、定时间、定责任人、定整改措施）进行闭合管理。

3. 风险管控

(1) 危险源管理要求

① 应建立煤矿智能化系统风险管控管理制度，建立健全相关风险辨识、风险评价及控制措施清单或台账。

② 风险管控应充分考虑生产工艺流程变更、受控设备运行状态、网络安全等因素，做好风险等级划分，制定对应的管控措施，保证系统安全可靠运行。

③ 风险管控应覆盖系统生命周期管理全过程，包括系统方案设计、招标采购、设备到货验收、安装调试、运行维护等。

(2) 危险源辨识和风险评价要求

① 危险源辨识。危险源辨识应覆盖所有系统运行全过程，包括人的因素、物的因素、环境因素、管理因素。

② 风险评价。应规定风险评价的方法和风险分级标准，对风险评价应进行实时动态管理，对于目前不符合法规要求、曾经发生过事故但仍然无有效控制措施的危险源，应直接列为重点危险源，并采取有效控制措施。

③ 危险源控制措施。危险源及其控制措施应实行清单式管理，根据措施要求推动危险源整改落实。根据危险源性质制定相适用的控制措施，包括生产工艺流程、监测监控等技术措施，文件制度、操作流程、应急预案、持证上岗等管理措施；措施应具体、可行、有效。

4. 应急响应

(1) 建立完善的煤矿智能化应急管理体系，对企业的监控及预警预报体系起到促进作用。

(2) 应充分利用智能化系统定期开展应急演练活动，对系统的兼容性和安全性进行评估；应急演练结束后，应对演练效果进行综合评审，分析问题、解决问题。

(3) 编制并保存应急演练评估报告或评审记录，并对智能化应急管理体系的完善起到促进作用。

5. 培训

应制订详细的培训计划，培训人员范围为煤矿在册的所有员工；培训内容及周期因人而异（根据被培训对象的受教育程度、岗位职责确定）。宜结合新装备、新技术、新工艺等的应用制订培训计划。煤矿智能化专业人员应经过培训，考试合格后方可持证上岗。

（二）日常维护要点

1. 管理标准

(1) 成立专门的智能化运维队伍，有明确的责任分工，保证智能化系统安全运行。

① 运行人员：在智能化控制中心值守，按照一天三班制原则，每班不少于 2 人进行岗位值守。设 1 名值班长，负责当班系统操作和应急管理调度；至少 1 名操作员，负责按照值班长指令进行规范操作。持证上岗，会操作，了解现场运行状况，能够到现场处理一般问题。

② 巡检维护人员：在智能化机房/系统现场巡检，按照一天三班制原则，每班不少于 1 人进行（系统）现场巡检维护。持证上岗，与智能化控制中心对接联系，负责智能化系统巡检维护，能够处理系统运行问题。

③ 基础设备维护人员：由设备责任单位直接管理，与智能化控制中心对接联系，负责基础设备维护管理。

(2) 建立完善的智能化运行维护制度、规程、预案和记录，规范智能化管理。

① 智能化控制中心

a. 制度：设备管理制度，技术管理制度，事故分析追查制度，系统安装验收制度，系统巡检制度，系统安全管理制度，隐患/风险分级管理制度，配件管理制度，设备维修保养制度，应急预案，各级领导的岗位责任制，各工种岗位责任制及操作规程。

b. 图纸：矿井自动化网络拓扑图，设备布置图（接线、线路走向），系统控制图（功能、配置），设备自供电系统图，以及各系统出厂图、竣工图。

c. 记录：运行日志，巡回检查记录，事故记录，交接班记录，操作记录，缺陷记录；保护装置检查试验记录。以上记录可以是系统中自动导出、打印的记录。

② 主要机房/系统

a. 制度：要害场所管理制度，领导干部上岗制度，设备包机制度，保护装置检查试验制度。各项管理制度与智能化系统紧密结合，实现设备智能巡检、故障预警和告警、信息实时发布等功能，较好体现“人辅助自动化”的工作模式，达到设备安全运行目标。

b. 图纸：系统网络拓扑图，各系统出厂图、竣工图，自动化操作流程图，应急操作流程图。

c. 记录：巡回检查记录，保护装置检查试验记录，缺陷记录。

(3) 应规范智能化管理流程，宜具备管理流程图、应急操作流程图、调度操作流程图、系统变更流程图等。

2. 主要运维工作内容

(1) 生产现场

① 机电设备。机电设备运维应按照“五定”（定人员、定时间、定标准、定方案、定整改措施）原则做好维护保养，保证设备完好、具备安全运行条件。

② 现场标准化。现场作业环境符合《煤矿安全生产标准化基本要求及评分方法（试行）》要求。

(2) 智能化系统

① 数据库。数据库要定期更新，确保系统符合矿井实际。

② 软件设施。组态软件能够对智能化系统进行监视、控制、管理和集成等一系列的功

能,其运维包括新建工程的安装调试以及现有工程的更新(扩容);网络安全软件能够有效隔离病毒,应定期进行升级和病毒查杀。

③ 硬件设施。硬件设施包括PLC、传感器、服务器等。其运维包括新建工程的安装调试以及现有工程的更新(扩容)。

④ 通信网络。动力维护,重要传输设备应设置独立开关电源及蓄电池,发现蓄电池亏电或开关电源未正常供电等异常信息应及时处理;通信传输维护,出现断线等异常情况应及时处理;业务维护,严禁单传输设备带过多业务,发现类似情况应及时进行业务分离。

(三)操作规范化、流程化

1. 一般性操作规程

(1)操作前准备工作

① 智能化系统巡检:

a. 智能化工控机线上巡检。巡检内容包括:所控运输设备各项参数符合标准要求;报文记录无异常信息。巡检发现的问题应主动、独立解决,不能解决的向分管领导汇报问题关键信息,协助区队巡检工处理。

b. 视频监控系统线上巡检。巡检内容包括:现场工况环境无异常;设备状态无异常;现场有无人员执行检修操作等。巡检发现的问题应立即通知区队巡检工处理,不能解决的向分管领导汇报问题关键信息,由分管领导组织人员赶往现场处理。

c. 智能化系统现场巡检,由矿井智能化运维人员负责实施。巡检内容包括配套供电系统、通信网络、软硬件、传感器等。巡检发现的问题应主动、独立解决,不能解决的向分管领导汇报问题关键信息,协助解决。

② 设备巡检。应开展一次设备开机前安全确认。一是确认设备完好,具备运行条件。设备巡检应根据设备运行周期制定检查检修项目清单及标准,明确责任人和验收人。二是确认现场无人检修等,作业环境符合开机条件,该项工作由区队巡检工和智能化控制中心值班人员配合完成。

③ 系统试验。系统试验包括智能化系统外接传感器校验和受控设备本体保护装置试验。一是智能化系统外接传感器校验。智能化工控机组态界面应具备模拟量传感器(电压、电流、震动、煤位、速度等)参数人工设置功能,制定校验项目及对应试验标准,对设备进行校验,保证灵敏可靠。二是受控设备本体保护装置试验。制定试验项目及对应试验标准,对设备开关量传感器(堆煤、烟雾、跑偏、温度、纵撕、急停等)进行校验,保证灵敏可靠。

④ 操作:

a. 接到操作指令,准备操作。

b. 操作前确认,由智能化控制中心和区队巡检工共同确认运输设备远程状态与现场状态一致,各项参数符合标准要求;报文记录无异常信息,现场工况环境无异常,具备操作条件。

c. 正常开机操作。先在智能化工控机上使用鼠标单击"主界面"中"一键启动"按钮,启动一键开机模式。下发"一键启动"指令后,系统按照逻辑控制原则依次开启系统设备,具体逻辑时间根据现场实际确定。

d. 正常停机操作。先在智能化工控机上使用鼠标单击"主界面"中"一键停止"按钮,启动一键停机模式。下发"一键停止"指令后,系统按照逻辑控制原则依次停运系统设备,具体逻辑时间根据现场实际确定。

2. 应急操作规程

(1) 做好事故预想。一是结合设备运行情况等做好事故预想并汇总成册，有针对性地开展巡检，保证主煤流系统安全运行。二是定期开展一次应急演练，检验系统情况，针对存在的问题做好整改落实。

(2) 原则。按照“问题不过夜”“独立无协助”的原则，积极主动落实故障处理，故障处理完成后应先试机，确认系统恢复正常后方可开机。不能现场处理的故障(需要采购配件或超出业务能力范围的故障)应及时向分管领导汇报，由分管领导组织处理问题，确认系统恢复正常后方可开机，保证系统安全运行。

(3) 应急操作。以主煤流集控系统为例，应急处理流程具体如图 9-3 所示。

(4) 职责划分。智能化系统故障由矿井配合信息化维保中心负责处理，受控设备故障由区队负责处理。

(5) 故障记录。故障记录内容包括故障时间、故障内容、处理方法、处理人员等。

3. 系统运行期间的巡检管理

(1) 频次要求

① 智能化系统：至少每小时在工控机线上巡检一次。

② 现场设备巡检：执行走动式管理，根据主煤流系统布置情况以及人员配备、人员职责划分情况，开机前、停机后应巡检一次，系统运行期间巡检间隔时间不超过 1 h/次。

(2) 监督管理主要内容

① 智能化系统：一是通过视频智能识别系统巡检现场作业环境是否存在人员违章行为(未佩戴安全帽、违规闯入危险区域等)以及设备运行是否存在保护预警情况；二是通过巡检机器人巡查主煤流系统沿线危险气体含量、设备关键转动部位温度以及是否存在异响；三是通过智能化系统运行曲线(电流、电压、速度、温度、震动等)分析设备是否存在波动大等异常情况，巡检发现的问题应主动、独立解决，不能解决的向分管领导汇报问题关键信息后协助解决。

② 现场设备巡检：一是巡检人员对所辖设备执行走动式巡检，包括制止人员违规闯入设备运行危险区域行为，以及巡查设备运行存在异响、震动过大等异常情况，巡检发现的问题应主动、独立解决，不能解决的向分管领导汇报问题关键信息后协助解决。

(3) 应急处置

① 通过智能化系统巡检发现的需要停机处理的异常情况(保护装置失效、人员误入等)，应立即执行停机操作，然后利用电话、语音广播等方式通知现场巡检人员到异常地点处理问题，并向矿调度室汇报现场情况。

② 通过现场巡检发现的需要停机处理的异常情况(保护装置失效、人员误入等)，应立即利用电话、语音广播等方式通知智能化控制中心值班人员执行停机操作或赶到设备操作台现场执行停机操作，然后到异常地点处理问题。

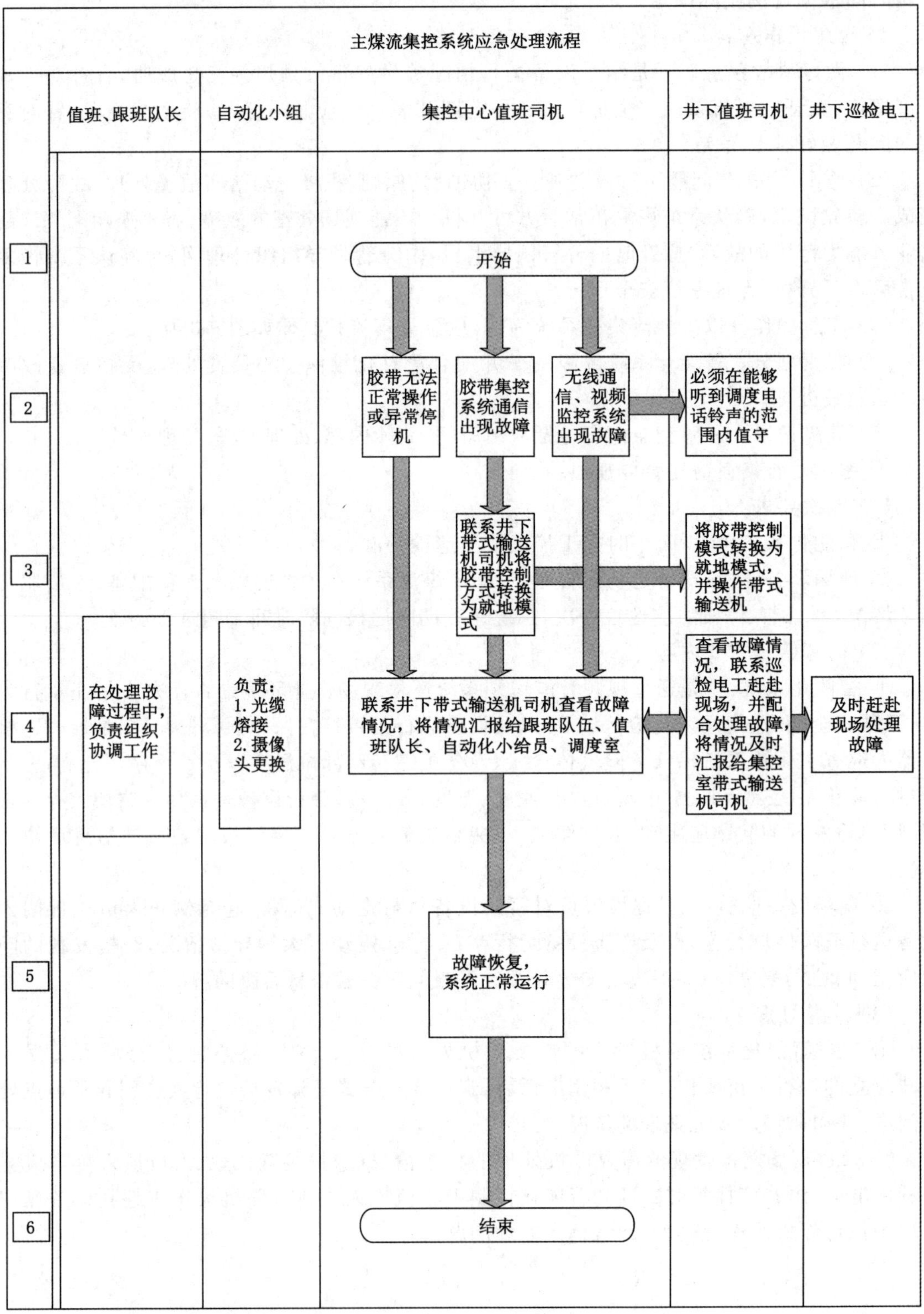
主煤流集控系统应急处理流程
值班、跟班队长
自动化小组
集控中心值班司机
井下值班司机
井下巡检电工
1
2
3
4
5
6
开始
胶带无法正常操作或异常停机
胶带集控系统通信出现故障
无线通信、视频监控系统出现故障
必须在能够听到调度电话铃声的范围内值守
联系井下带式输送机司机将胶带控制方式转换为就地模式
将胶带控制模式转换为就地模式，并操作带式输送机
在处理故障过程中，负责组织协调工作
负责：
1. 光缆熔接
2. 摄像头更换
联系井下带式输送机司机查看故障情况，将情况汇报给跟班队伍、值班队长、自动化小给员、调度室
查看故障情况，联系巡检电工赶赴现场，并配合处理故障，将情况及时汇报给集控室带式输送机司机
及时赶赴现场处理故障
故障恢复，系统正常运行
结束

图 9-3　应急处理流程

第四节 煤矿绿色开采技术

一、煤矿绿色开采技术的意义及内涵

随着我国人民对健康生活和美丽家园的向往,煤矿绿色开采技术的应用已经成为能源发展的必然选择。绿色开采技术的不断发展和推广应用,使煤炭的开采更为高效、清洁、节约,符合全球可持续发展战略,为我国能源安全提供了强有力的保障,具有深远而广泛的社会价值和意义。

(一)煤矿绿色开采技术的意义

煤炭开采为经济社会的发展提供了重要的能源保障,但与此同时也对我们赖以生存的自然环境带来了巨大的破坏。在煤炭资源开采过程中经常发生一些自然灾害,例如岩层表面破坏、地表塌陷灾害、煤矿瓦斯爆炸等一系列突发事件,都威胁到了煤矿员工的生命安全,给社会带来财产损失。

目前,我国煤矿开采已经进入新阶段,新阶段下必然要面临许多新形势,如对环保要求更高、对资源利用率更高以及矿井进入深部开采等方面。

1. 环保要求越来越高

煤炭在开采过程中,一是会造成岩层破碎,地下水断流,有毒有害物质流入地下水中,使得地下水中有毒有害物质超出国家标准。二是许多矿区的矸石山氧化和风化时会产生大量的固体悬浮物颗粒,特别是煤矸石中所含的硫化物在风化或遭受淋溶之后,严重污染大气、土壤和地下水源;矸石山被风吹、日晒、雨淋,经过空气和水的综合作用,发生一系列变化,加重了大气、土壤和水体的污染。三是排放到大气中的瓦斯还加剧了地球的温室效应。随着我国经济的发展,国家越来越重视环境污染问题,并实施了严格的环保标准。显然,粗放的开采方式会导致严重的环境污染问题,已经远远不符合相关的环境保护标准。

2. 资源回收率影响可持续发展

煤炭是一种化石燃料,具有不可再生性,因此资源回收率是一个不可回避的问题。在以往的开采中,煤矿企业更注重经济效益而忽视了煤炭资源的回收率,导致许多煤炭资源被浪费。近年来,随着煤炭产业的深度调整,一些煤炭企业由于达不到标准而被关停。由此可知,提高资源回收率对于煤炭资源的可持续发展具有十分重要的意义。

3. 矿井进入深部开采,面临诸多挑战

虽然我国的煤炭资源储量丰富,但是由于多年的高速无序开采,浅部煤炭资源已经枯竭。鉴于这方面的原因,目前我国绝大多数矿井已经进入深部开采时代,许多矿井开采深度已达到 800 m 以上,例如在新汶矿业、平顶山矿区都出现了千米深井。与浅部矿井相比,深部开采面临的问题更多,主要体现在“三高一扰动”,即高地应力、高渗透压、高地温和强烈的开采扰动。这些不利因素使得煤矿开采的成本增加,并且在深部开采时,煤矿动力灾害防治难度极大,主要表现在煤与瓦斯突出灾害和冲击地压灾害上。

当前,全国范围内由于煤炭资源开采而损毁的土地面积惊人,并且每年造成新损毁的土地面积高达几百亩,其中有超过一半的土地都是农用耕地,而且有许多都是基本农田。煤炭开采生产是导致土地损毁的主要原因之一,为了确保我国的耕地基本种植面积和粮食安全

的底线，全面开展煤炭资源的绿色开采，既是基于我国基本国情的必然选择，同时也是唯一可以实施的有效方法。

煤炭资源的绿色开采旨在将煤炭开采对自然环境的影响和破坏程度降到最低，努力在发展循环经济、遵循绿色开采的原则下，与环境协调发展，以实现低开采、高利用、低排放的开采技术。

（二）煤矿绿色开采技术的内涵

煤炭资源的绿色开采，就是以开发可再生资源、坚持可持续发展基本理念为指导方针，以绿色能源为发展生产基本要求，以“安全开采、合理利用、降低排放”为总体目标的可持续发展模式。简单来说，就是对资源合理利用，减少环境污染，使煤炭开采对矿区环境的影响不超过区域环境容量，从而达到资源开发利用最优化、经济效益和社会效益最大化以及生态环境影响最小化的目的。绿色开采的内涵主要体现在以下 4 个方面。

1. 资源利用方面

传统观念认为，只有煤炭是资源，其他都是废弃物或是有害物，如瓦斯是有害气体，矿井水会引发水害，矸石是固体废弃物。而绿色开采则认为与煤炭共伴生的瓦斯、地下水、地热、煤矸石、电厂粉煤灰及 CO_2 等都是资源。如在之前的认知中，矿井瓦斯是矿井中主要由煤层气构成的以甲烷为主的有害气体，而事实上，对于浓度大于 90%、发热量大于 33.472 MJ/m³、1 m³ 的瓦斯可发电 3.0～3.5 kW·h，是可以利用的清洁能源。该理念扭转了仅将煤炭作为矿区资源而漠视其他共伴生资源，甚至视其为有害物质的传统观念。

2. 岩层运动方面

岩层运动是采动损害与环境问题的根源，所引起的裂隙场、应力场、位移场及渗流场等分布规律是绿色开采的理论基础。因此，控制或利用采动岩层破断运动是绿色开采的基本手段。绿色开采研究必须高度重视对采动岩层运动规律的研究。

3. 源头减损及全生命周期方面

从开采源头考虑煤共伴生资源及环境的保护与开发，实现矿井全生命周期的绿色开采。首先，必须在矿井规划设计阶段研究具体矿井条件下煤炭及其共伴生资源与环境的特点，评估煤炭开采岩层运动对共伴生资源的影响，合理规划矿井绿色开采方案。在开采煤层过程中，采用适宜的绿色开采技术，保护其他资源或实现其与煤炭资源的联合共采，如煤气共采、煤热共采、煤水共采等。

4. 开采技术方面

(1) 采矿方法的改变，如地面建筑物保护的充填与条带开采技术、采空区以及离层区充填技术、煤与瓦斯共采技术、保护地下水资源开采技术、煤炭地下气化技术。

(2) 为保护土地而考虑的开采后土地的复垦。

(3) 加强煤巷支护，不出或少出矸石。

二、煤矿绿色开采的技术体系

煤炭资源绿色开采的技术体系是一个综合性、系统性工程，基本出发点是防止或尽可能减轻开采煤炭对环境和其他资源的不良影响，形成一种使资源与环境相互协调的开采技术。煤矿绿色开采技术体系主要包括以下内容。

（一）水资源保护——形成“保水开采”技术

所谓保水开采，就是采用合理的采煤工艺方法和地面注浆的措施，在煤炭开采过程中使地表和地下水资源不受破坏，实现矿井水资源的保护和综合利用。煤层开采后，随着上覆岩层中关键层的断裂，在该区域内地下水形成下降漏斗。顶板裂缝从井下采空区贯穿地表，顶板上部含水层的水通过岩层裂缝漏失，造成区域地下水干枯。地下水位能否恢复，取决于工作面推进后上覆岩层中有无软弱岩层经重新压实，导致裂隙闭合而形成隔水带。因此在开采过程中，对水资源的保护是采矿的一项重要绿色目标，防止因突变应急的渗流造成严重的突水事故。

（二）土地与建筑物保护——形成离层注浆、充填与条带开采技术

煤矿在开采过程中必须保护周边的建筑物与土地。通过填充来实现对矿区土地的保护，以最大限度减少水土流失的发生概率，也就是对采空区实施填充。可以采用矿井中固体废物或城市固体废物来填充，这样才能避免地面沉陷。同时在开采过程中运用离层填充、注浆条带开采手段来实现对矿区周边自然环境的保护，也就是采用填充法以有效实现节能减排。

（三）瓦斯抽采——形成煤与瓦斯共采技术

煤与瓦斯共采就是将煤炭和赋存于煤层中的瓦斯都作为矿井资源加以开采，实现两种资源共采。在煤炭开采过程中，一旦煤层开采引起岩层移动，即使是渗透率很低的煤层，其渗透率也将增大数十倍至数百倍，为瓦斯移动和抽采创造了条件。因此若在开采时形成采煤和采瓦斯两个完整的系统，即形成煤与瓦斯共采技术，不仅可以有效减少巷道内的瓦斯含量，还能有效预防事故的发生，实现安全生产。

（四）煤层巷道支护技术与减少矸石排放技术

采用煤矿支护技术，必须按照实际的巷道情况采取有效的防护对策，对煤层的强度与刚度积极强化，对薄弱环节则采用加固锚梁支护，其主要目的就是加强围岩表层的约束力从而避免破碎区域继续恶化。而为了使支护强度进一步强化，可实施二次支护，在一次柔性支护的基础上保证巷道具有更高的稳固性，使其在一定限度中变形进而释放出一定的能量。

减少矸石排放技术，一是在合适的煤层条件下，通过改革采煤方法和巷道布置系统，减少岩石巷道的开挖，尽可能布置煤巷代替岩巷；二是将矸石进行井下处理，即不将矸石运到地面，而是在井下通过转运将其储存在井下巷道和采空区内；三是矸石综合利用，包括煤矸石发电、煤矸石作建筑材料、生产农用肥料、制取新型材料等技术。

（五）地下气化技术

煤炭地下气化技术是指将地下煤炭通过热化学反应在原位把煤炭转化为可燃气体，可以部分消除煤炭开采对环境的污染和煤炭燃烧对生态环境的不利影响与破坏。地下气化不仅是一种造气的工艺，而且也是一种有效利用煤炭的方法，实际上提高了煤炭的可采储量。此外，地下气化技术可从根本上消除煤炭开采的地下作业，将煤层所含的能量以清洁的方式输出地面，而残渣和废液则留在地下，从而大大减轻采煤和制气对环境造成的污染。

三、我国煤矿绿色开采技术的发展趋势

（一）保护水资源开采技术的发展

在煤炭开采过程中，如果不注意对水资源的保护，将会极大地浪费和污染水资源。煤矿开采对于水资源的破坏，主要表现为造成水资源流失和水资源污染。针对这种情况，在发展绿色开采技术的时候，就要做到两点。其一，注意对水资源的保护和利用。在开采煤的过程中，要尽量避开地下含水层，防止造成地下水流向的改变。这种保护水资源的方式主要应用在水资源比较匮乏的地区。其二，要减少对水资源的污染，预防水灾。在煤矿开采之前，要对煤矿周围的水文地质进行详细的勘探，防止在开采过程中引发水灾，并且要将使用过的污水进行严格处理后再进行排放，避免因为开采煤矿而对周围的水资源造成污染。

（二）充填开采技术的发展

在煤矿开采过程中，要保护好周围的土地资源，发展绿色的充填开采技术是一种必要的手段。一是矸石充填开采技术。矸石就是在煤矿开采过程中开采出来的废石。当煤矿被开采之后，煤矿中会形成采空区，利用矸石对采空区进行充填，一方面可以使煤矿开采产生的废石得以处理，另一方面可以充填采空区，减少地面塌陷的可能性。虽然现如今要实现矸石充填还有一定难度，但随着开采技术的发展，一定会有更好的解决办法。二是水砂充填开采技术。水砂充填就是将砂粒进行开采、破碎后储存起来，煤矿开采形成采空区之后，将这些砂粒与水进行混合，再经过输送，将水砂混合物充填进去，从而解决煤矿采空区的问题。这种方法的使用还有更多的效果：一方面，可以对采矿过程中产生的废水进行再次利用；另一方面，能够有效地减少煤矿中的粉尘，净化井下的空气环境。

（三）煤矿井下气化开采技术的发展

在煤矿开采过程中，有部分煤矿资源受到地理位置、地质环境、开采技术的限制，无法将其以固态的形式开采出来，或者采用传统采矿方式将会对当地的环境造成较为恶劣的影响。为了能够达到绿色开采的要求，可以采用气化开采的方式，即将固态的煤炭通过特定的技术手段，转化为气态再开采出来，从而减少对环境的影响。目前，这种技术还处于探索阶段，实现成本高，且效果受到许多条件的限制。

四、我国煤矿绿色开采存在的问题及对策

（一）我国煤矿绿色开采存在的问题

我国煤矿绿色开采建设发展快、成果明显。中国煤炭工业协会发布的《2022 煤炭行业发展年度报告》显示，煤炭行业绿色低碳转型持续推动。近 10 年来，全国原煤入选率由 56%提高到 69.7%，矿井水综合利用率由 62%提高到 79.3%，土地复垦率由 42%提高到 57.8%；实现超低排放的煤电机组超过 10.5 亿 kW，占比达 94%左右；大型煤炭企业原煤生产综合能耗由 17.1 kg 标煤/t 下降到 9.7 kg 标煤/t。但由于起步较晚、基础薄弱，目前，绿色开采建设主要还存在以下几个方面的问题。

1. 我国矿山规模结构特点制约着绿色开采发展

我国矿山具有数量多、规模小且分散等特点，据不完全统计，小型及以下矿山占比达 80%以上，但产能占比却不足 40%，这给我国煤矿绿色开采带来了较大的困难。绿色开采

是一项长期且持久的工作,而大量小型矿山难以在建设过程中持续完善,矿山规模结构特点制约着绿色开采发展。

2. 矿产资源综合利用偏低制约着绿色开采发展

我国平均地下矿山开采综合回采率不足50%,且我国矿产资源易选冶矿少,中低品位、共伴生矿和难选冶矿多,选矿回收率提升难度大。随着采、选、冶技术的发展,我国矿产资源综合利用能力不断增强,但整体水平仍然不高。资源综合利用偏低影响着我国能源行业可持续发展,制约着我国煤矿绿色开采的发展。

3. 矿山地质环境问题制约着绿色开采发展

我国矿山环境保护工作起步晚、基础差、历史问题突出,随着我国矿产资源开发的大幅度增长,矿山地质环境问题日益凸显,大量的矿山地质环境问题未得到有效解决,矿山生产安全隐患较大。矿山环境是绿色开采中的重要一环,矿山环境未得到有效治理必将影响煤矿绿色开采的进度。

4. 开采技术和管理水平落后制约着绿色开采发展

许多小型矿山和早期建设的矿山技术装备与生产工艺相对落后,经营比较粗放,管理水平不高,集约化程度较低,能耗相对较高。部分盈利能力较差的企业为了生存还在继续走以牺牲资源换取低成本经济效益的老路,严重影响了煤矿绿色开采的持续发展。

5. 相关标准和制度不健全制约着绿色开采发展

近十年来,我国煤矿绿色开采快速发展,但绿色开采的相关标准和制度并不完善,导致虽取得了一定成果,但教训也接踵而至。只有将这些成果和教训固化为煤矿绿色开采的国家标准、地方标准和行业标准,我国的煤矿绿色开采才能持续健康发展。

(二) 我国煤矿绿色开采的主要对策

随着产业结构不断深化与调整,以及国家主动建立起资源节约型和友好型社会,并且对其进行高度关注,在未来,绿色开采将会成为我国今后煤炭开采进行转型的重要道路。具体来看,绿色开采在发展过程中主要涉及3个层面:一是要创新煤炭开采理念,保证与时俱进;二是要将全新煤炭开采技术加入其中;三是煤炭企业要主动提高自身所具备的管理水平。

1. 与时俱进,引入创新的开采理念

煤炭资源在开采过程中,不仅要追求经济效益,同时也需要将以人为本贯穿于工作的始终,将煤炭企业面临的发展情况与自身发展情况作为最根本出发点,确保煤矿职工的生产安全。目前,我国的煤矿产量已经占据全世界的35%。在煤炭开采过程中,需要将全社会的福祉作为根本出发点,需要保证与时俱进的目标,主动响应国家所提出的结构优化调整策略,对于生态环境做好治理工作,主动承担起自己应当负起的责任。另外,煤炭资源开采应当确保环境效益和经济效益得以协调统一,煤炭资源在开采过程中,不能只看到眼前利益,应当确保煤炭资源朝着可持续利用的方向发展,同时确保煤炭资源所具备的综合利用水平得以提高,做好煤炭资源绿色开采工作,全面治理矿区环境。

2. 强化全新的绿色理念

从总体角度来看,煤炭绿色开采技术中也包括煤炭资源综合利用技术,比如瓦斯气体和煤炭的共同开采技术。瓦斯作为煤炭开采过程中产生巨大隐患的气体,如果在共同开采过程中将全新的技术加入,不仅能够有效地消除这一隐患,同时也会达到变废为宝的目的,提高经济效益。在对煤炭中的杂质进行处理时,如果能够将可再生利用技术改进应用,必会取得意想不到的效果。

在煤炭绿色开采过程中，通过全新的技术利用现代化设备对矿区环境做好实时监测，促进环保安全技术进步。例如：利用保水采掘技术有效地解决煤炭开采过程中出现的透水问题；利用坑口发电技术将原本的煤炭资源直接转变成电力资源，完成传输工作，不仅能够有效地降低运输成本，同时也对生态环境进行了保护；改进煤矸石回填技术，改变原本的煤矸石露天堆放状况，不仅能够避免土壤与水污染问题，同时也能确保利用煤矸石回填废旧坑井，避免出现地面下沉的情况。

3. 煤矿周边采用锁水开采方式

在煤炭开采过程中，上覆岩层出现大量的裂缝，会使隔水层面出现严重的破坏，该区域中的地下水就会形成全新的漏斗构造，由此使得地下水位降低。地下水位是否能够恢复到正常状态，则取决于上覆岩层中薄弱层是否能够直接承受得住压实情况。

我国大部分矿区都出现了水资源明显匮乏的情况，特别是在西部矿区，缺水十分严重。作为矿区环保开采最基本的方法，锁水开采的本质就是对于采场底板断层出现突然涌水的情况进行防范，能够保证水资源的有效保护。因此，锁水开采可以使矿区水资源容量不断扩大。

4. 开展矿区生态监管与修复工作

矿区生态监管与修复最基本的工作内容在于对废弃地的监管与利用、修复植被、土地复垦等多个环节。目前来看，我国对于矿区土地再利用的面积占被破坏土地的1%左右，而在发达国家，矿山土地复垦已经达到半数。因此，我国在这一方面仍是任重而道远。

土地复垦技术主要包括无覆土生物复垦法、细菌快速生长法、生物复垦法、抗侵蚀法等，这些也成为当前土地复垦中最基本的技术。这些方法对于快速修复植被及采煤沉陷区土地具有深远的作用与价值。矿区废弃地环境恢复的本质就是改良原本的土地情况，同时充分把握好废墟废弃地的特点与类型，做好土地和植被的重建与归附工作，确保在自然环境之下能够自我修复，同时也使其处于良性循环的状态。

在煤矿矿区开采过程中，应当将可持续发展思想贯穿工作的始终。在煤矿开采过程中，实施绿色开采是可持续发展的必然道路。煤矿绿色开采其中一项最基本的任务，就是确保生态环境得以动态发展，并且将其作为最基本的目标，将煤矿整体主动融入生态环境中，全方位地做好经济评估工作，以保证生态环境可持续发展。

5. 从原本的数量、规模扩张朝着质量效益型转变

随着我国经济水平的不断提高，能源需求格局的多样化变化也日益明显，经济将逐渐朝着高产出、低能耗方向发展，未来对于煤炭需求增长将不断放缓，所以应打破原来追求产量的发展模式，合理控制煤炭产能，确保提高资源整体采出率，将环境保护与安全、健康作为生产规模增长和取得经济利益的基本出发点，建立起可靠的、可持续的、全面协调的生产体系。

6. 建立环境和谐平衡，朝着开发治理协调方向转变

我国煤炭资源因地质条件的影响，以井工开采为主，其开采方式所带来的生态环境与生态破坏问题十分严重。为了保证环境和煤炭开发之间能够建立和谐平衡的关系，需要树立循环经济发展理念，建立完善的生态环境保护与发展体系，主动应用节能高效的科学技术与先进装备，确保煤矿朝着生态环境友好方向转变，避免对环境造成更多破坏。

第五节 煤矿企业高质量发展

党的二十大报告提出，高质量发展是全面建设社会主义现代化国家的首要任务。要坚持以推动高质量发展为主题，加快建设现代化经济体系，着力提高全要素生产率，提升产业链供应链韧性和安全水平，推动经济实现质的有效提升和量的合理增长。我国富煤、贫油、少气的资源特点，决定了较长一段时期内煤炭仍将是我国的主体能源和重要原料。加快推动煤炭行业发展方式转变，提高供给体系质量和清洁生产水平，更加注重质量和效益，推动煤炭行业高质量发展对保障国家能源安全具有十分重要的意义。

一、煤矿高质量发展的内涵及意义

（一）煤矿高质量发展的意义

“推动高质量发展”将贯穿到“十四五”时期经济社会发展各领域和全过程。煤矿高质量发展是新时期煤矿发展的硬道理。“发展中量的积累到了一定阶段必须及时转向质的提升”，煤矿发展也需要顺应并遵循这一规律。煤炭行业经过一段时间的高速发展，需求增速已经放缓，新能源替代比重逐渐增加，低碳环保要求也日益提高，同时煤矿在新发展阶段的发展要求和衡量标准更高，发展不平衡、不充分更加凸显，过去勉强能够支撑煤矿发展的基础和条件，已经不能满足新的发展要求。煤矿发展必须坚持新发展理念，在质量效益明显提升的基础上实现持续健康发展，从而推动高质量发展。

（二）煤矿高质量发展的内涵

煤矿高质量发展是当前和今后一个时期内，煤矿创新发展思路、总结发展规律、找准发展着力点、制定标准规章、实施智能化建设的根本要求，研究煤矿高质量发展的内涵，可为煤矿相关政策的制定和完善提供依据，推动煤矿在高质量发展上取得新进展。煤矿高质量发展的内涵具体体现在国家、行业、煤矿 3 个层面。

1. 国家层面

在国家层面，煤矿高质量发展的内涵涉及行业、经济、社会、生态等诸多方面，把增进民生福祉作为发展的根本目的，并且形成有效社会治理、良好社会秩序，促进社会公平正义。煤矿高质量发展能够创造更有价值的物质、精神财富，满足人民日益增长的美好生活需要。

煤矿只有高质量发展才能兼顾生产、生活与生态，提供更多优质生态环保产品，符合优美生态环境的要求，服务环境可持续发展。如果全国煤矿特别是国有大型煤矿运行平稳、供需平衡、增长稳定，推动绿色智能开发、清洁高效利用，为实现碳达峰、碳中和的国家战略目标而转型升级，且煤矿生产区域发展均衡、低碳绿色，与环境相适应，那么煤矿高质量发展的成果才能惠及全体人民。同时，煤矿高质量发展保持速度和规模的优势依然重要，是增速稳定并在更加宽广领域上的协调发展。

2. 行业层面

煤炭产业布局优化、结构合理、形成规模，不断深化融合发展，不断实现转型升级，产业发展效益显著提升，形成健全的现代化产业体系。煤炭产业规模反映了当前煤炭行业发展体系的基础实力、完整程度、规模效益。煤炭行业创新综合实力是竞争力的核心要素，是建设现代化煤矿体系的战略支撑，是促进煤炭产业转型发展的需要，是支撑消费升级的需要。煤炭行业创新发展在绿色低碳、技术革新、中高端消费、煤炭供应链、人力资本服务等领域培育新增长点、形成新动能。煤炭产业转型的重点是实现质量与效益提升，投入最小成本产出最大效益，并不断提升煤炭行业可持续发展的能力。

3. 煤矿层面

煤矿企业的高质量，就是在国内外具有竞争力，品牌具有影响力，具有先进的质量管理理念和方法。煤矿企业在安全生产、业务连续性、管理制度、经济效益、人才培育、绿色低碳环保等方面保持优势、持续发展、创造价值，在煤炭行业内具有一定影响力，规模实力、区域布局、品牌效应在行业内位于前列，增加高品质商品和服务供给，形成具有全球影响力的知名品牌。把握行业趋势，在技术创新中发挥引领作用。煤矿价值创造产出主要包括煤炭及其副产品，通过创新技术降低资源消耗，提高产品附加值，煤矿产品质量、服务质量、工程质量不断提升，优化商品煤产品结构，推动煤矿向产业价值链的中高端迈进。煤矿质量管理形成具有中国企业特色的质量管理体系，全面提升质量和效益。

煤矿高质量发展要以供给侧结构性改革为主线，以创新、协调、绿色、开放、共享的新发展理念为引领，以创新和人才为动力，以煤矿智能化建设为核心技术支撑，围绕煤矿发展质量变革、效率变革、动力变革，促进煤矿安全生产、生态环境、有效供给、和谐共享水平提升，推进煤矿转型升级、管理现代化、劳动者素质提升，推动煤矿集约化、市场化高效发展，达到推动煤矿持续健康发展以更好地满足人民群众需求的目标。

二、煤矿高质量发展的路径

高质量发展的根本在于经济的活力、创新力和竞争力。科技创新和技术扩散为高质量发展提供技术支撑，价值链调整为高质量发展提供机遇。

（一）加快实现煤矿智能化

本章第一节有详尽介绍，这里不再赘述。

（二）调整优化产业结构

产业结构优化是指推动产业结构合理化和产业结构高级化发展的过程，是实现产业结构与资源供给结构、技术结构、需求结构相适应的状态。

1. 产业种类“由多变少”

产业结构调整优化时突出主业，分类分离处置其他产业。按照主业、次主业、辅业和新兴产业分类排序，对煤炭主业优先配置要素资源，尽快做强做大；次主业逐步简政放权，促进其自我发展，自负盈亏，实现做优做精；辅业或者转型升级，或者实施改制分离，并适度介入发展新兴产业。通过产业结构的优化调整实现企业的转型升级。

2. 产业布局“由分散变集中”

整合各专业人才、技术、装备等要素资源，在相应产业布局上调优补强，做好分区域产业功能定位，合理布局，协同支撑，实现梯式结构有序高效发展，最终实现由分散型向集聚型转变。

3. 产业竞争力“由弱变强”

着眼于打造强大竞争能力和盈利能力产业，发挥科技创新和管理创新的驱动力，推动主体产业内部结构优化升级，实现低附加值产业向高附加值产业转型，产业发展由粗放扩张式向集约质量效益式发展。

4. 污染排放“由高变低”

按照实施清洁绿色发展的方针，通过生产环节清洁化、洗选加工清洁化和消费使用清洁化措施，使高碳排放“脱胎换骨”为低碳化、清洁化和绿色化的新能源产业。

（三）升级改造产品工艺

产品是实体企业参与市场竞争的主要载体，也是企业最终实现创收和获得盈利的重要源泉。针对企业当前的工艺和产品结构，认真研究转型升级的方向和路径，从 4 个方面着重加以改进和提升。

(1) 实施产品工艺清洁化改造。按照煤炭产品工艺清洁化、低碳化要求，在生产、洗选、转化和消费环节加大技术创新和工艺改造力度。研究并实施重介工艺、矸石充填、高水充填、瓦斯发电、保水开采等多项安全高效、绿色开采技术，保持绿色低碳运行。

(2) 实施产品定制化管理。从生产源头到最终销售，强化全员质量意识，以良好的质量占领市场、拓宽市场。以市场为导向，通过用户的需求了解市场，实行产品定制化生产，积极维系与下游用户的战略合作关系，以发现更多的市场机会。

(3) 实施产品差异化管理。一方面与市场竞争对手所提供的产品持续进行对标，建立完善相应对标管理制度，选定较为合适的竞争目标，从产品质量、服务质量、产品价格和综合收益上下功夫，以对标差异检查自身不足，培育竞争优势，提升企业核心竞争力。另一方面对不同用户实施差异化的产品服务，建立产业链关系网，用心维持与客户关系，定期走访，随时了解客户的市场情况，根据市场大环境的调整积极对煤炭产品价格作出调整；加强与电煤、混煤用户的合作，建立完善沟通机制，积极解决供货过程中产生的问题。通过加强对各用户需求差异化的服务，企业在激烈的市场竞争中保持有利的地位。

（四）培育多元化企业发展动能

企业发展动能是指支撑企业发展的思维方式、要素资源、管理手段、经营模式和发展环境等。煤炭企业发展的动能要从依靠传统的单一煤矿生产转型为以科技创新、项目建设等多元化的转型方式谋求发展。

(1) 坚持以深化改革助力转型发展。深化煤炭企业改革，建立与社会主义市场经济体制和现代企业制度相适应、能够充分调动各类职工积极性的企业用人和分配制度；形成企业管理人员能上能下、职工能进能出、收入能增能减的机制。

(2) 坚持以科技创新引领转型发展。聚焦企业现有产业和产业发展方向，大力实施技术创新工作，完善体制机制，建立技术创新平台，梳理制约煤炭主业经营发展技术难题，列为技术攻关项目，组成专门团队，展开技术攻关，解决实际问题。

(3) 坚持以项目建设带动转型发展。按照“以煤为基、多元支撑”的战略布局，优化存量，培育增量。对企业在建项目加快施工进度，对企业拟建项目加快手续跑办，对企业新项目加快调研论证。在推进各项目的同时，进一步明确项目建设导向，要求新上项目要坚持稳中求进、开阔视野，在新兴产业、高新技术产业和现代服务产业中积极寻找发展机遇。

三、煤炭工业高质量发展必须“内外兼修”

推动煤炭工业高质量发展，既要解决历史遗留问题又要解决现实问题，既要深化发展内涵又要拓展发展外延，既要注重内在品质的提升又要注重外部环境的改善。

（一）加快转型提品质

目前，我国煤炭资源在生产结构、产能、运输等方面发生了很大变化，煤矿现代化建设成果显著。我国现有煤矿数量在 4 400 处以内，年产 120 万 t 以上大型煤矿达 1 200 处左右，产量占比由 65%左右提高到 85%左右；全国智能化采掘工作面有 1 400 个，有智能化工作面的煤矿达 730 处，产能占比为 59.5%。未来一段时间内，煤炭消费总量将有小幅度增长，预计全国煤炭需求峰值约为 45 亿 t，至 2030 年全国煤炭需求量约为 40 亿 t。但同时，“十四五”及今后较长时期，煤炭在一次能源消费结构中的比重将持续下降，倒逼煤炭行业必须加快转型，提升发展质量。

煤炭行业高质量发展要做到安全、高效、绿色、低碳，就要提升内在品质，建设清洁低碳、安全高效的能源体系。要加强煤炭资源勘探开发，优化煤炭资源配置，建设大型现代化煤矿、智能化煤矿，有序释放先进产能；提高燃煤发电综合利用效能，促进煤化工产业高端化、多元化、低碳化发展，积极开展煤基新材料、煤基新燃料等科技攻关，协同推动煤炭减污降碳、清洁高效利用；推进数字经济与煤炭产业深度融合，以数字化驱动煤炭生产、流通、消费、转化以及企业管理等各领域的创新变革，提高煤炭行业全要素生产率。

（二）增强产业链、供应链韧性

推进煤炭行业高质量发展既要立足自身优势，又要发挥协同效应；既要协调煤炭行业上下游产业链之间供需平衡，又要促进产业间融合发展构建现代化煤炭产业体系。2022 年，全国煤炭消费量为 43 亿 t，电力、钢铁、建材、化工四大耗煤行业消费量占比约为 92%。从消费趋势看，钢铁、建材行业已基本达到消费峰值区间，未来主要由电力、化工行业拉动煤炭消费。“双碳”目标下，煤炭、煤电转型压力都很大。上下游行业应加强供需监测预警，减少供需波动，增强产业链韧性。促进产业链、供应链协同是煤炭行业实现高质量发展的重要途径。煤炭、电力、钢铁产业链需要建立长期协同互利共赢机制。

“十四五”期间，应加快构建以煤炭产业为支撑，绿色低碳经济为核心，战略性新兴产业为引领，煤炭与新能源、现代生产性服务业、数字经济深度融合的现代化产业体系。多能融合的新型能源体系将提高能源储备和保障能力，保障我国能源及相关产业链、供应链的安全稳定。煤炭与新能源耦合利用，既能减少单位产品碳排放量，又能提升新能源利用质量。探索煤炭与新能源协同发展，已成为能源行业高质量发展的重要议题。

（三）合力解决新老发展难题

煤炭行业实现高质量发展，不仅需要自身的努力，更需要外部环境的改善。在此过程中，要解决好资源接续、产运需布局规划、采掘失调、复杂条件煤矿智能化建设、老矿区转型、煤矿招工难等问题。未来一个时期，煤炭供需不平衡情况可能时有发生。保供和稳价要统筹考虑，煤炭市场大起大落会影响整个行业健康发展，要尽量减少波动，让煤价保持在合理水平。

要进一步建立健全煤炭法律法规体系，让市场主体在正确轨道上发展。要坚持科技赋能高质量发展，通过智能化建设，带动整个产业链提高科技含量，把先进的装备、技术、服务带到共建“一带一路”国家。另外，要开展战略性前瞻性研究，加强碳资产管理。

四、煤矿企业高质量发展必须解决的几对矛盾关系

推进煤矿企业高质量发展，就是要逐步推动解决煤矿所面临的主要矛盾。

（一）处理好责、权、利的关系

坚持深化体制机制改革，特别是在劳动、人事、分配制度改革方面出硬招、出实招。要合理设置目标规划、考核指标、收入分配、职务晋升等评价体系，妥善处理好“责、权、利”的关系，真正体现“质量第一、效益优先”，工资分配要与煤矿各层级的效率和效益挂钩浮动。在干部考核和选拔方面要积极落实“三项机制”，坚持“严把入口、畅通出口”的原则，把干部“能上能下”与能力绩效结合起来。要充分体现“效益决定收入、贡献决定分配、业绩决定升迁”的考核机制导向，树立起“有为者有位，实干者实惠”的鲜明用人导向；防止“干与不干一个样、干多干少一个样”“等靠要”“慵懒散”“大锅饭”“鞭打快牛”等现象的出现。要充分体现“有权必有责、有责必担当、失责必追责、担当必激励”；坚决防止只考核不兑现，只奖励不惩罚，只安排不落实，只要显绩不重潜绩。

（二）处理好量、本、利的关系

煤矿企业追求产量规模，用户更加注重产品质量。煤矿企业要算好经济账，在生产组织、煤质管理、全面预算、收支管理、项目分析评价、外包外委等方面，必须认真研究和科学处理好“量、本、利”的关系。要树立起“先算后干者胜，勤算多干者赢”的思想；要体现在“产量上得去、质量有保证，成本能控制、效益有保障”“增产更增收，提质更提效”。坚决防止“只讲产量，不讲质量”，导致“产量上去了，质量滑坡了，成本升高了，市场也丢失了”；坚决防止“只管产出，不计成本”“只算任务账，不算经营账，不算效益账”，最终是售价与成本严重倒挂，产得越多，亏得越多。

（三）处理好产、运、销的关系

在市场严重过剩时，许多煤炭企业有产量没市场。而随着国家经济结构调整，煤炭市场对高端煤炭、煤炭深加工产品需求旺盛，煤炭企业却因产品粗放、不适合用户需求而无法供给，甚至面临有产量、有市场但却受运力限制这样的新矛盾。只有统筹协调好“产、运、销”的关系，企业持续健康发展才有根本保障。只有着眼长远，超前部署，细化、分解、落实市场销售布局和销售方案，在市场布局、产能置换、煤炭储备、直供用户、煤电联营、就地消化、中长期合同等方面，未雨绸缪、抢抓机遇，建立起全方位的长期合作机制，确保煤炭企业的产能集中释放后，市场有需求、运力有保障、销售更顺畅。

（四）处理好企业改革、转型、发展与稳定间的关系

煤炭企业必须认识到，能源革命是方向，企业改革是动力，转型升级是路径，高质量发展是目的，安全稳定是前提，特别是一些老煤炭企业，由于历史遗留问题多、企业负担沉重，加之我国能源行业已进入以“低增速、低增量、低碳化和资源约束严、生态约束严、环境约束严”为特征的“三低、三严”新常态。仅仅依靠单一煤种发展不可行，因循守旧、故步自封最终必将被淘汰出局。只有经过阵痛、转变观念、转换思维、革新发展方式才能涅槃重生。靠煤吃煤暂时能够维持生存，但很难持续发展、持续收益，转型才会出效益，改革才能轻装上阵，创新才能把握助推企业高质量发展的机会。

第十章 煤矿安全生产管理能力、管理机制与管理创新

第一节 煤矿主要负责人的素质和能力

素质是人的先天秉性加上后天学习而形成的稳定的心理和生理特性在思想和行为上的体现。能力则是素质的外在表现，是完成一项目标或者任务所体现出来的综合素质。我们这里所讲的煤矿主要负责人的素质，是指其适应工作环境而养成的可保障其正确履行职责所需要的思维习惯、知识技能储备与职业化倾向；煤矿主要负责人的能力则是通过学习培训和实践锻炼，表现出来的在日常和紧急状态下维护其个人、他人和集体的生命财产安全的能力。

一、煤矿主要负责人应具备的素质

煤矿主要负责人是一矿之首长，对外全权代表煤矿，对内享有最高决策权。要成为一名合格的主要负责人，主要应具备以下素质。

（一）政治素养

政治素质就是人的政治品质，是人的综合素质的核心，也指领导干部的“官德”。一个人的政治素质决定了其理想抱负有多大、思想境界有多高、胸怀视野有多宽，也就决定了一个人为官处事的基本态度。一个知识不全的人可以用品德去弥补，而品行不佳的人却无法用知识与能力去弥补。因此，组织上选人用人，一个指导性原则就是“德才兼备，以德为先”。煤矿主要负责人必须有较高的政治素质，就是要有搞好企业、服务社会、造福群众、报效国家的政治觉悟。

（二）道德素质

道德是一种社会意识形态，是人们共同生活及行为的准则与规范，是社会主流价值观下的非强制性约束。煤矿主要负责人在从事安全生产管理活动中的行为标准和要求，首先是正确认识所应承担的社会责任和价值追求，加强自我教育、自我改造和自我完善，坚持维护社会公共利益，尽职尽责完成本职工作，对自己的职业行为负责。比如在工作中要做到爱岗敬业、诚实守信、遵章守法、安全第一、公道正派等。同时，要注意遵从社会公德，比如文明礼貌、乐于助人、爱护公物、保护环境等；修好个人品德，比如正直善良、勤奋努力、自立自强、见义勇为等；培养家庭美德，比如尊老爱幼、勤俭持家、男女平等、邻里和睦等。

（三）安全素质

安全素质是人们的安全意识、安全知识和安全技能的总和。煤矿主要负责人必须让安全成为一种习惯，做到自身安全、成长安全和工作区域的安全。一是树立安全意识，善待生命，增强健康意识、风险意识、防范意识、科学意识和守法意识；二是熟悉安全知识，了解生活安全、公共安全、职业卫生、自然灾害等方面的安全知识，尤其是要学习煤矿安全生产技术知识，熟知其中的危险因素及预防和应对方法；三是掌握安全管理技能，运用现代科学技术辨识和管控工作中的风险，排查和治理事故隐患。从拓展意义上讲，安全素质还包括理论、情感、价值观、职业道德、行为准则等人文素质，所以在具备安全意识、法制观念、安全技能知识、文化知识结构的同时，要积极培养安全心理能力和安全规范约束能力等。

（四）科学素质

科学素质是人作为主体尊重科学、学习科学、发展科学、运用科学的精神、态度、方法、知识的综合，是人的主体性的重要部分。煤矿安全生产是一项复杂的系统工程，只有用科学理论指导安全生产，保证各生产环节的稳定、可靠，实现人的本质安全，才能确保安全生产。作为煤矿主要负责人，一是尊重科学，正确认识煤矿安全生产与灾害防治的规律，切不可头脑发热盲目决策；二是发挥专业技术人员的智慧，向科学管理与煤矿技术体系要安全生产管理的手段和方法；三是依靠科技进步的力量，坚持“管理、装备、素质、系统”四并重，多措并举构建本质安全保障体系，确保矿井安全生产。

（五）心理素质

心理素质是在实践活动中逐步形成的心理潜能、能量、品质与行为的综合。煤矿井下特殊的作业环境和工作节奏，容易对人产生不良影响，使人出现紧张、恐慌、焦虑、急躁等情绪。煤矿主要负责人的管理行为容易受到观察力、判断力、记忆力、情感、意志、性格的影响，应培养健康的心理状态，如自知、自信、自律、自强、乐观、开朗、合群、善良、承受挫折、充满理想等。煤矿主要负责人在心理修养方面：一要学习一些心理学知识，适当运用知觉对强度的敏感特征，运用不同事物的对比，增强自己的知觉印象；学一些心理暗示方法，自我排解与疏导，培养自己抵抗诱惑的稳定性、临危不惧的胆略和缜密的思维方式。二要有宽广的胸怀，在工作中面临内外环境方面不同的声音、不同的观点，甚至是批评的声音和压力时，能以正确的方式、正常的心态来处理；有开放的心态，能积极地了解和接纳新事物，与时俱进。三要有坚韧的意志力，在遭遇风险时，能积极采取措施，沉着应对；有自我控制力，遇见各种不正常、不正当甚至是违反道德、违反法律的诱惑时，能保持定力。四要在开展安全生产管理和教育过程中，重视职工的性格差异与情绪反应，不可简单粗暴，不顾职工的心理感受和承受能力。

（六）体能素质

体能素质主要指煤矿主要负责人应该拥有健康的体魄、良好的生活习惯、旺盛的精力等。编写措施规程时，挑灯夜战，奋笔疾书；下井带班时，与工人同上同下，班前安排工作，筹划生产组织、隐患处理等，下班后还要总结汇报；遇到现场灾害时，要靠前指挥，甚至冲锋在前，都需要消耗较大的体能。因此煤矿主要负责人要有意识地加强体能训练与身体锻炼，坚持一些有益于健康的体育运动项目，作息规律，健康饮食，少熬夜、少玩网络游戏，不抽烟、不酗酒等。

（七）法纪素质

法纪素质是人们通过学习法律知识与规章制度、理解法纪本质、运用法治思维、依法依规维护权利和履行义务的素质、修养与能力，对于保障人们尊崇法治、遵规守纪、正确行使权利具有重要意义。人之为人，最首要的是其言行举止受到各种规范的约束，如党纪国法、规则规矩、各种社会礼仪规范等。煤矿主要负责人法纪素质的提高，一要培养法治思维理念。首先，在工作中经常思考“合不合法，合不合程序”，使法治思维成为一种自发的心理需求，养成依法履职、依规办事的习惯；其次，在遇到权力与权利冲突、公共利益与个人利益冲突时，要坚持依法办事，使决策既合法合规又合情合理。二要加强学习安全生产法律法规与企业规章制度。既要增强法纪知识以及与履行职责相关的规则，又要重视法纪原则、法治精神等法治思维能力的培养。三要提升依法依规履职水平。敬畏法律法规制度，建立健全分管职责范围内的规章制度体系，正确行使手中的权力。

二、煤矿主要负责人应具备的能力

（一）统揽全局能力

煤矿主要负责人是一个单位的“一把手”，是否善于统揽全局抓大事，是衡量“一把手”政治素质的一个重要标准，也是“一把手”能否发挥其核心作用的关键。

统揽全局是指能够洞察全局、思考全局、谋划全局、指导全局、配合全局、服务全局，并能协调各方面工作的积极性。卓越的领导者洞察全局，不墨守成规，眼界开阔，对身边的事情了如指掌，清楚自己的目标，了解当下所处的位置。主要负责人要具备统揽全局的能力，一是要树立全局观念。善于围绕大局想问题、理思路、抓落实，才能把各个局部、各项工作带起来，从而收到事半功倍的效果。二是要抓住关系全局的重点问题。全局是由一个个局部构成的，但统揽全局并不要求平均地对待所有局部，而是要“注意那些有关全局的重要关节”。从某种意义上说，没有重点就没有全局，抓住了重点就抓住了全局。基层单位事务性工作较多，如把主要精力放在零碎的问题上，工作就抓不到点子上了。因此，应当处理好重点与一般的关系，在统筹兼顾中抓住重点，通过重点工作的突破、大项任务的完成，牵引和带动全面建设上台阶。抓住重点统筹一般，就会让工作在优化发展中整体推进。三是要增强战略思维能力。战略思维作为一种着眼全局和长远发展观察、思考、处理问题的科学思维方式，是各级领导干部必备的素质和能力。形势和任务总是不断变化的，每个单位的情况和特点不一样，遇到的问题和矛盾也不相同。主要负责人必须立足当前，着眼长远，从各项工作要素的内在联系上统揽全局、把握规律，增强工作的预见性、前瞻性，对事关煤矿长远建设的重大问题，科学规划，系统谋划；对容易引发矛盾的敏感问题见微知著，及早防范，才能增强指导工作的科学性和有效性，有轻有重、有急有缓，统筹兼顾、整体谋划，调动和平衡各个方面、各个层次的力量，使之相互促进、协调发展，牢牢把握煤矿安全发展的主动权。

（二）决策决断能力

决策决断能力是一个人能否独立思考，果断处事和独立完成某项工作的能力。煤矿主要负责人处于煤矿最高决策层，掌握着最高、最大的权力。在生产、安全、经营及人事活动中，有许多事需要主要负责人来拍板。如果主要负责人目光短浅，才能平庸，思维迟钝，知识缺乏，经验不足，不能博采众长，充分发扬民主，就难以作出正确决策。一旦决策失误，将会造成巨大损失。这就要求主要负责人洞悉全局，集中智慧，多谋善断，胸有成竹，做到科学决策。

完成一项决策决断要经过一个系统的思维过程。企业主要负责人的决策能力主要包括目标的辨识能力、开放的提炼能力、准确的预测能力和决断能力。作为煤矿主要负责人，一是要明确待处理事项，把目标按优先次序依次排列出来，分清要解决的主要矛盾和矛盾的主要方面。二是以开放和包容的思想及态度获取尽可能广泛的决策方案，并对各种决策方案进行提炼，把握其本质和核心，分析各个方案实施的可能性。三是正确地评估每个方案的条件及效果，准确地预测确定方案后有符合本事项预期的满意结果。四是从众多的决策方案中选取满意的方案，当机立断应对危机。在做自我决策时，可以问自己几个问题：不同的选择可能带来的后果以及利弊是什么？这些利弊与后果，哪些是自己可以承受的，哪些是自己不能承受的？如何将选择带来的风险降低到最小？

（三）专业技术能力

专业技术能力是专门从事某一特殊领域工作或职业所需要的职业认知、理论、操作技能和技巧。

随着科学技术的进步与发展，社会分工越来越细，我们获得一种职业一个职位，只能承担某个行业、某个专业、某个层次的工作任务。现代企业管理已经走过了不尊重知识、不尊重科学、不懂专业瞎指挥的那段历程。主要负责人的专业技术能力是必不可少的，也是非常重要的。如果主要负责人不具备专业技术能力，就会成为“瞎子”“聋子”，不可能很好地履行职责，就会成为外行指挥内行，很可能造成决策及管理的失误。

因而，煤矿主要负责人必须要懂得专业技术，而且要不断学习，掌握管辖范围内矿井的生产环境、地质条件、主要灾害因素等，了解本专业生产技术的发展状况与主要装备的应用情况，不断了解掌握新知识、新技术、新设备，合理运用本系统的生产要素开展管理工作，参加抢险救灾等。

（四）协调沟通能力

协调沟通能力即人际关系能力，也就是与他人合作、理解他人以及激励他人的能力。他人包括单个个体和组织群体。人际关系能力内容比较宽泛，对煤矿主要负责人来说，包括领导能力、有效沟通能力、耐心和理解下属需求的能力、激励员工能力等。比如：领导能力包括处理矛盾的能力、主持会议的能力、辅导他人的能力、实施团队建设的能力、督促下属进行改变的能力等；有效沟通能力包括传递信息、倾听、提供反馈信息的能力等；激励员工能力包括设定目标、明确期望、授权他人、提供反馈的能力等。

煤矿主要负责人是煤矿的“带头人”，应该具有较强的领导能力、有效沟通能力和激励员工能力。最重要的是了解自己的强项、价值以及如何达到最佳表现，进而有效应用相关资源，协调矿井安全生产与健康发展。比如，要与干部职工打成一片，任何时候都要立足于职工队伍，深入职工中间，经常和职工交心，回答他们想要了解的问题，尽力解决他们需要解决的问题，满足他们的合理要求，做他们的知心朋友，切忌高高在上、官僚主义。同时，还要善于沟通协调上下、内外各种关系，使企业各个方面都能正常运转，产生良好效益。

（五）组织管理能力

组织管理能力是指为了有效地实现目标，灵活运用各种方法把各种力量合理地组织和有效地协调起来的能力。主要负责人作为一矿之长，在制定安全、生产、经营路线、方针、政策及各项规章制度等方面，需要去组织落实。这好比带兵打仗，如果善于排兵布阵、指挥有力，就能取得战斗胜利。同样，矿长组织指挥能力强，善于做职工的思想工作，善于交代领导的意图，善于安排、布置、组织、控制、协调，并用严密的组织纪律作保证，那么领导者的意志就可以变为职工的自觉行动，他所带的队伍就浇注着他的灵魂，他的行动、目标及意图就会被职工自觉接受。

在企业经营管理活动中的组织管理能力，一般包括计划与决策能力、组织与人事能力、领导与沟通能力、控制与信息处理能力、创新与团队精神等。作为煤矿主要负责人，需要根据工作性质、任务、目标的不同，以较强的组织、协调与沟通能力去实现工作目标。一是有贯穿全局的工作思路，把握总体目标与具体措施之间的关系，不会“胡子眉毛一把抓”；二是建立制度并维持其严肃性，能够保证制度的稳定性、可操作性以及在执行过程中的原则性和激励性，全面体现制度的严肃性和人性化管理；三是有针对性地宣传激励措施；四是及时与上级、同级、下级及单位内部、外部进行有效的沟通协调。

（六）掌握信息能力

现在是信息爆炸的时代，煤矿主要负责人应该具备获取和利用信息的能力。能熟练使用各种信息工具，特别是网络传播工具，根据自己的学习目标有效地收集各种学习资料与信息，运用阅读、访问、讨论、参观、试验、检索等方法获取信息；能对收集到的信息进行归纳、分类、存储记忆、鉴别、遴选、分析综合、抽象概括等；在收集信息的基础上，能准确地概述、综合、履行和表达生成所需要的信息；在多种收集信息交互作用的基础上，迸发创造思维的火花，从而创造新信息，并运用接收的信息解决问题，为我所用。要注意信息免疫，浩瀚的信息资源往往良莠不齐，需要有正确的人生观、价值观、甄别能力以及自控、自律和自我调节能力，自觉抵御和消除垃圾信息及有害信息的干扰和侵蚀，并且完善合乎时代的信息伦理素养。

（七）带领团队能力

管理从来不是一个人的事情，富有发展潜质的管理者表现出团队取向的工作风格。煤矿主要负责人在实际管理工作中要善于营造一种团队协作、平等沟通的文化氛围，善于运用头脑，团结集体的智慧。团队合作对安全生产最终成功起着举足轻重的作用。作为煤矿主要负责人，一是注重个人的职场形象，有良好的状态和气质，在一个团队里发挥以身作则的示范作用。二是具备真才实学，不管是专业技术知识，还是现场经验阅历，都应该展示高度的理论政策水平和引领能力。三是真心实意对待自己的团队和下属，能够平等沟通、知人善任、公平公正等，帮助下属进步和成长。四是有令人信服的做事风格和方法，传递自己的理念与想法；用事实和结果，获得团队信任和下属支持。

（八）创新思维能力

创新思维能力就是突破现成思路的约束，寻求对问题全新的、独特的解决方法的思维过程，也是在技术和实践领域不断提供具有经济价值、社会价值以及生态价值的新思想、新理论、新方法和新发明的能力。也可以表述为：创新思维能力是个体运用一切已知信息，包括已有的知识和经验等，产生某种独特、新颖、有社会或个人价值的产品的能力。它包括创新意识、创新思维和创新技能三部分。煤矿主要负责人培养创新思维能力，也是提高自身综合素质的重要途径。一要做有心人，以总结以往的得失来积累知识、经验，形成新思路与新方法。二要善于学习，着眼于先进技术、装备与管理手段的应用，提升管理现状。三要钻研攻关，针对现场“卡脖子”问题或重大缺陷，成立攻关小组或与科研院所合作，开展理论研究和技术提升。

（九）处突应变能力

处突应变能力是指面对突发意外事件等压力，能迅速作出反应，并寻求合适的方法使事件得以妥善解决的能力。通俗地说，就是应对变化的能力。煤矿生产处在一个变化多端的复杂环境中，管理就在这样一个内外环境条件下运作，条件的变化导致管理的重点与方式要随机应变。作为煤矿主要负责人，一要有丰厚的知识储备，能在变化中产生应对的创意与策略。二要能控制自己的情绪，弄清事情的真相，从而审时度势，随机应变。三要保持定力，在变动中辨明方向，寻找突破，出奇制胜，比如在事故发生时要勇于负责，果断采取措施，将损失降到最小。

三、煤矿主要负责人素质能力的养成

（一）善于学习——做终身学习的践行者

学习是人类永无止境的需要，是人类与其他动物的根本区别。学习力是企业竞争的最终决定力，当今煤矿不仅是一个生产型组织，而且是一个学习型组织。组织要不断地发展、进步，就要求成员践行终身学习的理念，不断补充新的知识。在当今日新月异的信息社会，煤矿主要负责人更应该不间断学习，否则很难适应安全管理的形势和发展需要。只有通过学习才能不断提高自身素质，以更好地开展工作，引导和培训员工进步。

煤矿安全生产一直受水、火、瓦斯、煤尘、顶板、地压、运输等多种自然危险因素的影响，作为煤矿主要负责人，必须掌握各项安全生产知识、技术和技能。

（二）勤于反思——主要负责人成长的必由之路

反思是我们成长的重要途径，是成长的加速器。煤矿主要负责人要常怀反思之念，倾听发自心底的声音，欣赏成长的脚印，反省自己的生产实践活动，反思自己的所作所为，体悟自己每天的得与失、成与败、酸与甜、苦与乐，感悟自己的收获、喜悦、成功与成长。

做好安全管理工作要三思，即要思危、思退、思变。

思危就是思虑危险、感受危机、应对危急。比如：煤矿工作有哪些危险性？通过思考危险性的来源来认识煤矿安全生产工作的重要性和艰巨性，摆正安全与效益、与稳定、与发展之间的关系，做到不安全不生产。我要工作的地方有哪些危险因素？现场的重大危险源有哪些？哪些重大隐患酿成事故的概率更大，需要重点防范和治理？制度健全吗？责任分解吗？有措施和规程吗？职工对技术和工艺了解吗？执行力怎么样？安全技术措施不健全、落实不到位会产生什么样的后果？等等。

思退即考虑退路、退步，清楚可能出现的情况及应对办法。比如：后路、退路、安全防范措施考虑周全了吗？有备用方案吗？万一发生冒顶、瓦斯、水灾、火灾事故，该如何自救，最佳避灾路线是哪条？当矿群关系紧张时，怎样实现双赢而不是两败俱伤？

思变就是要与时俱进，在变化中提高。比如：这次和上次检查现场条件有什么不同？施工的环境相同吗？施工人员相同吗？工艺流程相同吗？自己的素质与能力还有多大的提升空间？管理效果与上级要求还有多大差距？等等。世界上唯一不变化的就是变化，煤矿主要负责人要不断变换思维方式，能够变换角色、变换角度来分析问题、解决问题，在学习和思考中提高。

（三）认真规划——做一个有目标有追求的人

煤矿主要负责人要了解自己的职业个性，树立职业理想。了解职业个性是一个人提升素质的关键。社会人力资源的研究成果表明，职业个性与个人事业的成功与否有密切的联系。每个人都有自己独特的能力模式和人格特征，每个人格模式的个人都有与其相适应的职业，人们要想在职业生活中充分地施展自己的个性特点，实现自己的个性要求，获得尽可能大的自由感、满足感和适应感，就应该了解自己所属的个性类型及职业适应性，解决自己的兴趣、能力与工作机会的匹配一致。职业理想是人生对职业未来的向往和追求，一个人只有树立坚定正确的职业理想，才能在职场中奋发进取、顽强拼搏，锲而不舍地按照自己的职业需要充实完善自我，实现未来人生的职业目标。正确的职业理想还有助于煤矿主要负责人正确处理国家、社会和个人之间的关系，自觉将国家需要与个人利益相结合。

煤矿主要负责人要提升自己的职业品质，修炼职业技能。提升职业品质是提升素质的着力点。煤矿主要负责人职业品质是指在职业行为、工作作风方面表现出来的思想、认识、态度和品质等。提升职业品质的过程，也是帮助主要负责人实现社会化的过程。职业品质包括积极的人生态度、开拓创新精神、沉着应变能力、团队合作精神、敬业精神。培养职业技能是提升素质的落脚点，相应的技能是一个人立足职业领域的资本。要把知识转化为技能，一定要经过反复实践和体验。煤矿主要负责人要学会整理自己的技能清单，了解这些技能与自己的职业目标之间的差距，以及职业技能培养的途径和认识的方法。

第二节　煤矿企业安全管理的工具与方法

一、煤矿安全生产责任体系

煤矿安全生产必须建立健全“党政同责、一岗双责、齐抓共管、失职追责”“管行业必须管安全，管业务必须管安全，管生产经营必须管安全”的责任体系，强化和落实生产经营单位主体责任与政府监管责任。

（一）建立健全责任体系相关制度

煤矿企业必须履行主体责任，结合各类岗位人员的工作内容，以落实岗位安全职责为重点，对各个管理层级和所有人员逐级逐岗位建立健全覆盖企业管理人员、职能部门、区队、班组、各工种的岗位安全生产责任制，制定全员安全生产责任清单，明确各层级、各岗位的安全生产职责，明确考核标准、奖惩办法等内容，做到所有从业人员都有明确、清晰的安全生产职责，形成企业全员安全生产责任体系。

（二）推进安全生产责任网格化

推进安全生产责任网格化管理，目的就是把全员安全责任压实到现场、岗位、具体措施，形成“全员参与、责任到人、人人有责、逐级负责”的动态安全管理模式，解决安全生产管理与监督工作中的责任缺失问题。科学划分安全生产责任网格，确定网格安全生产责任人，制定网格化管理清单，制作网格划分平面布置图等，让各级主要负责人“手中有清单、肩上有责任”，督促网格责任人对照责任清单严格履职，做到“明责知责、履责免责、失责追责”，实现全员、全过程、全方位、全天候的安全生产全链条责任落实机制。

（三）加强安全生产责任落实的监督

煤矿安全生产管理要做到权责分明、分层管理，就要有行之有效的安全管理考核方法，以科学的考核奖惩制度督促责任的落实。各级党委、政府与安全生产监管部门必须依法开展安全生产大检查，排查重大风险隐患，列清单、明要求、压责任、促整改，严格执法，“打非治违”。煤矿企业必须拥有独立、完善的安全监督监察体系与流程，严格执行国家安全生产法律、制度，以严格的考核与奖惩落实相关责任。

二、煤矿安全文化

煤矿企业安全文化就是企业围绕安全生产过程中人的生命和健康问题，刻意培育的共同愿景、理念意识、行为习惯，以及物化到企业全部安全工作中的灵魂个性和精神动力。安全文化是事故预防的一种“软实力”，是利用文化的导向、凝聚、调适、激励、约束、同化、辐射与传承等功能，引导全体职工采用科学的方法从事安全生产活动，在企业内部形成统一的思维习惯和行为习惯，进而提升企业安全目标、政策、制度的贯彻执行力。

（一）煤矿安全文化建设的主要内容

煤矿安全文化通过发挥文化的功能来进行安全管理，注重通过提高人的思想观念和精神素质来实现各种安全管理要求，落实执行“顺理成章”，进而实现企业安全生产目标。

1. 精神文化

企业安全文化首先是企业的一种安全精神文化，也可称为安全理念文化。精神文化着眼于塑造企业职工的安全意识和提高人的安全素质，通过各种形式的安全思想教育、职业道德建设、安全生产榜样示范等，在企业成员的灵魂深处，把自我的安全要求与企业的发展结合起来，在企业全体成员中形成良好的职业素养、科学的思维方法以及安全观念。

2. 物质文化

企业安全文化是企业的一种物质文化。物质文化是利用物质条件，为企业所有人员创造有利于调动工作与生活的积极性、提高效率与创造安全的工作环境。物质文化对人的感觉、心理产生一种影响，使人更加容易遵守安全生产管理的特定要求，规范自己在安全生产过程的言行，达到企业安全生产的目的。

3. 治理文化

企业安全文化中的治理文化又包含以下三种文化，即目标文化、制度文化、行为文化。

（1）目标文化

目标文化是企业通过对自己的安全生产治理能力的客观评价，根据自身的客观实际、所处的社会环境和应尽的安全生产主体责任，确定企业的安全目标及发展战略。企业的目标文化不能脱离现实，空喊口号。目标文化对外宣示了企业作出的安全承诺，对内展示了企业全体成员同心同德为之奋斗的安全目标。

（2）制度文化

制度文化是指按照现代科学管理的原则，用科学的管理方法制定一系列为了保障安全生产的条文，规范、约束企业全体成员的行为，保护全体成员在生产过程中的安全和健康的制度管理机制。优秀的制度文化体现在制度建立、执行、反馈的全过程，不仅只体现在让制度成为全体成员的行为准则，而且更要体现让制度成为激励成员前进的动力。制度建设要紧扣治理内容、工作范围，同时应该具有可操作性，定性、定量适宜，并要具有连贯性，易于贯彻执行。

(3) 行为文化

行为文化是企业全体成员的安全意识在实际行动中的体现，包括全体职工安全达标的行为方法、各级领导干部科学规范的管理方法及全体成员良好的素质等。它促进企业成员积极参与企业的安全生产活动，将理想、信念、激情转化为实际的行动，为实现企业的安全目标而努力。

企业的物质文化是整个企业文化的基础，决定和制约着企业的精神文化和治理文化；而企业的精神文化是核心、治理文化是手段，引导着职工的行为，反作用于物质文化。因此，安全文化的三个主要方面是一个有机的整体，只抓物质文化建设而忽略精神文化和治理文化的建设，将达不到安全文化建设的预期目的。

(二) 安全文化建设的重要意义与创新

安全文化是作用于每一个人身上的一种无形磁场，控制着每一个人的行为。因此，安全文化是预防事故的基础性工程。高度优异的安全文化能使人们认识到安全是发展的前提，理解安全的重要地位，进而明确自己的安全行为。安全文化贵在创新。要坚持“以人为本”，从人的需求出发，把关心人、理解人、尊重人、爱护人作为安全文化建设的出发点；注重总结群众性安全文化建设和发展的好经验，引导和启发人们从生命价值中体会安全文化建设的重要性，增强安全文化的亲和力和亲切感；注重环境的熏陶，寓教于乐，使人们在参与中得到启迪、受到教育，形成安全第一的习惯。

(三) 煤矿安全文化建设建议

(1) 执行《企业安全文化建设导则》(AQ/T 9004—2008)。设计和建设合理的安全理念条目，根据煤矿安全文化的核心元素提出企业安全文化建设的理念。

(2) 定期开展安全文化建设水平测量。通过与煤矿行业安全文化建设整体水平进行对比，发现当前安全文化水平与同行业对比存在的不足，并进行改善。

(3) 开展针对性培训。根据对不同人群存在的不同安全文化缺陷，开展针对性的培训。

(4) 建设良好的安全宣传教育载体。安全文化传播依附于载体，通过建设安全文化活动载体开展丰富的活动，如知识竞赛、公众号、文化长廊等。

(5) 建设完善的安全文化考核体系。为保障安全文化的有效执行，应当建立安全文化效果评价考核体系，定期对各部门、各单位执行安全文化的情况进行评估考核。

三、煤矿安全心理学

安全心理学是心理学分支学科，是指以解释、预测和调控人的行为为目的，通过研究、分析人的行为，揭示人的心理活动规律，最终达到减少或消除事故的学问。安全心理学研究人在劳动过程中心理活动的规律和心理状态，探讨人的行为特征、心理过程、个性心理和安全的关系，发现和分析不安全因素、事故隐患与人的心理活动的关联以及导致不安全行为的各种主观和客观的因素，从心理学的角度提出有效的安全教育措施、组织措施和技术措施，预防事故的发生。

（一）安全心理学的研究对象

(1) 研究生产设备、设施、工具、附件如何适合人的生理、心理特点，如研究机械设备的显示器、控制器、安全装置如何适合人的生理、心理特点及其要求，以便于操作，减轻体力负荷，保持良好姿势，从而达到安全、舒适、高效的目的。

(2) 研究工作设计和环境设计如何适合人的心理特点。如研究改进劳动组织，制定合理分工协作，合理的工作制度（包括适宜的轮班工作制），丰富工作内容，减少单调乏味的劳动，制定最合适的工时定额，提供适宜的工作空间、工作场所布置和工作环境，建立良好的群体心理气氛等。

(3) 研究人如何适应机器设备和工作的要求，包括通过人员选拔和训练，使操作人员能与机器的要求相适应；研究人的作业能力及其限度，避免对人提出能力所不及的要求。根据现代心理学的学习理论加速新工人的职业培训和提高员工的技术水平及对训练的绩效进行评价等。

(4) 研究人在生产过程中如何相互适应，诸如与安全生产有关的人的动机、需要、激励、士气、参与、意见沟通、正式群体与非正式群体、领导心理与行为等。

(5) 研究如何用心理学的原理和方法分析事故的原因和规律，诸如研究人的行为、与行为有关的事故模式、人在劳动过程中的心理状况、与事故有关的各种主观和客观的因素（如人机界面、工作环境、社会环境、管理水平、个人因素），特别是个人因素（如智力、健康和身体条件、疲劳、工作经验、年龄、个人性格特征、情绪）以及事故的规律等。

(6) 研究如何实施有效的安全教育，如根据心理学的规律研究切实可行、不流于形式的安全教育方法，引人注目的能起到宣传效果的安全标语和宣传画，培养员工的安全习惯等。

总之，在研究这些问题时，首先要研究人的心理过程的特点以及这些特点对劳动者个人的作用，其次还必须考虑个性心理以及某些个人生活因素。

（二）培养职工心理个性，调控安全行为

多数煤矿事故的发生都是由于人的不安全行为这一直接原因所导致的，其中包括两方面：井下作业人员心存侥幸、麻痹心理的违章行为；情绪心理变化而导致操作上的失误。控制不安全行为是以人作为对象的，因此搞好安全管理工作的重要途径之一，就是要从对井下作业人员的个体性格的研究和掌握入手，配以合理的管理方法，使之达到调控作业人员安全行为的目的。

具体来说，人本身具有许多种不同的性格、不同的心理状态及承受能力。实践证明，通过有效的管理，引导矿工以不同的个性去适应和服从煤矿井下不同时间和地点的工作，发挥其性格积极的一面，减少或消除事故的隐患，从而实现所制定的安全目标。

(1) 根据作业人员的不同性格，调配其工作岗位。人的性格从不同角度大致可分为：内向和外向型，怠滞和冒进型，冷静和急躁型，责任心强和责任心弱型等。根据作业人员的不同性格，为其选调有利于安全工作的岗位。例如：井下瓦斯检查工就适合责任心强的人员来担任；爆破工就适合沉着冷静的人员担任。

(2) 根据作业人员不同的性格，选用不同的管理方式。在煤矿，由于作业人员性格的不同，在处理安全与矿工的关系上，不可一视同仁。按照不同的对象、不同的性格，选用不同的管理方式，才能有效地发挥人员性格中的积极作用。例如：建立有效的井下人员安全心理配置管理系统，对每位矿工的心理规律及变化进行研究分析，适时地做好岗位的调整，降低事故隐患的出现概率。

（3）根据作业人员不同的性格，合理搭配班组成员。对煤矿而言，班组是井下最基层安全生产单元，其工作稳定性如何，直接关系到全矿井的安全状况。合理搭配班组成员，将性格、志趣、爱好较为相同的人员组合成一个班组，使大家在生产工作中具有较强的互补、互助性，发挥团队精神，能达到减少操作失误、实现安全生产的目的。

四、安全目标管理

安全目标管理是企业内部各个部门每名职工围绕企业安全生产的目的，层层展开确定各自的安全目标，确定行动方针，安排安全工作进度，制定实施有效组织措施，并对安全成果严格考核的一种管理方法。

煤矿是高危行业，其事故具有突发性、紧迫性、灾难性和社会性的特点，故煤矿安全管理是一个复杂的难题，从而需要制定安全目标。以提高安全生产理念、坚持以人为本、创造安全生产条件为出发点，制定详细的安全目标，再通过安全目标管理实现安全目标。

安全目标管理的实施过程可分为四个阶段，即安全目标管理体系的建立，安全目标的制定，安全目标的实施，安全目标的评价与考核。安全目标的制定必须围绕企业生产经营目标和上级对安全生产的要求，结合安全生产的特点，按如下原则制定：

（1）安全目标突出重点，分清主次。安全目标应突出生产安全事故、重大灾害治理、安全生产标准化等级等指标，同时注意次要目标对重点目标的有效配合。

（2）安全目标预期结果做到具体化、定量化、数据化。如安全生产事故方面要做到零死亡、零重伤，重大灾害治理方面要做到“零突出”“零超限”“零透水”等。

（3）安全目标既要有综合性，又要有实现的可能性。制定的企业安全目标既要保证上级下达指标的完成，又要考虑企业自身的安全生产实际。

安全目标管理涉及各层级各单位，是关系安全生产全局的大问题，为此应将总目标分解到各基层部门或系统，做到横向到边，纵向到底，纵横交错，形成网络。安全目标管理是一项长期任务，必须始终不渝地进行决策、实施、检查、整改、总结、提高的循环管理。在实现安全目标过程中，要依靠和发挥各种安全管理方法的作用，如建立安全生产责任制、制订安全技术措施计划、开展安全教育和安全检查等。只有两者有机结合，才能使企业的安全管理工作做得更好。

五、安全计划与决策管理

（一）安全计划

安全计划是根据煤矿企业安全生产发展目标，结合内外部环境、地质条件、开采技术条件、各种资源状况及其发展特点，确定逐步解决安全问题的方针、策略、措施和基本对策。安全计划作为各类决策的基础、应变的前提、管理的保障、控制的手段是企业发展计划的重要内容，企业在制订发展计划时必须同时制订企业安全计划。

（二）安全计划种类

根据安全计划的期限分为三种类型，即长期计划、中期计划和年度计划。

长期计划又称长期规划，计划期限一般为5～10年。长期安全计划是一种目标计划。

中期计划一般又称发展计划，由长期计划衍生而来，是企业设定未来2～5年内欲努力发展的目标及战略，用以执行长期计划。安全中长期计划应包括企业安全生产方针、发展目标、基本对策和重点措施，确定安全投资计划、人才培训计划和安全装备计划。

年度计划一般又称为执行计划，应包括安全工作的具体目标、内容、方法、措施、经费、实施日期、应取得的效果和评估方法、矿井灾害预防与处理等内容。

（三）安全计划的内容与编制

1. 安全计划的内容

《煤矿安全规程》规定煤矿企业需编制的安全计划有安全技术发展规划、安全技术措施计划、年度灾害预防和处理计划，突出矿井必须编制区域防突措施规划和年度实施计划，冲击地压矿井必须编制中长期防冲规划与年度防冲计划、应急演练计划等。

2. 安全计划编制的依据

安全计划的编制要充分分析和认真研究煤矿企业各方面情况，依据社会环境、经济环境、技术环境、地质条件、开采技术条件等安全生产各种数据和资料，通过对积累资料的系统分析，总结安全生产的规律，研究各种因素对安全生产的影响，预测发展趋势。要注意各类计划之间的内在关系，以及长期、中期和年度计划的衔接。

3. 安全计划的编制程序与执行

安全计划由主要负责人组织，各单位和职能部门在认真研究并组织广泛讨论的基础上，编制本单位安全计划。安全计划与生产计划同时下达。安全计划的执行要按预定的目标、标准来控制和检查，经常对计划运行情况进行修订和调整，发现偏差，迅速予以解决。

（四）安全决策

安全决策是针对生产经营活动中的危险源或特定的安全问题，根据安全目标、安全标准和要求，运用安全科学理论和分析评价方法，系统收集、分析信息资料，提出各种安全措施方案，经过论证评价，从中选择最优控制方案并予以实施的过程。安全决策是事故预防与控制的核心，是安全管理的首项职能。

六、安全信息管理

（一）安全信息的内容及作用

安全信息管理是为了有效地进行决策和控制，对有关资料进行收集、整理、分析处理，使之成为有价值的信息，并传递给决策者的过程。安全信息管理的基本内容是对各种类型的数据按照一定的规格进行加工处理和综合分析处理，得出系统总体的安全信息。安全信息收集与处理系统是否完善，很大程度上决定着企业的安全管理水平。安全信息经过收集和处理后，传递给决策者，由决策者组织制定并采取针对性措施，能够有效避免安全事故的发生和事故的扩大。

（二）安全信息的收集与处理

安全信息发生在生产经营过程中，信息广泛、复杂、数量多，常用的收集方法有两种：一种为检查人员查处和上报安全信息，再由信息收集人员进行分类归档；另一种为电子监控系统收集和统计监测信息。该环节是安全信息管理的重点，需要不断提升检查人员的业务水平，升级监控系统，增强安全信息的针对性、准确性。安全信息收集后，由专业人员根据信息所属专业、危险程度、紧迫性等进行分类管理，通过文字、图表等形式传递给决策者。

（三）煤矿安全信息管理系统

煤矿安全信息管理系统建设的主要内容有：

(1) 建立安全信息管理机构。设立安全信息管理机构，设专人管理安全信息，负责安全信息的收集、筛选、处理、储存、传递、反馈等工作。

(2) 建立信息运行系统。安全信息运行系统由以下四部分组成：

① 信息收集系统。安全信息的收集包括：上级部门的文件、指令等；本矿的安全文件、档案和技术资料等；各类安全检查获得的信息，包括各级主要负责人、工程技术人员、安全检查员、青安岗员、群监员等提供及安全监测设备收集的数据等。

② 信息处理系统。安全信息管理机构对收集到的安全信息按重要性和处理难易程度进行筛选，并按照分级、分类原则分别传递给安全决策系统。同时，利用安全信息定期进行安全预测评价。

③ 安全决策系统。安全决策人员根据安全信息进行决策，传递给有关单位处理解决。

④ 信息反馈系统。有关单位在接到决策后，应在限期内对安全信息（包括隐患）进行处理解决，处理完后，将此信息反馈回安全信息管理机构登记备案，并按照企业的管理程序跟踪、落实、反馈。

（四）计算机系统在安全信息管理中的应用

随着现代安全科学管理理论和安全工程技术，以及计算机软、硬件技术的发展，在煤矿安全生产领域应用计算机系统作为安全生产辅助管理和事故信息处理的手段，将现代计算机技术与安全科学管理技术进行有机地结合，使计算机系统在安全信息管理中发挥越来越重要的作用。煤矿安全信息管理应主动发挥计算机高速、自动、精确进行数据运算、过程控制、数据处理的功能，利用信息化的处理手段使煤矿安全信息管理系统保持高效运行。

第三节　煤矿安全生产的基本原则与相关理念

一、煤矿安全生产的基本原则

（一）“安全第一、预防为主、综合治理”原则

“安全第一、预防为主、综合治理”既是安全生产方针，又是煤矿安全生产管理的基本原则。这个原则要求我们从事生产经营活动必须实行“安全优先”，不能以牺牲人的生命、健康为代价换取发展和效益；同时把安全生产工作的重心放在预防上，强化隐患排查治理、风险分级管控等有效的事前预防措施，通过改善劳动安全卫生条件消除事故隐患、控制危险因素，从根本上防止事故的发生。还要求我们综合运用法律、经济、行政等手段，多管齐下，充分发挥社会、职工、舆论的监督作用，形成标本兼治、齐抓共管的格局。

（二）“三管三必须”原则

《安全生产法》规定：“安全生产工作实行管行业必须管安全、管业务必须管安全、管生产经营必须管安全，强化和落实生产经营单位主体责任与政府监管责任，建立生产经营单位负责、职工参与、政府监管、行业自律和社会监督的机制。”

“三管三必须”原则写入法律，进一步明确了各方面的安全生产责任，也就是建立了多维度的安全责任体系。第一，管行业必须管安全，明确了部门的安全监管责任。也就是负有安全监管职责的部门，要在职责范围内对分管的行业和领域的安全生产工作实行监督管理。第二，管业务必须管安全，管生产经营必须管安全，则明确了企业的决策层和管理层的安全管理责任。第三，各职能部门要相互配合协作，负有安全监管职责的部门之间要相互配合、齐抓共管、信息共享、资源共用，才能依法加强安全监管工作，让部门之间既责任清晰，又齐抓共管，形成监管的合力。

（三）“三不生产”原则

所谓“三不生产”原则，即不安全不生产、隐患不消除不生产、安全措施不落实不生产。“三不生产”原则是国家安全生产方针在煤矿安全生产管理中落实落地的具体化表述。落实措施、消除隐患和确保安全在企业生产过程中是层层递进的。通过逐项落实措施，能有效消除安全隐患，全面消除隐患就能确保作业安全，有效防范安全事故。

（四）“三同时”原则

“三同时”原则是指煤矿建设项目的安全设施和职业病危害防护设施，必须与主体工程同时设计、同时施工、同时投入使用。坚持“三同时”原则，要求企业按照国家标准和行业技术规范，解决投资与安全、环境保护、职业卫生设施的问题，避免因投资不足而随意砍掉相关设施，以保证安全、环保设施与职业卫生设施按质、按量、按时完成。

（五）“四并重”原则

“管理、装备、素质、系统”四要素并重，是我国煤炭行业在长期实践中总结出来的经验，也是煤矿安全生产管理的一项基本原则。“装备”要素，从过去的综采综掘是最高目标，到现在机械化已经是基本要求，以机器人为代表的自动化、信息化、智能化是装备先进的重要标志，代表着煤炭开采技术革命的方向。把握这个方向，煤炭行业就会跟上时代的步伐，在能源革命的大趋势中不断发展。“素质”要素从“培训”演变而来，是从过去仅强调培训过程上升到要求队伍素质过硬这个结果。不仅强调提高培训质量，而且强调提高从业人员准入标准，还强调培养人才、吸引人才、留住人才，致力于打造一支知识型、技能型、创新型的煤炭产业大军。“系统”是新增加的要素。安全管理中的“人、机、环、管”四要素，对煤矿而言，“环境”就是“系统”。系统是由不同用途、不同角度的巷道、硐室，用串联、并联、角联方式组成的一个三维立体网络结构。

（六）“四不放过”原则

“四不放过”原则是指发生事故后，要做到事故原因未查清不放过，事故责任人未受到处理不放过，事故责任人和广大群众未受到教育不放过，以及未制定切实可行的防范措施不放过。

事故处理的“四不放过”原则，要求对安全生产事故必须进行严肃认真的调查处理。第一，要把事故原因分析清楚，找出导致事故发生的真正原因，不能敷衍了事，不能在尚未找到事故主要原因时就轻易下结论；第二，对事故责任者要按照事故责任追究规定和有关法律、法规进行处理；第三，在调查处理事故时，还必须使事故责任者和广大群众了解事故发生的原因及所造成的危害，认识到搞好安全生产的重要性，从中吸取教训；第四，必须针对事故发生的原因，提出防止相同或类似事故发生的预防措施，并督促事故单位加以落实。

（七）安全生产和重大安全生产事故风险“一票否决”原则

安全生产和重大安全生产事故风险“一票否决”包含两层意思：一是加大安全生产在考核中的权重，如果企业发生重大以上事故或者重大安全生产风险管控不到位，在企业及所属个人阶段性评优、评先时无论其他条件是否符合，直接予以资格否决；二是强化市场准入的安全标准，不论招商引资还是改扩建项目都要严把安全生产关，不具备安全生产条件的一律否决。

（八）“安全发展，绿色发展”原则

习近平总书记指出，绿色发展是构建高质量现代化经济体系的必然要求，是解决污染问题的根本之策。必须坚持贯彻创新、协调、绿色、开放、共享的发展理念，加快形成节约资源和保护环境的空间格局、产业结构、生产方式、生活方式，给自然生态留下休养生息的时间和空间。

落实习近平总书记关于安全生产的一系列重要论述，必须坚持安全发展、绿色发展。统筹发展与安全、生态保护的关系，坚持发展和安全、生态并重，保持如履薄冰的高度警觉，实现高质量发展和高水平安全、绿色生态环境的良性互动与动态平衡。

二、安全生产理念的内涵、提炼形成及宣传贯彻落地

（一）安全生产理念的内涵

企业安全生产理念就是企业员工在长期的生产实践中经过不断的探索、积累、总结逐步形成的关于安全的理性的观念。理念对人的行为有着潜移默化的作用，可以说是人的行为的方向盘，正确清晰的安全理念对企业的生产实践有着至关重要的意义。

企业员工自然形成的安全生产理念在一定程度上具有统一性，因为它表述的是不同个体的共性认识；同时也具有表述的不确定性和差异性，缘于它来自企业员工的不同个体，而不同个体对安全生产认识的层次不同、角度不同、表述形式不同。通过人为地主动提炼、设计和引导，能够使自然形成的安全理念明晰化，使员工对安全理念的理解深刻化、认同彻底化，故而对企业安全生产理念进行提炼存在现实的必要性和客观的理论基础。

（二）安全生产理念的提炼形成

纵观国内外安全生产出色的企业，他们都有各自成功的安全生产理念，总结其安全生产理念的提炼，一般都把握了以下几个原则：

一是安全生产理念的提炼要有高度的概括性，理念的表述应语言精练，通俗易懂。例如“安全第一，预防为主”是我国安全生产的指导方针，也是企业安全生产的宏观理念，具有高度的概括性和广泛的适应性。“违章就是事故”“以人为本，安全第一”“责任重于泰山、隐患险于明火”“安全第一，生命第一”“在岗一分钟，负责六十秒”等亦是如此。

二是安全生产理念的提炼要贯彻结合实际的原则。正确的安全生产理念不是凭空想象

出来的，它来源于生产实践，反过来又指导生产实践。理念的提炼只有来自生产实践才有实际意义，才能保证理念的正确性和适应性。提炼企业安全生产理念，首先要在全体员工范围内进行广泛征集，然后对征集的安全理念进行去粗取精，充分酝酿和反复修改，结合企业安全生产的现实和未来目标，最后提炼出符合企业客观实际的安全生产理念。

三是安全生产理念的提炼要贯彻科学的发展观。提炼安全生产理念要紧密围绕企业现实的安全生产实际，并与企业安全生产未来的发展目标相结合。随着企业生产实践的不断发展变化，企业安全理念也必然要随之改变，因此必须对其进行不断的修正和完善，使其适应企业安全生产的需要，跟上企业前进的步伐。

四是企业安全生产理念的提炼要以诠释为基石。安全生产理念是一种思想意识，任何一种安全生产理念只有进行长期有效的教育才能达成共识和发挥出它的作用。这种安全理念教育的前提就是对这些安全理念有一个合理的、全面的、正确的诠释。这样才具备了教育的基础，并能够在不同时间、不同地点和不同执行人的情况下，保持安全理念的一致性。

五是安全生产理念的提炼要结合企业自身的特点。即使同处一个行业，不同企业实施安全生产的差别化战略不同，其安全生产理念所强调的侧重点也不同。

六是安全生产理念的提炼要富有个性特色。千篇一律、照搬照抄的理念对员工生产实践的影响作用会大打折扣。例如：柯达公司的安全生产理念是“生命无价，安全至上，人是柯达最大的财富”，全球500强美国杜邦公司的安全理念是“任何安全事故，都是可以避免的”。

最后，安全生产理念的贯彻是关键。只有安全生产理念深入人心，得到企业全体员工的彻底认同，继而能在企业的安全生产中自觉的践行，才能体现理念的价值，才能为企业创造效益。

（三）安全生产理念的宣传贯彻与修订

安全生产理念如果不能贯彻执行，再好的理念也只是一句空话，没有任何实际意义。

在安全生产理念建设过程中，煤矿企业应制定安全生产理念建立、公示、宣传贯彻与修订管理规定，通过采取管理控制、精神激励、环境感召、心灵调适、习惯培养等一系列方法，既推进安全生产理念建设的深入发展，又丰富安全文化的内涵。

煤矿企业应建立分级、分层、集散相结合的宣传贯彻方式，组织相关人员、部门、岗位进行统一学习、共同研究讨论。也可由区队、班组进行分散学习、各自学习，了解、熟悉、掌握宣传贯彻内容。

宣传贯彻方式包括：煤矿统一组织宣传贯彻；利用班前会进行宣传贯彻，显著位置制作公示栏进行宣传，重点加强对新入职员工的宣传贯彻；职能科室不定期对分管区队、班组人员进行宣传贯彻。

安全生产理念具有明显的时代特征。随着科技的不断进步，人的思想管理也在不断发展变化，安全理念也要与企业的发展与时俱进。对于安全理念在执行过程中存在的问题，不适宜的内容，如国家法律法规、政策导向发生变化，安全生产条件发生重大变化时，应及时按要求进行修订，修订完善后的安全生产理念要及时进行公示和宣传贯彻。

三、部分煤炭企业安全管理理念集锦

河南能源集团安全管理理念：从零开始、向零奋斗。

山东能源集团安全管理理念：人民至上、生命至上。

国家能源集团宁夏煤业有限责任公司安全管理理念:生命至上、安全至尊。

晋能控股集团安全管理理念:崇尚安全、敬畏生命、行为规范、自主保安。

陕西煤业化工集团安全管理理念:生命至上、安全为天。

潞安化工集团安全管理理念:从零开始、向零奋斗、赢在标准、胜在执行,安全是最大的效益。

山西焦煤集团安全管理理念:安全为天、生命至上。

中国平煤神马集团安全管理理念:生命至上、安全为天。

淮北矿业(集团)有限责任公司安全管理理念:生命至高无上,安全永远第一,责任重于泰山。

内蒙古伊泰集团有限公司安全管理理念:在安全与投入的关系上"宁可多花 1 000 万元,也不死一个人";在安全与生产的关系上"宁可少产 100 万 t 煤,也不死一个人"。

徐矿集团安全管理理念:本质安全、生命至上。

皖北煤电集团安全管理理念:"珍爱生命——让安全成为我们的习惯""事故可防可控"。

河南神火集团安全管理理念:安全为天,生命至上。

陕西榆林能源集团横山煤电有限公司安全管理理念:安全为天,仁爱幸福。

黑龙江龙煤集团安全管理理念:没有安全保障的速度不要,没有安全保障的产能不要,没有安全保障的效益不要。

中国庆华能源集团安全管理理念:安全是生命之根,安全是幸福之源,安全是效益之本。

川煤集团华荣能源龙滩煤电公司安全管理理念:安全第一,珍爱生命。

冀中能源集团安全管理理念:生命高于一切。

中煤集团大屯公司安全管理理念:安全为天,生命至尊。

第四节 煤矿双重预防机制的建设与管理

一、双重预防机制的内涵及其应用状况

(一) 双重预防机制的内涵

所谓双重预防机制就是安全风险分级管控与隐患排查治理。企业要根据安全生产的特点,以风险辨识为切入点,运用风险分级防控的方法,在还未形成隐患之前就将风险消灭掉。设置隐患排查的目的就是为了能够在第一时间找到风险控制过程中可能会有的漏洞或缺失,可以在还未发生之前就将隐患排查消除掉。

双重预防机制构筑防范生产安全事故的两道防火墙。第一道是管风险,通过定性、定量的方法把风险用数值表现出来,并按等级从高到低依次划分为重大风险、较大风险、一般风险和低风险,让企业结合风险大小合理调配资源,分层分级管控不同等级的风险;第二道是治隐患,排查风险管控过程中出现的缺失、漏洞和风险控制失效环节,整治这些失效环节,动态地管控风险。

(二) 双重预防机制应用状况

2016 年后,国务院颁布了一系列有关安全生产规划的指导意见,其中都将双重预防机

制作为新时期提升生产安全的主要工具。作为传统高危行业，煤炭行业站在“两个维护”的政治高度，从当前安全生产面临的问题出发，积极落实双重预防机制建设和运行工作。无论是工作广度还是深度，都走在了各行业的前列，并取得了显著的成绩。双重预防机制开始全面建设的 2017 年，煤矿死亡人数即从 2016 年的 538 人直接降到了 375 人，2021 年降到了 178 人（91 起），2022 年降到了 173 人（87 起），连续 3 年未发生煤矿重大瓦斯事故，连续 6 年未发生特别重大事故。

然而我们也看到，双重预防机制与煤矿原有安全管理实践有一定的重合之处，但在逻辑架构、管理重点、具体方法等方面都有其鲜明的特点，不少煤矿在对双重预防机制的认识、理解、应用、与企业原有管理结合、信息平台建设与使用等方面存在一定的偏差，双重预防机制远未发挥潜力。

二、煤矿安全风险分级管控

（一）风险分级管控概述

风险管理就是通过识别、衡量、分析风险，并在此基础上有效控制风险，用最经济、合理的方法来综合处理风险，以实现最佳安全生产保障的管理方法。风险管理工作的目的在于确保生产运营过程的危险源能被全面识别，风险能被有效地鉴定和理解，划分风险等级并确定风险控制的重点，在现有控制措施基础上提出改进对策措施，将风险最小化，达到可接受的水平。风险管理流程如图 10-1 所示：

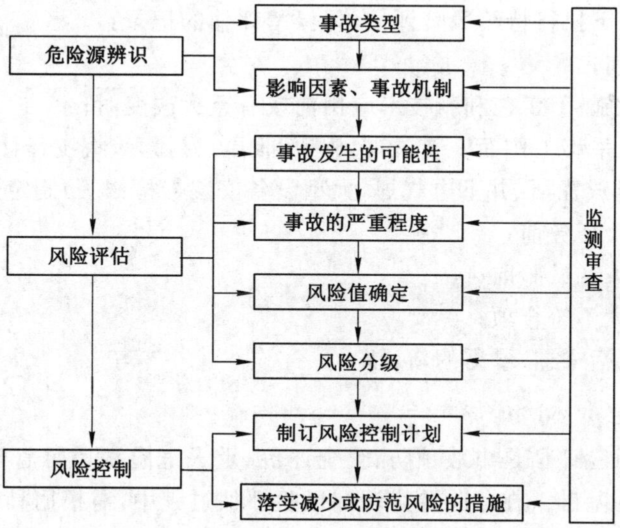

图 10-1　风险管理流程图

煤矿安全风险预控管理体系的核心内容是风险管理，在《煤矿安全风险预控管理体系规范》（AQ/T 1093—2011）中，对危险源辨识、风险评估、风险管理对象、管理标准和管理措施、危险源监测、风险预警、风险控制、信息与沟通等要素给出了规定，明确了煤矿风险管控的要求。

危险源辨识、风险评估和风险控制是风险管理的主要工作内容。危险源辨识确定安全管理对象；风险评估确定安全管理重点；风险控制通过制定管理标准确定如何做，通过制定管理措施确定如何管，通过明确责任确定如何落实。

（二）危险源辨识和风险评估

1. 危险源辨识

煤矿应组织员工对危险源进行全面、系统的辨识，并确保：

(1) 危险源辨识前应进行相关知识的培训。

(2) 辨识范围覆盖本单位的所有活动及区域。

(3) 对所有工作任务建立清册并逐一进行危险源辨识，并对危险源辨识资料进行统计、分析、整理、归档。应注意：危险源辨识应采用适宜的方法和程序，且与现场实际相符；危险源辨识时考虑正常、异常和紧急三种状态及过去、现在和将来三种时态；采用事故树分析法对系统（采掘系统、机电运输系统、"一通三防"系统等）中存在的危险源进行辨识。

(4) 工作程序或标准改变、生产工艺发生变化以及工作区域的设备和设施有重大改变时，应及时进行危险源辨识。

(5) 发生事故（包括未遂）、出现重大不符合项时应及时进行危险源辨识。

2. 风险评估

煤矿应组织员工对辨识出的危险源进行风险评估，并做好以下工作：

(1) 对所有辨识出的危险源逐一进行风险评估，并对风险评估资料进行统计、分析、整理、归档。风险评估应采用适宜的方法和程序，且与现场实际相符；根据风险评估结果对辨识出的危险源进行分级分类。

(2) 在以下情况下执行持续风险评估，并保留评估的记录：

① 新改扩项目前；

② 新设备、新设施、新工艺和新技术应用前或有重大改变时；

③ 为特定项目（采煤工作面安装、初次放顶、收尾、回撤，采掘工作面过构造、过冲刷带、过富水区、过空巷，排放瓦斯、井下电气焊、大型设备安装与检修等）制定安全措施前；

④ 执行重大风险任务前；

⑤ 执行特定检查和试验前；

⑥ 审核发现重大不符合项；

⑦ 调查事故（包括未遂）暴露的新风险。

（三）危险源辨识和风险评估方法

危险源辨识和风险评估是事故预防、安全评价、重大危险源监督管理、应急预案编制和安全管理体系建立的基础。在危险源辨识和风险评估过程中，需根据具体对象的性质、特点以及分析人员的知识、经验和习惯等选择适合的方法。

1. 危险源辨识方法

常用的危险源辨识方法可分为经验对照分析法和系统安全分析法两类。

经验对照分析方法：是一种通过对照有关标准、法规、检查表或依靠分析人员的观察分析能力，借助于经验和判断能力直观地评价对象危险性和危害性的方法。经验对照分析法是一种基于经验的方法，适用于有可供参考先例、有以往经验可以借鉴的情况。

系统安全分析方法：常用于复杂系统、没有事故经验的新开发系统。为了能够使危险源辨识和风险分析更加系统，危险、危害事件及其产生的原因识别更加全面，需要应用一些科学的系统安全分析方法来帮助分析。常用的分析方法包括预先危险性分析法(PHA)、事故树分析法(FTA)、事件树分析法(ETA)、危险与可操作性分析法(HAZOP)、故障模式与影响分析法(FMEA)等。

2. 风险评估方法

根据系统的复杂程度,风险评估可以采用定性、定量和半定量的评价方法。具体采用哪种评价方法,需根据行业特点以及其他因素进行确定。

定性风险评价方法:是根据经验和直观判断能力对生产系统的工艺、设备、设施、环境、人员和管理等方面的状况进行定性分析,其评价结果是一些定性的指标,如是否达到了某项安全指标、事故类别和导致事故发生的因素等。

定量风险评价方法:是在大量分析试验结果和事故统计资料的基础上获得指标或规律(数学模型),对生产系统的工艺、设备、设施、环境、人员和管理等方面的状况进行定量的计算,评价结果是一些定量的指标,如事故发生的概率、事故的伤害(或破坏)范围、事故致因因素的事故关联度或重要度等。

半定量风险评价方法:是建立在实际经验的基础上,结合数学模型,对生产系统的工艺、设备、设施、环境、人员和管理等方面的状况进行定性与定量相结合的分析,其评价结果是一些半定量的指标。半定量风险评价方法可操作性强,还能依据分值得出明确的风险等级,因而被广泛应用。常用的半定量风险评价法有作业条件危险性评价法(LEC)、风险矩阵评价法、故障模式与影响分析法(FMEA)、改进的作业条件危险性评价法(MES)。

3. 危险源辨识和风险评估的应用

(1) 危险源辨识和风险评估的准备

在进行系统的危险源辨识和风险评估之前,首先要进行整体规划,制订危险源辨识和风险评估的计划,确定危险源辨识和风险评估的范围及所要达到的目的,并将计划传达到煤矿内部所有部门和承包商,以得到管理层和各部门的支持、参与和帮助。该步骤既是危险源辨识和风险评估的准备过程,也是危险源辨识和风险评估活动的统筹策划过程。

(2) 危险源辨识和风险评估范围的确定

全面的危险源辨识和风险评估应覆盖煤矿所辖区域和生产运营的全过程,包括人、机、环、管 4 个方面。

煤矿在危险源辨识和风险评估之前应对其范围给予确定,在通常情况下,煤矿至少应对所有区域、活动、设备、设施、材料物质、工艺流程、职业健康、环境因素、工具及器具、火灾危险场所等存在的危险源进行辨识和风险评估。为了全面、准确地确定危险源辨识和风险评估范围,煤矿应借助工作场所平面布置图、生产系统图、生产工艺流程图等帮助制订危险源辨识和风险评估计划,划分危险源辨识和风险评估范围。危险源辨识和风险评估范围可按区域或专业来划分,或将二者结合起来进行划分,并与专业范围和责任范围紧密结合。

(3) 危险源辨识和风险评估标准及方法的确定

为了有秩序、有组织和持续地开展危险源辨识和风险评估工作,煤矿应根据自身生产运营情况制定危险源辨识和风险评估管理标准,选择确定适合不同类危险源辨识和风险评估的方法,以确保危险源辨识和风险评估在煤矿一定范围内的统一性和有效性,同时也便于危险源辨识和风险评估的沟通、理解和应用。

建立危险源辨识和风险评估标准。危险源辨识和风险评估标准是指导煤矿危险源辨识和风险评估工作的规范性文件，明确危险源辨识和风险评估工作的职责、程序、方法要求。其内容应包括：① 危险源辨识和风险评估与回顾的时间和周期；② 危险源辨识和风险评估的职责与流程要求；③ 危险源辨识和风险评估方法的要求；④ 危险源辨识和风险评估的工具表格；⑤ 危险源辨识和风险评估策划的要求；⑥ 危险源辨识和风险评估应用的要求；⑦ 危险源辨识和风险评估监测与更新的要求。

选择危险源辨识和风险评估方法。危险源辨识和风险评估方法是危险源辨识和风险评估工作所运用的重要工具，煤矿应根据自身实际情况，选择适当的危险源辨识和风险评估方法，保证危险源辨识和风险评估工作的全面性、系统性、科学性和合理性，为风险评估策划、风险管理标准和措施的制定奠定基础。

(4) 制订危险源辨识和风险评估计划

在危险源辨识和风险评估工作前，煤矿应制订具体实施计划，保证危险源辨识和风险评估工作正常、有序地开展。其内容应包括：① 危险源辨识和风险评估小组及其具体职责；② 危险源辨识和风险评估详细内容；③ 危险源辨识和风险评估培训要求；④ 危险源辨识和风险评估时间要求。

(5) 成立危险源辨识和风险评估小组

煤矿应按照危险源辨识和风险评估工作的需求，在风险预控管理工作组下成立危险源辨识和风险评估小组。

矿级危险源辨识和风险评估小组成员应包括管理层、安监员、职业健康管理人员、有关部室、区队或班组的相关管理人员、专业技术人员、班组长、工作经验丰富的岗位员工。

区队、班组级危险源辨识和风险评估小组成员应包括区队或班组的相关管理人员、安监员、专业技术人员、班组长、工作经验丰富的岗位员工。

专业化施工队伍应参照区队、班组级危险源辨识和风险评估成立相应的小组。

鼓励所有员工积极参与本区域的危险源辨识和风险评估。

(6) 危险源辨识和风险评估知识的培训

在危险源辨识和风险评估小组成立后，应对小组成员进行培训，使其掌握危险源辨识和风险评估的方法和技巧。

(7) 资料收集

在开展危险源辨识和风险评估工作之前，危险源辨识和风险评估小组须召开预备会，明确各成员的职责和任务，讨论确定危险源辨识和评估过程所需要的工作程序和图表。

危险源辨识和风险评估小组成员应收集的相关资料包括：

① 相关法律、法规、规程、规范、条例、标准和其他要求；

② 煤矿内部的管理标准、技术标准、作业标准及相关安全技术措施；

③ 相关的事故案例、统计分析资料；

④ 职业安全健康监测数据及统计资料；

⑤ 本单位活动区域的平面布置图；

⑥ 生产工艺和系统的资料、图纸；

⑦ 设备档案和技术资料；

⑧ 其他相关资料。

4. 危险源辨识过程

根据煤矿安全生产和管理的特点，建议可采取以工作任务分析法为主、其他方法为辅的方式对煤矿危险源进行辨识。以下介绍工作任务分析法对煤矿危险源进行辨识的一般过程。

(1) 辨识单元划分及工作任务确定

在利用工作任务分析法对煤矿危险源进行辨识的过程中，为了便于辨识工作的开展，首先需对煤矿整体的辨识范围进行合理划分，确定危险源辨识子单元，将各个子单元的辨识职责落实到不同危险源辨识和风险评估小组。在危险源辨识和风险评估过程中，应做到辨识工作是全方位、全过程的，并且尽可能做到全员参与风险评估。子单元可以按照空间进行划分，如掘进工作面及其附属巷道、采煤工作面及其附属巷道等；也可以按照劳动组织进行划分，如综采队、连采队、通风队、运转队等；还可以按照专业进行划分，如采掘专业、通风专业、机电专业、洗选专业等。在对煤矿危险源辨识子单元划分完成后，可以进一步确定工作任务和工序。

(2) 能量物质或能量载体单元的识别

在危险源辨识过程中，煤矿可利用工具表格对其风险管理的基本对象进行调查和识别。具体调查和辨识对象包括设备、设施、材料物资、工艺流程、职业健康危害源、环境因素、工器具以及紧急情况等。

(3) 危险、危害事件识别

在对能量物质或能量载体单元识别的基础上，对照具体的任务和工序，分析和查找能够造成或可能造成事故的失效事件，它是导致事故的直接原因。这些失效事件主要是指可能直接导致事故的不安全状态和不安全行为。

物的不安全状态和环境的不安全条件主要包括：① 防护或屏障不充分；② 个人防护装置不充分或不恰当；③ 有缺陷的设备、工具或材料；④ 通道或者工作场所拥塞或区域受限；⑤ 报警系统失效或者报警信号不充分；⑥ 工作场所存在火灾或爆炸危险；⑦ 文明生产差；⑧ 暴露于噪声中；⑨ 暴露于辐射中；⑩ 在温度极限下；⑪ 照明过度或不足；⑫ 通风不当；⑬ 缺乏识别标记等。

作业人员的不安全行为或不符标准的操作主要包括：① 未经授权擅自操作设备；② 无视警告；③ 不采取任何安全措施；④ 在不安全的速度下操作；⑤ 不使用或者不正确使用安全装备；⑥ 擅自挪动或者转移现场的健康和安全设施；⑦ 使用有缺陷的设备和工具；⑧ 进行不正确装载；⑨ 进行不正确布置和布局；⑩ 使用不正确的提升方法；⑪ 在不正确的位置上工作；⑫ 维修运行中的设备；⑬ 工作中玩闹；⑭ 在麻药、药物、酒精的影响下工作等。

(4) 危险、危害事件产生的原因分析

危险、危害事件产生的主要原因是个人因素、工作因素和管理因素，正是因为生产运营过程中存在这些因素，导致产生了不安全行为和不安全状态。它们是事故的间接原因，是风险控制的关键。

① 个人因素：不适当的身体能力、较弱的精神能力、身体压力、精神压力、缺乏知识、缺乏技能、态度或动机不当。

② 工作因素：指挥或监管、工程设计、采购控制、维护保养与检修、工具和设备、作业标准。

③ 管理因素：管理职责和标准不健全，风险管理目标与计划不充分，管理监督不到位，组织管理不到位。

可以将能量物质或能量载体单元、诱发能量物质和能量载体意外释放能量造成事故的物的不安全状态、人的不安全行为，以及更深层原因的识别和分析结果逐一进行整理、汇总，进一步完成风险及后果描述工作，确定可能导致的事故类型。

5. 风险管理标准和管控措施

在对危险源进行辨识、分析的基础上，应提炼出相应的风险管理对象，并符合下列要求：

(1) 风险管理对象的提炼应具体、明确，一般应按照人、机、环、管四种风险类型确定；

(2) 针对风险管理对象应制定相应的管理标准和措施，并形成程序；

(3) 管理标准和措施的制定应遵从全面性原则、可操作性原则和全过程原则，并符合相关法律法规、技术标准和管理制度的要求；

(4) 煤矿应组织相关专业人员定期或不定期对管理标准和措施进行修订和完善。

6. 危险源监测与风险预警

(1) 危险源监测

煤矿应采取措施对危险源进行监测，以确定其是否处于受控状态，并确保：

① 危险源监测方法适宜，并在风险管理程序中予以明确；

② 危险源监测设备灵敏、可靠；

③ 危险源监测信息传递畅通、及时，相关信息能及时录入管理系统。

(2) 风险预警

煤矿应对生产过程中各类危险源的风险进行预期性评估，按照其严重度和特征设定风险预警等级，并根据危险源动态监测中暴露的各种风险及时发出危险预警指示，使管理层及相关人员及时采取相应的措施以消除或降低风险，达到可接受水平，从而避免不期望的结果出现。

煤矿应针对不同风险级别的危险源，制定适当的预警方法。建议有条件的煤矿可建立风险预控管理信息系统，实现对相关信息的处理。

① 风险等级划分。

为便于管理，并且让工作人员清楚相关风险的严重度，煤矿应根据实际情况预先确定各类风险的等级，通常将风险预警等级设置为5级，并用不同的颜色加以表示。

② 风险预警管理。

煤矿应建立完备的信息流通渠道，保证危险源预警信息传递畅通和及时。风险预警信息的传递可采取电话通知、短信通知、书面预警报告等方式，建议有条件的煤矿建立风险预控管理信息系统，通过信息系统对预警信息进行传递。煤矿可同时利用风险预控管理系统对相关风险实施跟踪和闭环管理，直至风险得到有效控制、警情消除。

(3) 信息与沟通

煤矿应确保员工与相关方能够及时获取风险管理信息，并可相互沟通、告知，并确保：

① 员工参与风险预控管理方针和程序的制定、评审；

② 员工参与危险源辨识、风险评估及管理标准、管理措施的制定；

③ 员工了解谁是现场或当班急救人员；

④ 组织员工进行班前、作业前风险评估，作业中存在不符情况应汇报，组织班后或作业

后评估，并留有记录。

（四）安全风险分级辨识评估体系

安全风险分级辨识评估包括一个年度辨识评估和四个专项安全风险辨识评估，简称“1＋4”辨识评估体系。

1. 年度安全风险辨识评估

每年由矿长组织各分管负责人、副总工程师和相关科室、区队进行年度安全风险辨识评估，重点对矿井瓦斯、水、火、煤尘、顶板、冲击地压及提升运输系统等容易导致群死群伤事故的危险因素开展安全风险辨识评估，年底前编制年度安全风险辨识评估报告，制定《煤矿重大安全风险管控方案》，并如实上报评估结果。

2. 专项安全风险辨识评估

（1）新水平、新采（盘）区、新工作面设计前；

（2）生产系统、生产工艺、主要设施设备、重大灾害因素等发生重大变化时；

（3）启封密闭、排放瓦斯、反风演习、工作面通过空巷（采空区）、更换大型设备、采煤工作面初采和收尾、安装回撤、掘进工作面贯通前，突出矿井过构造带及石门揭煤等高危作业实施前，露天煤矿抛掷爆破前，新技术、新工艺、新设备、新材料试验或推广应用前，连续停工停产1个月以上的煤矿复工复产前；

（4）本矿发生死亡事故或涉险事故、出现重大事故隐患，全国煤矿发生重特大事故，或者所在省份发生较大事故后、所属集团煤矿发生较大事故后。

（五）安全风险分级管控原则

重大风险（红色）由矿长直接监管，其他分管矿领导负责管控，管控层级为矿井级；较大风险（橙色）由专业分管矿领导直接监管，系统科室负责管控，管控层级为专业级；一般风险（黄色）由科室或基层区队负责人直接监管，风险点由所在责任单位负责管控，管控层级为科队级；低风险（蓝色）由责任单位直接监管，班组管控，各岗位负责其责任范围内的风险管控，管控层级为班组（岗位）级。

（1）矿井级。由矿长负责组织针对重大安全风险及管控措施制定实施方案，明确人员和资金保障；问题严重，在整改期间有可能造成事故的，由专业分管负责人组织相关业务科室编制具体的重大安全风险辨识管控方案。管控方案应包括人员、技术、资金保障等内容，并在划定的重大安全风险区域设定作业人数上限。安全副矿长负责组织跟踪监督。

（2）专业级。由专业分管负责人组织相关业务科室、区队进行整改，安检部门负责跟踪监督。

（3）科队级。由科室负责人或基层区队主要负责人组织班组、岗位人员进行管控。

（4）班组（岗位）级。其他可以立即管控整改的问题，由班组长组织进行管控。

（5）针对风险等级实施差异化管理、分级管控，并坚持：① 遵循风险等级越高管控层级越高的原则；② 上一级负责管控的风险，下一级必须同时负责管控，并逐级落实具体措施；③ 重点管控操作难度大、技术含量高、风险等级高、可能导致严重后果的风险。

（6）遵循风险等级越高管控层级越高的原则确定具体的责任部门，其中矿井级风险责任部门为矿领导；专业级风险责任部门为专业科室或专业系统；科队级风险责任部门为责任区队或责任科室；班组（岗位）级风险责任部门为责任区队。

(7) 按照“上级负责管控的风险，下级必须负责管控”的原则确定各等级安全风险责任人。

三、煤矿隐患排查治理

(一) 煤矿隐患排查治理的概述

根据《安全生产法》《煤矿重大事故隐患判定标准》《煤矿安全生产标准化管理体系基本要求及评分方法(试行)》要求，开展对生产经营单位违反安全生产法律、法规、规章、标准、规程和安全生产管理制度的规定，或者因其他因素在生产经营活动中存在可能导致事故发生的物的危险状态、人的不安全行为和管理上的缺陷进行排查、检查。

(二) 事故隐患的分类

(1) 按照可能造成的事故类型可分为20类：物体打击、机械伤害、车辆伤害、起重伤害、触电、淹溺、灼烫、火灾、高处坠落、坍塌、冒顶片帮、透水、爆破、火药爆炸、瓦斯爆炸、锅炉爆炸、容器爆炸、其他爆炸、中毒和窒息、其他伤害。

(2) 按照可能造成事故的原因分为3类：人的不安全行为、物的不安全状态、管理上的缺陷。

(3) 按照可能造成的严重后果和治理难度分2类：一般事故隐患、重大事故隐患。

① 一般事故隐患是指危害和整改难度较小，发现后能够立即整改排除的隐患。

② 重大事故隐患是指危害和整改难度较大，应当全部或者局部停产停业，并经过一定时间整改治理方能排除的隐患，或者因外部因素影响致使生产经营单位自身难以排除的隐患。

(三) 事故隐患的特点

隐蔽性：它在一定的时间、范围和条件下，显现出好似静止、不变的状态，往往使人一时看不清楚，意识不到，感觉不出它的存在。

危险性：蝼蚁之穴，可以溃堤千里，在安全工作中小小的隐患往往会引发巨大的灾害。

突发性：集小变而为大变，集小患而为大患是一条基本规律。

因果性：隐患是事故发生的先兆，而事故则是隐患存在和发展的必然结果。

重复性：只要煤矿的生产方式、生产条件、生产工具、生产环境等因素未改变，同一隐患就会重复发生。

意外性：有些隐患超出人们的认识范围，或在短期内很难为劳动者所辨认，但由于它具有很大的巧合性，因而容易导致一些意想不到的事故的发生。

连续性：一种隐患掩盖另一种隐患，一种隐患与其他隐患相联系而存在的现象。

(四) 事故隐患排查治理

1. 月度煤矿事故隐患排查治理

每月由矿长组织，分管矿领导、副总工程师、相关科室及区队管理人员参加，对重大安全风险管控措施落实情况、管控效果及覆盖生产各系统、各岗位的事故隐患开展一次排查。排查前由矿长组织，结合矿井当前存在的突出问题，根据排查类型、人员数量、时间安排及季节性特点，制定工作方案，明确排查时间、方式、范围、内容和参加人员。

矿井月度事故隐患排查主要排查矿井是否存在重大事故隐患，以及重大安全风险管控、生产安全系统、各岗位、采掘接替、劳动组织、安全装备、设备运行状态、技术管理、安全管理方面存在的事故隐患。

排查出的事故隐患统一下发整改通知单，由责任单位按照“五定”原则落实整改。同时，建立矿井重大事故隐患管理台账，对重大事故隐患进行跟踪管理。

2. 月度煤矿专业领域事故隐患排查治理

每半月由分管矿领导组织，分管副总、相关业务科室、区队管理人员参加，对覆盖分管范围的重大安全风险管控措施落实情况、管控效果和事故隐患开展一次排查。排查出的事故隐患由牵头科室统一下发隐患整改通知单，由责任单位按照“五定”原则落实整改。同时，由牵头科室建立专业领域重大事故隐患管理台账，对业务范围内的重大事故隐患进行跟踪管理。

各专业领域事故隐患排查中排查出本专业领域无法治理的隐患，由分管矿领导上报至事故隐患排查治理领导小组研究决定。

专业领域事故隐患排查由牵头科室做好记录并保存完好。

3. 区队事故隐患排查治理

区队每天要安排管理、技术、岗位和安检人员进行巡检，对作业区域开展事故隐患排查。

区队事故隐患排查内容包括：重大安全风险管控措施落实情况、管控效果，科室、矿领导及上级各类检查所发现的事故隐患整改情况，班组及个人所排查事故隐患的整改落实情况，区队在作业区域内存在的事故隐患。

区队排查出的各类事故隐患要做好登记，当班能够整改的，由当班跟班队长组织整改，当班不能整改的，由队长或值班队长组织整改，并做好整改过程监督及整改结果验收。区队无法整改的事故隐患及重大事故隐患，由队长或值班队长指定专人上报至相应业务科室。

区队要将上级部门排查出的事故隐患、矿井月度排查出的事故隐患、专业领域每半月排查出的事故隐患、矿领导和科室人员日常排查出的事故隐患及队内排查出影响本区队的事故隐患主要内容、治理时限和责任人员等内容在区队办公区域公告或在班前会上通报。

区队要将事故隐患排查治理情况纳入对班组、个人的考核。

4. 班组、岗位事故隐患排查治理

班组在生产作业前由当班班组长负责组织进行一次现场事故隐患排查和安全确认，排查出的事故隐患必须做好记录并告知现场其他相关人员。

排查出的事故隐患由当班班组长立即组织人员进行整改，并负责督办和验收，同时做好登记。

对当班无法整改、没有整改结束的事故隐患及重大事故隐患，由当班班组长汇报区队值班队干，由区队组织人员进行治理或上报，并在交接班期间相互交接清楚。

职工到岗后开始作业前，必须首先进行事故隐患排查工作，对本岗位危险因素进行一次安全确认，在作业过程中随时排查事故隐患，发现危及人身安全的事故隐患时必须立即停止作业，排查出的事故隐患必须做好登记。

对能够立即治理的事故隐患，岗位工必须立即进行整改，并由下一班岗位工或当班班组长以上人员进行验收，对不能立即治理的事故隐患应报告当班班组长或跟班队长，由班组长或跟班队长组织人员进行整改，并负责督办和验收。对当班班组无法整改、没有整改结束的事故隐患由班组长或跟班队长汇报区队，由区队值班队干或队长组织治理或上报，并由岗位工在交接班期间相互交接清楚。

（五）其他情况下事故隐患排查治理

根据事故隐患排查治理各类法律、法规、标准等要求，当出现下列情况时，由相应业务科室组织开展专项事故隐患排查：

(1) 有关安全生产法律、法规、规章、标准、规程发布或者修改；

(2) 新建、改建、扩建项目；

(3) 周边环境、作业条件、设备设施、工艺技术及工艺参数发生改变；

(4) 复工复产、发生事故或险情；

(5) 地震风险影响期、汛期、冬季冷冻、极端或者异常天气、重大节假日、大型活动；

(6) 其他应当进行专项隐患排查的情况。

在隐患排查时、隐患排除前或隐患治理过程中，应当采取相应的安全防范措施，防止事故发生。

在排查过程中发现危及安全的重大事故隐患时，要立即停止受威胁区域内所有作业活动，撤出人员，采取措施进行处理。

在事故隐患排除前或者排除过程中无法保证人身安全的，要及时制定现场处置方案，治理过程中现场要有专人指挥，并设置警戒标志；安检员现场监督，应当从危险区域内撤出作业人员，并及时疏散可能危及的其他人员，暂时停产停业或者停止使用；对难以停产或者停止使用的相关设施、设备和装置，应当落实到人加强监护，防止事故发生。

（六）事故隐患排查治理的流程

事故隐患排查治理流程如图 10-2 所示，隐患排查治理要进行闭环管理。

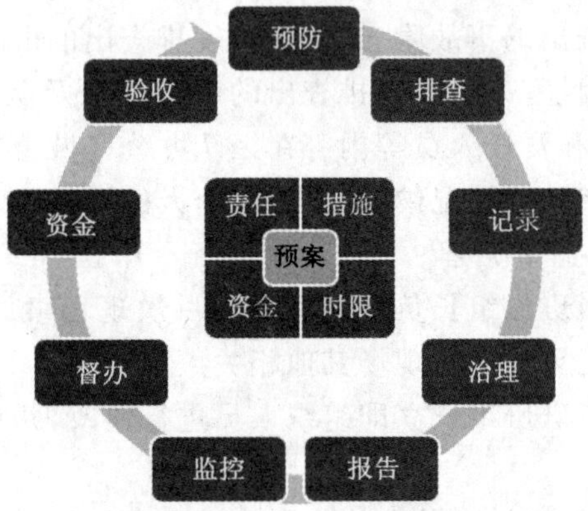

图 10-2　隐患排查治理流程图

（七）事故隐患排查方法

1. 作业任务分析法

作业任务分析法是对每一项作业任务进行分析，逐步查找作业过程中可能出现的事故隐患，主要步骤为：界定作业岗位→列出各岗位作业清单→界定各作业的实施步骤→分析每一步骤可能产生的危害→评审现有防范措施的有效性→提出改善建议。

2. 安全检查表法

安全检查表法是指对工程、系统的设计、装置条件、实际操作、维修等按照事先编制好的安全检查表逐项进行详细的检查，以发现系统中存在的事故隐患。具体步骤如下：

(1) 选定一个检查的生产过程，收集相关的资料(法律法规、标准、工艺、规章制度、原料特性、以往可借鉴的事故案例等基本信息)。

(2) 对收集到的资料进行分析整理，明确生产过程中可能存在的事故隐患，编制安全检查表。

(3) 按照安全检查表进行逐项辨识。

3. 直观经验分析法

直观经验分析法主要是利用同行业以往的事故教训和专家的经验判断对系统存在的事故隐患进行辨识。主要有以下两种形式：

(1) 经验法：对照有关标准、法规进行检查，依靠人员的经验进行现场观察、分析和判断，发现系统中存在的事故隐患。

(2) 类比法：利用工程系统、作业条件的经验、劳动安全卫生统计资料的相同或相似信息来进行类推、分析、评价，发现系统中存在的事故隐患。

4. 事故隐患提示表法

事故隐患提示表法是针对某一作业场所或装置的人、机器、环境和管理状况，事先编制好事故隐患提示表，按表中的每项内容对系统存在的事故隐患进行全面辨识。

如某生产过程事故隐患表的部分内容为：是否会在平地上滑倒、跌倒，是否会有人员从高处坠落，是否会有工具、材料等从高处坠落，是否会头上空间不足，是否存在与手工提升、搬运工具、材料等有关的隐患，是否存在与装配、试车、运行、维护、改型、检修和拆卸有关的机械、设备的隐患，是否存在车辆危害(主要指场地运输)，是否存在火灾与爆炸隐患，是否存在可吸入的有毒有害化学物质等。

(八) 事故隐患治理的基本要求

事故隐患应做到闭环管理，做到“四不推”“五落实”。

“四不推”：凡是能够解决的事故隐患，班组不推给区队(车间)，区队(车间)不推给矿(厂)，矿(厂)不推给主管部门，主管部门不推给上级部门。

“五落实”：落实责任、资金、措施、期限、应急预案。

隐患排查要常态化，每月定期报送排查情况到相关主管部门；重大事故隐患要挂牌督办，定期上报整改进展，直至整改完成验收后，方可摘牌。

四、风险预控和隐患排查双重预防机制建设

依据《国务院安委会办公室关于印发标本兼治遏制重特大事故工作指南的通知》(安委办〔2016〕3号)、《国务院安委会办公室关于实施遏制重特大事故工作指南构建双重预防机制的意见》(安委办〔2016〕11号)、《安全生产法》、《煤矿安全生产标准化管理体系基本要求及评分方法(试行)》(煤安监行管〔2020〕16号)构建双重预防机制是指全面推行安全风险分级管控，进一步强化隐患排查治理，推进事故预防工作科学化、信息化、标准化，实现把风险控制在隐患形成之前、把隐患消灭在事故前面，遏制重特大事故的重要举措。

（一）构建双重预防机制的程序及方法

1. 全面开展安全风险辨识

煤矿开展安全风险辨识前，应按照有关制度和规范，针对本煤矿类型和特点，制定科学的安全风险辨识程序和方法。安全风险辨识项目包括生产工艺、设备设施、作业环境、人员行为、管理体系等。

2. 科学评定安全风险等级

煤矿全面开展安全风险辨识后应科学评定安全风险类别及等级，建立煤矿安全风险数据库，绘制煤矿“红、橙、黄、蓝”四色安全风险空间分布图。

安全风险类别的划分，可以参照《企业职工伤亡事故分类》（GB 6441—1986），综合考虑起因物、引起事故的诱导性原因、致害物、伤害方式等，确定安全风险类别。

安全风险等级的划分，可以对不同类别的安全风险，采用相应的风险评估方法确定安全风险等级。安全风险等级从高到低划分为重大风险、较大风险、一般风险和低风险，分别用红、橙、黄、蓝四种颜色标示。

对于确定的重大安全风险，煤矿应填写清单、汇总造册，按照职责范围报告属地负有安全生产监督管理职责的部门。

3. 安全风险的有效管控

煤矿要根据风险评估的结果，针对安全风险特点，从组织、制度、技术、应急等方面对安全风险进行有效管控。具体要求如下：

（1）实施安全风险公告警示。企业应建立安全风险公告制度，对辨识安全风险进行公告警示。

（2）加强风险教育和技能培训。企业定期组织进行风险教育和相关技能培训可确保管理层和每名员工都掌握存在的安全风险基本情况及防范、应急措施。

（3）设置安全风险公告栏。在醒目位置和重点区域分别设置安全风险公告栏，标明主要安全风险、可能引发事故隐患类别、事故后果、管控措施、应急措施及报告方式等内容。

（4）制作岗位安全风险告知卡。针对存在安全风险的岗位，制作岗位安全风险告知卡，写明岗位的安全风险、可能引发事故隐患类别、事故后果、管控措施、应急措施及报告方式等内容。

（5）设置明显的警示标志。对存在重大危险源、严重职业病危害的工作场所和岗位，应设置明显的警示标志，标明风险内容、危险程度、安全距离、管控措施、应急措施等。

4. 建立完善隐患排查治理体系

安全风险管控措施失效或弱化，极易形成隐患，最终酿成事故。企业应建立隐患排查治理体系，实施事故隐患排查治理闭环管理。

（1）建立隐患排查治理制度，制定符合企业实际的隐患排查治理清单。

（2）利用隐患排查治理信息系统，实现隐患排查、登记、评估、报告、监控、治理、销账的全过程记录和闭环管理。

（3）对于排查发现的重大事故隐患，应当在向负有安全生产监督管理职责的部门报告的同时，制定并实施严格的隐患治理方案，做到责任、措施、资金、时限和预案“五落实”，实现隐患排查治理的闭环管理。

（二）双重预防机制建设机构与职责

煤矿是双重预防机制建设和运行工作的责任主体，应当明确双重预防机制建设和运行的管理部门和人员，并明确：

（1）矿长为本单位双重预防工作的第一责任人；

（2）各分管负责人负责分管范围内的双重预防工作，协助矿长做好双重预防工作；

（3）分管安全负责人按要求组织监督检查，负责双重预防工作的考核；

（4）各科室（部门）、区队（车间）、班组、岗位人员的双重预防工作职责。

（三）双重预防机制建设制度建设

双重预防机制建设根据《煤矿安全生产标准化管理体系基本要求及评分方法（试行）》等法律、法规、标准要求建立如下几类制度：安全风险辨识、安全风险评估、风险分级管控、岗位作业流程标准化、事故隐患排查、事故隐患治理与验收、双重预防机制教育培训、运行考核、奖励处罚。

（四）风险、隐患公示

1. 风险公示

煤矿应在井口和存在重大安全风险区域的显著位置，公示存在的重大安全风险、管控责任人、主要管控措施等内容。

2. 隐患公示

每月向从业人员通报事故隐患分布、治理进展情况；及时在井口（露天煤矿交接班室）或其他显著位置公示重大事故隐患的地点、主要内容、治理时限、责任人、停产停工范围；建立事故隐患举报奖励制度，公布事故隐患举报电话，接受从业人员和社会监督。

（五）信息化平台建设

1. 基本要求

实现对安全风险记录、管控、统计、分析、上报等全过程的信息化管理；实现对岗位作业流程标准化的记录、培训和考核的信息化管理；实现对事故隐患排查治理记录统计、过程跟踪、逾期报警、信息上报的信息化管理；实现风险数据库和安全风险管控清单的更新维护功能；信息平台需具备风险及隐患的统计分析、风险预警和权限分级管理等功能，实现风险与隐患数据应用的无缝对接。

2. 信息上报

年度和专项辨识完成后，10个工作日内上报辨识基本信息；每年年底前上报本年度的运行分析报告和下一年度的年度风险辨识报告，以及风险点台账；年度和专项辨识完成后，上报、更新重大安全风险清单及管控方案；每月上报煤矿月度分析总结报告；排查发现重大隐患后，应录入信息系统，直接上报；煤矿应将信息平台的使用要求纳入考核。

（六）教育培训

（1）煤矿每年应组织员工开展有关双重预防机制安全知识的培训。

（2）年度风险辨识评估前组织对矿长和分管负责人等参与安全风险辨识评估工作的人员开展1次安全风险辨识评估技术培训，且不少于4学时。

（3）年度辨识完成1个月内对入井人员和地面关键岗位人员培训与本岗位相关的安全

风险培训，且不少于 2 学时；专项辨识评估完成后 1 周内，且需在应用前，对相关作业人员进行培训。

(4) 每年至少组织矿长、分管负责人、副总工程师及生产、技术、安全科室（部门）相关人员和区队管理人员进行 1 次事故隐患排查治理专项培训，且不少于 4 学时。

(5) 每年至少对入井岗位人员进行 1 次事故隐患排查治理基本技能培训，且不少于 2 学时。

(七) 持续改进

1. 隐患持续改进

隐患的责任部门负责人每日应组织人员分析当天新发现隐患的产生原因，并制定改进措施。

矿长每月应至少组织分管负责人及安全、生产、技术等业务科室（部门）责任人和生产单位责任人（区队长）召开 1 次月度分析总结会议，对隐患产生的根源进行分析。

2. 风险持续改进

矿长每月至少开展 1 次风险分析总结会议，对风险辨识的全面性、管控的有效性进行总结分析，并结合国家、省、市、县或主体企业出台或修订法律、法规、政策、规定和办法，补充辨识新风险、完善相应的风险管控措施，更新安全风险管控清单，并在该月度分析总结报告中予以体现。

3. 机制持续改进

煤矿矿长每年应组织相关业务科室（部门）至少进行 1 次双重预防机制的运行分析，对煤矿双重预防机制的各项制度与流程在本矿内部执行的有效性和对法律法规、规程、规范、标准及其他相关规定的适宜性进行评价，评估体系实施运行效果，适时调整相关制度、流程、职责分工等内容，并形成双重预防机制年度运行分析报告，用于指导下一年度机制运行。

4. 考核持续改进

煤矿应结合持续改进类型建立考核制度，明确考核的内容、形式和标准，并将考核结果纳入安全绩效管理。

5. 保存相关记录

年度和专项风险辨识报告、重大事故隐患信息档案至少保存 2 年，其他风险辨识后和隐患销号后保存 1 年，其余相关性文件保存 1 年。包括：风险点台账、安全风险管控清单、年度和专项辨识评估文件等；重大隐患排查计划、排查记录、治理方案、治理记录等；月度、半月检查记录；隐患台账；月度分析总结会议记录和报告；双重预防机制年度运行分析报告。

五、风险预控和隐患排查双重预防机制建设效果考核

双重预防机制建设效果考核机制应从以下几方面进行验证并不断完善补充：

(1) 各部门、各级人员是否牢固树立以双重预防机制建设统领安全生产工作的理念，是否把风险管控作为抓安全工作的根本，根据双重预防机制建设职责分工及各项要求，认真开展矿井双重预防机制运行工作。

(2) 双重预防机制监管部门是否结合煤矿实际，制定矿井双重预防机制建设运行考核奖惩办法，明确考核奖惩的标准、频次、方式方法等，并将考核结果与部门安全考核挂钩，各专业系统是否将双重预防机制建设工作纳入系统内部考核，各区队是否根据矿考核奖惩办

法，制定本单位考核制度，将考核结果与员工安全考核挂钩。各部门是否坚持动态化、常态化、规范化、精准化、问题责任化的“五化”考核原则，将双重预防机制建设运行纳入日常安全检查、监管和考核。

（3）煤矿企业内部考核是否实行自纠免责，各部门在风险管控与事故隐患治理过程中查出的问题，已整改落实或已制定安全、技术、组织措施，纳入整改程序限期整改落实，并已进行考核、追究处理的，企业内部检查考核时可以不扣分、不处罚、不追究，以提高执行单位不断完善机制的主动性和积极性。

（4）是否按照“党政同责、一岗双责”和“三管三必须”要求，对于风险管控与事故隐患治理工作不主动、不落实、落实不到位的情况进行问责。

六、双重预防机制建设中的常见问题及对策

各企业开始构建“风险隐患双重预防机制”并运用至今，发现双重预防机制建设及运行过程中还存在一些误区和不足，具体如下：

（一）双重预防机制建设中的常见问题

（1）主要负责人不重视，未参与并给予支持。

（2）推行过程中未成立公司级领导机构，完全由安全部门来推进。

（3）未建立相应的推进机制，缺少机制推动。

（4）未建立与企业管理相适应的风险评价标准。

（5）安全风险辨识不全面，存在漏项。

（6）管控措施千篇一律，可执行性不强。

（7）未将辨识的安全风险分工到岗位。

（8）将双重预防机制与安全生产标准化各自独立运行。

（9）风险隐患双重预防机制建设游离于安全生产之外，未有效融入。

（10）做成运行档案建设，根本不落地，反而造成工作负担。

（11）风险分级管控与隐患排查治理各自独立运行，两者毫无关系。

（12）建设及运行过程中，生产、工艺、设备、操作人员未参与。

（13）运行过程中缺少信息化平台支撑，未实现动态更新、量化管理。

（14）推进人员对双预防体系的理解一知半解，未深入钻研就开始推进，与企业现状相悖，甚至有的直接聘请第三方机构给建立，无法有效运行。

（二）解决双重预防机制建设中常见问题的对策

（1）企业要建立工作推进机制：成立组织机构—建立规章制度—制定实施方案—全员培训。尤其是激励机制的建立非常关键，能够很好地引导并鼓励全员参与。

（2）企业要制定适合企业的风险评价准则，建议采用风险矩阵法（LS）或者作业条件危险性分析评价法（LEC）。

（3）安全风险辨识评估一定要全面，不能有遗漏。

（4）安全风险评价过程中要涵盖所有专业，并有生产操作人员的参与。

（5）风险管控措施要量化、要明确，写的每一项措施要作为后期隐患排查的内容，不要写“严格执行操作规程”这样的措施。

(6) 安全风险评价后分级,上一级负责管控的风险,下一级必须进行管控。

(7) 风险是动态变化的,不是一成不变的,要进行动态管理、量化管理。

(8) 针对隐患排查要进行数据统计、分析,通过数据验证风险管控措施是否有效,并有针对性地消除一类隐患。

第五节 煤矿安全生产标准化管理体系建设

一、煤矿企业建设安全生产标准化管理体系应遵守的原则

(一) 突出理念引领

理念是行动的先导。贯彻落实国家安全生产方针,牢固树立红线意识,坚持系统治理、依法治理、综合治理、源头治理,推进煤矿安全生产标准化体系建设首先要在理念上进行引领,用先进的安全生产理念、明确的安全生产目标,指导煤矿开展安全生产各项工作。

煤矿企业经过多年的安全生产管理和安全文化建设,逐渐形成了具有自身特点的安全文化核心理念和一系列安全工作理念,这些理念的形成从不同层面和角度反映了煤矿对安全管理工作的认识水平、理解程度和价值观念,应该贯彻落实到位。

(二) 发挥领导作用

领导作用是煤矿安全生产管理的关键。煤矿主要负责人应发挥领导表率作用,具有风险意识,实施并兑现安全承诺,落实安全生产主体责任,提供必要的机构、人员、制度、技术、资金等保障,有效推动安全生产标准化管理体系运行,实现安全管理全员参与。

(三) 强化风险意识

煤矿主要负责人要强化风险意识,建立风险分级管控和隐患排查治理双重预防工作机制,把风险挺在隐患前面,把隐患挺在事故前面,切实把习总书记关于煤矿安全生产重要论述不折不扣落实到位,不断在推进安全生产上有新思路,在遏制重大事故上有新举措,在保护矿工生命安全上有新成效,实现风险源头管控,不断推动安全生产关口前移。

(四) 注重过程控制

过程控制就是在煤矿生产经营活动过程中,通过对过程要素(项目、活动、作业)、对象要素(作业环境、设备、材料、人员)、时间要素和空间要素的系统控制,消除生产经营活动中可能出现的各种风险与隐患,实现安全生产的目标。

过程控制是煤矿安全生产管理的核心。主要负责人要建立并落实管理制度,强化现场管理,定期开展安全生产检查和管理行为、操作行为纠偏,实现安全生产各环节、全过程的有效控制,确保安全生产。

(五) 依靠科技进步

主要负责人要健全本矿井的技术管理体系,开展技术创新,推广先进实用技术、装备、工艺,优化生产系统,推动煤矿减少生产水平、减少采掘工作面、减少人员;努力提升煤矿机械化、自动化、信息化、智能化水平,升级完善安全监控系统,持续提高安全保障能力。

健全技术管理体系,开展技术创新,必须把煤矿安全生产管理中的重点、难点和薄弱点

作为创新的基础点。针对安全生产管理中存在的问题，开展以降本增效、技术攻关等为目标的创新活动，促进技术进步和安全技能的提高。

国家矿山安全监察局推进"一优三减"（优化生产系统、减少生产水平、减少采掘工作面、减少人员），依靠科技进步，实现煤矿安全高效生产。坚持"管理、装备、素质、系统"并重原则，不断引进先进实用技术、装备和工艺，优化生产系统。

推进机械化、自动化、信息化、智能化建设，构建开拓设计、地质保障、生产、安全等主要环节的信息化传输、自动化运行技术体系，实现掘进工作面减人提效、智能快速掘进、复杂条件智能综采、连续化辅助运输、综采工作面内少人或无人操作、井下和露天煤矿固定岗位的无人值守与远程监控、重大危险源智能感知与预警等技术。

（六）加强现场管理

现场管理是煤矿管理的重中之重，岗位现场管理是安全管理的核心。煤矿岗位现场安全管理的重点内容包括岗位安全生产责任管理和岗位作业流程标准化管理两大部分。

要加强岗位安全生产责任制落实，强化现场作业人员安全知识与技能的培养和应用，做到上标准岗、干标准活，实现岗位作业流程标准化。

（七）推动持续改进

煤矿生产是持续的动态过程，煤矿安全生产标准化考核结果仅能反映当时的安全生产状况。煤矿企业安全生产标准化管理体系构建与实施后，应当每年对煤矿安全生产标准化管理体系和运行机制的实施情况进行自查自评，检查安全生产工作目标、指标的完成情况，验证各项安全生产制度和措施的适宜性、充分性和有效性，查明存在的问题。煤矿主要负责人应根据内部自查自评和外部检查的结果进行总结分析，强化目标导向、问题导向和结果导向，不断调整和完善安全生产标准化管理体系和运行机制，推动安全管理水平持续提升。此外，煤矿企业也应建立有效激励机制，激发员工自觉性，以经济手段引导全员参与持续改进。

二、煤矿现场安全生产标准化检查

煤矿安全生产标准化现场检查的主要方式有直观检查、现场试验、现场操作、现场实测、抽样检测、计算检查、核对检查、询问检查等。

（一）直观检查

直观检查包括查阅资料和现场检查。直观检查应围绕检查内容关键流程、关键环节、重要节点、效果指标（主要是瓦斯、水、火、冲击地压等灾害治理效果指标）等进行检查，检查过程中要注意检查相互之间是否关联、对应，做到相互对应、相互验证，防止出现造假情形。

(1) 查阅资料：分为查看、查阅两种形式。查看资料是粗放式的，就是看看有没有，其中还缺什么内容；查看资料大多数是只看最终资料，不看中间资料、起始资料。查阅资料的方法就是在查看资料方式的基础上更详细阅读，类似专家论证式，向提供资料人员提出问题，查证关键数据来源是否可靠，查证资料提供的结论是否令人信服。

(2) 现场检查：分为浏览式、过筛式两种形式。浏览式检查是粗放型的检查方法。安全检查中检查人员凭借自己的理解和经验走马观花地看一遍，只看表面存在的问题或隐患。过筛式检查有安全检查表法和隐患排查法等多种。安全检查表法是各种隐患排查（风险辨识）的结果，也是安全检查中最简单的方法。

（二）现场试验

按照规定的方法对有关设备设施和安全仪器仪表等进行现场试验，查看其功能是否符合规定。

（三）现场操作

由现场作业人员对所从事的工作进行实际操作，查看操作主要环节和过程是否符合规定。

（四）现场实测

使用仪器仪表按照规定的方法进行现场实测，检测相关参数。检查人员应将实测指标与现场相关实时监测的数据与被检查单位提供的数据进行比对、核对，误差超过规定的要认真核查。

（五）抽样检测

根据需要可按照规定的方法对设备、材料等进行抽样，委托相应的资质机构进行检测、检验，判定设备、材料等是否符合规定。

（六）计算检查

按照规定的方法（没有具体规定的，参照专业通用的方法）对有关可疑数据的准确性重新计算复核。

（七）核对检查

针对重大灾害治理方案措施、企业主体责任落实情况的检查，因其落实环节多、时间长、范围广，检查难以面面俱到，应按抽样原理随机抽检落实关键环节的一项或多项进行核对检查，对照相关规定与落实情况进行相互印证、追根溯源以核对其是否相符。应当充分利用人员定位系统、安全监控系统、作业场所视频监控系统、生产调度系统等的历史和实时信息、数据进行核对。

（八）询问检查

询问检查包括谈话了解和询问职工调查。检查人员对检查项目的关键工作内容、关键工作要求、工作流程落实过程中存在的违法违规行为、检查中发现的疑点和问题难以直接取得证据的，或者对人员的安全管理规定和知识掌握情况的检查，可对相关人员进行谈话询问，询问可以与确定的对象单独进行。

三、安全生产标准化管理与双重预防机制建设的关联性分析

企业付诸大量的人力、精力、财力开展双重预防机制工作，但因各省市、各企业对于风险管理有着不同的认识、不同的做法，全国也缺少一个相对统一的标准，导致一些企业的双重预防机制工作是形式大于内容，没有取得预期的效果；一些企业在接受各类检查时，尤其是省、市外部检查时，会被提出各种问题。企业对于双重预防机制究竟该怎么做也很无奈。结合全国部分省、市双重预防机制运行的现状及企业的实际情况，我们从以下几个方面梳理了开展双重预防机制工作的思路。

（一）安全风险分级管控与事故隐患排查治理的关系

安全风险分级管控要辨识风险点有哪些危险物质及能量，在什么情况下可能发生什么

事故，全面排查风险点的现有管控措施是否完好，运用风险评价准则对风险点的风险进行评价分级，然后由不同层级的人员对风险进行管控，保证风险点的安全管控措施完好。

隐患排查治理就是对风险点的管控措施通过隐患排查等方式进行全面管控，及时发现风险点管控措施潜在的隐患，及时对隐患进行治理。

那么在双重预防机制中，把风险管控好，不让风险管控效果出现隐患，这是第一重“预防”；对风险管控措施出现的隐患及时发现并治理，预防事故的发生，这就是第二重“预防”。

安全风险分级管控与隐患排查治理二者之间又是什么关系呢？安全风险分级管控和隐患排查治理是相互包含的关系：安一风险分级管控是隐患排查治理的“基础”。根据风险分级管控体系的要求，企业组织实施风险点识别、危险源辨识、风险评价、管控措施制定和风险分级，确定风险点、危险源为隐患排查的对象，即“排查点”。隐患排查治理是风险分级管控的“补充”。通过隐患排查，可能发现新的风险点、危险源，进而对风险点和危险源信息进行补充和完善。结合隐患的定义，能帮助我们更加清楚地理解风险分级管控与隐患排查治理的关系。《危险化学品企业安全风险隐患排查治理导则》中“隐患”的定义为：“对安全风险所采取的管控措施存在缺陷或缺失时就形成事故隐患”。及时发现并消除风险管控措施存在的隐患，保证风险的管控措施处于完好状态，就是对风险的管控。双重预防机制包括三个过程，这三个过程也是双重预防机制的三个目的。

第一个过程即第一个目的——“辨识”，辨识风险点有哪些危险物质和能量（这是导致事故的根源），辨识这些根源在什么情况下可能会导致什么事故。

第二个过程即第二个目的——“评价分级”，利用风险评价准则，评价风险点导致各类事故的可能性与严重程度，对风险进行评价分级。

第三个过程即第三个目的——“管控”，即对风险的管控，把风险管控在可接受的范围内。

在“评价分级”的过程中包含了隐患排查的过程，即对风险点的现有管控措施进行全面排查：措施是否齐全、是否处于良好状态，如果风险现有管控措施有缺失或缺陷，即存在了隐患，可能会构成较大或重大风险，影响风险分级结果。在“风险管控”的过程中，包含了对第二个过程发现隐患的治理及对风险点现有管控措施全面、持续的隐患排查，及时发现隐患及时治理，保证风险随时处于可接受的范围内。

要准确理解“把安全风险管控挺在隐患前面，把隐患排查治理挺在事故前面”这句话。有人认为：管控不好出现隐患后，则风险转变成隐患，风险就不存在了。这是不对的。风险与隐患不是递进和取代关系，风险管控不好，可能会出现隐患，但此时风险非但没有消失，反而变得更大，隐患不能及时得以治理，则很可能会发生事故。即从危险物质和能量存在，到事故发生的前一瞬间，无论管控措施是否存在隐患，风险都是存在的。

（二）双重预防机制与安全生产标准化的关系

修改后的《安全生产法》第二十一条要求，生产经营单位的主要负责人对本单位安全生产工作负有下列职责：建立健全并落实本单位全员安全生产责任制，加强安全生产标准化建设；组织制定并实施本单位安全生产规章制度和操作规程；组织制定并实施本单位安全生产教育和培训计划；保证本单位安全生产投入的有效实施；组织建立并落实安全风险分级管控和隐患排查治理双重预防工作机制，督促、检查本单位的安全生产工作，及时消除生产安全事故隐患；组织制定并实施本单位的生产安全事故应急救援预案；及时、如实报告生产安全事故。

从该条款来看，企业的安全生产标准化与双重预防机制似乎处于“平起平坐”的地位。在近几年全国各地推行双重预防机制建设的过程中，部分企业搞不清双重预防机制究竟与安全生产标准化是什么关系，企业该如何做才能满足要求。

部分人员对双重预防机制的内涵理解不够，只是简单从字面上认为这好像是一项原来并没有开展的工作、一项新的工作。再加上各地对于双重预防机制有一些不准确的简称，如“双控”“双预控”“双防”等，更让一些对双重预防机制了解不深入、不明其理的人认为双重预防机制是一项新生的事物。

我们再来看一下安全生产标准化有关文件中关于风险管理及隐患排查治理的有关要求。《企业安全生产标准化基本规范》(GB/T 33000—2016)中第 5 个核心要求“安全风险管控及隐患排查治理”，从这里可以看出，安全风险管控（即安全风险分级管控）与隐患排查治理是安全生产标准化的两个重要或核心要素。

综上所述，双重预防机制与安全生产标准化不是并列的关系，也不是毫不相关的两项工作，双重预防机制更不是一项全新的工作。双重预防机制是安全生产标准化的重要组成部分、是重要或核心要素；双重预防机制包含于安全生产标准化，更不可能代替安全生产标准化。所以也不存在“双重预防机制与安全生产标准化融合”这样的伪命题。安全生产标准化是企业做好安全生产工作最基础、最全面的一个工具，双重预防机制则重点强调要做好安全生产标准化中的两个核心要素，并对这两个要素进行了细化要求。

所以，我们要科学地推行双重预防机制建设，不需要企业抛开安全生产标准化再重新开展双重预防机制的重复性工作，而需要把原来安全生产标准化中的风险管理和隐患排查治理工作按要求再进一步细化、规范化。

第六节　煤矿事故管理

一、事故的概念与分类

（一）事故的概念

事故是指造成人员伤害、死亡、职业病或设备设施等财产损失和其他损失的意外事件。事故有生产事故和企业职工伤亡事故之分。

生产事故是指生产经营活动（包括与生产经营有关的活动）过程中，突然发生的伤害人身安全和健康，或者损坏设备、设施，或者造成经济损失，导致原活动暂时中止或永远终止的意外事件。

职工伤亡事故是指在生产（工作）区域中发生的，与生产（工作）有关的职工负伤、死亡事故。对职工为了生产（工作）而发生的事故，或虽不在生产（工作）岗位上，但由于企业设备或劳动条件不良而引起的职工伤亡，均应算作因工伤亡事故。

（二）事故的分类

1. 按伤害程度分类

轻伤：损失 1 个工作日至 105 个工作日以下的失能伤害；

重伤：损失工作日等于和超过 105 个工作日的失能伤害，重伤损失工作日最多不超过

6 000 工作日;

死亡:损失工作日超过 6 000 工作日,这是根据我国职工的平均退休年龄和平均寿命计算出来的。

2. 按受伤性质分类

受伤性质是指人体受伤的类型,实质上从医学角度给予创伤的具体名称,常见的有电伤、挫伤、割伤、擦伤、刺伤、撕脱伤、扭伤、倒塌压埋伤、冲击伤等。

3. 按事故损失分类

特别重大事故:造成 30 人以上死亡,或者 100 人以上重伤(包括急性工业中毒,下同),或者 1 亿元以上直接经济损失的事故;

重大事故:造成 10 人以上 30 人以下死亡,或者 50 人以上 100 人以下重伤,或者 5 000 万元以上 1 亿元以下直接经济损失的事故;

较大事故:造成 3 人以上 10 人以下死亡,或者 10 人以上 50 人以下重伤,或者 1 000 万元以上 5 000 万元以下直接经济损失的事故;

一般事故:造成 3 人以下死亡,或者 10 人以下重伤,或者 1 000 万元以下直接经济损失的事故。

本等级划分所称的"以上"包括本数,所称的"以下"不包括本数。

4. 按事故形成的因素分类

责任事故:在生产、作业中违反有关安全管理的规定,因而发生伤亡事故或者造成其他严重后果的行为。

非责任事故:由于自然界的因素而造成不可抗拒的事故,或由于当前科学技术条件的限制而发生的难以预料的事故。

5. 按事故伤害的对象分类

伤亡事故:职工在生产区域中所发生的和生产有关的负伤或者死亡的事故,包括急性中毒事故,分为因工伤亡事故和非因工伤亡事故两类。因工伤亡事故指职工为了生产和工作而发生的事故,或虽不在生产或工作岗位上,但由于企业设备和企业劳动条件不良而引起的职工伤亡。

非伤亡事故:企业在生产进程中发生的生产中断、工程或物资损失的事件。

6. 按事故类别分类

物体打击:失控物体的惯性力造成的人身伤害事故。如落物、滚石、锤击、碎裂、崩块、砸伤等造成的伤害,不包括爆炸、主体机械设备、车辆、起重机械、坍塌等引发的物体打击。

车辆伤害:本企业机动车辆引起的机械伤害事故。如机动车辆在行驶中的挤、压、撞车或倾覆等事故,在行驶中上下车、搭乘矿车或放飞车所引起的事故,以及车辆运输挂钩、跑车事故。

机械伤害:机械设备与工具引起的绞、辗、碰、割、戳、切等伤害。如工件或刀具飞出伤人、切屑伤人,手或身体被卷入,手或其他部位被刀具碰伤,被转动的机构缠压住等。常见伤害人体的机械设备有带式输送机、球磨机、行车、卷扬机、干燥车、气锤、车床、辊筒机、混砂机、螺旋输送机、泵、压模机、灌肠机、破碎机、推焦机、榨油机、硫化机、卸车机、离心机、搅拌机、轮碾机、制毡撒料机、滚筒筛等,但属于车辆、起重设备的情况除外。

起重伤害:从事起重作业时引起的机械伤害事故。包括各种起重作业引起的机械伤害,但不包括触电、检修时制动失灵引起的伤害，以及上下驾驶室时引起的坠落式跌倒。

触电：电流流经人体，造成生理伤害的事故，适用于触电、雷击伤害。如人体接触带电的设备金属外壳或裸露的临时线，漏电的手持电动手工工具；起重设备误触高压线或感应带电；雷击伤害；触电坠落等事故。

淹溺：因大量水经口、鼻进入肺内，造成呼吸道阻塞，发生急性缺氧而窒息死亡的事故。如船舶、排筏、设施在航行、停泊、作业时发生的落水事故。

灼烫：强酸、强碱溅到身体引起的灼伤，或因火焰引起的烧伤，或因高温物体引起的烫伤，以及放射线引起的皮肤损伤等事故。适用于烧伤、烫伤、化学灼伤、放射性皮肤损伤等伤害，不包括电烧伤以及火灾事故引起的烧伤。

火灾：造成人身伤亡的企业火灾事故。不适用于非企业原因造成的火灾，如居民火灾蔓延到企业，此类事故属于消防部门统计的事故。

高处坠落：出于危险重力势能差引起的伤害事故。适用于脚手架、平台、陡壁施工等高于地面的坠落，也适用于由地面踏空失足坠入洞、坑、沟、升降口、漏斗等情况，但排除以其他类别为诱发条件的坠落。如高处作业时，因触电失足坠落应定为触电事故，不能划入高处坠落事故。

坍塌：建筑物、构筑物、堆置物等倒塌以及土石塌方引起的事故。适用于因设计或施工不合理而造成的倒塌，以及土方、岩石发生的塌陷事故。如建筑物倒塌，脚手架倒塌，挖掘沟、坑、洞时土石的塌方等情况。不适用于矿山冒顶片帮事故，或因爆炸、爆破引起的坍塌事故。

冒顶片帮：矿井工作面、巷道侧壁由于支护不当、压力过大造成的坍塌，称为片帮；顶板垮落称为冒顶。二者常同时发生，简称为冒顶片帮。适用于矿山、地下开采、掘进及其他坑道作业发生的坍塌事故。

透水：矿山、地下开采或其他坑道作业时，意外水源带来的伤亡事故。适用于井巷与含水岩层、地下含水带、溶洞或与被淹巷道、地面水域相通时，涌水成灾的事故。不适用于地面水害事故。

爆破：施工时，爆破作业造成的伤亡事故。适用于各种爆破作业，如采石、采矿、采煤、开山、修路、拆除建筑物等工程进行的爆破作业引起的伤亡事故。

瓦斯爆炸：瓦斯、煤尘与空气混合形成了达到燃烧极限的混合物，接触火源时，引起的化学性爆炸事故。主要适用于煤矿，同时也适用于空气不流通及瓦斯、煤尘积聚的场合。

火药爆炸：火药与炸药在生产、运输、贮藏的过程中发生的爆炸事故。适用于火药与炸药生产在配料、运输、贮藏、加工过程中由于振动、明火、摩擦、静电作用，或因火药与炸药的热分解作用，贮藏时间过长或因存药过多发生的化学性爆炸事故，以及熔炼金属时废料处理不净，残存火药与炸药引起的爆炸事故。

锅炉爆炸：锅炉发生的物理性爆炸事故。适用于使用工作压力大于0.7个大气压(0.07 MPa)、以水为介质的蒸汽锅炉，但不适用于铁路机车、船舶上的蒸汽锅炉以及列车电站和船舶电站的蒸汽锅炉。

容器爆炸：压力容器是指比较容易发生事故，且事故危害性较大的承受压力载荷的密闭装置。容器爆炸是压力容器破裂引起的气体爆炸，即物理性爆炸，包括容器内盛装的可燃性液化气在压力容器破裂后，立即蒸发，与周围的空气混合形成爆炸性气体混合物，遇到火源时产生的化学爆炸，也称容器的二次爆炸。

其他爆炸:凡不属于上述爆炸的事故均列为其他爆炸事故。

(1) 可燃性气体(如煤气、乙炔等)与空气混合形成的爆炸;

(2) 可燃蒸气与空气混合形成的爆炸性气体混合物,如汽油挥发气引起的爆炸;

(3) 可燃性粉尘以及可燃性纤维与空气混合形成的爆炸性气体混合物引起的爆炸;

(4) 间接形成的可燃气体与空气相混合,或者可燃蒸气与空气相混合(如可燃固体、自燃物品,当其受热、水、氧化剂的作用迅速反应,分解出可燃气体或蒸气与空气混合形成爆炸性气体),遇火源爆炸的事故。

中毒和窒息:人接触有毒物质,如误吃有毒食物或呼吸有毒气体引起的人体急性中毒事故,或在废弃的坑道、暗井、涵洞、地下管道等不通风的地方工作,因为氧气缺乏,有时会发生突然晕倒,甚至死亡的事故称为窒息,两种现象合为一体,称为中毒和窒息事故。不适用于病理变化导致的中毒和窒息事故,也不适用于慢性中毒的职业病导致的死亡。

其他伤害:凡不属于上述伤害的事故均称为其他伤害,如扭伤、跌伤、冻伤、野兽咬伤、钉子扎伤等。

7. 较大涉险事故

(1) 涉险 10 人以上的事故;

(2) 造成 3 人以上被困或者下落不明的事故;

(3) 紧急疏散人员 500 人以上的事故;

(4) 因生产安全事故对环境造成严重污染(人员密集场所、生活水源、农田、河流、水库、湖泊等)的事故;

(5) 危及重要场所和设施安全(电站、重要水利设施、危险化学品库、油气站和车站、码头、港口、机场及其他人员密集场所等)的事故;

(6) 其他较大涉险事故。

二、事故的报告、调查与处理

(一) 事故报告

1. 事故报告的时限和部门

《安全生产法》《矿山生产安全事故报告和调查处理办法》对事故报告作出了具体的规定。生产经营单位发生生产安全事故或者较大涉险事故后,事故现场有关人员应立即报告本单位负责人。单位负责人接到报告后,应当于 1 h 内向事故发生地县级以上人民政府安全生产监督管理部门和负有安全生产监督管理职责的有关部门报告。情况紧急时,事故现场有关人员可以直接向事故发生地县级以上人民政府安全生产监督管理部门和负有安全生产监督管理职责的有关部门报告。

2. 事故报告的内容

事故报告的内容应当包括事故发生单位概况,事故发生的时间、地点以及事故现场情况,事故的简要经过,事故已经造成或者可能造成的伤亡人数(包括下落不明的人数)和初步估计的直接经济损失,已经采取的措施和其他应当报告的情况。事故报告应当遵照完整性的原则,尽量能够全面地反映事故情况。

(1) 事故发生单位概况

事故发生单位概况应当包括单位的全称、成立时间、所处地理位置、所有制形式和隶属关系、生产经营范围和规模、持有各类证照的情况、单位负责人的基本情况、劳动组织及工程(施工)情况等(矿山企业还应包括可采储量、生产能力、开采方式、通风方式及主要灾害等情况)以及近期的生产经营状况等。

(2) 事故发生的时间、地点以及事故现场情况

报告事故发生的时间应当具体,并尽量精确到分钟。报告事故发生的地点要准确,除事故发生的中心地点外,还应当报告事故所波及的区域。报告事故现场总体情况、现场的人员伤亡情况、设备设施的毁损情况以及事故发生前的现场情况。

(3) 事故的简要经过

事故的简要经过是对事故全过程的简要叙述,描述要前后衔接、脉络清晰、因果相连。

(4) 伤亡人数和初步估计的直接经济损失

对于人员伤亡情况的报告,应当遵守实事求是的原则,不作无根据的猜测,更不能隐瞒实际伤亡人数。对直接经济损失的初步估计,主要指事故所导致的建筑物的毁损、生产设备设施和仪器仪表的损坏等。由于人员伤亡情况和经济损失情况直接影响事故等级的划分,并因此决定事故的调查处理等后续重大问题,在报告这方面情况时应当谨慎细致,力求准确。

(5) 已经采取的措施

已经采取的措施主要是指事故现场有关人员、事故单位负责人、已经接到事故报告的安全生产管理部门为减少损失、防止事故扩大和便于事故调查所采取的应急救援和现场保护等具体措施。

(6) 其他应当报告的情况

对于其他应当报告的情况,根据实际情况具体确定。考虑到事故原因往往需要进一步调查之后才能确定,为谨慎起见,没有将其列入应当报告的事项。但是,对于能够初步判定事故原因的,还是应当进行报告。

事故现场有关人员需要准确报告事故的时间、地点、人员伤亡的大体情况,事故单位负责人需要报告事故的简要经过、人员伤亡和损失情况以及已经采取的措施等。

使用电话快报,应当包括下列内容:事故发生单位的名称、地址、性质;事故发生的时间、地点;事故已经造成或者可能造成的伤亡人数(包括下落不明、涉险的人数)。

事故报告后出现新情况的,应当及时补报。

自事故发生之日起 30 日内,事故造成的伤亡人数发生变化的,应当及时补报。

3. 事故的应急处置

事故发生单位负责人接到事故报告后,应当立即启动事故应急预案。或者采取有效措施,组织抢救,防止事故扩大,减少人员伤亡和财产损失。

事故发生后,生产经营单位应当立即启动相关应急预案,采取有效处置措施,开展先期应急工作,控制事态发展,并按规定向有关部门报告。

事故发生后,有关单位和人员应当妥善保护事故现场以及相关证据,任何单位和个人不得破坏事故现场、毁灭相关证据。因抢救人员、防止事故扩大以及疏通交通等原因,需要移动事故现场物件的,应当作出标志,绘制现场简图并作出书面记录,妥善保存现场重要痕迹、物证。

(二) 事故调查

1. 事故调查的基本原则

(1) 事故调查处理应当按照科学严谨、依法依规、实事求是、注重实效的原则,及时、准

确地查清事故原因，查明事故性质和责任，评估应急处置工作，总结事故教训，提出整改措施，并对事故责任单位和人员提出处理建议。

(2) 事故发生单位应当及时全面落实整改措施，负有安全生产监督管理职责的部门应当加强监督检查。

(3) 负责事故调查处理的国务院有关部门和地方人民政府应当在批复事故调查报告后一年内，组织有关部门对事故整改和防范措施落实情况进行评估，并及时向社会公开；对不履行职责导致事故整改和防范措施没有落实的有关单位和人员，应当按照有关规定追究责任。

(4) 生产经营单位发生生产安全事故，经调查确定为责任事故的，除了应当查明事故单位的责任并依法予以追究外，还应当查明对安全生产的有关事项负有审查批准和监督职责的行政部门的责任，对有失职、渎职行为的，依照《安全生产法》的规定追究法律责任。

(5) 县级以上人民政府应当依照《矿山生产安全事故报告和调查处理办法》的规定，严格履行职责，及时、准确地完成事故调查处理工作。

(6) 事故发生地有关地方人民政府应当支持、配合上级人民政府或者有关部门的事故调查处理工作，并提供必要的便利条件。

(7) 参加事故调查处理的部门和单位应当互相配合，提高事故调查处理工作的效率。

(8) 工会依法参加事故调查处理，有权向有关部门提出处理意见。

(9) 任何单位和个人不得阻挠和干涉对事故的报告和依法调查处理。

2. 事故调查的主要任务

(1) 及时、准确地查清事故原因；

(2) 查明事故性质和责任；

(3) 总结事故教训，提出整改措施；

(4) 对事故责任者提出处理意见。

3. 事故调查组的组成及职责

(1) 事故调查

① 特别重大事故由国务院或者国务院授权有关部门组织事故调查组进行调查。

② 重大事故由事故发生地省级人民政府负责调查。省级人民政府可以直接组织事故调查组进行调查，也可以授权或者委托有关部门组织事故调查组进行调查。

③ 较大事故由事故发生地设区的市级人民政府负责调查。设区的市级人民政府可以直接组织事故调查组进行调查，也可以授权或者委托有关部门组织事故调查组进行调查。

④ 一般事故由事故发生地县级人民政府负责调查。县级人民政府可以直接组织事故调查组进行调查，也可以授权或者委托有关部门组织事故调查组进行调查。

⑤ 未造成人员伤亡的一般事故，县级人民政府也可委托事故发生单位组织事故调查组进行调查。

⑥ 特别重大事故以下等级事故，事故发生地与事故发生单位不在同一个县级以上行政区域的，由事故发生地人民政府负责调查，事故发生单位所在地人民政府应当派人参加。

(2) 事故调查组的组成

① 事故调查组的组成应当遵循精简、效能的原则。

② 根据事故的具体情况，事故调查组由有关人民政府、安全生产监督管理部门、负有安全生产监督管理职责的有关部门、监察机关、公安机关以及工会派人组成，并应当邀请人民

检察院派人参加。

③ 事故调查组可以聘请有关专家参与调查。

④ 事故调查组成员应当具有事故调查所需要的知识和专长，并与所调查的事故没有直接利害关系。

⑤ 事故调查组组长由负责事故调查的人民政府指定。事故调查组组长主持事故调查组的工作。

（3）事故调查组履行的职责

① 查明事故发生的经过，包括：事故发生前事故发生单位生产作业状况，事故发生的具体时间、地点，事故现场状况及事故现场保护情况，事故发生后采取的应急处置措施情况，事故报告经过，事故抢救及事故救援情况，事故的善后处理情况，其他与事故发生经过有关的情况。

② 查明事故发生的原因，包括：事故发生的直接原因、间接原因、其他原因。

③ 查明人员伤亡情况，包括：事故发生前事故发生单位生产作业人员分布情况，事故发生时人员涉险情况，事故现场人员伤亡情况及人员失踪情况，事故抢救过程中人员伤亡情况，最终伤亡情况，其他与事故发生有关的人员伤亡情况。

④ 查明事故的直接经济损失，包括：人员伤亡后所支出的费用，如医疗费用、丧葬及抚恤费用、补助及救济费用、歇工工资等；事故善后处理费用，如处理事故的事务性费用、现场抢救费用、现场清理费用、事故罚款和赔偿费用等；事故造成的财产损失费用，如固定资产损失价值、流动资产损失价值等。

⑤ 认定事故性质和事故责任分析。通过事故调查分析，对事故的性质要有明确结论。其中对认定为自然事故（非责任事故或者不可抗拒的事故）的，可不再认定或者追究事故责任人；对认定为责任事故的，要按照责任大小和承担责任的不同分别认定直接责任者、主要责任者、领导责任者。

⑥ 对事故责任者提出处理建议。通过事故调查分析，在认定事故性质和事故责任的基础上，对事故责任者提出行政处分、纪律处分、行政处罚、追究刑事责任、追究民事责任的建议。

⑦ 总结事故教训。通过事故调查分析，在认定事故性质和事故责任者的基础上，要认真总结事故教训，主要是在安全生产管理、安全生产投入、安全生产条件、事故应急救援等方面存在的薄弱环节、漏洞和隐患，要认真对照问题查找根源、吸取教训。

⑧ 提出防范和整改措施。防范和整改措施是在事故调查分析的基础上，针对事故发生单位在安全生产方面的薄弱环节、漏洞、隐患等提出的，要具备针对性、可操作性、普遍适用性和时效性。

⑨ 提交事故调查报告。事故调查报告在事故调查组全面履行职责的前提下由事故调查组完成，是事故调查工作成果的集中体现。事故调查报告在事故调查组组长的主持下完成，其内容应当符合《矿山生产安全事故报告和调查处理办法》的规定，并在规定的提交事故调查报告的时限内提出。事故调查报告应当附具有关证据材料，事故调查组成员应当在事故调查报告上签名。事故调查报告应当包括事故发生单位概况、事故发生经过和事故救援情况、事故造成的人员伤亡和直接经济损失、事故发生的原因和事故性质、事故责任的认定以及对事故责任者的处理建议、事故防范和整改措施。事故调查报告报送负责事故调查的人民政府后，事故调查工作即告结束。事故调查的有关资料应当归档保存。

（4）事故调查组的职权

① 事故调查组有权向有关单位和个人了解与事故有关的情况，并要求其提供相关文件、资料，有关单位和个人不得拒绝。

② 事故发生单位的负责人和有关人员在事故调查期间不得擅离职守，并应当随时接受事故调查组的询问，如实提供有关情况。

③ 事故调查中发现涉嫌犯罪的，事故调查组应当及时将有关材料或者其复印件移交司法机关处理。

④ 事故调查中需要进行技术鉴定的，事故调查组应当委托具有国家规定资质的单位进行技术鉴定。必要时，事故调查组可以直接组织专家进行技术鉴定。技术鉴定所需时间不计入事故调查期限。

⑤ 事故调查组应当自事故发生之日起60日内提交事故调查报告；特殊情况下，经负责事故调查的人民政府批准，提交事故调查报告的期限可以适当延长，但延长的期限最长不超过60日。

（5）事故调查组的纪律

① 事故调查组成员在事故调查工作中应当诚信公正、恪尽职守，遵守事故调查组的纪律，保守事故调查的秘密；

② 未经事故调查组组长允许，事故调查组成员不得擅自发布有关事故的信息。

4. 事故现场调查分析规则

（1）事故现场的处理

事故现场是指事故发生后保持原始状态的事故地点，包括现场波及的范围及与事故有关的场所。现场调查，首先要调查现场保护情况，因为现场将对事故调查的线索及确定事故的原因提供痕迹和物证。因此，事故发生后，任何人均有权及时保护好现场，不得任意清理和破坏。调查工作应按一定的顺序和方法进行，先在现场外围进行查询、观察；再进入现场内进行不变动现场物体原始位置的静态观察；最后再翻动或移动物体的原始位置，进行动态观察。调查前要准备好测绘、照相和录像等设备器材，调查时必须做好记录、拍照（录像）及绘制事故现场图。

（2）事故有关物证的收集

通常收集的物证应包括：

① 现场物证包括破损部件、碎片、残留物、致害物的位置等。

② 在现场搜集到的所有物件均应贴上标签，注明地点、时间、管理者。

③ 所有物件应保持原样，不准冲洗擦拭。

④ 对健康有危害的物品，应采取不损坏原始证据的安全防护措施。

（3）事故事实材料收集

与事故鉴别、记录有关的材料包括以下内容：

① 发生事故的单位、地点、时间。

② 受害人和肇事者的姓名、性别、年龄、文化程度、职业、技术等级、工龄、本工种工龄等。

③ 受害人和肇事者的技术状况、接受安全教育情况。

④ 出事当天，受害人和肇事者什么时间开始工作、工作内容、工作量、作业程序、操作时

的动作(或位置)。

⑤ 受害人和肇事者过去的事故记录。

事故发生的有关事实材料包括以下内容:

① 事故发生前设备、设施等的性能和质量状况。

② 使用的材料,必要时进行物理性能或化学性能试验与分析。

③ 有关设计和工艺方面的技术文件、工作指令和规章制度方面的资料及执行情况。

④ 关于工作环境方面的状况,包括照明、湿度、温度、通风、声响、色彩度、道路、工作面情况以及工作环境中的有毒、有害物质取样分析记录。

⑤ 个人防护措施状况,应注意它的有效性、质量、使用范围。

⑥ 出事前受害人和肇事者的健康状况。

⑦ 其他可能与事故致因有关的细节或因素。

(4) 事故人证材料收集记录

当事故发生后,应尽快寻找证人,搜集证据。同时要与在事故发生之前曾在现场的人员,以及那些在事故发生之后立即赶到事故现场的人员进行交谈。要保证每一次交谈记录的准确性。

询访见证人、目击者和当班人员时,应采用谈话的方式,不应采用审问方式。同时,必须寻找见证人,他们可提供与事故调查有关的各方面信息,包括事故现场状态、周围环境情况及人为因素。

(5) 事故现场摄影、拍照及事故现场图绘制

在收集事故现场资料时,可能要通过对事故现场进行摄影或拍照来获得更清楚的信息。

① 显示事故现场和受害者原始存息地的所有照片。

② 可能被清除或被践踏的痕迹:如刹车痕迹、地面和建筑物的伤痕,以及火灾爆炸引起损害的照片等。

③ 事故发生现场全貌。

④ 利用摄影或录像,以提供较完善的信息内容。

对事故发生地点经过全面地初步研究拍照之后,调查工作的一项重要任务是绘制事故现场图。一是确定事故发生地点坐标,伤亡人员相对于地理位置点的位置图;二是确定涉及事故的设备各构件散落的位置并做出标记;三是查看、测出和分析事故发生时留在地面上的痕迹,必要时绘制现场剖面图。

事故现场图的形式可以是事故现场示意图、流程图、受害者位置图等。

(三) 事故处理

事故调查组向负责组织事故调查的有关人民政府提出事故调查报告后,事故调查工作即告结束。有关人民政府按照《矿山生产安全事故报告和调查处理办法》规定的期限,及时作出批复并督促有关机关、单位落实批复,包括对生产经营单位的行政处罚、对事故责任人行政责任的追究以及整改措施的落实等。

三、事故统计与分析

(一) 事故统计的基本任务

(1) 对每起事故进行统计调查,弄清事故发生的情况和原因。

(2) 对一定时间内、一定范围内事故发生的情况进行测定。

(3) 根据大量统计资料,借助数理统计手段,对一定时间、一定范围内事故发生的情况、趋势以及事故参数的分布进行分析、归纳和推断。

(二) 事故统计的步骤

事故统计工作一般分为以下三个步骤。

1. 资料搜集

资料搜集又称统计调查,是根据统计分析的目的,对大量零星的原始材料进行技术分组。它是整个事故统计工作的前提和基础。资料搜集是根据事故统计的目的和任务制定调查方案,确定调查对象和单位,拟定调查项目和表格,并按照事故统计工作的性质选定方法。我国伤亡事故统计是一项经常性的统计工作,采用报告法,下级按照国家制定的报表制度,逐级将伤亡事故报表上报。

2. 资料整理

资料整理又称统计汇总,是将搜集到的事故资料进行审核、汇总,并根据事故统计的目的和要求计算有关数值。汇总的关键是统计分组,就是按一定的统计标志将分组研究的对象划分为性质相同的组。如按事故类别、事故原因等分组,然后按组进行统计分析。

3. 综合分析

综合分析是将汇总整理的资料及有关数值填入统计表或绘制统计图,使大量的零星资料系统化、条理化、科学化,是统计工作的结果。事故统计结果可以用统计指标、统计表、统计图等形式表达。

(三) 事故统计指标体系

行业主管部门针对本行业特点,制定并实施了各自的事故统计报表制度和统计指标体系来反映本行业的事故情况。指标通常分为绝对指标和相对指标。绝对指标是指反映伤亡事故全面情况的绝对数值,如事故起数、死亡人数、重伤人数、轻伤人数、直接经济损失、损失工作日等。相对指标是伤亡事故的两个相联系的绝对指标之比,表示事故的比例关系,如千人死亡率、千人重伤率、百万吨死亡率等。生产安全事故死亡人数、亿元国内生产总值生产安全事故死亡人数、工矿商贸企业就业人员十万人生产安全事故死亡人数、煤矿百万吨死亡人数已成为每年国家统计局国民经济和社会发展统计公报的重要统计指标之一。事故统计指标体系如表 10-1 所示。

表 10-1 事故统计指标体系表

指标	绝对指标	事故起数、死亡人数、重伤人数、轻伤人数、直接经济损失、损失工作日	
	相对指标	相对人员	千人死亡率、万人死亡率、十万人死亡率、百万人死亡率
		相对劳动量	百万工时死亡率、百万工时伤害率
		相对产值	亿元国内生产总值死亡率
		相对产量	百万吨死亡率、万立方米死亡率、百万平方米死亡率
		相对其他	万车死亡率、亿客公里死亡率、重大事故万时率、百万机车总走行公里死亡率

为了综合反映我国生产安全事故情况,原国家安全生产监督管理总局成立后,结合我国

经济发展和行业特点，提出了适应我国的生产安全事故统计指标体系。

1. 综合类伤亡事故统计指标体系

综合类伤亡事故统计指标体系包括事故起数、死亡事故起数、死亡人数、受伤人数、直接经济损失、重大事故起数、重大事故死亡人数、特大事故起数、特大事故死亡人数、特别重大事故起数、特别重大事故死亡人数、重大事故率、特大事故率。

2. 工矿企业类伤亡事故统计指标体系

工矿企业类伤亡事故统计指标包含伤亡事故起数、死亡事故起数、死亡人数、重伤人数、轻伤人数、直接经济损失、损失工作日、重大事故起数、重大事故死亡人数、特大事故起数、特大事故死亡人数、千人死亡率、千人重伤率等。另外，煤矿企业伤亡事故统计指标还包含百万吨死亡率。

（四）生产安全事故报表制度

真实完整地收集和记录每起事故数据，是进行统计分析的基础。每起事故所包含的信息量，对事故统计分析至关重要。事故所包含的信息量要能够体现事故致因的科学原理，体现判定事故原因的正确方法。2016 年国家安全生产监督管理总局印发的《生产安全事故统计报表制度》中设计了两张基层报表（工矿商贸 A1 表和 A2 表），用来收集和记录企业发生的每起事故。在两张基层报表的基础上，可以方便地派生出其他统计报表。

（五）伤亡事故统计分析方法

伤亡事故统计分析方法是以研究伤亡事故统计为基础的分析方法，伤亡事故统计有描述统计法和推理统计法两种。

描述统计法用于概括和描述原始资料总体的特征。它可以提供一种组织归纳和运用资料的方法。最常用的描述统计有频数分布、图形或图表、算数平均值及相关分析等。

推理统计法是从一个较大的资料总体中抽取样本来推断结论的方法。它的目的是使人们能够用数量来表示可能的论述。对伤亡事故原因的专门研究以及事故判定技术等主要应用推理统计法。

（六）伤亡事故经济损失计算方法

伤亡事故经济损失计算方法和标准按照《企业职工伤亡事故经济损失统计标准》（GB 6721—1986）进行计算。

（七）事故伤害损失工作日

事故伤害损失工作日的计算，详见《事故伤害损失工作日标准》（GB/T 15499—1995）。

第七节 煤矿安全生产的组织与计划管理

一、煤矿安全生产组织管理

（一）煤矿安全生产组织的基本原则

煤矿安全生产组织的根本目的，是使企业生产过程各环节、各工序在时间、空间、能力的配合上达到紧密衔接、协调配合，从而保证人力、物力、财力得到充分合理的使用，获得良好的效果。煤矿安全生产组织一般应遵循连续性、均衡性、比例性、适应性、讲究经济效益、实现安全生产等原则。

1. 连续性原则

连续性是指生产过程中各环节、各阶段、各工序在时间上紧密衔接，不发生或少发生不必要的停顿和等待，通常称为减少或避免生产影响。在采煤和掘进工作中，要采用先进合理的生产组织形式，以合理的工序安排劳动组织，做好生产准备工作和辅助服务性工作，有利于提高生产过程的连续性。

2. 均衡性原则

均衡性是指生产的均衡程度，即指企业各生产环节及产品的投入、加工和出产都按计划有节奏地进行，在相等时间内生产出相等或递增的产品，使各工作负荷均匀，不出现时松时紧的状况。对煤矿企业来说，在相同的时间周期内(月、旬、日、班、小时)，按照生产计划进度的要求，均衡地完成生产计划任务。充分利用人力和设备，优化生产组织，保证正规循环作业，加强设备检修，保证设备高效运转，有利于建立正常的生产秩序，实现安全生产。

3. 比例性原则

比例性是指生产过程的各环节、各阶段、各工序之间的生产能力要保持适当的比例关系。各个生产环节的工人人数、设备数量应相互协调适应。

在矿井和采区设计中，虽已考虑到这种比例性，在年度及月度计划中也进行了综合平衡，但在实际生产中由于受诸多因素的影响，仍会出现各环节、各阶段、各工序之间比例不协调的现象，生产组织工作就是要及时发现、调整、修改这种不协调，采取有力措施加以解决。

4. 适应性原则

适应性是指生产过程组织形式的灵活性，根据安全风险的变化、生产技术的进步、宏观经济政策的调控等在较短的时间内及时作出调整，具有适应上级整体调控、本矿客观条件要求和市场经济需求变化的特点。

5. 讲究经济效益原则

讲究经济效益是指用尽可能少的人力、物资消耗和资金占用，生产出尽可能多的适销对路的产品。煤炭生产要十分注意节约人力、物力、财力，提高煤炭资源回收率。根据市场需要，生产出品种多、煤质好的产品，满足用户的需要。

6. 实现安全生产原则

煤矿生产环境恶劣，危险性较大，安全生产对煤矿企业具有特别重要的意义。煤矿企业要通过不断增强安全保障能力、持续改善安全生产条件、切实保障劳动者生命安全和健康，做到安全生产与经济社会发展各项工作同步规划、同步部署、同步推进，实现有安全保障的可持续生产。

(二) 煤矿正规循环作业及标准

煤矿正规循环作业是指工作面在规定的时间内，按照制定的作业流程，按质、按量、安全地完成作业循环图表所规定的全部工序和工作量，并周而复始地完成规定的循环次数。

煤矿正规循环作业主要包括采煤工作面和掘进工作面正规循环作业两部分。

1. 采煤工作面正规循环作业

采煤工作面正规循环作业是指采煤工作面在规定的时间内，保质、保量、安全地完成作业规程的循环图表中所规定的全部工序和工作量，并完成规定的循环次数。采煤工作面循环作业内容主要包括破煤、装煤、运煤、支护、采空区处理等基本工序。

采煤工作面正规循环作业标准包括：

(1) 有一个科学、切实可行的作业规程和循环图表，完成规定的正规循环率。

(2) 完成作业规程中规定的产量、进度、效率、煤质和主要材料消耗以及工作面煤炭回收率等技术经济指标。

(3) 工作面工程质量合格，机电设备完好率不低于90%，事故率不超过1%。

(4) 安全生产，消除死亡和重大事故。

2. 掘进工作面正规循环作业

掘进工作面正规循环作业是指掘进工作面在规定的时间内，按质、按量、安全地完成作业规程中循环图表所规定的全部工序和工作量，达到一次成巷的标准并完成规定的循环次数。掘进工作面循环作业内容主要包括破煤(岩)、装煤(岩)、运煤(岩)、支护等基本工序。

掘进工作面循环作业的标准包括：

(1) 有科学、切实可行的作业规程和循环图表，完成规定的正规循环率。

(2) 完成掘进作业规程规定的进尺、效率、材料消耗等技术经济指标。

(3) 掘进工作面工程质量合格，达到一次成巷，机电设备完好率不低于90%，事故率不超过1%。

(4) 安全生产，消除死亡和重大事故。

(三) 煤矿生产调度

1. 矿井生产调度工作的任务和内容

矿井的生产调度工作是指对矿井的生产过程进行必要的监督、协调、控制和指挥。

矿井生产调度工作的主要任务是：按照矿井生产的客观规律和生产经营计划，对矿井的日常生产活动实行统一的指挥、检查和监督，协调各生产环节之间的配合，确保整个矿井均衡有序地生产。

矿井生产调度工作的主要内容包括：

(1) 负责日常的生产组织与指挥工作，检查分析各基层生产单位的作业计划执行情况，发现问题找出原因，及时采取措施加以纠正。

(2) 抓好采煤、掘进工作面的正规循环作业，出现打破正规循环作业的倾向、苗头或结果时，及时组织力量进行调整。

(3) 组织和检查新工作面及新采区的生产准备工作的进展情况。

(4) 检查生产设备的运行情况。设备发生故障时，组织力量进行修理；检查督促机电部门严格执行设备修理计划。

(5) 检查、监督和指挥井上、下的运输工作，保证运输工作的正常运行及生产的连续性。

(6) 发生自然灾害和生产事故时，发挥统一集中指挥的强有力作用，调动一切力量进行救援，减少损失。

(7) 做好生产情况的统计分析工作，当好矿领导的参谋和助手。

2. 矿井调度工作组织形式

建立适合的调度组织形式是实现矿井统一生产指挥和完成调度工作任务的必要条件。调度组织机构按行政领导关系可以分为一级调度和二级调度；按调度工作的业务性质可以分为专业调度和综合调度。

一级调度是指矿井只设一个调度室，统管全矿生产过程各环节、各部门之间和生产环节内部的调度组织工作。

二级调度是指除矿总调度室集中处理各生产环节、各部门之间的调度业务外，各主要生产部门可以设立的其他具体业务的调度，协助矿总调度室开展调度工作。

综合调度是由一个总调度室负责全矿各部门的全部调度业务，如公司总调度室就属于综合调度。

专业调度是指专门业务调度，如运输、通风、运销、供应等专业调度。

3. 矿井生产调度工作制度

煤矿企业生产调度工作制度主要有以下四种。

(1) 领导调度值班制度

为了及时而有效地解决生产过程中所出现的重大问题，需要建立公司(矿级)领导轮流24 h调度值班的制度，负责组织当天的生产，处理发生的重大问题，听取基层生产系统汇报，作出指示，布置工作。值班领导遇有特殊情况需要离开时，应与调度室保持联系。

(2) 调度会议制度

定期召开调度会议是调度工作的重要方法。会议由调度室组织，值班领导或调度主任主持，参加会议的人员根据会议内容而定。会议内容主要是听取生产和工作情况简要汇报分析，总结经验教训，处理和解决各种问题，协调各单位之间的配合，布置下一阶段的生产和工作任务。

(3) 矿井班中汇报制度

各采掘区队的跟班区(队)长，到现场要把工作面当时的情况立即向调度室进行汇报；班中可向调度室汇报一次生产进展情况；下班后向调度室汇报当班生产任务完成情况、存在问题及下班应注意的问题。遇有重大问题，应随时向调度室汇报。

(4) 分析总结制度

定期进行生产活动分析总结(每旬或每个月进行一次)，分析内容主要是计划完成情况。针对分析出的问题，研究解决的办法，以便采取措施加以克服。

(四) 煤矿生产现场组织管理

良好的生产现场组织管理是保证现场生产安全高效开展的保障，如果管理制度不健全、工序衔接不科学或执行不严，也不会取得好的效果。

1. 完善规章制度

生产组织现场管理制度应包括工种岗位责任制、现场交接班制度、生产汇报制度等。

岗位责任制依据岗位不同而制定不同的内容，大体上各种岗位责任制包括以下内容：

(1) 严格执行“三大”规程，坚守工作岗位。

(2) 要熟练掌握本岗位范围的设备，做到“三懂”“四会”。

(3) 工作中要精神集中，时刻关注现场安全状况，发现问题及时汇报和处理。

(4) 做好自主保安，注重工程质量，搞好文明生产。

现场交接班制度内容大体如下：

(1) 必须在规定时间到达岗位，在接班人员没有到来之前，不得离开岗位。

(2) 交接班时，交接班人员必须将现场安全状况、设备的运转情况、遇到的问题及处理情况和接班后必须注意的问题交代清楚。

(3) 凡是能通过试运转交接的设备,必须进行运转验收,发现问题共同处理。

(4) 接班人员必须在交班人员在场的情况下,按照设备与工程质量标准对分管范围内的设备和工程进行认真检查。

生产汇报制度主要包括接班汇报、班中汇报、班末汇报和事故汇报等。

(1) 接班汇报。跟班干部及工人到达工作地点首先进行交接班,经过对工作面检查、交接班并分配任务后,按规定汇报。主要汇报接班时的条件、设备状况、本班生产任务和可能发生的问题。

(2) 班中汇报。主要汇报前半班的生产情况、后半班的打算及要求调度室协助解决的问题。

(3) 班末汇报。班末汇报是在下班前对本班工作情况进行的汇报。主要汇报本班实际生产任务完成情况、本班遇到的问题、遗留的问题等。

(4) 事故汇报。发生事故后,跟班干部要积极组织处理事故的同时,向调度室及时汇报所发生事故的时间、地点、经过和抢救措施。

2. 合理组织生产

(1) 加强工种、工序之间的配合。科学安排工种、工序之间的顺序和衔接关系。在保证生产的前提下,充分利用工作面的时间和工作空间,应尽可能安排某些工序平行作业。

(2) 减少影响时间。要严格设备检修、保养制度,把责任落实到每一个人,减少设备影响。交接班必须交接设备的运转情况,要保持设备的正确使用,不得超负荷工作。一旦设备发生故障,尽可能把事故影响时间降低到最小的限度。

3. 现场工序管理

工序管理是生产过程中的基本环节,是构成生产过程最基本的要素。煤矿生产工序管理是根据煤炭生产产品质量、工程质量和安全质量的要求,采取科学、有效的手段,对生产过程中影响工序质量的人员、机器、材料、方法、环境等因素进行的控制,保证工序质量处于稳定受控状态。它是煤矿生产过程中最大量、最有效、最经常的质量管理活动。开展工序管理活动的目的在于提高工程质量、产品质量,降低物资消耗,保证安全文明生产,提高企业的经济效益。

二、煤矿生产计划及其指标确定

(一) 煤矿生产计划的基本原则

(1) 严肃性。计划一经批准下达,必须严格遵照执行。

(2) 科学性。计划要符合客观实际,瞻前顾后,留有余地。

(3) 先进性。依据企业长远发展目标,赶超先进水平,积极高效。

(4) 规范性。计划任务和指标计算符合煤炭行业技术经济政策法规和计算办法。

(二) 煤矿生产计划与各专业的关系

生产计划规定着企业经济运行的大方向,是其他各部门各专业制订计划的依据。必须以生产计划为依据,统筹安排各项工作。计划指标采用统一计划,集中平衡,分部门、分级管理的办法,使各项计划综合构成一个统一的有机整体,促进企业生产经营活动有条不紊地正常运行。

1. 生产计划的基础工作

一是建立健全生产组织决策信息体系，经常收集、分析、预测国家经济政策和市场行情、煤炭外运销售情况、国内外煤炭技术发展趋势、同行业技术经济指标等外部资料；调查整理本企业资源储备情况，生产技术装备情况，矿井、水平、采区生产能力、历史及及其指标、定额水平等内部资料。

二是建立健全各种计划台账，包括开拓开采部署、搬家准备、巷道消耗、设备动态、产销存情况、生产性技改工程及检修工程等。

三是建立健全与本专业相适应的有指导意义的生产、技术、经济档案，以及重大问题处理备忘录等。

2. 生产计划的内容及组成

生产计划的主要内容包括产品产量、产值收入、外运销量、采掘关系、工作面接替、生产劳动效率、材料的消耗、能源的节约、煤炭资源的回收、采掘设备的平衡、安全生产等内容。

生产计划主要指标包括工业总产值、原煤产量、商品煤产率、劳动效率、利润、原煤成本、掘进进尺、安全管理等。其他技术经济指标主要包括商品煤质量(灰分、水分、发热量及含矸指标)、原煤生产消耗(包括木材、油脂、建工材料、支护材料、配件、大型材料、专用工具、其他材料等)、采掘工作面能力利用程度(采煤机械化、掘进机械化、掘进装载机械化等指标)。

生产计划由三个部分组成：计划指标表格、计划图纸(包括各采掘工程计划图，井上下对照图，开拓、运输、通风、排水、供电系统图)、文字说明。

3. 生产计划的分类

生产计划按计划期限长短可分为企业发展规划(10 年规划)、中长期计划(3～5 年)、短期计划(1 年)、作业计划(月度计划)。

发展规划、中长期计划可参照本行业国家总体发展规划和集团发展战略，规定企业生产发展战略目标和体现企业战略方向的发展性计划，是指导企业煤炭生产发展的蓝图，具有展望性、预见性和纲领性的特点。

短期计划即企业年度生产计划，是企业计划的最主要形式。

作业计划是短期计划的具体执行计划，直接用于指导日常生产和经营。

(三) 煤矿生产计划的编制

煤矿生产计划编制的基本要求是必须依据企业发展规划、中长期计划和煤炭生产总目标，统筹安排，分步实施。力求符合客观规律，要遵循实事求是、积极可靠、留有余地的原则。要处理好长远和当前的平衡，整体和局部的平衡，需要和可能的平衡，生产和效益的平衡。充分调动和发挥基层和员工的积极性，确保生产经营指标的顺利实施。

编制生产计划主要采用两种方法：

一是技术经济分析法。通过全面统计和典型调查、抽样调查、数理分析等方法，全面掌握报告期主要指标的完成情况，调查预测计划期经济运行趋势、煤炭市场供求状况、收入盈利水平。在技术经济分析的基础上，提出主要指标的初步预测和相应采取的重大措施，为编制和确定计划提供依据。

二是综合平衡法。综合平衡法是计划工作的基本方法，即在充分发挥市场机制的前提下，利用计划指标体系，合理配置生产要素，按市场规律科学地组织生产，提高生产要素的利用效率和质量水平。

编制生产计划的依据：一是国家产业政策及市场对煤炭产品的需求；二是集团公司下达的生产计划；三是矿区整体战略部署，矿井、水平、采区接替；四是企业现有的生产能力及可能增加的能力等。

三、煤矿生产计划执行控制

（一）煤业公司对下属矿井的生产计划执行控制

煤矿生产计划执行控制由上级公司根据完成情况进行考核，主要包括月度、年度生产计划考核的组织实施、问题收集、信息反馈等工作。

执行控制的考核指标包括经营业绩、生产运营、专项工作、对标管理四部分。经营业绩主要考核利润总额完成情况；生产运营指标包括安全管理、关键业绩等指标。

(1) 安全管理指标包括安全管理及灾害治理。

安全管理：由安全管理部门牵头，其他专业部室配合，按煤矿企业（公司）安全部门制定的考核办法执行；

灾害治理：由通防部、地测部牵头，其他专业部室配合，按公司灾害治理相关考核办法执行。

(2) 关键业绩指标：根据各单位性质及业务内容设置不同的业绩指标，主要包括营业收入、单位完全成本、商品煤产量、岩巷进尺等。

(3) 专项工作：包括但不限于煤质考核、节能减排、双创考核、党建、信访稳定及其他专项工作等。

(4) 对标管理：包括但不限于矿井单位完全成本、材料消耗、非生产性支出、单产单进、人均工效、资金预算、刚性支出等，按相关专项办法执行。

（二）矿井生产计划的执行控制

1. 年度生产指标控制

矿井根据生产接替安排，将年度指标分解到每个月进行控制。

2. 月度生产指标执行控制

煤矿月度生产计划下达后，矿井各单位应严格按计划组织实施，原则上不得调整。确因现场地质条件或其他原因导致计划无法完成需调整的，应履行严格的管理程序。

3. 生产计划完成情况纳入绩效工资考核

生产经营绩效工资与生产任务完成情况和经营管理情况挂钩，最大限度地激发基层单位的生产经营积极性、创造性，释放管理活力，助推矿井实现经济运行质量稳步提升。

四、安全技术措施经费的管理与使用

（一）安全技术措施计划的资金来源

1. 编制安全技术措施计划的原则

一是安全技术措施计划应纳入企业生产经营计划中；二是要从实际出发。将确实需要改善的项目列入计划，又要结合企业生产、技术设备状况和发展以及人力、财力、物力的实际，做到讲求实效；三是区别轻重缓急，突出治理重点。对危害严重、危害区域大的问题，要集中人、财、物优先解决，对因技术经济条件一时解决不了的，要制定规划分阶段治理，要做到企业劳动条件年年有改善；四是与技术改造、技术革新、工艺改造相结合，从根本上消除煤尘、噪声、有毒有害物质产生的根源，应用现代化技术和方法，采用机械化、自动化控制和操作，减轻工人劳动强度。

2. 编制安全技术措施计划的依据

编制安全措施计划的依据是：① 党中央、国务院发布的有关安全生产的方针政策、法律法规等；② 国务院所属各部委与地方人民政府发布的行政法规和技术标准；③ 在安全卫生检查中发现尚未解决的问题；④ 因生产发展需要所应采取的安全技术与劳动卫生技术措施；⑤ 安全技术革新的项目和职工提出的合理化建议。

3. 安全技术措施经费来源

根据财政部、国家安全生产监督管理总局《关于印发〈企业安全生产费用提取和使用管理办法〉的通知》（财资〔2022〕136 号），安全费用是指企业按原煤实际产量按照规定标准从成本中提取，专门用于完善和改进企业安全生产条件的专用资金。

（二）安全费用的管理

1. 安全费用的使用范围

（1）煤与瓦斯突出及高瓦斯矿井落实两个“四位一体”综合防突措施支出，包括瓦斯区域预抽、开展突出区域和局部预测、实施局部补充防突措施、更新改造防突设备和设施、建立突出防治实验室等支出。

（2）煤矿安全生产改造和重大隐患治理支出，包括“一通三防”（通风、防瓦斯、防煤尘、防灭火）、防治水、供电、运输等系统设备改造和灾害治理工程，实施煤矿机械化改造，实施矿压（冲击地压）、热害、采空区治理等支出。

（3）完善矿山安全避险六大系统及应急救援支出，即完善监测监控、人员定位、紧急避险、压风自救、供水施救和通信联络系统的支出，以及应急救援技术装备、设施配置和维护保养支出，以及事故逃生和紧急避难设施设备的配置和应急演练支出等。

（4）开展重大危险源和事故隐患评估、监控和整改支出。

（5）安全生产检查、评价、咨询、标准化建设支出。

（6）配备和更新现场作业人员安全防护用品支出。

（7）安全生产宣传、教育、培训支出。

（8）安全生产适用新技术、新标准、新工艺、新装备的推广应用支出。

（9）安全设施及特种设备检测检验支出。

（10）其他与安全生产直接相关的支出（含职业危害防治支出）。

2. 安全费用的审批

所有在安全投入范围内列支的费用，均需经过专业部门审核，并加盖安全投入专用章后方可到财务部门办理入账核算。专业部门应明确安全费用与生产经营支出的划分标准，真实反映安全投入实际状况，严禁生产性支出挤占安全费用。

3. 安全费用的管理

（1）安全费用必须设立专户管理，按规定范围安排使用。年度结余资金可结转下年度使用，企业提取的安全费用不能满足需要时，超支部分直接按正常成本费用渠道列支，矿提取的安全费用在缴纳企业所得税前列支。安全费用的提取和使用情况需网上备案并接受监督。

(2) 经上级公司批准的安全费用计划不得随意变更。

(3) 形成固定资产投资项目,应按有关规定进行质量监督和工程、设备管理。工程竣工和设备到货后,应及时进行验收交接。未按规定程序验收的计划项目,财务部门不得入账付款。

(4) 对于安全费用中列支的各项支出与生产经营支出容易混淆的费用:一是坚持与安全生产直接相关的原则;二是坚持与安全费用预算相结合的原则;三是坚持分配依据不充分时不计入安全费用的原则。

第十一章 煤矿安全生产管理工作实践

第一节 正确处理十大关系，彰显主要负责人的基本功

一、正确处理地位与作为、职务与职责的关系

当你脱颖而出成为煤矿主要负责人（煤矿企业的董事长、总经理，矿务局局长或煤矿矿长。以下简称矿长）时，立刻改变了你的社会地位：你将拥有更大的权力，能更好地施展你的才华和抱负，获得更多的追随者、更广的人脉，会有更好的个人发展的机会，同时手握大权决定着企业的发展和全体员工的福祉。但是，当你坐上这个宝座后，你肩负的将是更多的责任，你也将失去更多的自由与权利，你可能很晚回到家里还得考虑工作，也可能半夜被电话惊醒，从此失去很多与家人共享天伦之乐的机会。当然，也许你早已是个老矿长，已经尝遍了当矿长的个中滋味。但无论如何，你都需要明白：煤矿属于高危行业，矿长属于高危职业。廉政、安全、稳定，任何一项失误都能把人打入深渊。矿长其实就是一群在刀刃上跳舞的人。所以，只要在矿长之位，你就既有身后的千军万马，也有身上的千斤重担。

认清矿长的地位，才能肩负起矿长的责任。煤矿有大有小，但矿长的地位难分大小。特别是大多数煤矿地处偏远，有的甚至位于人迹罕至的荒郊野外、大漠荒原之中，煤矿无论大小都是一个小社会，矿长无论大小都像是一个“诸侯王”，“小鸟虽小，玩的却是整个天空”。矿长的级别有高有低，特别是国有煤矿的矿长，上面有着好几层“婆婆”，但矿长在自己的“一亩三分地”之内难分高低，都是老大。矿长处江湖之远，但“兹事体大”，煤炭的生产、安全、清洁利用，可谓举国关注。身为矿长，官职虽然不大，但责任重大；权力虽然不大，但压力很大。作为矿长，既处底层之位，又处风口浪尖，地位特殊，关系重大，必须时刻保持头脑清醒，就像给汽车四轮定位一样要先给自己进行一次系统定位，知道自己所处的位置，明确前进的方向，演好自己的角色，确保不错位、不越位、不缺位，始终在其位、谋其政、尽其责。

矿长在人们心目中是一个有权力、有能力、有地位、受尊重的社会形象。但我们知道，职务与职责总是相辅相成的。要当好一个矿长，必须要勇于担责。矿长的职务本身体现的就是一种责任，而且责任是第一位的，职务是第二位的。职务是履行责任的产物，职务愈高，责任愈重，责任是领导的真正属性。管理学上有一种说法：要办好一家企业，必须“五力”共振——强化责任产生压力，明确权力产生活力，保证利益产生动力，积累财力产生实力，凝聚员工汇集智力。“五力”共振才会推动企业的可持续发展。而矿长的地位说明，矿长在“五力”之中处于举足轻重的关键位置，是“关键少数”之中的“关键”。

无数经验教训证明，一个矿长可以使一个日趋衰败的煤矿起死回生；同样，也能够使一座欣欣向荣的煤矿走向衰败。一矿兴衰，成也在矿长、败也在矿长。而能否当好矿长，能力很重要，责任更重要。一个有着强烈责任感的人，能力不高可以去学习、提高，千方百计把事情办好；而一个责任感不强的人，即使能力很高，也不能把事情办好。强烈的责任感，是当好矿长应有的政治品格，而明晰自己担负的责任，则是树立责任感的前提和基础。也就是说，当矿长首先必须要明责，知道自己的责任所系、使命所在。要在矿长之位，思矿长之事，尽矿长之责，成矿长之事，做一个负责任的好矿长。

二、正确处理安全与生产、效益的关系

企业是一个经济组织。经济组织最本质的属性就是创造财富、追求利润，就是赚钱。企业不赚钱就没有存在的价值。煤矿也是企业，当然也不例外。煤矿的一切工作都必须围绕提高企业经济效益这个中心任务来开展，为股东谋求利益，为员工实现价值，为社会创造财富。因此，煤矿主要负责人睁眼就是两件事：一是安全生产；二是赚钱。而安全生产说到底是为赚钱提供一个良好的前提和基础。安全是生产的前提，生产是效益的源头，效益是企业生存发展的基础。没有效益，企业的可持续发展就无从谈起。

作为煤矿主要负责人，必须正确处理安全与生产、效益的关系，两只眼睛必须始终盯紧安全，盯紧生产，盯紧效益。安全如“1”，其他一切物质的、精神的财富都是“1”后边的“0”。“1”若在，“0”多多益善；“1”若不在，其他皆无。没有安全的环境，企业的生产经营就无法正常进行。生产如“泉”，是企业创造财富的源头，开源节流，源源不断，企业长河才会源远流长、奔流不息。

我们常说，抓好安全工作就是保住了员工的饭碗，抓好生产出效益就是保证员工碗里有饭。抓生产抓不住安全等于零，光抓安全不抓生产结果也是零。因此，矿长必须要聚焦生产，把挖掘出矿井的最大潜力、用最小投入实现最大产出作为自己的价值所在。矿长就是全矿的“大管家”，矿长的手头松一寸，下边的人就能松一丈，企业的效益就会不翼而飞，不见踪迹。所以，矿长不能当“甩手的东家”，而要当“精明的掌柜”，要精打细算、精管细控，既要善于算大账，也要精于算小账，算别人算不到的账，切实履行好自己一矿之长的经济责任。

三、正确处理采掘平衡，实现高产与稳产的关系

煤矿作为资源型企业，如何按计划、及时有效地把资源从地下开采出来，为社会发展提供能源支撑，为企业发展奠定坚实基础，如何协调采、掘这两个重要环节的关系，是每一个煤矿主要负责人需要深度思考并加以解决的重要问题。

在煤矿生产中，由于技术、资金、认识等方面的原因，很多煤矿都存在采掘失调的现象，尤其是在煤炭市场形势大好时，一些煤矿片面追求高产，只顾开采条件较好的工作面，一段时间后就会出现采掘失调，产量忽高忽低，煤质忽好忽坏，影响企业信誉和煤矿发展。少部分煤矿甚至存在严重采掘失调，一年要花半年时间来弥补掘进或重大灾害治理的欠账，只有半年时间用于生产。这种现象的存在，使得资源无法及时开采，煤矿产量极不稳定，更谈不上提高，经济效益也受影响。

采掘关系是矿井生产的基本要素，开采、掘进是煤矿生产系统工程中极为重要的两个环节，煤矿在处理这两个环节时的指导思想是以掘保采、掘进先行，然而两者在时间和空间的

协调平衡受很多因素的制约和影响，采掘失调不仅会造成接替紧张，还会影响企业发展，带给生产和安全管理带来困难。因此，煤矿主要负责人要保持清醒的头脑，注意保持采掘平衡。

采掘平衡是采掘行业保持生产均衡稳定的一项基本方针，具体衡量指标是三级储量（即开拓储量、准备储量和回采储量）。采掘平衡也就是保持三级储量在时间和空间上能够满足设计产量，并能达到均衡、稳定生产的要求。作为煤矿主要负责人，必须遵循采掘平衡的方针，经常对比分析采掘生产状况，加强地质勘探与重大灾害治理工作，适时调整采煤、掘进与开拓生产工作重点的进度，认真组织正规循环作业，使矿井正常生产的水平、采区、工作面能够正常接续，优劣搭配生产，以采掘平衡实现矿井的高产与稳产。

四、正确处理关心生产（效益）与关心员工利益的关系

如何让员工利益与企业效益（生产）实现“同频共振”的良性循环，也是煤矿主要负责人需要深度思考并加以解决的问题之一。

矿长肩负着上级（或股东）的重托和职工群众的期盼。上级的重托概括起来就是要“搞好企业”，职工群众的期盼概括起来就是要“造福员工”。

所谓“搞好企业”，就是要做到“两个确保”：一是要确保矿长在自己的任期之内安全状况好、生产好、效益好，把煤矿的潜能挖掘到极致；二是要确保矿长在自己的任期之内为将来更好、更快、更可持续地发展留足后劲、打实基础。判断一个矿长“搞好企业”的责任是否落到实处，这“两个确保”缺一不可。因此，当矿长不能只顾眼前、不顾长远，急功近利，竭泽而渔，干“吃祖宗饭、断子孙路”的事情。不能为了任内业绩突出，哪块煤好采哪块，挑肥拣瘦，这样做不仅会影响矿井长远接续，而且会造成资源浪费。不能“一朝权在手，胡乱把令行”，要么乱作为，要么不作为，罔顾企业利益，滥用职权，以权谋私，甚至不惜把一个好企业断送在自己手里。不能思想动机不纯，任期内乱定标准，无原则地取悦员工，提前透支企业效益，给后任者造成极大被动。而应时刻不忘自己的政治责任，想清楚自己“当矿长为什么，在任期间干什么，离任之后留什么”，志存高远，继往开来，把当矿长当成一场接力赛，既要接好、跑好自己“这一棒”，更要传好、带好“下一棒”。要有“功成不必在我”的博大胸怀，干好当前，兼顾长远；既重“显绩”，又重“潜绩”，多干打基础、利长远的事情，不仅要使企业在自己任内实现又好又快发展，而且在自己任后能够更好更快发展。

所谓造福员工，就是要心系员工、感恩员工，不断提高员工群众的幸福指数，真正让员工安心工作、舒心生活、工作有劲头、前程有奔头、收入有盼头、日子有彩头，人人安居乐业，凝聚起强大的正能量，把煤矿建成局外人羡慕、内部人自豪的幸福家园。可以说，要实现这个光荣而重大的目标，矿长的工作大有可为。矿工兄弟牺牲了阳光和新鲜的空气，常年在阴暗潮湿的巷道里作业，劳动强度大、风险大。可是如果没有他们，我们这个世界将变成一片黑暗，经济社会的发展将失去56%的能源支撑，因此没有他们不可以。这个群体是默默奉献的群体，也是应受到尊重和保护的一个伟大的群体。因此，矿长一定要有“趴下就是员工的一头牛，站起来就是员工的一把伞”的爱民情怀，要把为员工创造幸福作为矢志不移的精神追求和政治责任。要坚持“以人为本，共建共享”的原则，一方面最广泛、最充分地调动和激发广大员工参与企业生产建设的积极性，围绕企业改革发展稳定凝心聚力、各尽所能；另一方面要坚持发展为了员工、发展依靠员工、发展成果由员工共享，最大限度地实现好、维护

好、发展好员工的根本利益，把共同创造的文明成果让员工得到共享。

五、正确处理对上级负责与对下级负责的关系

很多人认为，领导者对上是负责，对下才是管理。面对上级领导时，像一个无处不在的顾问，对下属则表现出了家长式的权威。我们常常发现一些领导干部对上是一副面孔，唯唯诺诺、满脸堆笑；对下则是另一副脸面，颐指气使、专横跋扈。这些人貌似对上认真负责，实际上是对上敷衍塞责，导致官僚主义、形式主义等浮夸作风的蔓延，影响了党在人民群众心目中的形象。有些干部为了"对上负责"，欺上瞒下；对上一本账，对下一本账。对上，他们不顾人民疾苦，谎报军情；对下，则打着上面的旗号，狐假虎威，为非作歹。一旦问题暴露，一查就是深不见底、无法弥补的大窟窿，给党和人民造成了无法挽回的损失。

也有些领导认为家丑不可外扬，对本单位内部问题一味捂着、盖着，对下属过分护短。面对上级领导时，只是应付敷衍，认为不给领导添麻烦就是认真负责。

按道理来讲，对上级负责与对下级负责是一致的。只对上级负责，不对下级负责，是有个人企图的。只对下级负责，不对上级负责，是假借群众之势，与上级分庭抗礼，实现个人的某种目的。这两种倾向在工作中都要注意防范。

矿长要摆正自己的位置，提升自己的胸怀与格局，正确处理对上级负责和对下级负责统一辩证的关系，在任何场合讲话、行使权力，都要权衡各方的利益诉求，做出正确的选择。同时要善于辨别下属干部中是否有这两种倾向，从本单位的实际出发加以纠正。

六、正确处理权力与权威的关系

现代领导科学认为，领导者的权力由强制权、法定权、奖惩权、专长权、个人影响权等构成。前三项是由个人在组织中的地位决定的，只要担任领导，就具有这种权力；后两项则是由个人的品行和才能决定的，这是种御统权。权威是指某个人在解决问题时，具有使人信服的力量和威望，具有改变他人意志和行为的一种影响力。领导权威就是领导者不凭借上级赋予的职权，也不凭借外在势力，而能影响和改变他人行为的能力。由此可见，权力不等于权威，权力为权威的发展提供了条件，权威是加强权力的基础。有权力无权威只能使人服从，不能使人信服；有权威无权力，难以产生较大影响力。因此，只有权力和权威的有机结合才能产生较强的统御能力。

煤矿主要负责人拥有相当大的权力，但有权力不等于有权威。权力可以授予，而权威不能授予，只能依靠自身努力慢慢树立。"权"来自组织和人民的托付；"威"则要靠自身的修养、品格、能力和威信来赢得。领导者如果没有足够的权威，就谈不上有效指挥，更谈不上"灵活"。实际工作中，常有这样的事情，同样一项工作，甲领导者指挥得轻松自如，下属心情舒畅，工作顺利完成；而乙领导者去指挥同样的人办同样的事，费更多的口舌，下属却没有行动，为什么呢？这就涉及权威问题。在实际工作中，权力大、威信小，领导权就贬值；威信先行、权力随后，领导权则会增值。

矿长的权威来自两个方面：一方面来自其权力影响力，有权就有威，权力在其辖区内都有当然的势能，领导在下属面前都不同程度地存在因权力而获得的"威"；另一方面来自矿长的人格魅力，也叫非权力影响力。一个家族当中德高望重的长辈，没人授予他权力，但他说的话大家都听，这就是非权力影响力，就是人格魅力。矿长的人格魅力不同，其权威大小也

不同。有的矿长人格魅力大，不令而行。有的人格魅力小，不令不从，甚至是有令也不从。出现这种情况，矿长的权威就受到了极大的挑战，其领导工作就会受到很大影响。所以，矿长或者书记千万不可过分倚重权力，而要充分重视树立权威。适度的权力运用和高度的威信，会使指挥一呼百应、得心应手。

七、正确处理刚与柔、强势管理与人性管理的关系

煤矿主要负责人是一个煤矿的最高统帅，不论煤矿规模大小，都需要讲究管理方法，保证政令畅通。而有效管理的一个最显著特征，就是要刚柔兼具、辩证用权，以刚为质、以柔为示；刚而不暴，柔而不弱；刚克柔胜，相济适度。

刚，是"一把手"的立身之本，是指主要领导者原则上的坚定、要求上的严格、行动上的果敢等。当主要领导者缺乏"刚"性，在工作中唯唯诺诺、优柔寡断，则难以自立，正所谓"慈不带兵"。古往今来，凡成就事业的领导者，没有一个不是刚强的果敢之人。当然，真正的刚强也并不是那种简单粗暴、性情急躁，动不动就表现出声色俱厉的样子，而是在最困难的时刻也能保持镇静。刚强的"一把手"一般都具有明确的方向、高度的责任感和坚强的意志，能够以顽强的毅力和百折不挠的精神迎接任何困难的挑战。做到刚而不愎、刚而不粗、刚而不狂。真正的刚强集中表现在有主见，有信心，敢作敢为，一往无前。

柔，是"一把手"的行为之美，是指主要领导者策略上的灵活、待人上的谦和、手段上的委婉等。"一把手"的"柔"，首先是一种以利他主义作基础的博大深厚的爱。当矿长、当书记，非"柔"难以长久，不懂得灵活应变，以柔克刚，"硬"碰"硬"，就坐不稳"一把手"的位置。具有领导艺术的"一把手"，懂得辩证用权，处处尊重他人，善于将心比心，推己及人，与下属的感情息息相通。这样的领导常常表现为坦荡随和，平易近人。与人相处，使人家如临春风；与人接触，使人家如沐暖阳。柔性的领导作风绝不是一种造作的娇柔，而是以诚为本、出自内心之柔；绝不是一种老好人的调和折中，而是具有一定的价值观念和原则的美感之柔；绝不是一种畏首畏尾、令人生厌的懦弱，而是智慧和德性结合的力量之柔。

尽刚无柔易折，纯柔无刚难树。在行使领导权力时，只有刚柔并济、以刚衬柔、以柔辅刚，才能当好煤矿主要负责人。当然，刚柔变化没有定律，必须具体问题具体分析，不可非此即彼那么简单。煤矿主要负责人既要坚持原则、不失立场，又要顺时应变、灵活应对。坚持原则是为了实现原则，灵活应对又是为了坚持原则。只有当原则性和灵活性很好地结合时，才能产生完整、正确的策略方针，也才能取得预想的成功。

煤矿主要负责人要寓刚于柔，融韧于忍。在涉及党纪、国法、企规等法纪问题和做人的道德品质问题上，在事关企业改革发展稳定的重大问题上等，必须坚持原则、坚守底线、刚正不阿，不能优柔寡断、左右摇摆、朝令夕改、随波逐流。除此之外，在一些非原则性的问题上，就要注意细节，灵活用权，讲究方式方法。要知道，虽然权力具有很大的强制性、权威性、服从性，但行权用权不可以权压人、以势欺人、简单粗暴，更不可动不动就质问人家"谁是矿长""谁说了算"。这种做法，是无能、没有涵养的表现。权力运用之妙，妙在"嬉笑怒骂皆成文章"，嗔怒有时反而让下属倍感亲切，嬉笑有时反而让下属感到压力。不用捆绑、威吓、欺骗、利诱、镇压，就能降服人心、凝聚人心、激励人心，使人心甘情愿跟随你、服从你、拥护你、支持你。

八、正确处理谋势与谋子、全局与局部的关系

古人云："善弈者，谋势；不善弈者，谋子"。所谓"弈者"是指下棋的人；所谓"势"就是指客观形势的变化、战路战术的运用、敌我力量的布局和事物发展的趋向。"善弈者，谋势"是说善于下棋的人，总是先要把握棋局发展的总体趋势，把能够左右胜败发展的局布好、框架搭好，把棋局的发展纳入自己所设的轨道，最终一举奠定胜局。"不善弈者，谋子"是说不善下棋者，只从局部着眼，计较于一子一时的得失，结果常常因小失大。

矿长坐镇指挥一个煤矿，也如同下棋一样，需要着眼全局，扎扎实实地做好谋势的工作。一个好的矿长必须是一个善于谋势的人。

矿长在运筹帷幄之中，正确把握"势"就能事半功倍，达到预期的目的；与"势"不符，轻则事倍功半，重则贻误时机，一事无成。谋势，就是要谋全局，因为"势"乃全局之"势"，"不谋全局者，不足谋一域"。矿长，有别于其他班子成员的一个特殊要求，就是必须有统筹全局的意识，从全局的角度考虑各方面问题，对影响本矿的全局性、战略性大事胸有成竹。当矿长最忌讳的就是粗枝大叶，一知半解，"情况不明决心大"。所以，要当一名明白矿长，必须始终胸怀全局，时时处处注意掌握全面情况，做到宏观在胸、微观在握，高屋建瓴、纲举目张。特别是要善于运用辩证法，掌握"两点论"，站在全局的高度，运用辩证法的观点一分为二地看问题，对事物的利与弊、得与失、强与弱、胜与败、优与劣、长与短、大与小、难与易、是与非、福与祸、好与恶、快与慢、危与机、当前与长远、个体与集体、己方与他方、局部与全局等进行比较全面、客观的分析评价，从而做出正确的判断和明智的抉择。

谋全局才能抓重点。一切重点都是藏身于全局之中，藏身于非重点之中。不谋全局的人，就有可能深陷局中，"当局者迷"。谋全局，就能帮助自己"跳出三界外，不在五行中"，超然地站在制高点，俯视全局，洞察秋毫，从而看清全局，抓住重点。谋全局、抓重点，说起来容易，做起来难。现实中，一些矿长往往陷在事务堆里，眉毛胡子一把抓，该矿长抓的重点事情顾不上抓，不该矿长抓的鸡毛蒜皮的事情，一天到晚忙忙活活也抓不完，看起来非常辛苦、勤政，实际上却忙不到重点上。为什么会出现这种情况？无外乎两个原因：一个是分不清主次先后、轻重缓急；另一个就是事无巨细、见权就揽，怕丢了"实权"，思想观念有问题。平时工作中我们大量遇到的是时间少、工作多的矛盾，解决的方法就是在一段时间内集中力量做重要的事，并以重点带动一般。作为矿长，要统揽全局，谋划全局，切忌四面出击，而是要对整个工作进行具体分析，区别出主次先后，分清楚轻重缓急。

如何找出重点、抓住重点、抓好重点，是领导干部特别是主要领导者的基本功，最能体现出领导者的眼力。抓重点，就是抓主要矛盾。抓住了主要矛盾能够"牵一发而动全身"，起到"四两拨千斤"的作用。不抓主要矛盾，工作就会如坠烟海，失去重心，没有秩序，不分巨细；不抓主要矛盾，就不能把握全局，就会把有限的精力迷失在那些看似紧急但次要的事情当中；不抓主要矛盾就不会有正确的部署和计划，工作也就不会有真起色、真成效。

谋全局才能抓关键。所谓关键，就是事关全局、事关重大、事关根本的人或事，是谋全局的重中之重。谋全局，自然就要抓关键，不抓关键妄谈全局。因此，矿长必须学会在谋全局中谋要事、抓关键。脑子里要装着全局，装着关键的人或事。也就是要从整体角度认识和把握全矿大局，抓住影响全矿整体工作趋势的主导因素，科学组织决策，慎重处理问题。如思考大事，要前后照应，纵横关联；部署工作，要走一步，想两步，看三步；指导工作，要适时适

度,不偏不倚。特别是对影响全矿改革发展稳定的重大事项,如安全问题、发展问题、人才问题、矿井接续问题、后备资源获取问题等,作为矿长必须时时关注、紧紧盯住。

当然,矿长谋全局、抓重点、抓关键,并不是说其他问题可以不闻不问、置之度外。而是既要紧紧抓住重点、关键、中心环节,又要围绕重点、关键、中心环节,协调开展好其他方面的工作。既要反对工作无中心、无重点、无关键,平均用力,又要反对只抓中心工作而忽视其他方面的工作,搞"单打一"。矿长必须在着眼全局中掌控大局,当好"总指挥"。

九、正确处理"外脑"与"内脑"、依靠智囊与独立决策之间的关系

经验表明:领导者尤其是主政一方的"一把手",不论其个人的知识面有多宽,水平有多高,仅凭个人的智慧和能力,都不足以应付现代社会所面临的极其复杂的问题;任何一个领导,都不可能有足够的时间和精力去学习和掌握所有的科学知识,即使是与本身业务密切相关的科学知识,也不可能完全学深学透。当好一座现代煤矿的矿长,也必须善于借助"外脑"、依靠智囊来丰富自己的头脑,弥补个人的不足,以实现科学决策和有效领导。

善借智,首先是要用好智囊。作为矿长,重视并用好智囊,是引领企业走向成功的重要条件。那么,怎样才能发挥好智囊的作用?关键要抓好两点:一是要抓住那些能够影响和推动全局的大事要事,发挥好智囊的专业优势。矿长要抓大事,琢磨大问题,也必须要求智囊站在矿长的角度,紧紧围绕矿长的思路想大事、议大事、谋大事。为此,矿长必须保持与智囊的经常性联系,及时向他们灌输自己的意图,使之能够随时了解自己的主要意向,或者直接把自己关于重大问题的初步设想或想法交给智囊去进行深入研究,开展调研,形成可实施的工作意见。二是要处理好矿长与智囊之间的关系。必须明确,矿长是一矿之长,智囊是领导的参谋,是助手。作为矿长,不管智囊是单个的人员还是专业化团队,都要做到"依靠而不依赖、用谋而不代政"。要认识到,领导者使用智囊的过程,实际上是利用"外脑"与启动"内脑"的过程。"内脑"依靠"外脑"实现自身的延伸和扩展,二者并用、有机结合,才能取得决策科学度的"最佳值"。现实中、有的矿长习惯于依赖智囊进行决策,盲目地被智囊牵着鼻子走。矿长必须牢记任何智囊提供的意见都只能作为一种依据和参考,都不能代替自己的独立思考和判断,更不能以谋代政,简单地把智囊的意见当成现成的决策,甚至直接让智囊代替自己进行决策。在这方面,过去一些煤矿在发展"非煤产业"时,盲目上项目、铺摊子,一些矿长由于自己对拟上马的"非煤项目"知之甚少,盲目听信智囊,把企业引入歧途甚至泥潭。因此,矿长要在"善借智"这三个字上同时用力,提高自己借智的水平。比如,要善于向客户、中介机构、科研院所借智,提升管理水平、科技水平;要善于向创新借智,推进全员创新发掘出企业最大的潜力。总之,"借智"借的是智慧,但也要善借、巧借,才能借到真知灼见。

十、正确处理报效股东(利润最大化)与奉献社会的关系

企业最本质的属性就是创造财富、追求利润最大化,即赚钱越多越好。企业不赚钱或赚钱少,就对不起上级(股东)的重托,没法生存。

但是,企业是社会的细胞,社会是企业利益的源泉。企业在享受社会赋予的条件和机遇的同时,也应该以符合法律、符合伦理、符合道德的行为回报社会,承担起企业应该承担的包括经济责任、法律责任、道德责任、慈善责任等在内的多项社会责任。矿长作为煤矿的法定代表人,作为企业的最高领导者,必须用更加宽阔的视野来看待企业的社会责任,特别是要

认识到：没有一个良好的社会大环境，任何一家企业都难以独善其身；没有对国家、对社会的积极贡献，任何一家企业都难以生存发展。就煤矿而言，我们的社会责任主要体现在：一是依法生产，为国家和社会提供合格产品的责任；二是依法经营，按章缴纳各类税费的责任，作为国有企业还应当保证国有资产保值增值，维护社会主义经济基础；三是落实科学发展观，积极转变经济增长方式，承担起构建绿色社会、促进生态文明建设的责任；四是保持企业又好又快发展，为社会创造更多就业机会的责任；五是坚持以人为本，抓好安全生产，关心员工生活，建立和谐劳动关系，维护企业和社会稳定的责任；六是关注民生，回馈社会，一方有难八方支援，扶贫济困的慈善责任等。总之，作为一矿之长要有以奉献社会、报效国家为己任的思想境界，引领企业做一个守法律、有道德、负责任的社会主体，提升煤矿企业的社会形象。

第二节 强化安全生产，抓住关键要素

一、牵住一个"牛鼻子"：落实安全生产责任制

俗话说："牵牛要牵牛鼻子。"这是几千年来人们摸索出的经验。因为牛有野性，牛鼻子是牛身上最脆弱、最怕疼的地方。因此，自古以来人们都把做事情、干工作抓住要害和关键，比喻成"牵牛鼻子"。在工作中，我们既要讲两点论，又要讲重点论，没有主次，不加区别，眉毛胡子一把抓是做不好工作的。当矿长，抓安全，人命关天，当然更需要"牵住牛鼻子"。

（一）抓好责任制就牵住了"牛鼻子"

安全和其他工作一样，搞好搞不好关键在领导，领导的关键在责任制。责任制不健全、不落实，是安全上的最大漏洞。抓住了责任制，就抓住了安全工作的"牛鼻子"。

安全生产责任制是企业岗位责任制的一个重要组成部分，是企业最基本的一项安全制度，也是企业安全生产劳动保护管理制度的核心。实践证明，凡是建立健全并严格落实了安全生产责任制的企业，企业的安全状况就比较稳定；反之，就会因职责不清、相互推诿而影响安全生产。

矿长抓安全生产，首要的就是建立健全安全生产责任制，拴牢牵好这个"牛鼻子"。安全生产责任制是个"金字塔"结构，矿长位于"塔尖"，对全矿的安全生产负总责。从矿长往下，要按照纵向逐级负责、横向分工负责、实行层次领导、谁主管谁负责的原则，层层建立好安全生产责任制。各级行政正职是安全生产的第一责任者，各级党组织书记是安全教育的第一责任者，分管安全生产的副职和安监部门负责人是抓好安全的直接责任者，各级工程技术人员对分管范围的安全技术负责，区队长、工长、班组长是本区队和施工现场的安全第一责任者。通过全面推行职级管理，形成人人有责任、层层抓落实的安全责任保证体系。同时，抓住明责、分责、兑责、追责四个环节，确保每项工作的安全责任都形成"闭环"。

（二）责任制的生命力在落实

落实是保证制度有效性的灵魂，是责任制的生命力。矿长抓安全靠什么？怎么抓？靠的就是两眼盯紧安全，抓的就是各级安全生产责任制的落实。就像一些矿长讲的"放出一群羊来，派出两只狼跟着"。矿长可以不用直接盯"羊"，但必须盯住"狼"。也就是说，抓好安全

生产责任制的落实，矿长要在落实好自己责任的同时，盯住几个重点人、关键人，督促落实好他们的责任。盯紧管生产的干部。要求他们管生产必须保安全，管不好安全就是不称职，只能在抓好安全质量的前提下组织好生产，做到安全和生产互促互保。盯紧管安全的干部。要求他们把两眼盯在安全质量上，盯在双重预防机制的落实上，盯在职工是否正规操作、按章作业上。安监人员要有对职工群众的生命负责、对企业负责的强烈使命感，大胆行使职权，当好“黑脸包公”，宁听骂声，不听哭声。盯紧技术人员。要求他们除编写好规程措施外，还要负责到现场进行指导检查、督促落实，不能只管编写不管落实。特别是要严格落实各级干部带班值班制度，做到带班干部与工人同上同下，盯在现场，干在现场。总之，凡是负责安全生产的干部，不论任何时候、任何情况下，都必须做到“两个100％”，把100％的工作时间和100％的精力放到井下、放到抓安全生产上。

（三）责任制的威力在考核

再严厉的制度，如果没有认真的考核，都将“颜面无存”，毫无威力可言。在这方面，矿长一定要牢记“慈不掌兵”的古训，在抓责任制的考核上不能搞法外施恩，不能搞“网开一面”“下不为例”，自毁长城。一定要突出一个“严”字，严字当头，制度面前人人平等、铁面无私、不徇私情；狠抓一个“真”字，动真情，想实招，真抓严管。在安全检查上既要真诚欢迎上级和地方政府有关部门的“双随机”（随机抽取检查对象、随机确定检查人员）检查，更要从严加强自我管理、自我考核，一人一人抓考核、一项一项抓考核、一天一天抓考核，抓住不落实的事、追究不落实的人，杜绝安全管理的责任漏洞，真正做到“谁的事谁管，谁的责谁负”。抓出成绩一定要把桂冠戴到该戴的人头上，发生问题一定要把板子打到该打的人腕上。用好政治、经济两个“杠杆”，出了责任事故不但经济上重罚，而且对有关领导要从严追究行政责任。

二、贯穿一条主线：安全生产法律法规的宣传贯彻

抓安全既要有“红线”意识，又要抓住一条主线。这条主线就是安全生产法律法规的宣传贯彻。对一个国家来说，法是最高权威。法律是神圣的，是至高无上的。任何组织、任何单位、任何个人都必须在法律允许的范围内活动，谁也不能强调情况特殊，而使行为偏离法律。法律是严肃的，它严在法律规定的标准谁也不能越雷池一步。煤矿安全生产的最高要求就是依法生产，安全生产的法律法规就是煤矿安全生产的准绳。这条准绳在矿长的眼里还应该是条“刺眼”的红线。之所以说“刺眼”，是因为每一条安全生产的具体规定，几乎都是从血淋淋的事故教训中总结提炼出来的。因此，矿长一定要抓住这条红线，带头学习、带头宣传贯彻、带头落实安全生产法律法规，切实筑牢、夯实煤矿安全生产的法律堤坝。

（一）学好安全生产的立企、立身之法

2021年新修订的《安全生产法》，是企业安全生产的立企之法，是规范企业安全生产的根本大法，是遏制重特大事故、促进企业安全发展、保持社会和谐稳定的法律武器，也是企业主要负责人知法、守法的立身之法。习近平总书记指出：“领导干部的法治素养，从其踏入干部队伍的那一天起就要开始抓，加强教育、培养自觉，加强管理、强化监督。”“要弄明白法律规定我们怎么用权，什么事能干、什么事不能干，心中高悬法律的明镜，手中紧握法律的戒尺，知晓为官做事的尺度。”那么，当矿长，首要的就是学好、用好、贯彻落实好《安全生产法》。

矿长首先必须带头学好、吃透《安全生产法》，并在此基础上重视抓好对全矿各级干部、

全体员工《安全生产法》的宣传贯彻。在该法的学习上，矿长一定要有扫盲意识，要有零容忍的态度，不允许有所谓“法盲”人物的存在。要务求做到“两个100%”，即100%的学习率、100%的合格率。当然，矿长不一定，也没有精力亲自抓《安全生产法》的学习和宣传贯彻，但一定要重视、关注、督促、过问。要把该法的学习、宣传贯彻和落实切实贯穿到煤矿生产和管理的全过程，让依法生产的理念在每一个员工的脑海里扎根。在这方面，没有白下的功夫，更没有多下的功夫，只有下不到的功夫。下不下这个功夫，一方面反映出矿长的法律观念强不强，另一方面反映出矿长的境界高不高。一个不重视法律、敬畏法律的人，在当今时代绝对干不好矿长，也没有资格干矿长。

（二）学好煤矿安全的立业之法

《煤矿安全规程》是从事煤炭生产和煤矿建设活动的安全操作规范和规章，是煤矿安全生产的“小宪法”，在某种意义上讲也是煤矿安全的立业之法，是煤矿开展生产建设活动的行动纲领。从煤矿的建设到生产矿井的全部流程、全部生产活动及生产作业人员和管理人员等，《煤矿安全规程》都做出了十分详尽、精细、明确的规定。煤矿矿长一定要认识到“条条规程血写成”，一部《煤矿安全规程》就是一部煤矿工人的血泪史，每一条规程的背后都缜涵着悲惨的事故教训。因此，宣传贯彻《煤矿安全规程》就是在敲响警钟，就是在敬畏生命，就是在进行按章指挥、按章作业的安全教育；落实好《煤矿安全规程》，就是对自己的生命负责、对他人的生命负责、对企业的生存负责；违反《煤矿安全规程》，就是在漠视生命、践踏生命，就是在违法，甚至在犯罪。要把对《煤矿安全规程》的尊崇和敬畏，转化成全体员工从事安全生产的思维方式和行为方式。能否学习好、宣传贯彻好、落实好《煤矿安全规程》，矿长责任重大，必须以上带下，带头学习、带头宣传贯彻、带头落实、带头严格考核。决不能让《煤矿安全规程》成为“橡皮泥”“稻草人”，而是要真学、真用、真落实。矿长在《煤矿安全规程》的宣传贯彻和落实上，要下真功夫，投入的只是一些“小精力”，得到的却可能是“大回报”。通过宣传贯彻，增强了员工的法律意识、规则意识，使全体员工都敬畏规章、按章作业，全矿的安全生产就有了保障。

三、抓住三大关键人物，掌控安全局面

要搞好煤矿安全生产，必须抓住安全生产责任体系中的“关键少数”。抓住“关键少数”，才能掌控全局。安全生产出问题，根子往往就在“关键少数”上。煤矿安全生产中最重要的“关键少数”：一是矿长，二是总工程师，三是现场“三大员”。

（一）当好表率，绷紧安全弦

矿长要想把全矿的安全工作抓好，首先要抓好自身。在安全生产工作上，矿长不管工作有多忙，都必须时刻绷紧安全弦，决不能掉以轻心，更不能当所谓的“甩手掌柜”。最重要的是思想上真重视：矿长要时时掌控全矿的安全大局，牢记“安全一无百无”的道理，把历史上的事故当成今天的事故对待、把小事故当成大事故来对待、把隐患当成事故来对待、把别人的事故当成自己的事故来对待，时刻保持“如临深渊、如履薄冰”的危机感。最根本的是责任上真落实：矿长要带头100%地履行好自己安全生产第一责任人的各项职责，要亲力亲为，不懈怠，不推诿，不找借口，不找“替身”，要实打实地抓、实打实地干，决不可“偷奸耍滑”搞变通。

（二）用好总工程师，查大系统、治大隐患、防大事故

总工程师是煤矿安全技术管理第一责任人。很多矿长都有这样的体会，技术上、系统上的漏洞是企业最大的隐患，一般性的管理措施决不能替代技术管理。矿长可以不是技术专家，但必须重视用好技术专家。要切实发挥好以总工程师为核心的专业技术人员的作用，查大系统、治大隐患、防大事故，筑牢预防重特大事故发生的技术防线。否则，总工程师失职渎职，不论是对单位、对个人还是对企业安全生产工作，其后果都不堪设想。

矿长要重视加强以总工程师为首的技术管理体系建设。要明确总工程师对安全技术管理负第一责任。赋予总工程师在涉及矿井技术性、系统性以及灾害性安全和总体安全评价等问题上有绝对权威。突出抓好技术管理制度建设，对“一通三防”、防治水、防治冲击地压等重点专业要建立健全技术管理办法，严格重大安全技术问题的审批管理，强化技术保安作用。积极创造条件，支持帮助总工程师建立和带出一支爱岗敬业、业务精通、素质优良的专业技术人才队伍。激励专业技术人员勤于学习、勤于钻研、勤于攻关，当真专家，既要用力更要用脑，还要用心，扑下身子研究解决矿井安全生产中的技术问题。

矿长要善于发挥总工程师的作用。以总工程师为首的技术人才队伍是矿长手中的一张“王牌”，只有发挥好他们的作用，矿长才能心中不慌。为此，矿长要善于围绕矿井生产建设、安全管理的重点和难点问题，适时给以总工程师为首的技术人员出题目、压担子、交任务，支持他们集中力量重点攻关，进行技术创新。特别是要突出抓住影响煤矿安全生产的重大隐患和系统性风险，进行科研攻关，综合施策，杜绝重特大事故的发生。

（三）抓好“三大员”，现场有保证

区队长、班组长、安监员是煤矿现场安全管理的“三大员”。上边千条线，下边一根针。能不能把上边的千条线纫到这根针的针眼里，关键就看这“三大员”。“三大员”责任到位，现场安全才能到位。因此，矿长对“三大员”队伍建设同样不可掉以轻心。

区队长、班组长身处现场一线，离员工最近，不仅是直接的执行者和战斗者，是上级下达指标的具体落实者，更是现场生产安全的直接组织者和指挥者，是联系决策者和操作者的纽带，也是管理者决策信息的提供者，对安全生产负重要的责任和起到不可替代的巨大作用，而不仅仅是领着工人干活的“工头”。但是，历史的经验教训却表明，许多区队长、班组长学历不高、胆子大，有的既是生产能手，更是“违章大王”。因此，矿长一定要选好、管好区队长、班组长，重视加强班组长队伍建设，特别是必须淘汰能干但蛮干的区队长、班组长，把重安全、懂生产、会管理的生产骨干选拔进区队长、班组长队伍，真正发挥好“兵头将尾”的作用。

安监员是煤矿现场安全生产的“守护神”，职位虽然不高，但在现场管理中手握“实权”，腰里挂着“老虎牌”。“常在河边走，难免不湿鞋”，有的安监员极容易被拉下水，和部分想钻空子的被监督者“穿一条裤子”，安全监管的责任被抛到了脑后，“团结一致，一致对上”，与矿领导和机关管理人员“打游击”。因此，要切实加强安监队伍建设和管理。一方面注重挑选经验丰富、责任心强的人员经讨专门培训担任安监员，并注意选树腿勤、眼勤、嘴勤、脑勤和走到位、查到位、说到位、管到位的优秀安监员进行典型引路；另一方面建立科学完善的责任制和责任考核体系，推广安监员末位淘汰，使其地位提高、作用加大、责任落实、考核到位，对安监员队伍进行动态的优胜劣汰管理，使其真正发挥现场“安全卫士”的作用。

四、聚焦六大重点，安全管理盯大事

矿长关注煤矿安全生产，既要掌控全局，对全矿总的安全生产形势了然于胸，又要突出重点，防止“眉毛胡子一把抓”。一矿之长抓安全生产，应该盯住大事，聚焦重点。

（一）聚焦瓦斯与煤尘管理

瓦斯是煤矿安全生产的“头号杀手”。瓦斯、煤尘是煤矿生产中必然遇到的有害物质，一直是煤矿生产最主要的危险源。

矿长必须把瓦斯与煤尘治理作为煤矿治大隐患、防大事故的重中之重来抓。特别是要盯紧“一通三防”，盯紧井下现场，盯紧总工程师等技术人员，盯紧瓦斯与煤尘综合防治措施的落实，强化瓦斯监测，把瓦斯超限当作事故对待，努力实现瓦斯“零超限”。特别是要落实瓦斯治理的各项措施，加强瓦斯抽采，做到先抽后采、抽采达标、以风定产，确保抽采掘平衡，做到监测监控有效、通风系统完备、管理措施到位，有效遏制瓦斯事故。瓦斯治理的这些规定，矿长不仅自己要清楚，对每一名管理人员、每一名矿工也都要天天讲、月月讲、年年讲，让大家脑子里时刻绷紧瓦斯治理这根弦。瓦斯一旦超限，就要非常坚决、毫不犹豫地停产撤人，决不能让矿工用生命去冒险，更不能在瓦斯监测监控上造假等。

在搞好瓦斯防治的基础上，具备条件的矿井可积极开展瓦斯综合利用的研究。

（二）聚焦顶板管理

顶板灾害事故是煤矿常见的易发事故，占各类煤矿事故的1/3以上，排在各类事故起数之首。从近几年来全国煤矿发生的安全事故来看，顶板事故的发生频率和起数仍然居高不下。作为矿长，要控制顶板事故的发生，就要重视顶板管理，不能把顶板事故当成一般性的“零打碎敲”事故来看待。矿长要经常关注、过问顶板管理，经常听取班子成员和基层人员关于顶板管理情况的汇报，明确并督促落实顶板管理的领导责任、工作责任和顶板技术管理、现场管理制度。特别是要关注顶板管理安全技术措施在现场的落实，要定期不定期地深入采掘工作面现场，对采掘工作面顶板管理、锚喷支护、安全生产标准化和双重预防机制落实情况进行现场检查与督导。要知道，矿长下一次井与其他矿领导下一次井影响力大不相同。矿长“瞪大了眼”，班子成员、区队干部和班组长哪一个都不敢打“马虎眼”。

（三）聚焦水害防治

水害是严重威胁煤矿安全的重特大灾害之一，矿长必须高度重视煤矿防治水工作，切实履行好自己作为全矿防治水工作第一责任人的责任。

对于防治水工作，矿长要聚焦以下几点：一是掌握本矿受水威胁的基本情况，包括水害的类型、威胁的程度、治理的主要措施等。二是掌握防治水工作“安全第一、预防为主、综合治理”的指导思想和“预防为主，防治结合”的八字方针。三是掌握“预测预报，有疑必探，先探后掘，先治后采”的十六字原则。四是掌握“防、堵、疏、排、截”的五项治理措施。特别是这五个字的治理措施，必须切实抓好落实。五是发挥防治水专家的技术优势，重视防治水新装备、新技术、新工艺的应用。

（四）聚焦冲击地压防治

冲击地压会造成重大财产损失和人员伤亡，具有很大的破坏性，严重威胁井下安全生产，是煤矿重大灾害之一。世界上几乎所有采煤国家都不同程度地受到冲击地压的威胁。

作为矿长，一定要站在“治大隐患、防大灾害”的高度，认真对待冲击地压防治工作。特别是有冲击地压倾向的煤矿，矿长必须把冲击地压防治工作作为全矿安全生产的头等大事亲自来抓，亲自参与研究，亲自安排部署，亲自监督检查，并积极借助高等院校、科研机构专家的力量，充分发挥以总工程师为首的技术人员的优势，搞好超前预防治理和实时监测监控，确保冲击地压防治工作认识到位、人员到位、投入到位、措施到位，不能有丝毫的懈怠和麻痹。

（五）聚焦矿井火灾防治

井下发生火灾，不仅会造成资源损失、设备设施损坏，导致生产中断，而且更为严重的是会直接威胁矿工的生命安全。因此，矿长要积极关注矿井的火灾防治工作，落实好矿井火灾防治责任制，加强对井上下火灾隐患的超前排查和综合治理。在积极落实煤层自然发火各种预防措施的同时，要高度重视并严格落实好井下外因火灾预防的各项规定和措施，如消防管路系统的设置、不燃材料的使用、井下焊接安全措施的落实、防灭火器材及自动报警装置的配备、消防材料库的设置、井下爆破安全规定的监督执行以及通风防火、灌浆防火、阻化剂防火及氮气防灭火等井下防灭火技术的培训和演练，严防各类火灾事故的发生。

（六）聚焦机电运输管理

机电运输是矿井生产环节的重要组成部分，贯穿于煤矿生产的各个环节，线路长，分布广，环节多，要害岗点多，机电设备多，管理难度大。因此，矿长关注机电运输管理，必须把重点放在机电运输系统的安全运行上，把焦点放在提高机电运输系统的安全保障能力上。为此，矿长要积极支持机电运输系统的装备升级，强化科技支撑，重视提高机电运输系统的安全保障能力。在机电运输管理上，要大力推行闭环控制和“地面集控、井下巡检、定期检修”的机电运输管理模式，实现对机电运输系统的集约化控制和持续改进，不断提高机电运输系统本质安全保障水平。

五、抓牢五大环节，安全生产有关键

矿长抓安全生产，必须既要抓住大事、抓住关键人物，又要抓牢关键环节。

（一）教育治本：教育培训不是万能的，但不抓教育培训是万万不能的

当前，随着煤矿新技术、新装备、新工艺的推广应用，安全教育和培训工作的任务更重了、要求更高了。矿长对安全教育培训工作必须紧而又紧、常抓不懈、常抓常新。就像抓安全生产责任制的落实一样，进一步抓好安全教育培训工作责任制的落实，切实做到人员、责任、工作、考核“四明确、四到位、四落实”。

要突出加强事故警示教育。利用情景式教育、体验式教育和安全心智模式培训等形式，强化各级管理人员和全体员工的安全意识。从上到下绷紧安全弦，做到“四个对待”：把别人的事故当成自己的事故对待，举一反三、引以为戒；把历史上的事故当成今天的事故对待，痛定思痛、警钟长鸣；把小事故当成大事故对待，深刻剖析、接受教训；把隐患当成事故对待，未雨绸缪、防患未然。真正做到一人出事故，人人受教育；一处有隐患，全矿受警示。

要突出加强安全知识和技能的培训。特别是要抓好新工人入井前的安全培训，培训不合格的坚决不允许下井；切实抓好各类特殊工种人员的培训，决不能“省小钱惹大祸”、干得不偿失的傻事。要保证培训的质量和效果，在落实应知应会的知识点和覆盖面上持续发力，

该培训的内容100%培训到位，该培训的人员100%培训合格。

总之，要把提升员工的素质、技能和安全自主性作为教育培训的出发点和落脚点，把全体员工都改造成具备较高职业素养的合格员工，成为"想安全、会安全、能安全"的本质安全员工。

（二）双重预防机制：患生于所忽，祸发于细微

千里之堤，溃于蚁穴。风险与隐患的存在，是煤矿安全生产的大敌。矿长要经常关注、经常过问、经常检查双重预防机制工作的建设与运行情况，并以"零容忍"的态度亲自组织安全风险分级管控和事故隐患排查治理工作。本书第十章有专门阐述，这里不再赘述。

（三）现场管理：抓住关键，保证安全

煤矿安全生产能否搞好，关键就看现场管理能否抓好。因此，矿长首先要抓牢现场安全管理。应该怎么抓？最重要的方法是抓住关键人、关键事，抓住了关键，就能保证安全。

抓关键人，就是抓前边讲到的"三大员"，即区队长、班组长、安监员，重中之重的是抓好区队长。抓关键人，重点是抓责任的落实和考核奖惩。矿长要用好自己手里的"胡萝卜"和"大棒"，同时还要注意研究机制和法制，要用制度和办法管人。要多琢磨怎样才能让现场的"三大员"做到矿领导在与不在一个样、查岗与不查岗一个样，改变"猫"和"老鼠"的游戏规则，让"老鼠"自己管理自己。为此，矿长要注意打造"安全自主责任团队"，激发区队、班组抓好安全生产的自觉性，提高区队、班组抓好安全生产的自主管理能力。生产现场安全管理，最根本的是要调动起现场生产主体自主保安的自觉性，培育"员工自律""班组自主""区队自治""专业自查"的安全自主责任团队。

抓关键事，一是要重视抓好现场全员安全生产责任制的落实，抓住不落实的事、追究不落实的人，从严执纪。二是要持之以恒地抓好现场安全生产标准化的落实。矿长不仅要亲自下井检查，而且要不断改进和创新安全生产标化达标检查的方式方法。三是要大力推进现场安全管理先进方法和技术的推广应用。比如"可视化管理""五精管理""6S管理"等行之有效的管理方法对于提升现场管理水平大有帮助。四是要大力提高现场生产科技装备水平。这是营造现场本质安全环境重要的硬件支撑。

（四）监督检查：安全工作要上去，监督检查要下去

监督检查是发现和查明潜在生产危险和事故隐患，督促整改、堵塞安全漏洞，监督各项安全管理制度的落实，制止违章指挥、违章作业，保障企业安全生产的重要手段和措施。

一般而言，人们不会十分在意没有人强调和检查的事情。要保证安全生产各项规章制度、规程措施得到切实执行，唯一的办法就是不断跟进、检查与监督。有效的监督检查，就是给隐患装上"安全阀"，就是为事故发展加装"刹车片"。安全工作要上去，监督检查必须要下去。

矿长抓监督检查，要做到三点：一是要发挥好带头作用。抽出时间下井检查安全工作。特别是要带头落实好矿领导下井带班等规定，带头组织和参与安全检查活动。二是不断推动安全检查方式方法的改进和创新。特别是要在增强安全检查的针对性和实效性上下功夫，在提高被检查者接受检查的自觉性和主动性上做文章。三是要把安全检查与管理创新结合起来。带着管理创新的意识抓安全检查，通过安全检查反过来促进安全管理的改进和创新。

（五）应急救援：筑牢生命安全的最后一道防线

应急救援是保障矿工生命安全的最后一道防线。根据相关规定，煤矿应当建立应急救援体系。作为矿长，一是思想上重视应急救援体系建设；二是要督促落实应急救援预案的制定、救援队伍的组建与日常训练、必要的救援装备配备以及应急物资储备与调运制度等。

六、推进两大创新，安全管理与时俱进

安全工作既是煤矿管理永恒的主题，也是一项与时俱进、常抓常新的工作。从思想观念的创新到安全管理方式方法的创新，从管理手段的创新到管理平台的创新，从管理技术的创新到管理文化的创新等，安全工作可谓创新无极限，永远在进步。矿长要积极做安全工作创新的倡导者、引领者和实践者，特别是在诸多安全工作创新实践中，要大力推进两大创新。

（一）建设智能煤矿，把"互联网＋"技术变成煤矿福音

目前，随着互联网、物联网和移动5G通信技术的发展，智能煤矿建设迎来了新的历史机遇。在某种意义上说，智能煤矿是煤矿管理特别是安全管理的颠覆性创新，开启了煤矿安全管理的新纪元。因此，矿长，特别是大型、特大型煤矿的矿长，一定要坚定不移地推动智能煤矿管理的革命性进步。

（二）创新安全管理模式，培育本质安全文化

一个矿连续几年甚至几十年实现"零死亡"，靠的绝不是运气。不一样的矿长，能够管出不一样的矿。那么，这"不一样的矿"有哪些"不一样"呢？主要体现在两个方面：煤矿的安全管理模式和安全文化。往往不同的煤矿，有着不同的安全管理模式，孕育了不同的安全文化。因此，当矿长，既要致力于推进安全管理模式的创新，又要致力于安全文化的创新。

首先，要致力于安全管理模式创新。随着时代的发展和管理科学的进步，煤矿安全管理模式也必须与时俱进、不断创新，积极适应煤矿安全管理的时代需要。特别是要敢于冲破传统管理模式观念陈旧、方法单一、侧重人治的惯性思维，积极推进安全管理向"人、机、物、环、管"协同管理升级。

安全管理模式创新，很多煤矿企业都在独辟蹊径，不断地进行着各具特色的探索和实践。目前，全国煤矿安全管理模式创新正在呈现出多方位的发展方向，概括起来，主要是三大方向：一是人本化方向。从安全教育向职业素养训练升级，本质是提素质，通过培育本质安全人，最终实现本质安全目标。二是精细化方向。从"四个凡事"（凡事有人负责，凡事有章可循，凡事有据可查，凡事有人监督）向"五精管理"（精细管理、精准管理、精确管理、精益管理、精美管理）升级，本质是严管，通过全方位消除事故源，最终实现本质安全目标。三是专业化方向。从转包单项工程降本或创收向生产服务业商业模式升级，本质是专业精，通过减小风险性，最终实现本质安全目标。

在专业化方向上，当前煤矿安全管理模式已经迎来了"专业化"时代——在创新生产服务模式中抓安全。现代化煤矿生产的趋势也在于专业化，即让专业人干专业事、专业工程由专业队伍施工，以专业化的技能、专业化的素养来提高效率、降低成本、保障安全。大型煤矿企业更适合走"专业化"之路。发挥技术和管理优势，打造"生产技术解决方案服务商"，从地质勘探、系统设计、基本建设、大型设备安撤，到采掘技术输出、矿井灾害防治、井下降温制冷、智能化建设等，形成完备产业链条，为煤矿企业提供"管家式""保姆式"集成服务。实践

证明,生产服务专业化公司有着更科学完备的安全制度和作业流程,有着更完善可靠的施工装备和应急措施,特别是有一支经验丰富、业务熟练、安全自律能力强的职工队伍,这从根本上提高了安全保障水平,也符合国家大力发展生产服务业的政策导向。

其次,矿长必须致力于培育本质型安全文化。安全管理的最高境界就是文化管理,文化管理的本质要求就是职工高度的自律。如果把安全工作比作一棵大树,文化就是它的根;如果把安全工作比作一个人,文化就是他的魂。所以,培植安全系统工程的参天大树,不能只修剪枝叶,要从强健根系抓起;一个企业要成为安全生产的巨人,也不能只强身健体,而是要塑造灵魂,即树立正确的安全理念。在安全文化建设上,通过理念铸魂、氛围熏陶、行为养成、心智重塑,实现安全理念"从零死亡向无伤害"提升;安全行为"从遵章守纪向自动自发"改进;安全文化氛围"从全过程向立体化多维度"拓展;安全管理"从人本精细化管理向心本简单化管理"突破。用安全文化来影响人、塑造人,不断提高全员安全意识和生命价值意识,培育本质安全文化,培养本质安全员工,实现由"要我安全"到"我要安全"和"我保安全"的转变。

第三节 发掘矿井潜能,抓大事,善优化

生产是煤矿一切工作的源头,是煤矿"搂钱的耙子"。搞好煤炭生产,发掘出矿井的最优潜能,既是矿长的第一使命,也是矿长的价值所在。当矿长,组织好生产,把煤炭资源的价值"吃干榨净",以最小的投入实现最大的产出,将矿井潜能发挥到极致,这就是水平和本事。因此,矿长必须要把主要精力放在发掘矿井的最优潜能上。

一、聚焦生产管理,做好三件大事

矿长聚焦煤炭生产,不是越俎代庖去干生产矿长的活,而是站在生产全局的高度,着眼影响或制约生产的大事要事,出主意,拿思路,定盘子。概括起来说,矿长管生产,就管三件事:有煤出、运得出、提得出——盯住矿井"大接续、大系统、大提升",围绕接续"三量足"、系统"效率高"、提升"能力强",从源头设计、装备升级、生产组织等方面发力,集中针对制约煤矿生产的各类因素,破解瓶颈,补好短板,发掘出矿井的最优潜能。

(一)聚焦大接续,确保有煤出

有煤出,就是通过挖掘资源潜力,确保原煤生产接续开拓煤量、准备煤量、回采煤量"三量充足",这是矿井产能释放的基础。矿长必须对生产大接续始终做到心中有数。

保持正常的生产接续,最主要的是"三量准备"要合理,保持适度的采掘关系,防止出现采掘比例失调。为此,必须定期听取总工程师等技术人员和有关部门的采区接续工作汇报,及时掌控采区接续工程进度,以防大接续紧张,旧面采完,新面不能交付投产导致停产窝工的情况发生。采掘比例失调、大接续一乱,再调过来耗时费力,而且影响全矿整个生产经营的正常进行,必须尽量避免。矿长要未雨绸缪,及时发现大接续中存在的潜在问题,适时向生产班子指出,并提出要求,盯紧整改和落实。特别是对于村庄压煤采区,必须安排好村庄搬迁进度,从时间上打出一定的提前量启动搬迁工程,确保采区接续。矿长要高度关注掘进提效,提高掘进装备水平,能上综掘的要尽量上综掘,能多上综掘的要尽量多上综掘。要力争始终有一个备用面,以备急需。在有资源储备的前提下掘进主动,采区接续就主动。

除此之外，矿长还要重视发挥技术人员的主观能动性，通过技术途径挖掘矿井潜能，实现高效生产的可靠性和连续性。比如，超前探明开拓区域地质构造，通过优化生产设计合理规避，使地质复杂的矿井也能创出大效益。某矿面对断层多、煤层薄、煤质差的赋存条件，按照“好面高产高效、差面广种薄收”的原则，采用“近距离煤层上下同采、综采面对拉”以及转采、大调斜等回采工艺，巧妙规避地质构造，不仅有煤出、多出煤，而且出好煤，矿井产能得到最大释放。

（二）聚焦大系统，确保运得出

运得出，就是通过优化、简化井下运输大系统，与煤炭生产节奏全面衔接，提高系统运行能力和运行效率，从而保证矿井高产高效。一般而言，运输环节往往是制约矿井生产的薄弱环节，尤其是老矿井，开采时间久，战线拉得长，运输距离远，转运环节多，如果大运输系统不能保持良性循环，有煤采得出也运不出。

矿长聚焦大系统，一方面要尽量多下井，及时发现整个运输环节存在的大问题、大隐患，特别是制约运输的“瓶颈”问题、“卡脖子”问题，要对井上井下整个主煤流系统做到心中有数。另一方面，在大系统建设上，既要重视优化主运系统，优化主运大巷，淘汰落后的设备设施，简化运输环节，缩短运输距离，又要重视辅运系统的优化，形成环网运输，提高运料、行人的辅运效率，降低运行费用。特别是要舍得必要的投入，从设备装备的更新、运输环节的改进到人员培训等方面都要给予充分保障。确保“三机配套”设备选型要合理，装备要升级。在这方面，矿长要善于算大账、算综合账，比如刮板输送机、带式输送机的升级，虽然一次性投入了一些资金，但大大提高了运输效率，其收益更大。过去讲，“磨刀不误砍柴工”，现在观念又升级了，直接买不用磨的更好更快的一次性的刀，坏了就换，不耽误时间，用效率消化成本。这就是“系统为王”的道理。只要把系统调到最优，把系统能力发挥到极致，就能产生最大效益。

（三）聚焦大提升，确保提得出

提得出，就是矿井主、副井提升能力可以满足矿井生产需要。一个矿井的提升能力直接决定着矿井的产出，其潜力蕴藏在系统的每一个环节中。因此，要确保提得出，必须优化提升系统，特别是要注重解决主副井提升“卡脖子”问题，需要进行技术改造的要适时进行技术改造，确保提升系统具备最大提升能力。在此基础上，要加强精细管理，实现主副井满负荷运行。

首先，要加强灾害的超前治理，为发掘矿井潜能创造良好的安全环境。否则，出了安全事件，势必影响生产和主副井提升。为此，矿长要盯紧影响煤矿安全的水、火、瓦斯、高温、冲击地压等灾害，逐级落实超前治理的安全责任，确保安全生产。

其次，要做好提升加减法。加法是提高提升能力，增加提升量。围绕优化提升能力进行必要的投入，从主井绞车、箕斗、井上下装卸载系统的优化到沿途强力带式输送机的使用，都要综合考虑，系统改进。减法是减少无效提升量和停钩时间。矿长要充分调动专业技术人员的积极性，给他们提要求、压担子，指导他们在改进提升工艺和箕斗装置、提高主井机电检修效率、缩短主井每钩提升循环时间、增加单钩提升重量等方面进行技术攻关，向科技创新要效率。

二、发掘矿井潜能,做到五个优化

优化创造价值。发掘矿井的最优潜能,关键在优化,出路在优化。矿长的责任和价值也在优化。从发掘矿井生产潜能的角度来看,矿长要致力于促进以下五个优化。

(一) 优化“三量”关系

这里讲的“三量”包含两层意思。

一是指生产上的“三量”,即煤炭生产的开拓煤量、准备煤量、回采煤量。这是为保证开采水平、采区和采煤工作面的正常接续,以便及时掌握采掘关系动态的重要指标。一般来说,“三量”愈大,对正常接续回采工作愈有保障。但在经营管理方面,“三量”过多,说明提前开掘了大量井巷工程,这将增加巷道维护费,造成投资过早和浪费资金。而“三量”准备不足或是比例关系失调,又会影响正常的生产接续,影响企业的生产经营,同样会造成经济损失。因此,矿长必须高度重视优化“三量”关系,根据具体情况,确定出最经济而又能保证正常接续所必需的“三量”可采期。我国规定,开拓煤量的可采期一般为3～5年,准备煤量的可采期一般为1年,回采煤量的可采期一般为4～6个月。井巷工程量除满足“三量”要求外,还要保证采区和采煤工作面的正常接续。一般情况下,矿井的“三量”符合上述规定即能达到采掘平衡,并有一定的合理储备,满足矿井稳产高产的要求。但是“三量”是一个概括性指标,它本身只说明为正常开采工作准备了一定的储量,而不能说明储量分布情况及开采条件。它只是概略地反映采掘关系,有时还不能确切地说明生产能否正常接续。如煤层层数多、总厚度大、层间距离小的多煤层矿井,有时“三量”虽然够了,但受开采程序限制,不能安排必需的采煤工作面,采掘关系仍可能紧张。因此,要对具体情况作具体分析,配合其他指标(如掘进率等) 综合分析。正确处理采掘关系,是矿井生产的全面规划问题。目前我国采煤机械化水平提高较快,采煤工作面的推进速度和单产水平都有较大幅度的提高,掘进往往成为薄弱环节,应努力提高掘进机械化程度和掘进速度,加强地质工作,改进开拓方式和巷道布置,减少无效进尺,降低掘进率,保证矿井持续稳产高产。

二是指经营上的“三量”。即煤炭生产的总量、质量和均量。优化总量、质量、均量三者之间的关系,本质是推进企业内涵发展。总量代表规模。没有一定规模的总量作支撑,就没有规模效益;但总量也并非越大越好,确定矿井的产量规模要综合考虑矿井的服务年限、生产能力、市场需求和边际效益,算大账,算综合账。质量代表优势。煤炭产品质量高低与其价值高低成正比,与其市场竞争力强弱成正比。“优质优价,劣质低价。”总量相同的情况下,提煤质就是扩规模,以煤质换煤量;提煤质就是增效益,以煤质换煤价。均量代表效率。均量即人均产量,是衡量价值创造能力的核心要素。在总量相同的情况下,用人越少,均量越高,效率越高。优化总量、质量、均量“三量”关系,必须坚持“三量”并举、协调推进、整体提升的原则,在保持适度规模的基础上做优质量、提升均量,并把提升均量作为主攻方向,把“人均”作为衡量企业内涵发展的重要指标。

(二) 优化采区设计

设计不合理是最大的浪费,设计优化是最大的节约。发掘矿井最优潜能,优化采区设计就是源头上的发掘。因此,矿长一定要重视采区设计工作,督促技术人员增强责任心,对每一个采区设计都精益求精,力求最优,不要留下遗憾。在这个问题上,关键是要抓住两点:

第一，勘探要准。优化采区设计的前提是要有准确翔实的地质资料。地质资料精准，少打一条巷道，工作面少过一个大断层，多提高一米开采上限，都会创造巨大收益。否则，勘探不准，就会造成无效进尺，撇不开大断层还会造成工作面搬家，从而导致巨大浪费。

第二，要树立大融合理念。所谓"大融合"，就是跳出单纯从技术角度、安全角度、各专业的角度，关起门来搞各自的设计的传统思维定式，围绕安全、经济、技术和环境等多个维度，由总工程师或副总工程师牵头，经济部门提前介入，技术、安全等部门和采、掘、机、运、通各专业坐到一起联合搞采区设计，进行经济、技术一体化论证，共同确定、优化方案。优化采区设计必须建立各专业联动机制，就是既要考虑采又要考虑掘，既要考虑通风防尘又要考虑机电运输，既要考虑安全保证又要考虑高产高效等。

（三）优化开采工艺

优化开采工艺，可以最大限度地挖掘煤炭资源价值。对于煤炭开采工艺，只要适合本矿实际的就是科学的。因此，矿长要重视并经常过问开采工艺的设计与现场生产情况，积极创造条件，督促指导以总工程师为首的技术人员，开展相关研究和改进工作。比如，通过优化开采工艺，因地制宜规避地质条件的影响，减少作业难度，增加安全系数，提高生产效率。通过改进勘探工艺，升级勘探装备，如引进千米钻机设备和技术，减少巷探，减少误差，减少井下作业的危险因素，实现井下采场的地面精确勘探，探明工作面地质构造，准确确定切眼位置，甩开大的地质构造。通过优化工序，前期工作面安装要改变安装完成后整体验收做法，推广按工序验收，上一工序验收合格后方可交给下一工序，以减返工和窝工；各工序之间实现无缝衔接、对口交接，减少工序交接之间的窝工、怠工。通过改进工作面安装工艺，如支架的随组随安、上头组下头安，先打正常巷道再在临安装时刷大巷道安装支架，可以极大地提高工效，减少巷道维修和安全隐患。通过优化工艺改进综采放顶煤工作面放煤工艺，适宜多次放顶的采取滚动放顶技术，同时加强放煤质量管理，可以提高资源的有效回收率。在现场条件、采煤装备允许的前提下，推行大采高、一次采全高。对各类不规则工作面，勇于打破思维定式，创新采用仰采、俯采、转采，台阶式、近距离煤层同采等工艺，以此创造最大效益。

（四）优化科技装备

新技术、新装备的应用，是推进煤矿管理升级、进一步解放和发展生产力的重要途径。特别是机械化、自动化、信息化、智能化与"互联网＋"技术在煤矿管理中的应用，是一项具有颠覆意义的技术革命。作为一名现代煤矿矿长，必须与时俱进，积极推进新技术、新装备在煤矿生产、管理中的应用，才是发掘矿井最优潜能的根本举措。

1. 综合机械化开采技术及装备

我国煤层赋存条件多样，开采条件比较复杂，主体将发展为以壁式体系综采为主的长臂式开采技术。目前，随着科学技术的不断进步，综采已成为我国长臂采煤的主流技术。我国高产高效工作面都是采用综采技术。目前，我国综采设备已全部实现自主研发。其中，具有先进技术水平的综采装备有大功率电牵引采煤机、电液控制强力液压支架、重型刮板输送机等。

2. 巷道掘进技术及装备

与综采技术装备状况相比，我国煤矿巷道掘进技术装备进展较慢，岩巷机械化配套装备与技术成为制约煤矿生产发展的瓶颈。2022 年，我国综采机械化程度达到 87％以上，综掘机械化率不到61%。综掘技术及装备是我国煤矿巷道掘进技术和装备升级的主要方向。目前,我国巷道掘进方式及配套装备主要有三种:一是综掘机掘进,配套装备有悬臂式掘进机、单体锚杆钻机、桥式转载机、带式输送机机载除尘设备等,其特点是适用于单巷掘进,适应范围广,掘锚不能平行作业。二是连续采煤机快速掘进,配套装备有连续采煤机、梭车、给料破碎机、带式输送机、四臂锚杆钻车、铲车,其特点是适用于巷道条件较好的大断面双巷或多巷掘进,掘锚交叉作业,掘进速度快,用人少,对地质条件要求严格。三是掘锚机组快速掘进,配套装备有掘锚机组、桥式转载机、转载破碎一体机、带式输送机,其特点是适用于巷道断面大的单巷掘进,掘锚平行作业,掘进速度快,成本高,使用维护水平要求高。此外,机械化程度高、支护效率高的软岩巷道支护装备——锚杆钻车,实现钻、锚、支一体化作业,性价比高,可实现软岩巷道掘进的安全快速支护;盾构机应用于煤矿岩巷掘进的月最高进尺已超过600 m。

3. 辅助运输技术及装备

辅助运输是煤炭生产过程中的重要一环,也是安全管理的薄弱环节。提升辅助运输系统自动化水平,是当前煤矿辅助运输技术及装备升级的主要方向。随着采掘机械化及装备水平的提高,煤矿辅助运输系统和运输方式也在进行颠覆性革新,以"软性连接仓运"和"可靠性"理论为指导,逐步实现运输"四消灭"(即消灭地轨、消灭小绞车、消灭普通矿车、消灭架空线),逐步建立以单轨吊和无轨胶轮车运送材料,以架空乘人装置和无轨胶轮车运送人员,以带式输送机运送掘进矸石的辅助运输新模式。

4. 煤炭"绿色开采"技术

所谓煤炭"绿色开采",就是在煤炭开采过程中,采取有效的技术手段,既能够节约煤炭资源,又能够控制和降低生态影响,实现煤炭开发的最优和对环境影响的最小化。本书第九章有专门介绍。

5. 智能煤矿及智能化采掘工作面

本书第九章有专门介绍,不再赘述。

6. "高碳产业低碳发展"技术

按照"依托煤、延伸煤、超越煤"的理念,立足于将资源价值"吃干榨净",让有限的资源发挥出最优价值,做足、做实高碳产业低碳发展的文章。当前,在高碳产业低碳发展上主要有以下几种技术途径:一是"粗粮"变"精粮"。原煤经洗选加工可以除去60%以上的灰分和50%~70%的黄铁矿硫。每洗选1万t原煤,平均可减少二氧化硫排放量100~150 t,可排除1 500~2 000 t矸石。二是"固态"变"液态"。就是将煤炭加工成水煤浆。水煤浆又称液体炭,是一种由70%左右的煤粉、29%左右的水和1%的添加剂制备而成的浆体燃料,可以像油一样泵送、雾化、储运,并可直接用于各种锅炉、窑炉的燃烧,燃尽率为98%,锅炉内脱硫率为70%,具有成本低、清洁、排放少的优点。三是"燃料"变"原料"。我国资源富煤、贫油、少气,常规天然气资源不足,产量增长远低于需求增长,在一次性能源消费结构中仅占6%。发展煤制天然气对推动煤炭生产和消费革命、促进产业转型升级、降低对外依存度、保障能源安全有重要意义。此外,建设瓦斯抽采及发电系统、压风机余热利用系统、矿井水余热利用系统等节能减排系统,形成"出煤不见煤、用水不排水、产矸不提矸、卖煤不烧煤"的绿色低碳矿山运营模式。

（五）优化人员素质

发掘矿井最优潜能，除了优化技术、优化设备等因素之外，最重要的就是优化人的素质与技能。人是生产力中最积极、最活跃的因素，再先进的设备也得靠人来操作、靠人来维护。一流的装备、先进的技术都具备了，如果没有一批高技能的员工队伍做支撑，这些宝贵的资源就是一堆放错位置的“废品”；如果技能素质跟不上，“人多为乱，人少为患”，再好的设备、再好的条件也难以保障生产安全、高效。

随着煤矿生产中新技术、新装备的不断应用，煤矿对一线工人的素质、技能要求也在不断提高。在员工培训上，有句名言：“员工的素质不高，不是领导的责任，但提高不了员工的素质，就是领导的责任”。因此，矿长必须重视对员工素质与技能的培训工作。企业经济效益好时要重视员工培训，经济效益不好时更要重视员工培训。不论是对一些技术工种、特殊工种的培训，还是对全员的培训都要抓紧抓实、不能放松。当然，提高员工素质、技能的方式方法有很多，除了各种培训方式外，开展技能大赛，评选技术状元、首席技师，设立技能大师工作室、劳模工作室，建立学习型组织等，都是一些行之有效的方式方法。作为矿长，一定要有这个眼光和认识，督促、指导、要求有关部门落实好这项工作，并且要保证必要的经费，该花的钱一定要舍得花。要用素质、技能换效率，用效率消化成本和费用。

三、配强两个班子，促进安全生产

矿长在煤炭生产上要想平平安安、顺心如意，让自己有踱方步、想大事的心情和时间，最关键的是要配强两个班子，即矿生产班子和区队领导班子。这两个班子好比是矿长的手和腿。配得强，矿长就能指哪打哪、心想事成；配不强，矿长就可能身心交瘁。

（一）生产班子：指挥生产的司令部

生产班子是全矿生产口的总指挥，就像大兵团作战的前线司令部一样，负责全矿煤炭生产作业的计划拟订、组织实施和指挥协调工作。一般而言，煤矿生产班子由分管采煤的副矿长、分管掘进的副矿长、分管机电的副矿长、分管技术的总工程师和分管安全监察的安监处长等组成。作为矿长，配强生产班子要把握两点：一是必须选一个好“领头羊”。生产班子的带头人，在生产班子中处于“领头羊”地位，必须精通煤矿生产业务，不能“外行领导内行”；必须具有大局意识和综合协调能力，善于协调采、掘、机、运、通各专业之间的工作，正确把握生产与安全之间的关系；必须具有吃苦耐劳、拼搏实干的作风，带头深入井下、盯在现场；必须肯于钻研、善于动脑、勇于创新，积极探索应用新技术、新工艺、新装备；必须具有较强的凝聚力，善于团结人、调动人、激发人，注重发挥生产班子每个成员的作用。二是必须力求生产班子整体效能最优。生产班子的配备，一定要避免出现单独来看哪一个成员都很优秀，但组合到一块却发挥不出各自的优势，甚至“不是驴不走，就是磨不转”的现象。这里边，有年龄搭配问题，最好是梯次结构，既便于日常的工作协调，又有利于人才的系统培养；有专业搭配问题，最好是各有所长，尽量避免既有共同的长处，又有共同的短处；有性格搭配问题，最好是性格互补型与性格趋同型混合搭配，正如俗话说的“一个槽上不能拴两头叫驴”，有个敢闯敢干的班长就得配上个稳健实干的副班长，各自扬长补短，形成“1＋1＞2”的效能。

（二）区队班子：一线生产的指战员

生产区队如同部队里冲锋陷阵、攻山头、攀城墙的一线连队，直接担负着煤矿各类生产作业任务。区队班子就是煤矿一线生产的指战员，是直接带领员工群众在一线拼杀的“连（排）长”。区队战斗力的强弱，直接取决于区队班子战斗力的强弱。作为矿长，选人用人很重要的一个任务就是要选好配强区队班子。选配区队班子，要把握住以下几点：一是要注重提前征求生产班子的意见。生产班子是区队班子的顶头上司，区队班子是生产班子的直接干将。因此，原则上区队班子最好由生产班子提名，或者是经生产班子同意，否则不予研究。二是要选好配强区队长。这一点，跟选好生产班子的带头人是一个道理。“兵熊熊一个，将熊熊一窝”，一个好区长，能够带出一支指哪打哪、攻无不克战无不胜的好区队；反之，也能带坏队伍，带坏风气，往小处说会影响一个区队的生产和安全，往大处说会影响全矿，甚至危及全矿。三是副区队长原则上应从工长、班组长中产生。工长、班组长提拔起来之后，既接地气，熟悉现场情况，有利于工作；又受激励，形成良好的用人导向，有利于区队管理。

四、坚持两大导向，倾斜生产一线

煤炭生产是煤矿创造效益的源头，是挖掘矿井最优潜能的主攻方向。但实话实说，近些年来，虽然煤矿生产特别是采掘机械化程度有了很大提升，煤矿工人的劳动强度和安全系数有了很大改观，但相比而言，井下一线工人干的仍然是最苦、最累的活，面临的仍然是最脏、最险的工作环境。因此，作为矿长，还必须把煤矿当“家”一样来经营，把矿工当“家人”一样来关心，既要有“春风惹人醉”的暖心话，又要有良好的政策导向，引导人员向井下流动、利益向一线倾斜，营造人人想生产、人人为生产和愿意干生产、愿意干采掘的良好氛围。

（一）“三大政策”向生产倾斜

“三大政策”即用人政策（晋升和晋级）、分配政策和福利政策。这三大政策要体现出向生产倾斜的导向。

在用人政策上，干部职务晋升和专业技术职称晋级，优先向生产倾斜，先生产后机关，先生产后其他。特别是选拔使用领导干部，在同等条件下坚持优先从生产区队、班组中挑选。专业技术职称评聘，从岗位设置到职称聘用都优先向生产倾斜。

在分配政策上，向生产一线倾斜，使其风险大、收益概率也大。安全、产量（进尺）、成本指标完成得越好，收入越高。很多煤矿坚持采掘单位、井下辅助、地面 3∶2∶1 的收入分配比，特别是采掘单位的收入上不封顶，产生了较好的导向作用。

在福利政策上，安排荣誉疗养、开展走访慰问活动以及矿上组织的其他各类公益性、福利性活动，都要注重向生产倾斜、向井下倾斜、向采掘一线倾斜。

（二）“两大激励”向一线倾斜

“两大激励”即物质激励和精神激励。除了正常的工资、奖金之外，在一定时期内对做出突出贡献的人员可给予一定的物质激励或精神激励，或者是物质激励与精神激励相结合。“两大激励”也要向生产倾斜、向采掘一线倾斜。比如开展季度流动红旗竞赛、创先争优活动，以及年度劳动模范、先进工作者、金牌区队长、金牌班组长、岗位技术能手、首席技师评比等，都要突出井下、突出采掘一线。对获得上述荣誉的员工，除了采取披红戴花上光荣榜、发荣誉证书、进行命名表彰等精神激励，让其从内心感到干一线光荣、干采掘工光荣之外，还要给予适当的物质奖励，让其感到不仅当先进光荣，而且当先进实惠。比如：有的煤矿对评选出的首席技师每月都给予一定数额的岗位津贴；对评选出的劳动模范一次性给予上万元的奖励并且退休后每月还享受一定数额的劳模津贴；对评选出的金牌班组长一次性给予近万元的奖励等。

通过政策引导和一定的物质与精神激励，一方面不断调动和激发生产一线干部员工的生产劳动积极性，增强其自豪感和优越感；另一方面引导广大员工崇尚生产、尊重一线，树立一线劳动最光荣、一线劳动最崇高、一线劳动最伟大、一线劳动最美丽的理念。

第四节　建设优秀团队，成就美丽梦想

矿长作为煤矿"一把手"，既是矿领导班子这个小团队的"班长"，又是全矿干部员工队伍这个大团队的"队长"。能否带好班子、带好队伍，矿长责任重大。干煤矿，能否建设一支优秀的团队，第一位的责任在矿长。中国的企业文化很大程度上是企业家文化。矿长很重要的一个任务是通过自我修炼，营造一个好风气，培育一种好精神，带出一支好队伍。这既是传递工作压力、形成工作合力的现实要求，更是确保事业薪火相传、后继有人的历史责任。

一、建设好高层团队，打造"动车组"

矿级领导班子是煤矿的高层管理团队，是煤矿中最为核心的团队，是全矿的"司令部、指挥部"。一个强班子可以使一个劣势煤矿兴旺，一个弱班子可以使一个优势煤矿衰败。因此，加强领导班子建设，是煤矿所有团队建设中最重要的。

（一）当好"火车头"，带好"动车组"

一个煤矿的领导班子建设得强弱，关键在矿长。因为矿长既是一矿之长，也是"一班之长"，是班子建设的带头人和第一责任人。以前，人们往往把领导班子比作火车头，现在时代发展了，技术进步了，只有把单一的火车头变成了动车组，才有列车的高速运行。所以，如果把整个煤矿看作一个多动力列车组合，即动车的话，那么，矿长就是这列动车的火车头，主要掌管列车前进的方向和下达启动、制动的指令，不再是整列火车的动力源和制动系统，而领导班子则是若干个自带发动机和制动器的动车组，每节车厢都有一个动车组。这个变化说明，"火车跑得快，全靠车头带"的说法过时了。如果是一列动车，要想跑得快，必须是火车头和各个动车组的发动机一起开动、协调联动，整列动车才能达到最优性能。

所以，矿长要"当好火车头，带好动车组"。首先要当好火车头。虽然动车采取的是多动力系统，但再多的动车组组合都不能没有火车头。火车头的重要地位和作用，后边哪一组动车组都代替不了。对于矿领导班子来讲，每个班子成员都很重要，但最重要的还是矿长，矿长在班子中是一班之长，居于领头羊的地位。因此，加强班子建设，作为矿长首先要发挥好自己的火车头作用。其次，要带好动车组。火车头必须带动所有的动车组步调一致、协调联动，否则，就发挥不出多动力组合的作用。这就要求矿长一定要注重调动所有班子成员的积极性，激发整个班子的最大潜能，使所有班子成员都心往一处想、劲往一处使、拧成一股绳。因此，矿长必须坚持不懈地加强领导班子建设，带出一支优秀的高层管理团队。

（二）团结——铸造高效领导班子的灵魂

一个领导班子如同一架机器，只有协调运作，才能发挥出最大的能量。因此，我们一直在强调"要像爱护自己的眼睛一样爱护班子的团结"。班子成员之间相互补台，能好戏连台；

相互拆台，必然垮台。因此，懂团结是大智慧，会团结是大本事，真团结是大境界。团结是干好工作的前提和基础，是增强凝聚力和战斗力的法宝。一个单位、一个部门，只有团结了，做事才能成功，压力才可化解，难题才可解决，才能出智慧、出成绩、出干部、出人才。

当然，这里所讲的团结，不是无原则的一团和气，而是大事讲原则、小事讲风格的团结，是恭可平人怒、让可息人争的团结，是诚作连心桥、信当聚宝盆的团结。就像周恩来给"团结"下的定义那样："团结是在矛盾中形成和发展的。人心不同，各如其面。人们的智慧、才能、性格各有不同，相互之间有时是有矛盾的。团结就是在共同点上把矛盾的各方统一起来。善于团结人，就是善于在共同点上统一矛盾的人。"因此，一个团结坚强、具有战斗力的班子，应该是一个原则性很强的班子，也应该是一个革命情谊很深的班子。分歧是一种个性存在的必然，但绝对不是消极的借口。

在领导班子团结问题上，矿长具有决定性的作用。矿长要在班子中倡导"三严三实"，营造"简单、阳光、坦诚"的氛围。简单，是人生幸福之要，很多人生痛苦都是来自为人处世太过复杂。人与人之间，要简简单单地相处，不要想得太多、奢求太多，越简单越实在越有幸福感。阳光，是心灵洁净之要，不论是做人还是做事，都要光明磊落、心怀坦荡、干干净净，有个积极、乐观、豁达纯洁的好心态，不要心理灰暗，不要有见不得人的想法，更不要使阴招、搞阴谋。坦诚，是理解支持之要，人与人之间坦诚相待，不欺不骗，以心交心、以心换心。说到底，就是要努力营造快乐工作、幸福生活的团队文化环境。

矿长要带头执行好民主集中制。党政领导之间，主要领导和副职之间，副职与副职之间，要思想常见面、工作常商量、情况常沟通。特别是矿长要有海纳百川的胸怀和肚量，要鼓励大家讲实话、讲心里话，敢于说"不"，能够听得进不同的声音、容得下不同的意见，能够和不同气质的人合作共事。要尊重和信任副职，以诚相待敞开心扉、消除误解、增进团结。尤其是要摆正自己的位置，不能因为自己是一把手，就以权压人、以势欺人，而是要平等相处，放手让班子的其他同志大胆工作。总之，要采取各种措施，确保班子的团结协调，真正形成一个"又有集中又有民主，又有纪律又有自由，又有统一意志又有个人心情舒畅、生动活泼"的良好局面。

（三）规则——铸造高效领导班子的根本

工作、生活中处处需要规则。有规则、守规则，才会有秩序，否则就会乱成"一锅粥"。

矿长要带头研究规则、完善规则，带头敬畏规则、执行规则。要其他班子成员遵守的规则，矿长一定要躬亲共守。

但是，在遵守规则方面，不少人有崇尚潜规则、热衷于变通规则的不良风气。矿长如果不讲规则、漠视规则，热衷于搞潜规则，无异于"自毁长城"，必然搬起石头砸自己的脚，那是不可能长远的。

因此，加强领导班子建设，必须大力强化领导班子的规则意识，并且要健全规则、敬畏规则、遵守规则。这是打造一流领导团队的根本保证。

（四）协作——铸造高效领导班子的精髓

协作是当今时代一个重要的成功策略。任何一个天才都难以包打天下，任何一项重大的成功都离不开集体的智慧。人的手掌有五根手指，单靠一根手指根本攥不住任何东西，只有五指协作并用，才能更有力量、更灵活地去做事。俗话说："三人同心，其利断金"。一个人的能力再大，也只是单枪匹马，只有众志成城，才能移山填海，取得最终的胜利。

高度的协作精神，是创建高绩效领导团队的核心。作为矿长，要带好高层管理团队，必须注重培养领导班子的团队协作精神，引导每个班子成员都要积极依靠团队的力量，互相合作，互相配合，互相帮助，齐心协力，共同完成组织确定的目标任务。坚决防止出现互相推诿、互相扯皮、互相指责、互不配合的现象发生。

（五）学习——铸造高效领导班子的基础

不会学习就不会工作，也干不好工作。学习是干好工作的基础，也是铸造高效领导班子的基础。

权力可以授予，但领导能力不能授予，只能靠学习和实践获得。提高工作水平靠学习，提高工作效率靠学习，提高自身素质靠学习，解决实际问题靠学习。追求学习就是追求进步，重视学习就是重视自我提高。不论是谁，只要停顿下来，不学习新东西，肯定就要落伍，就要被时代淘汰。加强学习是干好领导工作的第一需要，领导干部是最需要学习的人。因此，矿长要在带头加强自身学习的同时，注重抓好领导班子的集体学习，树立“领导力来自学习力”的观念，把学习作为提升领导班子素质和能力的根本举措，采取走出去、请进来等多种形式，有针对性、有系统性地加强领导班子集体和领导班子成员的学习。

二、建设好中层团队，赢在执行

没有执行力，一切都是空谈。执行是目标与结果之间容易“缺失的一环”，是组织能否实现预定目标的决定性因素。

（一）赢在中层：二分决策，八分执行

赢在执行，最关键的是赢在中层。企业的成功，20%在策略，80%在执行，执行的关键在中层。在一个企业里，中层管理团队是承上启下的关键一环，中层执行力缺失，或者不作为、乱作为，就会形成“中梗阻”。因此，作为矿长，要重视提升中层团队的执行力。

执行是没有大小事之分的：所有事情无论大小，所有人无论职位高低，只要是既定的规则，都要执行。

任何企业的执行力都是在一点一滴的具体过程中培育起来的。一个企业要想拥有强大的竞争力，首先必须拥有强大的执行力。培养一支具有高度目标一致性和绝对执行力的中层团队，是企业家无可置疑的一项重要任务。

（二）打造铁的中层团队

矿长要想当得潇洒，必须致力于培养一支没有任何借口、指哪打哪的中层团队。所谓铁的中层团队，就是具有铁的忠诚度、铁的意志力、铁的凝聚力、铁的执行力、铁的战斗力的中层干部队伍。在铁的团队中每一个成员都自动自发，每一个成员都忠诚尽责，每一个成员都不遗余力，每一个成员都坚定不移。

那么，如何才能打造出这样一支铁的团队呢？关键是培育以下“五铁”元素。

铁的纪律：执行高于一切。铁的纪律，就是严明的纪律。团队的执行力，最根本的来自纪律严明。矿长打造中层团队，首要的是要打造团队铁的纪律，培养团队成员的纪律意识，建立纪律，敬畏纪律，执行纪律，坚持纪律面前人人平等，纪律之上没有特殊，纪律必须执行，违纪必受处罚。在对待纪律问题上，矿长必须要有“铁石心肠”，不论谁触碰了纪律的红线，都要严格执纪，决不能搞亲亲疏疏，更不能搞法外施恩。

铁的信念：没有任何借口。矿长打造中层团队，最关键的就是培养团队没有任何借口，坚定完成任务的铁的信念，只为成功想办法，不为失败找借口。一心想着成功，一切为了成功，竭忠尽智，尽心竭力，不达目的誓不罢休。

铁的作风：把完成每次任务都当成一场战斗来打。没有铁的作风，就不会有铁的执行力。打造铁的中层团队，必须培育中层团队百折不挠、愈战愈勇的顽强作风，培育"困难面前有我，我面前没困难"的顽强意志，始终牢记目标，始终保持踏石留印、抓铁有痕的劲头，始终保持决战决胜的进取态势。发扬钉钉子精神，保持力度、保持韧劲，善始善终、善作善成，确保矿上安排部署的每一项工作都能落到实处。为此，必须营造良好的政治生态，坚持以上率下，坚守正道、弘扬正气，以信念、人格、实干立身；坚持襟怀坦白、光明磊落，对上对下讲真话、实话；坚持原则、恪守规矩，严格按法规制度办事；坚持严肃纲纪、疾恶如仇，对一切不正之风敢于亮剑。

铁的考核：奖不眼红，罚不手软。打造铁的中层团队，光有制度、纪律、标准、要求还不行，还必须有铁的考核。铁的考核，就是动真碰硬的考核，就是真较真、敢动真、真动真的考核。在考核上，不动真就带不出铁的团队。动真，就要奖优惩劣，就要按照制度规定和工作标准兑现奖罚。特别是在该打板子、摘帽子、挪位子的时候，要能狠得下心、下得去手。在对中层团队的业绩考核上，要以制度促落实，以法治替代人治，最重要的是要建立内部市场化考核机制，由组织上实施奖罚变市场化买卖关系。在此基础上，可以探索建立败绩追究制度，对出现重大失误和造成重大损失的要进行政治和经济责任的追究，用市场无情、管理无情的方式，塑造一个"道是无情却有情"的管理机制。对中层区队的安全、产量、经营指标，可坚持动态考核和静态考核相结合、定期考核和不定期抽查考核相结合的办法。要严格责任制的奖惩兑现。对年终的盈亏考核后要经过严格审计，以审计后的数字为准。对于超额完成任务的，可实行台阶奖励政策，该重奖的重奖，该重用的重用，不能言而无信；对于完不成任务的，特别是出重大安全责任事故或因主观努力不够、没有完成生产经营指标的，该重罚的重罚，该处分的处分，不能法外施恩。

铁的修炼：雷打不动的教育培训。矿长要把个人和团队的学习培训当作一种低风险、高收益、长回报的智力投资来对待，舍得在人员特别是中层团队的学习培训上花费必要的财力、物力和人力。教育培训从本质上来看就是对知识资源的开发，就是投资企业的核心竞争力。在日趋激烈的市场竞争中，企业要想立于不败之地，必须重视团队的教育培训。当今时代企业唯一持久的竞争优势，就是具备比竞争对手学习得更快的能力。企业没有发展，关键在于人，人的问题的关键在于领导；领导的角色就是教练，领导的责任就是教会员工学习、工作、创新。教育培训是企业给予员工的最好的福利。

三、建设好基层团队，打牢基础

一个成功的企业，不仅需要有优秀的领导，还需要坚实的基层团队。基层团队是企业所有工作任务的具体承担者和最终落实者。煤矿最基层的团队就是班组。班组是企业的细胞，是企业管理体系的最小单元，是最基层的生产管理组织。抓基层、打基础，班组就是最基层的基层、最基础的基础。加强基层团队建设，在某种意义上讲，就是加强班组建设。矿长虽然不可能直接去抓基层班组建设，但应该高度关注基层班组建设。因为"上边千条线，下边一根针”,基层班组建设的状况直接影响甚至决定着煤矿高层决策的执行和落实情况。

矿长关注基层班组建设,主要是通过抓住几个关键因素,督促指导分管领导、有关部门和中层团队,采取措施加强基层班组建设。

(一)矿长要关注“兵头将尾”

班组长作为煤矿现场管理的“兵头将尾”,既是指挥员,又是战斗员。矿长关注班组建设,首要的是关注班组长的选拔和培养。在这方面,矿长需要注意的是,既不能越俎代庖,直接插手基层区队对班组长的选拔,也不能撒手不管,听之任之,而是要定标准、定选拔方式、定培养计划、定考核激励机制。

在班组长选拔任用的条件和标准上,一定要兼顾文化程度和现场工作经验。现在井下生产机械化、自动化、信息化、智能化程度越来越高,班组长不具备一定的文化程度和现场工作经历,难以胜任。目前,有越来越多的煤矿明确,班组长一般应具有高中及以上文化程度、3年以上现场工作经历,并鼓励大学毕业生到生产一线锻炼担任班组长,鼓励班组长参加在职学历教育,通过各种形式提高班组长的文化素质。

在选聘方式上,要规范班组长选拔、聘用、解聘的程序,实行班组长定期聘用制,采取民主推荐、公开竞聘等方式,真正将责任心强、业务过硬、作风扎实、敢抓敢管、职工信赖的生产骨干选拔到班组长岗位上来。煤矿对班组实行备案管理,以保持班组长队伍的相对稳定,防止随意撤换班组长。

在班组长的考核激励上,可以把班组长作为区队后备干部管理。有的单位明确规定,从生产一线选拔干部,未经班组长岗位锻炼的一般不能提拔为区队管理干部。为此,矿上要认真研究制定激励政策,在政治荣誉、进修学习、经济收入等方面对班组长进行激励和倾斜,充分调动班组长成长、成才的积极性。

(二)矿长要关注班组管理

班组管理是企业管理最基层的管理,直接反映企业管理水平的高低。因此,矿长要高度关注班组管理,通过班组管理现状分析研判整个企业管理的现状。矿长关注班组管理,可以从以下三个方面见微知著,明察秋毫:一是看制度建设。班组能否在既定的轨道上有序运转,首先看制度建设是否完备,有制度是否能够认真执行。可以说,凡是优秀的基层班组,制度都是其优秀的根本保证。没有完备的制度,就没有完美的班组。二是看素质提升。制度是班组管理的硬件,人员素质则是班组管理的软件。优秀的班组总是因为其成员的高素质而优秀,而人员的素质主要靠制度规范和学习培训来提升。三是看细节管理。细节决定成败。从细微之处可以洞察班组管理的好坏,特别是井下采掘区队的班组,井下现场管理,随处都是细节,大到安全质量管理,小到现场卫生,都能看出班组管理的水平和差距。

(三)矿长要加强对班组建设的领导

抓班组建设不是包办、代替基层管理,而是整个基层管理的基础环节;抓班组建设也不单纯是哪一级组织、哪一个部门的事情,而是牵涉方方面面。也就是说,班组建设是一项综合性的基础工作。因此,需要矿长的领导和推动。矿长要自觉地重视并加强对班组建设的领导,必要时亲自听有关领导、有关部门、有关基层单位的汇报,亲自召集有关班组建设的会议。矿长每听一次班组建设的汇报、每召集一次班组建设的会议,对班组建设都是一次强有力的促进和推动。同时,要重视建立班组建设的常态领导机制和工作制度,做到有目标要求、有计划安排、有落实措施、有责任分工、有考核奖惩。要重视并支持典型的选树和培养，积极支持开展“五好班组”“金牌班组”等创建活动，充分发挥典型的示范引领作用，以此来激发基层班组建设的动力和活力。

四、建设好人才队伍，成就梦想

矿长本事再大，也离不开团队的支持。而一支强大的团队，最强大的地方不是资本、不是设备、不是技术，而是人才。人才永远比资产更重要。加强团队建设，最根本的就是加强人才队伍建设。

（一）求贤若渴，让人才脱颖而出

矿长要想搞好煤矿，必须要尊重人才，善于发现人才、团结人才、凝聚人才。特别是要积极营造有利于人才脱颖而出的良好环境和条件。最重要的是要做到“三有”：

要有求才之心。矿长一定要从企业发展的大局出发，广开求才之路。学习刘备三顾茅庐的精神，真心实意求才，为人才成长铺路搭桥、排忧解难。在当前，特别要坚持解放思想求才，破除在选人用人上搞平衡照顾、论资排辈的陈旧观念和僵化思想，打破各种人才壁垒，强化竞争意识，以德才论英雄，凭政练选人才，为人才创造公平、公正、公开的竞争环境，激活人才资源，让优秀人才脱颖而出。

要有识才之明。矿长要广纳贤才，知人善任，必须独具慧眼，善于发现和识别人才。慧眼识才，关键在于要用辩证的观点、发展的观点去观察人、分析人，注意摒弃那种只看支流不看主流的错误方法。在如何发现和对待人才的问题上，矿长要记住一句话：“只要丢掉错误观点，干部就站在前面”。

要有容才之量。心宽能容天下士。矿长必须具备宽阔的胸怀、宽宏的度量，才能广纳人才。首先，要容人之过。破除求全责备的观念，对人才不能吹毛求疵，抓住一点“一棍子打死”。其次，要容人之短。人有短，所以见长。矿长不能以个人的好恶评定人才的长短。再次，要容人之强。就是要正确对待比自己强的人，敢于用比自己强的人，决不能奉行“武大郎开店”的原则。此外，还要容人之异。要容得下不同的人才，听得进不同的声音。如果头脑不清醒，不能容人之异，就会导致最难的做不到，最可怕的心理摆脱不了，最终必然丢掉最可贵的，变成最可笑的人。

（二）人尽其才，是金子就让它发光

矿长能否知人善任，量才适用，既关系到人才的成长进步，又关系到整个单位的用人导向和氛围。所有的人才都是在一定的环境中成长的，每个人只在某些方面或某一领域表现出超群的才能，不可能成为“通才”或“全才”。每个人才都有不同的专长和不足，如果使用不当，舍长取短，即使是人才，也很难有作为，甚至碌碌无为，成为平庸之辈。

因此，矿长要记住，人才是利润最高的商品。每个员工只要使用得当，皆可成为人才。作为矿长，既要有责任更应有智慧地用好人才，“是金子就让它发光”，做到因人择事、因事择人、竞争择优、量才适用、人尽其才。

需要特别提醒的是，矿长要注意提携新人，用当其时提携新人是保持人才队伍生机和活力的重要举措。要使人才队伍变成一池“活水”，就要不断地补充“新水”。而用当其时，就是发挥人才最大效应的重要保障。所谓“用当其时”，一层意思是指要用好人才的最佳时期；另

一层意思是指要把握起用人才的恰当时机。人才的最佳时期，一般来讲要短于他的最佳年龄区。从他的基本成熟期算起，直到他的峰值年龄为止。所谓起用人才的恰当时机，应当符合两个条件：其一，能够最充分地利用他的最佳时期，使其在精力最充沛、才华最横溢的时候，为企业、为组织做出尽可能多的贡献；其二，在对他本人的健康成长最有利、能够产生最大激励作用的时候，促其尽快成长。只有这样的时候，大胆、及时地将人才选拔到合适的岗位上来，才算捕捉到了用人的恰当时机，用当其时。否则，错过了最佳时期，就有可能导致“冯唐易老，李广难封”的人生悲剧。

（三）用人不疑，士为知己者死

信任是人的一种精神需求，是对人才的极大褒奖和安慰。它可以给人以信心，给人以力量，使人无所顾忌地发挥自己的才能，可以将用人者与被用者的心思和力量凝聚一处，共创大业。因此，会用人的矿长，总会让下属从心里觉得领导和自己是知己，从而尽心竭力地干好自己的工作。然而，现实中，一些矿长对人才，既想用其能，又对其放心不下，总怀疑所用之人会“背后一枪”，此乃用人之大忌。

用人不疑，疑人不用，是用人的一个重要原则。当然，用人不疑，不等于盲目信任。“不疑”，是建立在自己择用人才之前的判定、考核基础上。不用则罢，既用之则信之。一旦决定起用某人，信任就是一种最有效的激励手段，能使人产生强烈的责任感和自信心，从而焕发出不可估量的积极性、主动性和创造性。

信任下属，实际上也是对下属的爱护和支持。古人云：“木秀于林，风必摧之。”特别是对于担当重要工作的人才而言，容易受人非议、诽谤。那些敢于直面领导错误，提建议、意见的，那些工作勤勉努力、犯了错误并努力改正的，矿长的信任是其最后的精神支柱。在这种情况下，矿长切不可轻易地动摇对他们的信任。而且在信任的程度上，也应该是离自己最近的、最亲的，给他们更多的、更广泛的、更高质量的信任，因为他们非常需要。还有，对于各种各样的不良反映，要谨慎对待，摸清实情，决不能对人无端猜忌、怀疑。必要时，要积极主动地与当事者进行坦诚的思想交流，及时消除误解，以免积累成真、积重难返。当所用之人确有错误时，也不要姑息迁就，而是要客观指出来。

（四）培养储备，拴住心才能留住人

人才需要在平时给予不断的培养、提高，在需要的时候，才能堪当大任。作为矿长，不仅要善于使用人才，更要善于培养人才、凝聚人才、留住人才。

人才特别是领导人才，其成长进步有四个关键点，即高人指点、贵人相助、凡人拥戴、个人努力。当然有时也需要“小人监督”。作为矿长，就要多当善于指点的“高人”、乐于相助的“贵人”。为此，就要多做为人才成长进步搭台子、树梯子、压担子的事儿。

人才的成长之路千差万别，人才的培养之道千条万条。但万变不离其宗。在培育人才方面，概括起来无外乎提供学习深造的机会、实践锻炼、台阶培养和教育引导等基本的渠道或途径。那么，作为矿长，要把人才培养工作提到重要议程，加强领导，制定规划，落实保障措施，形成常态式的培养机制，而不是说起来重要，忙起来不要。

在拴心留人方面，大家都在讲“三个留人”，即事业留人、感情留人、待遇留人。这“三个留人”，是对人才队伍建设要求的具体化，是从操作层面上对人才队伍建设实践经验的规律性总结。三者是一个统一的整体，既相互联系，又相互促进，缺一不可。

用事业留人是根本。用事业留人的关键是让人觉得有干头、有奔头、有希望,值得为之付出、为之奋斗,能体现自己的人生价值。只有具备了这种环境,大家才会有这样的认知,有了这样的认知,才有了扎根矿山的思想根源。

用感情留人是纽带。用感情留人最有效的方式是要营造一种像家一样的文化氛围。有的矿长提出"把企业当家一样来经营,把矿工当亲人一样来对待",大打亲情牌,效果就很好。这就是对过去职工主人翁精神和企业命运共同体意识教育的一种升华和升级。营造"家"文化,像"家"一样温馨,像"家人"一样关爱,人才要流失也必须经过一段痛苦的抉择,而不是毫不留恋,甩袖子走人。

用待遇留人是基础。在很多人才眼里,待遇不仅仅意味着收入,还意味着价值。有句话说,你为企业创造多大的价值决定着你的收入。反过来说,当一个人感到自己的收入不能体现自己创造的价值时,如果再没有以上的事业留人、感情留人之举,他很可能就要考虑跳槽了。因此,当矿长,干企业,必须尽其所能创造效益,同时必须带领全体员工共同富裕,以适当的待遇凝聚人心。

除了以上"三个留人"之外,矿长们还可以探索"用机制留人"。国家早就提倡"放手让一切劳动、知识、技术、管理、资本的活力竞相迸发,让一切创造社会财富的源泉充分涌流",并大力推动发展混合所有制经济等,这为企业体制、机制创新留出了巨大空间。比如让各类人才特别是关键人才,以资金、技术等方式入股,实现联股、联利、联心等,可以积极探索、大胆实践。

总之,矿长一定要牢记:个人的力量很有限,团队的力量最强大。团队成就梦想。只有打造出一流的团队,才能创造出一流的业绩。

第五节 运筹帷幄、指挥若定的领导艺术

一、调兵遣将,信任授权的用权艺术

矿长拥有一定的权力。而权力既是荣耀,又是责任,还是艺术。松下幸之助说:当你领导十个人的时候,你要走在前面,领着大家去干;当你领导一百个人的时候,你应该站在中间,协调周围各种关系;当你领导一千个人的时候,你必须站在后面,掌握全局、把握方向。这讲的就是领导艺术。矿长一定要切记:"有权不使是失职,有权不会使是不称职,有权滥使是渎职"。要当一个优秀的矿长,最重要的就是要掌好权、用好权。

(一)调兵遣将,指挥有方的原则、方式与核心特征

当矿长,调兵遣将、组织指挥是其最重要的一项工作。让下属去做最能发挥其特长的工作,让每一个人都能释放其最大能量,使"智者用其识,仁者播其惠,信者效其忠,愚者尽其力,勇者显其威,怯者取其慎",这里边包含有高深的领导艺术。

用人得当,指挥正确,就能产生意想不到的良好效果,就能圆满实现领导意图。那么,如何提高组织指挥的艺术性呢?这个问题,不同的领导者有不同的领导风格,也有不同的方法艺术,但既然是艺术,总有一些规律可循。概括起来,调兵遣将、组织指挥需要注意把握四个基本原则、三种常用方式、一个核心特征。

1. 四个基本原则

一是坚定性原则。组织指挥的坚定性，就是要求组织指挥者在基本情况没有发生根本变化时，不要被表面现象所迷惑，不要被流言所动摇，更不要被暂时的困难所吓倒，即使在危难之际，也要指挥若定，不乱方寸，以“泰山压顶不弯腰”的气概和坚定不移的信心，组织指挥被指挥者们去赢得胜利。特别是在形势发生不利变化、新矛盾新问题不断出现之时，坚定的组织指挥能够稳定人心、鼓舞士气，有效地防止惊慌失措和失败主义情绪的发生。

二是方向性原则。组织指挥是一种方向性活动。组织指挥的目的就是要把被领导者的思想和行动引导到统一的方向上来。没有方向，就无法协调和调度，就无法引导和推动下属的行动。从一定意义上说，指挥就是指明方向，并设法使被领导者沿着这个方向采取统一的行动。因此，领导者必须明确组织指挥的目标方向，否则，方向不明，或摇摆不定、朝令夕改，就盲目地去调兵遣将、组织指挥，那是难免要失败的。这也是极易引起下属不满的“瞎指挥”。

三是统一性原则。组织指挥必须统一进行，不能多头指挥。特别是对于煤矿而言，系统复杂，环节繁多，一项工作如果多头指挥，必然使被指挥者无所适从，导致混乱。一项工作，只能有一个统一的意志和一致的行为规范。否则，多头指挥，如果指挥完全一样，那其他人的指挥就是多余的，而如果指挥不一致，又必然会造成许多矛盾。由于指令不统一，下属就不知道该听谁的；参与指挥的领导者也可能会因意见不同而产生隔阂，甚至会互相猜疑、闹对立，造成不应有的损失。矿长调兵遣将、排兵布阵，一定要坚持统一性原则，尽量避免做出这种多头负责的分工安排。

四是逐级指挥的原则。组织指挥不是不分层次“一竿子插到底”，而是逐级指挥。每一级组织和每个人只能直接接受一个上级的命令和指挥，并对他的上级负责。换句话说，就是一级抓一级。上下级之间的上报下达，都要按各自的职责范围去分层次下管一级。执行者要负执行的责任，指挥者要负指挥的责任，各司其职，各负其责，也就是落实逐级负责制。一般情况下，矿长不要越级指挥。有的矿长安排工作习惯于“一竿子插到底”，看似非常细致，实则不利于下边各个层级积极性的发挥。当然，特殊情况，比如紧急状态下，为了提高指挥效率，上级组织或领导者也可越级实施组织指挥。

2. 三种常用方式

一是命令与强制。这种方式是领导者凭借手中的权力运用行政命令的方式进行组织指挥，具有强制性。当矿长进行组织指挥时，很多时候需要下达命令，安排部署工作。只不过，这种命令最好是建立在被领导者思想统一、对目标赞同的基础上。领导者命令与强制的组织指挥方式是有一定范围的，矿长应尽量避免使用以强制为基础的组织指挥活动。否则，过分地使用这种权力，只能增加领导功能的副作用。

二是说服与沟通。说服是领导者进行组织指挥活动的一种常见方式。同外界打交道或领导集体内部议事，应更多地采取说服这一方式。说服的效果一般要比命令和强制好得多，因为下属也都有自尊的需求。领导者采取说服、疏导的方式与之沟通，既可体现领导者的民主作风，又有利于调动被领导者的积极性，使之愿意服从命令，从而收到采取强制方式所不及的效果。

三是奖赏和惩罚。奖赏和惩罚是激励的两种不同方式。奖赏通常是对一些于组织目标完成有贡献者的一种物质和精神的回报，并以此激励更多的人为完成组织目标做出贡献。

但“奖赏不可多予”，否则就会失去激励作用。惩罚通常是在用思想教育和强制手段失败后采取的一种行为，它是进行组织指挥活动的一种负激励方式。领导者以这种方式行使组织权力，一方面要注意“罚不滥施”，惩罚的面不宜过宽，只要能达到“罚一儆百”的作用即可；另一方面要防止用惩罚来打击报复一些与己不和的人，滥发威风。

3. 一个核心特征

组织指挥艺术的核心特征是“灵活”二字。就是对于组织指挥原则的灵活把握，就像毛泽东同志所强调的那种“运用之妙”。“妙”，是聪明的领导者基于客观情况，审时度势，及时采取恰当的处置方法的表现。

第一，要胸中有数。毛泽东同志说，不打无把握之仗。这是对当矿长灵活指挥的基本要求。“灵活”是有前提的，这个前提就是掌握必要的情况，获取准确翔实的信息。“灵活”能够增大取得战斗胜利或工作成果的可能性，但应有足够的把握，包含在不确定条件下的某种程度的确定性。离开了这个前提，“活”就成了“盲动性”、“盲目性”和机会主义。

第二，要善于捕捉时机。看准时机，当机立断，果断指挥，是掌握指挥主动权和灵活处置的关键。竞争和角逐中经常讲“最佳时机”，领导活动中讲“恰到好处”都是指把握时机。客观形势千变万化，许多现象和机会稍纵即逝，一旦错过就无法捕捉甚至会造成不堪设想的后果。所以，矿长临机处事必须善于捕捉时机，不该出手时要耐得住性子，该出手时不要犹豫。当然，如何把握时机是一门实践科学，必须在实践中进行体味和摸索。

第三，要善于顺时应变。客观形势时时刻刻都在变化，领导的认识和应对也必须跟着变化。否则，不懂得变通，墨守成规，领导活动就会非常刻板和僵化。矿长面对企业内外各种不断变化的环境，必须能够以不变应万变，又要能够以变应变、顺时而变。

第四，要有权威。矿长有权力不等于有权威。“权”来自组织和人民的托付；“威”则要靠自身的修养、品格、能力和威信来赢得。领导者如果没有足够的权威，就谈不上有效指挥，更谈不上“灵活”。当矿长，一定不可过分倚重权力而是要充分重视树立权威。适度的权力运用和高度的威信，会使指挥一呼百应、得心应手。

（二）适时适度，信任授权

一个领导者不管其智力多高、能力多强，仅靠一个人的力量是不可能把所有的事情都处理得十全十美的。

矿长作为煤矿企业的“一把手”和总负责人，一定要腾出精力、时间抓大事、想全局。因为一个人的精力毕竟有限，知识和才干也是有限的，无论他多么能干、多么有精力和才华，都不可能把一个单位的全部事情都亲自抓好。这时，最好的办法就是授权。一个成功的领导者，不仅要维护权力、运用权力，还需要适时适度地通过各种方法把自己的权力下放给自己的下属，让他们通过被授予的权力去完成某一个方面或领域的任务，从而服务于组织的总体目标。

现代煤矿管理活动日趋复杂。一个矿长要想卓有成效地开展工作，必须要学会授权。科学授权，不仅可以使主要领导从事务堆里解放出来，集中精力去解决重大问题，而且也可以使下属更加自觉地去履行职责，而无须采用强制手段。一般来说，授权的本领是评价领导者水平高低的一个重要标志。成功领导者的能力，实际上是运用别人创造性力量的能力。一个成功的矿长把转交部分权力看作扩大自己权力的一种方法，代表他的人越多，他能完成的工作量就越大。作为主要领导，科学授权必须注意把握以下几点：

一是适度授权。授权就像放风筝一样，必须有收有放，收放适度，才能恰到好处。因此，主要负责人向下属授权，应视自己的权力范围和被领导者的能力而决定，不可超越权力范围或不顾对方的能力。也就是要坚持量力而行的原则，因事择人，视能授权。授权的工作量，既不能超过被授权者的能力所承担的限度，使之超负荷运转，疲于奔命，承担不了被授予的职权和责任，反而可能产生逆反或抵触心理；又要尽可能使所授权的工作难度略大于被授权者平时的工作能力，使之能挑起担子又须尽力去挑。

二是信任授权。授权一定要做到授而不疑。用人不疑、疑人不用、信任授权，这是正确授权的一个重要原则。那种“放碗不放筷”式的非充分授权，授权后又随意干涉人家的授权，搞得下属非常被动。主要领导一旦授权于下属，就要放手让人家去干。

同时，授权之后，要做到授而不疑，还必须注意提防“谗言”。领导者用人不疑，关键之处表现在有人进谗言之际。现实中有不少这种现象：因谗言流布而断送一个干部的前程，一纸匿名信而动摇领导对人才的信任。特别是一些勇于开拓创新、锐意改革和敢于直言、铁面无私的人，常常因为“谗”字的袭击而得不到重用。因此，对于“谗”字，领导者一定要保持清醒的头脑，一切以事实为根据。

三是带责授权。权力是伴随着责任而来的，授权的同时必须授责。这是一个重要的原则。领导者授权必须向被授权者讲清所授权力的范围及其相应的责任，让他知道自己对资源（比如人、财、物等）有何权力。这样，他们才能在规定的范围内有充分的自主决策权和临机处理权。否则，授权不带责，势必导致责任缺失，贻误事业。

四是可控授权。正确的授权，并不是全权放任，也不是撒手不管，而是保留某种控制程度的授权。通过这种可控性，把授权者与被授权者有机地联系走来。可控授权具体表现为授权者能够有效地对被授权者进行检查、指导和监督。这就是说，授权不等于放任或者撒手不管，要能放更要能收，可依据实际情况或实际需要进行变动，不然就会出现难以收拾的不利局面。比如，单项授权把解决某一特定问题的权力授予某人，问题解决，权力收回；定时授权在一定时间内将权力授予某人，时间一到，权力收回。

除了上述四点之外，矿长在授权时还要注意防止下面两种情况：一种情况是把授权当成推卸责任的“挡箭牌”，一放了之。另一种情况是越级授权。矿长不可把中间层的权力直接授给其他下属，这样做，会造成中间领导层工作上的被动和秩序上的混乱，扼杀他们的负责精神，久而久之会形成“中层板结”。如果出现中层领导不力的情况，矿长可采取机构调整或者人员任免的办法解决中层问题，但不可越级授权。

（三）张弛结合，善“弹钢琴”

矿长的工作量很大，工作内容也很丰富，在这些内容中有主次、轻重、缓急之分，而时间有限。这就要求矿长必须学会“弹钢琴”，要能在纷繁的事务之中超脱出来，合理分配精力，合理调配资源，合理运筹时间，做到张弛结合、张弛互调。

张弛结合、张弛互调的节奏，是客观事物运行过程的韵律，也是自然存在的和谐现象。弓弦有弛才有张，人有良好的休息才有充沛的精力。矿长必须把握好张弛结合、张弛互调的节奏，通过“张”形成必需的紧张度，通过“弛”满足团队的安全感。有张有弛的组织氛围，使人们的积极性和创造性得到充分发挥。要做到张弛结合，要把握以下几个窍门：

第一个窍门：学哲学用哲学。哲学讲的是科学的世界观和方法论，是最基本的原理。哲学是领导干部的一门基本课程。要当一个明白矿长，掌握好张弛结合、善“弹钢琴”的艺术，必须学好用好哲学普遍联系的观点、系统的观点、全面的观点、两点论的观点、重点论的观点、实践的观点、发展的观点、群众的观点和辩证法等，把握住领导工作的大局和方向，始终做一个清醒的领导者。

第二个窍门：抓重点带一般。矿长面对大量的、具体的工作，要想忙而不乱、游刃有余，必须善于抓重点带一般，也就是既要善于统揽全局又要善于抓重点。这就是要善于从纷繁复杂的工作中找到并且抓住最能影响全局、可以带动整体、处于最关键环节的重点予以突破，善于从纷繁的工作中理出头绪，理出重点、主次，理出轻重缓急，然后把自己的主要精力放在抓重点、抓大事、抓关键事上。同时，还要统筹兼顾，注重经常性、基础性工作的开展。运用系统、发展、变化的观点来认识和对待重点与非重点的关系，根据每个阶段工作实际的发展变化，判断和确定重点问题的转化，及时调整工作的思路和对策，从而把主要时间和精力始终投放在重点问题的解决上，进而促进全面工作的不断向前发展。

第三个窍门：补短板促全盘。在矿长负责的诸多工作中，除了抓重点之外，不需要过多地去关注那些已经运行良好、有条不紊的工作，而是要去发现短板，补齐短板。短板就是工作中的薄弱环节或瓶颈。因为薄弱环节或瓶颈往往对全局工作有重要作用甚至是决定作用，而本身的条件（人力、财力、物力等）又不足以实现这个作用。为了促使全局工作发展，需要向薄弱环节投入较多的综合力量，并做有效的工作。薄弱环节和中心环节既有共同之处，又有不同之点。相同的是，二者都能影响全局，抓得好与不好对全局工作都有举足轻重的影响，甚至起支配作用，因而需要人力、物力、财力、技术等向它“倾斜”。不同的是，中心环节好比是“牛鼻子”，套住了“牛鼻子”就能牵动全局的发展，因而允许它经常处于综合力量上的优势状态；而薄弱环节好比是“卡脖子”，是“瓶颈”，它是阻碍发展的障碍，它的薄弱使全局处于失衡状态，需要加强力量直到使全局达到平衡为止。

第四个窍门：善运筹提效率。矿长主政一个煤矿，如果不能合理运筹时间，也会忙得不可开交。这就需要科学合理地分配、充分利用自己的有限时间。运筹时间的一般方法是统筹兼顾，按照先主后次、先急后缓的原则合理安排时间，做到当紧则紧、当弛则弛、当快则快、当慢则慢。在关键性工作和一般性工作发生冲突时，矿长要放弃一般性工作或者委托别人办理，自己去做关键性工作；并且在自己精力最旺盛的时刻去处理最重要、最关键的事情。这就要求矿长要对自己所负责的工作或事务必须进行恰当的分类管理。按照紧急和重要性分类，将事务分为“紧急重要”“紧急不重要”“重要不紧急”“不重要不紧急”四类，按照效率最大化和张弛互调的原则，对这四类事务进行统筹安排、合理穿插，使各项工作都能有条不紊。

二、谋之贵众、断之贵独的决策艺术

矿长是煤矿的掌舵人，决策拍板是其领导工作的核心，也是一项最重要、最花费时间的工作。决策的正确与否，直接关系着领导工作的成败和企业的得失兴衰。决策水平是检验矿长素质、能力的最重要标志之一。矿长要研究决策艺术，把握决策之道，提高决策水平。

决策，要把握“谋之贵众、断之贵独”的原则，还要“下好五个功夫”。谋划问题，要广泛听取大家的意见；决断问题，要敢于力排众议果断决策，“千锤打锣，一锤定音”。

众谋，既是正确决策的需要，又是团结下属的重要手段。领导者能听取下属的意见，下属会感到他得到了你的尊重，于是他也就会尊重你，服从你的指挥。然而，矿长如果只知道“谋之贵众”，而不懂得“断之贵独”，只知道民主的重要性，而不懂得集中的必要性，那必定是位平庸的领导者。因为在实际工作中，下属的意见难免带有片面性。这时矿长要积极引导，敢于力排众议，果断决策。

（一）计事于未来之时

所谓计事于未来之时，就是未雨绸缪、超前谋划、提前准备，理事于未形之中，决策于未萌之中，做好决策的基本功课。我们有些同志只看到人家决策时的果断，而看不到人家事前所下的功夫；只看到人家处置问题的自如，而看不到人家平日长期的积累。就像陈云同志说的，我们做工作要用90％以上的时间研究情况，用不到10％的时间决定政策。因此，作为矿长，我们要在两个方面用气力。

一方面，要切实增强预见力。所有正确的决策都是源于正确的判断，所有正确的判断都是源于对信息的正确处理和对未来的正确预测。正确的决策活动，其起点便是对未来进行合理的、科学的预见。预见是决策的前期准备，也是决策的基础和决策成败的关键。科学预见为决策提供有科学依据的估计和判断，通过对决策对象的未来发展趋势进行分析，为决策提供所需要的信息，从而有预见性地做出决策。即使有的问题不能马上决策，只要决策者的立足点能够面向未来，对决策事件未来发展的种种可能做到心中有数，一旦时机成熟便可迅速、果断地做出决策。反之，如果没有预见，决策者的视野就会很窄，对事物的发展变化就会缺少足够的思想准备，甚至事到临头才如梦初醒，于是，在紧张慌乱之中匆忙决策，是很难做出正确而有远见的决策的。因此，矿长一定要不断增强领导工作的预见性和前瞻性，除特殊情况、突发事件之外，对于“三重一大”（重大问题决策、重要干部任免、重大项目投资决策、大额资金使用）事项一般不要搞临时动议、仓促研究。

另一方面，要扎实搞好调查研究。调查研究是领导者的基本功，是获得真知灼见的重要渠道。历史经验证明，各种问题的解决都取决于正确的决策，而正确的决策来源于对客观实际的周密调查研究。没有调查就没有发言权，没有调查研究更没有决策权。只有通过调查研究对实际情况进行全面深入的了解，才能正确地确定目标、提出任务和做出正确的决策。作为矿长，要尽可能地组织或参与调查研究，掌握第一手材料。同时，也要注意防止先入为主式的调研，凭着自己的好恶或者感觉，戴着有色眼镜去寻找所谓的调研“依据”，甚至错误地诱导调研人员按照矿长的意图去撰写调研报告，搞按图索骥、自欺欺人式的调研。

（二）集思于决策之前

所谓集思于决策之前，就是指在决策之前，一定要注重集思广益，广泛征求和听取各有关方面的意见、建议。

领导者在决策中的作用固然重要，但个人的知识、经验、智力和思路毕竟有限。矿长要尽量多听听各方面的意见和建议，博采众家之长，以补自己知识的不足和经验的欠缺，借助于别人的大脑来扩展自己的智慧。在此，介绍几种集思广益的方法。

一是采取头脑风暴法集思广益。采用头脑风暴法组织群体讨论时，主持者要以明确的方式向所有与会者阐明问题，说明会议的规则，尽力创造融洽的会议气氛。主持者一般不发表意见，以免影响会议的自由气氛。与会人员自由发表意见、提出尽可能多的方案。对一些适合召开“头脑风暴会”集思广益的议题，比如上马新项目、开发新产品、改进生产工艺、解决生产中的难题等，矿长可以委托分管领导或专业人员，召集各方面有代表性的人员刮一刮“头脑风暴”。然后，把大家的意见和建议认真梳理出来，仔细研判，从中发现有价值的意见和建议，从而帮助自己完善决策预案。

二是利用智囊集思广益。智囊又称思想库、智库、外脑，在古代是指那些聪明过人、专为他人出谋划策的人，在现代是指那些专门为领导决策服务的咨询机构。凡高明的决策者，无不重视智囊人员的咨询作用。这是因为决策是一项复杂的谋略活动，仅仅依靠个人的聪明才智是难以应付复杂局面的。矿长要提高决策效率和质量，也必须高度重视发挥智囊团的作用方面，要积极培养企业内部自身的智囊人员，培养各个方面学有专攻、干有所长的“土专家”，使之为领导正确决策提供真实可靠的依据。另外，根据决策工作的需要，可以聘请一些专业的社会咨询机构进行专题调研，为企业决策提供智力支持。再者，要正确处理领导者与智囊人员的关系。领导者与智囊人员各有所长，双方不能相互代替，而是相辅相成。“谋”是智囊团的基本职责，“断”是领导者的常务工作。不依靠智囊团的领导者很难成为一个高明的决策者；反之，一个为专家所左右的领导者也不可能是一个称职的决策者。

三是专门听取不同意见集思广益。由于客观事物的复杂性，以及人们认识能力和认识水平的差异性，研究分析问题时出现不同意见的争论是在所难免的。正确对待这些争论对于科学决策具有至关重要的意义。在决策之前，开展不同意见的民主讨论和争论，好处多多。第一，不同意见的争论，能够激发人们的思维创造力和想象力。第二，不同意见的争论，可以使双方从对方的否定意见中发现自己的不足，使自己的认识由片面达到全面，有利于取长补短，使决策预案进一步合理化。第三，不同意见的争论，可以充分暴露各种方案的优缺点，有利于决策者权衡利弊，好中选优；或者集中各种方案的长处，形成一个新的更优的方案。第四，不同意见的争论，可以使决策者在头脑中产生进可攻、退可守的多种打算，有利于修正决策。一旦决策方案在实施中证明有误，那么原来的反对意见就会提供现成的补救措施，使失误及时得到修正。

当然，矿长听取不同意见，说起来容易做起来难。有的矿长一听到不同意见，就认为是和自己过不去、对着干，看作不支持和配合自己的工作，进而将其列入“另类”，甚至对其打击报复，久而久之形成了“一言堂”局面，导致决策失误。这就需要矿长一定要加强思想修养，要有宽阔的胸怀，听得进不同意见。历史证明：进行重大问题决策时，让人说话，集思广益，只有好处没有坏处；不让人说话，搞封建家长制，只有坏处没有好处。特别是许多单位总有一些“事后诸葛亮”，让这些人在事前当“诸葛亮”，对于决策之后的贯彻实施是有百利而无一害的。

（三）决断于三思之后

决断是决策最重要的一个要素，是决策的最关键时刻。决断的正确与否，直接决定着决策的成败。在客观条件具备时，矿长必须抓住时机，当机立断。三思而后断，就是听多数人的意见，和少数人商量，自己做决断。能否及时做出正确的决断，是对矿长的考验。在决断时，作为决策者必须要注意把握以下两点：

一要审慎行事，三思而后断。对即将做出决断的问题，要再次进行缜密分析，做到三思：一思下情掌握了没有，上边的精神吃透了没有，防止那种“情况不明决心大，心中无数点子多”式的错拍板、胡拍板。二思各方面的意见听取了没有，群众的反映收集了没有，特别要注意怨言。怨言常常是群众表露不同看法的征兆。怨言中有民情可察，有民意可知。怨声大了，就要反复研究；怨声比较集中的，则要暂时中止，待重新调研后再行定夺。三思波动的情绪稳定了没有，干扰的因素排除了没有。一个成熟的决策者，应不断强化自己的意志控制力，决断重大问题之前，一定要看看自己的情绪稳定不稳定，以选择在最佳心境时拍板。

二要把握时机，当断则断。正确的决策，总是相对于一定的时空以及该时空范围内的条件的。在决策活动中，当客观外界和人们的主观认识为领导者提供了良好的环境和条件时，通常所说的时机就来了。一旦时机成熟，决策者就要当机立断，果断决策，切不可优柔寡断。否则，谋而不决，等于无谋；决而不断，必受其乱。时间一过条件失去了，如再进行决策，也只能是"马后炮"，失去了决策的最佳时机。正确的决策一旦错过了时机，就会成为错误的方案。

（四）完善于实施之中

任何一项决策的制定，都不可能是十全十美、完美无缺的，在决策的执行过程中都会或多或少、或轻或重地暴露出一些问题和不足。即使是一项比较周全的决策，在执行和落实的过程中也可能会因一些不可预料的内外部因素的影响，而遇到一些新情况和新问题。因此，针对决策执行中发现的问题和不足，及时地进行一些必要的修订和完善，也是决策实施过程中一项不可忽视的重要工作。

（五）防患于误区之外

尽管每一个矿长都有搞好决策的良好愿望，但决策失误或决策失当的问题时有发生。如何使决策防患于误区之外，避免决策失误造成工作被动和损失，是领导决策所应坚持的一条底线。在这里，提醒矿长要注意防范以下四种常见的决策误区：

一是随波逐流、跟风决策的误区。有些领导者习惯于见风使舵，随波逐流、跟风决策也就司空见惯。有的对上级指示精神一概"紧跟"，不顾本单位的客观情况；有的照搬别人经验，看到别人搞什么自己就搞什么，表面上热热闹闹，实质上糊里糊涂。前些年，一些煤矿随波逐流搞非煤产业，头脑一热就上项目，投产之日就是亏损之时的教训极为深刻。

二是自以为是、盲目决策的误区。在现实生活中，有的矿长习惯于"一言九鼎"，一个重要问题提出来之后，不进行认真的调查研究，一拍脑门"就这样定了"。这种孤家寡人式的决策，虽然有时也可能"瞎猫碰上死耗子"，但"碰不上"导致决策失误的更多，有的甚至"南辕北辙"，给事业造成严重损失。

三是优柔寡断、"马后"决策的误区。缺乏时效观念的现象在矿长决策中也不罕见：决策部署工作，本来应该"一年大计早安排"，而有的单位安排全年的工作，往往不是在旧岁之末，而是在新春之后，有时甚至要到三四月份，等到任务落实到区队、班组，已经时过半年。造成这种现象的原因，就是"盘子"迟迟定不下来，有些决策方案本来不错，但今天研究，明天讨论，后天又再等等，等到决策下来，已经丧失了最佳时机。

四是急功近利、草率决策的误区。有些矿长特别是新任矿长，"新官上任三把火"，企望尽早赢得上级的认可和群众的拥护，因而把目光盯在那些见效快的事情上。在处理眼前利益和长远利益的关系上缺乏全局观念和战略思维，在处理速度和效益的关系上急于求成，重速度轻效益，因此导致草率决策的现象发生。

三、长袖善舞、凝聚众人的协调艺术

高明的领导者不因自身智力出众而高明，而因善于协调凝聚众人而高明。领导者的重要职责不是亲自去干好某一件具体的工作，而是把大量的时间和精力放在协调工作上，把所有的部门和个人的努力拧成一股绳，并指导他们去实现共同的组织目标。

（一）协调是艺术更是本事

会协调、善协调，能一呼百应、左右逢源，形成众人拾柴火焰高、人多力齐推倒山的势头，是一个矿长的本事。会协调、善协调，要发挥好三个作用：

一是发挥好“润滑剂”作用。一个领导班子就像一部机器，运转起来难免会产生摩擦，出现不协调的地方，就要求矿长能当“润滑剂”，善于做思想工作，以较高的领导艺术疏通关系，特别注意理顺自己和班子其他成员之间的关系，理顺领导班子内部各成员之间的关系。不管工作多忙，矿长作为“班长”都应把“一班人”的学习摆到重要位置，为团结一致干事业奠定思想基础。在班子中要大力倡导讲党性、讲大局、讲配合、讲谅解的风气，把班子成员的注意力都引导到干事业、做贡献上来。同时，注意运用个别谈心和民主生活会等，及时消除班子内部的矛盾。

二是发挥好“催化剂”作用。矿长的价值在于通过“催化”和激励，最大限度地调动每个班子成员的积极性和创造力，使“一班人”都能积极主动地工作。要重视运用表扬与批评相结合的方法增强团结，推动工作。

三是发挥好“黏合剂”作用。矿长要当好班子的“凝聚者”，善于在共同点上把矛盾诸方统一起来，抓住每个成员的特点，使每个人的优势都能得到充分发挥。以民主聚人，以宽宏容人，以开明用人，以诚心交人，以身正服人，增强班子的凝聚力和向心力。作为矿长，还要以总体目标协调各项工作，以思想感情的融洽促进工作的默契配合。以明确的组织分工，使每个成员都能找到自己在集体中的位置，各负其责，使“一班人”思想上合心、工作上合力、行动上合拍，凝聚成坚强的战斗集体。

（二）把握十条协调要诀

要诀一：胸有成竹。做协调工作，必须事先有充分的准备。经验证明，早有筹谋，对做好协调工作大有裨益。其一是矿长对所要协调的问题不模糊，不含糊，心中有数，情况清，办法明，有主见，有预案。其二是要在领导层通气，对于与协调之事有关的人要事先通气，让大家知道要研究什么问题、达到什么目的、自己要做什么准备。其三是有关方面要准备好解决问题的“钥匙”，不仅要让矛盾双方提出自己的意见，而且要让主管部门拿出可行的方案。其四是做好关键人物的协调工作。对于矛盾比较尖锐的问题，如果事先不做好关键人物的工作，那么在协调会上有可能出现“拿不下来”的尴尬局面。

要诀二：虚怀若谷。矿长在协调领导成员之间的关系时，一般要注意三个问题：一是不可恃权，不能把领导分工当成个人特权，把使用权力当成纯粹个人的事。二是不可恃才，不能认为个人能力强所以当上了领导，殊不知个人的成长与领导班子集体的努力分不开。三是不要“落寡”，要有群体意识，把协调共进当作矿长必须具备的一项基本职能。

要诀三：以诚相待。以诚相待、以心交心就是要开诚布公。要将自己的情况向大家介绍清楚，诚恳地表达自己的合作愿望，使别人感到可信、可亲。这是协调共进的一个很重要的基础。以诚待人，还要注意换位思考，树立树牢合作共赢的思想。

要诀四：真心尊重。每一个人都具有强烈的自尊心，都希望得到别人特别是领导的尊重和承认。尊重是一种巨大的力量，它具有弥合分歧、弥补不足的神奇作用，是建立和谐人际关系的前提。因此，矿长要想在协调工作中树立起威信，必须真心尊重他人。一要尊重他人的人格。人格是做人的起码权利，首先要给予充分的尊重，一视同仁，不论亲疏远近、不因职位高低而有尊卑、贵贱的区别。二要尊重他人的劳动。要竭力创造一种使每个成员都能发挥劳动积极性的环境，其主要的一面就是对人的劳动的尊重。三要尊重他人的意见。当矿长不能光喜欢听奉承话，还必须尊重并乐于听取不同意见，特别是批评性意见。四是不要轻易否定部属。领导的肯定与尊重是部属工作的原动力。轻易否定部属，容易使人丧失信心，造成情绪对立。五要公允地对待有对立情绪的部属。现实的情况表明，当对立的部属从一个有隔阂的领导那里得到了公允和尊重，其对立的情绪就会立刻得到释放。

要诀五：有效沟通。沟通是领导者行权用权的开路先锋，也是开展协调工作的基本方法。领导活动的实践表明，领导干部约 70％的时间用于与他人沟通，剩下 30％左右的时间用于分析问题和处理相关事务。矿长要成为杰出的协调者，首先必须成为有效的沟通者，必须明确沟通的内容。拿不准的问题，通过沟通集思广益；可能有分歧的问题，通过事先沟通消除分歧；由于情况紧急来不及事前商量、当机立断决定的事情，事后要及时沟通说明情况。其次，要研究沟通的对象。因为若不先了解沟通对象，就不可能有效地达成沟通。领导者不论与谁沟通，都要明白：我要沟通的是什么样的人、沟通什么问题、想达成什么目的、我有多少时间、应该如何沟通？在此基础上向沟通对象传达你的可信度，取信于人。再次，要选择合适的沟通方式。请客吃饭是一种传统的沟通协调方式。现在，人们沟通方式更加多样。会面、对话、谈心、写信、通电话、开会、座谈甚至是微信、QQ 聊天等都可作为有效沟通的备选方式。但无论采用哪种方式，都要做好沟通前的准备，都要因沟通对象的不同而正确地选择，使自己的沟通语言更有影响力。

要诀六：求同存异。在工作中，单位、部门之间，人与人之间，发生冲突和矛盾是不可避免的。矿长在处理领导班子内部的冲突和矛盾时，必须做到心胸宽广，不要斤斤计较个人得失，要大事讲原则、小事讲风格，只要工作的大目标是一致的，就要坚持求大同、存小异，互谅互让，真诚合作。在处理下属之间的冲突和矛盾时，只要无大的是非原则问题，可以采取模糊处理的办法，多加安抚和劝导，而不必追根究底，更没有必要明确指出错误、责任在哪一方。

要诀七：平等公正。当矿长要树立权威，最重要的是待人处事要平等公正。特别是在协调处理各类矛盾时，必须坚持“一碗水端平”。矿长只要坚持平等公正，合理利用自己的权力，秉公办事，一视同仁，即使在协调中有些言差语错或者不尽如人意的地方，也会得到各方的理解和宽容。

要诀八：统筹兼顾。矿长在协调工作中要面对方方面面的关系，必须统筹兼顾、综合协调，而不能顾此失彼。特别是必须在坚持以大局为重的前提下，兼顾全局与局部两个方面。一般来说，上级代表着工作的全局，下级是全局工作中的一个局部、一个方面。矿长要善于处理全局和局部的关系。居于全局地位，要注意照顾局部，协调好各个局部的相互关系，充分调动各个局部的积极性。居于局部地位，也要全局在胸，把部分和整体、眼前利益和长远利益恰当地结合起来，使局部的需要服从全局的需要，并正确处理左邻右舍的关系。

要诀九：随方就圆。协调的重点是人际关系，协调人际关系的关键是把握方圆之道。“方”即原则性，是做人之本，体现在做事上就是方正，遵循规矩和法则。“圆”即灵活性，是成事之法，体现在为人处世上就是老练、圆通，善用技巧。矿长如果仅懂得“方”，不懂得“圆”，只知道走直道，不知道绕行，则会“水至清则无鱼，人至察则无徒”。反之，如果仅懂得“圆”，不懂得“方”，八面玲珑，久而久之就会失去信任。所以，矿长必须懂得把握方圆之道，能够随方就圆，做到方圆相济，待人接物就会受人欢迎。

要诀十：和风细雨。做协调工作，最忌讳的是以权压人、盛气凌人，甚至动辄骂人、逼人就范。这样做，即使表面上看风平浪静，但实际上人们心里不服。矿长做协调工作时，如能有话好好说，对部属将具有更强的感召力。领导更要讲究语言艺术，以情动人、以理服人，不夸己能、不扬人恶，不说粗话、过头话、赌气话、伤人话及尖刻、攻击性的话，多说和善、暖人心、合情合理、生动幽默的话，自然会更具人格魅力。

（三）避免两大协调误区

避免情绪失控。矿长做协调工作必须首先掌控好自己的情绪。控制情绪，也是管理学上“情商”理论所讲的“自我意识、控制情绪、自我激励、认知他人情绪和处理相互关系”五要素之一。当矿长，必须要用行动控制情绪，而不能让情绪控制行动；要让心灵启迪智慧，而不能让耳朵支配心灵。

避免直接介入矛盾冲突。当协调工作中出现问题和矛盾时，矿长要注意保持“超然”地位，运用“超脱”艺术，切忌直接介入矛盾冲突，直接表态，简单地充当“裁判员”。因为介入矛盾的任何一方都不能很好地解决深层次的实质性问题，还会影响领导本身的威信。

（四）协调好五大关系

协调好党政领导之间的关系。在一些煤矿中，既有矿长和党委书记一人兼的情况，也有矿长与党委书记分设的情况。如果是分设，那就有一个党政一把手之间如何协调关系合作共事的问题。过去曾经很长一段时间，一些企业党政之间关系不协调，陷入“核心”与“中心”的纷争之中，对企业造成了不良影响。在矿长、党委书记分设的情况下，最重要的是：一要摆正位置，分工不分家。矿长和书记都是企业的主要负责人，但是分工不同。党委、行政同存在于企业之中，都为了企业的改革发展稳定而工作，党委对企业实行的是政治领导，侧重于发挥政治核心作用；行政负责企业的安全、生产、经营工作，是企业的行政中枢。党委要围绕和融入企业生产经营这个中心开展工作、发挥政治核心作用，行政要重视、支持并自觉地接受党委的政治领导，在企业生产经营中充分发挥党委的政治优势和组织优势。二要顾全大局，小事讲风格。在煤矿干矿长、当书记，既有领导权力，也有常人的难言苦衷，这一点不在这个位置上的人是体会不到的。因此，矿长、党委书记要互相体谅，互相谦让，要有君子风度，要多理解对方。三要真诚合作，补台不拆台。矿长、党委书记之间，虽说分工不同，但像同台演出的一对搭档，谁也离不开谁。无论多么麻烦的事情，只要是班子共同决定的就要一起承担责任，一起向人们作解释，绝不能推诿逃避，自己充当好人。当对方工作中遇到了困难需要帮助时，另一位要积极出主意、想办法默契配合，共渡难关。

协调好与班子其他成员的关系。矿长在领导班子中处于“班长”地位，必须协调好与其他班子成员的关系。一要加强自我规范，正人先正己。待人要诚恳，处事要公道，自律要严格，要求别人做到的自己首先做到。二要总揽全局，放手不甩手。聪明的矿长都会最大限度地调动和发挥副职的作用。对班子成员要主动交心，建立感情。在此基础上，要在政治上充分信赖，使大家有安全感和信任感；在工作上把关定向，总揽不包揽，按照分工各负其责，放手不甩手，对班子成员工作中遇到的困难不袖手旁观，出现的失误不埋怨指责；在生活上主动关心，特别是对那些自身要求严格，不愿给组织添麻烦，又确有困难的同志，更要注意帮助他们排忧解难。三要敢抓敢管，爱护不袒护。班子抓得好，是矿长的功劳；班子抓不好，也是矿长的责任。矿长要敢于和善于治理班子，对班子成员严格教育、严格要求、严格管理、严格监督。特别是对班子成员的缺点错误要不护短、不纵容，敢于教育，大胆批评，诚心帮助。

协调好与下级的关系。最关键的是要当好教练。下级的素质不高，不是下级的责任，而是矿长没有尽到提升他们素质的责任。一要立好规矩，当好表率。特别是领导与下级之间，没有规矩，何谈权威？领导要有领导的规矩，下级要有下级的规矩，领导和下级相处都要遵守各自的规矩。在此基础上，就是要当好表率，守好规矩。带头守规矩、讲原则，做到言行一致、一言九鼎。二要以情感人，凝心聚力。矿长要赢得下级的支持，莫过于赢得人心。最重要的是要换位思考、关心下级，特别是要努力做一个下级心目中所希望的"理想的上级"，做到尊重下级、信赖下级，忧其所忧、乐其所乐。三要一视同仁，等距交往。上下级是组织概念，上下级之间的关系是工作关系。矿长对下级必须做到一视同仁，不能搞亲亲疏疏那一套，要团结各方人员，调动所有人的积极性。

协调好所领导的下级之间的关系。煤矿采、掘、机、运、通各个环节都协调运转，才能顺利实现企业目标。因此，矿长必须高度关注并积极协调好下级各单位、部门之间的关系，特别是要坚持在不丧失原则、不大动干戈、不费尽口舌的情况下化解好下级之间的矛盾冲突，使之主动团结协作、互相支持。一要主动关注。主动关注下级，主动发现问题，对下级反映或提出要解决的问题，不能态度冷淡、漠然置之。同时，对发现和了解到的下级之间的问题，要及时采取措施，或督促解决，或帮助解决，防微杜渐，把问题解决在萌芽之中。二要因势利导。必须因势利导，采取标本兼治的措施处理下属之间的关系。该碰硬时，要敢于碰硬，敢于和善于处理那些影响工作大局的大问题，旗帜鲜明地支持先进、鞭策后进。三要讲究方法。当矿长协调下级之间的关系时，必须多动脑筋、讲究方法。比如：采用目标导向法，用大道理管小道理的方法，以全矿的整体目标统一各方的思想和行动，要求他们顾全大局，正确处理全局和局部的关系；采用职能定位法，通过明确和细分各方的职、责、权、利关系，消除分歧；采用例会协调法，组织有关单位、部门、人员召开例会，协调关系；采用合署办公法，对于新出现的较为复杂的或重大的问题，牵涉多个单位、部门，容易出现推诿扯皮的现象，可以从各单位、部门抽调人员联合办公，集中解决问题。

协调好与企业相关的公共关系。搞煤矿离不开一定的外部环境的支持。矿长必须重视协调好与企业相关的外部关系（如各种地企关系、村企关系），努力减少社会摩擦，协调好各种社会关系为煤矿的生存发展创造有利的外部环境。

四、选对人、用对法、善激励、树典型的落实艺术

矿长制定决策、部署任务，只是完成了全部工作的一半，另一半更重要的任务是抓落实。安排的工作只有落实了才叫真本事，只有抓出效果才叫真本领。所以，抓落实要提倡具体抓、抓具体、抓住不放、一抓到底。

（一）要选对人：让合适的人，干合适的事

为政之要，在于用人。选对人，干对事，这是当领导的重要职责。用人得当，是成事之基；用人不当，是败事之根。

有一次，松下幸之助看到某个部门的一个业务人员总是早来晚走，每天都忙到很晚，非常敬业，就提拔他当了课长。但这个人当了课长之后，全部门依然只有他一个人天天早来晚

走，忙到很晚，于是就又免去了他课长的职务。在松下幸之助看来，一个人在普通职员岗位上时，只要管好自己就行了，但当了领导之后如果还是仅仅管好自己，那就不适合当领导。这样的人，只能成为优秀的员工，成不了优秀的领导。

（二）要用对法：人叫人干人不干，办法治得滴滴转

当矿长抓落实，选对人是基础，用对法是关键。方法对头，事半功倍；方法不对，努力白费。正所谓“只有不快的斧子，没有劈不开的柴火”。一个好的办法，能解决很多问题。当矿长，就要在抓落实上多动脑筋、多想办法。

（三）要善激励：马不催不奔，人不激不发

激励是一种重要的领导方法，也是一种高超的领导艺术。激励具有神奇的力量，它能使领导者率领的团队达到所要达到的每个目标和计划。聪明的领导者不仅善于驾驭人，而且善于激励人，总是会通过各种各样的有效方法激励部属自动自发，兢兢业业地干好工作。

一要适时赞美。人人都渴望掌声与赞美，哪怕只是一句简单的赞语，也会给人带来无比的温馨和振奋。赞美是合乎人性的领导法则，适当得体的赞美会使人感到开心、快乐。因此，领导的赞美会得到意想不到的回报，那就是当人们感到自己的表现受到肯定和重视时，他们会以感恩的心表现得更加出色、更加精彩。

二要施之以惠。“惠”即恩惠，是利益，是赏赐。忠诚需要利益的支撑。领导者必要的奖励可以对下属产生巨大的激励作用。当然，施之以惠，物质激励是基础，但并非单纯的方式。人的需求是多方面的，有的求政治上的进步，有的求事业上的成功，有的求生活上的幸福等。作为矿长，应根据不同对象的不同要求给予不同的关心或支持。

三要公平公道。公平公道是强化积极性的重要手段。一个人工作积极性的高低，不仅取决于他所得到的报酬和评价是否与所做的贡献成正比，而且取决于与同事、同行相比是否感到公平合理。每个人把自己的报酬与贡献的比率与其他人比较，如果比率大致相等或者基本相近，就觉得领导处事公平合理，心情就舒畅，工作的劲头就大。如果认为比率不相等尤其是自己的比率低于别人的比率时，就会感到不公平合理，影响工作情绪和劲头。因此，矿长在对下属进行激励时，一定要主持公道，特别是要研究制定公平合理的激励机制，薪酬分配政策要科学，既要体现多劳多得的原则，也要体现效率、技术等因素。

四要善用精神激励。人都是需要一定的精神的，因此不花钱也能激励人。精神激励法永远不会过时，只会与时俱进。比如，授予荣誉、评选先进、表彰奖励、劳动竞赛等，都可以起到激励先进、鞭策后进的巨大作用，产生比、学、赶、超的动力。只要运用得当，就能发挥出正激励的导向功能。作为矿长，如果说物质激励有时还受一些客观条件限制的话，精神激励却是取之不尽、用之不竭的动力源泉。恰当的精神激励，给人的是快乐工作、幸福生活的心情，带给企业的却是忠诚和奉献精神。

（四）要树典型：工作上水平，必须抓典型

典型的巨大社会能量人们有目共睹。矿长必须把抓典型作为重要的领导方法和领导工作，努力做到“胸中有全局，手中有典型”，依靠典型引路推动各项工作的落实。

一方面，要善于选树先进典型。先进典型是群体的代表、社会的财富、事业的珍宝，既能产生巨大的精神动力，又能转化为巨大的经济效益。选准一个先进典型就树立起一面旗帜，使人学有方向、赶有目标，对抓工作的落实能起到巨大的推动作用。作为领导者，必须要善

于发现典型，把握好典型的先进性和时代特色，在企业的各个时期都选树或培养出一批不同层次、不同类型的先进典型，并以先进典型为标尺量工作之短，以先进典型为镜子照工作之弊，以先进典型为榜样查工作差距，靠先进典型推动和促进工作落实。

另一方面，要善于抓反面典型。反面典型在工作落实中具有很强的负面影响力，如果听之任之，就容易带坏整个队伍的风气，造成兵不服将、指挥失灵的被动局面，进而导致整个管理目标的落空。因此，当领导必要时抓典型也必须“两手抓，两手都要硬”，既要选树先进典型在前面引路，也要惩治个别反面典型以儆效尤。

（五）要严考核：抓住不落实的事，追究不落实的人

工作要干好，关键在落实。对不抓落实、不全部落实、全部不落实这几种情况，必须敢于动真碰硬，严格考核。任何工作，没有严格的考核，就无所谓落实。严格考核的“绝招”，就是严格对照责任制，真正抓住不落实的事，严厉追究不落实的人。特别是要坚持问题导向，突出严肃问责，切实树立起抓落实、严考核的绝对权威。尤其是对于矿长而言，因为精力有限，不可能目不转睛地盯住工作落实的整个过程，但你必须把牢工作落实的最后一道关口，那就是严格考核和责任追究。在此，特别提醒矿长，对于工作落实得好、按照责任制应该奖励的人员，一定要“奖不红眼”，重信守诺，该兑现的奖励一定要及时兑现，否则，就会降低领导威信；对于工作落实不力甚至造成重大损失者，一定要“罚不手软”，严格按照责任制兑现处罚，真正形成对事不对人的刚性考核机制。

第十二章　煤矿安全生产管理经验典型案例

第一节　重大灾害治理创新经验

一、淮河能源集团煤业公司断层破碎带治理经验

淮河能源集团煤业公司现有潘二、潘四东、潘三、谢桥、张集、顾桥、朱集东、丁集、顾北等9处生产矿井，核定生产能力为5 610万t/a，全部为煤与瓦斯突出矿井，水文地质类型极复杂矿井2处、复杂矿井3处、中等矿井4处，煤系地层为石炭-二叠系，高瓦斯煤层群开采，现开采13#、11#、9#、8#、6#、4#、5#、3#、1#煤层，埋深在800 m左右，总厚度为25～36 m，煤层硬度较小，f值一般为0.2～0.8，顶底板多为泥岩或砂质泥岩，f值一般为2～4。受到新生界松散层砂层孔隙水、煤系砂岩裂隙水及灰岩岩溶水威胁，存在导水断层、陷落柱等隐伏导水构造，矿井正常涌水量为200～300 m^3/h、最大涌水量为500 m^3/h。根据地面钻探、三维地震勘探和实际揭露资料显示，落差大于5 m的断层有5 300多条，构造复杂且相互叠加影响，对安全生产影响大，历史上多次发生采掘工作面过断层片帮漏顶，造成停采停掘和人员伤亡事故。

为扭转过断层造成的安全生产被动局面，该煤业公司提出“抽冒就是事故”“断层不治就是违章指挥”等理念，由过断层向治理断层转变，从被动防范事故向超前防范重大事故诱导因素转变，自主研发断层破碎带超前治理工艺、材料、机具，创新建立了井下治理与井上治理相结合、区域治理与局部治理相结合、顶板治理与瓦斯治理相结合、静态治理与动态治理相结合、断层治理与水害治理相结合、有机和无机材料相结合的断层破碎带成套治理技术体系，制定了《断层破碎带治理暂行规定》《采掘工作面断层破碎带及岩巷揭煤、沿空小煤柱注浆加固技术标准(暂行)》，并在公司全面推广。截至2021年6月，淮河能源集团煤业公司累计对69个采煤工作面、52个煤巷掘进工作面、15个岩巷掘进工作面、27个揭煤地点进行了超前注浆治理，掘进期间对43个沿空小煤柱、采煤期间对63个沿空小煤柱实施了注浆加固，在管理体系、地质保障、创新断层治理技术等方面总结了一套经验做法。

（一）坚持顶层设计，建立健全管理体系

(1) 成立断层治理领导小组和工作小组。该煤业公司成立断层治理领导小组，总经理任组长，各分管领导任副组长。主要职责是建立工作机制，推进专业队伍建设，审定技术规范、重大方案、核准装备、费用投入等重大事项。生产副总经理负责日常监督、考核、协调工作。

各矿井成立断层治理工作小组，矿长任组长，各分管矿领导任副组长。生产技术科负责联系科研院所，协调断层治理新材料、新工艺和新设备的研制、改进工作，指导施工单位制定地质异常区治理方案。地测防治水科负责地质异常区探查和资料提供，参与审查地质异常区治理方案。安全监察科负责现场安全监察。机电科参与机电设备监管检查。企管科及物管科负责协调地质异常区治理材料、设备、费用，落实考核结果。施工单位负责注浆钻孔的施工和注浆工作。

(2) 建立断层破碎带治理专题会议制度。淮河能源集团煤业公司成立断层治理技术指导小组，每月召开断层治理分析会议，各矿分管领导、技术科长、地测科长参加。会议对上月断层破碎带治理工作进行总结、分析，超前3～6个月对断层破碎带治理工作进行安排，下达断层破碎带治理负面清单，并帮助、指导矿井实施，形成《断层破碎带治理工作简报》，下发相关部门和生产矿井。基层矿井每周由分管副矿长组织召开一次断层破碎带治理工作会议，每月由矿长组织召开一次断层破碎带治理工作会议，协调解决相关问题。

(3) 建立超前3～6个月管控机制。基层矿井按照超前3～6个月管控要求，每月25日前，梳理上报后3个月的采掘工作面断层破碎带、岩巷揭煤及沿空小煤柱情况，制定相应的管控措施报煤业公司生产技术部，生产技术部整理后提交煤业公司断层治理技术指导小组会议审查，并由煤业公司断层治理技术指导小组下发断层破碎带治理监管函告。

(4) 建立超前治理效果检查分析机制。煤业公司生产技术部、安全监察部根据每月下发的监管函告及通防地质技术部提供的月度断层构造报表，开展专项督查，重点督查是否按要求实施超前治理，对治理效果予以评估性分析通报，针对治理效果分析原因，推动工作抓细抓实。对没有按照要求执行的，在公司月度安全办公视频会议上通报批评，并纳入安全生产标准化考核，每次扣2分；对执行不力、制约生产的，约谈相关领导。

(5) 其他制度措施。对注浆工作实行挂牌管理并建立台账，各矿井每月对断层、揭煤及沿空掘进小煤柱注浆加固治理工作进行总结，对注浆加固效果进行评价，报煤业公司生产技术部备案。注浆加固治理必须编制专项措施，技术标准在专项措施中明确，严格贯彻执行。岩巷揭煤根据煤层及顶底板情况，优选治理方案。如掘进期间顶板破碎，需留顶煤施工的，必须超前注浆治理。

(二) 坚持地质先行，充分发挥地质保障作用

该煤业公司引进先进勘探技术，2007年在煤炭行业率先引进石油行业高精度三维地震勘探技术，提高断层解释精度。截至目前，煤业公司共施工三维地震勘探总面积约500 km^2，基本实现了三维地震全覆盖，对主采煤层中落差大于5 m或大于煤厚的断层做到了超前控制。

矿井每年底根据采掘接替计划对下一年度过断层破碎带情况进行预报，制定地质前探措施，并纳入地质测量“一矿一策”“一面一策”报煤业公司核准后执行。地质部门在采掘过程中充分发挥三维地震勘探工作站动态解释作用，对断层进行精细解释，对解释的断层及时进行地质前探，同时充分利用井下穿层孔、顺层孔等各类钻孔及物探资料，探准断层、探清构造，每月融合井下地质前探和采掘实见资料进行三维地震动态精细解释，编制地质月报，及时向断层治理相关部门下达，为采掘工作面断层超前治理提供可靠的地质依据。

(三) 创新断层治理技术

(1) 地面注浆区域治理。针对落差≥50 m、带宽≥10 m的断层及井下治理效果差和施

工危险性大的采掘工程，利用地面钻孔进行高压注浆，提高断层破碎带围岩强度。地面钻孔采用定向钻进、下行式分段注浆工艺，注浆压力是注浆地点静水压力的 1.5～1.8 倍。

(2) 采煤工作面断层破碎带治理。采煤工作面内落差≥1.5 m 的仰采断层、落差≥3 m 的俯采断层，必须进行超前注浆治理。按照钻孔利用率高、施工方便，且断层加固区域全覆盖的原则，采取从地面、井下高抽巷、巷帮钻场、高位钻场、工作面平巷等一处或多处进行注浆加固。钻孔可采取平行孔并排布置、扇形孔集中布置及平行孔与扇形孔结合布置 3 种方式。与断层正交或斜交的钻孔，理论上终孔位置水平方向要穿过断层面 3～5 m。注浆压力浅孔达到 5～10 MPa、中深孔达到 10～15 MPa、深孔达到 15 MPa 以上。

(3) 掘进工作面断层破碎带治理。在煤巷掘进断层破碎带治理方面，针对含水构造、落差≥3 m 或超过煤厚的仰掘断层及 10 m 范围内的影响区域，留设顶煤厚度≥1 m 的区域；因构造影响发生高度≥1 m 掉顶的区域，实施工作面超前注浆局部治理，施工期间根据实际情况进行补充短掘短注。超前注浆局部治理要在距煤层法距 2 m 或断层面平距 3 m 前，施工钻孔超前注浆对巷道过地质破碎带围岩进行注浆加固，注浆孔原则上不少于 3 个，终孔位置应超过断层面 3 m 以上，注浆终压达到 10 MPa 以上，并稳定 3 min 以上。短掘短注要在揭露断层前或进入断层破碎带施工期间，在工作面迎头施工钻孔注浆对自由面及顶板进行注浆加固，注浆终压不小于 5 MPa，并稳定 3 min 以上。在岩巷掘进断层破碎带治理方面，针对含水构造、断层破碎带宽≥2 m，留顶煤施工的揭煤（或反揭煤），实施超前注浆局部治理，施工期间根据实际情况进行补充短掘短注，超前注浆及短掘短注的技术要求与煤巷相同。巷道揭煤段、过断层后压力显现段，增加滞后注浆。

(4) 沿空小煤柱治理。针对煤厚≥1.5 m 的沿空小煤柱进行注浆加固，其中，煤厚在 1.5～2.5 m 的，注浆孔采取单排布置；煤厚≥2.5 m 的，注浆孔不得少于两排，上下排错茬布置。注浆孔上、下排距顶、底板原则上不超过 1 m，孔距不超过 3 m，孔深为小煤柱宽度的一半，注浆终压为 3～5 MPa，并稳定 3 min 以上。注浆滞后迎头不得超过 200 m。

(5) 封孔工艺。直径为 42 mm 帷幕注浆孔采用“一堵一注”式定位封孔，即采用长 3 m 的 4 分（或 6 分）钢管配合胶囊式封孔器或高分子化学材料在孔口封孔。直径为 94 mm 注浆孔采用“两堵一注”式耐高压定位封孔，矿用封孔器必须固定在 1 寸钢管上，孔内同时安装排气管（4 分钢管）。

（四）探索、研发不同注浆材料

该煤业公司先后试验采用普通水泥、超细水泥、化学材料进行断层破碎带注浆加固，研发了系列无机复合注浆材料，具有安全性好、强度高、浆液流动性好、可注性好、稳定性好、性价比高的优点。其中，KWJG-1 型矿用无机加固复合砂浆主要用于岩体加固和井下岩巷修复、加固及止浆层的充填加固；KWJG-2 型矿用无机充填加固材料主要用于煤体加固、井下煤巷修复及加固、断层超前治理、小煤柱加固；KWJG-3 型矿用无机充填加固材料主要用于掘进工作面中空注浆锚索、锚杆的全长锚固；KWJG-4 型、KWJG-5 型矿用无机充填加固双组分安全型速凝材料主要用于采掘工作面断层破碎带顶板和煤层加固，可以替代煤岩体加固用化学材料。

（五）取得的成效

(1) 技术效果显著。工作面过断层日进尺增加 0.9～1.3 m，产量增加 600～1 100 t，巷道过断层单班进尺达到 2.6～4 m，煤岩裂隙及层理间浆液充填密实，顶帮完整性好，未发生片漏现象。

(2) 安全效果显著。有效防止了采掘工作面片帮、掉顶，降低了人员进入煤壁侧作业的风险，减少了卧底、刷帮工作量，保障了通风断面。

(3) 效率、效益明显。减小了断层破碎带对生产的影响，效率提高了 1～2 倍，两年增收 45 000 万余元，节约资金 7 900 万余元。

(4) 劳动强度降低。小煤柱未治理前，巷道压力大，一般情况下每班刷帮、卧底需 10～20 人，情况严重时需要投入更多人力；采煤工作面断层构造带未治理、片帮掉顶时，需投入大量人力。断层破碎带超前治理和小煤柱加固工作 3～5 人即可完成，每班可减少 10～15 人。

二、晋煤集团坚持采气采煤一体化提升矿井瓦斯防治经验

晋煤集团是一家以燃气为主业，煤炭为基础，煤化工、电力、新兴产业等多产业联动、多元持股的省属国有能源企业集团。近年来，该集团秉持“瓦斯可治、突出可防”的信念，坚持瓦斯防治与开发利用并举，立足“强抽采、优技术、细管理、严问责”“四位一体”工作体系，形成“先采气后采煤、采气采煤一体化”的瓦斯治理模式，开创了煤层气与煤炭安全高效开采的局面。

（一）强抽采，以立体抽采开拓安全生产空间

实践证明，坚持“采气采煤一体化”，实施井上下联合抽采，可以更好地改善煤层透气性，快速将煤层瓦斯含量降低，实现煤炭资源安全开采。这是煤矿治理瓦斯最主动、最根本、最安全的手段，也是对煤层气和煤炭资源高效合理利用的科学途径。2018 年，该集团井上下煤层气年抽采达到 30 亿 m^3，矿井平均抽采率达到 78%，部分矿井抽采率超过 90%。

(1) 强化地面抽采。在所有高瓦斯、突出矿井全区域施工地面抽采钻井，按照 200～300 m 间距网格化布置，实施抽采全覆盖。目前，该集团累计完成地面钻井 5 500 余口，钻井最高日产气量超过 2 万 m^3。开展“矿井采空区地面煤层气抽采技术”攻关，掌握了煤矿采空区地面抽采关键技术，正在加快采空区资源开发利用。

(2) 强化井下抽采。全面推广大功率长钻孔定向钻机，开展区域递进式模块抽采。该集团年瓦斯抽采钻孔进尺超过 1 000 万 m，吨煤抽采钻孔进尺达到 0.25 m；在松软、低透气性煤层，实施底板岩巷、穿层钻孔瓦斯抽采，该集团每年瓦斯治理岩巷进尺超过 4 万 m，岩巷万吨掘进率达到 10 m，形成了“岩巷为抽采服务，抽采为煤巷掩护”的良性循环。因地制宜、因矿施策，分别建立本煤层瓦斯预抽系统、采动区动态抽采系统、采空区低负压抽采系统，分源治理、高效利用。该集团煤炭年产量从 2008 年的 3 700 万 t 增加到 2018 年的 7 000 万 t。

（二）优技术，以技术创新提升安全保障水平

(1) 优化治理模式。不断总结优化三区联动井上下瓦斯立体抽采模式。对瓦斯含量高于 16 m^3/t 的煤炭开采规划区，提前 5～10 年实施地面钻井预抽采；对瓦斯含量 8～16 m^3/t 的煤炭开采准备区，提前 3～5 年实施井上下联合抽采、区域递进式抽采、底板岩巷穿层钻孔抽采；对瓦斯含量在 8 m^3/t 以下的煤炭开采生产区，实施井下卸压、高位钻孔强化抽采、地面采动井抽采，保障矿井生产安全。

(2) 实施专项攻关。依托煤与煤层气共采国家重点实验室,实施校企联合、院企联动,推进国家"十三五"煤层气重大攻关。成立瓦斯治理攻关课题组,对该集团当前瓦斯治理难题开展专项攻关。首创地面径向井压裂快速揭煤技术,缩短揭煤时间;试验本煤层水力区域卸压增透技术,实现钻冲一体化,提高单孔瓦斯抽采量;试验顶板走向高位大直径(200 mm)定向长钻孔施工工艺,有效降低瓦斯治理费用,缩短治理时间;在松软、低透气性煤层试验定向钻机氮气打钻技术,成孔突破 300 m 孔深。

近几年,该集团共完成 14 项国家、省部级科研项目,组织多项课题攻关,牵头制定了国家、行业标准 20 项,获得国家科技进步奖 6 项、授权专利 853 项。形成了"三区联动,四大系列,十三项专项技术工艺"的晋煤瓦斯综合防治技术体系。

(三) 细管理,以理念机制夯实安全生产根基

(1) 强化理念引领。建立晋煤集团"1551"安全理念体系,坚定"煤矿零死亡"奋斗目标。在实际工作中形成了"瓦斯超限就是事故""宁可不达产,不可不达标""治理了瓦斯,就解放了生产力"等瓦斯防治理念,以先进理念提升全员瓦斯防治意识。

(2) 夯实基础管理。健全以总工程师为首的技术管理体系,树立总工程师在瓦斯防治工作中的权威,矿井配备通风矿长、设立专职通风副总工程师,高突矿井设置专业化抽采队伍、专门机构;建立了矿井瓦斯地质预测预报机制和瓦斯超限预警机制,及时发布预警信息,超前防范;建立了抽采达标判定"计算—实测—抽查"三步走工作机制,确保治理真正达标;集团公司制定了 107 项瓦斯防治技术标准,瓦斯防治工作标准化、精细化和规范化;强力推行"一通三防"工程"三专"管理,全面推广坐标管理法,确保全过程受控、管理全覆盖。

(3) 提升员工素养。构建了矿井与地面煤层气公司资料共享、协作联动机制,形成了煤层气勘探、抽采、输送、压缩、液化、利用等煤层气产业体系,拥有专业技术队伍 5 000 余人;坚持开展全员瓦斯防治专项培训,建立通风"大师工作室",开展通风技术比武,定期招聘、培养通风专业技术人员,提升了全员业务素质和瓦斯灾害防治能力。

(四) 严问责,以目标考核倒逼安全责任落实

(1) 强化责任落实。制定瓦斯防治岗位责任制,签订瓦斯治理目标责任书,明确瓦斯治理目标,明确瓦斯治理工程,自上而下、层层分解责任目标。与单位和领导班子年度绩效考核挂钩,严格落实考核。

(2) 强化瓦斯问责。坚持"不积聚、不超限、不突出"的"三不"目标,建立"瓦斯零超限"考核管理办法,瓦斯超限就是事故,就要问责。该集团按照分级权限,从严从重追责处罚。以目标倒逼,以结果倒逼。该集团瓦斯超限次数从 2008 年的 141 次下降至 2018 年的 0 次。

(3) 强化隐患问责。该集团成立"一通三防"督查队,对瓦斯防治的重要环节和重点部位重点监督、动态检查;对存在的隐患、不作为的事,重点督查督办。按照安全"双红线"管理,强化隐患问责,强化过程管控,强化重点推进,强化治理达标。

三、山东能源集团煤矿瓦斯和冲击地压灾害防治经验

山东能源集团有冲击地压矿井 36 处,占全国的 1/4,主要分布在山东、陕西、内蒙古、新疆等地区,产能为 1.12 亿 t/a,占该集团国内总产能的 52%。该集团提出煤岩"零冲击"目标,构建"1220"冲击地压灾害管控机制,即树立能量超限就是事故的理念,健全防冲管理和

技术2大体系，坚持布局合理、生产有序、支护可靠、监控有效、卸压到位的20字防冲措施。

（一）夯实冲击地压防治基础支撑

该集团坚持“一把手”负总责，层层压实各级主要负责人防冲责任，形成“315”防冲管理体系，即构建能源集团—二级单位—矿井三级领导和组织管理体系，集团总部成立防冲中心作为专设机构，部署鲁西、兖矿、西北、新矿、枣矿5个分中心。

做到“六个坚持”。① 坚持防冲投入优先。在吨煤15元安全投入的基础上，再增加吨煤15元专项防冲安全费用，2021年提取防冲安全费用12.9亿元。② 坚持分级分类管控。该集团根据冲击地压机理，将矿井划分为深部静载型、构造应力型、坚硬顶板型、煤柱型、复合灾害型5种冲击地压类型，实施分类防控；将矿井分为一般、较高、高和特高4个风险等级进行分级管控。③ 坚持配强专业队伍。成立三级冲击地压防治领导小组，配备三级专业副总师，拥有专业技术人员340余名。④ 坚持全员素质培训。投资1 600万元建成国内首个冲击地压实操培训基地，已组织内部培训7期。⑤ 坚持智能装备升级。深入推进“机械化换人、自动化减人、智能化无人”，制定智能化矿井建设三年规划，明确“155、277、388”控人目标（将矿井分为一类、二类、三类，单班下井人数分别不超过100人、200人、300人，综采和综掘工作面分别不超过5人、7人、8人），累计投资74亿元，完成智能化项目706项，9处矿井实现“155、277、388”目标，年底前将达到21处；省内冲击地压矿井全部实现智能化开采，单班作业人数最低下降至200人以内。⑥ 坚持考核激励并重。建立目标激励制度，对冲击地压专业队伍实施薪酬分配政策倾斜，鲁西矿业等灾害严重矿井防冲技术人员按同岗级绩效的1.2倍发放，操作工人参照采掘一线工资待遇。建立约束管理制度。建立量化考核制度，规范冲击地压十条问责“红牌”标准和二级单位副总工程师以上“关键少数”防冲失职追责标准。2021年，扣减二级单位领导班子绩效100余万元，5名严重失职的防冲副总、区队长被调离工作岗位。

（二）建立完善技术保障体系

该集团构建了涵盖技术标准、流程、研发的技术保障体系，实现统一领导、统一指挥、统一协调。

一是坚持规范先行，构建防冲技术标准。全面落实国家及地方防冲规章制度，制定冲击地压防治管理规定、技术规范和岗位操作规程，形成两个“123”防冲技术标准。在技术研究改进上实行“一报表、两分析、三总结”，在技术落地实施上建立“一规程、两图纸、三措施”。

二是聚力效能提升，规范技术管控流程。

三是抓实重点审查，严把报告方案关口。建立防冲科研项目前置审查制度，重大科研项目由山东能源集团组织审查，避免科研项目“虎头蛇尾、高投入低产出”。

四是突出科技创新，研发攻关关键技术。成立专职防冲研发团队，配备高级以上职称、博士等人员80余人；联合国家矿山安全监察局山东局，投资6 000万元建成国内首个冲击地压实验室；推行重大科研项目“揭榜挂帅”机制，联合国内外专家团队集中攻关国家重点研发计划和山东省重大科技项目。联合重组以来，该集团累计投入4.8亿元，实施防冲科研项目78项。

（三）实现风险超前预控

该集团聚焦重点关键环节，确立“20字防冲措施”，提升防冲工作标准化、科学化水平。

(1) 强化区域管控抓源头，确保布局合理。突出量化布局、分区管理、规范接续“三向发力”。进行防冲“不安全煤量”分区管理，禁采区内严禁采掘，缓采区内不得回采。2022年划定缓采区95个，涉及可采储量2.3亿t；禁采区56个，涉及可采储量2.4亿t。形成了巷道岩层和煤柱布置“两极”原则，新掘开拓准备大巷采用岩层布置方式。将区段煤柱宽度由7 m优化为2.5～4 m，明确高瓦斯煤层不超过6 m。在国内首次探索研究“负煤柱”开采工艺，并在华丰煤矿和硫磺沟煤矿成功应用。

(2) 强化劳动组织限定员，确保生产有序。持续优化冲击地压矿井生产组织管理，严格落实“一矿两面三刀”措施，坚决落实各项限强度措施。严格按照不大于核定生产能力下达生产指标，其中省内20处冲击地压矿井生产指标均低于核定生产能力。建立卸压治理时间保证机制，排定采煤工作面接续至少预留3个月治灾时间，工作面安装后至少预留15天治灾时间。严格落实冲击地压9人、16人限定员措施。

(3) 强化支护体系优设计，确保支护可靠。持续强化支护体系建设。建立厚煤层托顶煤、中等及以上冲击危险巷道支护抗冲击能力评估机制，开展全面体检优化支护方案。建立冲击地压巷道“一级锚网索、二级可缩性钢棚、三级液压支架”的三级支护体系。把采煤工作面超前支护区域围岩变形量、工作面切顶线以里顶板垮冒滞后距离，作为巷道支护可靠性的评估依据，由矿井总工程师、掘进矿长定期到工作面评估支护效果。

(4) 强化监测预警重分析，确保监控有效。坚持“强监测”原则，细化监测标准，严格数据分析。震动场采用以微震监测为基础，矿震台网、局部微震、地音为补充的监测方法，冲击地压矿井全部配备微震监测系统，具有矿震风险的增加地震台网监测。应力场采用以钻屑和应力在线监测为基础，CT反演、三维应力-应变等为补充的监测方法。

(5) 强化立体卸压抓动态，确保卸压到位。建立“三位一体”和“动态＋静态”卸压治理模式，持续深化爆破断顶卸压治理工艺。统一规范不同层位的卸压方法，推广高强度、大直径水胶炸药，应用深孔机械装药装置和快捷高效封孔技术，大幅度提高了爆破效率和卸压效果。

四、冀中能源集团变“一面一治理”为“区域治理”经验

冀中能源集团所属矿井中，水文地质类型复杂的矿井有10个、极复杂矿井7个，主要集中于邯邢矿区。邯邢矿区有8个矿井采深超800 m，4个超1 000 m。大部分矿井已转入深部和下组煤开采，大采深、高承压水使工作面底板破坏深度加大，中浅部开采时传统的防治水技术和措施无法保证开采安全。随着开采规模、开采强度的增大，矿井水探查、治理的难度更高了。2000年以来，邯邢矿区共发生4起隐伏陷落柱突水事故，8起小断层组或裂隙发育带造成的底板突水事故，多起突水事故甚至引发矿井停产。

(一) 完善防治水技术管理体系

2017年6月，冀中能源集团整合内部防治水人才、技术、装备优质资源，组建了防治水工程技术中心，孵化防治水技术品牌。

各子公司、矿健全以主要领导为第一责任人、总工程师为技术负责人的防治水技术管理体系，设置专职防治水机构。水文地质条件复杂的单位还设有专职地测副总工程师。梧桐庄矿等大水矿井设置了专职防治水副矿长。

（二）推广底板水害地面区域治理技术

冀中能源集团有效破解矿井水害防治各类“卡脖子”难题，在地面区域治理关键技术及综合配套研究方面取得可喜进展，成果已推广至该集团15个矿井。

冀中能源集团提出“超前主动、区域治理、全面改造、带压开采”的矿井防治水指导对策，变以往“一面一治理”为超前主动的“区域治理”。通过创新治理模式、设计参数、钻进工艺以及注浆材料，提高工程效率、加强治理管控，满足大采深矿井、高承压下组煤安全开采的需要。

此技术以“地面定向分支钻孔群”技术为主，辅以“径向射流造孔”技术补注盲区的方法，对底板奥灰含水层实施注浆，阻断了奥灰水垂向补给通道。增加隔水层厚度，矿井水害威胁会大幅度降低。

2021年，峰峰集团6对矿井实施地面区域治理，共解放煤量1 889.6万t，安全采煤408.5万t。其中，5个工作面已结束回采。据统计，峰峰集团通过采用地面区域治理技术封堵井下永久出水点，累计减水1 245 m^3/h，年节约排水费用2 150万元；超前探测出5个含水陷落柱，有效避免了矿井底板突水事故隐患。

（三）构建国内首家省级煤矿水害风险预警与防控系统

利用高精度微震监测系统，感知导水通道形成过程中的岩石破裂，精细定位处理解释，以对导水通道形成过程实施监测。微震监测具备矿井突水监控及预警、突水区域及水源判别、断层构造活化监控、注浆描述与注浆效果评价、矿压及顶底板破坏监控、水文地质勘查等功能。

2018年，由国家矿山安全监察局河北局主导，冀中能源集团建成了国内首家以微震监控预警为核心技术的省级煤矿水害风险预警与防控系统，实现了水害预警智能化、数据展现直观化的“一张图”目标。

2020年4月，国内首家企业版水害预警系统——淮河能源煤业分公司煤矿水害风险预警及防控系统诞生。

2016年以来，通过实施综合防治水技术，邯邢矿区未发生因水害导致的较大及以上死亡事故，年释放受水威胁的煤炭资源1 500万t。2021年，以“矿井水害微震监测预警”为代表的冀中能源集团防治水技术产业规模持续增长，实现整体创收5 000万元。

第二节　基础管理创新经验

一、中煤新集公司以三维地震动态数据库作为防灾“眼睛”的经验

中煤新集公司是中煤集团所属二级企业，目前有5对生产矿井，核准煤炭年产能2 350万t。公司所属矿井水文地质条件复杂，主要受顶板松散层水、推覆体寒武灰岩水、煤系砂岩水或老空水、底板近距离高承压太灰水和奥灰水等威胁。

中煤新集公司建立了以总工程师为首的地测防治水技术管理体系，成立了包括防治水研究所等“三所一科”的技术中心，开展煤矿地质防治水技术攻关，推广应用新技术、新工艺、新装备，建立了较为完善的三维地震动态数据库，有效防治地质灾害。

(一) 从一张图纸到一个数据库

先前的地面、井下地质勘探完成后,会出具一张勘测报告。由于地质条件复杂多变,一张勘测报告远远不能够掌握生产过程的地质变化。该公司将多年来的地质勘探整体资料进行汇总、拷贝,建立三维地震动态数据库。

该公司所属各矿均开展了三维地震勘探。限于当时三维地震勘探技术水平和认知水平,早期地震勘探报告数据处理简单,许多三维地震反映的地质信息特别是岩溶陷落柱、小构造、薄煤带、底板灰岩界面等影响安全生产的地质体地震属性未充分认识。

随着计算机技术的发展,三维地震资料再处理和精细解释被认为是较为有效的地质水文预测手段。该公司完成了板集矿三维地震数据体的二次处理精细解释,实现了目前开采区域的三维地震勘探及精细解释全覆盖。该数据库通过收集、整理、统计分析已有巷道和采煤工作面实测地质素描剖面资料,与对应的三维地震时间剖面、切片对比分析,探索总结小断层、褶曲、煤厚变化、顶底板岩性变化等各类地质异常在三维地震时间剖面、切片以及属性分析中的规律,综合分析不同构造在地震时间剖面上产生的不同响应特征。在此基础之上,优选敏感属性,作为新集矿区三维地震构造异常体识别指标和标准。

从一张图纸到一个庞大的数据库,是地测防治水工作者长期探索的结果,也是基于后期跟踪、反馈生产头面地质防治水变化的需要。

(二) 从试行到全面推广

该公司通过业务培训、工作会商等方式,将三维地震动态数据库运用到日常工作中。由于水害超前治理到位,新集二矿受底板高承压灰岩水威胁的 1 煤首采区,解放出煤炭资源 950 万 t,直接产生经济效益 2.4 亿多元,在淮南煤田首次成功实现 1 煤带压安全开采。

刘庄矿试点建立了智能 GIS 一张图系统。该系统基于统一 GIS 服务平台,以分布式、协同化的网络服务技术为纽带,实现矿山日常生产和安全管理、煤炭运销、地形地貌基础地理等多源数据的汇交更新、综合集成与分析、展示,实现“以图管矿、以图管量、以图防灾(救灾)”的“一张图”集成服务。

基于三维高精度地质模型数据库,多部门、多专业、多管理层面的业务数据和空间数据得以共享集成与应用,形成安全监测、重大危险源等的预警技术。

截至目前,新集公司建立了地面区域探查治理技术管理和探查、治理、验证、评价、监测“五位一体”防治体系及技术标准,水害防治能力显著增强。

二、陕煤化集团神南矿业公司全面创新经验

陕煤化集团神南矿业公司把科研技术创新驱动、培育一流持续竞争力摆在突出位置,以新技术力、新要素力、新方式力、新模式力、新供给力的“五力修炼”为引领,聚力转型升级,全面推进“九强神南”建设。以利润再造、创建一流为担当,着力实现 2.0 版煤炭工业的提质发展。

(一)“110-N00 工法”核心技术创先发力

神南矿业公司以打造吨煤“百元成本”为目标,把提升工效、降低成本、利润再造作为着力点,不断研究实践、创新应用国内先进核心技术,实现技术提质提效。

神南矿业公司与中国矿业科学协同创新联盟合作,在柠条塔煤矿实施井工长壁开采世

界首个厚煤层“110 工法”项目。该项目的实施，降低了矿井工作面周期性来压强度，直接费用每米节省 2 000 元以上，煤巷掘进率降低 30%以上，带来的煤柱回收、减少平巷联络巷密闭墙投入等产生重大的效益。在此基础上，更为先进的“N00 工法”目前正在按计划实施。

（二）“智能化信息化”技术升级发力

该公司聚焦“三型四化”矿井建设，把技术升级、减人提效、提质降本作为有力抓手，突出智能化综采工作面、固定岗位无人值守、大数据采集应用、体系成本等管理重点，积极推进数字化和智能化矿山建设，实现矿井生产系统升级。

红柳林矿业公司建设 25207 厚煤层智能化综采工作面，可视化、信息化、智能化的综采工作面作业能力将进一步增强；柠条塔矿业公司井下胶带运输系统投入运行智能巡检机器人，使智能化机器人代替人工“上标准岗干标准活”，达到无人巡检的目的；张家峁矿业公司调度指挥中心按照“总控—分控”的运行模式，建成了新的远程自动化运行安全生产监测监控平台，矿井作业实时监测更科学高效；产业发展公司依据“生产服务互联网＋”思维，研究开发 O2O 信息化平台，实现了服务产品新形势下的体系化、信息化、物联网化运作，盘活了内外资产，彰显了品牌特色。通过一系列信息化、智能化平台技术的创新实践，神南公司矿井及辅助生产本质安全化、生产过程可视化、运行控制自动化、经营决策智能化水平不断提升。

（三）“再制造”等新技术革新发力

神南矿业公司坚持把新技术应用作为科研创新工作的重点，按照体系成本的管控理念，以新技术应用降本增效。

该公司围绕制约安全生产的瓶颈和关键点，开展科研技术攻关工作。在以往修旧利废、盘活资产、降本增效的基础上，挂牌成立了煤炭绿色安全高效开采工程研究中心神南再制造中心。针对综采、综掘、连采等机电设备，以激光、融复等先进修复新技术为手段，对设备废旧零部件进行专业化修复和批量化生产，进一步降低了生产成本，提高了经济效益。

该公司不断加大新技术研发实践力度，累计实践应用科研技术新项目、新成果 180 余项。各矿井推广实施的综采工作面初次放顶“水力压裂初次放顶技术”，避免了爆破强制放顶带来的 CO 超限等安全隐患，并且费用相比过去降低了 5 万余元。综采工作面回撤推广使用高强聚酯网，回撤通道取消长钢梁单体支护，缩短了回撤时间，单个工作面节省费用 20 余万元。

（四）“采掘工艺”技术优化发力

该公司以问题为导向进行采掘工艺的改进和优化，进一步提升矿井自身“造血”能力。开展的“浅埋煤层大采高综采面平巷保护煤柱尺寸研究”，每面提高资源回收率 0.57%～1.67%，提高煤炭资源回收量 50.1 万 t。推广实践的“神南矿区煤巷支护规范研究”，使回采巷道平均费用降低 270 元/m，累计节约掘进费用 3 240 余万元。张家峁矿业公司通过“边角煤安全、高效回采工艺及配套设备技术研究与应用”项目实施，使边角煤工作面回采率提升了 10%以上，仅 5^{-2} 煤北连采工作面即可多采出煤炭 40 万 t，产生直接经济效益 1.4 亿元；同时，张家峁矿业公司进行“常家沟水库保护煤柱合理留设技术研究”，可多回收煤炭 508.6 万 t，增加利润约 2.5 亿元。

（五）“全员创客”创新创效发力

该公司以激发全员创新内生动力为着力点，积极为“神南创客”们搭建创新平台。组织开展“‘5+2’创新100”主题劳动竞赛活动，在公司层面培育选树“500个创新项目和200名创先标兵”。红柳林“创客工厂”、柠条塔“创客总站”、张家峁“青年创客联盟”、孙家岔龙华“创客工作室”、产业公司“张文斌技能大师工作室”等一大批创客工作平台应运而生，公司各岗位涌现出一大批技术创新能手和绝活绝技绝招“三绝”人才。柠条塔综采一队自制的艾柯夫煤机遥控器天线，将单个遥控器天线制作材料成本控制在了10元以内，较以往3 000元一根的采购成本，经济效益显著。截至目前，公司各单位申报创新项目5 770项，评审有效技术创新项目2 762项，卓越管理法534项，精优作业法325项，创意金点子394个，申报专利184项，获授权119项，预计创造效益约1.5亿元。“人人都是创客，事事皆可创新”的创新创效氛围，在神南矿区蔚然成风。

第三节　企业文化创新经验

一、金鸡滩煤矿打造特色“金盾”文化，筑牢安全生产坚实护盾

金鸡滩煤矿位于陕西省榆林市榆阳区，是山东能源集团所属陕西未来能源化工有限公司年产100万t煤间接液化综合利用项目的配套矿井。该矿于2012年开工建设，2014年投入生产，2018年产能由原来的年产800万t核增至1 500万t。

多年来，该矿先后荣获全国煤炭工业文明煤矿、先进集体、特级安全高效矿井、“双十佳”煤矿，陕西省煤矿安全生产先进集体、煤矿安全文化建设示范企业等荣誉称号。2021年8月，该矿被中国煤炭工业协会评为2018至2019年度原煤工效超100 t/工特级安全高效矿井，综采工区、连采工区分别被评为安全高效煤矿千万吨采煤队、千米掘进队。

该矿坚持“安全第一、预防为主、综合治理”的安全生产方针，经过实践积累和总结提升，逐渐形成了有特色的“金盾”安全文化体系。秉承“隐患就是事故、防治胜于救灾、健康价值无上”的安全理念，树立“平安金鸡滩、幸福满家园”的安全愿景，肩负“生命至上、安全为天”的安全使命，确立“打造本质安全型和谐矿井，保障员工安全与健康”的安全目标。

多年来，该矿从理念文化、管理文化、行为文化、理论文化、物态文化5个方面推动安全文化建设，把安全第一作为矿井生产经营的首要价值取向，发挥党建引领作用，强化安全宣培、责任落实和亲情文化建设，为员工营造和谐幸福的安全生产“软环境”，实现“金盾”安全文化的落地生根。

（一）文化引领安全宣培，形成全员自觉

打造“金盾”安全文化，就是要大力发挥文化引领作用，推动员工形成安全思想自觉和行动自觉，形成全员参与安全管理、人人重视安全工作的良好氛围，合力构筑企业安全生产坚实盾牌。

该矿精心制作《“金盾”安全文化手册》和《安全文化手册学习记录本》，并将其发放到每一名员工手中，要求员工定期学习并撰写学习笔记，增强员工对安全文化理念的理解和认同。

该矿注重安全文化宣传工作，定期在副斜井井口大屏播放安全文化宣传片，在井下作业场所、地面联建楼、办公楼、生活广场以及职工宿舍等区域悬挂安全文化宣传牌板400余块，建立安全文化长廊、宣传栏等安全文化阵地。通过营造无处不在的安全文化氛围，该矿让“金盾”安全文化理念潜移默化地深入全体员工心中。

该矿注重员工安全文化理念、法律法规、专业技能、安全规程培训工作，建立并完善了日查、周学、月考、季评的培训机制，每季度对考核排名靠前的员工予以最高800元的奖励，排名较差的予以100～500元不等的处罚。常态化开展“每日一题、每周一课、每月一考、每季一评”活动，在各班组每日班前会上对员工安全理念、安全知识掌握情况进行随机抽查提问，在每周三各区队的安全活动日里组织开展国家法律法规、事故案例警示教育等集体学习；每月末分批次、分专业组织员工开展安全知识考试；每季度根据月度考核结果进行评比和奖惩；通过建立多层级的学习培训机制，该矿旨在常态化提升全员安全意识和技能水平。

此外，该矿每年定期开展安全征文、事故应急演练、“安康杯”知识竞赛、安全文化演讲、干部上讲堂、安全抽奖、组织员工到周边先进矿井参观学习等多种活动，营造浓郁的安全学习氛围，推动员工增强安全意识。

该矿利用“金煤培训”手机App，让培训形式更丰富、更接地气。“金煤培训”有学习培训、自我练习、模拟考试、正规考试、新闻公告5个模块。点击学习培训模块，《煤矿安全规程》《煤矿重大事故隐患判定标准》《煤矿事故典型案例》等煤矿安全法律法规、安全规程知识应有尽有，不仅包含了电子教材，还有相关视频课件，学习起来十分方便。

（二）多层管控压实责任，筑牢安全防线

金鸡滩煤矿坚持把安全管理作为“捍卫矿井生存发展”的首要任务，坚持推进矿级、科室、区队、班组、岗位五级隐患排查，责任、措施、资金、期限、应急预案和过程监控落实的双重预防机制建设，消除事故隐患。该矿健全完善《安全监督检查制度》《安全奖惩制度》等50余项，确保矿井安全管理到位、责任落实到位、现场执行到位。

该矿全面实施安全生产网格化管理，修订完善《安全生产网格化管理办法》，以井上、井下各岗位风险点为基本单元，根据风险大小和管控难度，划分了55个网格单元，把各级安全管理人员纳入其中，明确各级、各业务科室、各生产区队安全管理责任，定期考核通报，做到管理无漏洞、责任无盲区、检查无缝隙，形成“横向到边、纵向到底”的安全生产网格化工作机制。

该矿每季度根据区队、班组工作完成情况，评选优秀区队班组、“金牌”区队长、“金牌”班组长。各区队每月对班组安全生产完成情况进行评比排名，均以绩效工资奖励兑现，形成正向激励机制。

该矿制定《管理人员安全包保基层区队管理办法》《安全生产“红黄牌”、不安全行为和质量隐患条款管理办法》《安全不放心人员排查管理制度》等，严格员工不安全行为管控和安全不放心人员排查管控工作，有效防范各类零敲碎打事故发生，强化矿井安全管理。

此外，该矿大力开展安全生产标准化管理体系建设，制定《安全生产标准化管理体系实施办法》，将8个要素、15个小项、596项条款划分到相关责任部门，明确工作职责；组织成立了检查考核小组，每月开展安全生产标准化创优竞赛活动，严格考核、奖优罚劣；定期开展安全生产标准化管理体系考试，推动以考促学、以学保用；开展精品岗点、精品路线、精品工程创建活动，提升矿井安全生产标准化水平。

(三) 树立"一家人"理念,以亲情促安全

在金鸡滩煤矿,山东籍员工占职工总人数的80%,其中大多与家人都是相隔千里、两地分居。为确保员工家庭和谐稳定、在休班期间能够安全往返,该矿开通了榆林至山东的班车,采取每旬1次集中包车、点对点的方式,接送职工往返。

该矿职工宿舍实行公寓化管理,统一配备网络宽带、闭路电视、衣柜等生活用品,房间内设有独立卫生间,并24 h供应热水。

针对暑假、春节等时期探亲比较集中的情况,该矿设立了33间员工探亲房,免费让家属居住。该矿还每年定期组织员工家属到矿参加消夏晚会、家属座谈会等,引导员工家属体谅、理解、支持驻外职工,共同为企业发展做出贡献。

该矿充分发挥亲情文化引领作用,利用网络、期刊、宣传栏等平台,进行心理健康辅导和知识普及;在医务室成立心理健康咨询室,选聘党支部书记、政工干部及专业人员作为"心理辅导员",为员工提供心理咨询和心理健康指导服务。发挥工会、共青团、女工委等群众组织的作用,组织开展"夏日送清凉"等活动,倡树"一家人"理念,形成"相互关爱、互相促进""一人有难,众人相帮"的良好氛围,使员工树立"一家人、一盘棋、一条心"的思想。

(四) 党建引领示范带动,推动水平提升

金鸡滩煤矿现有9个基层党支部、20个党小组和187名党员。该矿党委积极推进党建与安全深度融合,坚持将"金盾"安全文化作为切入点,在生产一线设立党员示范岗、党员责任区,引导职工树立"安全第一、预防为主"的思想,在矿井上、下营造了良好的安全氛围。

该矿深入推进"我为职工办实事"活动,坚持从员工最关心的方面入手、最突出的问题抓起、最根本的利益出发,用心、用情、用力解决员工的身边事、困难事、烦心事。例如:在办公楼、职工宿舍楼、联建楼等地,安装17台净水机和4台自动售货机,满足员工的饮水需求,方便员工的日常购物;设立"职工阅读角"和健身房,丰富员工的业余生活;设立20多个暖心服务站、成立心理健康咨询室、为困难员工募捐等,创造和谐又幸福的工作环境,让员工安心工作。

二、郭家湾煤矿分公司以"家"文化引领推动本质安全提升

郭家湾煤矿位于陕西省榆林市府谷县大昌汗镇,矿井于2009年3月4日开工建设,2018年8月正式投产,井田面积为119.2 km²,核定生产能力为800万t/a,配套1 000万t/a的选煤厂,全矿共有员工750人,设置有党委办、安管办等9个科室及综采队、通风队等16个区队。

自矿井筹建伊始,该矿以打造"安全先进和谐幸福矿井"为目标,树立"生命至上、安全为天"的精神,坚持安全管理和文化建设双线并重,逐步形成了以"家"为LOGO的安全文化体系,引领全体员工统一思想、步调一致,践行"上下同欲者胜"的理念,实现"一座矿、一个家、一个梦"。该矿以建立"1133"安全管理体系为导向,不断完善安全生产标准化管理体系、双重预防机制、全员安全生产责任制等安全管理制度体系建设,持续推进矿井本质安全水平提升,连续实现安全生产"零事故"。

该矿于2016年被中国煤炭工业协会评为示范煤矿;2020年先后获得国家一级安全生产标准化煤矿、陕西省煤炭工业特级安全高效矿井、中国煤炭工业特级安全高效矿井、陕西省煤矿安全文化建设示范企业等荣誉;2021年被国家能源集团评为安全环保一级单位。

(一) 多元宣传教育促进提升,夯实安全根基

人是安全生产的核心要素,抓实人员的管理、增强人员的安全意识、提升技能水平是实现煤矿安全生产的关键抓手。

该矿坚持“123”人员素质提升机制,以培育本质安全型人才为目标,紧抓理论教育、实践教育、亲情教育三项举措,开展“安康杯”竞赛、安全征文、事故应急演练、员工不安全行为座谈等一系列活动,增强员工安全意识。该矿通过开展知识竞赛、技能比武、安全帮教、安全考核等活动,严把生产一线员工安全知识、法律法规、安全规程学习关,常态化提升全员安全技能水平,夯实矿井安全基础。每月开展一次安全理论知识考试,对全员岗位危险源、标准作业流程等内容掌握情况进行考核奖惩,员工月度考核结果作为年底评优选先的依据,出现违章行为的员工一票否决,不予评选。自 2019 年开始,该矿开办员工夜校,利用业余时间,组织矿上各专业经验丰富的技术能手讲授安全作业知识、设备原理、设备故障处理等。

该矿还推动员工学习多岗位生产技术,要求员工做到“精一门懂两门会三门”,定期组织考核和轮岗,促进员工丰富技能知识,提升矿井人才储备和安全生产水平。

(二) 精细管控科技赋能,消除风险隐患

该矿紧抓全员安全责任落实,建立健全了各部门、全岗位的安全生产责任制 376 项,全员安全责任清单 750 个。各级管理人员每天深入井上、井下生产现场,监督检查岗位责任落实和标准化作业情况,每月开展安全考核,考核结果与工资挂钩。

该矿制定《“三违”管理制度》,成立“三违”管理委员会,通过“三违”人员帮教、回访等强化员工安全思想教育,规范员工作业行为。员工出现不安全行为要接受矿级、区队的两级处罚。被处罚的员工要经过谈心疏导、班组检查、安全培训、亲情帮教、定期考评“过五关”教育培训才能重新上岗。

2018 年以来,该矿推动矿井安全风险分级管控和隐患排查治理双重预防机制建设,按照“1+4”安全风险辨识评估工作模式,每年开展年度安全风险辨识和各种专项安全风险辨识,根据辨识结果制作风险分布图张贴在生产区域,制作危险源辨识卡发放给每一名员工,定期考核,增强全员的风险防控意识。

该矿以《煤矿安全生产标准化管理体系基本要求及评分方法(试行)》为标准,打造了一套安全管理信息系统。该系统包含隐患管理、风险管理、法律法规、统计分析等 20 个模块,实现了对事故隐患排查治理记录统计、过程跟踪、逾期报警、信息上报的信息化管理,为矿井安全管理插上了“翅膀”。各级管理人员在井上和井下开展年度、月度、旬度、日检和节假日专项隐患排查工作时,可第一时间通过电脑、防爆手机将发现的隐患上传至该系统,及时消除隐患。

此外,该矿在采煤机、液压支架、泵站等主要生产设备上张贴二维码,员工用防爆手机扫描二维码就能现场获取设备操作流程、安全风险和防护措施,确保全员安全作业。

(三) 特色文化亲情助力,强化本质安全

该矿将打造独具特色、氛围浓郁的基层一线安全文化作为推动矿井安全生产工作的重要手段。该矿组织全矿 16 个区队、48 个班组根据岗位特点和工作实际,凝练出区队独有的文化品牌,制定安全愿景、树立安全目标,定期组织开展技能比武、事故案例警示教育、安全知识竞赛等活动,形成比、学、赶、超的安全工作氛围。

该矿发挥亲情文化作用，在各区队会议室、井下生产区域设置亲情文化墙，定期组织开展家属座谈会、拍摄亲情微视频、员工家属下井慰问等活动，激励员工践行“以矿为家，用爱管家”的文化理念，牢记心中责任，遵守规章制度，进行安全标准化作业。通过建立家属协管微信群，发挥家属协管力量，加强安全监管，并在节日和员工家属生日定期发送祝福短信。

该矿以“家”文化为引领，将安全文化渗透到全员心中，鼓励各部门、区队、班组打造独具特色的安全文化品牌、愿景、目标，促进员工由“要我安全”向“我要安全”转变。

（四）党建引领提质增效，发挥骨干作用

该矿将党建工作深入融合矿井人才素质提升、基层班组建设、全员安全创新等工作，组织各区队、班组设立党员示范岗、党员责任区、党员先锋队，发挥党建引领作用，推动矿井安全生产提质增效。

2021 年以来，该矿制定《党史学习教育方案》和《我为群众办实事工作方案》，利用宣传展板、厂区广播、企业公众号、抖音等开展宣讲活动，在全矿形成了浓厚的党史学习氛围。

该矿积极实践“我为群众办实事”活动，主要领导通过实地查访、组织座谈、广泛调研等深入一线区队，针对党建、安全管理、生产组织、人才培养、薪酬待遇、后勤保障方面收集意见建议，并建档督办。

第四节　安全培训与班组管理创新经验

一、东欢坨矿推进员工素质提升，以高含金量培训打造硬核队伍

随着新设备、新材料、新工艺、新技术等信息化、智能化升级，以及先进管理方式的引入，员工整体素质偏低与之形成了制约企业发展的主要矛盾。东欢坨矿把员工素质提升工程纳入打造开滦集团领军型矿井的战略规划中，确立“企业发展人才至上、安全第一培训先行”的理念。开展大培训、大比武、大练兵、大提素“四大活动”，创新实施精准培训，依托“互联网＋”智慧开滦工作思路，坚持把全员素质提升工作做真、做实、做到位。

（一）落实“人才强企”战略，为企业长远发展保驾护航

该矿提出一个愿景：通过全员素质提升工程的实施，更多地培养安全生产领军人才，打造一批煤矿技术骨干和技能蓝领，让每一个操作员工都争做安全标兵和技术状元，让每一个管技干部都争做安全管理和技术业务的首席专家。

从 2018 年开始，该矿确定“一年起步打基础、二年再训保达标、三年巩固提素质”的目标。到 2020 年末，员工队伍综合素质得到整体提升，专科以上高学历操作岗位员工的比例达到 20％以上；高技能人才比例逐年提升，占全公司技术员工的比例达到 50％以上；员工受教育培训程度要达到 100％；一职多能和一人多证人员，达到在岗员工的 80％以上。

（二）保障基础建设，为员工素质提升、培训提速铺路

该矿把员工素质提升、员工培训和科技创新工作纳入整体工作方案之中，定目标、定项目、定责任、定时限，详细制订工作计划书，常态化、持续化地开展培训、考试、技能晋级工作，促进学以致用的员工素质提升理念，不断细化、完善保障措施，为员工素质提升发展和培训创新工作提供保障和支撑。一是强化培训中心组织机构和硬件建设，划拨专项资金建成集

大师工作室、培训中心为一体的创新楼，并将创新楼整个2层（占地490 m^2）作为办公、培训区域，可同时满足近200人培训，“互联网＋”教室配备了43台计算机、3台教学电视，可满足42人无纸化上机考试。二是打造一支从各专业副总至基层单位优秀班队长和首席技师（技工）近百人全部参与的专兼职教师队伍，牵头组建了各专业副总、主管工程师和各基层单位技术副职、技术员50多人的培训工作微信群，及时将培训工作相关的信息、要求、课程安排等情况第一时间传达到各单位，并且让培训管理部门和专兼职教师随时掌握每名员工的需求。三是建立健全了工作制度保障体系。制定完善了《开滦东欢坨矿业公司煤矿从业人员素质提升工程实施方案》《开滦东欢坨矿业分公司首席技师（技工）培养管理实施办法》《中共开滦东欢坨矿业公司委员会关于进一步加强专业技术和高技能人才培养的意见》等政策，严格按要求足额提取教育培训经费。在原有的管理制度基础上，对标修订、完善、规范了教学管理、教师管理、学员管理等7项内容，完善了培训工作16项管理制度，细化了21个工作步骤，修订了年度培训规划内容及员工素质提升分步落实的工作计划，责成各单位、各部门正职为人才培养和培训工作的第一责任人，坚持人才培养和培训工作与安全、生产、技术、经营等共同部署、一并考核，达到了1＋N管理目的。将培训工作与安全生产一样执行一票否决，凡年度培训工作出现管理责任问题的单位取消年度先进区科和先进党支部的评选资格。

（三）创新培训方式，构建全方位立体式培训体系

(1) 利用技能大师工作室实施高技能人才精准培训。发挥高技能人才和业务骨干在科技创新、技能攻关、技艺传承等方面的作用，强化带动引领，发动全体员工潜心钻研技术、解决安全生产难题、悉心传授技艺，畅通高素质员工培养渠道，全力打造一支结构合理、素质优良、爱岗敬业的人才队伍。

(2) 利用“三位一体”教学模式实施关键岗位精准培训。发挥现有机修加工车间、井下－690 m水平检修车间、矿井提升运行车间和选煤厂集控车间等4处教学实习基地和实训车间的先进设备和高技能人才优势，推行“课堂—实训基地—工作现场”三位一体教学模式，打造了关键岗位“精准培训班”。

(3) 利用“岗位描述”方式实施安全标准化培训。强化员工“听、说、做”训练。“听得进去”，是指在班前会听规程措施贯彻、听事故案例的警示教育、听同岗位人员说工作标准，在井下小班前会听操作和安全注意事项、听标准化工序培训，让安全思想入心入脑，时刻绷紧安全弦。“说得出来”，主要是指以井下各小组二次班前会为载体，制定制度，规定每一个人应该怎么说，谁应该先说，谁应该补充，谁应该总结等，制作了“说”的样本。“做得到位”则是“听”和“说”的检验，保证工作效果。为推动全员参与，该矿开展岗位描述活动，编制了涉及51个工种的《岗位描述说明书》，编排了作业场景、岗位职责、岗位操作等描述内容的岗位描述基本框架。各基层单位利用安全活动、班前会、班中整理和班后会逐人进行岗位描述培训和演练，班队长和盯岗干部利用班中巡视督导员工将岗位描述内容实施到岗位。

(4) 利用校企联合办学优势实施“四新”培训。目前，已与中国矿业大学（北京）、山东科技大学、华北理工大学、华北科技学院、河北能源职业技术学院等5所高校建立了联合办学意向，共同制定专业人才培养方案，共同开发基于岗位需要的理论和实操一体课程及配套教材，共同拟定了教师、师傅“双导师”教学团队的建设与管理，共同考核评价参培员工，共同进行科研项目研发与技术服务等一系列制度，并与联合办学院校共享共建校内外实训基地。

为规范员工的教育、培训、考试行为，提升培训效果，该矿启动“互联网＋”在线培训系

统，实现了通过计算机、移动终端在线无纸化、网络化、自动化的教育学习、考试。该系统将学员基本信息、学习工具资料、岗位工种题库、模拟练习、正式考试、成绩查询等“六大功能”融为一体。目前，已建立采支工、机修钳工、矿井通风工等54个工种及从业人员年度再培训、井下人员素质提升“两大体系”，共56类自主化题库，每个工种（专业）考试题库的题量都在200道以上。题型分为选择和判断两类，每次考试只要凭身份证进入，选择对应工种，50道选择题和50道判断题会主动生成。员工答题完毕成绩自动生成，当场打印考试成绩单，经本人确认签字、监考签字后留培训中心存档，同时作为“安全培训合格证”审核盖章的依据现场办理，不仅实现了真正意义上的教考分离，而且减少了印卷、判卷、成绩登统、集中收证办证等环节，也减轻了基层单位的工作量。

（四）解决培训难题，激活员工素质提升内在潜力

(1) 集中脱产培训与特殊辅导相结合。一是坚持从业人员集中培训与特殊辅导相结合的原则，由安全管理部和培训中心负责按照培训大纲的要求，针对从业人员工作实际，组织开展除三项岗位人员以外其他从事生产经营活动的从业人员不少于20学时集中脱产培训。二是区科负责组织具有安全生产管理经验的安全生产管理人员、技术人员和有实践经验的班队长，利用井下从业人员休假时间，开展形式多样的不少于40学时集中脱产培训，并且给予参培人员双倍岗位工资的补贴。三是区科负责针对年龄大、学历低的员工采取一帮一或一帮二的特殊辅导，签订帮教协议。

(2) 线上与线下相结合。在传统学习培训的基础上，灵活运用“互联网+”培训技术，利用微课、微信群、动漫等现代化信息手段和电视、电脑、手机等员工喜闻乐见的载体进行网上培训学习。培训中心负责建立以各基层单位技术副职全部参与的培训工作微信群，为员工开展学习交流活动提供支持。该矿利用手机云端在线有奖答题App软件，让每个员工可以通过手机扫二维码的方式进入手机答题系统，每次答题成绩就是等值积分，凡积分满100分起，可以换取等值物品，物品从几元钱的香皂、牙刷、牙膏到价值200元的凉席、蚕丝被等。

(3) 理论与实践相结合。一是由各区队、班组负责组织，指派有实践经验或具有实际操作技能的人员与各岗位人员结成帮对，制定教案，广泛开展规程措施现场对号活动，指导员工进行现场实操。二是结合具体岗位和生产现场实际，做到实际操作教学不脱离本岗位，不影响正常生产，不影响其他人员正常作业。注重培养员工行为规范养成、熟练掌握操作标准、遵守操作规程的基本操作技能。制定了22个工种300余项工序标准及12个工种、63项手指口述标准，拍摄了防范性操作案例片100个，并严格组织了验收考核，合格工序超过500道，实现了标准操作全员全工种全覆盖。

二、淮北矿业集团“喜乐培训”模式，助推企业高质量发展

淮北矿业集团前身为淮北矿务局，始建于1958年。经过60多年的发展，现已成为以煤电、化工、现代服务为主导产业，跨区域、跨行业、跨所有制的大型能源化工集团。公司现有资产900亿元，已获得探矿权资源储量近百亿吨，在册员工6.5万人，生产矿井19对、在建矿井1对；年产原煤3 500万t、焦炭440万t、甲醇40万t、聚氯乙烯46万t，电力总装机规模为200万kW，并形成了集物资贸易、航运港口、电子商务为一体的现代物流体系。

近年来，该集团从改革体制机制入手，推进员工培训“四化四转变”（四化：科学化、市场化、信息化、品牌化；四转变：从“多数学”向“全员学”、“要我学”向“我要学”、“枯燥学”向“兴

趣学”、“需求学”向“成长学”转变），着力以高质量培训锻造高素质队伍，以高素质队伍支撑高质量发展。

（一）实施党管培训，改革体制聚合力

培训是一个潜移默化的过程，随着时间的推移，知识会慢慢融入人的骨髓和血液里，必然会体现到员工岗位操作的举手投足之中。牵住了培训这个“牛鼻子”，就等于下好了安全基础工作的“先手棋”。该集团对培训工作的认识，可以概括为三点：

第一，培训工作要求高，必须高看一眼。党的十八大以来，习近平总书记多次就安全生产工作发表重要讲话、作出重要指示，反复强调“人命关天，发展决不能以牺牲人的生命为代价，这必须作为一条不可逾越的红线”。对于煤炭这样一个高危行业而言，培训是安全生产的根本保障和百年大计，不仅仅关系到员工素质提升，更关系到员工生命安全。培训工作如果“得过且过”，安全事故就会“得寸进尺”。《煤矿安全培训规定》的出台，进一步建立了“企业自主培训、部门强化考核、执法与服务并重”的安全培训管理新机制，对煤矿培训工作提出了更严的标准和更高的要求。全国煤矿安全基础建设推进大会明确提出，要坚持“管理、装备、素质、系统”并重，把素质过硬与管理科学、装备先进、系统优化摆在同等重要的位置，培训也从软指标变成了必须要干必须干好的硬任务。这就要求我们高度重视、高看一眼，高标准、高质量落实好党和国家关于培训工作的政策法规和安排部署。

第二，培训工作分量重，必须重拳发力。习近平总书记指出，劳动者素质对一个国家、一个民族发展至关重要，要建设宏大的知识型、技能型、创新型劳动者大军。中共中央国务院印发的《新时期产业工人队伍建设改革方案》提出，要把产业工人队伍建设作为实施科教兴国战略、人才强国战略、创新驱动发展战略的重要支撑和基础保障，纳入国家和地方经济社会发展规划，造就一支有理想守信念、懂技术会管理、敢担当讲奉献的宏大的产业工人队伍。提高劳动者素质，根本在培养，关键在培训，只有培训抓得好，素质才能提得高。对于煤矿企业而言，随着技术、工艺、装备不断更新，机械化、自动化、信息化、智能化程度不断提高，转型发展步伐不断加快，高层次、高素质和高技能人才的需求更加强烈，员工素质与高质量发展不相适应的矛盾日益突出，这要求我们必须把培训工作摆在重中之重的位置来审视，置于战略的层面来谋划，综合施策、重拳发力。

第三，培训工作难度大，必须大做文章。一是砍柴的不愿意磨刀，员工不愿学。煤矿是连续性生产企业，作业环境差、劳动强度大，员工时间、精力有限，往往不愿意参加培训，对培训“说起来重要、干起来次要、忙起来不要”，尤其是遇到“工学矛盾”时，往往“学”让“工”，向培训“亮红灯”。二是砍柴的不会磨刀，员工不善学。相比其他行业，煤矿员工年龄普遍偏大，文化程度普遍偏低，接受新知识、新事物的能力也相对较弱。以淮北矿业集团为例，在岗员工 5.4 万人，其中 50 岁以上接近 1 万人，占 18.5%；高中以下学历 2.3 万人，占 42%，学习力不强，不仅“消化不畅”，而且“营养不良”。三是砍柴的不喜欢磨刀，员工不乐学。培训存在“任务式”虚学、“两张皮”空学的形式主义倾向，内容载体不新颖，方式方法很生硬，有的煤矿在培训时，不论是培训干部还是工人，是培训采煤工还是机电工，逢训必讲“煤是怎么形成的”，让员工感觉乏味、昏昏欲睡。这些问题导致了培训质量不优、效果不佳，成为制约培训工作的瓶颈。这就要求我们必须坚持问题导向，突破瓶颈制约，做好员工培训这篇“大文章”。

淮北矿区地质灾害十分严重，瓦斯、水、火、煤尘、顶板“五毒俱全”，安全威胁大；所辖 19

座煤矿遍布淮北、宿州、亳州三市，点多、线长、面广、井深，管理难度大，历史上曾发生过芦岭煤矿“5·13”特别重大瓦斯爆炸事故。惨痛的教训也让该集团认识到“生命至高无上、安全永远第一、责任重于泰山”，迫切需要通过培训提高员工安全技能和安全意识，保障安全生产。同时，该集团紧跟全面推进“四化”建设，加速推进转型升级，纵深推进改革创新，迫切需要通过培训来打造一支数量充足、质量优良的高素质人才队伍。该集团过去曾明确由集团行政全面负责，煤矿矿长直接抓培训，但效果始终不尽如人意。经过调研发现，矿长平时忙于安全生产和经营管理，工作千头万绪，对培训工作心有余而力不足，往往直接交由分管安全的副矿长具体抓，而安全副矿长能够调动的资源往往局限于其分管部门，只能依靠一个系统、一个部门单打独斗唱“独角戏”，导致培训工作构不成体系、形不成合力，达不到预期效果。通过深入分析，该集团认识到：培训是系统工程，是打基础管长远的大事。党管大事，理所当然就要管培训，而且党管培训也能充分发挥集中力量办大事的优势。基于此，该集团从顶层设计入手，在体制上积极探索、大胆变革，提出党管培训，由党委对培训工作把关定调、牵头抓总、引领保障，切实提高培训工作地位，树立培训工作权威，集中一切资源，发挥政治优势，协调各方力量，唱响“大合唱”，让培训的音符传递到每个角落，像空气一样围绕在员工周围，无所不在、无时不有。

为压紧压实党管培训责任，该集团建立了党委书记负总责、一名党委常委负主责，煤矿党委书记直接负责、班子成员分工负责的责任体系，把党委宣传部门作为培训工作的业务主管部门，把组织人事、人力资源、安监、工会等部门作为协管部门，形成了党委“高举手”、党委书记“攥紧手”、班子成员“不缩手”、部门之间“手联手”的齐抓共管局面。

党委“高举手”，就是坚持党委牵头抓总，旗帜鲜明地把培训工作纳入党委重要议事日程，列入年度工作计划，与其他工作同规划、同部署、同落实；将培训工作纳入党委工作目标考核、基层党委书记抓党建述职评议考核、中层领导班子和领导人员年度履职考核。同时，建立党委安全生产巡察制度，聚焦安全责任，紧扣安全法规，突出干部作风，把培训工作作为安全生产巡察的重要内容，促进培训责任落实落地。党委书记“攥紧手”，就是党委书记严格落实“一把手”责任，每年初集团党委书记、煤矿党委书记分别主持召开党委常委会、党委会，对培训工作进行全面部署；定期听取培训工作汇报，研究解决重大问题，尤其是确保培训“机构、人员、经费、计划”四个落实到位。近年来，在大幅度精简机构和人员的情况下，该集团坚持培训机构不减、人员不降，全力以赴保障培训力量。目前集团有国家二级煤矿安全培训机构1个、煤矿专门安全培训机构22个，安全培训管理人员93人、专职教师55人、兼职教师962人。班子成员“不缩手”，就是班子成员按照“谁主管谁负责”原则，做到工作职责管到哪里，培训的职责就延伸到哪里，坚决不当“局外人”；强推煤矿班子成员垂直培训，要求班子成员充分发挥专业优势，面对面为分管范围内的员工授课，每人每年不低于8个学时。部门之间“手联手”，就是“管业务必须管培训”，明确每个部门培训职责；党委宣传部门负责培训工作的计划制订、日常管理、政策指导、督促检查，组织人力资源部负责三支人才队伍的素质能力培训，安监部门负责各类安全培训，工会负责班组长、工匠大师培训，其他职能部门负责对口业务培训，让各部门各尽其职、各展其长，形成了抓好培训的强大合力。

（二）坚持四轮齐驱，创新机制添动力

在知识抵达心灵彼岸的过程中，员工的脚步是积极向前还是厌烦磨蹭，对培训效果产生重要影响。坚持党管培训，积极注入市场、工匠、平台等“添加剂”“兴奋剂”，严把源头准入关,使培训工作体制机制更加科学高效。

1. 坚持市场拉动,让培训更有价值

借鉴市场化的做法,把培训当作“产品”来经营,实行培训市场化管理,逐步形成了“2级考核+5项收购”的培训模式。

2级考核。一级考核为矿对科区培训工作落实和完成情况进行考核兑现。各矿将市场化工资总额的10%(全年合计2亿元)作为培训工资进行切块,制定月度考核细则,根据科区落实培训责任情况以及开展科区自培、班组自训、员工自学、师带徒培训、员工考试、技术比武等工作的效果,按比例兑现切块工资,让基层科区更直观地看到“抓培训也能增效益”。二级考核为科区对一线员工、班队长参加的各类培训和考试核定单价,并根据完成情况兑现市场化工资,使员工切实感受到“参加培训既能提技能又能增收入”。

5项收购。一是技能水平收购。对员工提升技能等级和师带徒培训效果进行收购,对首次取得中级工、高级工、技师、高级技师的员工分别给予500元、1 000元、2 000元、3 000元的奖励,师傅每带出1名中级工、高级工、技师,分别给予500元、1 000元、2 000元的奖励,让师傅和徒弟共同受益。二是技术能力收购。根据员工处理问题、解决问题的难易程度和完成质量实行技术收购,让员工切实感受到“技术就是工资、技术就是效益”。临涣煤矿将矿井机电故障分为五个等级,对应收购价格分别为100元、200元、300元、500元、1 000元,发生机电故障时,通过矿调度指挥中心及时发布信息,让有资质和能力处理的员工去认领,解决问题后可获取相应的“技术收购”工资。三是品牌课程收购。每年定期开展教师“品牌课程”“精品微课”征集评选,最高分别按5 000元、4 000元收购;同时,集团内网开设“品牌课程”专栏,对“品牌课程”和“精品微课”按使用率为教师计提备课费用,让教师劳有所获、干有所值,切实体会到“精心备课也能增加收入”。四是培训工资收购。对员工参加脱产培训期间的工资进行收购,考核合格的,执行当月所在岗位员工平均工资待遇;考核不合格的,执行淮北市最低工资待遇,形成“参加培训也能挣工资”的鲜明导向,让员工安心培训。五是学历收购。根据《煤矿安全培训规定》要求,对学历不达标的班组长及以上管理人员进行学历教育,并对相关费用进行全额收购。

2. 坚持工匠带动,让培训更有品质

将育好、选好、用好工匠作为推进培训品牌化的重要抓手,发挥工匠在培训中的示范引领、辐射带动效应,实现“先富”带“后富”、“盆景”变“风景”。

建机制,畅通工匠成长通道。从优化顶层设计入手,制定出台了《关于加强人才开发的实施意见》《淮北矿业2017—2020年工匠建设行动计划》,探索并形成了符合矿区实际的工匠培养评价模式和方法。坚持高目标引领,明确提出到2020年,培养20名在全煤行业、全省乃至全国知名的“工匠大师”,200名在全矿区具有引领带动作用的“淮北矿业工匠”,2 000名经验丰富、实操能力突出的“能工巧匠”。坚持播种“匠心”,组织开展主题研讨、经验交流活动,将工匠的技能技艺、成才故事、先进事迹与广大员工分享,营造“人人学习工匠、人人争当工匠”的良好氛围。同时,我们深刻认识到“高技能人才不仅需要在课堂上教,更需要在实战中练”,把理论学习与岗位练兵、技术比武有机结合起来,形成科区季度有练兵、煤矿年度有比武、集团两年有大赛的“比武练兵”机制,让员工在实践与竞技中不断提升技能素质。

提待遇,加大工匠激励力度。对“工匠大师”“淮北矿业工匠”实行聘任制,在两年聘期内分别给予20万元、15万元年薪待遇。凡被评为“工匠大师”的，技能等级直接认定为高级技师；被评为“淮北矿业工匠”的，技能等级直接认定为技师，并优先推荐省市重大人才工程项目和大师工作室等技能培训类资助项目，优先推荐行业级、省级、国家级工匠。几年来，累计评选表彰10名“工匠大师”、1名“名誉工匠大师”、39名“淮北矿业工匠”、458名“能工巧匠”。他们当中有的已成长为享誉全国的高技能人才，如工匠大师杨杰先后当选党的十八大代表、十三届全国人大代表，先后荣获“全国劳动模范”“全国五一劳动奖章”“中国高技能人才楷模”“中华技能大奖”“全国技能大师”等称号，享受国务院特殊津贴；工匠大师王忠才当选党的十九大代表，先后荣获“全国劳动模范”“全国五一劳动奖章”“全国十佳班组长”“中国好人”等称号，享受国务院特殊津贴。

搭载体，发挥工匠引领作用。发挥人才的作用，关键还在于“用”。该集团将杨杰、王忠才等5位工匠大师调入煤电技师学院，成立5个工匠大师工作室，每年分别给予20万元专项研究经费，并从各矿选拔精兵强将，为每名工匠大师配备60名优秀技能人才，组建5个工匠大师团队。一是创办“匠校”，着力打造人才成长的“孵化器”。开办以工匠大师姓名命名的“冠名班”，以工匠大师为带头人，积极开展“名师带徒”，自编培训教材4套，根据员工的专业方向和需求，实施精准培训，通过高品质课堂传绝技、带高徒，切实发挥“滚雪球”效应。二是发挥“匠智”，着力打造攻克技术难题的“尖兵连”。充分发挥工匠大师及其团队的集成优势，针对制约矿区安全生产的重大技术难题，组织开展科研攻关。三是施展“匠能”，着力打造解决现场问题的“轻骑兵”。工匠大师团队实行机动作战，哪里有需要就往哪里去，哪里有问题就往哪里跑，重点解决各矿难以自行解决的疑难杂症。同时，工匠大师团队还建立了QQ群、微信群，为各矿远程诊断，实时解决生产中遇到的难题。

3. 坚持平台互动，让培训更有趣味

利用网络平台、仿真平台、实训平台，开展情境化、体感式互动培训，把枯燥的课堂搬上“云端”，把生硬的教学变成“游戏”，把抽象的理论转化为“实景”，进一步增强培训的吸引力、感染力。

网络平台“看”。创新实施“互联网＋培训”，针对不同层次、不同类型、不同岗位人员，开发网络直播课堂、手机微课堂、视频课堂，改变了“坐教室、看黑板、听讲课”的传统教学模式；把精品课程、绝技绝活、事故案例等录制成教学视频，上传至淮北矿业员工教育培训“云”平台，朔石矿业、童亭煤矿等基层单位也利用风靡网络的抖音App发布教学短视频，让员工可以通过手机随时学习，并进行经验分享、专家解答，实现“资料随时看，名师在身边”。坚持培训娱乐化、学习游戏化，建立网上培训积分商城，将各工种安全常识、操作要领、岗位职责等制作成游戏程序，组织开展“过关抢红包”“积分换礼品”等活动，员工通过浏览手机做个游戏就能学到知识、获得奖励。开发培训管理信息化系统，借助信息化技术，实现员工安全培训需求统计分析、计划制订、课程设计、培训实施、效果评估、考核激励全程在线管理；并将培训考勤、考核、在线学习与人证一体机对接，让过去经常发生的代培、代考、代学等培训造假行为无影无踪。

仿真平台“感”。引进使用VR(虚拟现实)技术，模拟井下各种事故、工况及险情，通过事故场景再现，提前打“预防针”，让员工“亲历事故”“重返现场”，真正触及灵魂，切身感受到违章作业的危害。我们梳理近年来煤矿生产中具有代表性的各类安全事故，制作出违章乘车伤人、钢丝绳回弹伤人、冒顶伤人等8个典型事故案例，并组织矿区员工进行了观看体验，带来了强烈的视觉冲击力和巨大的震慑力。利用3D技术建设仿真操作平台开发了43项演练功能，员工通过电脑或手机，不仅可以直观地了解设备操作、维护保养、拆解组装、排除故障等每一个步骤、每一个环节，而且可以在平台上模拟操作，随时随地都能学知识、增本领。

实训平台"练"。2012年以来，集团先后投资近3亿元在煤电技师学院建成集实训和安全警示教育于一体的安全技能实训基地，该基地拥有30多个实训车间、58个实操教学点，以及总长890 m的模拟井下巷道。通过实训，把工作现场"搬到"基地，实现课堂与现场无缝对接、理论与实操深度融合。同时，根据各矿实际需要，分片区建立了设备维修、工程钻探、矿井机电、瓦斯防治等10个实操教学点。以实训基地为中心的"$1+X$"实操平台，已完全满足井下、地面全部特种作业的实物操作考试或模拟机考试，成为真刀真枪练本领的"演兵场"。

4. 坚持源头管控，让培训更有效能

若要培训更有效，唯有源头紧起来。通过严格实行员工准入、职业准入、培训队伍准入，要从源头入手，让员工素质提起来、培训队伍强起来、培训效果靓起来。

严格员工准入。对新招入员工实行"入企先入校、校企双师联合培养"，依托煤电技师学院，开设"订单班"集中培训。对初中学历人员实行3年制学习，在煤电技师学院学习1年，在煤矿实习2年；对大中专学历人员，在煤电技师学院学习3个月，考核合格即安排上岗。目前，已通过"订单班"补充新员工580余人，实现变招工为招生。对高价值岗位通过内部选拔、特别引进、对外招聘等方式准入；一般岗位通过内部培训转岗等方式准入。通过严格审核，到目前为止，已经把500余名符合条件的优秀年轻劳务派遣工转为集团正式员工。同时，大力引进本科及以上高等院校毕业生，对新进毕业生见习期工资待遇比照专业技术人员标准发放；建立基层组织部长联系毕业生制度，定期沟通交流，帮助解决实际问题。

严格职业准入。严格落实煤矿安全生产管理人员学历、经历资格要求。新上岗的特种作业人员均具备高中及以上文化程度，其他从业人员均具备初中及以上文化程度。同时，明确由集团组织（人事）部对煤矿矿长及管理人员进行资格把关。

严格培训队伍准入。强化培训队伍建设，在矿区范围内进行公开选拔，真正让有能力、有责任、有干劲又热爱培训的管理技术人员从事培训工作。建立初、中、高级内训师团队，将教师酬金由原来的每学时60～80元，提升至每学时300～500元。建立并严格落实培训队伍考核制度，定期由培训主管部门、培训学员、监督员对培训工作人员工作业绩、教师授课水平进行评价，实施奖优罚劣，对不胜任工作的及时予以解聘。

（三）改革创新结硕果，坚定信心再发力

该集团在培训体制、机制上大胆创新，形成了契合上级要求、符合矿区实际的培训模式，取得了明显成效。"人人参与培训、人人乐于培训"的氛围更加浓厚；"培训是员工最大的福利""人人都可以成才，工作出色就是人才"已经成为全体员工广泛认同的价值理念。通过培训，员工实现了成长、得到了待遇、收获了荣誉，归属感、获得感、幸福感不断增强，学习的积极性高了，工作的精气神足了，有力推动了企业健康发展。

培训工作带动了安全生产、人才培养、科技创新等工作全面上台阶，为淮北矿业集团高质量发展提供了软实力和硬基础。安全形势持续向好，人才事业蓬勃发展，创新驱动硕果累累，企业发展稳中精进，转型升级全面提速，党管培训、喜培乐训模式助推淮北矿业集团实现经济总量和发展高质量双提升。

参考文献

[1] 卜昌森.怎样当矿长:讲给矿长的11堂必修课[M].北京:煤炭工业出版社,2019.
[2] 卜素.《中华人民共和国安全生产法》专家解读[M].徐州:中国矿业大学出版社,2021.
[3] 国家矿山安全监察局.煤矿安全规程及细则:一规程四细则[M].北京:应急管理出版社,2022.
[4] 国家煤矿安全监察局.《煤矿安全生产标准化管理体系基本要求及评分方法(试行)》执行说明[M].北京:应急管理出版社,2020.
[5] 刘超捷,汤道路.《煤矿安全生产条例》学习辅导教材[M].北京:应急管理出版社,2024.
[6] 王国法,庞义辉.智能化示范煤矿建设成效与发展方向[J].智能矿山,2024,5(1):2-11.
[7] 王国法,仁怀伟,赵国瑞等.煤矿智能化十大"痛点"解析及对策[M].常州:工矿自动化,2021.
[8] 王太续,代星军,李长青.煤矿安全生产管理人员安全生产知识和管理能力培训教材[M].徐州:中国矿业大学出版社,2022.
[9] 王太续,代星军,李长青.煤矿安全生产管理人员安全生产知识与管理能力培训教材[M].徐州:中国矿业大学出版社,2024.
[10] 王太续,王中华,李学臣.煤矿安全生产管理人员"七新"知识与管理能力提升培训教材:再培训·2023版[M].徐州:中国矿业大学出版社,2023.
[11] 杨涛,徐永.煤矿主要负责人安全资格培训教材[M].徐州:中国矿业大学出版社,2014.
[12] 袁河津.《煤矿安全规程》专家解读:井工煤矿[M].2022年修订版.徐州:中国矿业大学出版社,2022.